智能涂料
——原理·技术·防腐蚀应用

（美）
阿图尔·蒂瓦里（Atul Tiwari）
詹姆斯·罗林斯（James Rawlins） 主编
劳埃德·H. 希哈拉（Lloyd H. Hihara）

万晔 王秀梅 译

Intelligent Coatings
for
Corrosion Control

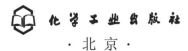
·北京·

本书从涂料的腐蚀和防护方面进行了基础性的介绍，深入讨论了目前使用和发展中的各种类型的智能涂料，概述了它们的合成和表征方法，及其在各种腐蚀环境中的应用，包括许多智能涂料的当前和潜在应用于各种腐蚀问题的实例。另外，本书还介绍了智能涂料目前的研究进展和趋势，以及所面对的挑战。

本书适合腐蚀工程科技工作者及高等学校相关专业师生阅读参考。

Intelligent Coatings for Corrosion Control
Atul Tiwari, James Rawlins, Lloyd H. Hihara
ISBN：978-0-12-411467-8
Copyright © 2015 Elsevier Inc. All rights reserved.
Authorized Chinese translation published by Chemical Industry Press Co., Ltd..

《智能涂料——原理·技术·防腐蚀应用》（万晔，王秀梅译） ISBN：9787122342485
Copyright © Elsevier Inc. and Chemical Industry Press Co., Ltd.. All rights reserved.

No part of this publication may be reproduced or transmitted in any form or by any means, electronic or mechanical, including photocopying, recording, or any information storage and retrieval system, without permission in writing from Elsevier (Singapore) Pte Ltd. Details on how to seek permission, further information about the Elsevier's permissions policies and arrangements with organizations such as the Copyright Clearance Center and the Copyright Licensing Agency, can be found at our website: www.elsevier.com/permissions.

This book and the individual contributions contained in it are protected under copyright by Elsevier Inc. and Chemical Industry Press Co., Ltd. (other than as may be noted herein).

This edition of Intelligent Coatings for Corrosion Control is published by Chemical Industry Press Co., Ltd. under arrangement with ELSEVIER INC..

This edition is authorized for sale in China only, excluding Hong Kong, Macau and Taiwan. Unauthorized export of this edition is a violation of the Copyright Act. Violation of this Law is subject to Civil and Criminal Penalties.

本版由ELSEVIER INC. 授权化学工业出版社在中国大陆地区（不包括香港、澳门和台湾地区）出版发行。本版仅限在中国大陆地区（不包括香港、澳门和台湾地区）出版及标价销售。未经许可之出口，视为违反著作权法，将受民事及刑事法律之制裁。本书封底贴有Elsevier防伪标签，无标签者不得销售。

注意

本书涉及领域的知识和实践标准在不断变化。新的研究和经验拓展我们的理解，因此必须对研究方法、专业实践或医疗方法作出调整。从业者和研究人员必须始终依靠自身经验和知识来评估和使用本书中提到的所有信息、方法、化合物或本书中描述的实验。在使用这些信息或方法时，他们应注意自身和他人的安全，包括注意他们负有专业责任的当事人的安全。在法律允许的最大范围内，爱思唯尔、译文的原文作者、原文编辑及原文内容提供者均不对因产品责任、疏忽或其他人身或财产伤害及/或损失承担责任，亦不对由于使用或操作文中提到的方法、产品、说明或思想而导致的人身或财产伤害及/或损失承担责任。

北京市版权局著作权合同登记号：01-2016-5982

图书在版编目（CIP）数据

智能涂料：原理·技术·防腐蚀应用/（美）阿图尔·蒂瓦里（Atul Tiwari），（美）詹姆斯·罗林斯（James Rawlins），（美）劳埃德·H. 希哈拉（Lloyd H. Hihara）主编；万晔，王秀梅译. —北京：化学工业出版社，2019.8
书名原文：Intelligent Coatings for Corrosion Control
ISBN 978-7-122-34248-5

Ⅰ.①智… Ⅱ.①阿…②詹…③劳…④万…⑤王… Ⅲ.①涂料 Ⅳ.①TQ63

中国版本图书馆CIP数据核字（2019）第064879号

责任编辑：韩亚南　段志兵　　　　　　　文字编辑：孙凤英
责任校对：宋　玮　　　　　　　　　　　装帧设计：王晓宇

出版发行：化学工业出版社（北京市东城区青年湖南街13号　邮政编码100011）
印　　刷：北京京华铭诚工贸有限公司
装　　订：三河市振勇印装有限公司
787mm×1092mm　1/16　印张28　字数736千字　2020年1月北京第1版第1次印刷

购书咨询：010-64518888　　　　　　　　售后服务：010-64518899
网　　址：http://www.cip.com.cn
凡购买本书，如有缺损质量问题，本社销售中心负责调换。

定　　价：198.00元　　　　　　　　　　　　　　　　　　版权所有　违者必究

译者前言

本译著的原著由爱思唯尔集团出版,是世界名校著名专家、学者科研成果的凝练和精华,该著作全面系统地介绍了智能涂层的最新进展和发展前景,并对每类智能涂层所使用的原材料配比、制备方法、防腐蚀原理到防腐蚀工程应用等进行了阐述,具有较强的先进性和前瞻性。

金属材料及其构件在自然环境中使用时,经常遭受严重腐蚀,不仅造成巨大的经济损失,还会引发重大人身安全事故。使用防腐蚀涂层是防止金属腐蚀降低经济损失的有效方法之一。随着工业的不断发展,对防腐蚀涂层提出了更高的要求,具有环境友好性、自洁性、自愈性、腐蚀直观显示性、耐久性等特点的智能涂层脱颖而出。智能涂层正逐步淘汰、取代传统涂层,新型智能涂层的研究开发成为防止金属腐蚀的研究热点之一。本译著的出版适逢其时,既可以作为不同科学和工程背景学生的教学参考书,也可以为我国腐蚀与防护工程领域的科学研究开发新涂层提供理论支持,还可以作为工业界人士的技术指南,并将极大程度降低中国工业腐蚀所造成的经济损失。

我们在翻译本著作的过程中,深刻体会到翻译工作的不易,感受到翻译确实是一件特别艰辛的工作! 在平时浏览英文文献时,我们只需要大致理解其意思就可以,但是在翻译过程中,必须完全理解原著的每句话、每个词的精确含义。有时为了理解原著中一个参考文献、一幅图片、一个表格、一句话甚至一个标点符号的确切含义,需要查找、阅读、学习原著所引用的大量原始文献。另外原著为了全面反映智能涂层的最新研究进展和应用成果,由美国、印度、比利时、匈牙利、意大利、德国、新加坡、罗马尼亚、西班牙等国家的一些专家学者每人撰写一到两章,里面各章不仅内容风格迥异,英文写作质量也是参差不齐,而且专业性的缩写、简称、符号更是各不相同,这些在翻译过程中给我们造成很大困扰,好在最终一一得以妥善解决。在本译著的翻译过程中,为了防止给读者造成同样的困扰,我们尽量减少译者人数,只由腐蚀与防护领域的万晔和王秀梅两位高校教授翻译完成。万晔负责翻译前言及第1~10章,王秀梅负责翻译第11~20章。全书由万晔、王秀梅一起统稿完成。原著的内容与我们的研究方向具有很强的相关性,我们完全利用业余时间完成这部译著。

因为原著是专业性极强的技术类著作,为了让更多人容易理解,在完成初稿后,我们又进行第二稿、第三稿、第四稿的完善,对语言进行重新组织和润色,然后再与原著核对,最后对全文进行校订。有时为了保持思路的连续性,时常通宵达旦进行翻译工作,有时为了想出一句恰当的语言描述方法,经常夜不能寐。尽管困难重重,我们仍然深深沉迷于原著所报道的智能涂层技术及其发展前景之中,终于顺利完成这部著作的翻译工作,让我国更多的科技工作者了解和学习先进的智能涂层! 由于译者水平有限,加之时间仓促,不妥之处在所难免,敬请读者批评指正!

最后,我们要感谢化学工业出版社对本译著翻译和出版的支持! 感谢家人、同事、朋友的鼓励和帮助!

译　者

原著前言

现如今,我们使用的绝大多数金属材料都是从热力学稳定的矿物中提取出来的。然而当这些金属材料暴露在自然环境中时,又容易通过腐蚀形式回复到其自然稳定化合物的状态,造成很大破坏。因此,很久以来,人们一直十分关注腐蚀带来的有害影响。如今,金属腐蚀给人们生产和生活造成了巨大的经济损失。研究报告指出在许多工业化国家,由于腐蚀造成的经济损失占国内生产总值的 3% ~ 4%。仅以美国为例,由于腐蚀每年大约损失五万亿美元。防止这些损失的一个有效方法就是使用涂层。古代,人们使用蛋清、树胶和沥青作为涂层。现在工程师们可以利用高分子技术和纳米技术将功能性和美学融入涂层设计之中。在现代社会,几乎所有的人造物品都采用保护性或装饰性涂层。世界涂层工业每年生产大约一万亿美元的涂层。由于对涂层性能的要求日益增加,如环境友好性、自洁性、自愈性、腐蚀显示性、耐久性等,以前的传统涂层慢慢被淘汰,人们更注重研发新型的智能涂层。

本书由先进涂层技术领域的专家所写的论文汇编而成。第 1 章描述了涂层对金属保护的电化学基本原理。第 2 章讨论了腐蚀的重要性及其对经济的影响,同时考虑到很多当代涂层以及使用智能涂层的重要性。第 3 章论述了金属及其合金的有机和无机预处理方法,包括使用铬酸盐和磷酸盐转化涂层、镧系元素转化涂层。第 4 章介绍了有机金属化合物合成的经济性工艺流程、在化学气相沉积法过程中使用有机金属前驱体制备防护性涂层以及涂层使用过程中的增长机制。第 5 章说明了在自愈性涂层中铈离子的作用。第 6 章讨论了采用多吡咯和纳米粒子的杂化富锌涂层腐蚀防护体系。第 7 章讨论了添加具有发光特性的铕和镝元素的新型发光搪瓷涂层。第 8 章讨论的是含有缓蚀剂纳米或微米容器的受损涂层的自愈。从工艺的角度来看,第 9 章提供了将涂层从实验室过渡到中试生产中不易被发现的临界关键参数信息。第 10 章论述了一种新型的智能准陶瓷有机硅转化膜,并且讨论了各种涂层分析技术的结果,比较了准陶瓷涂层与其他商业涂层的耐腐蚀性能。第 11 章探讨了使用导电聚合物作为超疏水涂层。第 12 章介绍了使用封装缓蚀剂的各种缓蚀机理。第 13 章讨论了热致变色二氧化钒在智能涂层发展中的应用。第 14 章介绍了含有机硅烷和二异氰酸酯的单组分涂层中缓蚀剂的微胶囊化。而在第 15 章中讨论了使用锡酸盐自修复涂层对镁合金进行保护。第 16 章介绍了使用导电电活性聚合物进行防腐蚀。第 17 章讨论了通过使用包括钝化膜的一系列保护涂层来控制钛合金生物医学植入物的腐蚀。第 18 章详细介绍了光纤传感器在腐蚀监测中的应用。第 19 章指出了用纳米黏土配制的水性树脂智能涂层在保护文化遗产领域的重要性。最后,第 20 章介绍了拉曼光谱和红外光谱技术的重要性和适用性。

我们希望本书能为不同学科和工程背景的学生提供有用的信息。本书不仅可以作为研究生学习的参考书,也可以作为工业界人士的技术指南。本书编辑们也要感谢技术腐蚀协作组织（TCC）的组织者，特别是 Richard Hays 副主任，以及负责采购、科研和后勤的腐蚀政策和监督办公室，给了我们在腐蚀这个既有科学性又有工程性的重要领域进行合作的机会。我们希望这本书能为涂层的创新发展起到抛砖引玉的作用。

Atul Tiwari 博士
James W. Rawlins 博士
Lloyd H. Hihara 博士
美国

目录

第 1 章　腐蚀控制涂层的电化学观点 / 001

1.1　简介 / 001
1.2　腐蚀 / 001
　　1.2.1　腐蚀热力学 / 001
　　1.2.2　动力学 / 002
1.3　涂层 / 004
　　1.3.1　屏蔽涂层 / 004
　　1.3.2　防腐蚀涂层 / 006
　　1.3.3　阴极保护涂层 / 006
　　1.3.4　涂层体系 / 008
1.4　结论 / 009
参考文献 / 009

第 2 章　腐蚀的重要性及使用智能防腐蚀涂层的必要性 / 010

2.1　简介 / 010
2.2　低温智能涂层 / 011
2.3　自愈合涂层的封装 / 012
2.4　阴极保护 / 017
　　2.4.1　牺牲阳极 / 017
　　2.4.2　ICCP 系统 / 017
2.5　高温智能涂层 / 018
2.6　热腐蚀 / 019
　　2.6.1　热腐蚀类型 / 020
　　2.6.2　热腐蚀机理 / 020
　　2.6.3　高温合金热腐蚀 / 021
　　2.6.4　DMS-4 的氧化特征 / 023
2.7　表面涂层技术 / 024
　　2.7.1　扩散涂层 / 024
　　2.7.2　包覆涂层 / 024
　　2.7.3　表面工程技术 / 025

2.8 主要微量元素的影响 / 027
2.9 智能涂层的概念 / 027
    2.9.1 准备和选择合适的表面工程技术 / 028
    2.9.2 智能涂层评估技术 / 029
    2.9.3 已开发的智能涂层的性能 / 030
2.10 结论和展望 / 032
参考文献 / 032

第3章 抑制金属/合金腐蚀的智能无机和有机预处理涂层 / 035

3.1 简介 / 035
    3.1.1 腐蚀的定义 / 035
    3.1.2 金属腐蚀/预防的成本 / 036
    3.1.3 国民经济的腐蚀成本 / 037
3.2 设计防腐蚀智能涂层 / 037
3.3 预处理涂层 / 038
    3.3.1 选择合适的金属合金 / 038
    3.3.2 表面改性 / 038
3.4 无机非金属预处理涂层 / 039
    3.4.1 铬酸盐转化涂层 / 039
    3.4.2 磷酸盐转化涂层 / 040
    3.4.3 镧基转化涂层 / 040
    3.4.4 混杂型转化涂层 / 041
3.5 有机预处理涂层 / 042
    3.5.1 混合溶胶-凝胶涂层 / 042
    3.5.2 导电聚合物涂层 / 043
    3.5.3 自组装预处理涂层 / 044
    3.5.4 聚电解质多层膜 / 045
    3.5.5 负载缓蚀剂的纳米容器控释涂层 / 046
    3.5.6 生物膜作为预处理涂层 / 046
3.6 结论 / 046
致谢 / 046
参考文献 / 046

第4章 源于金属有机前驱体的低温涂料：一种经济环保的优良方法 / 057

4.1 简介 / 057

4.2 化学气相沉积：MOCVD 新技术 / 058
 4.2.1 激光诱导化学气相沉积 / 059
 4.2.2 紫外诱导化学气相沉积 / 060
 4.2.3 等离子增强化学气相沉积（PECVD） / 060
 4.2.4 电子束化学气相沉积 / 061
 4.2.5 流化床化学气相沉积 / 061
 4.2.6 原子层沉积（ALD） / 061
 4.2.7 聚焦离子辅助化学气相沉积（IACVD） / 062
4.3 有机金属前驱体：经济性的大面积合成 / 063
 4.3.1 有机金属前驱体：氧化物陶瓷 / 063
 4.3.2 有机金属前驱体：非氧化物陶瓷 / 067
4.4 液体输送体系：溶剂的作用 / 074
4.5 有机金属前驱体化学 / 074
4.6 成核和生长机制 / 075
4.7 涂层破坏机制 / 075
4.8 结论和展望 / 077
参考文献 / 078

第 5 章 钢表面铈掺杂硅烷杂化自愈涂料的合成与表征 / 083

5.1 简介 / 083
5.2 实验过程 / 084
 5.2.1 样品制备 / 084
 5.2.2 分析方法 / 085
5.3 结果与讨论 / 085
 5.3.1 铈离子和双酚 A 对 304L 不锈钢基体上 SHC 显微组织和防腐蚀性能的影响 / 085
 5.3.2 用于 304L 不锈钢且经硝酸铈和氧化铈纳米粒子改性的 SHC 涂层自愈性的电化学评估 / 093
 5.3.3 铈浓度对 HDG 基体上铈掺杂 SHC 涂层的微观结构和防腐蚀性能的影响 / 099
 5.3.4 铈盐活化纳米粒子填充硅烷涂层对 HDG 基体缓蚀作用的评估 / 106
5.4 结论和展望 / 115
致谢 / 116
参考文献 / 116

第 6 章 杂化富锌涂层：纳米缓蚀剂和导电粒子掺杂的影响 / 118

6.1 简介 / 118

6.2 实验过程 / 120
    6.2.1 材料和制备方法 / 120
    6.2.2 研究方法 / 121
6.3 结果 / 124
    6.3.1 纳米粒子的研究 / 124
    6.3.2 涂层和钢基材的研究 / 130
6.4 讨论 / 146
6.5 结论 / 148
致谢 / 148
参考文献 / 148

第7章 新型发光搪瓷涂层 / 154

7.1 简介 / 154
7.2 搪瓷最重要的性能 / 155
7.3 发光特性 / 156
7.4 发光瓷釉涂层 / 156
7.5 实验材料和过程 / 157
7.6 结果和讨论 / 159
    7.6.1 涂层的形貌特征 / 159
    7.6.2 涂层的防护性能 / 160
    7.6.3 发光性能的趋势 / 168
7.7 结论 / 173
参考文献 / 173

第8章 破损触发的微纳米容器自修复防腐蚀涂料 / 175

8.1 简介 / 175
    8.1.1 成为全球经济问题的腐蚀现状 / 175
    8.1.2 防止腐蚀的方法 / 175
8.2 保护性有机涂层的微米容器和纳米容器制备方法：自愈合涂层 vs 自防护涂层 / 177
8.3 容器类型及其制备方法 / 179
    8.3.1 LDHs 型纳米容器或微米容器 / 179

8.3.2 陶瓷芯和聚电解质/聚合物壳的容器 / 180
8.3.3 含有陶瓷芯和毛孔末端刺激响应塞的容器 / 183
8.3.4 直接乳液法或反相乳液法容器 / 185
8.3.5 基于界面物理现象的容器 / 186
8.3.6 乳液液滴中的界面或本体化学反应制备的容器 / 191
8.4 容器中活性剂的释放 / 195
8.5 容器在新型保护涂料基质中的分布 / 197
8.6 掺有容器的有机自保护涂层的防护性能 / 198
8.7 结论 / 200
参考文献 / 200

第9章 现代涂料中试生产的重要方面 / 206

9.1 简介 / 206
9.2 定义 / 206
9.3 分散过程 / 207
9.4 涂料的一般工艺 / 208
9.5 中试 / 209
    9.5.1 逐步放大 / 209
    9.5.2 中试布局——主要问题 / 210
    9.5.3 生产装置及其配套装置 / 210
    9.5.4 水性和溶剂型聚合物基料的中试生产类型 / 211
9.6 涂料工业主要设备 / 213
    9.6.1 搅拌器 / 213
    9.6.2 研磨机 / 215
    9.6.3 过滤器 / 217
9.7 涂料的检查要点 / 217
9.8 涂料工业的一般安全注意事项 / 217
9.9 用于涂料的丙烯酸胶乳中试和扩大生产的典型实例 / 218
    9.9.1 装料的一般过程 / 219
    9.9.2 中试车间设置 / 219
9.10 结论 / 220
参考文献 / 220

第10章 用于金属防护的智能绿色转化涂层的溶胶-凝胶法 / 221

10.1 简介 / 221

10.2 智能化学的发展 / 222
10.3 表征方法 / 224
 10.3.1 光谱分析 / 224
 10.3.2 热分析 / 228
 10.3.3 纳米压痕分析 / 229
 10.3.4 表面形态 / 231
10.4 涂层评估 / 232
 10.4.1 实验室试验 / 232
 10.4.2 户外试验 / 240
10.5 结论 / 248
致谢 / 248
参考文献 / 248

第 11 章 超疏水导电聚合物防腐蚀涂层 / 251

11.1 简介 / 251
11.2 腐蚀防护 / 251
 11.2.1 转化涂层 / 251
 11.2.2 有机涂层 / 252
11.3 导电聚合物防腐蚀涂层 / 252
 11.3.1 涂覆工艺 / 252
 11.3.2 腐蚀防护机理 / 253
 11.3.3 导电聚合物实例 / 254
11.4 超疏水防腐蚀涂层 / 256
 11.4.1 理论背景 / 256
 11.4.2 制备方法 / 257
11.5 超疏水导电聚合物防腐蚀涂层 / 259
11.6 结论 / 260
致谢 / 260
参考文献 / 260

第 12 章 聚合物-缓蚀剂掺杂涂层的智能防护 / 264

12.1 简介 / 264

12.2 钢筋混凝土中的应用 / 266
12.3 电纺丝智能涂层 / 269
12.4 溶胶-凝胶涂层的腐蚀控制 / 272
12.5 结论 / 276
致谢 / 276
参考文献 / 276

第 13 章 热致变色二氧化钒智能涂层的性能及应用 / 281

13.1 VO_2 的简介和性质 / 281
    13.1.1 VO_2 的合成方法 / 282
    13.1.2 VO_2 相变开关时间 / 283
    13.1.3 原子氧辐照对 VO_2 性质的影响 / 284
    13.1.4 掺杂对 VO_2 相变的影响 / 284
13.2 应用 / 286
    13.2.1 全光开关 / 287
    13.2.2 电开关 / 287
    13.2.3 VO_2 基杂化超材料器件 / 288
    13.2.4 VO_2 等离子体器件 / 289
    13.2.5 VO_2 基射频微波开关 / 293
    13.2.6 智能窗口 / 293
13.3 结论 / 294
参考文献 / 294

第 14 章 单组分自修复防腐蚀涂层：设计方案与实例 / 300

14.1 简介 / 300
14.2 单组分自修复防腐蚀涂层的设计方案 / 301
    14.2.1 传统自修复材料的制备 / 301
    14.2.2 单组分自修复防腐蚀涂层的设计 / 305
14.3 单组分自修复防腐蚀涂层举例 / 306
    14.3.1 二异氰酸酯基单组分自修复防腐蚀涂层 / 306

14.3.2 有机硅烷基单组分自修复防腐蚀涂层 / 314
14.4 结束语和观点 / 320
参考文献 / 321

第15章　基于锡酸盐的镁合金智能自修复涂层　/ 325

15.1 简介 / 325
15.2 镁合金类型 / 325
15.3 镁腐蚀的常见形式 / 326
 15.3.1 全面腐蚀 / 326
 15.3.2 点蚀 / 326
 15.3.3 缝隙（沉积物）腐蚀 / 327
 15.3.4 丝状腐蚀 / 328
 15.3.5 电偶腐蚀 / 328
 15.3.6 应力腐蚀开裂 / 328
 15.3.7 晶间腐蚀 / 329
 15.3.8 腐蚀疲劳 / 329
15.4 锡酸盐转化涂层减缓镁腐蚀 / 329
 15.4.1 锡酸盐转化涂层的合成与测试 / 329
 15.4.2 锡酸盐涂层的性能 / 330
 15.4.3 锡酸盐涂层的自修复功能 / 332
15.5 结论和展望 / 333
致谢 / 333
参考文献 / 333

第16章　电活性聚合物防腐蚀涂层　/ 335

16.1 简介 / 335
16.2 腐蚀 / 335
16.3 防腐蚀措施 / 336
 16.3.1 缓蚀剂 / 336
 16.3.2 阴极保护 / 336
 16.3.3 阳极保护 / 336
 16.3.4 涂层 / 336
16.4 聚合物涂层 / 338

16.4.1 EAP 基涂层 / 338
16.4.2 EAP 基纳米复合涂层 / 341
16.5 结论 / 351
参考文献 / 351

第 17 章 用作生物医学植入体的 Ti 及 Ti 合金防腐蚀涂层 / 354

17.1 简介 / 354
17.2 表面改性方法 / 355
17.3 溶胶-凝胶法 / 355
  17.3.1 浸涂 / 355
  17.3.2 旋涂 / 356
17.4 激光氧化 / 357
17.5 阳极氧化 / 357
17.6 等离子体电解氧化 / 357
17.7 电解沉积法 / 357
17.8 复合法 / 358
17.9 保护膜 / 358
  17.9.1 氧化物涂层 / 358
  17.9.2 羟基磷灰石涂层 / 359
  17.9.3 复合涂层 / 359
  17.9.4 杂化涂层 / 360
  17.9.5 陶瓷涂层 / 360
17.10 腐蚀研究 / 360
17.11 结论 / 362
参考文献 / 362

第 18 章 腐蚀监测光学传感器 / 366

18.1 简介 / 366
18.2 光纤传感器的工作原理 / 367
  18.2.1 光纤布拉格光栅 / 367
  18.2.2 干涉型光纤传感器 / 367
  18.2.3 分布式传感器 / 368

18.2.4 光强调制器 / 368
18.2.5 表面等离子体共振传感器 / 369

18.3 腐蚀检测 / 369
18.3.1 腐蚀直接测量 / 370
18.3.2 利用金属牺牲层直接进行腐蚀测量 / 372
18.3.3 腐蚀产物和前驱体的测定 / 375
18.3.4 腐蚀控制的相对湿度监测 / 379
18.3.5 腐蚀控制的 pH 光纤传感器 / 380

18.4 结论和未来趋势 / 384
致谢 / 384
参考文献 / 384

第 19 章 用于重大文化工程的高性能防腐蚀涂层的表征 / 391

19.1 简介 / 391
19.1.1 物质文化遗产保护涂层 / 391
19.1.2 智能定义：化学智能和物理智能 / 392
19.1.3 文化遗产保护常用涂层 / 392
19.1.4 文物保护涂层的耐候性研究 / 392
19.1.5 开发物质文化遗产用智能涂层的方法 / 394
19.1.6 涂层系统的预期挑战 / 395
19.1.7 电化学阻抗谱表征保护膜的阻隔性能 / 395

19.2 实验细节 / 396
19.2.1 涂层基体实验细节 / 396
19.2.2 涂覆板老化研究实验细节 / 396
19.2.3 基体表征实验细节 / 396

19.3 化学智能涂层的测试和表征 / 396
19.3.1 户外金属化学智能涂层的耐候性研究 / 396
19.3.2 EIS 对耐候涂层基材的表征 / 397
19.3.3 耐候涂层基体的 FTIR 表征 / 397

19.4 物理智能涂层的表征 / 399
19.4.1 在水性纳米复合材料涂层中使用合成纳米黏土 / 399
19.4.2 改性纳米黏土以提高与涂层的相容性 / 400
19.4.3 纳米黏土改性实验 / 401
19.4.4 FTIR 表征改性皂石 / 401
19.4.5 X 射线表征改性皂石 / 401
19.4.6 SAXS 数据拟合 / 403

19.4.7 AFM 表征改性皂石 / 404
19.4.8 改性皂石涂层 / 405
19.5 物理智能涂层性能测试 / 405
19.5.1 EIS 研究水性 PVDF-黏土纳米复合材料的屏障性能：退火的影响 / 405
19.5.2 电解质溶胀膜中水的电容和体积分数计算 / 406
19.5.3 智能涂层性能评价 / 407
19.6 结论与未来方向 / 407
致谢 / 408
参考文献 / 408

第20章　振动光谱技术腐蚀监测 / 410

20.1 简介 / 410
20.2 原理 / 410
20.2.1 拉曼光谱 / 410
20.2.2 红外（IR）光谱 / 411
20.3 方法和仪器设备 / 412
20.3.1 拉曼光谱 / 412
20.3.2 红外光谱 / 413
20.4 原位拉曼光谱在腐蚀科学中的应用 / 414
20.4.1 溶液腐蚀 / 414
20.4.2 大气腐蚀 / 415
20.4.3 缓蚀剂 / 416
20.4.4 涂层 / 417
20.5 原位 FTIR 在腐蚀科学中的应用 / 420
20.5.1 溶液腐蚀 / 420
20.5.2 大气腐蚀 / 420
20.5.3 缓蚀剂 / 421
20.5.4 涂层 / 421
20.6 结论 / 422
致谢 / 422
参考文献 / 422

第1章 腐蚀控制涂层的电化学观点

L. H. Hihara

Hawaii Corrosion Laboratory, Department of Mechanical Engineering, University of Hawaii at Manoa, Honolulu, Hawaii, USA

1.1 简介

在自然界,几乎所有发现的金属元素都处于它们的热力学稳定状态,并且主要以氧化物、硫化物和卤化物组成的矿石形态出现[1]。由于金属单质(如无特殊说明,以下金属均指金属单质)具有回复到其热力学稳定化合物的倾向,因此从矿石中提取金属必须消耗大量能量。在大多数情况下,暴露在潮湿空气中的金属容易被氧化,形成氧化物。如果这些氧化物是多孔状的或者与基体结合力不强,那么金属基体容易被腐蚀。如果形成的氧化物是一层致密防水层,那么金属发生钝化,并具有优异的耐腐蚀性。然而,在含有侵蚀性离子的环境中,钝化膜容易破裂,进而形成局部腐蚀并且腐蚀速率加快。因此,对于那些不具有钝化性的金属或在容易使钝化膜破坏的侵蚀性环境中使用的钝化金属来说,都需要使用涂层防止其发生腐蚀。

1.2 腐蚀

金属在有水存在的环境中发生溶液腐蚀。然而,溶液腐蚀并不需要金属完全浸没在水中就能发生。由于温度波动或盐类气溶胶吸湿性杂质,即使相对湿度低于100%(例如,在温暖潮湿的天气,水在低温材料表面的冷凝)的情况下,水也会在其表面凝结[2],从而发生溶液腐蚀。

1.2.1 腐蚀热力学

溶液腐蚀是一种包括阳极(或氧化)和阴极(或还原)反应的电化学过程。金属 M 的阳极溶解过程可以用如下半电池反应表示:

$$M \longrightarrow M^{n+} + ne^- \tag{1.1}$$

腐蚀过程中,阳极反应中失去的电子被阴极反应所吸收。溶液腐蚀中的两个主要阴极反应分别是氧的还原反应[式(1.2)和式(1.3)]和析氢反应[式(1.4)和式(1.5)],其半电池反应分别如下:

$$O_2 + 4e^- + 4H^+ \longrightarrow 2H_2O \text{(酸性溶液中)} \tag{1.2}$$

$$O_2 + 4e^- + 2H_2O \longrightarrow 4OH^- \text{(碱性溶液中)} \tag{1.3}$$

$$2H^+ + 2e^- \longrightarrow H_2\uparrow \text{(酸性溶液中)} \tag{1.4}$$

$$2H_2O + 2e^- \longrightarrow H_2\uparrow + 2OH^- （碱性溶液中） \tag{1.5}$$

氧还原反应只能在溶有氧的溶液中发生。析氢反应在有氧和除氧环境中都可以发生。例如，在有氧的碱性溶液中，阴极反应为氧的还原反应，腐蚀总反应为：

$$\begin{array}{c} 2M \longrightarrow 2M^{2+} + 4e^- \\ O_2 + 4e^- + 2H_2O \longrightarrow 4OH^- \\ \hline 2M + O_2 + 2H_2O \longrightarrow 2M^{2+} + 4OH^- \end{array} \tag{1.6}$$

在除氧的酸性溶液中，阴极反应为析氢反应，金属腐蚀总反应为：

$$\begin{array}{c} M \longrightarrow M^{2+} + 2e^- \\ 2H^+ + 2e^- \longrightarrow H_2\uparrow \\ \hline M + 2H^+ \longrightarrow M^{2+} + H_2\uparrow \end{array} \tag{1.7}$$

发生腐蚀时，总反应的电池电动势 E_{cell} 必须大于零，也就是该腐蚀反应的吉布斯自由能下降，腐蚀才能进行。电池电动势是阴极半电池反应和阳极半电池反应平衡电位的差异。例如，在酸性溶液中，阴极反应为析氢反应 [式(1.4)]，E_{cell} 为：

$$E_{cell} = E_{H^+/H_2} - E_{M^{n+}/M} \tag{1.8}$$

式中半电池反应的平衡电位（例如，E_{H^+/H_2} 和 $E_{M^{n+}/M}$）由能斯特方程确定：

$$E = E^\ominus - \frac{RT}{nF} \ln \frac{a_{reactants}}{a_{products}} \tag{1.9}$$

式中，$E^\ominus$ 是标准电位；R 是理想气体常数；T 是热力学温度；n 是在半电池反应中转移的电子数量；F 是法拉第常数（或1mol电子所带电荷数）；$a_{reactants}$ 和 $a_{products}$ 分别为反应物和产物的活度。E_{cell} 的值仅表明反应的热力学可能性，因此需要研究动力学以获得腐蚀反应速率。

1.2.2 动力学

在腐蚀研究中，使用极化图[3]来确定金属溶解速率、氧气还原速率和析氢速率。电化学反应的热力学驱动力可以由极化图纵轴上电动势 E 得到。电化学反应的动力学由极化图横轴上电流 I 测量得出。由于阳极反应 [式(1.1)] 和阴极反应 [式(1.2)～式(1.5)] 包括电子的转移，因此它们的反应速率与电流成正比。

$$N = \frac{It}{nF} \tag{1.10}$$

式中，t 是电流 I 的持续时间；F 是法拉第常数（或1mol电子所带电荷数）；n 是参与反应电子的物质的量。

$$O + ne^- \longrightarrow R \tag{1.11}$$

阳极反应产生阳极电流 I_A，阴极反应产生阴极电流 I_C。电流通常用电极的表面积 A 来归一化：

$$i_A = \frac{I_A}{A} \tag{1.12}$$

$$i_C = \frac{I_C}{A} \tag{1.13}$$

由于金属种类及其所处环境不同，金属可能表现为活化、钝化、活化-钝化电化学行为。活性金属和合金不会形成保护性钝化膜，并且当电位大于开路电位或腐蚀电位（E_{corr}）时，其阳极电流（图1.1）将随电位的增加而增加。钝化金属表面形成一层保护性的钝化膜，使电位高于腐蚀电位（E_{corr}），其溶解电流也很小（图1.2）。活化-钝化金属（例如 Cr、Ni）[4]通常在阳极极化图上显示活化、钝化以及过渡区（图1.3）。从腐蚀电位（E_{corr}）到初始钝化电位（E_{pp}）的活性区，金属溶解速率随着电位增加而增加。在钝化区，当电位大于 E_{pp} 时，金属表面形成的保护性氧化物钝化膜使电流急剧降低。在更高电位的过钝化区，由于钝化膜破裂导致金属溶解或析氧腐蚀，阳极电流将再次增加[2]。

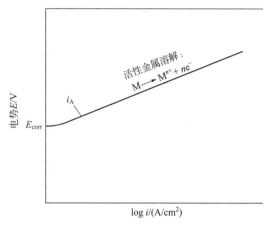

图1.1 没有保护性氧化膜金属的活性溶解　　图1.2 表面有保护性氧化膜金属的活性溶解

通常来自卤化物基团（例如 Br^-、Cl^-）的侵蚀性阴离子可防止钝化，从而导致金属表面出现局部腐蚀或点蚀。当电极电位超过点蚀电位（E_{pit}）[2]时，开始出现点蚀现象。点蚀电位随侵蚀性阴离子浓度的增加而下降（图1.4）[5]。

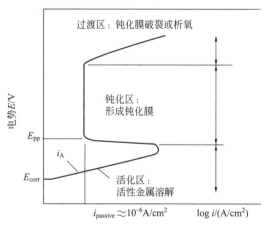
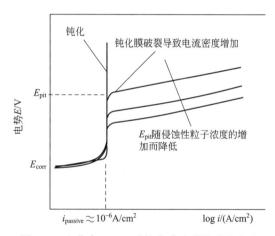

图1.3 过钝化区的活性-钝化溶解　　图1.4 电位高于 E_{pit} 时钝化膜破裂导致的点蚀
（电位大于 E_{pp} 时形成保护性的氧化膜）

在腐蚀过程中，主要的阴极反应包括氢离子还原和氧气还原。在除氧环境中，只有氢离子还原反应；但在含氧环境中，可以发生氢离子还原和氧气还原两种阴极反应。因此，在极化图上，在除氧环境中只能看到氢离子还原，而在含氧环境的极化图中，既可以看到氢离子还原，也可以看到氧气还原（图1.5）。当氧分子到达阴极区的速率受到扩散控制时，氧还原曲线的电流将达到极限值。极限扩散电流随氧浓度增加和扩散层变薄（例如，本体溶液中电解质的搅动或者电解质薄液膜的挥发）而增加。

腐蚀发生时，金属溶解产生的电子数量等于阴极反应消耗的电子数量，如此电荷才能守恒。因此，设定腐蚀材料的腐蚀电位为 E_{corr}，阳极电流密度为 i_A，那么阴极电流密度 i_C 的大小等于阳极电流密度，该电流密度称为腐蚀电流密度 i_{corr}（图1.6）。

$$i_A \xrightarrow{E=E_{corr}} i_C = i_{corr} \tag{1.14}$$

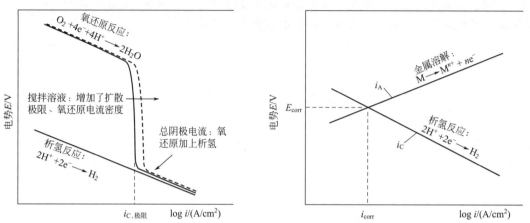

图1.5　因搅拌溶液而产生的对流减小了扩散层厚度并增加极限扩散电流密度

图1.6　阳极金属溶解曲线和阴极析氢（或者有氧条件的氧还原）曲线的交叉点对应腐蚀电位 E_{corr} 和腐蚀电流密度 i_{corr}

1.3　涂层

耐蚀涂层和涂层系统通常提供以下一种或多种特性来保护金属基体：①防潮和腐蚀介质的防渗阻挡层；②使用缓蚀剂防止腐蚀；③阴极保护。涂层系统可以使用单层、独立涂层或更复杂的多层涂层体系。多层涂层体系包括表面预处理层、增强与基体金属附着力并提供缓蚀作用的底漆、增强耐久性的底层漆，以及能增加表面涂层美观性和增加环境抵抗力的面漆（图1.7）。

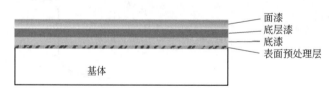

图1.7　由表面预处理层、底漆、底层漆和面漆组成的涂层系统

1.3.1　屏蔽涂层

屏蔽涂层通过形成不透水的阻隔层来阻隔湿气和腐蚀性介质，从而保护基体金属。只有在有水分环境中才能诱发腐蚀，因此完整的屏蔽涂层将会有效防止金属基体发生腐蚀，但是在有水分和腐蚀性介质环境中，腐蚀可能从涂层破裂处产生。此外，屏蔽涂层的电性能和电化学性能也会影响其裂缝处的腐蚀程度。

在腐蚀过程中，总阳极电流必须等于总阴极电流：

$$\sum_j I_{A,j} = \sum_k I_{C,k} \tag{1.15}$$

在上面的表达式中，电流可以用电流密度 i 和相应的面积 A 的乘积来表示：

$$i_{A,breach}A_{breach} + i_{A,coating}A_{coating} = i_{C,breach}A_{breach} + i_{C,coating}A_{coating} \tag{1.16}$$

式中，下标"A"和"C"分别用来表示阳极和阴极；下标"breach"是指在涂层破损处暴露的基体区域，"coating"是指涂层区域；$i_{A,breach}$代表了涂层破裂时基体的溶解速率，其表达式如下：

$$i_{A,breach} = \frac{i_{C,breach}A_{breach} + i_{C,coating}A_{coating} - i_{A,coating}A_{coating}}{A_{breach}} \quad (1.17)$$

对于没有被牺牲的屏蔽涂层，$i_{A,coating}$为零：

$$i_{A,breach} = i_{C,breach} + i_{C,coating}\frac{A_{coating}}{A_{breach}} \quad (1.18)$$

因此，基体在涂层破损处的阳极溶解速率$i_{A,breach}$是破损处暴露基体的阴极电流密度和涂层上阴极电流密度与涂层面积/破损面积乘积的函数。如果涂层具有导电性，并且能够促进氧还原或析氢等阴极反应，那么它的$i_{C,coating}$值较大。考虑到涂层面积/破损面积比值通常非常大（例如，大于100），涂层破损处的溶解或腐蚀电流密度$i_{A,breach}$将会集中，从而加速局部腐蚀（图1.8）。因此，通常不推荐使用贵金属（例如铜、银、金）作为屏蔽涂层来保护比其活性大的金属（例如铝、钢）。而导电聚合物涂层也可能具有这种效果，因此，电绝缘性的或者不利于氧还原或析氢反应的屏蔽涂层可能为基体提供更多整体保护。在$i_{C,coating}$为零的极限情况下，涂层破损处所暴露基体区域的腐蚀速率等于裸露基体的正常腐蚀速率（图1.9）。

$$i_{A,breach} \xrightarrow{E=E_{corr}} i_{C,breach} = i_{corr} \quad (1.19)$$

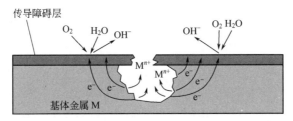

图1.8 具有导电性并且能够促进氧还原或析氢等阴极反应的屏蔽涂层能加速涂层破损处的腐蚀

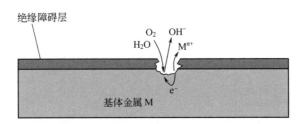

图1.9 电绝缘性的或者不利于氧还原或析氢反应的屏蔽涂层不能加速涂层破损处的腐蚀

有机涂层（如环氧树脂、醇酸树脂、丙烯酸树脂等）通常通过喷涂或刷涂来施涂。这些水分子可渗透的涂层吸收水分，并保持与大气中水分浓度平衡的水分浓度。然而，如果涂层与基体具有良好的黏附性，那么水分子会留在涂层的分子结构内，并且不会在涂层-基体界面积聚[6]。如果由于涂层和基体的本质特性或者基体表面被污染（例如，被空气中的盐污染）导致涂层黏附性差，涂层中的水分子可能在涂层-基体界面上积聚或凝结，在涂层中形成气泡，从而导致腐蚀[6]。因此，有机涂层中的裂缝并不总是需要湿气渗透到基体界面。

无机涂层（如氧化物、氮化物、碳化物等）通常在真空腔中采用化学气相沉积、真空溅射或蒸发法制备。这些涂层通常本身防水，但是脆性大，会开裂和剥落。其他无机涂层可以通过化学或电化学过程直接在基体金属上生长。例如在金属铝上制备阳极氧化膜。依据工艺参数不同，这些薄膜可以是致密防水薄膜或者是多孔薄膜。

为了克服单一屏蔽涂层的不足之处，通常将缓蚀剂添加到涂层配方中以提供额外的腐蚀保护。

1.3.2 防腐蚀涂层

缓蚀剂是用于降低电化学反应速率以抑制腐蚀的化学物质。通常情况下，缓蚀剂的使用浓度很低（例如，百万分之一）。阳极缓蚀剂能够通过将阳极极化图向左移动（图1.10）来降低电流密度，导致 i_{corr} 降低，E_{corr} 增加，从而降低阳极反应速率。阴极缓蚀剂通过将阴极极化图向左（电流密度较小的方向）移动（图1.11），导致 i_{corr} 和 E_{corr} 降低，从而降低阴极反应速率。如果同时使用阳极缓蚀剂和阴极缓蚀剂，或者缓蚀剂同时抑制阳极反应和阴极反应，则阳极和阴极曲线都将向左（电流密度较小的方向）移动，导致 i_{corr} 降低，但 E_{corr} 的增加或减少取决于阳极和阴极曲线的变化程度（图1.12）。

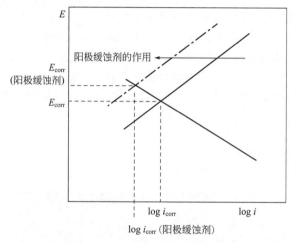

图1.10　阳极缓蚀剂抑制阳极反应，导致 i_{corr} 降低，E_{corr} 增加

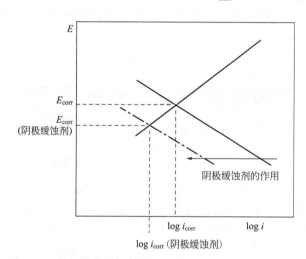

图1.11　阴极缓蚀剂抑制阴极反应，导致 i_{corr} 和 E_{corr} 降低

缓蚀剂通常用于表面预处理和涂层体系的底漆中。六价铬是一种非常有效并且具有很长使用历史的缓蚀剂。然而，六价铬在某些条件下具有致癌性，因此目前正在逐步被淘汰，许多研究者正在积极寻找和开发毒性较小的替代品。

1.3.3 阴极保护涂层

阴极保护涂层的保护机制按照阴极保护原理进行。这些涂层既可以是金属，也可以是半

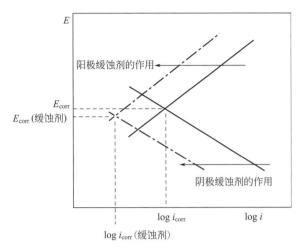

图 1.12 既能抑制阴极反应也能抑制阳极反应的缓蚀剂，导致 i_{corr} 降低，但 E_{corr} 既可能增加也可能减小

导体。其中，金属涂层必须要比被保护的基体金属更具电化学反应活性，半导体涂层必须是 n 型半导体。保护过程中会优先牺牲金属涂层以保护基体金属，而 n 型半导体则因其光电效应而保护涂层。

1.3.3.1 牺牲金属涂层

消耗或牺牲金属涂层可以保护基体金属。一个典型的例子是镀锌钢，在低碳钢的保护层中有一层锌。通常，镀锌钢中，锌涂层抑制了涂层缺口处的低碳钢腐蚀，直到锌涂层大部分被腐蚀掉（图1.13）。在极化图中，这个过程可以描述如下：当金属 M 腐蚀时，自腐蚀电位为 $E_{corr,M}$，腐蚀速率为 $i_{corr,M}$（图 1.14）。如果金属 M 与更活泼的金属 A （例如，金属 A 的 E_{corr} 低于金属 M）连接，并且两者都浸入相同的电解质中，则金属 M 的电位和更活泼的金属 A 的电位将达到平衡，为电偶电位 E_{galv}。另外，金属 M 的腐蚀速率将降到 $E_{diss,M(coup\ to\ A)}$（图 1.14）。

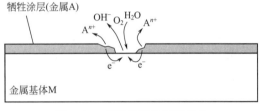

图 1.13 牺牲涂层的阴极保护

如果 E_{galv} 下降到金属 M 的平衡电位 $E_{M^{n+}/M}$ 以下，那么 M 的腐蚀就完全停止（图 1.14）。当活泼金属 A 与比其惰性的金属 M 偶联时（图 1.14），A 的腐蚀速率将从 $i_{corr,A}$（当未偶联时）增加到 i_{galv}。因此，金属 A 将被"牺牲"以保护金属 M。

对于阴极保护涂层，涂层中使用的活性牺牲金属必须与待保护的金属基体电接触。例如，通过在熔融金属中热浸镀、火焰喷涂金属或者从溶液中电镀金属，将活性金属涂覆到基体上，可以实现与基体的接触。或者，可将活性金属颗粒掺入黏合剂中，然后喷涂到基体上。黏合剂可以是有机黏合剂（例如氯化橡胶、乙烯基树脂、环氧树脂），也可以使用无机黏合剂（例如硅酸盐）[6]。活性金属的负载量必须足够大（例如，对于 Zn 涂层，干涂层的质量占 90%～95%[6]），以使涂层导电，如此活性牺牲金属腐蚀产生的电子才能迁移到金属基体上，从而起到保护阴极的作用。黏合剂的特性也可能具有二次效应。例如，当锌颗粒结合到无机硅酸盐黏合剂中时，锌颗粒的腐蚀产物能堵塞涂层中的缺陷，使得涂层更致密[6]。这种堵塞机制通常不适合有机黏合剂。相对于只能使用几个月到几年的有机黏合剂的锌涂层，采用无机硅酸盐黏合剂的锌涂层在海洋环境中能有效使用几十年。

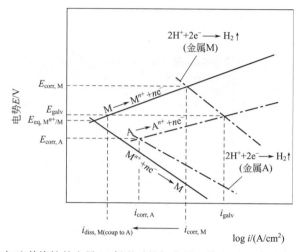

图1.14 活泼金属A与比其惰性的金属M偶联时的极化图,使金属M的腐蚀电流降到 $i_{\text{diss,M(coup to A)}}$

1.3.3.2 n型半导体涂层

阴极保护也可以通过使用n型半导体或含有n型半导体的涂层来实现,这是由其光电化学效应实现的。n型半导体是光阳极,在光照下促进光氧化反应,例如水的氧化。因此,在湿气和光照条件下,来自n型半导体涂层的光生电子可以极化基体到更低的电位以形成阴极保护[7]。在光照条件下,E_{corr}从$E_{\text{corr,M(dark)}}$偏移到$E_{\text{galv(illum)}}$,并且基体的腐蚀电流从$i_{\text{corr,M}}$减小到$i_{\text{corr,M(coup to illum SC)}}$(图1.15)。由于光照要求,这种阴极保护只能在白天才有效。

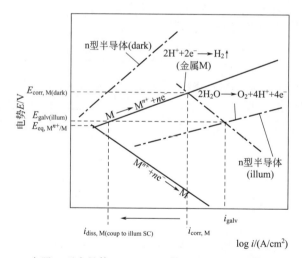

图1.15 光照n型半导体(SC)对基体金属腐蚀电流影响的极化图

1.3.4 涂层体系

如果需要更强的腐蚀保护,单层涂层可能达不到要求,这时就需要使用由表面预处理层、底漆、底层漆以及面漆相结合的更坚固的涂层体系。例如,低碳钢施镀锌涂层后,用磷酸锌预处理,然后涂上环氧树脂面漆(图1.16)。使用这种涂层系统,即使锌涂层破损,牺牲锌涂层也会通过电偶反应对低碳钢进行阴极保护(图1.13)。磷酸锌预处理增加了环氧面漆的附着力,该面漆通过抑制锌腐蚀,延长了锌涂层的寿命。因此,只有在需要保护低碳钢基体时才会腐蚀牺牲锌涂层。

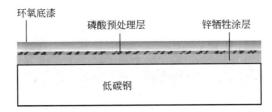

图1.16　使用锌涂层、磷酸锌预处理、环氧树脂面漆的低碳钢涂层体系

使用涂层系统需要考虑的主要因素是不同层之间的相容性，以及它们之间的协同作用，以便增强整体的腐蚀防护能力。涂层材料的错误组合可能导致材料过早失效。例如，在一个涂层中使用的溶剂会损害相邻涂层的完整性，导致黏合力或内聚力的丧失等[6]。因此，使用多种涂层之前应对其兼容性和实施性能进行测试和验证。

1.4　结论

大多数金属在实际使用过程中，需要使用保护性涂层或涂层系统为其提供一定的防腐蚀保护。由于金属的腐蚀是一个电化学过程，它受到水分含量、化学环境和金属电化学状态的影响。因此，可以通过使用能有效控制上述参数的涂层来减轻腐蚀。在控制腐蚀方面，附着力、内聚力、防水性、电阻率、氧还原和析氢反应的催化性能、缓蚀和电化学电位等都是十分重要的涂层特征。如何控制这些特征，或施加合适涂层系统取决于其防腐蚀等级。

参 考 文 献

[1] Rosenqvist T. Principles of extractive metallurgy. 2nd ed. New York：McGraw-Hill Book Company；1983.
[2] Uhlig HH, Revie RW. Corrosion and corrosion control. 3rd ed. New York：John Wiley & Sons；1985.
[3] Gellings PJ. Introduction to corrosion prevention and control for engineers. Rotterdam：Delft University Press；1976.
[4] Fontana MG, Greene ND. Corrosion engineering. 2nd ed. New York：McGraw-Hill Book Company；1978.
[5] Galvele JR. Present state of understanding of the breakdown of passivity and repassivation. In：Frankenthal RP, Kruger J, editors. Passivity of metals. Princeton, NJ：The Electrochemical Society；1978.
[6] Munger CG. Corrosion prevention by protective coatings. Houston：National Association of Corrosion Engineers；1984.
[7] Ding H, Hihara LH. A "photochemical corrosion diode" model depicting galvanic corrosion in metal-matrix composites containing semiconducting constituents. In：212th Electrochemical Society Meeting，Washington，DC；2007.

第 2 章 腐蚀的重要性及使用智能防腐蚀涂层的必要性

I. Gurrappa, I. V. S. Yashwanth

Defence Metallurgical Research Laboratory, Kanchanbagh PO, Hyderabad, India

2.1 简介

由于腐蚀能造成巨大灾难、产生巨大经济损失，因此对世界上大多数工业来说，解决腐蚀问题都是一个艰巨的任务[1]。腐蚀问题不分国界，各国都存在，而且不分条件，如在室温和高温下都会发生腐蚀。根据腐蚀的表现形式，目前将材料的腐蚀形式主要分为以下几类：均匀腐蚀；缝隙腐蚀；点蚀；电化学腐蚀；晶间腐蚀；优先溶解腐蚀；磨损腐蚀；应力腐蚀开裂（SCC）；腐蚀疲劳；微生物腐蚀（MIC）。

其中任何一种腐蚀形式导致的失效敏感性取决于所用材料的本质、使役状况和周围环境。最新的调查显示，全球范围内直接由腐蚀造成的年损失（主要包括修理、维护和更换的材料、设备和服务）约为 4 万亿美元，约占美国国内生产总值（GDP）的 4%（图 2.1）。这个数字还不包括环境破坏、资源浪费、生产损失或者由于腐蚀造成的人身伤害的部分。表 2.1 为腐蚀所涉及的几大领域及相关行业部门。据腐蚀专家介绍，采用现有的腐蚀控制技术，每年可以净节省 25% 的成本。而且，通过使用创新性智能涂层，能够节约高达 35% 以上的成本。因此，对于材料或者构件来说，需要并发一种有效的、环境友好的和经济上可行的技术，用于生产和应用智能涂层以尽可能减少其腐蚀的发生。

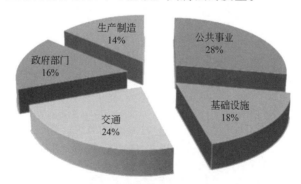

图 2.1 不同部门因腐蚀而造成的经济损失

智能涂层也称为智能/自修复涂层，具有多功能性，同时含有对服役环境产生缓蚀作用的优化元素或组分。应用智能/自修复涂层是改善腐蚀并提供防护，从而提高金属结构耐久性的一种经济有效方法。从汽车到飞机、从化工厂到家用设备，各种工程结构都可以使用这

表 2.1 腐蚀所涉及的几大领域及相关行业部门

分类	工业部门	分类	工业部门
基础设施	公路桥梁 气体和液体输送管 水港码头 危险材料储放 机场 铁路轨道	生产制造	石油和天然气勘探生产 采矿 石油精炼 化学、石油化学和制药 纸浆和纸产品 农业
公共事业	气体分布 饮用水和排污系统 公用设施电气 电信		食品生产 电子器件 家电
		政府部门	国防部 核废料
交通运输	汽车 轮船 飞机 火车 危险材料运输		

些涂层体系而获得有效保护。智能涂层是以环氧树脂为基料,通过添加高分子和纳米粒子,在室温下对构件起到防腐蚀作用。然而,像航空和工业应用的燃气涡轮发动机等用于高温环境的一些设备,需要采用金属和陶瓷智能涂层来提高其使用寿命。此外,涂层还应该是采取不同的表面工程技术制备的不同组分的多层体系。智能涂层必须适应周围的环境和温度,通过形成适当的耐腐蚀膜(如氧化铬、氧化铝)显著提高构件的使用寿命。因此,对于科学家和工程师而言,根据使用条件选择不同的材料和智能涂层是一项具有挑战性的任务。智能涂层可以分为低温智能涂层、室温智能涂层和高温智能涂层。具体内容将在以下部分分别说明。

2.2 低温智能涂层

锌和锡等传统涂层,是能为缺陷提供电偶保护,或者作为基体与环境的屏障而保护基体(金属/合金)的有机或无机涂层,该涂层已被使用一个半世纪。其他类型的涂层还包括含有锶、钙和锌铬酸盐等缓蚀组分的碱性颜料。涂层的功能主要取决于涂层的组成或配方。先进涂层添加少量功能组分,可以提高涂层的功能性。还有一些其他涂层中的树脂本身就具有一些功能性。

智能涂层通过感应环境的变化,做出适当的反应,并为基体提供最佳保护。因此,智能涂层具有多功能和多维度的优点。随着纳米技术的最新发展,可以精确设计导电聚合物和复合材料的内在功能,从而使涂层具备智能功能特征。智能涂层还避免使用六价铬、镉等有害致癌物质。目前已经研制成功并用于治疗各种疾病(包括心脏病)的药物缓释这一理念,也为开发具有缓释型缓蚀剂的智能涂层提供了大量可借鉴的信息。

如今,如何通过不同手段降低智能涂层成本是制约其发展的主要问题之一。此外,制备出的新型智能涂层必须具有足够优越的性能才能符合其制造所需的额外成本。另外,新开发出来的智能涂层必须经过实践检验才能从实验室转入工业化生产应用。新型智能涂层的开发需要化学、物理、聚合物、生物、医药和工程等多学科研究的专家队伍。

通常,材料表面的微生物生长会加速腐蚀并导致其快速失效。在这种情况下,智能涂层应含有能够释放有毒化合物的颜料,以防止细菌生长,并对基体材料提供有效保护。智能涂层的另一个重要特性是能够通过释放缓蚀剂应对使用过程中所造成的机械损伤或环境应力。

低温智能涂层可以根据其功能成分、应用、合成技术等以各种不同的方式进行大致分类。包括响应热、光或压力变化的传感性涂层，以及防污、防生物污染和生物催化的生物活性涂层，变色涂层，防腐蚀涂层等。另外，还有一些较难分类的智能涂层，包括自润滑涂层、超绝缘涂层、自修复涂层、导电涂层、自组装涂层、超疏水涂层、光学涂层等。如上所述，智能涂层主要含有功能性成分，这些成分可以是树脂本身或各种添加剂，例如颜料、纳米颗粒、纳米管、微机电系统（MEMS）、射频识别装置（RFID）、微胶囊化成分、酶、抗微生物剂等。

由于导电聚合物可以在金属表面形成致密的、低孔隙率的钝化膜，可以防止基体腐蚀，因此很多学者在导电聚合物智能涂层方面进行了大量的研究。一些智能涂层使用导电聚合物如聚苯胺（PANI）和聚吡咯制备[2,3]。这些材料有其独特的特点：首先，非常稳定；其次，具有导电性；最后，根据其电荷状态保持和释放离子物质。因此可以通过掺杂一些特殊的离子来合成智能导电聚合物涂层，该涂层可以感应腐蚀的发生并释放出离子。

另一种制备涂层的方法是使用无机和有机混合物组合的"陶瓷高聚体"。该涂层是部分有机聚合物与无机陶瓷结合在一起的。更具体一点说，是通过偶联剂连接的纳米相分离的金属-氧簇。"陶瓷高聚体"涂层可以在金属表面进行自组装，形成钝化的陶瓷前驱体相。已有结果表明，即使在已经发生腐蚀的金属表面使用该涂层也可以抑制腐蚀进程。这些涂层不仅能提供足够的机械强度，而且具有自我修复的能力，使高能量粒子免受深紫外线的影响，并保持光学透明性[4]。

Tiwari等人已经研究了不同种类的涂层组合，包括纯环氧聚合物涂层、由环氧树脂和硅树脂组成的混合涂层、由有机硅树脂组成的陶瓷涂层和由特种硅组成的准陶瓷涂层。笔者观察到，与纯聚合物涂层相比，混合涂层表现出优越的纳米力学性能，而含有高硅酮含量的涂层具有优异的硬度[5]。混合涂层具有粗糙表面，经过划痕测试后遭到损坏并有部分恢复原状，而陶瓷高聚体和准陶瓷涂层显示出脆性破坏的特性。他们还提及了使用有机硅乳剂涂层来保护金属使其免受腐蚀[6]。

目前有两家技术性企业可以提供节能环保、价格低廉的工业化生产技术（Aquence™），用于精细腐蚀防护。Aquence是将商业性和经济性结合在一起的化学自沉积过程，同时也是一个创新的化学自沉积过程，在几个工艺阶段不使用重金属却能为基体提供高质量的防腐蚀性保护。水性有机溶液能在被其保护的、与化学品直接接触的黑色金属表面形成涂膜（图2.2）。Aquence工艺仅在与黑色金属相互作用的地方产生涂层；对于橡胶和塑料等其他材料，不需要经过预处理，只需在低温下煅烧就可形成涂层。对于复杂的零件，如带有预先装配好的塑料零部件，可以先单独对其均匀涂覆，然后固化。与化学物质均匀接触确保即使复杂紧密排列的部件或空腔的组件也可以防止其腐蚀。硬度的增强、涂层与金属基体的直接键合都会提高部件的耐久性[7]。

2.3 自愈合涂层的封装

自愈合技术的发展在多功能涂层领域开辟了一片新天地，其出现有望延长涂层的使用寿命，并降低维护等相关方面的巨大成本。特别是在过去十几年里，专家们在这方面进行了许多研究[8,9]。目前人们正在开发一些生产涂层的新方法，使涂层既能保持高性能，也能具有所需愈合的特性[10]。该研究进行的加速老化测试表明，腐蚀现象明显延迟和减少（图2.3和图2.4）。

必须指出的是，各种基体上使用的保护涂层是模仿人体皮肤等自然系统而发展起来的，可以用于保护其底层的基体。天然防护系统和人造类似物的主要区别在于破损后是否具有自

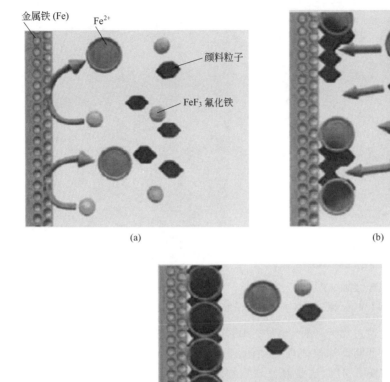

图 2.2　铁基体上 Aquence 涂层的形成步骤
（a）Fe^{2+} 的释放过程；（b）Fe^{2+} 和涂层的结合过程；（c）膜的形成过程

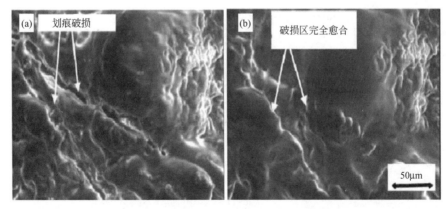

图 2.3　胶囊封装涂层的高分子自愈合
（a）被破坏的高分子表面；（b）愈合的高分子表面

行修复的能力。皮肤的自我愈合是通过自然形成一个与正常表面相同的结构。某些植物不断用蜡状残渣更新其叶子表面，用以防止真菌等水生污染物在其上生长。因此，添加功能性物质的自修复涂层研究是受自然界启发而来的。

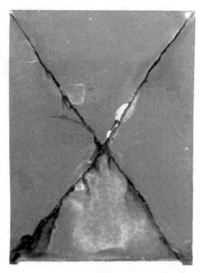 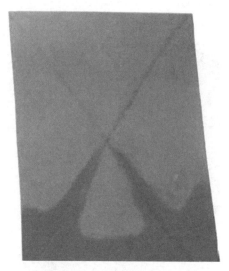

(a) 没有微胶囊的控制涂层　　　　　　　(b) 含自愈微胶囊的涂层

图 2.4　掉皮钢板上的高分子融入微胶囊后的修复行为

自修复涂层主要是通过加入一种封装的"愈合剂"进行制备，一旦涂层损坏后，愈合剂就会被释放出来。已经证明，涂层表面受到切割、划线、冲击和深层磨损后这些封装的愈合剂均可成功修复涂层（图 2.3）。这些修复材料将在破损区域表面重新形成一层与原始的未受损表面相媲美的保护表面。这些涂层中，自愈材料起源处是唯一的，就是最初的破坏之处。微胶囊自修复材料是由伊利诺伊大学 White 等人开发出来的。最初的想法是将封装的单体二环戊二烯（DCPD）嵌入热固性复合体系中。一旦复合材料中形成裂纹，胶囊破裂，DCPD 通过毛细作用流到裂纹平面，随后二环戊二烯单体与树脂中的催化剂相接触，从而聚合成固体。这种创新性涂层的概念类似于骨头（一种刚性无机羟基磷灰石、胶原蛋白和其他柔性有机组分）中裂缝的"自我修复"。

美国陆军研究人员库马尔（Kumar）和史蒂芬森（Stephenson）展示了一种用于户外钢结构的自修复防腐蚀涂层体系[8]。Luna Innovations 公司也开展了类似的自修复封装涂层研

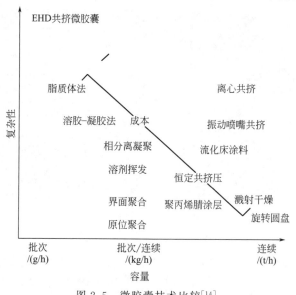

图 2.5　微胶囊技术比较[14]

究。该研究理念与将单体封装到自修复复合材料中的方法类似,只不过是将单体封装在保护性涂层中。胶囊一旦在应力下破裂,就如同涂层中出现划痕一样,单体从破裂胶囊中流出并进入受损区域,通过自氧化过程修复涂层。为了保持其功效性,胶囊必须能够承受涂层施镀和使用过程中的正常压力,必须具有良好的结构和化学完整性[10]。此外,在有防腐蚀的要求下,还需要将缓蚀剂与单体一起封装,才能确保所得到的涂层具有与原始涂层相同的防腐蚀能力[10]。

目前,合成微胶囊的技术有界面聚合[11]、凝聚[12]、原位聚合[13]、挤压和溶胶-凝胶方法。图 2.5 为不同封装技术之间的比较。这些方法中,原位聚合法是最简单有效的技术。因此,大多数研究者已经将原位聚合法作为制造微/纳米胶囊的主要技术。由于单体通过裂纹面需要进行自由流动,所以一般情况下修补材料都是液态材料。关于原位聚合的方法,可以参见 Samadzadeh 等人[14]发表的一篇关于封装,特别是原位聚合方法方面的综述文章。

在氧化性的腐蚀环境中,为了降低体系的能量,活性金属表面一般具有自发形成一层钝化膜的趋势。如果金属表面无法形成钝化膜,例如,对于处于含氯环境中的铝,可以设想选用合适的保护涂层,在铝基体表面构建一层化学结构或纳米结构,一旦发生腐蚀反应,该涂层就会释放缓蚀剂。比如 Al 2024-T3 合金表面,施加掺有聚苯胺的涂层后,暴露在盐雾环境时,涂层就能释放缓蚀剂。有机阴离子 ORR 缓蚀剂是一种比较合适的掺杂剂。Hamdy 等人设计了一种用于船舶、汽车和航空航天仪器使用的铝基和镁基合金上的无铬防腐蚀智能涂层(图 2.6)[15],他们开发了一种简单的钒基化学转化涂层对高强度 AA2024 合金进行腐蚀防护。

图 2.6　钒酸盐涂层在腐蚀区钒的氧化成核过程和自愈合趋势

纳米结构材料工程扩展了工程"智能"涂层开发的可能性,例如涂层受到破坏、应力(机械方面或化学方面)、电或机械控制信号作用时,可以按需释放缓蚀剂。比较理想的情况是,一旦腐蚀开始,"智能"腐蚀防护涂层就会产生或释放缓蚀剂。在含氧电解液中,铝金属的自腐蚀电位约为 1.7V,可以通过化学或物理作用形成微纳米机械,传送所需的缓蚀剂。自钝化过程(就像硝酸中钢铁发生的现象一样)可以利用金属表面的自发反应合成"缓蚀物质",即一层致密的氧化物保护膜。原则上,纳米工程的功能涂层实质就是在基体表面形成一层"智能"活性涂层,或者一旦需要就会在其表面生成一种缓蚀材料[16]。

在硫酸钴和多壁碳纳米管等的水溶液中,采用直流电流(DC)和脉冲反向电流(PRC)电沉积法可以制备 Co 纳米晶和钴/多壁碳纳米管(Co/MWCNT)涂层。考察多壁碳纳米管官能化、DC 和 PRC 电沉积技术对涂层微观结构和性能的影响,结果表明,掺入多壁碳纳米管(特别是功能化的多壁碳纳米管)能显著改善沉积涂层的硬度、抗磨损能力和耐腐蚀性[17]。PRC 电沉积法生产的 Co 纳米晶和钴/多壁碳纳米管(Co/MWCNT)涂层具有粒度小、表面粗糙度数值低、基体中多壁碳纳米管分布均匀的特点,因而表现出具有较高的硬度、耐磨性和耐腐蚀性等特点。多壁碳纳米管的官能化有利于多壁碳纳米管与钴离子的共沉积,从而提高复合涂层的硬度、耐腐蚀性和耐磨性。在所有样品中,通过 PRC 电沉积产生的官能化多壁碳纳米管复合涂层的硬度最高(1180kgf/mm², 1kgf/mm²≈9.8MPa),并且具有最佳的耐磨性和耐腐蚀性。这些 Co 纳米晶和钴/多壁碳纳米管涂层的摩擦磨损行为产生区别的原因在于它们具有不同的硬度、微观结构和不同的磨损机制（图 2.7 和图 2.8）。

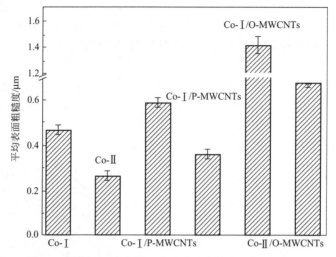

图 2.7 不同 Co 纳米晶和多壁碳纳米管表面粗糙度对比

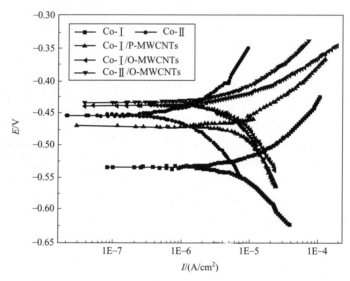

图 2.8 在 3.5% NaCl 溶液中不同 Co 纳米晶和多壁碳纳米管的极化行为[17]

据报道，螺[1H-异吲哚-1,9-[9H]杂蒽]-3(2H)酮-3,6-双（二乙氨基）-2-[（1-甲基亚乙基）氨基]（FDI）能够在环氧涂层中作为铝腐蚀"启动"探测器[18]。电喷雾电离质谱（ESI-MS）和 ^{1}H NMR（核磁共振）研究表明，无荧光的 FDI 由于其酸性催化水解成 Rhodamine B hydrazide（RBH），从而对较低的 pH 值比较敏感，随后质子化成其荧光开环形式。不管智能环氧涂层是否含有 FDI，均能在低指示剂浓度（0.5%，质量分数）时检测到局部铝腐蚀阳极区域产生的酸性。这一现象均可通过荧光观察得以证实，在手持式紫外线灯照射时，涂层下铝基体局部点蚀区呈现亮橙色[18]。因此，铝的早期腐蚀可以通过简单无损的"启动"荧光法进行检测。

海洋平台，船舶，潜艇，运输石油、天然气和水的管道等绝大多数结构由碳钢制造，主要使用油漆涂层防止其腐蚀。在使役过程中，油漆涂层慢慢失效，而使基体成为阳极区域。尤其是对于船体来说，其结构十分复杂，油漆可能在航行过程中因机械损伤而失效[19~22]。

另外，处于水下部分的船体有许多敏感区域，如螺旋桨和方向舵等，相对船体材料来说较为惰性，由于彼此相互接触形成电偶腐蚀对而加速腐蚀。同样，几千公里长的输送管道必然会经历各种各样的环境条件，也必定会造成腐蚀灾难。因此，为了保护所有运行条件下的结构和管道，同时采取经济有效的智能涂层和正确设计阴极保护系统的措施是十分必要的。值得注意的是，单独使用智能涂层不足以对其进行有效保护，必须对这些结构安装阴极保护系统。智能涂层作为阴极保护系统的补充，可以显著提高材料寿命。

2.4 阴极保护

阴极保护可以采用牺牲阳极或使用外加电流阴极保护（ICCP）系统两种方式。实验已经证实，结构钢的腐蚀电位为－800mV（相对于银/氯化银电极）、＋250mV（相对于锌参比电极）、－850mV（相对于铜/硫酸铜电极）时，结构钢的腐蚀就会停止。

2.4.1 牺牲阳极

牺牲阳极的目的是保护阴极，其原理是，在导电环境中两种不同的金属相互电接触时，由于存在电位差，就会产生电偶电流。惰性相对较强的金属主要是通过惰性相对较弱金属的腐蚀而得到保护。相对于海洋结构材料低碳钢来说，镁、锌和铝合金是基体材料，因此，在海水中，一旦这些合金与低碳钢接触就会发生阳极溶解，产生电偶电流，从而对低碳钢提供保护。

当环境导电性较高而且对电流要求较低时，通常优先使用牺牲阳极的方式保护结构系统。这种方法一般投资较低，因此通常是短期保护海洋结构最经济的方法。

2.4.1.1 牺牲阳极的优点

① 不需要电源供电；
② 安装相对简单，如果没有获得足够的保护，可以随时增加阳极；
③ 对潜水员没有电气危险；
④ 不需要多次实践；
⑤ 没有不正确的配件问题；
⑥ 维护成本最小化；
⑦ 安装成本低。

但是，牺牲阳极也有一些限制。

2.4.1.2 牺牲阳极的缺点

① 因为阳极寿命有限，需定期更换；
② 不能根据需求（污染、油漆损坏等）调节电流输出；
③ 对于大且涂装不良的管道并不可行；
④ 需要大量的阳极，增加摩擦阻力和重量。

2.4.2 ICCP系统

阴极保护是目前最理想和有效的系统，能够克服牺牲阳极的缺点，并已在大部分管道中得到广泛应用。目前，阴极保护已在全世界范围内广泛应用于对船体、海上结构和潜艇的保护。阴极保护系统是通过直流电源供电，将保护电流通过惰性阳极施加在作为阴极的管道、船体、潜艇等结构上，使其得到保护。

ICCP系统的优点如下：
① 大驱动电位；
② 较高的输出电流；
③ 电流输出控制灵活；

④ 几乎适用于任何电阻率的土壤环境；
⑤ 适用于涂装不良的管道；
⑥ 可以保护大的、昂贵的管道。

Gurrappa 对牺牲阳极和智能阴极保护的研究比较充分，对该技术在冷却水管道和船体方面的使用出版了大量书籍发表了研究文章[23,24]。

2.5 高温智能涂层

如前所述，材料的使用环境决定了其腐蚀是在低温还是高温条件下发生。现代涡轮发动机需要更高效率和更高性能的材料，该材料为高温条件下仍能发挥其最大效率的高性能材料。然而，较高的操作温度不可避免造成部件高温腐蚀，从而显著降低其使用寿命。氧化和热腐蚀是决定涡轮发动机部件使用寿命的两个重要因素（高温腐蚀下）。在氧化条件下，失效速度较慢，而在热腐蚀条件下，失效速度明显加快，如果没有使用合适的材料和涂层（图2.9），必然导致灾难性故障[25,26]。为了提高发动机的使用寿命，必须评估涡轮发动机热腐蚀问题及现状，同时选用先进的耐热腐蚀材料和涂层。因此该领域所需要解决的问题不仅仅是提高涡轮发动机的工作效率，还要避免其在使用过程中出现失效现象。

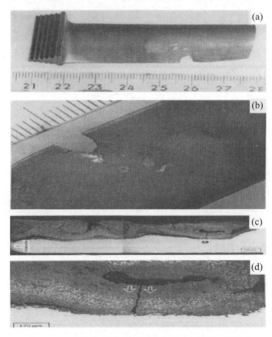

图 2.9　涡轮发动机因热腐蚀失效的典型图片
(a) 损坏叶片的宏观图；(b) 裂纹扩展；(c) 热腐蚀裂纹的微观形貌；(d) 二次裂纹扩展

图 2.10 为一种典型的涡轮发动机中的高温合金和钛基合金部分。如图所示，发动机需经受高温的部分由镍基高温合金和钛合金压缩机部分组成。大约三十年前，镍基高温合金加工工艺取得巨大进步，使其微观结构从等轴结构向定向凝固多晶和单晶组件方向发展。随着组分灵活度的增加，以及时间的推移、加工工艺的进步，高压涡轮发动机叶片使用温度已经可以升高到大约 1250℃，最新的涡轮发动机最热位置处金属表面温度接近 1150℃，仍然可以安全使用。

涡轮发动机叶片是发动机中最关键的部件之一。高压涡轮机叶片在比发动机中的其他任何部件都更为苛刻的温度和应力条件下运行。叶片不仅经受高温和正压力，而且各点在发动

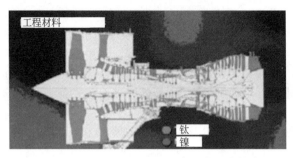

图 2.10　涡轮发动机中的镍基高温合金和钛合金

机循环过程中还要经历急剧的温度瞬变。而且如果该发动机使用低等级燃料，叶片周围的热气体将含有大量高氧化性的污染物（如硫和氯），从而加快叶片的腐蚀。即使叶片处于如此恶劣的腐蚀环境，但是如果使用理想的高温合金并施加保护涂层完全可以保证其在使用寿命期间安全使用。

如前所述，燃气轮机的效率与燃烧温度成正比，而发动机运行温度的提高意味着诸如IN 738 和 IN 939 等传统耐腐蚀涡轮叶片合金的强度不足以维持预期的 25000h 的使用寿命。这意味着需要更高强度的合金和单晶合金来提高蠕变强度。航空发动机和工业燃气轮机的叶片材料研究取得的显著进步表明，过去的十年，能源设备产业的激烈竞争已经促使该领域的材料制备技术达到了与最近航空涡轮机叶片技术相同的水平。最新的工业燃气轮机使用单晶、含铼镍基高温合金和定向固化的叶片获得了成功。

大部分镍基高温合金的开发工作主要都是针对如何提高合金的高温强度，而较少考虑其耐热腐蚀性。此外，由于一些合金元素有助于改善耐热腐蚀性，而另外一些可能有助于改善其高温强度，所以几乎没有一种合金元素既能提高高温强度也能提高耐热腐蚀性。对于海洋应用而言更为复杂，因为海洋环境的侵蚀性体现在因燃料燃烧产生的硫化物，以及海水中所含的各种卤化物和钠。这些物质能极大地加快材料腐蚀，从而大大降低高温合金部件的使用寿命和可靠性，进而降低其承载能力，并可能导致组件的灾难性失效[25,26]。因此，涡轮发动机中高温合金的耐热腐蚀性与其高温强度同样重要。最近的研究结果表明，具有高温强度的材料最容易受到热腐蚀，而保护涂层在有效解决其热腐蚀问题方面起着关键作用[26~31]。

2.6　热腐蚀

热腐蚀是由于燃烧环境中某些侵蚀性成分的作用而造成保护性涂层破损，并对涂层下金属基体产生加速侵蚀的过程。热腐蚀主要是因为燃料中硫、钒和钠的含量分别高达 4%、0.05% 和 0.01%（均以质量计）。氯化物和硫酸盐随空气进入发动机，燃料燃烧时硫、钒和钠被氧化，并且大部分形成挥发性的化合物，如 SO_2、SO_3、$NaOH$、Na_2O_2、Na_2O、$VO(OH)_3$、V_2O_5 和 V_2O_4。根据燃料种类的不同，这些化合物在不同温度（500～900℃）时凝结并累积在一起。硫酸钠是使用高硫低钒燃料发动机中的主要沉积物。表 2.2 列举了三种类型燃气轮机（即航空燃气轮机、海洋燃气轮机和工业燃气轮机）的工作环境中可能存在的主要污染物。

表 2.2　燃气轮机应用领域及相应产生的空气污染物

燃气轮机应用领域	污染物
航空	Na、Cl、S、Ca(含量都较低)
海洋	Na、Cl、S、Mg(含量都较高)
工业	Na、V、S、Pb、Cl

2.6.1 热腐蚀类型

根据发生腐蚀的温度范围将热腐蚀分成两种类型：Ⅱ型热腐蚀（600～750℃）和Ⅰ型热腐蚀（800～950℃）。Ⅰ型热腐蚀来自于助熔过程，其中硫酸钠结构发生变化，硫进入涂层下面的金属基体里面，使保护性元素产生局部贫化，腐蚀逐渐向内部扩展。整个Ⅰ型热腐蚀过程出现包括多孔氧化层、不规则的金属/氧化层界面和先前所述的金属硫化物向内侵蚀的特征[26,29]。

另外，Ⅱ型热腐蚀需要硫酸钠以及用以保持低熔点沉积的足量三氧化硫，容易使表面氧化物熔化。较低温度时，倾向于形成三氧化硫，使基体发生局部腐蚀，硫元素通过沉积物的熔化行为在其表面产生一层富硫的层状鳞片小孔，而且Ⅱ型热腐蚀过程中硫一般不会进入合金内部形成硫化物[26]。

2.6.2 热腐蚀机理

关于热腐蚀，目前提出了几种机制。这些机制都指出，如果合金表面没有沉积物，腐蚀产物防护层就会失效。基本上，热腐蚀过程分为以下四个阶段进行：

① 反应进行的孕育阶段，其速率基本上与正常氧化速率相似；
② 加速腐蚀的萌生阶段；
③ 加速腐蚀的扩展阶段；
④ 构件最后失效阶段。

2.6.2.1 孕育阶段

在此期间，合金进行正常的氧化，与没有盐沉积时观察到的氧化过程相似。最初，合金元素的主要反应方程式如下：

$$Ni+1/2O_2 \Longrightarrow NiO$$
$$2Cr+3/2O_2 \Longrightarrow Cr_2O_3$$
$$2Al+3/2O_2 \Longrightarrow Al_2O_3$$

在此阶段，合金开始与氧气反应，重量增加很快。孕育阶段结束时，在合金表面生成热力学稳定的氧化物如 Cr_2O_3 和 Al_2O_3，形成一层致密的氧化层。这种氧化层对于有害物质（如氧和硫）的进入能起到扩散屏障的作用。

2.6.2.2 萌生阶段

由于在氧化物生长过程中会产生应力，在这个阶段发生氧化层的开裂或剥落。因此，最初的合金表面（没有形成合金元素聚集的氧化层）一旦暴露，该环境就与沉积物发生如下反应：

$$Ni+SO_4^{2-} \Longrightarrow NiO+SO_2+O^{2-}$$

二氧化硫将以溶解气体的形式出现。

2.6.2.3 扩展阶段

热腐蚀过程中的扩展阶段与没有沉积物时合金的腐蚀行为有着本质区别。由于氧化物进一步发生如下电化学反应，合金会出现特别严重的侵蚀：

$$2NiO+2O^{2-} \Longrightarrow 2NiO_2^{2-}（镍酸盐）$$
$$Al_2O_3+O^{2-} \Longrightarrow 2AlO_2^{-}（铝酸盐）$$
$$Cr_2O_3+2O^{2-}+3/2O_2 \Longrightarrow 2CrO_4^{2-}（铬酸盐）$$

萌生阶段形成的溶于水中的二氧化硫可以与合金元素反应生成氧化物、硫化物和硫。

$$2Ni+SO_2 \Longrightarrow 2NiO+1/2S_2$$
$$4/3Cr+3/2Ni+SO_2 \Longrightarrow 2/3Cr_2O_3+1/2Ni_3S_2$$

如果沉积物含有氯离子，它可以选择性地从合金中除去铬或铝元素。这个过程包括合金孔内高挥发性气态氯化物的形成，通过这种方式金属氯化物得以从合金中扩散出来，因此在合金表面上形成裂纹，而使合金的力学性能显著降低。这些金属氯化物最终转化为金属氧化物，而且这些氧化物是以颗粒而不是以连续层状的形式存在，因此，合金可能发生严重的腐蚀[26]。

根据所处环境条件的不同，保护性氧化层可以采用酸性溶解也可以按照碱性溶解反应机制进行。例如 Cr_2O_3 保护性氧化层既可以酸性溶解为 $Cr_2(SO_4)_3$ 或 CrS，也可以碱性溶解为 Na_2CrO_4 和 $NaCrO_2$，从而使该氧化层丧失其保护性。合金表面 Cr_2O_3 溶解形成的酸性或碱性溶质，以及合金表面沉积物熔化后的再次沉淀均可以形成非连续的颗粒或非保护性的片状物。Rapp 和他的团队[32~34]对热腐蚀机理、不同的氧化物溶解度以及耐热腐蚀性的电化学评估方法进行了广泛的研究，Natesan 等人[35]研究了镍基高温合金在煤转化环境中的高温腐蚀行为。

由于保护层的溶解对于基体的热腐蚀行为至关重要，所以选择耐热腐蚀的合金或智能涂层应该要考虑到保护性氧化物的溶解性。对金属来说，在给定的沉积物和环境条件下，形成的最有利氧化物是溶解度最低的氧化物，以及在盐膜存在时还能形成保护层的氧化物。图 2.11 为在 1200K 时，熔融 Na_2SO_4 中各种氧化物的溶解度数据[34]。Co_3O_4 与酸性 SiO_2、Cr_2O_3 和 Al_2O_3 之间的最小碱度差异达到了六个数量级，与热腐蚀条件下已知的合金体系和涂层结果一致。钴基合金和涂层比镍基合金和涂层更易受酸性溶解的影响。因为 Cr_2O_3 溶解度曲线的最小值大致对应于燃气轮机环境的酸度，所以耐酸性溶解。

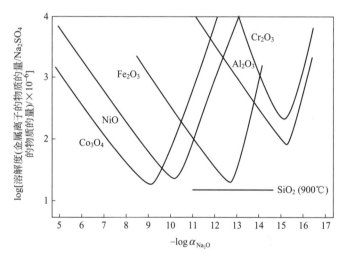

图 2.11 熔化的硫酸钠的溶解度

在发动机中直接测试每个涂层性能完全不现实，因此在模拟发动机的实验室条件考察智能涂层并对其性能进行评估非常重要。一个成功的测试应该能预测使用性能以及各部件的使用寿命。稍后将描述用于评估各种高温合金的不同技术以及用于耐热腐蚀的智能涂层。

2.6.3 高温合金热腐蚀

目前对于各种不同类别的高温合金，如镍铬合金 75、镍铬合金 105 和铬镍铁合金 718 等锻造合金，铬镍铁合金 713 和铬镍铁合金 100 等传统铸造 (CC) 合金，以及 CM 247 LC、MAR-M200 和 MAR-M247 定向凝固合金在不同环境中的耐热腐蚀性已有报道，并且已经开发出不同代的单晶高温合金。例如，第一代产品 CMSX-2、TMS-12、TMS-26、PWA1480 和 Rene N4，第二代产品中的铼高达 3% (CMSX-4、Rene N5、TMS 82+等)，第三代产品中的铼高达 6% (CMSX-10、TMS-75、TMS 80+等)，第四代产品的高温合金为铼和钌

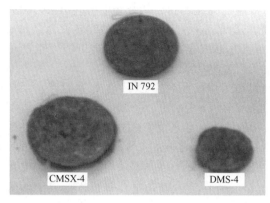

图 2.12 海洋环境中高温合金的Ⅰ型热腐蚀

（TMS-138等），第五代产品的高温合金为铱、钌、铼等。

单晶翼形件具有进一步提高元件耐高温材料强度的潜力，并且通过控制晶体取向，可以达到各性能的最优平衡。单晶材料结构没有晶界，并且以翼形形状生产理想取向的单晶。由于单晶没有晶界，也没有相应的晶界强化添加剂，因此可以显著提高合金熔点，从而提高其高温强度。自1995年以来，单晶合金已被用于涡轮发动机。将来，新型高温合金与智能防护涂层将共同为涡轮发动机提供更强的性能。

图 2.12为几种高温合金（如 IN 792、CMSX-4和 DMS-4）的Ⅰ型热腐蚀行为。图 2.13和图 2.14分别为 CM 247 LC 和 Rene 80 高温合金在含氯和含钒环境中的两种类型热腐蚀状况，可以看到几种情况下合金都发生了腐蚀，表明热腐蚀在加速腐蚀失效方面起到十分重要的作用，大大降低了高温合金的使用寿命。CM 247 LC 高温合金发生严重腐蚀，表明其极易遭受热腐蚀。大裂缝（图 2.15）、破碎的样品（图 2.13）和腐蚀影响区（由于环境中侵蚀性元素的明显扩散）都清楚地表明 CM 247 LC 高温合金遭受明显的腐蚀。据报道，硫扩散和金属硫化物，尤其是硫化铬和硫化镍是导致高温合金腐蚀的主要因素。硫元素在破坏合金的耐腐蚀性方面的作用特别明显[26,36~42]，在含硫的环境中使用时，镍基合金的耐蚀性不及钴基合金和铁基合金的耐蚀性。事实上，合金元素在腐蚀过程中起着重要作用，并决定热腐蚀条件下高温合金的使用寿命（表 2.3）。

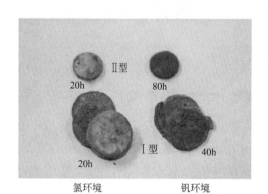

图 2.13 CM 247 LC 高温合金在含氯和钒环境中的Ⅰ型热腐蚀和Ⅱ型热腐蚀

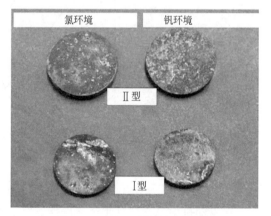

图 2.14 Rene 80 高温合金在含氯和钒环境中的Ⅰ型热腐蚀和Ⅱ型热腐蚀

表 2.3 几种高温合金的化学成分（质量分数）　　　　单位：%

高温合金种类	Ni	Cr	Co	W	Al	Ta	Ti	Mo	Re	Hf	Fe	Mn	Si	Nb
In 792	余量	13.5	9.0	1.2	7.6	1.3	5.0	1.2	—	0.2	0.5	—	—	—
CMSX-4	余量	6.5	9.0	6.0	5.6	6.5	1.0	0.6	3.0	0.1	—	—	—	—
CM 247 LC	余量	8.1	9.2	8.5	5.6	3.2	0.7	0.5	—	1.4	—	—	—	—
DMS-4	余量	2.9	7.9	5.8	5.6	8.5	—	—	6.5	0.1	—	—	—	—
Rene 80	余量	14	9.5	4.0	6.5	—	5.0	1.5	—	—	—	—	—	—

2.6.4 DMS-4 的氧化特征

氧化 DMS-4 高温合金及其典型表面形态分别如图 2.16 和图 2.17 所示[43]。可以看出，高温合金严重氧化，并形成较厚氧化层，且伴有剥落现象。这表明新开发的高铼含量和低铬含量 DMS-4 高温合金氧化速率很高，虽然在一段时间内可以形成厚氧化层，但是由于黏附问题而产生明显的剥落现象。这些结果清楚地表明新一代高温合金对高温氧化的高度敏感性。

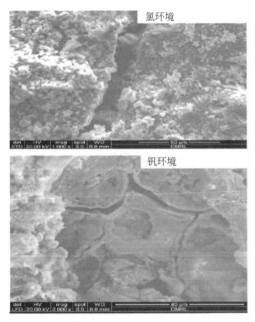

图 2.15　CM 247 LC 高温合金在含氯和钒环境中的Ⅰ型热腐蚀的表面形貌

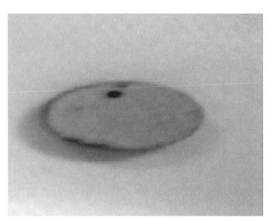

图 2.16　1100℃氧化 100h 后的 DMS-4 高温合金

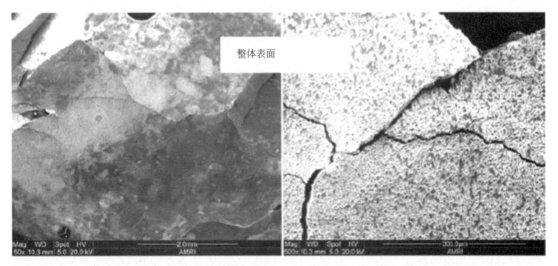

图 2.17　DMS-4 高温合金在 1100℃氧化 3h 后的表面形貌

普遍认为，随着 Cr 含量的降低，高温合金耐高温性增加。因此，新开发的高温合金的耐高温性受 Cr 含量的降低、铼（Re）浓度的增加以及少量铱和钌的重要影响。新一代高温合金只含有 2%～3%的铬，却含有约 7%铼、3%钌和 2%铱，与上一代高温合金正好相反，上一代高温合金只含有约10%铬，不含Re、Ru或Ir。据报道，Re和新合金元素导致高温合金容易发生高温氧化和热腐蚀[44]行为，其效果类似于Mo元素对氧化的影响（例如由于其氧化物的高压蒸气），这是因为Re和其他新合金元素的存在，使高温合金不能形成抗氧化或抗热腐蚀的保护层。由于涡轮机叶片经受高温氧化和热腐蚀，所以需要在高温条件下使用智能保护涂层对其进行保护。

2.7 表面涂层技术

叶片涂层通常是扩散涂层（铝化物）或MCrAlY型涂层（其中M代表Ni或NiCo）（包覆涂层）。这些涂层可以提供抗氧化和抗热腐蚀性保护，并作为氧化锆热障涂层（TBC）体系的结合涂层。这两种涂层中氧化铝和氧化铬缓慢的生长速度以及高温时涂层上氧化物的黏附性对于构件使用寿命产生十分重要的影响，可以通过使用高铝和高铬含量的涂层，确保氧化铝和氧化铬在氧化物剥落/与环境反应后形成和再生，从而获得良好的保护性能。TBC涂层的使用寿命主要受铝和铬消耗速度的限制，铝和铬的消耗是由于氧化铝和氧化铬的生长以及在氧化过程中反复剥落和再生造成的。如果涂层中铝和铬含量较低，以致不能优先达到形成保护性氧化铝和氧化铬的水平时，环境中的腐蚀性介质与结合涂层中其他非保护性氧化物之间相互反应加快，显著影响了热腐蚀条件下的涂层寿命，而且陶瓷涂层TBCs中的化学组分很容易与腐蚀性物质反应，大大缩短了其使用寿命。因此，涂层的化学组成对腐蚀速度是非常重要的。

2.7.1 扩散涂层

在扩散涂层涂覆过程中，铝与基体表面发生反应，形成单层铝化产物。如Ni基高温合金上施加的涂层形成铝化镍。铝化产物涂层和表面改性工艺是用于调整构件表面性能的最广泛手段之一。

在铝化物涂层中加入铂是对扩散涂层最显著的改进工艺[45~47]。该工艺是通过电化学方法沉积铂，然后在适当的温度下使其铝化一定时间，该涂层已成为防止氧化以及热腐蚀的涡轮机热元件的公认标准。这些涂层性能优越的主要原因是涂层的热膨胀系数低于高温合金基体的热膨胀系数。此外，铂能提高铝的活性，使其在高温暴露期间形成连续的、附着力优良的氧化铝沉积物，从而大大延长涡轮机叶片的使用寿命。由于涂层与基体之间相互扩散，在涡轮机使用条件下涂层可能失效，从而丧失保护能力。尽管扩散涂层与基体结合良好，但这种结合也限制了组分的灵活性，从而对依赖于基体化学性质的使用寿命产生强烈影响。

2.7.2 包覆涂层

为了开发能在燃气轮机上使用的涂层组分，包覆涂层应运而生。通常将这种类型的涂层称为MCrAlY（其中M代表Ni或NiCo）涂层，该涂层实际上是由单一铝化物组成，该铝化物存在于固溶体的韧性基体当中。在该涂层使用期间，分散的单铝化物中的铝可以形成保护性氧化铝层。包覆涂层通常具有黏合良好、组分配置灵活的特性。目前已研发出能提高氧化物黏结性的、组分多样性的涂层。所有涂层的功能就像是一些关键元素的表面储存库，这些关键元素必须能形成具有高度保护性和黏附性的氧化层，从而保护高温合金基体免受氧化而且热腐蚀的侵蚀。此外，MCrAlY系列结合涂层不仅可以为TBCs提供粗糙表面，而且在合金的氧化或热腐蚀防护方面起着重要作用。因MCrAlY结合涂层用于不同领域高温合金表面起到防腐蚀作用，该涂层已被深入研究二十多年[48~51]。铝在形成热力学和化学热腐蚀防护层过程中的重要作用是，通过减少MCrAlY涂层下基体增重从而改善构件的使用寿命。此外，对涂层中铝含量进行优化对于延长涂层使用寿命极其必要。事实上，铝的最佳含量决定涂层的使用寿命，因此涂层中铝含量十分重要。

图 2.18 为 Al 对包覆 MCrAlY 基涂层的两种高温合金基体失重的影响。当该涂层中其他合金元素的浓度保持不变时，铝对 MCrAlY 合金耐热腐蚀性能的影响是显而易见的。铝含量为 6% 的两种高温合金质量损失均为最大，并随铝含量增加到 9% 而减少，铝含量为 12% 的高温合金质量损失最小。无论高温合金中钴含量是 10% 还是 20%，涂层中铝含量的变化对这两种高温合金的失重情况具有同样的影响（图 2.18）。因此，一般要求 MCrAlY 结合涂层中的铝含量最小值为 9%。需要特别指出的是，虽然铝含量为 12% 能提供更好的耐热腐蚀性，但与含铝 9% 的高温合金相比，其效果并不明显[36]。

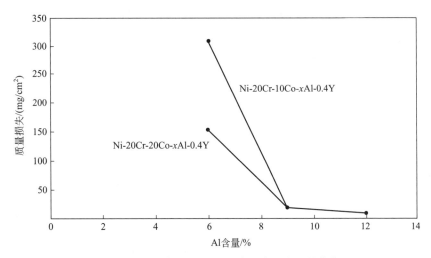

图 2.18 耐热腐蚀 MCrAlY 涂层中铝含量的优化

还有必要指出的是，必须同时添加钴和铝才能使涂层表现出明显的耐热腐蚀性。最近的研究结果清晰地表明，钴在铝元素形成化学和热力学稳定的氧化铝过程中起着重要的作用。当然还需要对 MCrAlY 结合涂层中铝和钴含量进行优化选择。结果表明，钴和铝涂层中加入铬、钇、镍能获得更加优异的耐热腐蚀性[38,39]。

另一个关键问题是选择适用于不同涂层的表面工程技术。因为涂层的寿命不仅取决于涂层组成，而且还取决于用于涂层的表面工程技术。因此，选择合适的表面工程技术以及合适的涂层组分（智能化）成为一项极具挑战性的任务。

2.7.3 表面工程技术

以下是目前可用的最常见的表面工程技术：
① 电沉积；
② 扩散涂层工艺；
③ 热喷涂技术；
④ 离子注入；
⑤ 硬化和包覆；
⑥ 表面相变硬化；
⑦ 气相沉积。

电沉积、扩散和热喷涂技术广泛用于改善耐热腐蚀部件的表面，而热喷涂和气相沉积技术是延长组件寿命最有效的技术。

2.7.3.1 热喷涂工艺

相对于其他技术来说，通过热喷涂工艺制备的涂层具有更多优势。热喷涂工艺可以大致分为以下技术：火焰喷涂；电弧喷涂；高速氧燃料火焰喷涂；爆炸喷涂；大气等离子喷涂；

真空等离子喷涂。

① 火焰喷涂：在这个过程中，氧-乙炔混合物通过喷嘴形成火焰将涂层粉末或金属丝送入火焰中，并加速投射到基体表面，形成沉积物。火焰温度控制在 3000℃，气体粒子速度相对较低。

② 电弧喷涂：通过电阻加热两根自耗电线，在电线尖端产生熔融颗粒。随后将涂层材料雾化并通过压缩空气射流投射到基体表面。该工艺仅限于相对较便宜的喷涂导电丝，该工艺可以获得较高的沉积速率。

③ 高速氧燃料火焰喷涂（HVOF）：该过程为燃料气体与高压氧气燃烧，形成高速火焰将粉末涂层喷涂到基体上。这种技术可以生产用于燃气轮机的高质量涂层。

④ 爆炸喷涂：该方法是采用 Union Carbide 公司开发的 D-Gun 和 Super D-Gun 进行喷涂。这些枪利用氧-乙炔燃烧后释放出来的能量对涂层粉末加热和加速，使粉末高速推进到基体上。这种方法得到的涂层密度高、质量高、氧化物和未处理颗粒含量低。

⑤ 大气等离子喷涂（APS）：APS 利用中央惰性阴极和环形铜阳极之间的直流电弧，将惰性气体供给到电弧中，形成高温等离子体。将粉末送入等离子体后，粉末被加速，高速喷向基板表面。

⑥ 真空等离子喷涂（VPS）：与 APS 相比，VPS 工艺具有几个优点。首先，真空等离子喷涂不会造成空气污染。其次，真空等离子体要比大气等离子体长，可以达到 400~600m/s 的粒子速度，有助于沉积高纯度和致密的物质。最后一个优点是真空等离子喷涂的涂层附着力更好。

Kuroda 等人结合 HVOF 和冷喷涂两种方法的优点开发了一种称为"温喷"的新型涂层技术[52]，该技术的进一步发展可能会开发出耐热腐蚀性更强的涂层。

2.7.3.2 电子束物理气相沉积（EB-PVD）工艺

电子束物理气相沉积工艺在施涂旋转叶片方面，对 PVD 工艺产生了显著的影响。采用该工艺生产的涂层的微观结构非常紧密，而且与常规的 PVD 相比，EB-PVD 涂覆过程较慢。用这种方法获得的热障氧化物涂层具有独特的柱状结构，层内柔顺性高。与等离子喷涂的 TBC 相比，EB-PVD 涂层具有更高的热导率以及更长的热循环寿命，表 2.4 对几种涂层施工工艺及其局限性进行了比较。

图 2.19 为用 HVOF 技术涂覆二元合金涂层的高温合金 IN 738 的热腐蚀状况，其表面形貌表明涂层性能差（图 2.20），说明涂层的组成对其性能产生了很大影响。

表 2.4 热喷涂和 EB-PVD 的对比[53]

涂层种类	优点	缺点/局限性
扩散涂层（如铝化物）	成本低,施工简单,使用温度＜900℃时能提高防护性能	涂层厚度不超过 50μm,＜750℃时易脆,由于内扩散容易失效,组分受限
等离子体包覆涂层	喷涂速度高,组分多样,厚度灵活(100μm)	相对于电子束来说,表面粗糙,制备多层薄膜更为困难;15% 的孔隙,内扩散造成失效
电子束物理气相沉积包覆涂层	微观结构可控,污染物浓度低,组分含量可控,容易得到层状和片状涂层,可喷涂多组分涂层	沉积速度低,工艺成本高,内扩散造成失效
等离子喷涂热障涂层	喷涂速率高,组分多样,容易得到层状和片状涂层,无孔隙,没有内扩散	单一功能涂层,难以改变微观结构,涂层内应力高
电子束物理气相沉积热障涂层	微观结构易控,污染物浓度低,容易得到层状和片状涂层,没有内扩散	沉积速度低,工艺成本高,涂层内应力高

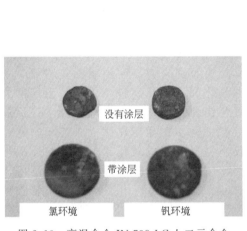

图 2.19 高温合金 IN 738 LC 上二元合金涂层（HVOF）在含氯和钒环境中的Ⅰ型热腐蚀现象

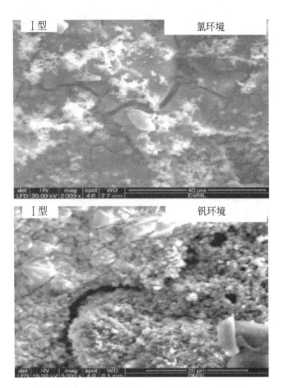

图 2.20 高温合金 IN 738 LC 上二元合金涂层（HVOF）在不同环境中Ⅰ型热腐蚀后的表面形态

2.8 主要微量元素的影响

痕量的硅和铪元素可以改变涂层中氧化物的生长速度和氧化层的组成，使 MCrAlY 涂层极易遭受热腐蚀，从而显著降低涂层的使用寿命。当氧化层中存在硅或铪元素时，氧化层的熔化过程也变得更容易。其机制是氧化铝晶界中存在的铪和硅元素，与环境中的氯、钒、钠和硫元素反应，形成不同化合物，从而发生选择性地浸出，导致氧化铝颗粒脱落，使涂层内氧化层出现不稳定现象，从而显著降低涂层的使用寿命。此外，硅和铪的氧化物可溶于碱性硫酸盐中，在 850～950℃ 的高温热腐蚀过程中，主要发生碱性溶解。含硅或铪元素涂层的失效机理如下所示：

$$HfAl_2O_3 + Na_2SO_4 + NaCl \longrightarrow NaAlO_2 + HfCl_4 + SO_3\uparrow$$
$$HfAl_2O_3 + Na_2SO_4 + NaCl + V_2O_5 \longrightarrow NaAlVO_2 + HfCl_4 + SO_3\uparrow$$
$$SiAl_2O_3 + Na_2SO_4 + NaCl \longrightarrow NaAlO_2 + Na_2SiO_3 + SO_3\uparrow$$
$$SiAl_2O_3 + Na_2SO_4 + NaCl + V_2O_5 \longrightarrow NaAlVO_2 + Na_2SiO_3 + SO_3\uparrow$$

Kawagishi 等人[54]提出一种用于镍基高温合金耐高温腐蚀的等效涂层体系，该体系的涂层组分与基体金属处于热力学平衡的状态，因此涂层与基体两者之间不会发生相互扩散。据报道，这种涂层技术有助于修复涡轮叶片。然而，由于该涂层组成与高温合金基体的组分相似，所以该涂层在不同涡轮发动机使用条件下的耐热腐蚀性还有待证明。

2.9 智能涂层的概念

智能涂层必须满足在高温环境中使用时劣化速度缓慢，而且在高温条件下必须能够与该涂层中的氧化层具有很好的附着性。涡轮发动机使用时既有热腐蚀现象，也有氧化现象。因此，为了有效地防止其高温腐蚀问题，有必要开发智能涂层，提高防护效率，减少失效现象。

如果一种涂层可以在不同温度条件下有效防止不同种类的腐蚀（例如Ⅰ型、Ⅱ型热腐蚀和高温氧化），则说明该涂层是在某一温度条件下形成氧化铝或氧化铬氧化层，从而起到防护作用。其中氧化铝氧化层防止基体发生高温氧化和Ⅰ型热腐蚀，而氧化铬氧化层可以防止Ⅱ型热腐蚀。在十分理想的情况下，一种涂层能同时满足这两个要求。一般只有含有铬和铝的浓度梯度涂层（见图2.21）才能形成氧化铝和氧化铬氧化层。对于标准的MCrAlY涂层，其外表面富含铝，而内表面富含铬，所以在高温氧化和Ⅰ型热腐蚀条件下，涂层的外层形成氧化铝保护层，但在低温条件下该涂层几乎没有保护性。在Ⅱ型热腐蚀条件下，富铬层将以较快的速率形成氧化铬层，为基体提供保护。因此，在涡轮发动机中，智能涂层可以通过对外界的使用环境做出适当反应，从而对基体提供最佳保护。由此可见，不管在哪个使用温度环境，MCrAlY涂层都会在基体表面形成合适的保护性氧化层，所以这种最佳的保护机制是有可能实现的。从某种意义上说，这种涂层以伪智能的方式对其所处环境做出响应，因此被称为智能涂层。

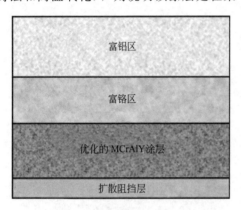

图2.21 智能涂层的微观结构

智能涂层的发展本质上是制备MCrAlY为主体的多层涂层，该涂层由其富铬、富铝相形成具有梯度的化学结构层，从而对基体材料提供防护。富铬中间层在低温热腐蚀条件下能够为基体提供保护，而富铝表面层能够在高温氧化和Ⅰ型热腐蚀条件下为基体提供保护。扩散阻挡涂层有助于防止涂层和基体元素的相互扩散。因此，使用该智能涂层的涡轮发动机不仅可以在较宽的温度范围超寿命、安全工作，而且能有效地防止Ⅰ型热腐蚀、Ⅱ型热腐蚀以及氧化，有助于提高涡轮发动机的效率[55~57]。

2.9.1 准备和选择合适的表面工程技术

智能涂层的发展是一项艰巨的任务，如何选择合适的表面工程技术来生产高质量的涂层非常重要。相对于选择单一表面技术来说，同时使用多种表面技术的涂层获得的使用效果可能更好。智能涂层可以通过综合使用多种表面工程技术来完成。其中，溅射、热喷涂、扩散、电镀和激光处理在生产智能涂层方面更为有效。此外，所选技术的施工顺序也是至关重要的。因此，在选择和制备智能涂层时必须非常小心，才能达到最高效率。在高温合金上施加合适的扩散阻挡层，接着镀上优化MCrAlY涂层和进行铬化处理，使其形成铬含量约为70%的富铬层，然后电镀铂或钯，固体包埋，制备所需的梯度结构涂层。然而，需要对每种表面工程技术的工艺参数、涂层厚度、适当的处理工艺等进行详细的研究，才能获得所需特性的涂层。

涂层的微观结构对提高构件使用寿命起着重要作用。因此，需要采取合适的表面工程技术以获得合适的微观结构，需要根据所需微观结构的影响因素选择涂层的制备技术。如前所述，智能涂层是由不同层组成的梯度涂层（图2.21）。每层都有组成确定的特定微观结构：最外层是扩散型铝化物层，第二层是富铬层，随后是合适的MCrAlY涂层和最下面的扩散阻挡层。需要对每层的成分进行详细分析才能了解智能涂层的使用效果。扩散型铝化物层应含有大量的铝,第二层为铬含量约为70%的富铬层,第三层为MCrAlY涂层组合物,最下面的扩散阻挡层应含有重金属元素。每层的微观结构随所用涂层的组成以及所采用的表面工程技术种类而变化。

2.9.2 智能涂层评估技术

以下实验室技术已被用于评估涡轮发动机所用的各种材料和智能涂层的性能:台架燃气模拟试验;燃烧炉试验;坩埚试验;热重试验;电化学试验。

① 台架燃气模拟试验:该试验系统可以模拟涡轮发动机的工作条件以及产生的气体成分、工作压力、工作速度和工作温度。该试验装置由一个小型涡轮机燃烧室组成,通过压缩机供应空气,使燃料正常燃烧。将盐喷入燃烧室,热废气被送入样品室,在样品室中放置几个试样并使其在该气流中旋转。通过选择试验变量(如气体压力、速度、温度、盐浓度和燃料空气比)来模拟用于航空、海洋和陆地环境的涡轮发动机的工作情况。

该测试方法广泛用于评估各种涂覆和未涂覆材料的耐热腐蚀性,而且涂层在该模拟系统中的试验结果与在现场真实环境中使役期间的耐热腐蚀行为相似。因此,该测试适合于评估不同的智能涂层,以获得与涡轮发动机的实际使用条件下相关的试验结果。

② 燃烧炉试验:该试验所用炉子可以分别独立控制两个区域的温度。智能涂层试样放在样品区,另一个区域为汽化区,里面放置一个装盐的坩埚。在载气的携带作用下,汽化的盐从汽化区转移到样品区,并沉积在智能涂层样品表面。试验过程中严格控制单位时间盐的沉积量。在改进的"Dean Test"法中,只需简单地改变样品区和汽化区的温差,就可以将腐蚀条件从比较轻微的环境变化为非常严重的环境。该试验主要用于研究裸材和涂覆涂层的基材在不同环境中的腐蚀动力学行为。

③ 坩埚试验:该方法是在大气环境中,将表面镀上智能涂层样品的一半长度直接浸入熔盐中,通过测量不同浸入时间后样品的重量变化监测反应速率。将气体鼓入熔盐或吹过样品用来模拟氧化或还原环境。该测试用于评估Ni基高温合金裸材和涂覆涂层的Ni基高温合金的耐热腐蚀性。虽然该试验条件比发动机正常工作条件更为恶劣,但通过该方法筛选智能涂层既简单又有效。

④ 热重试验:也称为"涂盐测试"。该试验是将智能涂层涂覆的样品用饱和盐溶液浸湿,随后干燥,称重,并放入加热炉中,连续记录样品重量。一般来说,随着氧化进行,样品重量增加,样品汽化速率相较于氧化速率要小。该试验容易精确地控制气体种类、温度和盐沉积量等环境参数,所以可以用来确定不同智能涂层的热腐蚀动力学。

⑤ 电化学试验:该方法连续测量体系中氧化还原反应产生的腐蚀电流以及瞬时腐蚀速率。电化学反应实际上是智能涂层作为阳极发生氧化形成氧化层,而阴极上发生还原反应,SO_4^{2-}中的S被还原成较低的价态。通常熔融盐膜能加速腐蚀,智能涂层和气体之间是一层以离子状态存在的、能导电的熔盐。正如水溶液中导电离子一样,熔融的硫酸钠是依靠离子定向运动而导电,所以,这一反应一定是电化学反应,由此采用电化学方法评估各种智能涂层以及耐热腐蚀材料的性能都是十分理想的。

智能涂层在熔盐中的电化学极化会引发腐蚀,这与在烟气环境中薄盐膜极化现象十分相似。另外,4h的电化学试验结果与600h的台架燃气模拟试验结果具有很好的相关性,这也说明与目前开发的其他测试技术相比,电化学技术对智能涂层和其他材料的评价速度更快,该技术也有助于在线监测以及研究实际构件表面智能涂层的反应机理。表2.5列出了每种技术的优缺点。

表 2.5　热腐蚀评价技术对比

技术种类	优点	缺点/局限性
台架燃气模拟试验	模拟涡轮发动机的气体成分、压力、黏度、温度	过程复杂、试验时间长，难以精确控制各种参数
燃烧炉试验	可以根据要求控制腐蚀条件，即严重或轻度腐蚀	难以保证盐的沉积速度
坩埚试验	最简单有效的涂层和材料的初筛	对具有较差的耐热腐蚀的涂层或合金来说，腐蚀很严重
热重试验	在不同条件下(气体组成、温度、盐成分等)精确的增重测试方法	不能预测涂层和高温合金的使用寿命
电化学试验	基于氧化还原现象的一种快速有用的材料评价方法	还需要完善

2.9.3　已开发的智能涂层的性能

最近，科技工作者们经过成分优化，已经为 CM 247 LC 高温合金开发出一种智能金属涂层，该涂层能根据周围环境促进形成合适的保护层，因此可以提高 TBC 的耐久性，进而提高 CM 247 LC 高温合金部件的使用寿命。在模拟燃气涡轮发动机的环境中，在Ⅰ型条件下系统地评价了用于 CM 247 LC 高温合金（无 TBC）的几种 MCrAlY 键合涂层（不同组成）的各种性能。在这几种涂层中，NiCoCrAlY 涂层的最大使用寿命可以超过 300h（图 2.22），该涂层的高性能是由于在 900℃ 的高温腐蚀期间能够在该涂层表面上形成连续的、附着性强的以及具有良好保护性的氧化铝层（图 2.23）。

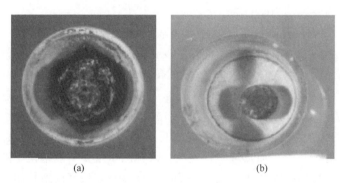

图 2.22　智能涂层的性能比较
(a) 表面没有智能涂层的样品不到 2h 就发生腐蚀；(b) 表面有智能涂层的样品 300h 仍没发生腐蚀

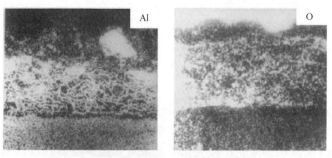

图 2.23　智能涂层的表面形貌

表 2.6 列出了在模拟涡轮发动机使用环境下，CM 247 LC 高温合金裸材、智能涂层以

及不同厚度的氧化锆基 TBC 在 900℃ 条件下的使用寿命。结果表明，使用 100μm 厚的 TBC 的高温合金寿命比其裸材寿命提高了约 450 倍，而具有最长使用寿命的是 300μm 厚的 TBC 与 125μm 厚的 NiCoCrAlY 的复合涂层（智能复合涂层），这种复合涂层能将高温合金寿命提高约 600 倍。由于 NiCoCrAlY 复合涂层的使用温度较高，会降低黏附性能，容易出现剥落现象，使高温合金的耐热腐蚀性变差，所以厚陶瓷涂层并不能提高高温合金的耐热腐蚀性能。使用 NiCoCrAlY 智能涂层＋300μm 厚的 TBC 能提高基体的使用寿命是由于在该键合涂层表面和 TBC 表面（图 2.24）均形成了保护性的氧化铝和氧化铬氧化层。另外，硫和氧没有扩散到涂层中去，表明 300μm 厚的 TBC 与智能键合涂层结合起来对 CM 247 LC 高温合金具有很好的保护性。众所周知，TBC 涂层能使键合涂层/基体温度降低约 200℃，也就是说基体或键合涂层的温度只有 700℃ 左右。图 2.24 可以清楚地看出，700℃ 时该键合涂层促进了氧化铬和氧化铝的形成。而在相同的环境中，该键合涂层在 900℃ 下促进保护性氧化铝层的形成（图 2.23），这表明在不含 TBC 涂层的条件下，NiCoCrAlY 键合涂层在 900℃ 形成氧化铝层；但是同样在 900℃，含有 TBC 涂层时，NiCoCrAlY 键合涂层能形成氧化铬和氧化铝层，使 TBC 的使用寿命达到最大，从而也使高温合金基体的使用寿命达到最大。

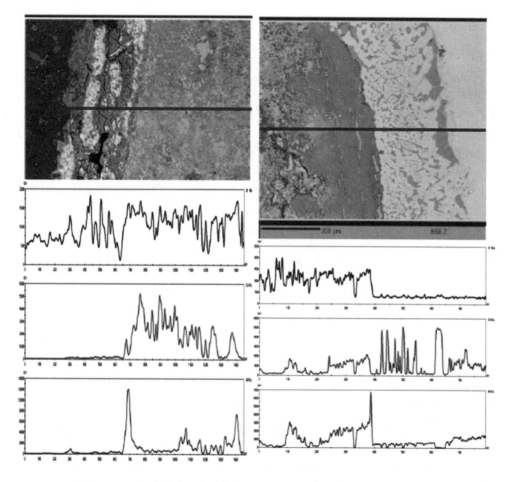

图 2.24　两层智能涂层的热腐蚀 EPMA（表明氧化铬和氧化铝氧化层既可以在涂层最外层生成也可以在中间界面生成）

表 2.6　CM 247 LC 高温合金表面的热障涂层（TBC）外再涂智能涂层后在含钒环境中 I 型热腐蚀条件下的性能

涂层种类	使用寿命/h
高温合金裸材	<2
智能涂层	300
智能涂层+100μm TBC	910
智能涂层+200μm TBC	975
智能涂层+300μm TBC	1175
智能涂层+400μm TBC	1170

不管是否存在热障涂层 TBC，该键合涂层都能表现出智能行为，并为基体形成合适的保护层，因此被称为智能键合涂层。值得注意的是，TBC 表面上形成保护性氧化铝和氧化铬层，防止氯、钒、硫和氧等腐蚀性元素的扩散。TBCs 的智能键合涂层能够根据使用环境优先生成合适的保护性氧化物，显著提高高温合金零部件的使用寿命，这对于提高先进燃气轮机效率至关重要。因此，该涂层可以用于船舶燃气轮机和工业燃气轮机上，是可以防止不同类型先进燃气轮机出现高温氧化、I 型和 II 型热腐蚀的键合涂层。

2.10　结论和展望

由于腐蚀会带来巨大的经济损失，所以在不同环境中都必须对使用的材料或构件进行腐蚀防护，以减少经济损失。通过研发新型智能涂层，获得更好的防腐蚀性能，是腐蚀科学发展的长期目标。此部分提出的开发智能防腐蚀涂层的概念和成果为大家在新型涂层的发展方向方面起到一个抛砖引玉的作用，希望能研发出进一步更新的或替代的智能涂层系统。对科学家和腐蚀防护工程师们来说，设计和开发出对燃气轮机中 I 型和 II 型热腐蚀以及高温氧化具有防护作用的智能涂层极具挑战。目前该领域研制成功的智能涂层体系，能给高温合金提供极好的保护，防止燃气轮机因腐蚀出现各种问题。当然还需要对其进行实验室和现场使用效果检测，以优化该涂层成分、厚度和微观结构。此外，还需要确定适合的表面工程技术和使用顺序以提高该涂层的使用性能。最后，再强调一下，对于制造更高效率的现代涡轮发动机来说，开发先进工艺和智能涂层是非常有必要的。

参 考 文 献

[1] Gurrappa I, Yashwanth IVS, Gogia AK, et al. The signi cance of corrosion in titanium based alloys for industrial applications. In: Zhang LC, Yang C, editors. Titanium alloys: formation, characteristics and applications. USA: Nova Publishers; 2013, ISBN: 978-1-62808-329-3.

[2] Radhakrishnan S, Sonawane N, Siju CR. Epoxy powder coatings containing polyaniline for enhanced corrosion protection. Prog Org. Coat., 2009; 64: 383-386.

[3] Yan M, Vetter CA, Gelling VJ. Corrosion inhibition performance of polypyrrole Al ake composite coatings for Al alloys. Corr Sci. 2013, 70: 37-45.

[4] Sanchez C, Julián B, Belleville P, et al. Applications of hybrid organic-inorganic nanocomposites. J Mater Chem 2005; 15: 3559-3592.

[5] Tiwari A, Hihara LH. Effect of inorganic constituent on nanomechanical and tribological properties of polymer, quasi-ceramic and hybrid coatings. Surf Coat Technol 2012; 206: 4606-4618.

[6] Tiwari A, Zhu J, Hihara LH. The development of low-temperature hardening silicone ceramer coat- ings for the corrosion protection of metals. Surf Coat Technol 2008; 202: 4620-4635.

[7] www.durr.com. Surface treatment with Aquence.

[8] Kumar A, Stephenson LD, Murray JN. Self-healing coatings for steel. Prog Org Coat 2006; 55: 244-253.

[9] Mehta NK, Bogere MN. Environmental studies of smart/self-healing coating system for steel. Prog Org Coat 2009; 64: 419-428.

[10] Koene BE, Own SH, Selde K. Self healing coatings for corrosion control. In: Proceedings of the rst international conference on self healing materials, Noordwijk aan Zee, The Netherlands; 2007. p. 1-6.

[11] Shulkin A, Stöver HDH. Polymer microcapsules by interfacial polyaddition between styrene-maleic anhydride copolymers and amines. J Membr Sci 2002; 209: 421-432.

[12] Li CY, Liaw SC, Lai VMF, et al. Xanthan gum-gelatin complexes. Eur Polym J 2002; 38: 1377-1381.

[13] Brown EN, Kessler MR, Sottos NR, et al. In situ poly (urea-formaldehyde) microencapsulation of dicyclopentadiene. J Microencapsul 2003; 20: 719-730.

[14] Samadzadeh M, Hatami Boura S, Peikari M, et al. A review on self-healing coatings based on micro/nanocapsules. Prog Org Coat 2010; 68: 159-164.

[15] Hamdy A, Doench I, Möhwald H. Intelligent self-healing corrosion resistant vanadia coating for AA2024. Thin Solid Films 2011; 520: 1668-1678.

[16] Kendig M, Hon M, Warren L. 'Smart' corrosion inhibiting coatings. Prog Org Coat 2003; 47: 183-189.

[17] Su F, Liu C, Huang P. Characterizations of nanocrystalline Co and Co/MWCNT coatings produced by different electrodeposition techniques. Surf Coat Technol 2013; 217: 94-104.

[18] Augustyniak A, Ming W. Early detection of aluminium corrosion via "turn-on" uorescence in smart coatings. Prog Org Coat 2011; 71: 406-412.

[19] Gurrappa I, Karnik JA. Physical and computer modelling for ship's impressed current cathodic pro-tection (ICCP) systems. Corr Prev Control 1994; 41: 40-45.

[20] Gurrappa I, Karnik JA. Physical scale modelling for cathodic protection of ships. Corr Prev Control, 1995; 42: 43-47.

[21] Gurrappa I, Karnik JA. Development of aluminium alloy anodes for cathodic protection of ships. Corr Prev Control, 1996; 43: 77-85.

[22] KulkarniAG, GurrappaI. Effect of magnesium addition on the surface free energy and anode ef cien- cy of indium activated aluminium alloys. Brit Corr J 1993; 28: 67.

[23] Gurrappa I, Yashwanth IVS. Signi cance of aluminium alloys for cathodic protection technology. In: Persson EL, editor. Aluminium alloys: preparation, properties and applications. USA: Nova Publish- ers; 2011. p. 125-42, ISBN: 978-1-61122-727-7.

[24] Gurrappa I. Cathodic protection of cooling water systems and selection of appropriate materials. J Mater Process Technol 2005; 166: 256-263.

[25] Khajavi MR, Shariat MH. Failure of rst stage gas turbine blades. Eng Fail Anal 2004; 11: 589-597.

[26] Gurrappa I. Hot Corrosion Studies on CM 247 LC alloy in Na_2SO_4 and NaCl environments. Oxid Met1999; 50: 353-383.

[27] Wang CJ, Lin JH. The oxidation of MAR M247 superalloy with Na_2SO_4 coating. Mater Chem Phys 2002; 76: 123.

[28] Gurrappa I. In uence of alloying elements on hot corrosion of superalloys and coatings: necessity of smart coatings for gas turbine engines. Mater Sci Technol 2003; 19: 178-185.

[29] Gurrappa I, Yashwanth IVS, Gogia AK. The selection of materials for marine gas turbine engines. In: Konstantin Volkov, editor. Gas turbines. USA: Volkov Konstantin; 2012. p. 51-70, ISBN: 979-953-307-816-7.

[30] Gurrappa I, Yashwanth IVS, Gogia AK. The behaviour of superalloys in marine gas turbine engine conditions. J Surf Eng Mater Adv Technol 2011; 1: 144-149.

[31] Gurrappa I, Yashwanth IVS, Burnell-Gray JS. Sulphidation characteristics of an advanced superalloy and comparison with other alloys intended for gas turbine use. Metal Mater Trans A 2013; 44: 5270-80. http://dx.doi.org/10.1007/s11661-013-1859-8.

[32] Zhang X, Rapp RA. Electrochemical Impedance of a platinum electrode in fused Na_2SO_4 melts in SO_2-O_2 environments. J Electrochem Soc 1993; 140: 2857-2862.

[33] Rapp RA. Hot corrosion of materials. Pure Appl Chem 1990; 62: 113-122.

[34] Rapp RA. Hot corrosion of materials: a uxing mechanism? Corr Sci 2002; 44: 209-221.

[35] Natesan K. High-temperature corrosion in coal gasi cation systems. Corrosion 1985; 41: 646-655.

[36] Eliaz N, Shemesh G, Latanision RM. Hot corrosion in gas turbine components. Eng Fail Anal 2002; 9: 31-43.

[37] Gurrappa I. Effect of aluminium on hot corrosion resistance of MCrAlY based bond coatings. J Mater Sci Lett 2001;

20: 2225-2229.

[38] Gurrappa I. Development of MCrAlY based bond coatings for hot corrosion resistance. Surf Coat Technol 2001; 139: 272-280.

[39] Gurrappa I. Hot corrosion behaviour of protective coatings on CM 247 LC superalloy. Mater Manuf Process 2000; 15: 761-769.

[40] Gurrappa I. Overlay coatings degradation-an electrochemical approach. J Mater Sci Lett 1999; 18: 1713-1721.

[41] Gurrappa I. Thermal barrier coatings for hot corrosion resistance of CM 247 LC super alloy. J Mater Sci Lett 1998; 17: 1267-1272.

[42] Gurrappa I. Hot corrosion behaviour of Nimonic-75. J High Temp Mater Sci 1997; 38: 137-144.

[43] Yashwanth IVS, Gurrappa I, Murakami H. Oxidation behaviour of a newly developed superalloy. J Surf Engg Mater Adv Technol 2011; 1: 130-135.

[44] Moniruzzaman M, Murata Y, Morinaga M, et al. Prospect of Ni based super alloys with lo Cr and high Re contents. ISIJ Intern 2002; 42: 1018-1125.

[45] Gurrappa I. Platinum aluminide coatings for oxidation resistance of titanium alloys. Platinum Met Rev 2001; 45: 124-131.

[46] Gurrappa I, Gogia AK. Development of oxidation resistant coatings for titanium alloy, IMI 834. Mater Sci Technol 2001; 17: 581-587.

[47] Gurrappa I. High performance coatings for titanium alloys to protect against oxidation. Surf Coat Technol 2001; 139: 216-221.

[48] Leyens C, Fritcher K, Peters M, et al. Transformation and oxidation of a sputtered low-expansion Ni-Cr-Al-Ti-Si bond coating for thermal barrier systems. Surf Coat Technol 1997; 94-95: 155-161.

[49] Brandl W, Grabke HJ, Toma D, et al. The oxidation behaviour of sprayed MCrAlY coatings. Surf Coat Technol 1996; 86-87: 41-50.

[50] Beele W, Czech N, Quadakkers WJ, et al. Long-term oxidation tests on a recontaining MCrAlY, coating. Surf Coat Technol 1997; 94-95: 41-48.

[51] Wang QM, Wu YN, Ke PL, et al. Hot corrosion behavior of AIP NiCoCrAlY (SiB) coatings on nickel base superalloys. Surf Coat Techonol 2004; 186: 389-397.

[52] Kuroda S, Kawakita J, Watanabe M, et al. Warm spraying—a novel coating process based on high-velocity impact of solid particles. Sci Tech Adv Mater 2008; 9: 33002.

[53] Gurrappa I, Yashwanth IVS, Murakami H, Kuroda S. The importance of hot corrosion and its effective prevention for enhanced efficiency of gas turbines, In: Gurrappa I, editor. Gas Turbines. USA: INTECH Publishers (In press).

[54] Kawagishi K, Sato A, Harada H. A concept for the EQ coating system for nickel-based superalloys. JOM 2008; 60: 31-5. www.tms.org/jom.html.

[55] Nicholls JR, Simms NJ, Chan WY, et al. Smart overlay coatings-concept and practice. Surf Coat Technol 2001; 149: 236-244.

[56] Gurrappa I. Identification of a smart bond coating for gas turbine engine applications. J Coat Technol Res 2008; 5: 385-391.

[57] Gurrappa I. Design and development of smart coatings for aerospace applications. Final report, European Commission; July 2008.

第3章 抑制金属/合金腐蚀的智能无机和有机预处理涂层

Peter Zarras, John D. Stenger-Smith
Naval Air Warfare Center Weapons Division (NAWCWD), Polymer Science and Engineering Branch (Code 4L4200D), 1900N. Knox Road (Stop 6303), China Lake, CA, USA

3.1 简介

金属和合金在现代社会发展中起着重要的作用。金属和合金在过去一直扮演着重要角色，随着社会的日益发展，对金属/合金的要求越来越高，需要对其表面施加具有多功能性（智能特性）的涂层。比如为了使金属及其合金在许多苛刻的工作条件下安全可靠地使用，必须使用涂层对其进行表面保护以及装饰处理。事实上，大多数日常产品都采用合适涂层对其表面进行处理才具有可用性和商品性。对金属/合金的表面处理可赋予材料表面保护，提高其可靠性，使其在保持经济价值的同时还能抑制腐蚀，从而对经济产生重要影响，有助于现代社会的健康发展和经济福祉。

3.1.1 腐蚀的定义

腐蚀的定义为"材料通过与环境的相互反应而对金属基体造成侵蚀"[1]。说到腐蚀，一般是指金属腐蚀，但是对于非金属如陶瓷、塑料、橡胶等材料，暴露在各种环境下也会遭到破坏或失效，这些现象也属于腐蚀。此部分内容主要针对溶液/潮湿环境中的腐蚀行为以及减缓腐蚀的方法进行讨论。

此部分主要对几种金属/合金及其各种腐蚀形式做一般性的综述。腐蚀主要分为以下三大类：

① 溶液腐蚀；
② 其他流体腐蚀；
③ 干腐蚀。

"溶液腐蚀"是指在潮湿/溶液环境中发生的金属腐蚀[2]。这种情况下的腐蚀几乎都属于电化学腐蚀过程，而且金属表面发生两次或更多次电化学反应就会产生溶液腐蚀。当金属暴露在腐蚀性潮湿/溶液环境中时，金属表面基本变成溶解物质或固体腐蚀产物等非金属形式。随着金属氧化为更稳定的非金属腐蚀产物，系统能量也随之降低。金属表面上均匀或不均匀地发生这种电化学过程时，该金属就被称为"电极"，该导电溶液被称为"电解质"。电化学最典型的例子是钢铁生锈：钢中的金属铁被氧化为一种称为"锈"的非金属形式。

"其他流体腐蚀"是指非水环境中的金属/合金腐蚀，例如熔盐腐蚀[3]。另外，液态金属也会发生腐蚀[4]。在硝酸盐、卤化物、碳酸盐、硫酸盐、氢氧化物和氧化物等物质的熔融状态下的熔盐腐蚀可以通过以下几种机制进行，进而对金属/合金造成影响：①由于电化学侵蚀产生点蚀；②由于热梯度引起的质量传递；③熔盐与金属合金的成分反应；④与熔盐中的杂质反应。除了熔盐之外，金属合金暴露于液态金属环境会产生严重的腐蚀现象。由于具有优良的传热性能，液态金属在工业上经常作为高温还原剂或作为冷却剂使用。溶解、掺杂或间隙原子反应、合金化以及组分还原均可使液态金属产生腐蚀现象。

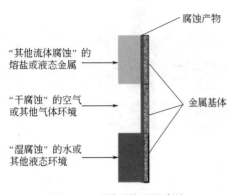

图 3.1 不同环境下的腐蚀

"干腐蚀"是指暴露于空气或其他腐蚀性气体中的金属/合金腐蚀[5]。只有极少数几种金属暴露在这些污染气体中不会发生腐蚀，对于大多数金属来说，暴露于较高温度的气体中会增加其腐蚀速率，产生腐蚀失效。图3.1显示了不同环境下腐蚀所需的要素。

上面已经对三种主要腐蚀类型进行了详细的说明，现在重点了解潮湿或水溶液中最常见的腐蚀形式。根据腐蚀金属或合金的外观，可以识别八种形式的腐蚀，这些腐蚀类型如下：

① 均匀或全面腐蚀；
② 点蚀；
③ 缝隙腐蚀（包括瘤状或沉积腐蚀、丝状腐蚀、泥状腐蚀）；
④ 电偶腐蚀；
⑤ 冲刷腐蚀（空蚀和微动腐蚀）；
⑥ 晶间腐蚀（敏化和剥落）；
⑦ 脱合金腐蚀（脱锌和石墨腐蚀）；
⑧ 环境致裂（应力腐蚀开裂、腐蚀疲劳、氢损伤）。

上面所列出来的这些腐蚀形式并不是各自独立发生的，在腐蚀过程中常常存在几种腐蚀类型一起出现的情况。腐蚀可以发生肉眼可见的宏观腐蚀现象，也可以发生肉眼不可见的微观腐蚀现象。对于后一种肉眼不可见的腐蚀情况，需要借助高倍放大镜进行检查（图3.2）。如果通过肉眼可以观察到腐蚀现象，就表明结构完整性已经受到破坏。

3.1.2 金属腐蚀/预防的成本

金属腐蚀几乎影响美国从基础设施到制造业的所有工业部门[6]。美国目前受腐蚀的影响很严重，很多基础设施老化现象十分严重[7]。最近各州和联邦机构已经把延长基础设施的使用寿命作为优先事项。现代社会受腐蚀影响的其他部门（包括基础设施）包括以下几个：

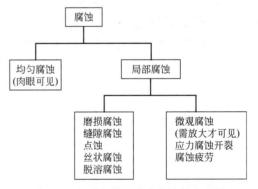

图 3.2 宏观和微观形式腐蚀的流程图

① 基础设施——公路桥梁、天然气/液体输送管道、水路/港口、机场、铁路；
② 公用事业——天然气分配、饮用水/下水道系统、电力设施、电信；
③ 运输——机动车辆、轮船、飞机、铁路车辆、危险材料运输；

④ 生产/制造——石油/天然气开采/生产、采矿、石油精炼、化学/石化/制药、纸浆/造纸、农业生产、食品加工、电子、家用电器；

⑤ 政府部门——国防、核废料储存。

因腐蚀而进行结构或构件的修理、维护和更换成本影响美国等所有工业化国家的基础设施各个方面。当然这些成本并不仅局限于对公共安全的严重损害，还包括造成的环境损害。腐蚀可能会破坏各种设施，为安全可靠使用，需要对这些损坏的设施进行大量修理和更换。据估计，美国的直接腐蚀成本每年约 3000 亿美元，占美国国内生产总值（GDP）近 3.1%[8]。据推断整个工业化世界的腐蚀造成的成本损失约为 2.2 万亿美元，占全球 GDP 的 3% 以上。

3.1.3 国民经济的腐蚀成本

正如上文所述，美国腐蚀成本估计每年约为 3000 亿美元。这个经常被各国腐蚀工作者们广泛引用的腐蚀数据，是美国国家腐蚀工程师协会（NACE）1998 年通过腐蚀研究得出的数据，现在已经对该数据进行了更新[7]。考虑到直接腐蚀成本和间接腐蚀成本，G2MT 实验室对 3000 亿美元的腐蚀数据进行了更新，并估计 2013 年美国所有腐蚀成本超过 1 万亿美元[9]。科研学者们对所有工业化国家的腐蚀状况进行了更多的研究，发现腐蚀成本在各个经济领域所占的比重都较大[10]。表 3.1 列出了几个国家经济体的腐蚀成本。

表 3.1 几个国家经济体的腐蚀成本

国家	直接的腐蚀成本	占 GNP 的百分比
英国[11]	32 亿美元(1969 年)	约 3.5%
澳大利亚[12]	5 亿美元(1973 年)	约 3%
日本[13]	92 亿美元(1974 年)	约 1.8%

为了降低影响各国经济的腐蚀成本，需要采用有效的防腐蚀策略。现有的防腐蚀技术包括：①正确设计；②适当选材（合金、金属、塑料等）；③阴极保护；④涂层、缓蚀剂和表面处理。本部分重点是使读者对于"智能预处理涂层"有所了解，该涂层是防止和控制金属/合金腐蚀的必要的第一步。

3.2 设计防腐蚀智能涂层

在过去的几十年中，涂层已经从简单的阻隔/装饰性涂层转变为更专业化的新型涂层。这些能够对外部刺激做出反应或响应的新型涂层被称为"智能涂层"[14]。随着时间的推移可以将智能涂层的发展历程分为以下三个阶段：

① 专门的添加剂改性涂层；

② 含有惰性成分的涂层，该涂层通常具有传统涂层所不具备的独特性能；

③ 能够以连续的、可预测的方式感知环境并做出响应的涂层。

自然界生物体的活动是刺激反应得以应用的最好例子，其中活细胞已经进化出对外部连续和/或间歇式刺激产生响应的能力。细胞可以通过重组、重建、信号传递和/或重塑方式在环境中永久或暂时改变而存活下来。这一功能是通过细胞膜分级组织多功能分子系统完成的[16]。在 21 世纪涂层工业、学术界和政府实验室正在努力研究，试图将大自然这些独特的响应功能特征加到创新型"智能涂层"当中。这些创新型"智能涂层"可以对日常生活乃至最复杂的工业设施起到重要的作用[17]。

3.3 预处理涂层

预处理涂层（如转化涂层）可作为防腐蚀的第一道防护层，也可用作底漆和面漆的黏合剂提升涂层性能[18]。一般来说，没有经过预处理的涂层、底漆和面漆不能很好地黏合到金属/合金表面。因此，以下部分专门讨论预处理涂层及其作为"智能涂层"的能力。

3.3.1 选择合适的金属合金

在沉积预处理涂层之前，必须正确选择适用于使用环境的金属合金。众所周知，不同金属合金由于成分的差异而对环境具有不同的敏感性。为了减轻这些影响，需要进行不同的防腐蚀处理。所以，首先根据需要选用最合适的材料，然后选择不同的防腐蚀标准。但材料的选择和防腐蚀标准的选择不是一蹴而就，不仅要综合考虑性能效益和经济成本的平衡，而且要考虑到金属/合金所处的工业类型和腐蚀环境。图 3.3 提供了材料选择标准的流程图，但要注意，在大多数情况下，经济成本通常超过购买高耐腐蚀性金属/合金的预算[19]。

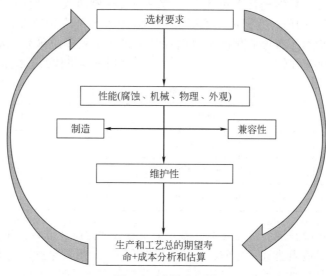

图 3.3 选材流程图

3.3.2 表面改性

在讨论金属/合金"智能预处理涂层"之前，首先必须研究材料表面清洁的方法。在涂覆涂层之前，必须使表面适合进行预处理涂层（例如转化涂层）的涂覆。这个过程包括以下几个步骤[20]：①评估表面状况；②检查制备过程中的缺陷；③预清洁；④最后的表面检查。

对表面状况的评估需要检查整个表面从而确定其污染物情况。这些污染物可能是污迹、油脂、油污、污垢、锈、腐蚀产物、盐沉积物和脱模剂。这些污染物的存在可以显著改变所用预处理涂层和底漆及面漆的黏合性能。

在表面清洁之前，必须除去或修理所要涂覆零件或基体中所有设计和/或制造缺陷。这些缺陷可能包括金属/合金部件中过多的点蚀陷、凹痕或缺陷。去除金属/合金表面污染物的方法包括：①溶剂清洗；②清洗剂蚀刻（碱性和酸性蚀刻）；③除垢或脱氧；④物理清洗（喷砂、磨蚀和/或抛光）；⑤酸洗；⑥漂洗[18]。采用溶剂清洗可以除去大部分污迹、油脂、油污、锈、腐蚀产物、盐沉积物和脱模剂，但通常需要酸或碱蚀刻等一些其他步骤除去活性组分。对于存在厚或鳞状残余氧化层的较硬的钢表面，需要采取物理方法进一步清洁。但是这一物理清洁方式对于较软的铝表面并不适合。在多次清洁过程完成后，有时会在金属或合金上使用除垢、脱氧或酸洗来除去污染物质，从而使表面容易进行涂覆施工。通过对该过程进行合理的时间安排和成本预算，可以使基体表面不出现弱边界层或损坏。在工业环境中经常采用漂洗的方法去除各洗涤步骤中的过量试剂或溶剂，防止交叉污染。以上内容对腐蚀现象、金属合金的选材以及基体表面的清洁过程进行了一个简要说明，下面主要讲述本章的核心内容，即已经商品化以及正在开发的各种预处理涂层，该预处理涂层是"智能涂层"防腐蚀的第一道防线。

3.4 无机非金属预处理涂层

无机非金属涂层包括陶瓷涂层、转化涂层和阳极氧化涂层。陶瓷涂层如化学沉积法硅酸盐水泥衬里和瓷釉，可以用于防腐蚀。化学转化涂层是将金属表面自然形成的氧化层转化为不同金属氧化物或盐的涂层。阳极氧化是指通过化学或电化学方式使金属表面氧化，从而在其表面上生成一层厚的、致密的钝化膜[21,22]。由于阳极氧化涂层对于金属来说非常重要，故而在此专门对其进行简要介绍。阳极氧化法虽然在20世纪30年代就已开发出来，但直到20世纪70年代才得到广泛的认可并获得商业化成功[23]。可以采用阳极氧化法进行保护的金属包括：普通钢、不锈钢、镍、镍合金、铬和铝。"硬阳极氧化"工艺是通过电化学方式对金属进行表面处理[24]，"标准"工艺是将这几种金属在铬、硫酸或磷酸的溶液[25~27]中进行表面阳极氧化处理。然而鉴于铬，特别是六价铬[Cr(Ⅵ)][28]的环境和健康危害性，必须寻找能够替代铬的电解液。目前阳极氧化的无铬替代产品已经研制出来并已商业化。这些替代产品包括铅-锡、钴、锆、钛和硅酸盐[29~32]。阳极氧化法将金属表面转化成氧化物形式或增加氧化物层厚度，形成更厚的表面氧化层。阳极氧化工艺能提高金属耐腐蚀性和涂层附着力，并能进行电镀处理，同时该方法还可以为绝大多数金属表面镀上富有光泽的装饰外观层。阳极氧化法操作简单、可重复性高且成本效益好，因此在工业领域获得了广泛的应用。

化学转化涂层主要包括沉积在各种金属或合金基体（如钢、锌、铝、镁、铜、锡、银和镍）上的铬酸盐转化涂层（CCCs）、磷酸盐转化涂层和镧系元素转化涂层。化学转化涂层工艺按其主要组分进行分类，例如，CCCs主要由铬酸盐组成，而磷酸盐转化涂层的主要成分是磷酸盐[33]。金属或合金表面在溶液中通过化学或电化学过程转化为涂层。化学转化涂层用于防腐蚀、增加表面硬度以及添加装饰性抛光涂层和/或作为油漆底漆。转化涂层可以薄至0.00001in（0.254μm），也可以厚到0.002in（50.8μm），可以通过阳极氧化方法或多次暴露在转化溶液中生长。

化学转化涂层是金属/金属氧化物表面的组成部分，是具有黏附性、不溶、无机晶态或无定形的表面涂层。在这种涂层薄膜中，基体金属被转化成金属氧化物（该金属氧化物比原始金属具有较低的腐蚀反应性），改善了底漆的黏附性。化学转化涂层具有强黏附性，涂层生成速度快、经济性较强，因此已经获得了广泛的工业应用，同时可以为更大规模工业应用提供可重现性和连续的涂层[34]。

3.4.1 铬酸盐转化涂层

CCCs通常是通过在含有六价铬[Cr(Ⅵ)]和其他成分的溶液中对金属或合金进行化学或电化学处理而形成的[19,35]。该工艺通过浸没或喷涂方式在各种金属（例如钢或铝）表面形成无定形保护涂层。CCCs用于提高裸材或底漆的耐蚀性，改善涂层或底漆涂层的附着力，并为金属表面提供吸引人的装饰效果。CCCs成膜溶液的主要组分是三价铬[Cr(Ⅲ)]、Cr(Ⅵ)、基体金属、氧化物、水以及磷酸盐、硫酸盐和氟化物等添加剂。CCCs为金属裸材或涂层提供优异的防腐蚀保护。CCCs的防护能力取决于以下几个因素：①基体金属类型；

②所用铬酸盐涂层的类型；③铬涂层的重量。过去几十年来，许多研究人员对 Cr(Ⅵ) 的防腐蚀保护机理进行了探讨。研究人员提出公认的 CCCs 防腐蚀机制[36~41]为：CCCs 中的可溶性 Cr(Ⅵ) 被释放到涂层中的缺陷区域，通过"自愈"机制抑制进一步的腐蚀。CCCs 以及铬酸盐底漆就像一个可溶性 Cr(Ⅵ) 的储库，可以随时为缺陷处输运可溶性 Cr(Ⅵ)。CCCs 的机理包括一个阴极不溶的缓蚀剂 Cr(Ⅲ) 氧化物和一个阳极可溶的缓蚀剂 Cr(Ⅵ)，两种物质相互协调、转化。Cr(Ⅲ) 作为不可溶、耐用的惰性涂层，当涂层发生破坏时，pH 控制传输机制促使其释放可溶性 Cr(Ⅵ) 化合物。CCCs 中活性 Cr(Ⅵ) 缓蚀剂的释放是通过 Cr(Ⅵ)-O-Cr(Ⅲ) 混合氧化物可逆反应过程完成的，该涂层体系是最早用于不同金属合金的防腐蚀性"智能涂层"之一。

几十年来，尽管 CCCs 具有优良的缓蚀效果，而其替代产品的缓蚀效果虽然不尽如人意。但是由于美国和国际监管机构对 CCCs 和铬酸盐底漆都进行了更为严格的监管，所以采用 CCCs 的替代产品作为防腐蚀涂料是大势所趋。想来大家也都知道其原因，就是 Cr(Ⅵ) 化合物对人类属于致癌物质对环境属于毒性物质[42~46]。Cr(Ⅵ) 按照"硫酸盐运输"机制被输运到人体细胞中，慢性吸入 Cr(Ⅵ) 化合物会增加患肺癌的风险，接触可溶性 Cr(Ⅵ) 会导致或加剧接触性皮炎，摄入可溶性 Cr(Ⅵ) 会引起刺激以及胃或肠的溃疡。由于 Cr(Ⅵ) 的毒性，2006 年 2 月 28 日联邦纪事定义新的 Cr(Ⅵ) OSHA 规则，要求职业接触 Cr(Ⅵ) 的工作人员 8h 的 Cr(Ⅵ) 加权平均浓度不超过 $5\mu g/m^3$[47]。截至 2013 年 1 月 24 日，美国职业安全卫生研究所（NIOSH）发布了一份题为"推荐标准准则：职业接触六价铬标准"的文件。NIOSH 详细说明了 Cr(Ⅵ) 对健康的严重影响，重新评估了 Cr(Ⅵ) 对职业接触的潜在健康影响。在含 Cr(Ⅵ) 的工作环境中，新的职业允许暴露限值（PEL）为 $0.20\mu g/m^3$[48]。由于 NIOSH 不能直接发布管制命令，所以 NIOSH 提出的只是一些建议。2006 年 12 月通过欧盟化学品注册、评估、授权和限制（REACH）法规（EC 1907/2006），并于 2007 年 6 月生效。REACH 出台的背景是由于欧盟使用了成千上万的化学品，其中一些化学品的数量非常大，对人类健康和环境的危害也越来越大。Cr(Ⅵ) 是欧盟高度管制的物质之一，目前是高度关注物质（SVHC）。由于六价铬在环境中的毒性和持久性，一些替代性非金属预处理涂层产品已经开发出来并经过了测试。下面对这些涂层进行说明，并将其与 CCCs 进行比较。

3.4.2 磷酸盐转化涂层

磷化工艺已经被人们熟知 100 多年了，并且该工艺所用溶液的主要成分是稀磷酸溶液[19,49,50]。磷酸盐涂层的形成需要将二价金属和磷酸盐离子沉淀到金属表面，经过该处理的金属获得了由不溶性磷酸盐组成的、非导电性的硬质表面涂层，不溶磷酸盐连续地、牢固地附在金属基体上。磷酸盐转化涂层通过化学反应使金属基体表面转化为耐蚀表面膜。磷酸盐转化涂层可以分为以下三类：

① 磷酸铁——重量轻、无定形、不含大量的二价金属铁离子的磷酸盐涂层；
② 磷酸锌——中等重量的结晶磷酸盐涂层，含有来自溶液或金属表面的二价金属离子；
③ 重磷酸盐——含有来自溶液和金属表面的二价金属铁离子的涂层。

磷酸盐转化涂层是通过喷涂或浸渍施加在黑色和有色金属/合金裸材上的防腐蚀涂层。如果使用得当，磷酸盐转化涂层可以为金属或合金基体提供有效的屏障保护。如果在较厚的磷酸盐转化涂层外再施涂油漆涂层，则可以起到更好的防腐蚀作用。

3.4.3 镧基转化涂层

过去几十年来，专家学者对不含六价铬的预处理涂层进行了大量研究，其中稀土元素（镧系元素）由于其独特的性质而备受关注[18,51,52]。目前已经研究了含有铈（Ce）、钇（Y）、镧（La）、钕（Nd）、钐（Sm）以及镨（Pr）的稀土元素涂层的缓蚀性能。稀土元素的独特性质如下：
① 原子半径大；
② 多种电子构型；
③ 形成多种氧化价态，如+3价和+4价，偶尔形成+2价；
④ 与水反应形成中性氧化物；
⑤ 形成稳定的不溶性混合氧化物；
⑥ 复杂的配位化学；
⑦ 还原电位低；
⑧ 碱性条件下低价不稳定；
⑨ 沉淀有助于薄膜的稳定和保护；
⑩ 相对便宜；
⑪ 毒性低；
⑫ 环境影响小[18,53~55]。

Hinton 和 Wilson 制备出可以有效替代有毒 CCCs 涂层的稀土转化涂层[56~59]，他们在这一领域的开创性工作主要集中在用铈盐转化涂层作为锌和铝金属/合金缓蚀剂。他们认为稀土氧化物涂层的形成是按照阴极反应机理进行的：阴极反应形成一个碱性环境，使稀土氧化物在此环境中产生局部沉淀。沉淀的氧化物可以保护金属合金基体，从而抑制腐蚀过程。Montemor 等人进一步研究发现，稀土氧化物涂层的形成是一个两阶段的过程，除了阴极反应机理外，Ce 基转化涂层还要经过 Ce(Ⅲ) 氧化到 Ce(Ⅳ) 的过程[60~63]。

铈基转化涂层可以通过两种途径制备：①通过在中性或近中性的简单铈盐溶液中浸渍数天，在金属/合金基体上实现转化涂层的沉积；②添加了 H_2O_2 的酸化铈盐溶液，可以使铈基转化膜沉积时间≤10min[64~67]。目前学者们已经研究了用于多种金属上的 Ce 基转化涂层的缓蚀性能[18,68~71]，有些研究结果表明该涂层仅限于比较温和腐蚀环境的防护，而另一些研究结果表明该涂层与金属基体黏附性较差，从而限制其防腐蚀性能[72,73]。

正如 3.4.1 所述，CCCs 涂层是通过铬离子的分解进入溶液（尤其是在含氯环境中）而进行防腐蚀的。可溶性铬离子在溶液中迁移到处于该环境的金属表面，抑制其腐蚀，这一过程是通过铬酸盐物质的"智能释放"来完成的。因为无铬转化涂层具有与 CCCs 涂层相同的"智能释放"机理[18,74]，所以已有不少学术团队对铈基转化膜涂层的沉淀和溶解过程进行了类似的研究。这些研究结果初步表明，对于镧系转化涂层而言，首先镧系元素的离子形成相应的不溶性氢氧化物，然后氢氧化物作为阴极缓蚀剂为基体提供防护。Scully 等人[75]的研究结果表明，在 pH=2 时，由 Al、Co 和 Ce 组成的涂层确实是通过释放 Ce 离子而使该涂层具备自修复能力。Heller 等人[76~78]通过盐雾试验表明：经 2.5%（质量分数）NaH_2PO_4 溶液处理过的铈基转化涂层与铝金属基体之间形成界面活性层，从而为基体提供防护。然而，直接沉积铈转化涂层的铝金属经盐雾试验后没有形成任何界面活性层。Joshi 等人进一步的研究结果表明，Ce 化合物在 pH=2 时发生溶解，而在 pH≥3 时检测不到其溶解特征。这些结果表明，直接沉积的涂层由不溶性组分组成，该组分阻碍了 Ce 化合物的溶解和迁移[79]。尽管尚未建立基于这些研究数据的理论机制，但是 Ce 的溶解和迁移现象是毋庸置疑的。多个研究小组对除 Ce 以外的其他稀土元素（如 La、Sm 和 Y）也进行了相关研究[80~82]。研究结果表明，与 Ce 化合物一样，这些稀土化合物能够形成转化膜，从而抑制基体的腐蚀。

3.4.4 混杂型转换涂层

目前，各国科研机构和人员对一些其他的无 Cr(Ⅵ) 预处理涂层已经进行了几十年研究，这些涂层主要包括以下系列：以钼酸盐（Mo）、高锰酸盐（Mn）、钒酸盐（V）和钨酸盐（W）[83,84]为钝化剂的预处理涂层，氟钛酸盐和氟锆酸盐转化涂层[85,86]以及三价铬转化预处理（TCP）涂层[87,88]。

几个研究小组通过研究高锰酸盐和酸性（HNO_3或HF）高锰酸钾转化涂层[89~91]发现，在NaCl溶液中该涂层的防腐蚀性能与CCCs相似。然而，如果高锰酸钾中的Mn被还原成二价，形成更易溶解的Mn(Ⅱ)氧化态，则其缓蚀性能降低[92]。

迄今为止，钼酸盐是被研究最多的金属离子化合物，其缓蚀性能是由于在金属表面阳极部位形成钝化的Mo膜[93]。钒酸盐、钼酸盐和钨酸盐在与铬酸盐[94]、硫酸[95,96]和四硼酸溶液[97]等一起使用时，可以抑制铝的腐蚀。这些组分的配合使用提高了铬酸盐转化涂层的防腐蚀性能。铬酸根阴离子在铝合金基体表面时，能使基体表面形成稳定的Al_2O_3膜从而表现出钝化状态，再加上外层的钼酸盐层，能阻挡Cl^-对基体的侵蚀。含钼离子浓度较高的四硼酸溶液形成较厚的阳极氧化膜，也能保护基体不受侵蚀[97]。

关于钛（Ti）、锆（Zr）和铪（Hf）等ⅣB族金属基转化涂层，也已开展了不少研究[87,98~100]。ⅣB族金属涂层只需较短的浸泡时间（≤10min），就可以在基体金属上成功镀膜，因此成为CCCs潜在的绿色替代品[101]。

此外，作为一种无毒、环境友好的CCCs替代品，三价铬预处理（TCP）涂层获得了广泛的研究和商业化[102~105]。采用氢氟酸（HF）或硫酸（H_2SO_4）将六氟锆酸盐、三价铬氧化物、硫酸铬和氟硼酸盐组成的溶液保持为酸性（pH=3.8~4.0），然后将金属基体浸泡在该溶液中，就可以生成TCP涂层。TCP涂层的颜色和厚度可根据溶液组成、温度、pH值和浸泡时间进行调整[106]。试验已经证明，TCP涂层可以抑制各种金属或合金的腐蚀，并被美国军方作为CCCs的环保无毒替代产品。Swain等人[107]研究了TCP涂层抑制航空航天用铝合金，尤其是AA2024-T3的腐蚀机制。拉曼光谱结果表明，TCP膜中CrO_4^{2-}可以扩散到相应区域，并通过钝化机制抑制基体的腐蚀。

3.5 有机预处理涂层

前面已经详细讨论了各种商业上已经使用的"智能"无机预处理涂层。下面将重点介绍有机"智能涂层"。目前许多有机"智能涂层"已经获得商业化，而那些处于研发阶段的溶胶-凝胶涂层和混合溶胶-凝胶涂层[108]、导电聚合物（CPs）涂层[109]、自组装预处理涂层[110]、聚电解质多层膜[111]、控释涂层[112]和生物膜[113]将在下面加以介绍。

3.5.1 混合溶胶-凝胶涂层

在过去的二十多年中，已经有几个研究小组对溶胶-凝胶薄膜涂层对金属的缓蚀作用进行了研究。该研究是受市场对环保无毒CCCs替代产品的需求刺激而发展起来的[28,46~48,114~116]。目前，为开发可用作金属合金和有机底漆/面漆之间的黏合促进剂以及能提供腐蚀保护的溶胶-凝胶涂层，研究者们已经做了大量的研究工作[117]。

目前制备溶胶-凝胶涂层有两种方法：水溶液中的水解法和有机介质中的非水解法。两种方法都可以生产具有不同性能的各种溶胶-凝胶涂层。这些涂层的性能可以通过调节反应物组成、有机功能化、温度、时间和pH值进行控制，进而直接影响涂层在防腐蚀方面的潜在应用价值[118]。已经在各种金属或合金（例如铜[119,120]、铝[121]、镁[122]和碳钢[123]）上进行了溶胶-凝胶预处理涂层的研究，结果表明溶胶-凝胶预处理涂层对基体金属具有缓蚀的特性。

溶胶-凝胶过程是金属醇盐[$M(OR)_n$]（其中M为Si、Ti、Zr或Al，R为甲基、乙基、丁基等烷基）的水解和缩合反应[115,124]，反应方程式见图3.4。制备"颗粒或薄膜"的溶胶-凝胶法包括两种完全不同的方法，分别是无机试剂法或有机试剂法，其中优先选择有机试剂法。溶胶-凝胶法的工艺过程为：初期形成"溶胶"的胶体悬浮液或溶液，接着形成"凝胶"，最后得到离散颗粒状或三维立体网状结构聚合物。

$$水解反应：R-Si(OR)_3 \underset{+H_2O}{\overset{}{\rightleftharpoons}} R-Si(OH)_3$$

$$凝胶反应：-Si-OH+HO-Si- \underset{-H_2O}{\overset{}{\rightleftharpoons}} -Si-O-Si-$$

图 3.4　生成溶胶-凝胶薄膜的水解和缩合反应

溶胶-凝胶过程包括以下四个阶段：
① 水解；
② 单体缩合和聚合形成链或颗粒；
③ 颗粒或链的生长；
④ 最后，网状结构聚集、增稠和凝胶的形成。

目前对无机溶胶-凝胶预处理涂层的缓蚀性能进行研究，发现该涂层的厚度一旦≥200nm 就会发生开裂。加热时，由于溶剂蒸发而使凝胶收缩，溶胶-凝胶膜还会出现裂纹[125]。为了得到无裂纹的溶胶-凝胶薄膜，预处理薄膜的厚度必须≤100nm。但即便如此，由于薄膜中存在微孔，该膜层也不可能具有很好的防护性能。不过采取溶胶-凝胶方法生产的膜层在合金/金属基体和底漆/涂层体系之间均能显示优异的黏合能力[126]。

为了生产无裂纹膜层，研究人员将无机物或陶瓷的独特性能与有机聚合物材料结合在一起，开发了混合型溶胶-凝胶衍生涂层[127]。无机或陶瓷涂层可以提供抗划伤性、耐久性以及金属/合金基体与有机底漆/涂层体系之间的黏合性，而有机组分则增加了有机底漆/涂层体系的柔韧性和功能兼容性[128,129]。有机官能化的溶胶-凝胶涂层可以分两类：①非官能化的有机烷氧基硅烷；②有机官能性的烷氧基硅烷。非官能化有机烷氧基硅烷溶胶-凝胶涂层中的甲基是杂化涂层的有机部分[130]，而有机官能化烷氧基硅烷掺入了诸如环氧[131,132]、甲基丙烯酸[133,134]、丙烯酸类[135]、氨基[136,137]、烯丙基[138]、吡啶[139,140]或乙烯基/苯基[138,141,142]等特征基团部分，从而成为溶胶-凝胶反应的前驱体。这些官能团可用于聚合反应制备溶胶-凝胶膜层，从而使该膜层具有高交联密度、改善其力学性能及加工兼容性，从而作为有机底漆/涂层体系的预处理涂层。溶胶-凝胶膜的耐蚀性取决于其无裂纹的薄膜。混合型溶胶-凝胶涂层虽然具有这些优点，但其耐磨性低和力学性能差的特点制约了其使用。如果向溶胶-凝胶网络结构中加入纳米粒子，不仅可以改善该涂层的力学性能，而且可为金属或合金提供腐蚀防护[143~146]。混合型溶胶-凝胶涂层的进一步发展是如何成功地向该体系中掺入缓蚀剂，从而减缓基体的腐蚀。掺入无 Cr(Ⅵ)的无机缓蚀剂如磷酸盐[147]、V[148]、Ce[147,149~153]和 Mo[154,155]化合物以及有机腐蚀抑制剂如苯基膦酸[156]、巯基苯并噻唑[149,157]、苯并三唑[158]和 8-羟基喹啉[159]的缓蚀性能均已进行相关研究。

3.5.2　导电聚合物涂层

过去的几十年中，Mengoli[160]、De Berry[161]和 MacDiarmid[162,163]等人首先证明了聚苯胺（PANI）和聚吡咯（PPy）等导电高分子（CPs）物质可以抑制基体的腐蚀。Mengoli[160]的研究结果表明，通过电化学沉积在铁（Fe）阳极上的导电高分子涂层具有黏附性，形成缓蚀膜层。1985 年 De Berry[161]进一步证明电化学沉积在不锈钢上的 PANI 在硫酸溶液中对不锈钢基体腐蚀行为的影响，这一研究结果是 PANI 膜提供阳极保护从而使钢表面维持自然钝化膜的确凿证据。关于其他不同方式沉积的 CPs 涂层对金属/合金基体在不同条件下的腐蚀行为已有很多研究，其中包括电聚合、溶剂浇铸、水分散性配制剂、喷雾以及浸涂等方法制备的涂层。这些 CPs 涂层主要是为黑色金属和有色合金提供腐蚀防护的新型"智能涂层"。由于 CPs 涂层可以对铁合金提供阳极保护，因此它可以代替那些致癌的或对环境有害的含

Cr(Ⅵ)和镉（Cd）等元素的缓蚀剂[42~48,164~166]。

前面提到的 CPs 涂层对铁合金的腐蚀防护机制包括对基体的阳极保护机制、不锈钢的钝化机制[167~169]以及低碳钢的掺杂离子释放机制[170,171]，然而 CPs 涂层对铝合金的腐蚀防护机制仍处于深入研究当中。目前提出几种 CPs 涂层作用于铝合金在溶液中腐蚀可能存在的几种缓蚀机制[172]，包括：①铝合金的惰性化[173]；②阳极保护/钝化[174]；③氧还原抑制剂的离子交换释放缓蚀剂机制[175]；④在初始电偶效应后，CPs 涂层还原形成的屏障保护[176]。

对大多数 CPs 涂层缓蚀性的研究主要集中在能增强防腐蚀性能的非导电底漆和/或面漆方面[177]，还有一些工作是关于采用电化学和光谱技术制备的 CPs 涂层的腐蚀机理，这在上面段落中已加以描述。文献报道较少对 CPs 与 CCCs 两种涂层的腐蚀抑制性能进行直接比较。最近一些报道强调了沉积在有面漆和没有面漆的钢合金基体上的 PANI、PPy 和 PEDOT 薄膜（<1.0~2.5μm）的抗腐蚀性能研究[178~181]。

美国加利福尼亚州中国湖海军空战中心武器部的研究人员合成[182~184]、涂覆和评估了 CPs 涂层的防腐蚀性能，并与 CCCs 涂层直接进行比较，以上是在实验室[103,185,186]和现场测试环境下[187]完成的。据 Zarras 等人研究报道[186~188]，高分子聚［2,5-双(N-甲基-N-己基氨基)亚苯基亚乙烯基］(BAM-PPV)（图3.5）作为 CCCs 涂层的无毒替代产品是完全切实可行的。中性盐雾实验室结果表明，涂覆在铝合金上的 BAM-PPV 涂层可以作为 CCCs 涂层的替代产品并符合军事要求。电化学噪声方法分析显示，BAM-PPV 涂层与其他 CPs 涂层具有相似的表面钝化机理[186]。

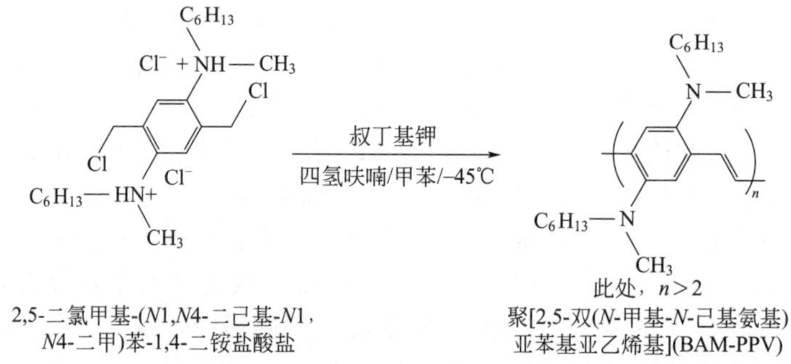

图 3.5 BAM-PPV 的聚合反应

然而，当 BAM-PPV 涂层和无 Cr(Ⅵ)底漆和面漆涂层体系涂覆在铝合金上时，中性盐雾耐久性结果表明，该涂层体系并不能达到军用的全 Cr(Ⅵ)涂层体系［CCCs＋Cr(Ⅵ)环氧底漆＋聚氨酯面漆］标准。将 BAM-PPV 加入全军用涂层［BAM-PPV＋不含 Cr(Ⅵ)的环氧底漆＋聚氨酯面漆］后，将样品放在 C-5 型货机后舱口门上进行为期 1 年的空军现场试验，结果表明该涂层与全 Cr(Ⅵ)军用涂层性能相同[187]。最近有几篇文献[109,189~191]可以让读者更全面地了解 CPs 涂层及其作为"智能涂层"在各种腐蚀性环境中的防腐蚀能力。

3.5.3 自组装预处理涂层

自组装（SA）分子是能在金属/合金表面形成一层薄膜，从而能为金属/合金在腐蚀环境下使用时提供保护的化合物。这些柔性、密集、稳定的 SA 薄膜可以制备得非常薄（约100Å），能够阻止电子转移或抑制腐蚀物质向金属或合金基体的传输[192]。

当对表面具有较强亲和力的特定化学基团的分子沉积到基体表面时，它将和基体发生化学反应，并进行组装排序，从而生成 SA 膜。SA 分子以物理吸附或化学吸附方式沉积在金属或合金基体表面。SA 分子除了与基体表面之间具有形成强烈相互作用所必需的化学或物理亲和力之外，组装在一起的 SA 分子之间的相互作用类型和强度也是同等重要的[193]。目前有关 SA

膜的研究主要集中在金基体上正烷基硫醇盐以及相关结构的自组装。由于金基体的化学惰性及其对硫醇化合物的化学吸附亲和力，容易在金基体上形成有序排列的 SA 膜[194]。

目前，有关 SA 分子对各种合金缓蚀性能的研究取得了一些进展。只有特定的 SA 分子才能在金属表面进行自组装，例如在金[192~195]、银[196]和铜[197]表面自组装的烷基硫醇分子，在铂表面自组装的醇和胺分子[198]，在铝表面自组装的膦酸酯化合物分子[199]。如果金属或合金上制备 SA 膜，首先必须找到能黏附到金属或合金表面的脂肪族隔离单元，并形成夹心结构的合适官能团。另外，一边的官能团可以与底漆层进一步反应，形成更坚固耐用的薄膜（图 3.6）。

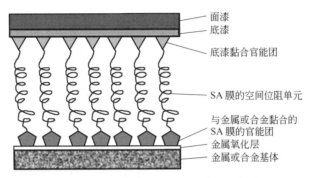

图 3.6　带有底漆和面漆 SA 膜的示意图

SA 膜是金属基体表面的一层可以阻止氧气[200]或水[201]扩散的有效屏障，自组装分子之间的交联反应可以进一步提高 SA 膜的耐久性和腐蚀抑制性能[202]。SA 膜在腐蚀防护方面的应用包括：1-十八烷基-1H-苯并咪唑钠[203]和二乙基二硫代氨基甲酸盐[204]作为金属铜的阴极缓蚀剂为其提供保护；己烷-1,6-二胺和 2-巯基乙醇膜能阻止金属铜的腐蚀[205]。

Grundmeier 等人[206]研究了铝合金上的磷酸正十八酯单分子层的缓蚀性能。沉积在 2024 Al 合金和 1016 Al 合金上的 1-十四烷基磷酸 SA 膜在最初的腐蚀监测中表现出对基体的缓蚀性能[207]，1050 Al 合金表面的烷基二磷酸酯单分子层能提高该合金氧化时的腐蚀阻力[208]。最近已经有几个研究小组对钢、铁基体表面涂覆的 SA 薄膜进行了研究[209,210]：己二酸 SA 分子在碳钢表面形成致密的薄膜，使钢表面发生电化学还原反应[209]；304 不锈钢上聚多巴胺/十二烷基硫醇 SA 薄膜结构致密，具有优异的耐海水稳定性[211]；涂覆在镀锌钢基体上的三嗪硫醇 SA 单层的耐腐蚀性有所改善，但是耐水性差[212]。对于黄铜合金和镁合金上的 SA 膜进行研究，结果表明黄铜合金表面的几种硅烷 SA 膜可以抑制该合金在 0.2mol/L NaCl 溶液中的腐蚀[213]，而 AZ31B 镁合金表面的 SA 纳米粒子膜能为该合金在 0.005mol/L NaCl 溶液中提供 354h 的防腐蚀保护[214]。

3.5.4　聚电解质多层膜

采用逐层（L-b-L）法制备聚电解质（PE）薄膜，该薄膜由聚阴离子和聚阳离子组成的聚电解质交替组装（图 3.7）[215]。交替多层 PE 通过静电作用相互吸附，可能出现数百个交替聚阴离子和聚阳离子的组装[216]。用于多层 PE 膜的 L-b-L 法能精确控制膜的物理性质（例如膜厚度和形态）[217]。

L-b-L 法沉积可以获得具有多功能性的纳米尺度的 PE 多层涂层，该涂层与金属或合金之间黏附性强，并且能够通过"自愈"方式封闭该涂层的表面缺陷[218]。PE 多层膜具有 pH 缓冲活

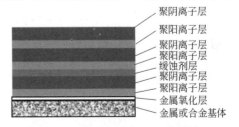

图 3.7　聚电解质（PE）多层膜

性,可以使腐蚀环境中的金属表面 pH 值稳定在 5~7.5 之间。PE 多层涂层还具有相对的移动性,能够通过"自我修复"机制密封和消除涂层中的机械裂纹[219]。另外,PE 多层膜可以捕获活性缓蚀剂,并在最接近基体的膜层释放该缓蚀剂,从而保持对基体提供有效的阻隔性以获得最大的防腐蚀效率[220~223]。

3.5.5 负载缓蚀剂的纳米容器控释涂层

在含有药物、油、香料等活性成分的惰性容器里进行物质的控制释放和封装,这方面的研究已经进行了几十年[224~226]。最近的研究重心集中在通过 L-b-L 法、聚电解质法、共聚物囊泡法和界面聚合法等方法开发用于各种金属和合金的微胶囊缓蚀剂[227]。这些微胶囊缓蚀剂可以加入涂层系统,一旦金属发生腐蚀就会促发微胶囊中缓蚀剂的释放,并能启动其"自修复"机制[228,229]。由于缓蚀剂微胶囊尺寸通常太大(≥1μm),所以无法在预处理涂层、转化涂层或多层涂层中有效使用。

"智能纳米容器"通过纳米结构材料存储缓蚀剂,该容器的发展为预处理涂层、转化涂层或多层涂层系统提供一种新的基于"基体钝化/容器结构活化"的防腐蚀系统[230]。金属或合金腐蚀时其表面通常伴随着局部的 pH 变化,位于该区域附近的纳米容器可以通过 pH 的改变或机械损伤得以活化,释放被包封的缓蚀剂,并通过自修复机理有效地抑制腐蚀。据文献报道,环糊精[231]、介孔二氧化硅[232,233]、埃洛石黏土[234]、碳纳米管[235]、层状双氢氧化物[236]和二氧化钛[237]等纳米容器也已成功制备出来,并对其腐蚀抑制性能进行了相关研究[112]。

3.5.6 生物膜作为预处理涂层

利用有益生物膜进行腐蚀控制获得了广泛关注,并且它可能替代以前的涂层作为当前绿色环保、无毒的腐蚀控制方案[238]。生物膜形成是一个自然的过程,它由组织严密的细菌群落和细胞组成,细胞包埋在由胞外高分子形成的基体中[239]。生物膜的形成既可能阻碍也可能加速金属或合金的腐蚀过程[240]。其促进腐蚀主要是金属基体上的细菌繁殖过程导致的。这种非均匀繁殖产生或薄或厚的菌落,从而在金属基体上形成阳极区和阴极区,使基体发生腐蚀。但是如果因生物膜形成腐蚀产物而产生钝化层,那么腐蚀过程就会受到阻碍[241]。金属基体与生物膜的交互作用仅取决于金属种类和微生物活性程度。使用生物膜的金属和合金主要通过如下几种方式来减缓腐蚀:①分泌抗菌剂的生物膜[113,242,243];②形成保护层[244,245];③分泌缓蚀剂的生物膜[246,247];④有益的生物膜[248,249]。

3.6 结论

本章全面综述了无机或有机预处理方法对不同金属和合金的腐蚀防护作用。不论基体表面涂覆的是无机的还是有机的表面预处理涂层,都是基体防腐的第一道防线。选择合适的预处理涂层对基体金属或合金进行基本防护、增强预处理和底漆涂层之间的黏附和相容性都是必不可少的。对于许多在市面上买到的预处理涂层进行研究的目的,不仅是为了更好地理解金属/合金与腐蚀之间的复杂关系,更是为了设计经济可行、环境友好、对人和生态系统无毒的新的预处理涂层,并使之商业化。

致谢

特别感谢美国国防研究和工程局主任办公室的财政支持。

参 考 文 献

[1] Bardal E. Introduction. In: Corrosion and protection. London: Springer-Verlag; 2004. p. 1-4.

[2] Marek MI. Thermodynamics of aqueous corrosion. In: Kori LJ, Olson DL, editors. ASM handbook. Corrosion, vol. 13. Materials Park, OH: ASM International; 1998. p. 18-28.

[3] Kroger JW. Fundamentals of high-temperature corrosion in molten salts. In: Korb LJ, Olson DL, editors. ASM handbook. Corrosion, vol. 13. Materials Park, OH: ASM International; 1998. p. 50-55.

[4] Tortorelli PF. Fundamentals of high-temperature corrosion in liquid metals. In: Korb LJ, Olson DL, editors. ASM handbook. Corrosion, vol. 13. Materials Park, OH: ASM International; 1998. p. 56-60.

[5] Bradford SA. Fundamentals of corrosion in gases. In: Korb LJ, Olson DL, editors. ASM handbook. Corrosion, vol. 13. Materials Park, OH: ASM International; 1998. p. 61-76.

[6] Kruger J. Cost of metallic corrosion. In: Revie RW, editor. Uhlig's corrosion handbook. 3rd ed. Hoboken, New Jersey: Electrochemical Society Series; 2011. p. 15-20.

[7] Koch GH, Brongers MPH, Thompson NG, et al. Corrosion costsand preventive strate giesin the United States. Houston, Texas: NACE International; 1998, Publication No. FHWA-RD-01-156. p. 1-12.

[8] Verink Jr ED. Economics of corrosion. In: Revie RW, editor. Uhlig's corrosion handbook. 3rd ed. Hoboken, New Jersey: Electrochemical Society Series; 2011. p. 21-30.

[9] Jackson JE. Cost of corrosion annually in the US over $1 trillion: G2MT laboratories report. http://www.g2mtlabs.com/cost-of-corrosion/; June 2013.

[10] Kruger J. Cost of metallic corrosion. In: Revie RW, editor. Uhlig's corrosion handbook. 3rd ed. Hoboken, New Jersey: Electrochemical Society Series; 2011. p. 18-19.

[11] Hoar TP. Report of the committee on corrosion and protection. Department of Trade and Industry, H. M. S. O. London, UK; 1971.

[12] Biezma MV, San Cristobal JR. Methodology to study costs of corrosion. Corrosion Eng Sci Tech 2005; 40 (4): 344-352.

[13] Hoar TP. Corrosion of metals: its cost and control. Proc R Soc London, Ser A 1976; 348 (1652): 1-18.

[14] Baghdachi J Smart coatings. In: Provder T, Baghdachi J, editors. Smart coatings II. ACS symposium series 1002. Washington, DC: American Chemical Society; 2009. p. 3-24.

[15] Brady Jr. RF. Twenty-first century materials: coatings that interact with their environment. In: Provder T, Baghdachi J, editors. Smart coatings. ACS symposium series 957. Washington, DC: American Chemical Society; 2007. p. 3-14.

[16] XiaF, JiangL. Bio-inspired, smart, multiscaleinter facial materials. Adv Mater 2008; 20 (15): 2842-2858.

[17] Baghdachi J. The bespoke design of smart coatings. Eur Coating J 2010; 9: 17-23.

[18] Schuman TP. Protective coatings for aluminum alloys. In: M Katz, editor. Handbook of environmental degradation of materials. Norwich NY: William Andrew Publishing; 2005. p. 345-366.

[19] Davis JR. Corrosion: understanding the basics. Materials Park, Ohio: ASM International; 2000 p. 331-358.

[20] Khanna AS. Surface preparation for organic paint coatings. In: High performance organic coatings. Cambridge, UK: Woodhead Publishing Ltd; 2008. p. 27-40.

[21] Grishina EP, Noskov AV. Electrochemical formation of passivating layers and surface condition during anodic oxidation and corrosion of metals. In: Willard T, editor. Solid state electrochemistry. Hauppauge, NY: Nova Science Publishers Inc; 2010. p. 1-61.

[22] Munro JI, Shim WW. Anodic protection-its operation and applications. Mater Perform 2001; 40 (5): 22-25.

[23] Riggs OL, Locke CE. Anodic protection. theory and practice in the prevention of corrosion. NY: Plenum Press; 1981, p. 1-260.

[24] Montgomery DC. Anodizing. Plat Surf Finish 2007; 94 (11): 12.

[25] Vincenzi F, Barba WD, Vincenzi F. A new anodizing process with energy saving. Aluminum Extrusion 2003; 8 (4): 54-58.

[26] Konno H, Baba Y, Furuichi R. Formation of porous anodic oxide films containing chromium ions on aluminum. Mater Sci Forum 1995; 192-194: 379-384.

[27] Zhang J-S, Zhao X-H, Zuo Y, et al. The bonding strength and corrosion resistance of aluminum alloy by anodizing treatment in a phosphoric acid modified boric acid/sulfuric acid bath. Surf Coat Technol 2008; 202 (14): 3149-3156.

[28] Environmental Protection Agency USA. National emission standards for hazardous air pollutant emissions: hard and decorative chromium electroplating and chromium anodizing tanks; and steel pickling-HCl process facilities and hydrochloric acid regeneration plants. Fed Regist 2012; 77 (182): 58220-58253.

[29] Rabbetts A. Replacements for hexavalent chromium in anodizing and conversion coating. Trans Inst Metal Finish

1998; 76 (1); B4-5.

[30] Critchlow GW. Alternatives to hexavalent chromium process to enhance the durability of bonded aluminum joints. Trans Inst Metal Finish 1998; 76 (1); B6-10.

[31] Matzdorf CA, Nickerson WC, Beck EN, et al. Non-chromium corrosion-resistant coatings for aluminum. Assignee: United States Department of the Navy, USA. US Patent Number 2007/0095436 A1; 2007.

[32] Sturgill JA, Phelps AW, Swartzbaugh JT. Non-toxic corrosion protection conversion coats based on cobalt. Assignee: University of Dayton, Dayton OH (US). US Patent Number 7, 294, 211 B2; November 13, 2007.

[33] Kuehner MA. Phosphate conversion coatings. Met Finish 1985; 83 (8); 15-18.

[34] Suzuki I. Corrosion-resistant coatings technology. NY: Marcel Dekker Inc; 1989, p. 10-250.

[35] Korinek KA. Chromate conversion coatings. In: Korb LJ, Olson DL, editors. ASM handbook. Corrosion, vol. 13. United States: ASTM International; 1998. p. 389-395.

[36] Kendig M, Jeanjaquet S, Addison R, et al. Role of hexavalent chromium in the inhibition of corrosion of aluminum alloys. Surf Coat Technol 2001; 140; 58-66.

[37] Illevbare GO, Scully JR, Yuan J, et al. Inhibition of pitting corrosion on aluminum alloy 2024-T3: effect of soluble chromate additions vs. chromate conversion coating. Corrosion 2000; 56 (3); 227-242.

[38] Kendig MW, Davenport AJ, Isaacs HS. The mechanism of corrosion inhibition by chromate conversion coatings from x-ray absorption near edge spectroscopy (XANES). Corros Sci 1993; 34 (1); 41-49.

[39] Chidambaram D, Halada GP, Clayton CR. Spectroscopic elucidation of the repassivation of active sites on aluminum by chromate conversion coating. Electrochem Solid-State Lett 2004; 7 (9); B31-33.

[40] Xia L, Akiyama E, Frankel G, et al. Storage and release of soluble hexavalent chromium from chromate conversion coatings equilibrium aspects of CrⅥ concentration. J Electrochem Soc 2000; 147 (7); 2256-2262.

[41] Ramsey JD, Xia L, Kendig MW, et al. Raman spectroscopic analysis of the speciation of dilute chromate solutions. Corros Sci 2001; 43; 1557-1572.

[42] Saikia SK, Mishra AK, Tiwari S, et al. Hexavalent chromium induced histological alterations in Bacopa monnieri (L.) and assessment of genetic variance. J Cytol Histol 2012; 3 (2); 141.

[43] Vignati Davide AL, Beye Dominik J, Pettine Mamadou L, et al. Chromium (Ⅵ) is more toxic than chromium (iii) to freshwater algae: a paradigm to revise. Ecotoxicol Environ Saf 2010; 73 (5); 743-749.

[44] Sanikow K, Zhitkovich A. Genetic and epigenetic mechanisms in metal cacinogenesis and cocarcinogenesis: nickel, arsenic, and chromium. Chem Res Toxicol 2008; 21; 28-44.

[45] Blisiak J, Kowalik J. A comparison of the in vitro genotoxicity of tri- and hexavalent chromium. Mutat Res 2000; 469; 135-145.

[46] Wetterhahn KE, Hamilton JW, molecular basis of hexavalent chromium carcinogenicity: effect of gene expression. Sci Total Environ 1989; 86; 113-129.

[47] National emissions standards for chromium emissions from hard and decorative chromium elec- troplating and chromium anodizing tanks, environmental protection agency, Federal Register, RIN 2060-AC14; January 25, 1995.

[48] AESF/EPA conference, hexavalent chrome PEL AESF presentation. http://www.nasf.org/nasf-law-regulation.php; January 2004.

[49] Naraayanan Sankara TSN. Surface pretreatment by phosphate conversion coatings—a review. Rev Adv Mater Sci 2005; 9; 130-177.

[50] Cape TW. Phosphate conversion coatings. In: Korb LJ, Olson DL, editors. ASM handbook. Corrosion, vol. 13. United States: ASTM International; 1998. p. 383-388.

[51] Harvey TG. Cerium-based conversion coatings on aluminum alloys: a process review. Corros Eng Sci Technol 2013; 48 (4); 248-269.

[52] Buchheit R, Mahajanam SPV. Ionex change compounds for corrosion inhibiting pigments inorganic coatings. In: Zarras P, wood T, Brough R, Benicewicz BC, editors. New developments in coatings technology. ACS symposium series 962. Washington, DC: American Chemical Society; 2007. p. 108-134.

[53] Zhang J-H, Zhang Y-J. Film forming mechanism analysis of cerium conversion coating on zinc coating. Adv Mater Res 2012; 557-559; 1819-1824.

[54] Williams G, McMurray HN, Worsley DA. Cerium (Ⅲ) inhibition of corrosion-driven organic coating delamination studied using scanning kelvin probe technique. J Electrochem Soc 2002; 149 (4); B154-162.

[55] Mansfeld F, Lin S, Kim S, etal. Surface modification of aluminum alloy sand aluminum-based metal matrix composites by chemical passivation. Electrochim Acta 1989; 34 (8); 1123-1132.

[56] Hinton B, Hughes A, Taylor R, et al. The corrosion protection properties of an hydrated cerium oxide coating on aluminum. In: International corrosion congress proceedings 13th Melbourne, November 1996; 1996. p. 337/1-7.

[57] Hughes AE, Taylor RJ, Hinton BRW, et al. XPS and SEM characterization of hydrated cerium oxide conversion coatings. Surf Inter Anal 1995; 23 (7&8): 540-550.

[58] Hinton BRW, Wilson L. The corrosion inhibition of zinc with cerous chloride. Corros Sci 1989; 29 (8): 967-985.

[59] Hinton BRW, Ryan NE, Arnott DR, et al. The inhibition of aluminum alloy corrosion by rare earth metal cations. Corros Australas 1985; 10 (3): 12-17.

[60] Montemor MF, Simoes AM, Ferreira MGS, et al. Composition and corrosion resistance of cerium conversion films on the AZ31 magnesium alloy and its relation to the salt anion. Appl Surf Sci 2008; 254 (6): 1806-1814.

[61] Montemor MF, Simoes AM, Carmezim MJ. Characterization of rare-earth conversion films formed on the AZ31 magnesium alloy and its relation with corrosion protection. Appl Surf Sci 2007; 253 (16): 6922-6931.

[62] Ferreira MGS, Duarte RG, Montemor MF, et al. Silanes and rare earth salts as chromate replacers for pre-treatments on galvanized steel. Electrochim Acta 2004; 49 (17-18): 2927-2935.

[63] Montemor MF, Simoes AM, Ferreira MGS. Composition and corrosion behavior of galvanized steel treated with rare-earth salts: the effect of cation. Prog Org Coat 2002; 44 (2): 111-120.

[64] Scholes FH, Soste C, Hughes AE, et al. The role of hydrogen peroxide in the deposition of cerium-based conversion coatings. Appl Surf Sci 2006; 253: 1770-1780.

[65] Dabala M, Armelao L, Buchberger A, et al. Cerium-based conversion layers on aluminum alloys. Appl Surf Sci 2001; 172 (3-4): 312-322.

[66] Aldykiewicz AJ, Davenport AJ, Isaacs HS. Studies of the formation of cerium-rich protective films using x-ray absorption near-edge spectroscopy and rotating disk electrode methods. J Electrochem Soc 1996; 143 (1): 147-154.

[67] Campestrini P, Terryn H, Hovestad A, et al. Formation of a cerium-based conversion coating on aa2024: relationship with the microstructure. Surf Coat Technol 2004; 176 (3): 365-381.

[68] Lingjie LI, Jinglei LEI, Shenghai YU, et al. Formation and characterization of cerium conversion coatings on magnesium alloy. J Rare Earth 2008; 26 (3): 383-387.

[69] Markley TA, Forsyth M, Hughes AE. Corrosion protection of AA2024-T3 using rare earth diphenyl phosphates. Electrochim Acta 2007; 52: 4024-4031.

[70] Pardo A, Merino MC, Arrabal R, et al. Carboneras M. Effect of Ce surface treatments on corrosion resistance of A3xx.x/SiCp composites in salt fog. Surf Coat Technol 2006; 200: 2938-2947.

[71] Mora N, Cano E, Polo JL, et al. Bastidas JM, corrosion protection properties of cerium layers formed on tinplate. Corros Sci 2004; 46: 563-578.

[72] Rivera BF, Johnson BY, O'Keefe MJ, et al. Deposition and characterization of cerium oxide conversion coatings on aluminum alloy 7075-T6. Surf Coat Technol 2004; 176: 349-356.

[73] Aballe A, Bethencourt M, Botana FJ, et al. On the mixed nature of cerium conversion coatings. Mater Corros 2002; 53: 176-184.

[74] Bethencourt M, Botana FJ, Calvino JJ, et al. Lanthanide compounds as environmentally-friendly corrosion inhibitors of aluminum alloys: a review. Corros Sci 1998; 40 (11): 1803-1819.

[75] Scully JR, Presuel-Moreno F, Goldman M, et al. User-selective barrier, sacrificial anode, and active corrosion inhibiting properties of Al-Co-Ce alloys for coating applications. Corrosion 2008; 64 (3): 210-229.

[76] Heller DK, Fahrenholtz WG, Geoff E, et al. Directly deposited cerium phosphate coatings for the corrosion protection Al 2024-T3. ECS Trans 2010; 28 (24): 203-215.

[77] Heller DK, Fahrenholtz WG, O'Keefe MJ. The effect of post-treatment time and temperature on cerium-based conversion coatings on Al 2024-T3. Corros Sci 2010; 52 (2): 360-368.

[78] Heller DK, Fahrenholtz WG, O'Keefe MJ. The effect of phosphate source on the post-treatment of cerium based conversion coatings on Al 2024-T3 and its correlation to corrosion performance. ECS Trans 2009; 16 (43): 47-60.

[79] Joshi S, Kulp EA, Fahrenholtz WG, et al. Dissolution of cerium from cerium-based conversion coatings on Al 7075-T6 in 0.1 M NaCl solutions. Corros Sci 2012; 60: 290-295.

[80] Kong G, Liu L, Lu J, et al. Study of lanthanum salt conversion coating modified with citric acid on hot galvanized steel. J Rare Earth 2010; 28 (3): 461-465.

[81] Pardo A, Merino MC, Arrabal R, et al. Effect of La surface treatments on corrosion resistance of A3xx.x/SiCp composites in salt fog. Appl Surf Sci 2006; 252: 2794-2805.

[82] Bethencourt M, Botana FJ, Cauqui MA, et al. Protection against corrosion in marine environments of AA5083 Al-

Mg alloy by lanthanide chlorides. J Alloys Compd 1997; 250 (1-2): 455-460.

[83] Almeida E, Diamantino TC, Figueiredo MO, et al. Oxidizing alternative species to chromium VI in zinc galvanized steel surface treatment. Part 1-A morphological and chemical study. Surf Coat Technol 1998; 106: 8-17.

[84] Almeida E, Fedrizzi L, Diamantinio TC. Oxidizing alternative species to chromium VI inzinc-galvanized steel surface treatment. Part 2-An electrochemical study. Surf Coat Technol 1998; 105: 97-101.

[85] Nordlein JH, Walmsley JC, Osterberg H, et al. Formation of a zirconium-titanium based conversion layer on AA 6060 aluminum. Surf Coat Technol 2002; 153: 72-78.

[86] Deck PD, Moon M, Sujdak RJ. Investigation of fluoacid based conversion coatings on aluminum. Prog Org Coat 1998; 34 (1-4): 39-48.

[87] Pearlstein F, Agarwala VS. Trivalent chromium conversion coating for aluminum-a replacement for hexavalent chromium pretreatment. In: Tri-service conference on corrosion, Wrightsville Beach NC. November 17-21, 1997, vol. 2; 1997. p. 12/1-10.

[88] Schlosser TM, Musingo EM. Trivalent chromium passivation and pretreatment composition for zinc-containing metals. Assignee: Bulk Chemicals Inc., USA. US Patent Number 20110100513 A1; May 5, 2011.

[89] Hamdy AS, Hussien HM. Deposition, Characterization and electro chemical properties of permanganate-based coatings and treatments over ZE41 Mg-Zn-rare earth alloy. Int J Electrochem Sci 2013; 8: 11386-11402.

[90] Lin CS, Lee CY, Li WC, et al. Formation of phosphate/permanganate conversion coating on ZA31 magnesium alloy. J Electrochem Soc 2006; 153 (3): B90-96.

[91] Chong KZ, Shih TS. Conversion-coating treatment for magnesium alloys by a permanganate-phosphate solution. Mater Chem Phys 2003; 80 (1): 191-200.

[92] Srinivasan PB, Sathiyanarayanan S, Marikkannu C, et al. A non-chromate chemical conversion coating for aluminum alloys. Corros Prev Cont 1995; 42 (2): 35-36, 49.

[93] Wilcox GD, Gabe DR, Warwick ME. The role of molybdates in corrosion prevention. Corros Rev 1986; 6 (4): 327-365.

[94] Zein El Abedin S. Role of chromate, molybdate and tungstate anions on the inhibition of aluminum in chloride solutions. J Appl Electrochem 2001; 31 (6): 711-718.

[95] Moutarlier V, Gigandet MP, Normand B, et al. EIS characterization of anodic films formed on 2024 aluminum alloy, in sulfuric acid containing molybdate or permanganate species. Corros Sci 2005; 47 (4): 937-951.

[96] Moutarlier V, Gigandet MP, Pagetti J. Characterization of pitting corrosion in sealed anodic films formed in sulphuric, sulphuric/molybdate and chromic media. Appl Surf Sci 2003; 206 (1-4): 237-249.

[97] Moutarlier V, Pelletier S, Lallemand F, etal. Characterisation of the anodic layers for medon 2024 aluminum alloy, in tetraborate electrolyte containing molybdate ions. Appl Surf Sci 2005; 252: 1739-1746.

[98] Wang SH, Liu CS, Wang L. A comparative study of zirconium-based coating on cold rolled steel. Adv Mater Res 2011; 291-294 (Pt. 1): 47-52.

[99] Hamdy AS, Farahat M. Chrome-free zirconia based protective coatings for magnesium alloys. Surf Coat Technol 2010; 204 (16-17): 2834-2840.

[100] Wang SH, Liu CS, Shan FJ. Corrosion behavior of a zirconium-titanium phosphoric acid conversion coating on AA6061 aluminum alloy. Acta Metall Sin 2008; 21 (4): 269-274.

[101] George FO, Skeldon P, Thompson GE. Formation of zirconium-based conversion coatings on aluminum and Al-Cu alloys. Corros Sci 2012; 65: 231-237.

[102] Bhaatia PP, Lomasney GM, Mason US. Trivalent chromium anticorrosive conversion coating for pretreated copper-containing aluminum alloy. Eur Pat Appl. EP255200A1; February 2, 2013.

[103] Zarras P, Prokopuk N, Anderson A, et al. Investigation of electroactive polymers and other pre-treatments as replacements for chromate conversion coatings: a neutral salt fog and electrochemical impedance spectroscopy study. In: Zarras P, Wood T, Richey B, Benicewicz BC, editors. New developments in coating technology. ACS symposium series 962. Washington, DC: American Chemical Society; 2007. p. 40-53.

[104] Pearlstein F, Agarwala VS. Trivalent chromium solutions for applying chemical conversion coatings to aluminum alloys or for sealing anodized aluminum. Plat Surf Finish 1994; 81 (7): 50-55.

[105] Pearlstein F, Agarwala VS. Non-chromate chemical conversion coatings for aluminum alloys. Proc Electrochem Soc 1993; 93-28: 199-211.

[106] Zhang X, vanden B os C, Sloof WG, etal. Comparison of the morphology and corrosion performance of Cr(VI)- and Cr(III)-based conversion coatings on zinc. Surf Coat Technol 2005; 199: 92-104.

[107] Li L, Kim DY, Swain GM. Transient formation of chromate in trivalent chromium process (TCP) coatings on AA2024-T3 as probed by Raman spectroscopy. J Electrochem Soc 2012; 159 (8): C326-333.

[108] Zheludkevich ML, Salvado IM, Ferreira MGS. Sol-gel coatings for corrosion protection of metals. J Mater Chem 2005; 15: 5099-5111.

[109] Tallman DE, Bierwagen GP. Corrosion protection using conducting polymers. In: Skotheim TA, Reynolds JR, editors. Handbook of conducting polymers. Conjugated polymers: processing and applications. 3rd ed. Boca Raton, FL: CRC Press; 2007. p. 12-1-42.

[110] Rohwerder M, Stratmann M, Grundmeier G. Corrosion prevention by absorbed organic monolayers and ultrathin plasma polymer films. In: Corrosion mechanisms in theory and practice. 3rd ed. Boca Raton, FL: CRC Press; 2012. p. 617-667.

[111] Farhat TR, Schlenoff JB. Corrosion control using polyelectrolyte multilayers. Electrochem Solid-State Lett 2002; 5 (4): B13-15.

[112] Zheludkevich ML, Tedim J, Ferreira MGS. "Smart" coatings for active corrosion protection based on multi-functional micro and nanocontainers. Electrochim Acta 2012; 82: 314-323.

[113] Syrett BC, Arps PJ, Earthman JC, etal. Corrosion controlusing regenerative bio films (CCURB): an update. Metall Ital 2001; 93 (7-8): 39-44.

[114] Balgude D, Sabnis A. Sol-gel derived hybrid coatings as environmentally friendly surface treatment for corrosion protection of metals and their alloys. J Sol-Gel Sci Technol 2012; 64 (1): 124-134.

[115] Wang D, Bierwagen GP. Sol-gel coatings on metals for corrosion protection. Prog Org Coat 2009; 64 (4): 327-338.

[116] Kasemann R, Schmidt H. Coatings for mechanical and chemical protection based on organic-inorganic sol-gel nanocomposites. New J Chem 1994; 18 (10): 1117-1123.

[117] Fedel M, De orian F, Rossi S. Innovative silanes-based pretreatment to improve the adhesion of organic coatings. In: Sharma SK, editor. Green corrosion chemistry and engineering: opportunities and challenges. 1st ed. Weinheim: Wiley-VCH Verlag GmBH & Co.; 2012. p. 181-209.

[118] Kron J, Deichmann KJ, Rose K. Sol-gel derived hybrid materials as functional coatings for metal surfaces. Eur Fed Corros Publ 2011; 58 (Self-Healing Properties of New Surface Treatments): 105-118.

[119] Li Y-S, Lu W, Wang Y, et al. Studies of (3-mercaptopropyl) trimethoxysilane and bis (trimethoxysilyl) ethane sol-gel coating on copper and aluminum. Spectrochim Acta A 2009; 73: 922-928.

[120] Tan ALK, Soutar AM. Hybrid sol-gel coatings for corrosion protection of copper. Thin Solid Films 2008; 516: 5706-5709.

[121] Feng Z, Liu Y, Thompson GE, et al. Sol-gel coatings for corrosion protection of 1050 aluminum alloy. Electrochim Acta 2010; 55: 3518-3527.

[122] Tan ALK, Soutar AM, Annergren IF, et al. Multilayer sol-gel coatings for corrosion protection of magnesium. Surf Coat Technol 2005; 198 (1-3): 478-482.

[123] Norzita N, Haziq M, Zurina M. Development of hybrid nano-sol-gel coatings for corrosion protection of carbon steel. Int J Chem Environ Eng 2012; 3 (4): 267-270.

[124] Dimitrev Y, Ivanova Y, Iordanova R. History of sol-gel science and technology (review). J Univ Chem Technol Metall 2008; 43 (2): 181-192.

[125] Kurisu T, Kozuka H. Effects of heating rate on stress evolution in alkoxide-derived silica gel-coating films. J Am Ceram Soc 2006; 89 (8): 2453-2458.

[126] Mayrand M, Quinson JF, Roche A, et al. Heteropolysiloxane coatings on electrogalvanized steel: elaboration and characterization. J Sol-Gel Sci Technol 1998; 12 (1): 49-57.

[127] Metroke TL, Parkhill RL, Knobbe ET. Passivation of metal alloys using sol-gel-derived materials—a review. Prog Org Coat 2001; 41 (4): 233-238.

[128] Senani S, Campazzi E, Villate M, et al. Potentially of UV-cured hybrid sol-gel coatings for aeronautical metallic substrate protection. Surf Coat Technol 2013; 227: 32-37.

[129] Chen X, Zhou S, Shuxue Y, et al. Mechanical properties and thermal stability of ambient-cured thick polysiloxane coatings prepared by a sol-gel process of organoalkoxysilanes. Prog Org Coat 2012; 74 (3): 540-548.

[130] Conde A, Duran A, de Damborenea JJ. Polymeric sol-gel coatings as protective layers of aluminum alloys. Prog Org Coat 2003; 46 (4): 288-296.

[131] White SS Jr, Dang HT, Titman S. Abrasion-resistant coating compositions for optical substrates, their manufac-

ture and coated articles therefrom. Assignee: Sailor International Companies General D'Optique, France. PCT Int. Appl. WO 2000029496 A1; May 25, 2000.

[132] Witucki GL, Vincent HL. Preparation of epoxy-functional silicone resin for powder coating. Assignee: Dow Corning Corporation, USA. US Patent Number 5, 280, 098A; January 18, 1994.

[133] Chen Y-H, Liu L-X, Zhan M-S. The preparation and characterization of abrasion-resistant coatings on polycarbonate. J Coat Technol Res 2013; 10 (1): 79-86.

[134] Chen J-I, Chareonsak R, Puengpipat V, et al. Organic/inorganic composite materials for coating applications. J Appl Poly Sci 1999; 74 (6): 1341-1346.

[135] Smarsley B, Garnweitner G, Assink R, Brinker CJ. Preparation and characterization of mesostructured polymer-functionalized sol-gel-derived thin films. Prog Org Coat 2003; 47 (3-4): 393-400.

[136] Yu J, Qiu J, Cui Y, et al. Preparation and electro-optic properties of hybrid sol-gel lms containing imidizale chromophore. Mater Lett 2009; 63 (29): 2594-2596.

[137] Menning M, Schmidt M, Kutsch B, et al. SiO_2-coatings on glass containing copper colloids using the Sol-gel-technique. Proceedings of SPIE-The International Society for Optical Engineering 1994; 2288 (Sol-Gel Optics III): 120-129.

[138] Joshua DuY, Tang Damron M, Zheng G, et al. Inorganic/organic hybrid coatings for aircraft aluminum alloy substrates. Prog Org Coat 2001; 41 (4): 226-232.

[139] Kroke E. Novel sol-gel routes to non-oxide ceramics. Adv Sci Technol 1999; 15 (Ceramics: Getting into the 2000's, Pt. C): 123-134.

[140] Sugama T, Carciello N, Rast SL. Zirconocene-modified polysiloxane-2-pyridine coatings. Thin Sol- id Films 1995; 258 (1-2): 174-184.

[141] Tamboura M, Mikhailova AM, Jia MQ. Development of heat-resistant anticorrosion urethane siloxane paints. J Coat Technol Res 2013; 10 (3): 381-396.

[142] Sheffer M, Groysman A, Mandler D. Electrodeposition of sol-gel films on Al for corrosion protection. Corros Sci 2003; 45 (12): 2893-2904.

[143] Curkovic L, Curkovic HO, Salopek S, et al. Enhancement of corrosion protection of AlSl304 stainless steel by nanostructured sol-gel TiO_2 films. Corros Sci 2013; 77: 176-184.

[144] Balbyshev VN, Anderson KL, Sinsawat A, et al. Modeling of nano-sized macromolecules in silane-based self-assembled nano-phase particle coatings. Prog Org Coat 2003; 47 (3-4): 337-341.

[145] Jang J, Park H. Formation and structure of polyacrylamide-silica nanocomposites by sol-gel process. J Appl Polym Sci 2002; 83 (8): 1817-1823.

[146] Vreugdenhil AJ, Balbyshev VN, Donley MS. Nanostructured silicon sol-gel surface pretreatments for Al 2024-T3 protection. J Coat Technol 2001; 73 (915): 35-43.

[147] Wittmar A, Wittmar M, Ulrich A, et al. Hybrid sol-gel coatings doped with transition metal ions for the protection of AA2024-T3. J Sol-Gel Sci Technol 2012; 61 (3): 600-612.

[148] Singh AK, Rout TK, Narayan R, et al. Anticorrosive hybrid sol-gel film on zinc substrates comprising sodium vanadate and colloidal silica. PCT Int. Appl. WO 2009141830A1; November 26, 2009.

[149] Matter EA, Kozhukharov S, Gyozova A, et al. AA2024 Corrosion protection by hybrid coatings incorporated with Ce(III) and Ce(IV) inhibitors. J Univ Chem Technol Metall 2012; 47 (5): 518-524.

[150] Aparicio M, Rosero-Navarro NC, Castro Y, Duran A, Pellice SA. Hybrid Ce-containing silica- methacrylate sol-gel coatings for corrosion protection of aluminum alloys. Eur Fed Corros Publ 2011; 58 (Self-Healing Properties of New Surface Treatments): 202-219.

[151] Pirhady TN, Sanjabi S, Shahrabi T. Evolution of corrosion protection performance of hybrid silica based sol-gel nanocoatings by doping with inhibitor. Mater Corros 2011; 62 (5): 411-415.

[152] Snihirova D, Lamaka SV, Taryba M, et al. Hydroxyapatite microparticles as feedback-active reservoirs of corrosion inhibitors. ACS Appl Mater Interfaces 2010; 2 (11): 3011-3022.

[153] Rosero-Navarro NC, Pellice SA, Duran A, et al. Effects of Ce-containing sol-gel coatings reinforced with SiO_2 nanoparticles on the protection of AA2024. Corros Sci 2008; 50 (5): 1283-1291.

[154] Moutarlier V, Neveu B, Gigandet MP. Evolution of corrosion protection for sol-gel coatings doped with inorganic inhibitors. Surf Coat Technol 2008; 202 (10): 2052-2058.

[155] Voevodin NN, Grebasch NT, Soto WS, et al. Potentiodynamic evaluation of sol-gel coatings with inorganic inhibitors. Surf Coat Technol 2001; 140 (1): 24-28.

[156] Sheffer M, Groysman A, Starosvetsky D, et al. Anion embedded sol-gel films on al for corrosion protection. Corros Sci 2004; 46 (12): 2975-2985.

[157] Khramov AN, Voevodin NN, Balbyshev VN, et al. Hybrid organo-ceramic corrosion protection coatings with encapsulated organic corrosion inhibitors. Thin Solid Films 2004; 447-448: 549-557.

[158] Chen T, Fu JJ. An intelligent anticorrosion coating based on pH-responsive supramolecular nano- containers. Nanotechnology 2012; 23 (50): 505705/1-12.

[159] Galio AF, Lamaka SV, Zheludkevich ML, et al. Inhibitor-doped sol-gel coatings for corrosion protection of magnesium alloy AZ31. Surf Coat Technol 2010; 204 (9-10): 1479-1486.

[160] Mengoli G, Munari MT, Bianco P, et al. Anodic synthesis of polyaniline coatings onto iron sheets. J Appl Polym Sci 1981; 26 (12): 4247-4257.

[161] De Berry DW. Modification of the electrochemical and corrosion behavior of stainless steels with an electroactive coating. J Electrochem Soc 1985; 132: 1022-1026.

[162] MacDiarmid AG, Ahmad N. Polyaniline film on metal surface for preventing corrosion. Assignee: Trustees of the University of Pennsylvania, USA. US Patent Number 5, 645, 890; July 8, 1997.

[163] Ahmad N, MacDiarmid AG. Inhibition of corrosion of steels with the exploitation of conducting polymers. Synth Met 1996; 78 (2): 103-110.

[164] Jakubowski M. Zinc and cadmium compounds. In: 6th ed. Patty's toxicology, vol. 1. Hoboken, NJ: John Wiley &. Sons; 2012. p. 167-211.

[165] Tokumoto M, Fujiwara Y, Shimada A, etal. Cadmium toxicity is caused by accumulation of p53 through the down-regulation of Ube3d family genes in vitro and in vivo. J Toxicol Sci 2011; 36 (2): 191-200.

[166] Praveen CV, Pradeep Kiran JA, Bhaskar M. Cadmium toxicity-a health hazard and a serious environmental problem-an overview. Int J Pharm Bio Sci 2012; 2 (4): 235-246.

[167] Hermas AA, Wu ZX, Nakayama M, et al. Passivation of stainless steel by coating with poly (o-phenyenediamine) conductive polymer. J Electrochem Soc 2006; 153 (6): B199-205.

[168] Kraljic M, Zic M, Duic L. O-phenylenediamine-containing polyaniline coatings for corrosion protection of stainless steels. Bull Electrochem 2004; 20 (12): 567-570.

[169] Wessling B. Passivation of metals by coating with polyaniline: corrosion potential shift and morphological changes. Adv Mater 1994; 6 (3): 226-228.

[170] Cook A, Gabriel A, Laycock N. On the mechanism of corrosion protection of mild steel with poly-aniline. J Electrochem Soc 2004; 151 (9): B529-535.

[171] Kinlen PJ, Ding Y, Silverman DC. Corrosion protection of mild steel using sulfonic and phosphoric acid-doped poly-anilines. Corrosion 2002; 58 (6): 490-497.

[172] Yan MC, Tallman DE, Rasmussen SC, et al. Corrosion control coatings for aluminum alloys based on neutral and n-doped conjugated polymers. J Electrochem Soc 2009; 156 (10): C360-366.

[173] Seegmiller JC, Pereira da Silva JE, Buttry DA, et al. Mechanism of action of corrosion protection coating for AA2024-t3 based on poly (aniline) -poly (methylmethacrylate) blend. J Electrochem Soc 2005; 152 (2): B45-53.

[174] Cecchetto L, Delabouglise D, Petit J-P. On the mechanism of the anodic protection of aluminum alloy AA5182 by emeraldine base coatings evidences of a galvanic coupling. Electrochim Acta 2007; 52: 3485-3492.

[175] Kendig M, Hon M. Environmentally triggered release of oxygen-reduction inhibitors from inherently conducting polymers. Corrosion 2004; 60 (11): 1024-1030.

[176] Cogan SF, Gilbert MD, Holleck GL, et al. Galvanic coupling of doped polyaniline and aluminum alloy 2024-T3. J Electrochem Soc 2000; 147 (6): 2143-2147.

[177] Spinks GM, Dominis AJ, Wallace GG, et al. Electroactive conducting polymers for corrosion control. J Solid State Electrochem 2002; 6: 85-100.

[178] Aradilla D, Azambuja D, Estrany F, et al. Poly (3,4-ethylenedioxythiophene) on self-assembled alkanethiol monolayers for corrosion protection. Polym Chem 2011; 2: 2548-2556.

[179] Popovic MM, Grgur BN. Electrochemical synthesis and corrosion behavior of thin polyaniline-benzoate film on mild steel. Synth Met 2004; 143: 191-195.

[180] Tuken T, Arslan G, Yazici B, et al. The corrosion protection of mild steel by polypyrrole/polyphenol multilayer coating. Corros Sci 2004; 46: 2743-2754.

[181] Camalet J-L, Lacroix J-C, Aeiyach S, et al. Electrodeposition of polyaniline on mild steel in a two step process.

Synth Met 1999; 102: 1386-1387.

[182] Irvin DJ, Anderson N, Webber C, et al. New synthetic routes to poly (bis (dialkylamino) phenylenevi- nylene) s (BAM-PPV). ACS PMSE Prepr 2002; 86: 61-62.

[183] Stenger-Smith JD, Miles MH, Norris WP, et al. Amino functional poly (para-phenylene vinylene) s as protective coatings. Assignee: United States Department of the Navy, USA. US Patent Number 5,904,990A; May 18, 1999.

[184] Stenger-Smith JD, Merwin LH, Shaheen SE, et al. Synthesis and characterization of poly (2,5-bis (N-methyl-N-hexylamino) phenylene vinylene), a conjugated polymer for light-emitting diodes. Macromolecules 1998; 31 (21): 7566-7569.

[185] Kus E, Grunlan M, Weber WP, et al. Evaluation of the protective properties of novel chromate-free polymer coatings using electrochemical impedance spectroscopy. In: Zarras P, Wood T, Brough R, et al., editors. New developments in coatings technology. ACS symposium series 962. Washington, DC: American Chemical Society; 2007. p. 297-322.

[186] Zarras P, He J, Tallman DE, et al. Electroactive polymer coatings as replacements for chromate conversion coatings. In: Provder T, Baghdachi J, editors. Smart coatings. ACS symposium series 957. Washington, DC: American Chemical Society; 2007. p. P135-151.

[187] Zarras P, Anderson N, Webber C, et al. Electroactive materials as smart corrosion-inhibiting coatings for the replacement of hexavalent chromium. Coating Tech 2011; 8 (1): 40-44.

[188] Zarras P, Anderson N, Webber C, et al. Novel conjugated polymers based on derivatives of poly (phenylene vinylene) s as corrosion protective coatings in marine environments. In: PACE. September 8-9, 2004, Cologne, Germany; 2004. p. 175-181.

[189] Khan MI, Chaudhry AU, Hashim S, et al. Recent developments in intrinsically conductive polymer coatings for corrosion protection. Chem Eng Res Bull (Dhaka) 2010; 14 (2): 73-86.

[190] Rohwerder M. Conducting polymers for corrosion protection: a review. Int J Mater Res 2009; 100 (1): 1331-1342.

[191] Zarras P, Anderson N, Webber C, et al. Progress in using conductive polymers as corrosion-inhibiting coatings. Rad Phys Chem 2003; 68 (3-4): 387-394.

[192] Jennings GK, Laibinis PE. Self-assembled organic monolayer films on underpotentially deposited metal layers. Mater Res Soc Symp Proc 1997; 451 (Electrochemical Synthesis and Modication of Materials): 155-160.

[193] Smith RK, Lewis PA, Weiss PS. Patterning self-assembled monolayers. Prog Surf Sci 2004; 75: 1-68.

[194] Poirier GE. Characterization of organosulfur molecular monolayers on Au (111) using scanning tunneling microscopy. Chem Rev (Washington, DC) 1997; 97 (4): 1117-1127.

[195] Rohwerder M, Stratmann M. Surface modication by ordered monolayers: new ways of protecting materials against corrosion. MRS Bull 1999; 24 (7): 43-47.

[196] Burleigh TD, Shi C, Killic S, etal. Self-assembled monolayers of perfluoroalkyl amideethanethiols, fluoralkylthiols, and alkylthiols for the prevention of silver tarnish. Corrosion (Houston, TX, United States) 2002; 58 (1): 49-56.

[197] Srivastava P, Chapman WG, Laibinis PE. Molecular dynamics simulation of oxygen transport through n-alkanethiolate self-assembled monolayers on gold and copper. J Phys Chem B 2009; 13 (2): 456-464.

[198] Sortino S, Petralia S, Conoci S, et al. Novel self-assembled monolayers of dipolar ruthenium (Ⅲ/Ⅱ) pentaamine (4,4'-bipyridinium) complexes on ultrathin platinum folms as redox molecular switches. J Am Chem Soc 2003; 125 (5): 1122-1123.

[199] Wapner K, Stratmann M, Grundmeier G. Structure and stability of adhesion promoting amino-propyl phosphonate layers at polymer/aluminum oxide interfaces. Int J Adhes Adhes 2007; 28 (1-2): 59-70.

[200] Ishibashi M, Itoh M, Nishihara H, et al. Permeability of alkanethiol self-assembled monolayers adsorbed on copper electrodes to molecular oxygen dissolved in 0.5 M Na_2SO_4 solution. Electrochim Acta 1996; 41 (2): 241-248.

[201] Jennings GK, Laibinis PE. Self-assembled monolayers of alkanethiols on copper prove corrosion resistance in aqueous environments. Colloids Surf A Physicochem Eng Asp 1996; 116 (1/2): 105-114.

[202] Itoh M, Nishihara H, Aramaki K. Preparation and evaluation of two-dimensional polymer films by chemical modification of an alkanethiol self-assembled monolayer for protection of copper against corrosion. J Electrochem Soc 1995; 142 (11): 3696-3704.

[203] Appa Rao BV, Narsihma Reddy M. Self-assembled 1-octadecyl-1H-benzimidazole film on copper surface for corro-

sion protection. J Chem Soc (Bangalore, India) 2013; 125 (6): 1325-1338.

[204] Laio QQ, Yue ZW, Yang D, et al. Inhibition of copper corrosion in sodium chloride solution by the self-assembled monolayer of sodium diethyldithiocarbamate. Corros Sci 2011; 53: 1999-2005.

[205] Tuken T, Kicir N, Elalan N, et al. Self-assembled film based on hexane-1,6-diamine and 2-mercapto-ethanol on copper. Appl Surf Sci 2012; 258 (18): 6793-6799.

[206] Maxisch M, Thissen P, Giza M, Grundmeier G. Interface chemistry and molecular interactions of phosphonic acid self-assembled monolayers on oxyhydroxide-covered aluminum in humid environments. Langmuir 2011; 27: 6042-6048.

[207] Qu J-E, Wang H-R, Zhang Q, et al. Self-assembling behavior and corrosion inhibition of TDPA on differently structured surfaces of 2024 and 1060 aluminum alloys. Int J Mater Res 2012; 103 (10): 1257-1264.

[208] de Souza S, Yoshikawa DS, Izaltino WAS, et al. Self-assembling molecules as corrosion inhibitors for 1050 aluminum. Surf Coat Technol 2010; 204: 3238-3242.

[209] Rajendran S, Sribharathy V, Krishnaveni A, et al. Corrosion inhibitive property of self assembled nano films formed by adipic acid molecules on carbon steel surface. Thin Film Technol 2012; 50: 10509-10513.

[210] Liu X, Chen S, Zhai H, et al. The study of self-assembled films of triazole on iron electrodes using electrochemical methods, XPS, SEM and molecular simulation. Electrochem Commun 2007; 7: 813-819.

[211] Chen YY, Chen SG, Chen Y, et al. Surface analysis and electrochemical behavior of the self-assembled polydopamine/dodecanethiol complex films in protecting 304 stainless steel. Sci China Tech Sci 2012; 55 (6): 1527-1534.

[212] Matsuzaki A, Nagoshi M, Hara N. Corrosion resistance and structure of thiol self-assembly super thin film on zinc coated steel sheet. ISIJ Int 2011; 51 (1): 108-114.

[213] Fan H, Li S, Zhao Z, et al. Inhibition of brass corrosion in sodium chloride solutions by self-assembled silane films. Corros Sci 2011; 53: 4273-4281.

[214] Guo X, An M. Experimental study of electrochemical corrosion behavior of bilayer on AZ31B Mg alloy. Corros Sci 2010; 52 (12): 4017-4027.

[215] L'vov YM, Decher G. Assembly of multilayer ordered films by alternating adsorption of oppositely charged macromolecules. Crystallogr Rep 1994; 39 (4): 696-716.

[216] Yoo D, Rubner MF. Layer-by-layer modication of surfaces through the use of self-assembled monolayers of polyions. Ann Tech Conf Soc Plast Eng 1995; 53 (2): 2568-2570.

[217] Quinn A, Such GK, Quinn JF, et al. Polyelectrolyte blend multilayers: a versatile route to engineering interfaces and films. Adv Funct Mater 2008; 18: 17-26.

[218] Andreeva DV, Skorb EV, Shchukin DG. Layer-by-layer polyelectrolyte/inhibitor nanostructures for metal corrosion protection. ACS Appl Mater Interfaces 2010; 2 (7): 1954-1962.

[219] Andreeva DV, Fix D, Mohwald H, et al. Self-healing anticorrosion coatings based on pH-sensitive polyelectrolyte/inhibitor sandwichlike nanostructures. Adv Mater 2008; 20: 2789-2794.

[220] Lari BR, Sabbaghi S. Investigation of corrosion behavior of PAA-PAH polyelectrolyte multilayer nano-film on steel substrates. World Appl Sci J 2011; 14 (2): 199-206.

[221] Derakhshandeh R, Lari BR, Sabbaghi S, et al. Control of corrosion in steel substrates by using pol-yelectrolyte multilayer nano-film. World Appl Sci J 2010; 9 (10): 1129-1138.

[222] Grigoriev DO, Kohler K, Skorb E, et al. Polyelectrolyte complexes as a "smart" depot for self-healing anticorrosion coatings. Soft Matter 2009; 5: 1426-1432.

[223] Faure E, Halusiak E, Farina F, et al. Clay and DOPA containing polyelectrolyte multilayer film for imparting anticorrosion properties to galvanized steel. Langmuir 2012; 28: 2971-2978.

[224] Dihora JO, Smets J, Schwantes TA, et al. Microcapsules comprising vinyl polymers for delivery of benefit agents such as perfumes. Assignee: The Proctor & Gamble Company, USA. WO 2010084480 A2; July 29, 2010.

[225] Zhou M, Leong TSH, Melino S, et al. Sonochemical synthesis of liquid-encapsulated lysozyme microspheres. Ultra Sonochem 2010; 17 (2): 333-337.

[226] Wang AJ, Lin YF, Jian CH, et al. Polymeric microspheres for encapsulation of drugs. Assignee: Industrial Technology Research, Taiwan. US Patent Number 20060141021 A1; June 29, 2006.

[227] Yow HN, Routh AF. Formation of liquid core-polymer shell microcapsules. Soft Matter 2006; 2 (11): 940-949.

[228] Calle LM, Li W, Buhrow JW, et al. The benefits of self-corrosion control: multifunctional paints react automatically and rapidly to corrosion. Eur Coat J 2011; 11: 18-23.

[229] Calle LM, Li WN, Buhrow JW, et al. Elongated microcapsules and their formation for use in paints or compos-

[230] Puri RG, Meshram RD, Sirsam RS. Recent developments in smart coatings for corrosion protection. Paintindia 2012; 62 (5): 55-61.

[231] Chen T, Fu JJ. An intelligent anticorrosion coating based on pH-responsive supramolecular nano-containers. Nanotechnology 2012; 23 (50): 505705.

[232] Chen T, Fu JJ. pH-responsive nanovalves based on hollow mesoporous silica spheres for controlled release of corrosion inhibitor. Nanotechnology 2012; 23 (23): 235605/1-8.

[233] Fu JJ, Chen T, Wang MD, et al. Acid and alkaline dual stimuli-responsive mechanized hollow mesoporous silica nanoparticles as smart nanocontainers for intelligent anticorrosion coatings. ACS Nano 2013; 7 (12): 11397-11408.

[234] Abdullayev E, Lvov Y. Halloysite clay nanotubes for controlled release of protective agents. J Nanosci Nanotechnol 2011; 11 (11): 10007-10026.

[235] Ling CC, Xue QZ, Jung NN, et al. Collapse and stability of functionalized carbon nanotubes on Fe (100) surface. RSC Adv 2012; 2 (19): 7549-7556.

[236] Hang TTX, Truc TA, Nguyen TD, et al. Preparation and characterization of nanocontainers of corrosion inhibitor based on layered double hydroxides. Appl Clay Sci 2012; 67-68: 18-25.

[237] Balaskas AC, Kartsonakis IA, Tziveleka LA, et al. Improvement of anti-corrosive properties of epoxy-coated AA 2024-T3 with TiO_2 nanocontainers loaded with 8-hydroxyquinone. Prog Org Coat 2012; 74 (3): 418-426.

[238] Videla HA. Biocorrosion and microbial corrosion inhibition: a review. International Corrosion Congress, 18th, Perth, Australia. November 20-24, 2011; Volume 1: plenary 4/1-plenary 4/10.

[239] Davey ME, O'Toole GA. Microbial biofilms: from ecology to molecular genetics. Microbiol Mol Biol Rev 2000; 64 (4): 847-867.

[240] Zuo R. Biofilms: strategies for metal corrosion inhibition employing microorganisms. Appl Micro-biol Biotechnol 2007; 76: 1245-1253.

[241] Little B, Ray R. A perspective on corrosion inhibition by biofilms. Corrosion (Houston, TX, United States) 2002; 58 (2): 424-428.

[242] Ponmariappan S, Maruthamuthu S, Palaniappan R. Inhibition of corrosion of mild steel using Staphylococcus sp. Trans SAEST 2004; 39 (4): 99-108.

[243] Mansfeld F, Hsu H, Ornek D, et al. Corrosion control using regenerative biofilms on aluminum 2024 and brass in different media. J Electrochem Soc 2002; 149 (4): B130-138.

[244] Li FS, An MZ, Duan DX. Corrosion inhibition of stainless steel by a sulfate-reducing bacteria biofilm in sea water. Int J Min Met Mater 2012; 19 (8): 717-725.

[245] Chongdar S, Gunasckaran G, Kumar P. Corrosion inhibition of mild steel by aerobic bio lm. Electrochim Acta 2005; 50 (24): 4655-4665.

[246] Ornek D, Wood TK, Hsu CH, et al. Pitting corrosion control of aluminum 2024 using protective biofilms that secrete corrosion inhibitors. Corrosion (Houston, TX, United States) 2002; 58 (9): 761-767.

[247] Ornek D, Jayaraman A, Syrett BC, et al. Pitting corrosion inhibition of aluminum 2024 by Bacillus biofilms secreting polyaspartate or γ-polyglutamate. Appl Microbiol Biotechnol 2002; 58 (5): 651-657.

[248] Garcia F, Lopez ALR, Guillen JC, et al. Corrosion inhibition in copper by isolated bacteria. Anti-Corros Meth Mater 2012; 59 (1): 10-17.

[249] Wood TK, Ornek D, Mansfeld FB. Preventing corrosion on metal or alloy surface with beneficial bacteria biofilms. Assignee: Electric Power Research Institute, Inc. USA. WO 2002040746; May 23, 2002.

第4章
源于金属有机前驱体的低温涂料：一种经济环保的优良方法

Jyoti Prakash, B. M. Tripathi, Sunil Kumar Ghosh
Powder Metallurgy Division, Bhabha Atomic Research Centre,
Trombay, Mumbai, India
Bio Organic Division, Bhabha Atomic Research Centre,
Trombay, Mumbai, India jprakash@barc.gov.in

4.1 简介

多数情况下，金属、金属间化合物或陶瓷基质复合材料的性能取决于保护涂层的发展状况。例如，碳复合材料在氧化气氛中因热疲劳会受到损害[1,2]。许多陶瓷基复合材料（CMCs）暴露在1000℃大气中，会损失相当大的室温拉伸性能[3]。一些在惰性环境中具有热化学相容性的非氧化物增强的氧化物基复合材料暴露于氧气中会形成中间化合物[4]。碳化硅（SiC）和氮化硅（Si_3N_4）陶瓷和复合材料通常表现出优异的抗氧化性，但在碱性环境中腐蚀严重[5,6]，因此在工业烟道气环境使用时，表面需要涂覆保护涂层[7~9]。如果构件表面的涂层在设计寿命期间能够保持完整性，那么使用保护涂层可以为这些问题提供解决方案。选择涂层材料时必须考虑几个关键问题：①涂层必须不能与侵蚀性环境发生反应，以及具有限制氧气输送的低氧气渗透性；②涂层的热膨胀系数（CTE）应接近基体的热膨胀系数，以防止因两者的CTE不匹配而产生应力分层或开裂；③因为相转变通常伴随着体积变化，进而破坏涂层的完整性，所以在热暴露环境时，该涂层必须能保持其稳定状态；④涂层必须与基体具有化学相容性，以免发生有害的化学反应。

在过去的几年中，陶瓷涂层因各种各样的原因受到了很大关注，这些原因包括经济性（用更便宜的产品替代昂贵的合金，延长合金的使用寿命），材料免受磨损、腐蚀和侵蚀，以及新材料性能的改进和发展[10~12]。陶瓷涂层应用很广，如涡轮发动机叶片隔热层、柴油发动机受热段部件、需要防磨损防腐蚀防氧化的材料、电子电路板的电绝缘以及核技术和医学应用等[13~17]。

发展涂层工艺的工业化应用时，需要考虑许多因素，包括资本投资、制造难易、涂层性能和环境问题。尽管有电化学电镀[18]、转化涂层[19,20]、阳极氧化[19]和聚合物电镀溶胶-凝胶涂层[21,22]或等离子体聚合[23]、化学气相沉积（CVD）[24]、物理气相沉积（PVD）[25]等技术可以制备保护涂层，但是由于这些涂层不能经受恶劣环境，从而阻碍了其在工业中的广泛使用。因此，目前进行的大量研究旨在开发更好、更简单、更便宜的涂层技术，以便我们能够更好地利用其轻质高强性能。CVD是沉积厚陶瓷涂层（例如SiC、TiC、B_4C、TiN、

BN、Si_3N_4、TiB_2、MoSi 和 Al_2O_3）最常用的技术[26]，该陶瓷涂层可以保护工程材料免受化学扩散、磨损、摩擦、氧化和腐蚀。由于制备半导体工业用的功能性薄膜需要添加许多功能性成分，所以用于制备半导体薄膜的 CVD 成本通常要高于用于制备防护涂层的 CVD 成本。等离子喷涂[27]和 PVD 是另外两种极具竞争力的涂层沉积方法。不过，等离子喷涂技术更倾向于产生具有高孔隙率、微裂纹和表面粗糙的片状结构，需要较厚的涂层才能提供足够的防磨损和防腐蚀效果，而且镀膜后还需要对其表面进行研磨和抛光，才能获得比较平滑的表面。在力学性能方面，片状结构不如使用 CVD 和 PVD 技术沉积的等轴/柱状结构结实。由于 PVD 方法是一种直视性工艺过程，所以在 PVD 制备工艺中，通常需要使用多个靶材和旋转基板才能提高复杂形状部件上涂层的均匀性，而 CVD 却没有这样的限制。采用 CVD 工艺制备陶瓷涂层时，如果膜层较薄，则需要较低的沉积温度；但如果膜层较厚，则需要较高的沉积温度才能确保较厚涂层与基体具有良好的黏结性能。良好的涂层附着性对于热性能、化学性能（耐腐蚀性、抗扩散性）和力学性能（例如耐磨性）而言都是必不可少的。因此，对于易受高温影响的基体或工程部件，则不能采用 CVD 工艺制备膜层。例如，因为工具钢的奥氏体化温度较低（450～550℃），所以使用热活化 CVD 法在高速切削工具钢上沉积厚、硬以及耐磨涂层并不合适。诸如 CVD 沉积 TiC 和 TiN 等保护涂层需要高温（>1000℃）才能进行，这一温度高于大多数钢的回火温度[28]，会导致钢基材软化，因此需要后续进行热处理使其再硬化，不过后期热处理又会导致基体变形、尺寸变化以及增加生产成本。其他 CVD 技术，如等离子增强 CVD（PECVD）和金属有机化学气相沉积（MOCVD）等，在保证钢基体固有性能的同时，还可以降低沉积温度，生产高质量的陶瓷保护膜，不过与其他涂层技术相比，它们的生产成本仍然相对较高。用金属-有机前驱体取代 CVD 涂层中常规的无机前驱体，可以很大程度上解决 CVD 涂层存在的这些问题。同时在 CVD 中使用金属有机前驱体具有经济性和环境友好性。本章内容涵盖了使用金属有机前驱体多种涂层以及一些可用于 CVD 涂层的金属有机前驱体的成本相对较低的合成方法。

4.2 化学气相沉积：MOCVD 新技术

薄膜和涂层的 CVD 工艺实际上是在加热基体表面或附近的气态反应物的化学反应。这种原子沉积方法可以提供纯净的、结构可控的、原子或纳米级的材料。此外，它可以在低加工温度下生产具有良好尺寸控制特性和独特单层、多层、复合、纳米结构以及功能梯度涂层结构的材料。与其他沉积技术（例如非视线沉积工艺）相比，CVD 的独特特征允许涂覆复杂形状的工程构件和制造纳米器件、碳-碳复合材料、CMC 和独立形状的组件。CVD 的多样性使其应用范围快速增大，并且已经成为薄膜和涂层沉积的主要加工方法之一，其应用领域包括用于微电子、光电子、能量转换器件的半导体（例如 Si、Ge、$Si_{1-x}Ge_x$ 等），用于微电子的电介质（例如 SiO_2、AlN、Si_3N_4），用作硬涂层、防腐蚀、防氧化及扩散阻挡层的耐火陶瓷材料（例如 SiC、TiN、TiB_2、Al_2O_3、BN、$MoSi_2$、ZrO_2），用于微电子和保护涂层的金属膜（例如 W、Mo、Al、Au、Cu、Pt），以及用于纤维产品（例如 B 和 SiC 单丝纤维）和纤维涂层[24]。

传统 CVD 方法，即热激活 CVD（TACVD）[29]，是使用热能激活化学反应。不过也可以用不同能源引发 CVD 反应，例如 PECVD[29]和光电辅助 CVD（PACVD）等扩展的 CVD 方法[30]，这两种方法分别使用等离子体的能量和光的能量激活化学反应。原子层外延（ALE）[31]是 CVD 的一种特殊模式，可以通过逐层饱和表面反应来依次生长"单原子层"。这两种 CVD 扩展方式对于外延薄膜的生长控制和定制分子结构的制备特别有效。火焰辅助气相沉积（FAVD）[32]使用火焰源来引发基体的化学反应或加热基体。电化学气相沉积

（EVD）是为了在多孔基体上沉积致密膜而设计的另一种 CVD 扩展方法。化学气相渗透（CVI）[33]是 CVD 的另一种形式，已经应用在陶瓷纤维增强 CMC 复合材料的制备过程中，用以沉积致密的陶瓷基体相。其他 CVD 扩展体，例如脉冲注入 CVD[34]和气溶胶辅助化学气相沉积（CVD）[35]，使用与传统 CVD 不同的特殊前驱体生长和输送系统。

MOCVD[36]是 CVD 的变体，根据作为金属-有机化合物的前驱体进行分类。在 MOCVD 方法中使用金属有机前驱体具有不少优点，例如沉积温度较低、操作安全和成本效益好。金属有机化合物，也被称为"金属有机物"，含有与某些有机自由基结合的金属原子。具有一个或多个金属-碳共价键的化合物被称为"有机金属化合物"。金属有机化合物以及有机金属化合物都可以作为 MOCVD 工艺的前驱体。为更准确地反映出选择前驱体的原因，将有机金属前驱体的沉积方式重新命名为有机金属化学气相沉积（OMCVD）。对于常规 OMCVD 工艺来说，前驱体在低温、减压条件下蒸发，随后前驱体由于吸附和热分解，在较高温度下沉积在基体表面形成金属膜。OMCVD 工艺需要控制的各种参数包括：①气态反应物的对流；②反应物向基体扩散；③反应物吸附到基体上；④吸附物质成核反应，并进一步反应生成金属膜；⑤反应中气体产物的解吸；⑥反应产物通过边界层的扩散；⑦系统中气体排空（图 4.1）。

读者必须了解本章所描述的所有沉积技术中，决定系统的重要因素受表面控制或速度控制，即温度、流速、压力、反应器和基体的几何形状，这些参数对沉积过程的影响见参考文献 [10]。边界层扩散是一个复杂的现象，每个体系的扩散过程都不一样，其结果不能直接从一个系统应用到另一个系统，需要根据拓扑结构、纯度、物理性质、工艺速度和成本确定沉积物的规格，然后选择合适的 CVD 方法。在后面的章节中将使用金属有机前驱体的不同 CVD 方法进行详细描述。

4.2.1 激光诱导化学气相沉积

激光诱导化学气相沉积采用激光束诱导前驱体分解[37,38]（图 4.2）。与传统方法相比，激光诱导化学气相沉积（LCVD）具有更好的控制分解机制以及在任意形状的基体上均能沉积的优点。该方法既能在特殊形状的受限区域和较低基体温度沉积，也可以在热导率不高的基体上进行，而且其沉积物的生长速度通常比传统 OMCVD 方法快。LCVD 方法由于生长动力学受到气相分解速度的限制，所以也可以在比传统 CVD 前驱体更高的压力下工作。尽管如此，对于目前所考虑的大部分应用（电路修复、样机制造等）而言，LCVD 方法沉积

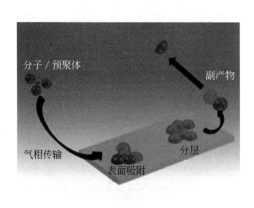

图 4.1 一般化学气相沉积工艺的示意图

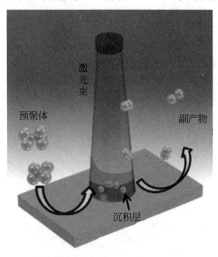

图 4.2 激光诱导化学气相沉积（LCVD）示意图

速度仍然很慢（依据条件不同大约为几米每秒）。通过改变激光诱导的沉积速率和激光功率可以提高在基体上的沉积速率。激光诱导的沉积速率和激光功率都不能太高也不能太低。前驱体分压似乎是能提高沉积速率而不损失总体沉积质量的关键因素。为了获得杂质少的薄膜，激光必须与所有前驱体配位体相协调，避免将碳或其他元素掺入薄膜中。薄膜的生长速度取决于所使用光的波长和激光功率。该沉积工艺的几个阶段都可以发生光解，光引发和光增长的量子产率也取决于激光的波长[39]。当激光引起沉积物过热时会发生前驱体脱除的现象。当激光的作用使基体产生过热现象时，该沉积过程就不仅仅是单纯的 LCVD 方法了，前驱体的分解主要变成热解而不再是光解过程。

4.2.2 紫外诱导化学气相沉积

OMCVD 工艺也可以在紫外光（UV）辐照下进行，该过程不仅可以改善成核过程，而且能同时降低沉积温度（图 4.3）。UV 诱导化学气相沉积（UVCVD）可以按照两种模式进行[40,41]：一种是含有前驱体的一种或几种化合物或元素沉积在基体上，然后用紫外线辐射使其反应生成薄膜；另一种是将前驱体直接吸附在基体上，然后用紫外线辐照基体使前驱体发生分解成为薄膜。这两种情况的沉积机理不同，并且会影响最终的涂层形态。

4.2.3 等离子增强化学气相沉积（PECVD）

PECVD 也称为辉光放电 CVD（图 4.4），由于电子、离子较中性分子有更高的能量，这些高能等离子体激活了化学反应，使之在较低温度下以一定速率进行沉积。PECVD 镀膜方法是以足够高的电压向处于低压（<1.3kPa）的气体供应电能，使气体分解并产生由电子、离子以及电子激发态物质组成的辉光放电等离子体。气态反应物被电子冲击后发生电离和解离，产生化学活性离子和自由基，在被加热基体表面或附近进行非均相化学反应并沉积薄膜。电子温度可以达到约 20000℃ 或更高，根据放电时的压力大小，挥发出的气态反应物的温度可以恒定在室温附近。辉光放电过程中发生的化学反应非常复杂，可以分为均匀气相碰撞和非均匀表面相互作用两类。Bell[42] 研究了电子与气态反应物发生均匀碰撞后产生反应性自由基和离子的方法，在考虑了均匀冲击反应期间重质颗粒之间非弹性碰撞的基础上，提出了电子碰撞反应和反应速率的通用范例。一些研究者[43]考虑了等离子体工艺整体的复杂性以及 PECVD 薄膜生长动力学，包括产生等离子体的参数以及影响离子能量和基体温度的等离子体的特性（如电子、离子密度和通量、停留时间等）。与热激活 CVD 不同，由于 PECVD 反应的复杂性，难以确定膜的工艺参数和性能之间的关系，所以目前有关 PECVD 工艺过程的基本信息还很有限。但是，PECVD 具有低温沉积的优点，而热激活 CVD 不能满足这一点。

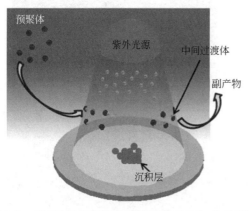
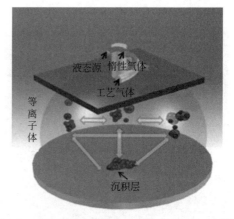

图 4.3　UV 诱导化学气相沉积（UVCVD）的示意图　　图 4.4　等离子体增强铂 CVD（PECVD）示意图

4.2.4 电子束化学气相沉积

电子束化学气相沉积（EBCVD）是一种利用电子束制备纳米级结构或纳米级器件的技术，该技术可以在基体上进行局部沉积（图4.5）。在EBCVD中，来自光束的初级电子撞击基体后，引起二次电子发射。这些二次电子对于解吸被吸附沉积在基体表面的试剂分子以及将挥发物从反应腔中排出过程起着非常重要的作用。该沉积工艺的影响因素较多，包括前驱体的结构和性质，而且电子束性质对该沉积过程也极为重要。如果是电子束相对于基体静止，则可以在某一点上进行膜的生长，沉积时间增加，可以生长成纤维状的膜。如果是移动光束，那么可以在基体上快速生成线状或其他性质的结构。为提高分辨率，可以采用如原子力显微镜上所用的高深宽比结构尖端对基体进行沉积。该技术所制备膜结构的分辨率（对于30kV的光束为20nm，对于200kV的光束为7nm）优于采用LCVD（10～100μm）或离子束（100nm）技术所获取膜结构的分辨率。虽然使用EBCVD方法沉积的薄膜含有大量的碳[44]，但EBCVD法比LCVD法具有更多的优势：沉积物杂质少、降低基体等级少[45]。在氧存在和加热的条件下，采取加热方式进行后处理可以降低膜层中杂质碳的含量。由于碳杂质以二氧化碳或一氧化碳气体挥发出去，沉积膜的体积可能因此而减小。

4.2.5 流化床化学气相沉积

流化床化学气相沉积（FBCVD）是使气态粉末颗粒功能化、沉积或涂覆膜层最有效的技术之一（图4.6）[46]。在流化床中，颗粒在高速气流的作用下处于流态化，而气体反应物进入流化床，在高温区发生化学反应，形成超细粉末或者沉积在颗粒表面。所以FBCVD由两个过程组成：一个是颗粒的自身沉积过程；另一个是使沉积区中的颗粒悬浮，这个过程是使气体向上流过粉末并且将热量传递给粉末[47]。与传统的表面动力学区域控制的化学气相沉积方法（CVD）不同的是，流化床通常扩散受限，这是由于沉积区域的膜生长表面积与受热体积之比（S/V）非常高。因此，气态前驱体进入流化床反应器之后通常会消耗一些，但是高浓度的气固比可以减小这种差异，从而确保反应过程的等温条件和均匀沉积的条件。

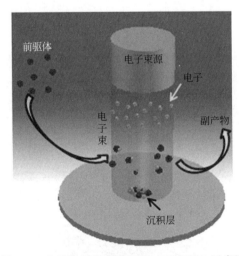

图4.5 电子束化学气相沉积（EBCVD）示意图

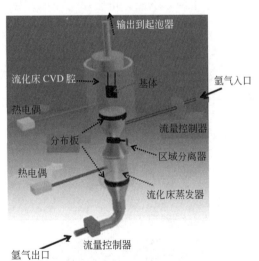

图4.6 流化床化学气相沉积（FBCVD）示意图

4.2.6 原子层沉积（ALD）

ALD[31]是一种特殊的CVD模式（图4.7），又称为ALE，该表面沉积工艺可用于外延膜可控生长和在固态基体表面制备特定分子结构。ALD的特征是可以依次生长"单原子层"

膜，是将物质以单原子膜形式一层一层地镀在基体表面。因此，涂层厚度可以通过反应序列简单近似地计算出来。反应过程中的单层表面重构会对前驱体的饱和机制和饱和密度产生影响。ALD 反应序列通常在"有效过量"的条件下进行，这样不仅能确保表面反应完全饱和以便形成单原子层膜，而且可以使形状复杂的基体上各个区域都能沉积上膜层，从而得到均匀的涂层。由于 ALD 逐层生长不需要进行气相反应，所以反应物质的选择更宽泛（如卤化物、金属有机化合物、金属单质等）。ALD 工艺的特征使其具有放大到在大基体上制备高质量薄膜的可能[48,49]。目前，采用该工艺，利用铂的前驱体，已经成功地在大基体上制备了高质量的膜层：将前驱体、空气或氧气以及惰性气体引入反应器后，通过交替脉冲形式传输到热基体上，通过自限制性增长机制生成单原子层。人们往往使用过量的反应物来确保实现基体的完全覆盖。反应物通过反应消耗掉吸附在前驱体表面上的所有氧气，随后在氧气流中得到完全分解。如果起始前驱体为含有 C、H 等元素的有机物，则分解产物是 CO_2、水和烃类残基。开始发生沉积时，由于受成核步骤的限制，薄膜生长很缓慢。采用的该薄膜具有一种宏观均匀、微观粗糙的表面，其微观结构为高度取向的晶粒。薄膜与基体附着力适中，薄膜杂质含量低，而且杂质含量随着脉冲时间增加而减少。不过该工艺中反应物的分解限制了其应用。

4.2.7 聚焦离子辅助化学气相沉积（IACVD）

聚焦离子辅助化学气相沉积技术是将离子束用于 OMCVD 工艺中的局部沉积方式[50]。在离子辅助沉积中，离子束将吸附在基体表面的有机金属前驱体进行分解，从而在基体表面上产生金属原子，而分解反应的副产物等小分子通过扩散从系统中排出。因此前驱体解离效率以及挥发性副产物扩散离开样品表面的效率这两个参数影响所镀膜的化学组成（图 4.8）。在使用 Ga 源的情况下，这两个参数都取决于 Ga^+ 和前驱体分子到达基体表面的相对速率。目前通过研究有机铂化合物中铂沉积过程时，已经确定 Ga^+ 和前驱体的通量对铂膜组成和电阻率产生影响，在固定 Ga^+ 通量的条件下，增加前驱体的通量能同时增加 Pt 和 C 含量，但是降低 Ga 的含量[51]，而在固定前驱体通量的条件下，增加 Ga^+ 通量能提高 Pt 含量，同时降低膜层中的 C 含量。电阻率与膜的厚度和沉积温度无关，而是取决于 C 含量，C 含量

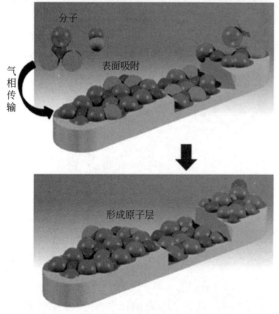

图 4.7 原子层沉积（ALD）的示意图

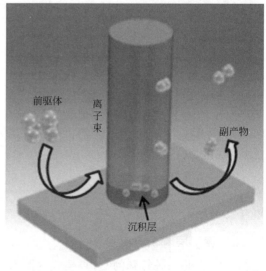

图 4.8 聚焦离子辅助化学气相沉积（IACVD）示意图

较低的薄膜电阻率较低[51]。

4.3 有机金属前驱体：经济性的大面积合成

CVD 技术是气相通过一个或多个化学反应在表面上形成固相的过程[21]。这个过程中的关键技术是在沉积过程中气相组成必须保持稳定。因此，前驱体的选择以及传输方案变得至关重要。由于前驱体在室温和大气压力下通常是液体或固体状态，因此该技术需要使用相应的蒸发容器。一般来说，由于有机金属前驱体通常在低温（≤300℃）下就具有挥发性，所以相对于卤化物，该技术更常使用有机金属前驱体作为前驱体。用于合成有机金属前驱体化合物的有机基团大部分属于 β-二酮酸酯、羰基和膦、环戊二烯基以及烯烃和烯丙基族（图 4.9）。比如最常用的前驱体四甲基庚二酮化合物（tmhd；$C_{11}H_{19}O_2$），属于 β-二酮酸盐族，在室温下呈固态。这些前驱体可以溶解在单甘醇二甲醚或辛烷等一些合适的溶剂中。然而，β-二酮酸酯在其挥发温度下的热稳定性较差，在该温度条件下尚未完全蒸发，就已趋于分解形成非挥发性产物。因此，如果用诸如升华器（用于粉末）或起泡器（用于液体）的普通釜体进行蒸发，则在长时间加热时，釜体内的蒸气压会发生变化，最终导致阳离子组分的变化，尤其是对于反应物沉积过程需要严格控制化学计量的时候变化更为严重，所以一定要注意这方面的问题。另外，由于蒸发温度必须保持在前驱体的分解温度以下，所以蒸气压会非常低。这些问题可以通过使用合适的液体/固体前驱体输送系统得到解决，这部分内容将在后面部分讨论。目前虽然已有几种前驱体的合成方法，但具有经济和环境友好型路线的有机金属化合物的合成方法比较少。下一节我们将对几种经济效益高、以环境友好方式合成出来的金属有机化合物进行讨论。

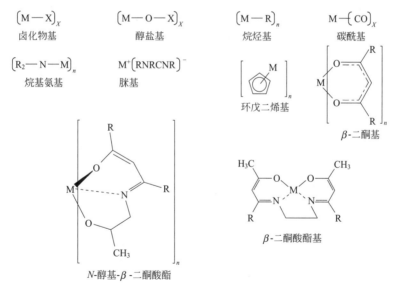

图 4.9 用于合成有机金属前驱体的有机基团

4.3.1 有机金属前驱体：氧化物陶瓷

4.3.1.1 氧化铝前驱体

在工业生产中，为了改善硬质合金切削工具的性能，通常利用 CVD 方法，将 $AlCl_3$/CO_2/H_2 在 1000℃ 左右条件下，在其表面制备氧化铝（Al_2O_3）涂层[52]。利用有机金属前驱体代替卤化物反应气体，能够在相对较低的温度下进行 Al_2O_3 的涂覆。根据所研究反应体系的不同，可将其分为两类：烷基铝反应物，如三甲基铝和氧或供氧体；烷氧基铝反应物。

由于大多数前驱体要么具有高温敏感性，要么与氧/水接触发生剧烈反应，限制了 MOCVD 技术的使用。文献报道的绝大部分关于 Al 和 O 沉积的试验都是在低于 800℃ 的温度下使用 Al 有机前驱体进行制备的[53]。

4.3.1.1.1 异丙醇铝的合成

异丙醇铝市面上直接可以买到，该物质是由异丙醇和金属铝或三氯化铝反应制备而成的[见式(4.1) 和式(4.2)]。

$$Al + 3i\text{-PrOH} \longrightarrow Al(O\text{-}i\text{-Pr})_3 \tag{4.1}$$

$$AlCl_3 + 3i\text{-PrOH} \longrightarrow Al(O\text{-}i\text{-Pr})_3 + 3HCl \tag{4.2}$$

以前的旧工艺是在汞催化剂条件下采用金属铝制备异丙醇铝（见下面内容），而较新的工艺则不再使用该催化剂进行制备[54]。Young 等人[55] 于 1936 年报道了一种已被广泛使用的实验室制备异丙醇铝方法，该工艺是将 100g 铝、1200mL 异丙醇和 5g 氯化汞的混合物进行加热制备异丙醇铝的。如果加入少量碘作为引发剂，可以大大加快反应速率。Young 等人在 140~150℃（5mmHg，1mmHg = 133.322Pa）下通过蒸馏纯化，产率达到 85%~90%。

4.3.1.1.2 乙酰丙酮铝的合成

乙酰丙酮铝常用的合成方法是将金属盐、乙酰丙酮（acacH）混合在一起，进行反应[见式(4.3)][56]：

$$M^{z+} + z(acacH) \Longleftrightarrow M(acac)_z + zH^+ \tag{4.3}$$

向反应体系中加入碱作为反应促进剂，有助于从乙酰丙酮中除去质子，并使反应向有利于生成反应物的方向发生转移，乙酰丙酮中两个氧中心都与金属相互结合，形成六元螯合环。在某些情况下，螯合作用非常强烈，甚至根本不需要加入碱就可反应得到乙酰丙酮铝。有时也采用三乙酰丙酮钛（Tiacac）复分解反应制备乙酰丙酮铝。在如式(4.4) 所示的典型乙酰丙酮铝合成路线中，需要先制备出乙酰丙酮和硫酸铝的氨溶液以及 $Al_2(SO_4)_3 \cdot 16H_2O$ 溶液。将乙酰丙酮的氨溶液逐滴加入硫酸铝溶液中并进行搅拌，当该溶液完全加入后，用蓝色石蕊试纸测定混合后溶液的 pH 值。如果溶液仍然呈酸性，继续滴加氨水直到溶液呈碱性为止。随后将溶液静置 15min 后过滤，用蒸馏水洗涤，抽风干燥，然后转移到表面皿中风干。将一部分来自环己烷的样品进行重结晶，并过滤分离，即得乙酰丙酮铝晶体，将该晶体用少量环己烷洗涤，并在空气中进行干燥。

$$Al^{3+} + 3CH_3COCH_2COCH_3 \longrightarrow 3H^+ + Al(CH_3COCHCOCH_3)_3 \tag{4.4}$$

该合成路线的优点之一是使用 $Al_2(SO_4)_3 \cdot 16H_2O$ 作为原材料，可以消耗氧化铝生产工艺的副产物，从而减少工业生产的排放问题。

在 400~600℃ 的大气环境中，乙酰丙酮铝可以在不同基体上沉积制备 Al_2O_3 涂层[57]。

4.3.1.2 氧化锆、二氧化硅、二氧化钛前驱体

溶胶-凝胶法是制备氧化锆、二氧化硅和二氧化钛涂层的通用技术。本章前面各节主要讨论了适用于 CVD 技术的前驱体，现在我们简要介绍一下用于氧化锆、二氧化硅和二氧化钛的不同溶胶-凝胶有机金属前驱体。虽然由于基体形状复杂、沉积膜较厚的原因导致使用该技术时存在一些问题，还有报道称沉积结束后的热处理过程也会引起涂层开裂[58]，但由于溶胶-凝胶法制备涂层的重现性好，所以该方法仍然具有很广泛的应用。通常对膜层在 600℃ 左右的温度下进行热处理，可以得到化学均匀性良好以及对基体具有良好抗腐蚀性能的薄膜涂层。不过，即使在较低的热处理温度（400℃）条件下，也获得了一些具有很好耐腐蚀性的薄膜涂层[59]。

一般而言，溶胶-凝胶制备过程包括三个阶段：①金属有机化合物部分水解生成反应性单体；②反应性单体发生缩聚反应，形成胶体尺寸的低聚物（溶胶）；③最后再进行水解，

从而引发并促使前驱体的聚合和交联[60~62]。尽管金属有机材料原材料的性质是影响溶胶-凝胶过程各步骤的重要参数，但在此我们并不对这些参数的影响做进一步的讨论，而只研究有机硅化合物沉积过程的化学反应。

4.3.1.2.1 溶胶-凝胶法制备二氧化钛前驱体

采用溶胶-凝胶法使钛醇盐发生水解生成无定形二氧化钛的方法被广泛用于二氧化钛涂层/粉末的工业化生产方面。目前在低温条件下生产 TiO_2 有两种工艺（工艺Ⅰ和工艺Ⅱ）[63,64]：工艺Ⅰ制备的是锐钛矿结构，该工艺步骤是先将无定形的 TiO_2 分散在碱性水溶液中，洗涤干净后，在反应釜中加热至 200~300℃ 后生成产物。工艺Ⅱ的步骤是将完全洗涤干净的非晶态 TiO_2 煅烧 16h，随后得到锐钛矿和金红石的混合物。两种工艺的差异是由于不同的水解反应和缩聚反应造成的。由于醇盐前驱体可能发生不同的聚合反应，所以整体反应[见式(4.5)]比看起来要复杂得多：

$$Ti(OR)_4 + 2H_2O \longrightarrow TiO_2 + 4ROH \tag{4.5}$$

缩聚可以产生 Ti—O—Ti 桥[式(4.6)]，如果将溶液稀释，Ti—O—Ti 桥将优先形成线性结构[65]。当然还可以产生其他一些结构形式，不过这些结构形式中的 O 原子以及烷氧基结构可以用通式 $Ti_{3(x+1)}O_{4x}(OR)_{4(x+3)}$ 表示出来[66]。如果出现四聚体 $Ti(OC_2H_5)_4$（工艺Ⅰ）线性缩聚，它们的结构可能会更复杂。

$$xTi(OR)_4 \xrightarrow{xH_2O} (RO)_3Ti-O-\left[Ti-O\underset{|}{\overset{|}{\underset{OR}{\overset{OR}{}}}}\right]_{x-2} Ti(OR)_3 + 2(x-1)ROH \tag{4.6}$$

工艺Ⅰ流程图：

$$Ti(OC_2H_5)_4 \text{（前驱体）} \xrightarrow{\text{水解}} \text{无定形 } TiO_2 \xrightarrow[pH=10]{\text{水热处理}} TiO_2\text{（锐钛矿）}$$

工艺Ⅱ流程图：

$$Ti(OC_3H_7)_4 \text{（前驱体）} \xrightarrow{\text{水解}} \text{无定形 } TiO_2 \xrightarrow[550℃,\text{氧压},16h]{\text{水洗,煅烧}} TiO_2\text{（锐钛矿）}$$

4.3.1.2.2 溶胶-凝胶法制备二氧化硅前驱体

制备二氧化硅最常用和最常研究的前驱体是正硅酸乙酯（TEOS）[67]和正硅酸四甲酯（TMOS）[68]。即使反应条件相似，它们的反应现象也不相同，说明分子结构在反应过程中的重要性，需要对结构/溶胶-凝胶关系反应参数的影响更深入地研究。

对于前驱体来说，与水解太快的其他硅的衍生物[如 $SiCl_4$ 和 $Si(OCOCH_3)_4$]相比，使用硅醇盐可以更容易地控制其水解速率。另外，硅酸及醋酸硅也能水解生成二氧化硅，反应体系中所用溶剂种类影响最终产物的物理特性。在甲醇作为溶剂的情况下，硅酸及醋酸硅水解制备的二氧化硅产品的孔隙率比正硅酸乙酯水解制备的二氧化硅的孔隙率要低。同样，反应中环境参数也会影响二氧化硅的体积密度，温度越高，该密度越大，使用甲醇（MeOH）作为溶剂相对于其他溶剂来说，所制备的二氧化硅体积密度更高。

在酸催化体系中，由于存在诱导效应，所制备的二氧化硅体积密度通常随着直链烷氧基中 C 原子的增加而降低，但由于位阻效应，有机硅醇盐的水解速率随其烷氧基支化程度增加而降低。这两种因素对以亲核反应机制进行的缩聚反应也产生同样的影响，其影响直到发生交联为止。随着反应的进行，其他一些因素（例如扩散过程，以及聚合物链段相互之间的碰撞）对水解过程的影响越来越大，从而影响水解反应的动力学行为。一般来说，水解反应速率比缩合反应速率快。尽管如此，一旦烷氧基开始发生水解，缩合反应也随之开始进行，所以上文所述的各参数将影响硅醇盐前驱体的溶胶-凝胶反应过程。由甲氧基酯（TMOS）、乙氧基酯（TEOS）和丁氧基酯（TBOS）等硅氧基酯所制备凝胶的凝胶化特征均证明上述结论是正确的。另外，发现在使用同样的烷氧基情况下，如果溶剂（如甲醇、乙醇、丙醇）分子量增加，凝胶时间随之增加。此外，随着烷氧基分子量的增加，凝胶时间也随之增加[69]。

4.3.1.2.3 溶胶-凝胶法制备氧化锆前驱体

烷氧化物是形成氧化锆的金属有机前驱体的主要原料。最常用的锆醇盐（丙醇盐和丁醇盐）是液体，可以采用与制备 Si 和 Al 前驱体相同的蒸馏法对其进行纯化。采用这些前驱体制备的 Zr 凝胶可以在很低的温度条件下完成失重反应。

锆醇盐的水解机理与铝醇盐和硅醇盐的水解机理均不相同，而且其总水解反应倾向低于钛前驱体的水解倾向。锆醇盐的水解过程中不会形成氢氧化物，而是形成白色凝胶状水合氧化物（$ZrO_2 \cdot xH_2O$），然后通过高温热解生成 ZrO_2。烷氧基前驱体的水解反应产物，可以以氧化锆离子（ZrO^{2+}）不同的聚合形式存在，最终将按照以下几种反应形成 ZrO_2 ［见式（4.7）和式（4.8）］：

$$Zr(OR)_4 + H_2O \longrightarrow ZrO(OR)_2 + 2ROH \tag{4.7}$$

$$2ZrO(OR)_2 \longrightarrow Zr(OR)_4 + ZrO_2 \tag{4.8}$$

根据式（4.7）中加入的水量多少，可以合成不同的含锆化合物，其热分解反应如式（4.9）所示：

$$Zr(OC_nH_{2n+1})_4 \longrightarrow ZrO_2 + 2C_nH_{2n} + 2C_nH_{2n+1}OH \tag{4.9}$$

但实际生产过程中，采用锆醇盐水解法得到的产物为 ZrO_2 和 $Zr_2O_3(OR)_2$ 的混合物[70]。除了上面所说的这些影响因素外，水解反应和缩聚反应过程还受到其他各环境参数（温度、溶剂、醇盐/H_2O 比例以及溶液中的外来离子）的影响。与锆及水合氧化锆（而不是水合氧化锆所形成的氢氧化锆）化学本质相关的一个明显现象就是，反应过程中所加醇盐/水的比例对水解产物中氧化物含量没有影响。一般来说，如果增加水解过程中 H_2O 的含量，将增加可水解醇盐中产物的羟基，使氧化物含量增加。但是对锆醇盐的水解反应来说，不管是在过量的水条件进行水解还是在大气中水汽环境下进行水解，其所得的氧化物含量都恒定为大约 80%。

4.3.1.2.4 CVD 的前驱体：氧化锆、氧化钇、二氧化硅前驱体

在乙醇或水溶液中将钇、锆和硅的氯化物/醇盐分别与乙酰丙酮、四甲基庚二酮、六氟乙酰丙酮、四甲基乙二胺、聚醚和胺等配合物混合之后调节其 pH，分别合成对应的钇、锆或硅络合物。Drake 等人[71]报道了一种使用不同配合物合成金属络合物的既经济又简单的方法。该金属络合物的合成过程为：

第一，这种方法的目的是同时使用螯合链型配合物（即乙二醇二甲醚或胺）和螯合金属化基团［例如二酮酸盐、官能化醇、二醇盐或乙酸盐（A-R-BH，其中 A 通常是带侧链的 b-螯合位点，R 是烃链接头，BH 是金属化的主要位点）］使金属原子中心被饱和成键[35]。一般合成过程如下所示［式（4.10）］：

$$[M(OR)_x]_y + 2A\text{-}R\text{-}BH + L\text{-}L \longrightarrow [M(A\text{-}R\text{-}B)_x(L\text{-}L)] + xROH \tag{4.10}$$

由于螯合配合物比单基配合物醇盐更不容易水解，故而可以推测其在大气中具有良好的稳定性。第二，先前结果已经表明，体系中如果使用多基配合物（L-L），那么形成的低聚体络合物为分子体系，从而可降低单体单元之间交互作用的可能性（尽管总会出现一些例外情况）。第三，采取预先生成 β-二酮酸金属盐（无水或含水），然后再发生水解反应的技术能够制得无水产物。而路易斯硬碱（O-基或 N-基）可以利用螯合效应的熵优势，有助于制

备低成本的无水金属 β-二酮酸金属盐，例如，在水/醇介质中通过复分解反应制备简单的水合络合物。不管是作为溶胶-凝胶法前驱体还是 CVD 前驱体，只要该材料获得实际应用，那么在开放实验室的重要目标就是使用低成本化学品。

目前有一些关于制备 Zr(tmhd)$_4$、(thd)$_2$Zr(OR)$_2$ 和 Y(tmhd)$_3$ 及其二甘醇二甲醚、三甘醇加成物的报道[72~75]，同时文献还公开了 Zr(tmhd)$_4$ 和 Y(tmhd)$_3$ 的蒸发动力学数据。Zr(tmhd)$_4$、Y(tmhd)$_3$(H$_2$O) 和 Y$_2$(tmhd)$_6$（三甘醇二甲醚）在 250℃ 以下的完全挥发性和较低的升华/汽化温度范围使得这些化合物适合在 CVD 反应器中基体上进行低温沉积。钇的另一个络合物 Y(acac)$_3$(H$_2$O)$_2$ 不具有挥发性，究其原因是络合物在加热过程中配位层不饱和，导致发生低聚反应或加热时的稳定性差。另外，有报道指出，当前驱体为 Zr(tmhd)$_4$ 和 Y(tmhd)$_3$ 时，ZrO$_2$ 和 Y$_2$O$_3$ 膜层的生长较好。

配位数大于 5、6 甚至更高的硅配合物的合成、结构及其独特的反应能力一直是研究的热点。共价超配位硅化合物的合成过程中使用 β-二酮配位体。例如，1903 年报道的第一个离子型乙酰丙酮（acac）硅配合物 Si(acac)$_3$Cl·HCl[76]。然而，关于中性共价超配位体［如双（β-二酮酸）硅(Ⅳ) 配合物——(β-二酮酸) 乙酰丙酮酸盐］只有少量报道[77,78]。据报道，最先制备的 (acac)$_2$SiClMe、(acac)$_2$SiClPh 和 (acac)$_2$SiMe$_2$ 配合物极不稳定，(acac)$_2$SiMe$_2$ 的分离收率极低，仅为 10% 左右[79]，(acac)$_2$SiCl$_2$ 制备过程收率也非常差。然而，(acac)$_2$Si(OAc)$_2$ 比 (acac)$_2$SiMe$_2$ 和 (acac)$_2$SiCl$_2$ 都要稳定，可能是由于该供体氧原子配合物具有更大的电负性[77]。不过也有人报道称合成的这三种新型中性双（β-二酮酸）硅(Ⅳ) 配合物（图 4.10）均具有收率高、纯度高的特点，该文献指出在己烷溶剂中将 SiCl$_4$ 与二等当量的醇、二等当量的吡啶一起反应可合成对应的络合物。热分析结果表明，络合物具有挥发性和热稳定性，可作为 CVD 前驱体用于沉积高质量过渡金属硅酸盐涂层。

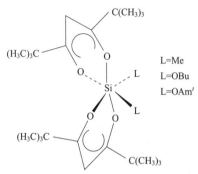

图 4.10　中性双（β-二酮酸）硅(Ⅳ) 配合物
(转载自参考文献 [80]，得到美国化学学会 2014 版权许可)

4.3.2　有机金属前驱体：非氧化物陶瓷

4.3.2.1　Pt、Al、W、Mo 前驱体

金属/合金涂层已经成为涂覆燃气轮机等结构部件以改善其耐腐蚀性能的可行方案之一。这些部件一般由金属/合金或钢等材料组成，通常在这些构件上涂覆金属或合金的相容性涂层，对其提供防腐蚀保护。该涂层是在低温条件下采用有机金属前驱体进行沉积制备。

钨、钼、铝和铂或其各自的合金涂层的应用也是广泛的，这类涂层经常采用金属羰基配合物作为金属沉积的前驱体。W(CO)$_6$ 和 Mo(CO)$_6$ 金属的羰基配合物具有优异的挥发性，可以进行沉积。但是铂的羰基配合物不具有热稳定性[81,82]，沉积时的加热过程容易使其发生分解。不过，向铂的羰基合物中添加膦等其他配位体可以提高其热稳定性[83]。

金属羰基配合物的合成是有机金属前驱体研究内容之一。自 Mond 和 Hieber 的研究工作以来[84]，已经开发了许多用于制备单核金属羰基以及同型和异型金属羰基簇的工艺。

在一氧化碳高压条件下，将金属卤化物还原，可以制备一些金属羰基化合物。这类反应过程中使用铜、铝、氢以及烷基金属（如：三乙基铝）等作为还原剂。式(4.11) 为无水氯化铬(Ⅲ) 在苯中形成六羰基铬配合物的反应方程式，其中铝为还原剂，用氯化铝作为催化剂：

$$CrCl_3 + Al + 6CO \longrightarrow Cr(CO)_6 + AlCl_3 \quad (4.11)$$

如果使用烷基金属作为还原剂，如三乙基铝和二乙基锌，会使烷基与二聚体发生氧化偶联[式(4.12)]：

$$WCl_6 + 6CO + 2Al(C_2H_5)_3 \longrightarrow W(CO)_6 + 2AlCl_3 + 3C_4H_{10} \quad (4.12)$$

在实验室中，利用一氧化碳的气压条件，使氯化钼或氧化钼还原，制备 $Mo(CO)_6$ 配合物。该配合物在空气中稳定存在，并微溶于非极性有机溶剂。

β-二酮酸酯族和三甲基-环戊二烯基族是研究最多的制备铂的配合物前驱体[85~89]。据文献报道，$MeCpPtMe_3^{[87]}$、$EtCpPtMe_3^{[88]}$ 以及 $(cod)Pt(Me)_2^{[89]}$ 是最好的铂系列配合物。配合物 $EtCpPtMe_3$ 在室温的氧气和水中均具有良好的稳定性。配合物 $(cod)Pt(Me)_2^{[89]}$（图4.11）的挥发性较差，不过该配合物易于合成，收率也很高。这些前驱体在CVD法制备膜层的过程中易发生分解，尤其是在氧化或还原气体的存在下，分解过程很快。另外，作为反应气体的氢气和氧气也使得沉积膜的质量和实验条件（特别是降低温度）显著改善。因此，采用该制备方法可以得到杂质含量很低的薄膜，其中碳是最常见的杂质。文献[87]介绍过采用市售的 K_2PtCl_6 为原料、具有中等产率（60%）的"一步法"合成 $MeCpPtMe_3$ 工艺中，优先使用二溴乙烷作为 MeLi 的

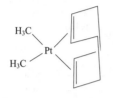

图4.11 $(cod)Pt(Me)_2$ 的分子结构

（转载自参考文献[89]，得到美国化学学会2014版权许可）

淬灭剂，而不使用 NH_4Cl。制备过程中，可以采用甲基取代的环戊二烯基配位体增加前驱体的挥发性。通过这种工艺得到的前驱体 $MeCpPtMe_3$ 熔点为30℃。使用 $MeCpPtMe_3$ 要注意，该物质对氧气和水十分敏感。考虑到制备过程中需要增加前驱体挥发性，研究者测试了含有乙基-环戊二烯基配位体前驱体的挥发性。发现在130℃下将溶解在正己烷中的该前驱体（0.1mol/L）蒸发，然后在0.7~3 Torr（1Torr=133.322Pa）压力、350~450℃下可以进行沉积镀膜。与之前的同族化合物 $MeCpPtMe_3$ 相反，$EtCpPtMe_3$ 对氧气和水不具有敏感性，而且能够形成混合的 Pt-C 膜层[88]。目前关于该制备方法已经被授权两个专利：一个是利用 $Pt(Me)_3I$ 和 $Na(EtC_5H_4)$ 合成前驱体，其产率为51%；另一个是采用该前驱体进行铂的化学气相沉积（OMCVD）镀膜技术。在35℃、标准大气压下，在前驱体中鼓入氩气，并在氢气气氛中于150℃下加热基体（Si）从而沉积得到薄膜。$(cod)Pt(Me)_2$ 是在100℃下熔化的前驱体[89]。Kalck报道采用该前驱体在FBCVD技术中制备非均相催化剂，以及采用化学气相沉积（CVD）法在石墨上镀膜[90]。

4.3.2.2 ZrCN 和 TiCN 前驱体

金属碳氮化物是一类用于轻金属基体表面以提高基体性能的重要化合物的涂层。过渡金属二烷基氨基化合物能将相对稳定的金属醇盐和不稳定的金属烷基结合在一起，从而获得特殊的关注。另外，金属-氮高分子可能以图4.12(Ⅰ)中的配位聚合方式（该过程中氮原子的孤对电子形成分子间配位键）或图4.12(Ⅱ)中的双官能伯胺方式形成。如果反应物是伯胺衍生物，也可能发生配位聚合反应。当然也会存在阻碍聚合反应的一些因素，所以在二烷基氨基衍生物

图4.12 不同金属碳氮化物的分子结构

中，分子间键（Ⅰ）中的空间效应或含 $d\pi$-$p\pi$ 键的 $H-NR_2$ 分子内配位可以阻止聚合反应。在伯氨基衍生物存在的情况下，极有可能 NH_2- 基团中仅一个氢原子被金属取代，并通过机理（Ⅱ）防止聚合发生。1959年之前，唯一一次关于过渡金属或锕系元素的二元二烷基氨基化合物的制备方法，是Gilman及其同事报道的，该方法是用四氯化铀和二乙基氨化锂作为原料进行反应得到四（二乙基氨基）铀（Ⅳ）[91]。后来 Dermer 和 Fernelius 使用二苯基氨基

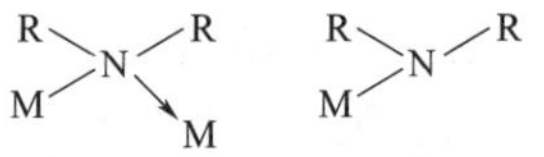

化钠和四氯化钛制备得到 $Ti[N(C_6H_5)_2]_4^{[92]}$。

二烷基酰胺锂-氯化物体系（Ⅰ）可以制备钛、锆、钒、铌、钽、铬、钼和钨等金属的二烷基氨基衍生物［见式(4.13)］：

$$MCl_x + xLiNR_2 \longrightarrow M(NR_2)_x + xLiCl \tag{4.13}$$

大部分二烷基氨基衍生物比较稳定，可以在减压下进行蒸馏，不过有时某些衍生物［例如 Nb(Ⅴ)、Ta(Ⅴ) 化合物］在蒸馏过程中会发生热分解。脂肪族二烷基氨基化合物容易发生水解反应或醇解反应，而芳基氨基衍生物相对更稳定一些。通过观察可以发现二烷基氨基化合物存在一些有趣的空间效应，而在伯氨基化合物中得到许多聚合物衍生物。二烷基氨基化合物 $Zr(NMe_2)_4$ 在苯的沸点可以发生聚合，但是需要注意的是，该化合物比相应的钛衍生物二烷基氨基化合物的挥发性明显更低。考虑到四（二烷基）氨基衍生物的氨基分解过程中所显示的立体效应，可以推断出该衍生物不发生聚合是由于中心原子被二烷基氨基基团强有力地屏蔽了。

表 4.1 列出了一些主要用于沉积这类化合物的四（二乙基）氨基金属有机化合物 $[M(N(C_2H_5)_2)_4]$，例如采用氨基化合物 $Zr[N(C_2H_5)_2]_4$ 和 $Ti[N(C_2H_5)_2]_4$ 分别涂覆 ZrCN 和 TiCN。如果采用等离子体 CVD 法进行沉积，那么这种化合物的沉积温度可以急剧降到 180℃，这一温度对涂覆金属/合金非常有用[93,94]。

表 4.1 钛和锆的四(二烷基)氨基金属有机化合物

序号	化合物	物理状态	沸点/℃
1	$Ti(NMe_2)_4$	黄色液体	50(0.05mmHg)
2	$Ti(NEt_2)_4$	橙色液体	112(0.1mmHg)
3	$Ti(NPr_2)_4$	红色液体	150(0.1mmHg)
4	$Ti(NBu_2)_4$	红色液体	170(0.1mmHg)
5	$Zr(NMe_2)_4$	白色固体(熔点 70℃)	80(0.05mmHg)
6	$Zr(NEt_2)_4$	绿色液体	120(0.1mmHg)
7	$Zr(NPr_2)_4$	绿色液体	165(0.1mmHg)
8	$Zr(NBu_2)_4$	绿色固体	180(0.1mmHg)

4.3.2.3 碳化硅前驱体

碳化硅是应用最为广泛的材料，特别是耐腐蚀方面的应用更为普遍。因此，在本节中，我们对采用有机硅化合物合成碳化硅前驱体进行详细描述[95]。过去，许多 SiC 涂层都是通过 CVD 技术生产出来的，而且大多数沉积的 SiC 涂层是在 1300~1380℃较高温度和大气压下，采用 Si 和 C 的各自前驱体而生长出来的[96~100]。例如，用于制备硅涂层的 SiH_4 或 Si_2H_6，以及用于制备碳涂层的 CH_4 或 C_3H_8[101]。甲基三氯硅烷（CH_3SiCl_3 或 MTS）是最常用的制备 SiC 涂层的单分子前驱体，部分原因是一个甲基三氯硅原子烷分子中含有相同数量的硅原子和碳原子。为了获得最佳的抗氧化性，必须沉积得到符合化学计量式的 SiC，这一点很重要。尽管甲基三氯硅烷中 C/Si 摩尔比为 1，但是在低于 1000℃的温度下沉积得到的是 SiC 和 Si 膜层，而在 1600℃以上的温度下沉积得到的是 SiC 和 C 膜层。可以将 SiC 沉积机理看成是两个相互独立的子系统，即碳的沉积和硅的沉积[102]。只有当这两个沉积过程的沉积速度相等时，才会得到符合化学计量的 SiC。然而目前关于气相和表面动力学理论的研究还不完善，尤其是 CH_3SiCl_3 等含氯的 SiC 前驱体的这些知识还有待进行深入了解。虽然 SiH_4-烃体系的气相动力学理论目前研究得相对比较系统[103,104]，但还需要对其表面化学进行更深入的研究。使用甲基三氯硅烷为原料时，需要加入氢气与甲基三氯硅烷分解过程中释放的氯原子反应，形成副产物氯化氢气体，然后将氯化氢气体通过洗涤器净化除去。由于氯化氢具有腐蚀性，所以所有设备必须具有耐腐蚀性。表 4.2 列出了几种制备 SiC 的常规前驱体及其应用领域。

表 4.2 传统的 SiC 前驱体及其应用领域

SiC 前驱体	合成条件		应用
	温度/℃	压力/kPa	
CH_3SiCl_3	1323~1673	n.r.	涂层
	1200	1.7	涂层
	973~1073	10~35	
	973~1173	10~100	复合物(CVI)
	1052~1070	2~13.3	
CH_3SiCl_3/CH_4	1273~1523	4.6	涂层
$SiCl_4/CH_4$	1200~1400	100	涂层
$(CH_3)_2SiCl_2$	1473~1600	n.r.	涂层
$SiCl_4/C$	1300~1500	100	涂层
SiH_4/C_xH_y	1573~1723	100	电子

注：n.r. 表示未见报告。

近来，使用无卤素单源化合物的 CVD 法制备膜层的实际过程中，在某些情况下，可以获得沉积温度低、化学计量准确的涂层。由于单分子前驱体已经含有 Si—C 键，因此不需要进一步提供活化能量就可以在膜中形成 Si—C 键，所以外延镀膜的温度可以低于 1000℃。许多研究小组使用单一前驱体在不同的基体上进行了 SiC 的生长：因为甲基硅烷可以产生在室温下稳定的蒸气，所以 Golecki 等人[105]利用甲基硅烷、CH_3SiH_3 和 H_2，通过低压 CVD 于 750℃下在 Si（100）基体上生长了单晶外延立方（100）薄膜，从而在低温下获得了符合化学计量比的 SiC 组分。但是甲基硅烷有不少缺点，如沸点（-57℃）非常低、易燃、具有刺激性气味、商业化生产成本高。Steckl 等[106]用三甲基硅烷前驱体在 Si 上生长立方晶系 SiC，并研究了温度与前驱体的流速对轴上 Si（100）和离轴 Si（111）基体的影响。

在艺术品行业也经常使用三甲基硅烷制备无定形或多晶 SiC 膜。例如，Kaplan 等人[107]描述了在辉光放电 CVD 工艺中使用三甲基硅烷在视频盘上制备 SiC 涂层。三甲基硅烷气体是无色、无腐蚀性、不自燃的前驱体，但是在 SiC 沉积过程中会产生过量的碳沉积。还有其他有机硅烷类型的前驱体可用来制备 SiC 膜。Yasui 等人[108]使用二甲基硅烷来获得立方 SiC 薄膜涂层，而 Avigal 等[109]使用四甲基硅烷（沸点为 26~28℃）、二乙基硅烷（沸点为 56℃）和三丙基硅烷（沸点为 171℃）等不同前驱体在 Si-SiC-C 体系上生长 SiC 涂层。不管在什么气氛中，在 700~1400℃的温度范围内都可在基体上生长 SiC 薄膜涂层，不过这些薄膜涂层中都会同时沉积出来硅和游离碳。他们还发现在 H_2 气氛中热解四甲基硅烷会比在氢气气氛中产生的游离碳少。同时还应注意，在较低的温度条件下，如果前驱体含有甲基，将会沉积出更多的游离碳，而在较高的温度下，带丙基的前驱体会沉积更多的游离碳。四甲基硅烷、二乙基硅烷和三丙基硅烷在室温条件下可以稳定存在，但四甲基硅烷和二乙基硅烷前驱体蒸发温度较低，三丙基硅烷蒸发温度较高。这三种前驱体都可以安全制备薄膜涂层，但生产成本都比较高。

Jeong 等人[110]在不同温度下，采用二乙基甲基硅烷［DEMS，$(C_2H_5)_2(CH_3)SiH$］为原料，通过高真空 MOCVD 方法在 Si(100) 基体上制备了立方晶体结构 SiC 薄膜。DEMS

的沸点为 78℃，在室温下稳定、无毒、不易爆炸。在 900℃ 的沉积温度下，通过该制备方法能够获得取向比较好的 3C-SiC 层。当沉积温度从 700℃ 升高到 900℃ 时，SiC 薄膜结晶度和晶粒尺寸都会得到改善。然而，由于晶体形状变化，高于 900℃ 的 SiC 薄膜结晶度随着温度和生长时间的增加而降低。这些结果表明，沉积温度和时间是影响膜层结晶度和碳沉积的重要因素。

有研究[111]利用低压有机金属化学气相沉积法（LP-OMCVD）在 750~970℃ 温度范围内在 Si(100) 和 Si(111) 基体上使用新型前驱体二甲基异丙基硅烷 [$(CH_3)_2CHSiH(CH_3)_2$，其沸点为 66~67℃] 沉积立方晶体结构 SiC 薄膜，发现低温时得到非晶态 SiC 薄膜涂层，并有游离碳同时沉积出来；在 850℃ 时，在未碳化 Si(100) 基体表面上制备得到立方晶体结构 SiC 薄膜涂层；在 960℃ 时，在碳化 Si(100) 基体表面上制备得到多晶立方晶体结构 SiC 薄膜涂层。但是，即使使用相同前驱体，在碳化 Si(100) 基体表面上也不能通过外延生长方法获得立方晶体结构 SiC 薄膜涂层。

上面关于有机硅前驱体的文献中也涉及许多关于其合成的路线。下面我们将讨论一些潜在的用于 SiC 有机硅前驱体的经济合成路线。一般而言，在进行这些反应之前，首先还需要利用其他工艺过程产生的氯代硅烷产物或副产物（例如，甲基二氯硅烷直接合成反应的副产物）作为有机硅前驱体。

利用 Grignard 法（体系 4.1）中 Si—Cl 键（而不是 Si—H 键）将有机基团引入这些氯代硅烷中。Grignard 反应对于有机硅化学领域非常重要[112]，通过有机镁化合物将有机基团转移到硅上 [见式(4.14)]：

$$RMgX + XSi{\leq} \longrightarrow RSi{\leq} + MgX_2 \quad (4.14)$$
$$X = 卤素原子$$

反过来，含有有机取代基的氯硅烷中的氯也可被氢取代（体系 4.2）。与金属氢化物 [例如四氢铝酸锂[113]、氢化锂[114]、氢化钠[115] 和反应性四氢硼酸铝 $Al(BH_4)_3$[116]] 的反应主要按照如下过程进行 [见式(4.15)]：

$$\geq Si—Cl + MH \longrightarrow \geq Si—H + MCl \quad (4.15)$$
$$M = 金属$$

四氢硼酸铝与三甲基氯硅烷的反应可以用反应式(4.16) 表示：

$$2Al(BH_4)_3 + 6(CH_3)_3SiCl \longrightarrow Al_2Cl_6 + 3B_2H_6 + 6(CH_3)_3SiH \quad (4.16)$$

三甲基氯硅烷与分散在矿物油或另一种高沸点惰性烃中的氢化钠的反应需要在 175~350℃ 时进行[115]，加入催化剂可以降低该反应所需的温度或提高反应收率。目前应用的催化剂中，烷基硼、硼酸酯和三乙基铝是较为合适的催化剂[117,118]。在碱金属卤化物与氢化锂混合物的共晶熔点，将卤素化合物通入该混合物，可以发生取代反应，卤素化合物上的氯原子被氢原子取代。采用这种方法，在 360~400℃ 下，利用二甲基二氯硅烷产生二甲基硅烷 [$(CH_3)_2SiH_2$] 的转化率为 95%，产率为 89%[119]。

Boo 等人[120]使用含有两个硅原子和碳原子的新型单分子 1,3-二硅杂丁烷前驱体，采用 LP-OMCVD 方法在 650~900℃ 的温度范围内在 Si(100) 基体和 Si(111) 基体上生长出立方晶体结构 SiC 薄膜涂层。甚至在温度低到 650℃ 时，在 Si(100) 基体上也可形成多晶立方晶体结构 SiC 薄膜涂层。在高于 850℃ 的温度时，通过 X 射线衍射方法发现在碳化的 Si(100) 基体上获得的薄膜具有更好的结晶度。另外，900℃ 时在碳化的 Si(100) 基体上的 [111] 方向形成了高度取向的 SiC 薄膜涂层。

通过还原 1,1,3,3-四氯-1,3-二硅杂丁烷获得硅和碳原子比为 1:1 的前驱体 1,3-二硅杂丁烷。据 Jung[121]报道，1,1,3,3-四氯-1,3-二硅杂丁烷的合成路径如下：选用铜为催化剂，钒为助催化剂,(氯甲基)甲基二氯硅烷与元素硅和氯化氢发生反应,能将一个硅原子附到有机氯硅烷分子上,生成1,1,3,3-四氯-1,3-二硅杂丁烷。然后用金属氢化物(例如氢化铝锂)在乙醚溶剂中对该化合物进行还原,用氢原子取代氯原子,最终得到化合物1,3-二硅杂丁烷[122]。

Steckl等人[123]用硅杂环丁烷在不同基体上成功制备了SiC薄膜涂层。采用这些前驱物制备碳化硅薄膜时,发现薄膜涂层中有碳一起沉积出来,可能是因为该前驱体中硅碳比为1:3。硅杂环丁烷的合成反应如式(4.17)所示。

$$H_2C=CHCH_2Cl + HSiCl_3 \xrightarrow[\text{加热}]{H_2PtCl_6} Cl_3SiCH_2CH_2CH_2Cl \xrightarrow{Mg}$$

$$\square SiCl_2 \xrightarrow[n\text{-Bu}_2O]{LiAlH_4} \square SiH_2 \quad (4.17)$$

以氯铂酸为催化剂,将三氯硅烷添加到烯丙基卤化物中,可以制备3-卤代丙基三氯硅烷。可以在镁粉存在的条件下由$Cl_3SiCH_2CH_2CH_2Cl$制备1,1-二氯-1-硅杂环丁烷[124,125]。在0℃时,使用氢化铝锂在正丁醚中还原1,1-二氯-1-硅杂环丁烷,得到硅杂环丁烷$(CH_2)_3SiH_2$。

由于1,3-二硅杂环丁烷中硅原子和碳原子数量相同,所以它也作为前驱体使用。Larkin等人[126]和Chadder等人[127]分别使用这种前驱体,制备了符合化学计量的SiC薄膜涂层,不过,利用该前驱体制备SiC薄膜需要较高温度,而且其合成路线较为烦琐。$LiAlH_4$可以将1,1,3,3-四氯-1,3-二硅杂环丁烷进行还原。Nametkin等人[128]在700℃时,将1,1-二氯-1-硅杂环丁烷热解得到1,1,3,3-四氯-1,3-二硅杂丁烷[129],一般认为该反应过程中有$[Cl_2Si=CH_2]$中间过渡体生成,其具体反应方程如式(4.18)所示:

$$2\diamondsuit SiCl_2 \xrightarrow{700℃} 2[Cl_2Si=CH_2] \longrightarrow Cl_2Si\diamondsuit SiCl_2 \xrightarrow[n\text{-Bu}_2O]{LiAlH_4} H_2Si\diamondsuit SiH_2 \quad (4.18)$$

环状分子1,3-二硅杂环丁烷可以在比其直链1,3-二硅杂丁烷的反应温度低(300℃以上)的条件下生长β-SiC薄膜涂层。环状前驱体可以分解直接产生符合化学计量SiC的中间体。目前,环状化合物的合成路线已经很成熟,并且环状前驱体在高温条件下可以沉积制备单晶膜,而在低温条件下可以沉积制备多晶膜和单晶膜。

Takahashi等人[130]使用六甲基二硅烷(HDMS)(沸点为112～114℃)在Si基体以及其他一些基体上沉积立方晶体结构SiC薄膜涂层。当反应温度低于1100℃时,其生长速率受到HMDS分子热分解控制。在较高反应温度条件下,生长速率受$(CH_3)_n$—Si—H_{4-n}通过停滞在基体表面气体层的热扩散控制。薄膜结晶行为对温度依赖性的结果表明气体系统对于低温外延生长是有效的。不管是否存在缓冲层,在1100℃时,在Si(111)基体上都可生长包含孪晶的3C-SiC单晶。而在Si(100)基体上,只能当其表面有缓冲层时才能生长单晶薄膜涂层。即使生长温度低至1100℃,在Si(100)基体上生长的$5\mu m$厚膜层中也观察到了裂纹的出现。六甲基二硅烷在室温条件下稳定,可以共沉积出SiC和自由碳。

Shen等人[131]报道了制备SiC陶瓷前驱体化合物2,4,6-三甲基-2,4,6-三硅杂庚烷(TMTSH)的方法。该方法为:将氯甲基二甲基氯硅烷在氢化铝锂及其溶剂中进行还原,得到氯甲基二甲基硅烷,然后将氯甲基二甲基硅烷与镁反应形成格氏试剂,与甲基二氯硅烷进行偶联,得到2,4,6-三甲基-2,4,6-三硅杂庚烷。实验结果表明,在温度为1400℃和压力约为760Torr的条件下,在基体上可以沉积制备SiC薄膜涂层。而在低温下,如600℃沉积SiC薄膜涂层时,则需要保持10^{-10}Torr左右的压强。SiC的前驱体是不含氯的单分子化合物；而不是高聚物、低聚物，或化合物、低聚物或反应产物的混合物。该化合物的主链由重复的 Si—C 结构单元组成，前驱体化合物中的碳硅比为 7∶3。这种无氯碳硅烷不含硅、碳和氢以外的其他元素，因此非常适用 CVD 和 CVI 制备方法。与甲基三氯硅烷相比，TMTSH 可以获得更高的沉积速率和更高的收率。另外，TMTSH 还具有易制备、处理、存储、运输以及无腐蚀性的优点，并且硅碳比（Si∶C）相对较低，并可以通过改变影响沉积速率的一些参数来控制膜层中的硅碳比。使用氮气作为载气，不需要溶剂或补充反应性气体，制备的薄膜涂层中的碳含量可以从稍微过量一点到接近该化合物中硅与碳的化学计量比。虽然制备过程中不是一定需要提供载气，但是可以利用氮气、氢气、氩气或其他合适的载体来改变 TMTSH 的流量和分压。涂层中元素的化学计量是由氮、氢或两者的混合物进行控制。

另一种单分子前驱体是有机金属聚合物前驱体，尤其是聚硅烷和聚碳硅烷。采用 CVD 方法制备薄膜涂层时，要求这些含有聚硅烷和聚碳硅烷的高分子化合物具有挥发性。通常，分子量过高的聚合物还没来得及挥发就已发生交联。如果聚合物发生交联，那么过量的硅和碳就会残留在聚合物中，并且不能形成蒸气，CVD 法制备时，最不希望出现这种现象。目前关于制备聚合物前驱体的研究，都期望通过 CVD 工艺可以得到符合化学计量的 SiC 薄膜涂层。然而据我们所知，到目前为止还没有获得完全满足所有前驱体标准的理想前驱体。

目前可以将用于制备 SiC 前驱体的市售产品分为 CVD 2000 和 CVD 4000 两类[132]。CVD 2000 是单分子有机金属液态前驱体，而 CVD 4000 是具有 [SiH$_2$—CH$_2$]$_n$ 基本结构的单组分液态前驱体，其合成方式尚未公开，并且制备成本高昂。Bhabha Atomic 研究中心开发了一种经济的合成工艺合成无卤素、气氛稳定且升华温度低的前驱体。其合成方法是在特制的流化床中使二氯甲烷与具有特定尺寸的硅粉发生反应（流化床原理图见图 4.13）。其主要反应为硅与二氯甲烷在

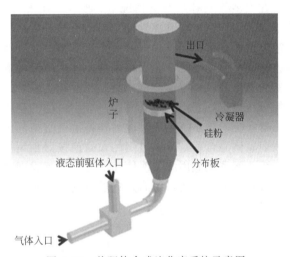

图 4.13　前驱体合成流化床系统示意图

350℃ 下发生反应，产物冷凝后收集在容器中，收集的产物在大气压下于 150℃ 蒸馏，然后用氢化铝锂还原蒸馏的产物，我们将产物命名为 CVDP，该化合物在 200℃ 时挥发性高达 95%。该化合物可用于制备石墨基体涂层，并且已经获得了预期结果。表 4.3 对前驱体 CVD 2000 和 CVD 4000 及其他的市售前驱体进行了比较。

表 4.3　不同 SiC 前驱体的比较

项目	CVD 2000	CVD 4000	MTS	硅烷	有机金属前驱体
前驱体	只有 CVD 2000	只有 CVD 4000	MTS 加 H$_2$（按确切比例）	硅烷加甲烷（CH$_4$）	有机硅化合物的混合物（CVDP）
前驱体的特点	易燃（燃点=51℃）	易燃（燃点=9℃）、空气中或在 140℃ 时的湿空气中反应	腐蚀性、有毒、易燃（燃点=3℃），在 20℃ 的潮湿空气和水中具有反应活性	自燃	易处理、无腐蚀性、无毒

续表

项目	CVD 2000	CVD 4000	MTS	硅烷	有机金属前驱体
前驱体中 SiC 的含量	63% SiC(25% C,12% H)	91% SiC(9% H)	27% SiC(71% Cl,2% H)	硅烷——87% SiC(13% H),硅烷+甲烷——83% SiC(17% H$_2$)	(CVDP)约 83% SiC
通过 CVD 工艺的产品	H$_2$ 和甲烷(CH$_4$)	H$_2$	HCl(高度腐蚀性),以及 H$_2$ 和硅烷	H$_2$	H$_2$,CO/CO$_2$
涂料组合物 Si∶C	随基材温度变化,1∶(1+5%~15%)	1∶(1±0.5%)	1∶(1±1.2%),加上 Cl 和痕量金属	1∶0.1	1∶(1±5%),无痕量金属沉积
沉积温度	800~900℃	600~900℃	1000~1400℃	1200~1500℃	700~1000℃

4.4 液体输送体系：溶剂的作用

在大多数 OMCVD 的情况下，要在减压下对固/液前驱体进行加热汽化。固体因其形状或结晶性不同而影响其挥发性。目前已经开发出来各种汽化系统，可以用于纯液体前驱体或溶液等的汽化过程。首先了解一下第一种汽化系统——起泡器，在起泡器中，采用气体鼓泡的方式使前驱体发生汽化。根据前驱体的挥发性和所需前驱体流量对液体进行加热（加热反应室的整个管线，以避免再冷凝）或冷却。这个系统安装有调节器和传感器，保证炉内前驱体的分压恒定，起泡器是最简单、应用广泛的系统。用于前驱体输送的第二种系统是液体直接注射系统，该系统是通过注射器将溶液直接注入汽化室。注射器可以用容积泵代替，将溶剂和前驱体混合后，采取恒定的方式或按照预编指令输送溶液。第三种系统是改进的液体喷射系统，该系统采用脉动液体注射方式，其发展使液体注射系统的精确度得以改进，微量前驱体溶液是采取逐次喷射的方式进行的。在相同的实验条件下，采用前驱体 MeCpPtMe$_3$ 通过 OMCVD 方法制备 Pt 薄膜涂层时，对两种前驱体输送系统（一种是 TriJet™ 液体输送系统，另一种是常规起泡器）进行比较[133,134]，发现使用两种不同前驱体输送系统生长沉积薄膜涂层的性质非常相似，两种输送系统沉积技术之间的区别并不明显。尽管使用传统起泡器 Pt 膜沉积速率快，但是在控制前驱体的用量方面十分困难。相反地，液体喷射系统可以完全控制前驱体的用量，但会导致膜的生长速率较慢。在这项研究中，由于环己烷试剂对铂前驱体氧化分解的化学干扰小，所以选用环己烷作为溶剂的实验效果非常好。即使对于液体前驱体，通常也需要选用合适溶剂控制前驱体的输送过程，对前驱体溶液中出现的气溶胶进行闪蒸能提高前驱体的精确度。一般而言，溶剂的选择及其对沉积的影响尚无详细说明，但是溶剂可以与第二个甚至第一个金属配位体相互作用，从而使金属配合物稳定，所以它对输送过程产生重要影响。当然溶剂也可以将适量的游离配位体溶解在溶液中以稳定前驱体。溶剂的另一潜在作用是通过共沸作用增加前驱体的蒸气压。常用的溶剂包括乙酰丙酮、戊烷、环己烷、四氢呋喃（THF）和正己烷。

4.5 有机金属前驱体化学

单源前驱体在克服气相控制以及不稳定前驱体均匀性的问题上要优于多源前驱体。单源前驱体装在室温下充有惰性气体的封闭容器中，将少量前驱体引入高温蒸发器，使其快速挥发，这样能缩短蒸气到反应区的输送时间，同时会使其比常规起泡器法具有更高的生长速率。该技术能够使用比传统多源前驱体挥发性更低的前驱体，而且其蒸气组成与前驱体的混合物组成相同，故而能合成具有更好的组成控制和化学计量以及更高再现性的多组分薄膜涂层（包括含 Ba 和稀土元素的涂层）。使用单源前驱体还能简化对 MOCVD 工艺参数的控制。

前驱体的挥发和分解过程是制备涂层的关键阶段。快速且完全的前驱体分解过程通常可以确保获得高纯度和高质量的涂层。当然前驱体的化学性质是影响所制备涂层的主要因素，要求该前驱体在蒸发时具有良好的稳定性，必须只在沉积温度条件下才能发生分解。Selvakumar 等人[135]已经确定 CVD 前驱体的挥发性是决定其是否可以进行有效涂覆的重要因素。对前驱体挥发性进行表征的最重要量化特征是该化合物在给定温度时的饱和蒸气压大小。利用热重法可以测定前驱体的蒸气压、升华焓和蒸发焓，以及化学反应的固态动力学。蒸发技术，也称为气体夹带观测技术，用于确定在较宽压力范围内的蒸气压。在这项研究中，他们通过非等温方法评价了挥发性金属络合物的升华动力学参数和蒸发动力学参数。Fe、Cr、Cu、Si、Al、Ni、Ga、Sc、La、Mg、Mn、Y、Zr 和 Sr 的不同有机金属化合物在 600K 以下完全挥发，没有任何残余物，而且这些前驱体具有优异的空气/湿度稳定性，能在室温条件下使用。对于这些化合物来说，600K 以下的完全挥发性和低温升华/蒸发的低温范围使其适用于 CVD 反应器的低温沉积。

4.6 成核和生长机制

根据所使用的操作条件，前驱体流量和温度可能是影响成核过程的主要因素，即影响形成新晶粒或者晶粒长大的过程[136,137]（图 4.14）。在有利于成核的条件下，所获得的膜呈现为小晶粒，晶粒之间的连接性良好，并且几乎没有孔隙，电阻率低。在有利于晶粒长大的条件下，膜是由大晶粒组成的。各种物理因素对成膜时的成核率或生长率均有影响。由于成核率和生长率属于动力学范畴，生长和成核两个过程的活化能各不相同，所以温度对该过程的影响非常重要。反应器中气体成分有时对成核也有显著影响。沉积开始时，成核过程既可以由基体性质决定，也可以由所用气体性质决定。例如，加入能产生羟基的蒸气能控制原子扩散和晶体生长。增加气相中前驱体浓度能使前驱体呈"过饱和"状态，该状态有利于成核。气相分解也可以促进成核过程。通常在沉积初期，基体表面上成核，形成一层小晶粒，然后在该层上形成较大的晶粒。目前已经开发出一种整个薄膜全部是小颗粒的平滑薄膜的制备方法。该方法的沉积过程分两个阶段（图 4.14）。首先，是初始光滑膜的成核、聚集和形成。接着，开始形成小颗粒薄膜。当达到形成初始膜的前驱体挥发量时，操作条件发生变化，温度、压力和氧化浓度降低。

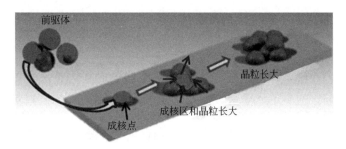

图 4.14 成核和生长机制的示意图

4.7 涂层破坏机制

图 4.15 为基体、涂层及其环境之间发生的主要损伤机制和部分过程[138]的示意图。高

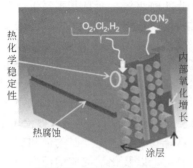
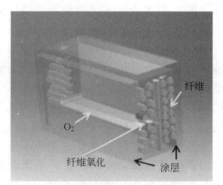
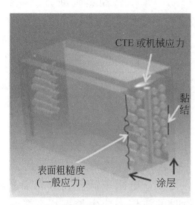
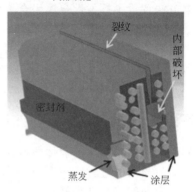
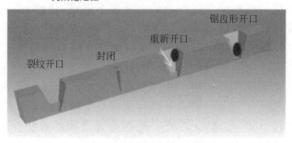

图 4.15　高温和腐蚀环境中主要损伤机制的示意图
(转载自参考文献 [138]，得到 Elsevier2014 版权许可)

温氧气侵蚀对涂层的影响极为重要，这部分将在后面详细介绍。当然其他一些侵蚀性物质，例如 Cl_2、Na_2SO_4 和 H_2 对涂层性能也产生重要影响。

　　如果氧渗透进入涂层，在基体/涂层界面就有可能形成氧化层，该氧化层既可能是有益的，也可能是有害的。如果形成致密膜层，可以防止氧气进入基体，但是要注意反应产物的摩尔体积膨胀在涂层中产生应力，并损伤该保护涂层。另外，由于一些反应副产物 CO、N_2、$SiCl_4$ 等气体具有挥发性，有向外扩散到表面的趋势。如果其扩散过程受到限制，就会在涂层内形成气泡，并且在一定条件下，气泡产生的内部压力会升高到以致破坏涂层的程度。如果氧气或其他活性组分渗透到复合材料表面，则可能沿着基体/纤维界面发生选择性侵蚀，从而损坏涂层。局部侵蚀可能沿着这些界面迅速扩展，并导致涂层整体力学性能的恶化。对那些之前基体就有裂纹的脆性基体复合材料来说，一旦复合材料体系遭受热疲劳或热机械疲劳，后果尤其严重。

使用每一种涂层都要考虑的主要因素是涂层和基体之间的均匀黏附性能。通常，需要选择不同的涂覆工艺以获得较好的黏附性。尤其要注意的是，制备涂层时，必须使基体表面污染达到最小化或完全消除。另外，要求所选涂层在工作温度下热化学稳定性好、与基体间的热膨胀差异小。当然在施工过程中并不是总能平衡这些因素，如果只是热膨胀（CTE）不匹配通常也能被接受。不过，最后结果可能在涂层中产生高应力，最终导致涂层剥落或开裂。事实上，裂纹、针孔或其他缺陷的出现是不可避免的，也就是说，并没有各方面都十分完美的涂层体系。因此，如何处理裂缝成为工程涂料体系发展的主要考虑因素。裂纹可能随着载荷的施加或暴露于热循环而开裂或闭合。如果在反应温度下开口足够大，则分子氧或其他侵蚀性物质的进入将导致涂层内部出现损害。解决方法就是使用玻璃密封剂或使用在高温暴露期间具有自修复性能的添加剂。使用密封剂涂料可能也有一定的效果，但是如何找到在较大温度范围内能起作用的密封剂却又成为一个难题。

氧气渗透性是选择保护涂层的重要标准。复合材料特别容易受到沿着基体纤维界面或基体裂纹内部的侵蚀。因此，如果氧气等侵蚀性物质穿透涂层，它们会迅速扩散到复合材料的内部并造成损坏。涂层的内部氧化和界面退化均能显著降低材料的力学性能。许多界面反应的副产物是挥发性气体，如果这些气体不能向外扩散到表面，将形成气泡并且压力可能增加到使涂层发生损坏的程度。研究者正在考虑在燃烧系统的受热段或气体排放区域使用陶瓷复合材料/涂层。燃烧产物中的杂质Na、S或V会形成具有极强腐蚀性的熔融硫酸钒酸盐冷凝物。这些沉积物中氧化物溶解度的提高能够快速降低涂层的有效性，进而增加氧气渗透量或使其能够被其他腐蚀性组分侵蚀。虽然侵蚀性环境与复合材料之间的热化学相容性是选择涂层体系的主要因素，但涂层的机械稳定性也是很重要的因素，是涂层能否发挥其预期功能的决定性因素。如果涂层和基体的热膨胀系数差异太大，就会限制热循环阻力，那么就不能使用该涂层。为减少某些类型的损伤（例如层间剪切或横向裂纹）时，使用分层界面会比较好。然而，分层界面并不是用于防止平面内裂纹，以改善CTE错配的最好方法。

由于十全十美的涂层并不存在，所以在设计涂层时，需要考虑如何防止或处理可能出现的某些裂纹或缺陷。较薄涂层会产生较小的裂缝，这些裂缝是控制分子组分进入涂层的一个因素。设计涂层时，必须要考虑选用在使用温度时能使裂缝自行愈合的添加剂，或者必须使用密封剂来填充和封闭裂缝的开口处。

4.8 结论和展望

耐火陶瓷保护涂层通常对在苛刻条件下使用的基体提供保护，如氧化性和腐蚀性环境条件。根据使用要求选择具有所期望性质（例如：高熔点、良好的热稳定性和化学稳定性以及接近于基体材料的热膨胀系数）的涂层材料。能广泛用于保护涂层的材料种类包括过渡金属（钛、锆）和非金属（硅）的碳化物和氮化物。此外，有些氧化物（如二氧化硅、氧化铝、二氧化钛和氧化锆）也经常用作保护涂层。在制备涂层的这些方法当中，采用有机金属前驱体的CVD工艺由于成本效益和环境安全而非常有前途。此外，该工艺有利于在基体上获得高质量的保护涂层而不会使基体发生降解。采用LCVD、UVCVD、PECVD、EBCVD、FBCVD、ALD和IACVD等不同的CVD方式，可以利用有机金属前驱体以经济安全的方式对基体施加保护涂层。有机金属前驱体的选择、合成和液体输送系统对所选涂层非常重要。使用较便宜的化学物质合成有机金属前驱体的方法很多。此外，还可以采用不同的液体输送系统，如起泡器、直接通过注射器进行液体注射的方式、预编程容积泵，以及用于将有机金属前驱体注入汽化室的脉动液体注射方式。MOCVD技术因其经济性和环境友好性而具有在基体上生产高质量保护涂层的潜力。

参 考 文 献

[1] Hiroshi H, Takuya A, Yasuo K, et al. High-temperature oxidation behavior of SiC-coated carbon fiber-reinforced carbon matrix composites. Composites: Part A 1999; 30: 515-520.

[2] Tsung-Ming W, Wen-Cheng W, Shu-En H. Temperature dependence of the oxidation resistance of SiC coated carbon/carbon composite. Mater Chem Phys 1993; 33: 208-213.

[3] Anwesha M, Dipul K, Nijhuma K, et al. Oxidation behavior of SiC ceramics synthesized from processed cellulosic bio-precursor. Ceram Intern 2012; 38: 4701-4706.

[4] Hermes EE, Kerans RJ. Degradation of non-oxide reinforcement and oxide matrix composites. Mater Res Soc Symp Proc 1988; 125: 73.

[5] Aksay IA. Molecular and colloidal engineering of ceramics. Ceram Intern 1991; 17: 267-274.

[6] Otsuka A, Matsumura Y, Hosono K, et al. Long term oxidation of a SiC fiber-bonded composite in air at 1500 ℃. J Eur Ceram Soc 2003; 23: 3125-3134.

[7] Tietema R. Large-Scale industrial coating applications and systems. Comprehensive Mater Process 2014; 4: 519-561.

[8] Prakash J, Venugopalan R, Paul B, et al. Study of thermal degradation behavior of dense and nanostructured silicon carbide coated carbon fibers in oxidative environments. Corros Sci 2013; 67: 142-151.

[9] Venugopalan R, Prakash J, Nuwad J, et al. Morphological study of SiC coating developed on 2D carbon composite using MTS precursor in a hot wall vertical reactor. Int J Mat Res 2012; 103: 1251.

[10] Chattopadhyay DK, Raju KVSN. Structural engineering of polyurethane coatings for high performance applications. Prog Polym Sci 2007; 32 (3): 352-418.

[11] Voevodin AA, Zabinski JS, Muratore C. Recent advances in hard, tough, and low friction nanocom-posite coatings. Tsinghua Sci Tech 2005; 10: 665-679.

[12] Rhys-Jones TN. Metallic and ceramic coatings: production, high temperature properties and applications. Corros Sci 1990; 30: 959-960.

[13] Mordike BL, Ebert T. Magnesium: properties—applications—potential. Mater Sci Eng A 2001; 302: 37-45.

[14] Dulera IV, Sinha RK. High temperature reactors. J Nucl Mater 2008; 383: 183-188.

[15] Gray JE, Luan B. Protective coatings on magnesium and its alloys—a critical review. J Alloys Compd 2002; 336: 88-113.

[16] Treccani L, Yvonne Klein T, Meder F, et al. Functionalized ceramics for biomedical, biotechnological and environmental applications. Acta Biomater 2013; 9: 7115-7150.

[17] Prakash J, Ghosh S, Venugopalan R, et al. Study of properties of SiC layer in TRISO coated particles grown using different alkyl-silicon compounds. AIP Conf Proc 2013; 1538: 26-29.

[18] Wang CY, Yao P, Bradhurst DH, et al. Surface modication of Mg_2Ni alloy in an acid solution of copper sulfate and sulfuric acid. J Alloys Compd 1999; 285: 267.

[19] Mittal CK. Chemical conversion and anodized coatings. Trans Metal Finishers Assoc India, Metal Finishing 1993; 34: 34.

[20] Luo JL, Cui N. Effects of microencapsulation on the electrode behavior of Mg_2Ni-based hydrogen storage alloy in alkaline solution. J Alloys Compd 1998; 264: 299.

[21] Mazia J. Paint removal (Striooina organic coatings). Metal Finishing 1990; 88: 466.

[22] Schmidt H, Langenfeld S, Nab R. A new corrosion protection coating system for pressure-cast aluminium automotive parts. Mater Design 1997; 18: 309.

[23] Gray JE, Luan B. Protective coatings on magnesium and its alloys—a critical review. J Alloys Compd 2002; 336: 88-113.

[24] Luan B, Pierson HO. CVD/PVD coatings. Corrosion 1987; 13: 456, ASM Handbook.

[25] Helmersson U, Lattemann M, Bohlmark J, etal. Ionized physical vapor deposition (IPVD): areview of technology and applications. Thin Solid Films 2006; 513: 1-24.

[26] Choy KL. Chemical vapour deposition of coatings. Prog Mat Sci 2003; 48: 57-170.

[27] Varacalle Jr. DJ, Lundberg LB, Herman H, et al. Titanium carbide coatings fabricated by the vacuum plasma spraying process. Surf Coat Technol 1996; 86-87: 70-74.

[28] Zhang J, Xue Q, Li S. Microstructure and corrosion behavior of TiC/Ti(CN)/TiN multilayer CVD coatings on high strength steels. Appl Surf Sci 2013; 280: 626-631.

[29] Mathur S, Kuhn P. CVD of titanium oxide coatings: comparative evaluation of thermal and plasma assisted processes. Surf Coat Technol 2006; 201: 807-814.

[30] Vidal S, Maury F, Gleizes A, et al. Photo-assisted MOCVD of copper using Cu(hfa) (COD) as precursor. Appl Surf Sci 2000; 168: 57-60.

[31] Niinistö L. Atomic layer epitaxy. Curr Opin Solid State Mater Sci 1998; 3: 147-152.

[32] Yates HM, Brook LA, Sheel DW, et al. The growth of copper oxides on glass by ame assisted chemical vapour deposition. Thin Solid Films 2008; 517: 517-521.

[33] Luo R. Friction performance of C/C composites prepared using rapid directional diffused chemical vapor in ltration processes. Carbon 2002; 40: 1279-1285.

[34] Teren AR, Thomas R, He J, et al. Comparison of precursors for pulsed metal-organic chemical vapor deposition of HfO_2 high-K dielectric thin films. Thin Solid Films 2005; 478: 206-217.

[35] Wang HB, Xia CR, Meng GY, et al. Deposition and characterization of YSZ thin lms by aerosol-assisted CVD. Mater Lett 2000; 44: 23-28.

[36] Desu SB. Metallorganic chemical vapor deposition: a new era in optical coating technology. Mater Chem Phys 1992; 31: 341-345.

[37] Tamir SB, Rabinovitch K, Gilo M, et al. Laser induced chemical vapor deposition of optical thin films on curved surfaces. Thin Solid Films 1998; 332: 10-15.

[38] Jensen CJ, Chiu WKS. Open-air laser-induced chemical vapor deposition of silicon carbide coatings. Surf Coat Technol 2006; 201: 2822-2828.

[39] Braichotte D, Garrido C, Bergh HVD. The photolytic laser chemical vapor deposition rate of platinum, its dependence on wavelength, precursor vapor pressure, light intensity, and laser beam diameter. Appl Surf Sci 1990; 46: 9.

[40] Marsh EP. Nucleation and deposition of PT films using ultraviolet irradiation. US Patent, US 6204178 B1; 2001.

[41] Marsh EP. Nucleation and deposition of platinum group metal films using ultraviolet irradiation. US Patent Appl. 2006/0014367 A1; 2006.

[42] Bell MS. Plasma composition during plasma-enhanced chemical vapor deposition of carbon nano-tubes. Appl Phys Lett 2004; 85: 1137-1139.

[43] Labelle CB, Laua KKS, Gleason KK. Pulsed plasma enhanced chemical vapor deposition from CH_2F_2, $C_2H_2F_4$, and $CHClF_2$. MRS Proc 1998; 511: 75-77.

[44] Botman A, Mulders JJL, Weemaes R, et al. Puri cation of platinum and gold structures after electron-beam-induced deposition. Nanotechnology 2006; 17: 3779.

[45] Kempshall BW, Giannuzzi LA, Prenitzer BI, et al. Comparative evaluation of protective coatings and focused ion beam chemical vapor deposition processes. J Vac Sci Technol B 2002; 20: 286.

[46] Vahlas C, Juarez F, Feurer R, et al. Fluidization, spouting, and metal-organic CVD of platinum group metals on powders. Chem Vap Depos 2002; 8: 127.

[47] Perez-Mariano J, Lau K-H, Sanjurjo A, et al. Multilayer coatings by chemical vapor deposition in a fluidized bed reactor at atmospheric pressure (AP/FBR-CVD): TiN/TaN and TiN/W. Surf Coat Technol 2006; 201: 2174-2180.

[48] Ritala M, Leskelä M. Chapter 2-atomic layer deposition. In: Handbook of thin lms, vol. 1; San Diego, CA: Academic Press; 2002. p. 103-159.

[49] Knodle WS, Chow R. Molecular beam epitaxy: equipment and practice. In: Handbook of thin film deposition processes and techniques. 2nd ed. New York, USA: Noyes Publications; 2001. p. 381-461.

[50] Telari KA, Rogers BR, Fang H, et al. Characterization of platinum films deposited by focused ion beam-assisted chemical vapor deposition. J Vac Sci Technol B 2002; 20: 590.

[51] Tao T, Ro J, Melngailis J, et al. Focused ion beam induced deposition of platinum. J Vac Sci Technol B 1990; 8: 1826-1829.

[52] Catoirea L, Swihart MT. High-temperature kinetics of $AlCl_3$ decomposition in the presence of additives for chemical vapor deposition. J Electrochem Soc 2002; 149: C261-267.

[53] Jensen K, Kern W. Thermal chemical vapor deposition. Thin Film Processes 1991; 1: 283-368.

[54] Helmboldt O, Hudson LK, Misra C, et al. Aluminum compounds, inorganic. In: Ullmann's encyclo-pedia of industrial chemistry. Weinheim: Wiley-VCH; 2005.

[55] Young W, Hartung W, Crossley F. Reduction of aldehydes with aluminum isopropoxide. J Am Chem Soc 1936; 58: 100-102.

[56] Fernelius WC. Inorganic syntheses. New York: McGraw-Hill Book Company; 1946.

[57] Rodriguez P, Caussat B, Iltis X, et al. Alumina coatings on silica powders by uidized bed chemical vapor deposition from aluminium acetylacetonate. Chem Eng J 2012; 211-212: 68-76.

[58] Lacourse WC, Dahar S, Akhtar MM. Fiberizable Si(OC$_2$Hs)$_4$-H$_2$O-C: HsOH sols with stabilized viscosity. J Am Ceram Soc 1984; 67: C200.

[59] Artaki I, Zerda TW, Jonas J. Solvent effects on the condensation stage of the sol-gel process. J Non-Cryst Solids 1986; 81: 381.

[60] Hench LL. Use of drying control chemical additives (DCCAs) in controlling sol-gel processing. In: Hench LL, Ulrich DR, editors. Science of ceramic chemical processing, vol. 52. New York: Wiley-Interscience; 1986.

[61] Orcel G, Hench U. Use of a drying control chemical additive (DCCA) in the sol-gel processing of sodasilicate and soda borosilicate. Ceramic Eng Sci Proc 1984; 5 (7-8): 546-555.

[62] Jada SS. Study of tetraethyl orthosilicate hydrolysis by in situ generation of water. J Am Ceram Soc 1987; 70: C298.

[63] Yan MF, Rhodes WW. Low temperature sintering of TiO$_2$. Mater Sci Eng 1983; 61: 59.

[64] Heistand RH, Oguri Y, Okamura H, et al. Synthesis and processing of submicrometer ceramic powders. In: Hench LL, Ulrich DR, Hench LL, Ulrich DR, editors. Science of ceramic chemical processing. New York: Wiley-Interscience; 1986. p. 482.

[65] Bradley DC, Gaze R, Wardlow W, et al. Structural aspects of the hydrolysis of titanium tetraethoxide. J Chem Soc 1955; 3977-3982.

[66] Boyd T. Preparation and properties of esters of polyorthotitanic acid. J Polym Sci 1951; 7: 591-593.

[67] Yoldas BE. Introduction and effect of structural variations in inorganic polymers and glass networks. J Non-Cryst Solids 1982; 51: 105.

[68] Bradley DC, Mehrotra RC, Gaur DP. Metal alkoxides. London: Academic Press; 1978.

[69] Klemperer WG, Mainz MM, Millar DM. A molecular building-block approach to the synthesis of ceramic materials. In: MRS symposia proceedings: Better ceramics through chemistry II, Pittsburgh: MRS; 1986. p. 3-20.

[70] Bradley DC, Factor MM. Pyrolysis of some alkoxides. I. Thermal stability of some zirconium alkoxides. J Appl Chem 1959; 9: 435.

[71] Drake SR, Miller SAS, Williams D. Monomeric group IIA metal β-diketonates stablized by multidentate glymes. J Inorg Chem 1993; 32: 3227-3235.

[72] Varanasi VG, Besmann TM, Anderson TJ. Equilibrium analysis of CVD of yttria-stabilized zirconia. J Electrochem Soc 2005; 152: C7-14.

[73] West G, Beeson K. Low-pressure metalorganic chemical vapor deposition of photoluminescent Eudoped Y$_2$O$_3$ lms. J Mater Res 1990; 5: 1573-1580.

[74] Luten H, Rees JW, Goedken V. Preparation and structural characterization of, and chemical vapor deposition studies with, certain yttrium tris (β-diketonate) compounds. Chem Vap Depos 1996; 2: 149-161.

[75] Weber A, Suhr H, Schumann H, et al. Thin yttrium and rare earth oxide films produced by plasma enhanced CVD of novel organometallic π-complexes. Appl Phys A 1990; 51: 520-525.

[76] Dilthey W. Ueber Siliciumverbindungen. Chem Ber 1903; 36: 923-924.

[77] Pike RM, Luongo RR. Silicon (4) compounds containing 1,3-diketo ligands. J Am Chem Soc 1966; 88: 2972.

[78] Thompson DW. A new-diketonate complex of silicon (IV). Inorg Chem 1969; 8: 2015-2018.

[79] West R. Silicon and organosilicon derivatives of acetylacetone. J Am Chem Soc 1958; 80: 3246.

[80] Chongying X, Thomas HB. Synthesis and characterization of neutral cis-hexacoordinate bis (β-diketonate) silicon (IV) complexes. Inorg Chem 2004; 43: 1568-1573.

[81] Elschenbroich C, Salzer A. Organometallics: a concise introduction. 2nd ed Weinheim: Wiley-VCH; 1992, ISBN: 3-527-28165-7.

[82] Rand MJ. Characteristics of PtSi-Si contacts made from CVD platinum. J Electrochem Soc 1975; 122: 811.

[83] Marriott JC, Salthouse JA, Ware MJ, et al. The structure of tetrakis (tri uorophosphine) nickel and tetrakis (tri uorophosphine) platinum determined by gas-phase electron diffraction. J Chem Soc D: Chem Commun 1970; 595-596.

[84] Herrmann WA. 100 Jahre Metallcarbonyle. Eine Zufallsentdeckung macht Geschichte. Chem Unserer Zeit 1988; 22: 113-122.

[85] Marboe EC. Deposition of metal on glass from metal formates. US Patent US2430520; 1947.

[86] Martin TP, Tripp CP, DeSisto WJ. Composite platinum/silica films deposited by chemical vapor deposition. Chem

Vap Depos 2005; 11: 170.

[87] Choi W-G, Choi E-S, Yoon S-G. Pt thin film collectors prepared by liquid-delivery metal-organic CVD using $Pt(C_2H_5C_5H_4)(CH_3)_3$ for $LiCoO_2$ thin film cathodes. Chem Vap Depos 2003; 9: 321.

[88] Kwon J-H, Yoon S-G. Preparation of Pt thin films deposited by metalorganic chemical vapor depo- sition for ferroelectric thin films. Thin Solid Films 1997; 303: 136.

[89] Dryden NH, Kumar R, Ou E, et al. Chemical vapor deposition of platinum: new precursors and their properties. Chem Mater 1991; 3: 677.

[90] Hierso J-C, Feurer R, Kalck P. Platinum and palladium films obtained by low-temperature MOCVD for the formation of small particles on divided supports as catalytic materials. Chem Mater 2000; 12: 390.

[91] Jones R, Karmas G, Martin G, et al. Organic compounds of uranium II, uranium (IV) amides, alkoxides and mercaptides. J Am Chem Soc 1956; 78: 4285-4286.

[92] Dermer O, Fernelius W. Die einwirkung von titantetrachlorid auf organische stickstoffverbindungen. Z Anorg Chem 1953; 221: 83-85.

[93] Rie K-T, Wöhle J. Plasma-CVD of TiCN and ZrCN films on light metals. Surf Coat Technol 1999; 112: 226-229.

[94] Kudapa S, Narasimhan K, Boppana P, et al. Characterization and properties of MTCVD TiCN and MTCVD ZrCN coatings. Surf Coat Technol 1999; 120-121: 259-264.

[95] Prakash J, Sathiyamoorthy D. Organometallic route to the chemical vapor deposition of silicon carbide film. Int J Mech Eng Mater Sci 2008; 1 (2): 93-108.

[96] Steckl AJ, Li JP. Epitaxial growth of β-SiC on Si by RTCVD with C_3H_8 and SiH_4. IEEE Trans Elec Dev 1992; ED-39: 64-74.

[97] Nishino S, Suhara H, Ono H, et al. Epitaxial growth and electric characteristics of cubic SiC on silicon. J Appl Phys 1987; 61: 4889-4893.

[98] Ueda T, Nishino H, Matsunami H. Crystal growth of SiC by step-controlled epitaxy. J Cryst Growth 1990; 104: 695-700.

[99] Powell JA, Larkin DJ, Matus LG, et al. Growth of high quality 6H-SiC epitaxial films on vicinal (0001) 6H-SiC wafers. Appl Phys Lett 1990; 56: 1442-1444.

[100] Morosanu CE. Thin films by chemical vapor deposition. Amsterdam: Elsevier; 1990.

[101] Liaw P, Davis RF. Epitaxial growth and characterization of β-SiC thin films. J Electrochem Soc 1985; 132: 642-648.

[102] Fischman GS, Petuskey WT. Thermodynamic analysis and kinetic implications of chemical vapor deposition of SiC from Si-C-Cl-H gas systems. J Am Ceram Soc 1985; 68: 185-190.

[103] Stinspring CD, Wourmhoudt JC. Gas phase kinetics analysis and implications for silicon carbide chemical vapor deposition. J Cryst Growth 1988; 87: 481-483.

[104] Koh JH, Woo SI. Computer simulation study on atmospheric pressure CVD process for amorphous silicon carbide. J Electrochem Soc 1990; 137: 2215-2218.

[105] Golecki I, Reidinger F, Marti J. Single-crystalline, epitaxial cubic SiC films grown on (100) Si at 750 °C by chemical vapor deposition. Appl Phys Lett 1992; 60: 1703-1705.

[106] Madapura S, Steckl AJ, Lobada M. Heteroepitaxial growth of SiC on Si(100) and (111) by chemical vapor deposition using trimethylsilane. J Electrochem Soc 1999; 146: 1197-1202.

[107] Kaplan M, Matthies DL, Princeton NJ. Metallized video disc having an Insulating layer thereon. U. S. Pat. No. 3, 843, 399; 1974.

[108] Yasui K, Hashiba M, Narita Y, et al. Comparison of the growth characteristics of SiC on Si between low-pressure CVD and triode plasma CVD. Mater Sci Forum 2002; 367: 389-393.

[109] Avigal Y, Schieber M, Levin R. The growth of hetero-epitaxial SiC films by pyrolysis of various alkyl-silicon compounds. J Cryst Growth, 24/25. 1974. p. 188-190.

[110] Jeong SH, Lim DC, Jee H-G, et al. Deposition of silicon carbide films using a high vacuum metalorganic chemical vapor deposition method with a single source precursor: study of their structural properties. J Vac Sci Technol 2004; B 22: 2216-2219.

[111] Boo J-H, Yu K-S, Lee M, et al. Deposition of cubic SiC films on silicon using dimethylisopropylsilane. Appl Phys Lett 1995; 66: 3486-3488.

[112] Curran C, Witucki RM, McCusker PA. Electric moments of organosilicon compounds. I. Fluorides and chlorides. J Am Chem Soc 1950; 72: 4471-4474.

[113] Finholt AE, Bond JAC, Wilzbach KE, et al. Prepared from PhSiCl$_3$ and LiAlD$_4$ by analogy to the procedure for PhSiH$_3$. J Am Chem Soc 1947; 69: 2692-2696.

[114] Ponomaranko VA, Mironov VF. Bull Acad Sci USSR, Div Chem Sci (Engl Transl) 1954; 1954: 423.

[115] Beleg. Pat. 553496 [U. S. Prior. 19. 12. 1955].

[116] Goodspeed NC, Sanderson RT. Organo-silicon compounds. XXVII. Reduction of alkoxychlorsilanes by means of metal hydrides. J Inorg Nucl Chem 1956; 2: 266-268.

[117] German Appl. (West German) 1055511 [15. 12. 1956], Brit Pat 823483 (German prior. (West German) 3. 11, 12. 12, and 15. 12; 1956).

[118] Zakharkin LI. Bull Acad Sci USSR, Div Chem Sci (Engl Transl) 1960; 1960: 2079.

[119] Sundermeyer W. Eureopean Research Associates S. A., German Appl. (West German) 1080077 (8. 8. 1957).

[120] Boo JH, Yu KS, Kim Y. Growth of cubic SiC films using 1,3-disilabutane. Chem Mater 1995; 7: 694-698.

[121] Jung IN, Yeon SH, Han JS. In: Organometallics: a concise introduction, vol. 12. Weinheim: Wiley-VCH; 1993, p. 2360. ISBN: 3-527-28165-7, 2nd ed.

[122] Jung IN, Lee GH, Song CH. Korean Patent Appl. No. 1992, 92, 4705; 1992.

[123] Steckl AJ, Yuan C, Li JP, et al. Growth of crystalline 3C-SiC on Si at reduced temperatures by chemical vapor deposition from silacyclobutane. Appl Phys Lett 1993; 63: 3347-3349.

[124] Cambell PG. Ph. D. thesis. Pennsylvania State University; 1957.

[125] Vdovin VM, Nametkin KS, Grinberg PL. Dokl Akad Nauk SSSR 1963; 150: 799.

[126] Larkin DJ, Interrante LV. Chemical vapor deposition of silicon carbide from 1,3-disilacyclobutane. Chem Mater 1992; 4: 22-24.

[127] Chadder AK, Parsons JD, Wu J, et al. Chemical vapor deposition of silicon carbide thin films on titanium carbide, using 1,3 disilacyclobutane. Appl Phys Lett 1993; 62: 3097.

[128] Nametkin NS, Vdovin VM, Zavgalov VI, et al. Izv Akad Nauk SSSR Ser Khim 1965; 1965: 929.

[129] Laane J. Synthesis of silacyclobutane and some related compounds. J Am Chem Soc. 1967; 89: 1144-1147.

[130] Takahashi K, Nishino S, Saraie J. Low-temperature growth of 3C-SiC on Si substrate by chemical vapor deposition using hexamethyldisilane as a source material. J Electrochem Soc 1992; 139: 3565-3571.

[131] Shen Q, MacDonald LS. Silicon carbide precursor. U. S. Patent No. 6, 730, 802; 2004.

[132] Silicon carbide precursors-CVD 2000 & CVD 4000, Ceramics PA. New York, USA: Star re Systems. www.starresystems.com.

[133] O'Brien P, Pickett NL, Otway DJ. Developments in CVD delivery systems: a chemist's perspective on the chemical and physical interactions between precursors. Chem Vap Depos 2002; 8: 237-239.

[134] Baumann PK, Doppelt P, Fröhlich K, et al. Platinum, ruthenium and ruthenium dioxide electrodes deposited by metal organic chemical vapor deposition for oxide applications. Integr Ferroelectrics 2002; 44: 135-142.

[135] Selvakumar J, Nagaraja KS, Sathiyamoorthy D. Relevance of thermodynamic and kinetic parameters of chemical vapor deposition precursors. J Nanosci Nanotechnol 2011; 11: 8190-8197.

[136] Prakash J, Ghosh S, Sathiyamoorthy D, et al. Taguchi method optimization of parameters for growth of nano dimensional SiC wires by chemical vapor deposition technique. Curr Nanosci 2012; 8: 161-169.

[137] Prakash J, Kumar Ghosh S, Sathiyamoorthy D. Catalyst-free chemical vapor deposition for synthesis of SiC nanowires with controlled morphology. In: Wang ZM, editor. Silicon based nanomaterials. Springer: New York, USA. 2013.

[138] Courtright EL. A review of fundamental coating issues for high temperature composites. Surf Coat Technol 1994; 68-69: 116-125.

第5章 钢表面铈掺杂硅烷杂化自愈涂料的合成与表征

Roohangiz Zandi Zand, Kim Verbeken, Annemie Adriaens
Department of Analytical Chemistry, Ghent University,
Krijgslaan 281-S12, Ghent, Belgium
Department of Materials Science and Engineering, Ghent University,
Technologiepark 903, Zwijnaarde (Ghent), Belgium

5.1 简介

工业设备通常面临腐蚀性退化的问题。虽然人们不能完全避免设备和构件的腐蚀现象,但是可以通过使用特殊设计的合金、缓蚀剂、保护涂层或阴极保护来控制和延缓其腐蚀[1]。例如采用铬酸盐涂层能够对基体提供极好的防腐蚀保护,然而,由于铬酸盐具有致癌性,自从2007年以来在欧洲已经禁止使用该涂层,甚至可能在全球范围被禁止使用[2]。

研究者们已经开发了几类新的预处理涂层体系代替铬酸盐表面处理方式。其中,因为功能性硅烷涂层的预处理体系能赋予很多金属和非金属基体不同的化学功能,因此该涂层极具发展潜力。硅烷涂层通常具有均匀、坚固并且可靠的性能[3],以及纳米结构边界分辨率,其致密的—Si—O—Si—网络使该涂层具有良好的阻隔性,能阻止腐蚀性介质向基体内部渗透。因此,膜的阻隔性能是评价硅烷薄膜涂层预处理是否有效的重要指标[4~6]。涂层的阻隔性能可以通过添加少量具有特定性质(如自愈性)的化学物质得以增强[7]。

本部分溶胶-凝胶法的研究旨在开发出掺杂与环境具有相容性的缓蚀剂(例如含铈的化合物)的溶胶-凝胶涂层体系[7~10],该体系能将溶胶-凝胶涂层的阻隔性与铈的缓蚀能力结合在一起[3,10],铈离子穿过涂层迁移到被侵蚀区域(涂层中的缺陷处),然后发生反应使该区域钝化,从而抑制腐蚀进程。因此,该涂层在高pH值的局部区域形成不溶的氢氧化铈,从而在活性区域起到阴极缓蚀剂的作用[10,11]。

将硝酸铈作为涂料组分用作转化膜[12~14]或作为缓蚀剂加入硅烷涂层中时,硝酸铈可以提高镀锌钢基体的防腐蚀性能[3,15~17]。

硅烷涂层的抗腐蚀性也可以通过添加氧化物纳米粒子得到改善。纳米粒子可以在膜中合成(溶胶-凝胶法已经证明这种合成方法)[5,18],也可以将其直接添加到预处理溶液中[18]。有文献报道指出,经含ZrO_2和CeO_2纳米粒子的溶胶-凝胶涂层预处理的Mg合金显示出更强的防腐蚀性(由于CeO_2的存在而起到的作用)和更好的耐磨性(由于ZrO_2的存在而起到的作用)[18]。

Montemor等人[5,18]报道了一种新的涂层制备方法,该方法是利用CeO_2、SiO_2或CeO_2-ZrO_2纳米粒子将双(三乙氧基甲硅烷基丙基)四硫化硅烷(BTESPT)进行改性。如果先采用硝酸铈活化纳米粒子也可以改善涂层的耐蚀性。研究结果表明，氧化铈纳米粒子是一种非常有效的填料，能够同时改善硅烷涂层的阻隔性能和涂层的整体耐蚀性。另外，氧化铈的保护能力取决于纳米粒子的含量，铈离子的活化作用能形成更厚和保护性更强的硅烷膜涂层。

本章主要内容是关于铈掺杂硅烷杂化涂层（SHC）中自修复性能的建立和评价，可用于制备特定环境中易受腐蚀的钢表面绿色环保涂层。在此主要考虑两种钢材：奥氏体304L不锈钢（SS）和热浸镀锌钢（HDG）。据报道，在NaCl溶液中，304L SS比HDG具有更高的耐腐蚀性[19,20]。所以本章将主要研究铈离子浓度以及双酚A（BPA）、硝酸铈和CeO_2纳米粒子等添加剂对这两种基材涂层的微观结构、形貌和保护性能的影响。

采用傅里叶变换红外光谱（FTIR）研究铈和双酚A对涂层微观结构的影响。使用原子力显微镜（AFM）和扫描电子显微镜（SEM）评估被覆基体的表观形态和微观特征。在腐蚀测试之后，使用SEM评估样品表面形貌特征。通过中性盐雾试验、电化学阻抗谱（EIS）和动电位极化测试方法评估溶胶-凝胶涂层的防腐性能。

5.2 实验过程

5.2.1 样品制备

将4.084mL 3-缩水甘油氧基丙基三甲氧基硅烷（GPTMS）（Merck，New Jersey，USA）溶解在0.5mL HCl水溶液（pH=2）（H_2O/Si 摩尔比=0.5[21]）和活化氧化铈纳米粒子的水分散液中。将氧化铈纳米粒子[在水中含量为10%（质量分数），粒度<25nm，Sigma Aldrich，St. Louis，USA]在硝酸铈水溶液（Fluka，Buchs，瑞士）中进行超声分散，然后将溶液置于密封烧杯中，在室温下以240r/min的转速搅拌30min，使硅烷前驱体发生水解和缩合反应。随后将BPA（Merck）交联剂加入溶液中，混合80min后，发生溶解。为了加快缩合反应，将0.0152mL 1-甲基咪唑（MI）（Merck）（MI/Si 摩尔比=0.01）加入溶液中，搅拌5min，形成清澈无色均匀的溶液。制备不同摩尔比的CeO_2/Si、$Ce(NO_3)_3 \cdot 6H_2O$/Si和BPA/Si的系列硅烷溶液（$S_1 \sim S_{11}$），如表5.1所示。

表5.1 铈掺杂的硅烷涂层溶液的组成

组别	摩尔比		
	CeO_2/Si	$Ce(NO_3)_3 \cdot 6H_2O$/Si	BPA/Si
S_1	—	—	0.500
S_2	—	0.200	0.500
S_3	—	0.200	—
S_4	—	0.100	0.500
S_5	0.100	—	0.500
S_6	—	0.001	0.500
S_7	—	0.005	0.500
S_8	—	0.010	0.500
S_9	—	0.050	0.500
S_{10}	0.050	—	0.500
S_{11}	0.025	0.025	0.500

注：1. S_1和S_2用于研究添加铈对硅烷杂化涂层（SHC）腐蚀性能的影响。
2. S_2和S_3用于研究BPA对SHC腐蚀性能的影响。
3. S_4和S_5用于研究CeO_2和$Ce(NO_3)_3$对SHC腐蚀性能的影响。
4. S_1、S_4、S_6、S_7、S_8和S_9用于研究铈浓度对SHC腐蚀性能的影响。
5. S_1、S_9、S_{10}和S_{11}用于研究活化氧化铈纳米粒子对SHC腐蚀性能的影响。

实验所用金属基体为304L不锈钢和HDG。304L不锈钢中各元素的质量分数为17.65% Cr、8.59% Ni、1.75% Mn、0.41% Si、0.25% Mo、0.017% C、0.45% Cu、

0.032% P、0.0050% S 和 0.0049% Al。用于原子力显微镜（AFM）测试、扫描电子显微镜（SEM）测试和电化学测试的试样面积为 4.98cm^2，厚度为 0.1cm。盐雾试验所用挂片尺寸为 7cm×15cm×0.1cm，每个镀锌钢样品表面均有一层约 8μm 的镀锌层，其单位面积的质量约为 112g/m^2。

将 304L 不锈钢样品先后用 600$^\#$ 和 1200$^\#$ 砂纸研磨，采用超声波在丙酮中脱脂 10min。将样品浸入 50℃碱性溶液（1mol/L NaOH）中 5min 进行化学蚀刻，分别用自来水和去离子水漂洗后，在空气中自然干燥。镀锌钢样品用碱性清洁剂脱脂，然后用蒸馏水洗涤，并在空气中自然干燥。

将两类样品（304L 不锈钢和镀锌钢）在硅烷中浸泡 60s，然后将其在室温下干燥 24h。在 25～130℃下固化 90min，使杂化膜中发生大量交联[22]。通过轮廓测量仪（Check line 3000 pro，Germany）测量涂层的厚度。

5.2.2 分析方法

使用 Bio-Rad 575C 分光光度计在中红外波长范围（4000～400cm^{-1}）对涂覆涂层的样品进行 FTIR 测量。所有光谱都是在与样品表面成 45°入射角拍摄的，光谱分辨率为 4cm^{-1}，每个测量都进行 64 次扫描。

在室温条件下使用配备 Nanoscope Ⅲa 控制器的多模式扫描探针显微镜（Digital Instruments，USA）获取 AFM 图像。使用硅悬臂梁（OTESPA，Veeco）的轻敲模式测试 5μm×5μm 的扫描区间。使用自动 X-Y 平面拟合增强所记录的图像，使用 Nanoscope 软件（版本 4.43r8）分析样品的表面粗糙度。

使用配备有 EDX 能谱的 XL30 SEM 显微镜进行 SEM 测量。硅烷涂层在 EIS 测量前后均采用 SEM 进行表面观察，在 15kV 和 20kV 条件下进行二次电子图像测试。

依据 ASTM B117 在 5% NaCl 溶液中采用标准中性盐雾试验[23]评价带涂层基体的腐蚀情况。先用胶带封住挂片的背面和边缘，然后在盐雾箱中进行暴露试验。在涂层表面划出透至基体的人造划痕，评估涂层的可能分层现象，整个暴露试验过程中需要不时地对样品表面进行肉眼观察。

在 3.5% NaCl 溶液中对样品进行 EIS 和动电位极化曲线测试，评估硅烷处理后基体的腐蚀情况。使用配备有频率响应分析器模块的 Autolab PG-STAT 20 恒电位仪三电极系统，Ag/AgCl KCl$_{sat}$ 为参比电极，铂网为对电极，待测样品为工作电极。在室温及开路电位条件下进行 EIS 测试，施加的交流电压信号振幅为 10mV、频率范围为 10^5～10^{-2}Hz，测量系统的阻抗随正弦波频率的变化。测量前将样品浸入电解液中 30min，然后定期测试，每个试验重复测量四次，使用 Z-view 软件（Scribner Associates Inc.）对阻抗进行等效电路拟合。

以 1mV/s 的速率在 -1500～1000mV（相对 Ag/AgCl KCl$_{sat}$）的电位区间进行动电位测量，重复测量四次。利用 Tafel 外推法（根据 ASTM 标准 G3—89，2004 进行操作）[24]确定 I_{corr} 和 E_{corr} 的值。

5.3 结果与讨论

5.3.1 铈离子和双酚 A 对 304L 不锈钢基体上 SHC 显微组织和防腐蚀性能的影响

将 SHC(S_1) 和掺铈 SHC(Ce-SHC)(S_2) 涂层进行红外光谱测试，曲线中 500～1300cm^{-1}［图 5.1(a)］和 2800～4000cm^{-1}［图 5.1(b)］放大区域中显示出该样品具有 Si—O—Si 序列、—OH 基团和—CH$_2$ 基团波段的主要特征。

① 在 1000～1200cm^{-1} 之间的强峰是由于该杂化涂层的结构骨架 Si—O—Si/C—O—C 不对称键伸缩振动造成的[25]，1020cm^{-1} 附近的高频带对应于氧原子的反对称伸缩振动，

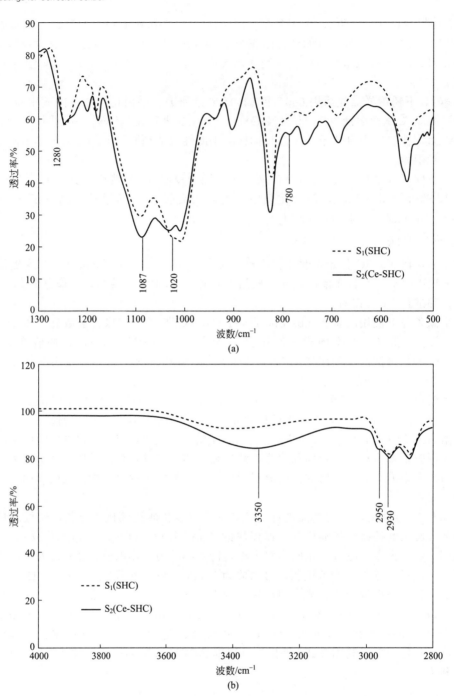

图 5.1 经硅烷（S_1）和硝酸铈掺杂的硅（S_2）杂化涂层预处理的
304L SS 基体的 FTIR 光谱（经 Elsevier 授权）[32]
(a) 500～1300cm^{-1} 的放大区域；(b) 2800～4000cm^{-1} 的放大区域

750～800cm^{-1} 处的中频谱带峰对应于氧原子的对称伸缩振动。

② 位于 2930cm^{-1} 和 2950cm^{-1} 处的两个弱吸收峰是由于接枝在硅氧基团上的—CH$_2$ 基团的对称和不对称伸缩振动造成的[26]。这种烃单元的存在表明该涂层大分子链在一定程度上具有表面平坦的特性。铈掺杂涂层（S_2）中位于 1087cm^{-1} 处的谱峰以及 780cm^{-1} 和 2950cm^{-1} 处的肩峰的强度增加，表明掺入硝酸铈粒子增强了涂层的缩合反应。

③ 以 3400cm^{-1} 为中心的宽带归属于残余 Si—OH 的伸缩振动，以及 GPTMS 的烷氧基水解过程中产生的水的氢键[27]。

采用 FTIR 光谱研究双酚 A BPA 对双酚 A 和环氧官能团化学偶联形成有机硅网络交联过程的影响。分析含 BPA 和不含 BPA（Ce-SHC，BPA=O）（S_2 和 S_3）的铈掺杂硅烷杂化涂层的 FTIR 图谱，将图谱的 500~1300cm^{-1} [图 5.2(a)] 和 2800~4000cm^{-1} [图 5.2(b)] 区域

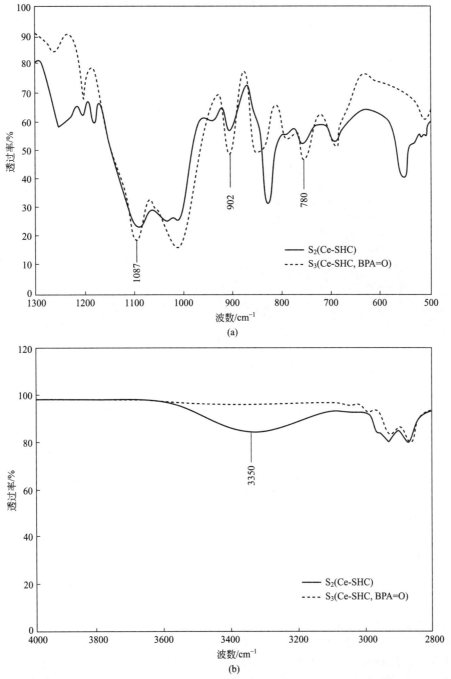

图 5.2　经硝酸铈掺杂的硅烷杂化涂层（S_2）和不含 BPA 的硝酸铈掺杂的硅烷杂化涂层（S_3）预处理的 304L 不锈钢的红外光谱（经 Elsevier 授权）[32]
(a) 500~1300cm^{-1} 的放大区域；(b) 2800~4000cm^{-1} 的放大区域

进行放大。样品 S_3 的谱图中位于 $758cm^{-1}$ 和 $902cm^{-1}$ 处的不对称环氧形变谱带具有相似的强度，由此可以监测有机硅网络环氧官能团和双酚 A 交联剂之间的偶联反应。这些谱带在 S_2 样品的 FTIR 光谱中几乎完全消失，表明有机硅网络在交联网络中发生了化学键合[28]。相对于样品 S_2 来说，样品 S_3 中 Si—O—Si 的谱带（中心在 $1100cm^{-1}$）更强、更宽，这是由于样品 S_3 中的环氧硅烷和丙基三甲氧基硅烷直接连接成键，形成非常脆的薄膜。

使用标准盐雾箱对三种溶胶-凝胶涂层性能进行评估。在盐雾中暴露 2000h 后的涂层表面照片（图 5.3）表明，$SHC(S_1)$ [平均厚度 $(19.2\pm6.5)\mu m$] 和铈掺杂 $SHC(S_2)$ [平均厚度 $(57.7\pm12.0)\mu m$] 样品均保留其原有的光泽表面，没有表现出任何起泡、分层或腐蚀的迹象。然而，不含 $BPA(S_3)$ 的铈掺杂硅烷杂化涂层 [平均厚度 $(57.1\pm4.0)\mu m$] 耐盐雾能力有限，暴露 148h 后出现起泡和脱层现象，暴露 1600h 后出现腐蚀迹象。

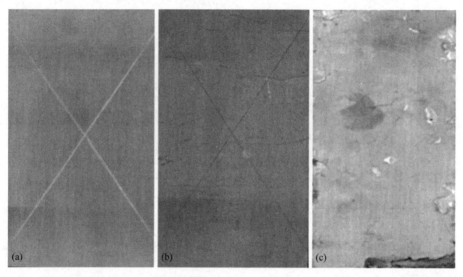

图 5.3　用硅烷杂化涂层（a）、硝酸铈掺杂的硅烷杂化涂层（b）和不含 BPA 的硝酸铈掺杂的硅烷杂化涂层（c）预处理的 304L 不锈钢在盐雾箱中暴露 2000h 的照片（经 Elsevier 授权）[32]

利用动电位极化测试评估铈和 BPA 对 SHC 耐蚀性的影响。将 304L 不锈钢裸材以及经三种涂层（$S_1 \sim S_3$）预处理的 304L 不锈钢在 3.5% NaCl 中性溶液中浸泡 3h 后测试动电位极化曲线，结果如图 5.4 所示，表 5.2 列出了由这些曲线得到的电化学参数。

表 5.2　在 3.5% NaCl 溶液中极化曲线获得的电化学参数

样品	E_{corr}/V	I_{corr}/(A/cm²)	b_c/(V/dec)	b_a/(V/dec)	钝化区/V
304L SS 裸材	-0.69	3.97×10^{-6}	0.331	0.243	$-0.326\sim-0.086$
S_1(SHC)	-0.414	2.30×10^{-8}	0.264	0.103	$-0.269\sim-0.030$
S_2(Ce-SHC)	-0.389	4.48×10^{-8}	0.297	0.1	$-0.233\sim0.308$
S_3(Ce-SHC,BPA=O)	-0.427	5.10×10^{-7}	0.315	0.101	$-0.312\sim0.181$

注：经 Elsevier 授权[32]。

所有带涂层样品的氧还原极限电流密度和阳极电流密度均低于 304L 不锈钢裸材的相应值，表明涂层下基体的腐蚀是由氧还原使表面阻塞以及金属在涂层微孔中溶解造成的。相对于裸材来说，涂层样品（S_1）的腐蚀电流密度 I_{corr} 较低，约为 $2.30\times10^{-8} A/cm^2$，其腐蚀电位值较高，为 $-0.414V$。尽管如此，从图 5.4 中可以观察到，涂层样品 S_1 的钝化区域非常有限，约为 $-0.269\sim-0.030V$。

添加铈离子的涂层 S_2 腐蚀电位进一步升高，约为 $-0.233\sim0.308V$。

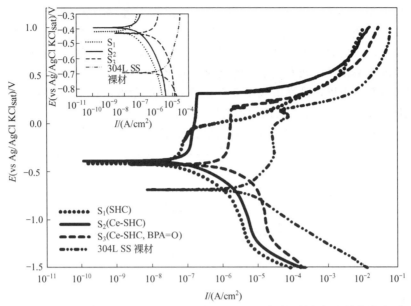

图 5.4 304L 不锈钢裸材以及涂覆硅烷杂化涂层（S_1）、硝酸铈掺杂的硅烷杂化涂层（S_2）、不含 BPA 的硝酸铈掺杂的硅烷杂化涂层（S_3）的 304L 不锈钢在 3.5% NaCl 溶液中浸泡 3h 后的动电位极化曲线（为了更好地区分阳极极化效应和阴极极化效应，嵌入能反映施加电位和腐蚀电位之间差异电位区间图。经 Elsevier 授权）[32]

不含 BPA 的 S_3 涂层性能较差，这可能是由于涂层存在裂纹或孔隙导致的渗透现象造成的。渗透使侵蚀性电解质到达金属表面并诱发其腐蚀，表明交联剂可显著影响铈掺杂 SHC 的耐蚀性。

将 304L 不锈钢裸材和带涂层的 304L 不锈钢在 3.5% NaCl 中性溶液中进行动电位极化

图 5.5 不同样品的表面形貌（经 Elsevier 授权）[32]
(a) 硅烷杂化涂层（S_1）；(b) 掺杂硝酸铈的硅烷杂化涂层（S_2）；(c) 不含 BPA 的硝酸铈掺杂的硅烷杂化涂层（S_3）；(d) 在 3.5% NaCl 中性溶液中动电位极化后的 304L 不锈钢裸材

测试后观察其表面（图5.5），结果表明其表面均出现腐蚀产物剥落、裂纹［图5.5(a)～(c)］和不同尺寸点蚀［图5.5(d)］等局部腐蚀现象。部分裂纹和点蚀周围的损伤［图5.5(a)～(d)］表明，当施加电压超过击穿电压之后，发生优先局部腐蚀，促使混合膜失效和分层，究其原因可能是在界面处发生了水解反应。氧化剂离子扩散速率和腐蚀速率均增加，促使腐蚀产物在界面处积累，最终形成图5.5(a)～(c)所示的缺陷和微裂纹。E_{corr}和I_{corr}值（表5.2）表明涂层样品S_1和S_2耐蚀性均有所改善。

在3.5% NaCl溶液中浸泡3h后，测试裸材和带涂层304L不锈钢的阻抗谱（图5.6）。

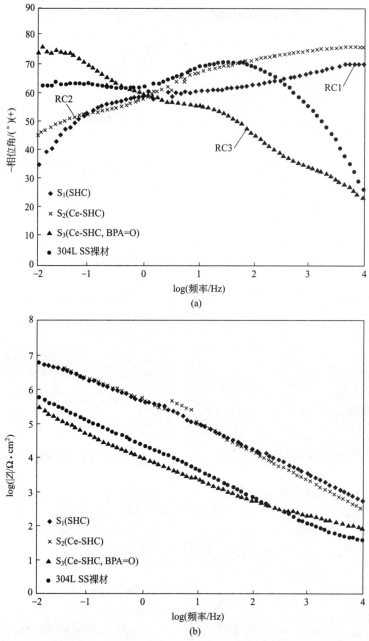

图5.6 304L不锈钢裸材和经硅烷杂化涂层（S_1）、硝酸铈掺杂硅烷杂化涂层（S_2）和不含BPA的硝酸铈掺杂的硅烷杂化涂层（S_3）涂覆的304L不锈钢在3.5%NaCl溶液中浸泡3h后的EIS相位角图（a）和Bode模图（b）（经Elsevier授权）[32]

裸材的 EIS 谱有两个时间常数，高频时间常数是由于基体上的氧化物/氢氧化物膜造成的，低频时间常数是由于腐蚀活性产生的。基体的总阻抗低于 $5.86×10^5 \Omega \cdot cm^2$，表面能观察到大量腐蚀产物。

涂层样品 S_1 和 S_2 也具有两个时间常数：一个在高频，归因于硅烷层的存在；另一个低频时间常数是由于基体氧化过程中电荷转移过程造成的。涂层样品 S_3 的 Bode 相位角图在中频区出现不同的时间常数，这可能是由于基体表面的开裂和腐蚀活性造成的，可能是由于缺乏交联剂（BPA）而使薄膜脆性增大，导致薄膜出现微裂纹和分层现象。

SHC(S_1) 和掺铈 SHC(S_2) 样品的低频阻抗比裸材和样品 S_3［图 5.6(b)］的低频阻抗高一个数量级，可能是由于 S_1 和 S_2 涂层对侵蚀性电解质的阻止作用使其难以到达活性金属表面。涂层样品 S_3 较低的阻抗可能是由于涂层中存在缺陷和裂纹，侵蚀性电解质通过缺陷和裂纹到达基体而造成的。

采用 EIS 评估 S_1 和 S_2 涂层的阻隔性和缓蚀机制。同时将几种样品在 3.5％NaCl 溶液中浸泡 22 天，每隔一段时间记录涂层样品 S_1（图 5.7）和 S_2（图 5.8）的相位角和 Bode 图。

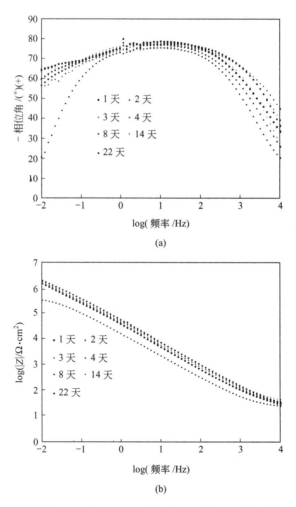

图 5.7　涂覆硅烷杂化涂层（S_1）的 304L 不锈钢在 3.5％ NaCl 溶液中的 EIS 相位角图（a）和 Bode 图（b）（经 Elsevier 授权）[32]

非缓蚀体系（S_1）的阻抗结果表明，与混合涂层有关的阻隔性能发生轻微变化，这种

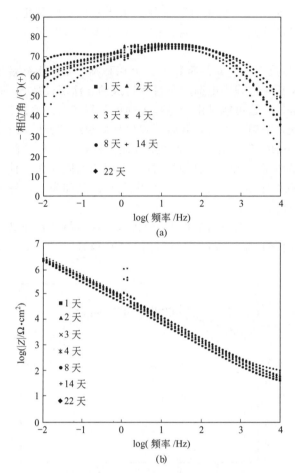

图 5.8 涂覆硝酸铈掺杂硅烷杂化涂层（S_2）的 304L 不锈钢在 3.5% NaCl 溶液中的 EIS 相位角图（a）和 Bode 图（b）（经 Elsevier 授权）[32]

行为与第一天浸入电解质的吸水现象有关。22 天后，非缓蚀体系显示出较低的屏障效应。

含铈涂层体系（S_2）可以提供比非缓蚀涂层体系（S_1）更好的保护，并且其阻隔性能可以保持更长时间。因为铈离子的缓蚀作用减慢了其腐蚀动力学，所以缓蚀涂层体系比非缓蚀涂层的电化学腐蚀进程更慢。

采用等效电路对 EIS 谱图进行分析，以进一步探讨不同样品的腐蚀特征。为了模拟阻抗数据，采用恒相位元件（CPE）而不采用"理想"电容解释 Bode 图中斜率与 -1 的偏差现象。CPE 可以用式(5.1)来描述：

$$Z_{CPE} = \frac{1}{Y_0(j\omega)^n} \tag{5.1}$$

式中，$-1 < n < 1$[8]。

该等式中，n 是与系统均匀性相关的系数（理想电容时为 1）；ω 是频率；Y_0 是系统的法拉第准电容（用 $\Omega^{-1} \cdot cm^{-2} \cdot s^n$ 表示），可以表示为：

$$Y_0 = \frac{\gamma \varepsilon \varepsilon_0 A}{d} \tag{5.2}$$

式中，ε_0 是真空介电常数，F/m；ε 是表面膜的介电常数；d 是涂层的厚度，μm；A 是暴露面积，cm^2；γ 为粗糙度因子[8]。

浸泡 22 天的涂层样品 S_1 阻抗响应表现出非理想电解质的电容行为，包括腐蚀区的溶液电阻（R_s）和极化电阻（R_{po}）以及涂层的非理想电容（CPE_c）[图 5.9(a)]。图 5.9(b)为 S_2 样品浸泡 22 天后的等效电路，与涂层样品 S_1 具有相似的元件：R_s、CPE_c 以及溶液扩散路径的孔隙或缺陷电阻 R_{po}。等效电路中的其他参数（CPE_{dll} 和 R_{ct}）表示在金属表面和溶液间存在双电层，使腐蚀产物进入孔隙。CPE_{dll} 为双电层非理想电容，R_{ct} 为电荷转移电阻。表 5.3 列出了图 5.9(a)和图 5.9(b)所示等效电路模型的拟合参数，涂层样品 S_1 体系极化电阻较低，这与涂层中存在孔隙和缺陷而发生的吸水现象有关，也可能与涂层中暴露面积的增加有关。

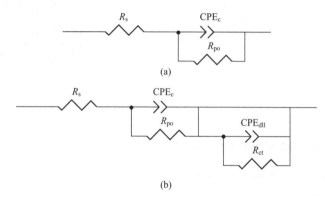

图 5.9 硅烷杂化涂层（a）和硝酸铈掺杂的硅烷杂化涂层（b）涂覆的 304L 不锈钢在 3.5% NaCl 溶液中浸泡 22 天后 EIS 的等效电路（经 Elsevier 授权）[32]

从极化曲线得到的电化学参数以及 EIS 结果揭示，铈掺杂 SHC 能对钢材提供持续保护。增加浸泡时间可能导致铈从涂层中的缺陷中释放出来，然后铈与阴极反应产生的羟基发生反应，形成不溶的氢氧化物[8,29]。这些氢氧化物与腐蚀产物一起降低了阴极电流，从而降低了整个系统的腐蚀速率[29]。

表 5.3 经硅烷杂化涂层（S_1）和铈掺杂硅烷杂化涂层（S_2）涂覆的
304L 不锈钢在 3.5% NaCl 溶液中浸泡 22 天后的拟合结果

样品	R_s /$\Omega \cdot cm^2$	CPE_c /$\Omega^{-1} \cdot cm^{-2} \cdot s^n$	n_c	R_{po} /$\Omega \cdot cm^2$	CPE_{dll}/$\Omega^{-1} \cdot cm^{-2} \cdot s^n$	n_{dll}	R_{ct} /$\Omega \cdot cm^2$
S_1(SHC)	22.59	1.42×10^{-5}	0.839	3.67×10^5	—	—	—
S_2(Ce-SHC)	22.59	2.61×10^{-6}	0.828	7.44×10^5	1.23×10^{-6}	0.506	6.49×10^6

5.3.2 用于 304L 不锈钢且经硝酸铈和氧化铈纳米粒子改性的 SHC 涂层自愈性的电化学评估

经铈改性的 SHC 具有自愈能力，可以自动修复腐蚀区域，从而提供更持久的腐蚀保护。自修复的定义是指受损涂层体系能部分恢复其保护性能[5,30]。涂层评估方法是人为地在涂层表面制造缺陷，然后通过 EIS 监测其电化学行为[5,30]，是利用电化学方法研究缺陷产生前后，304L 不锈钢基体上铈改性 SHC 涂层的自愈能力。将涂覆该涂层的不锈钢在溶液中浸泡 1 周，然后在其表面人为制造缺陷，比较硝酸铈掺杂溶胶-凝胶涂层与含氧化铈纳米粒子溶胶-凝胶涂层的表面形貌和电化学行为。

通过原子力显微镜（AFM）观测 304L 不锈钢经硝酸铈掺杂改性（S_4）和 CeO_2 纳米粒子改性（S_5）杂化涂层表面形貌（图 5.10）。样品 S_4 具有相对平滑的纳米结构表面，其均方根（RMS）表面粗糙度为 0.227nm。俯视图[图 5.10(a)]的低色彩对比度表明涂层厚度只有极少的不均匀的地方，涂层表面没有观察到聚集现象。

样品 S_5 清晰地表明混合到膜基质中的纳米粒子分布相对均匀。RMS 表面粗糙度为 2.145nm。在涂层混合基质表面观察到的几个较大粒子可能是较小粒子的聚集体。俯视图像颜色对比较为鲜明［图 5.10(c)］，表明存在较大的高度差异。整个图像中颜色对比度均匀分布，再次表明涂层厚度发生一些变化。

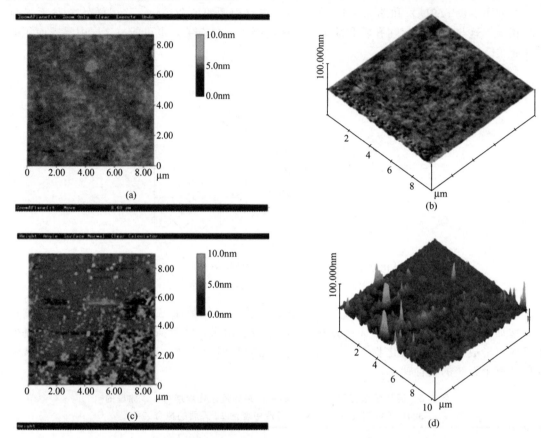

图 5.10　304L 不锈钢经硝酸铈掺杂改性（S_4）和 CeO_2 纳米粒子改性（S_5）的硅烷杂化涂层的 AFM 图俯视图（a，c）和表面形貌图（b，d）

涂覆硝酸铈掺杂改性涂层（S_4）和 CeO_2 纳米粒子改性涂层的 304L 不锈钢在盐雾箱中暴露 2000h 后的照片（图 5.11）表明，两种涂层均具有不同程度的保护性。涂层 S_4 表面［平均厚度为 $(60.6±11.96)\mu m$］［图 5.11(a)］没有起泡或分层现象，而且保持其原有的光泽；而涂层 S_5［平均厚度为 $(60.66±13.51)\mu m$］［图 5.11(b)］在划痕区出现轻微的起泡现象。总体而言，用硝酸铈改性的硅烷溶胶-凝胶涂层（S_4）具有良好的长期防腐能力。

在浸泡过程中每隔一段时间记录涂层 S_4 样品（人为制造缺陷的样品以及没有缺陷的样品）的阻抗谱［图 5.12(a)］。原始样品显示浸泡的第一个小时，低频（LF）阻抗约为 $1.95×10^6 \Omega \cdot cm^2$，浸泡 3 天后阻抗略有下降（$1.6×10^6 \Omega \cdot cm^2$），这与涂层中的孔隙或缺陷处的吸水现象有关[8]。浸泡较长时间（3～7 天）后，低频阻抗迅速增加，随后一直保持在高阻抗。

浸泡 7 天后，在涂层上划一个缺陷，形成腐蚀区，1h 后涂层的低频阻抗明显下降（约为 $1.19×10^5 \Omega \cdot cm^2$），与预期结果一致。再浸泡 1 天后，低频阻抗增加到 $1.6×10^6 \Omega \cdot cm^2$。然

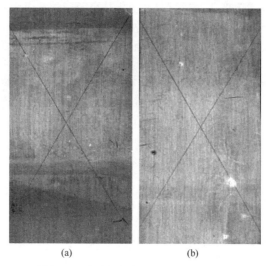

图 5.11 304L 不锈钢上经硝酸铈掺杂改性（S_4）(a) 和经 CeO_2 纳米粒子改性（S_5）(b) 的硅烷杂化涂层在盐雾箱中暴露 2000h 后的照片

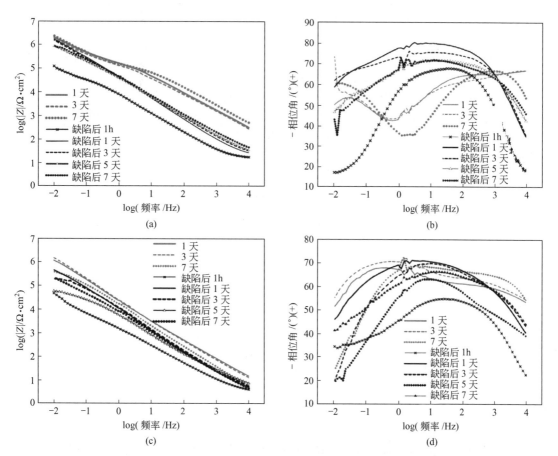

图 5.12 304L 不锈钢上 (a, b) 经硝酸铈掺杂改性（S_4）和 (c, d) 经 CeO_2 纳米粒子改性（S_5）的硅烷杂化涂层 EIS 的 Bode 图 (a, c) 和相位角图 (b, d)
（人造划痕前、后的涂层在 3.5% NaCl 溶液中进行 EIS 谱测试）

而浸泡更长时间后低频阻抗却略有下降，这一变化是由于硝酸铈对涂层腐蚀区的自修复作用造成的[31]。自修复作用是源于铈从缺陷附近扩散出来，随后与阴极反应产生的羟基发生反应，生成不溶的氢氧化铈[32]，这些氢氧化物与腐蚀产物一起降低了涂层的阴极电流，从而降低了整体的腐蚀速率。

相位角的形状［图 5.12(b)］显示出人造缺陷前后的两个时间常数。高频时间常数是由于硅烷涂层的响应所致，而低频时间常数是由基体与涂层界面处的电荷迁移所致。

用 CeO_2 纳米粒子（S_5）改性的涂层呈现出不同的趋势，该体系总阻抗低于 S_4 改性涂层的阻抗。在没有人造划痕的涂层和涂层产生划痕后 5 天内，阻抗都会随着浸泡时间增加而迅速下降［图 5.12(c)］，在涂层表面施加人造划痕 7 天后，涂层的阻抗增加，表明涂层仍然具有一定的保护性。

没有人造划痕的涂层早期浸泡的 EIS 谱有两个时间常数［图 5.12(d)］。增加浸泡时间后，低频感抗特征消失，但高频部分仍为一个容抗弧。对于 CeO_2 纳米粒子改性涂层来说，尽管在其涂层上施加人造划痕后没有观察到降解现象，但 EIS 谱的相位角只有一个在高频区由于基体腐蚀而产生的时间常数。

将电化学系统看作一个等效电路，这个等效电路是由电阻（R）、电容（C）、电感（L）等基本元件按串联或并联等不同方式组合而成，通过 EIS 图谱，可以测定等效电路的构成以及各元件的大小，根据这些元件的电化学含义分析电化学系统的结构和电极过程的性质等。

考虑到时间常数的数量和拟合的质量[33]，将实验曲线采取最适合的相应的等效电路（EECs）进行拟合分析。带有涂层 S_4 体系的等效电路［图 5.13(a)］包括：溶液电阻 R_s、涂层非理想电容 CPE_c、溶液扩散路径的孔隙或缺陷电阻 R_{po}、金属表面和电解质之间的双电层非理想电容 CPE_{dll}、电荷转移电阻 R_{ct}、韦伯有限阻抗 W。交流阻抗模型中的韦伯阻抗以及 n 值约为 0.5（表示"无限扩散"）的 CPE 代表拟合中因孔内腐蚀而造成离子电导率的增加[8]。

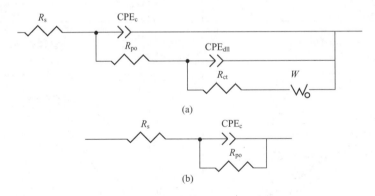

图 5.13　在 3.5% NaCl 溶液中测试的 EIS 等效电路图
(a) 硝酸铈掺杂改性硅烷杂化涂层人造划痕之前和之后以及 CeO_2 纳米粒子改性硅烷杂化涂层人造划痕之前的等效电路图；(b) CeO_2 纳米粒子改性硅烷杂化涂层人造划痕之后的等效电路图

使用两种不同等效电路对 S_5 涂层的阻抗结果进行拟合。在人造划痕之前，EIS 拟合谱表明有两个时间常数［图 5.13(a)］，人造划痕后的 EIS 拟合谱只有一个时间常数［图 5.13(b)］。

图 5.14 和图 5.15 表明对实验结果进行拟合时所使用参数的变化。带有 S_4 涂层的体系呈现一个高频电阻，在人造划痕前首次浸泡几小时后（图 5.14），该电阻随着硅烷涂层内部通道的发展而略有下降[5]，浸泡 7 天后该涂层的电阻几乎保持恒定（约为 $1.32 \times$

$10^5\Omega\cdot cm^2$)。高频 CPE 值约为 $9.5\times10^{-7}F/cm^2$,并且随着时间的推移略有下降。低频特征是电阻由首次浸泡几小时后的 $8.404\times10^6\Omega\cdot cm^2$ 增加到浸泡 7 天后的 $174\times10^6\Omega\cdot cm^2$,首次浸泡几小时后 CPE 值约为 $2.7\times10^{-6}F/cm^2$,浸泡 7 天后几乎保持恒定。

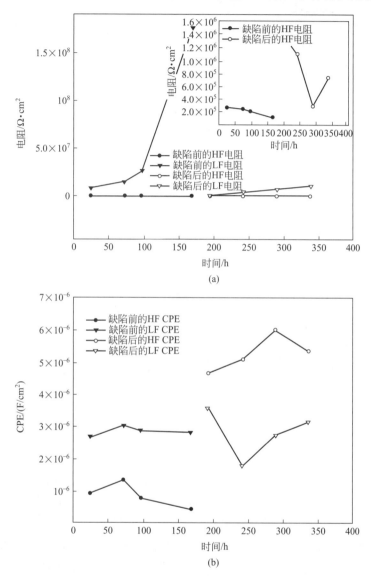

图 5.14 采用图 5.13(a) 等效电路对硝酸铈(S_4)掺杂改性硅烷杂化涂层浸泡在 3.5% NaCl 溶液中不同时间的 EIS 结果进行拟合所得电阻 (a) 和电容 (b) 的变化

人造划痕后的 S_4 涂层浸泡 1 天后的高频电阻增加到 $1.47\times10^6\Omega\cdot cm^2$,随后稍微下降直到实验结束,浸泡 1 天后 CPE 值约为 $4.7\times10^{-6}F/cm^2$,并随时间延长而增加。与高频电阻不同,涂层的低频电阻在人造划痕后由浸泡 1 天后的 $1.2\times10^6\Omega\cdot cm^2$ 增加到浸泡 7 天后的 $11\times10^6\Omega\cdot cm^2$,而 CPE 值从 $3.6\times10^{-6}F/cm^2$ 下降到 $3.19\times10^{-6}F/cm^2$。这些拟合参数的变化表明,硅烷涂层已经部分恢复其保护性能。由于涂层 EIS 的低频率行为是由于界面处腐蚀造成的,所以可以推断基体表面的腐蚀过程受到了涂层的阻碍,涂层起到了保护作用。

带 S_5 涂层的体系浸泡 7 天之后,其电阻稍微增加(图 5.15),究其原因是氧化铈或氢氧化铈堵塞涂层中的孔隙或缺陷[5,31]。在人造划痕前首次浸泡几小时后 CPE 值约为 $6.74\times10^{-6}F/cm^2$,

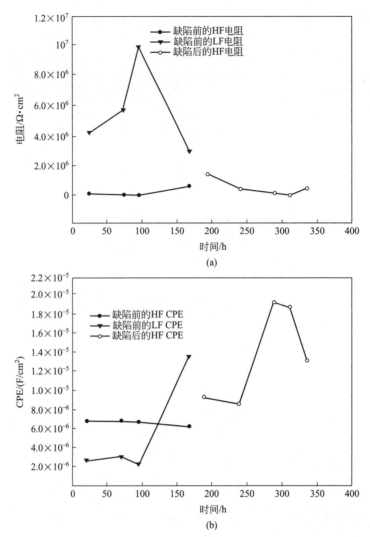

图 5.15　采用图 5.13(a) 和图 5.13(b) 等效电路对 CeO_2 纳米粒子改性硅烷杂化涂层（S_5）在 3.5% NaCl 溶液中浸泡不同时间的 EIS 结果进行拟合所得电阻（a）和电容（b）的变化

浸泡 7 天后几乎保持恒定。在低频区，电阻随时间延长而增加，表明 CeO_2 从溶胶-凝胶基体中析出后形成氧化铈/氢氧化物[5,30]。浸泡 7 天后，电阻下降到 $2.95×10^6 \Omega \cdot cm^2$，表明基体上出现了点蚀。相应地，由于氧化物/氢氧化物层的破坏，浸泡过程中 CPE 值迅速增加[5,30]。

人造划痕后，浸泡期间样品的电阻稍微有所降低，表明涂层发生降解。浸泡 3 天后，CPE 值下降至 $8.68×10^{-6} F/cm^2$，然后增加到最大值，由于溶胶-凝胶膜中溶液达到饱和，CPE 值再次下降到 $13.15×10^{-6} F/cm^2$。

电化学测试结果表明，采用铈离子对硅烷溶胶-凝胶涂层（S_4）进行改性，会使该涂层对基体起到屏障作用和缓蚀作用。通过添加活性硅醇基团 [—$Si(OH)_3$] 和增加缩合物（该缩合物能增加硅烷溶液黏度和涂层厚度）能提高涂层的屏障作用[4]。

通过动电位极化曲线对这些体系的电化学行为及机制进行进一步评估。图 5.16 描述了两种涂层人造划痕后浸泡 1h 后的极化曲线，表 5.4 列出了由这些曲线得到的电化学参数。

经 $Ce(NO_3)_3$ 掺杂改性的涂层（S_4）的腐蚀电流密度 I_{corr} 比经 CeO_2 纳米粒子改性的涂

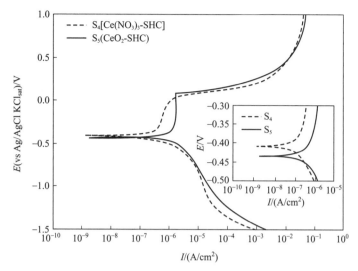

图 5.16　经硝酸铈掺杂改性（S_4）和 CeO_2 纳米粒子改性（S_5）的硅烷杂化涂层在 3.5% NaCl 溶液中浸泡 1h 后的动电位极化曲线（为了更好地区分阳极极化效应和阴极极化效应，嵌入能反映施加电位和腐蚀电位之间差异的电位区间图）

层（S_5）的 I_{corr} 低，约为 $1.36×10^{-7} A/cm^2$，其腐蚀电位相对高一些，为 $-0.408V$。该涂层体系的钝化范围比其腐蚀电位高约 $-0.340\sim+0.013V$，由于涂层阻隔性而使其电化学行为得以改善[32]。

涂层 S_5 的极化曲线有一个标志氧化和还原反应平衡控制机制的连续电势范围，而且还有一个高于腐蚀电位 $-0.403\sim0.092V$ 宽的钝化平台。直流电极化结果表明，铈化合物有助于改变腐蚀电位、降低阳极电流、改变阳极过程动力学[32]，而且涂层 S_4 效果比涂层 S_5 更加显著。

表 5.4　在 3.5% NaCl 溶液中极化曲线获得的电化学参数

样品	E_{corr}/V	$I_{corr}/(A/cm^2)$	$b_c/(V/dec)$	$b_a/(V/dec)$	钝化区/V
$S_4[Ce(NO_3)_3$-SHC]	-0.408	$1.36×10^{-7}$	0.187	0.95	$-0.340\sim0.013$
$S_5[CeO_2$-SHC]	-0.434	$4.99×10^{-7}$	0.230	0.116	$-0.403\sim0.092$

5.3.3　铈浓度对 HDG 基体上铈掺杂 SHC 涂层的微观结构和防腐蚀性能的影响

铈掺杂 SHC 的保护行为还受到掺杂浓度的影响[7]，浓度太高或太低会对涂层的阻隔性能产生不利影响[1,7]，所以必须对掺杂剂浓度进行优化。因此，在 HDG 基体表面涂覆含不

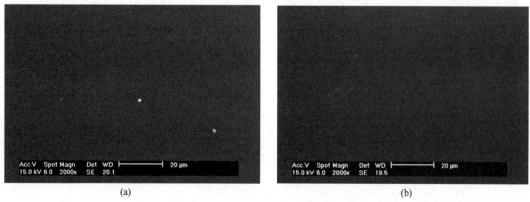

图 5.17　浸泡在 3.5% NaCl 溶液之前，HDG 基体上涂覆 0.000mol/L(a) 和 0.050mol/L(b) 硝酸铈掺杂硅烷杂化涂层原始的 SEM 表面显微照片

同摩尔比的硝酸铈掺杂剂 [0.000mol/L(S_1)、0.001mol/L(S_6)、0.005mol/L(S_7)、0.010mol/L(S_8)、0.050mol/L(S_9) 和 0.100mol/L(S_4)] 的 SHC 涂层进行测试。与 304L 不锈钢相比,耐蚀性较差的 HDG 有利于评估铈浓度对硅烷涂层防腐蚀性能的影响。

对无掺杂(S_1)和 0.050mol/L 硝酸铈掺杂(S_9)的 SHC 涂层进行微观测试,原始表面(浸泡在 3.5% NaCl 溶液中之前)均没有任何裂缝或缺陷(图 5.17),但是可能因为涂覆时溶胶黏度相对较高[11],所以 S_1 涂层表面有几个小块 [图 5.17(a)],涂层的不均匀性可能容易导致局部腐蚀。

在 3.5% NaCl 溶液中浸泡 72h 后,观察到除 S_9 外所有涂层均发生局部腐蚀,而且能观察到不同尺寸腐蚀产物和裂纹的剥落现象,这些局部腐蚀可能是由于界面处的水解反应,从

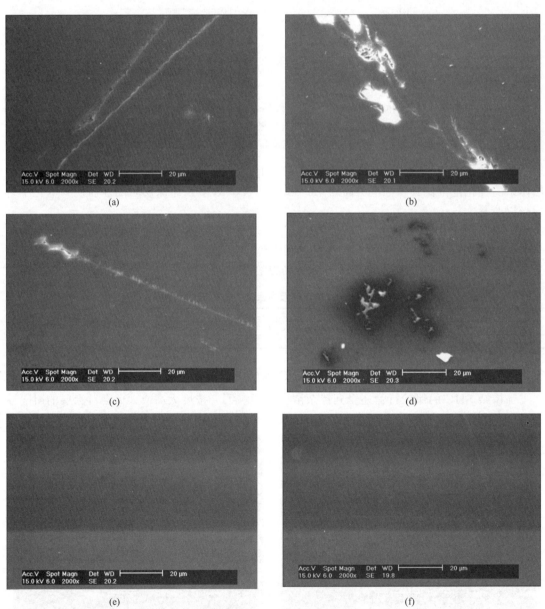

图 5.18 HDG 上分别涂覆掺杂 (a) 0.000mol/L(S_1)、(b) 0.001mol/L(S_6)、(c) 0.005mol/L(S_7)、(d) 0.010mol/L(S_8)、(e) 0.050mol/L(S_9)、(f) 0.100mol/L(S_4) 硝酸铈的硅烷杂化涂层后在 3.5% NaCl 水溶液中浸泡 144h 后的 SEM 显微照片

而使膜发生劣化和分层现象。氧化性离子扩散使腐蚀增强，腐蚀产物在界面积聚，促进缺陷和微裂纹的形成。

浸泡120h后，S_9样品仍保持均匀和无裂纹（未示出），浸泡144h后，涂层表面出现裂纹。浸泡144h后对涂层进行比较（图5.18），发现无掺杂以及铈最大掺杂浓度的涂层缓蚀能力降低，并因此削弱涂层性能。

不掺杂硝酸铈的涂层S_1［平均厚度：$(2.7\pm0.2)\mu m$］耐盐雾试验的能力极为有限，在盐雾箱中暴露120h后出现肉眼可见的腐蚀，涂层S_7和S_8［平均厚度分别为$(5.5\pm0.2)\mu m$和$(7.6\pm0.2)\mu m$］在盐雾箱中暴露168h后出现腐蚀，而涂层S_6和S_4［平均厚度分别为$(6.4\pm0.2)\mu m$和$(11.5\pm0.2)\mu m$］在盐雾箱中暴露240h后出现腐蚀。在盐雾试验中，0.050mol/L硝酸铈掺杂涂层S_9［平均涂层厚度为：$(8.4\pm0.2)\mu m$］阻止均匀腐蚀和局部腐蚀的性能最好，在盐雾箱中暴露336h后才检测到腐蚀现象。

没有掺杂硝酸铈的涂层出现分层现象，并且在暴露于盐雾环境中时分层现象迅速增加。掺有硝酸铈的涂层在暴露期间也出现分层逐渐增加的现象，但是增加的速率显著降低，例

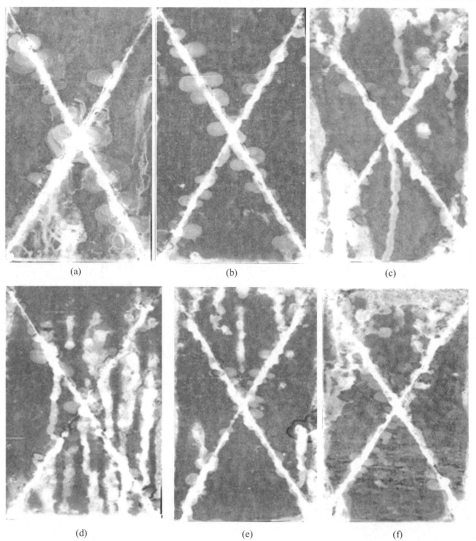

图5.19　HDG上分别涂覆掺杂（a）0.000mol/L(S_1)、(b) 0.001mol/L(S_6)、(c) 0.005mol/L(S_7)、(d) 0.010mol/L(S_8)、(e) 0.050mol/L(S_9)、(f) 0.100mol/L(S_4) 硝酸铈的硅烷杂化涂层后于盐雾环境中暴露336h后的照片

如，暴露在中性盐雾中 336h 后，掺有 0.001mol/L（S_6）和 0.050mol/L（S_9）硝酸铈的涂层出现的分层数量相对较少。图 5.19 为盐雾试验进行 336h 后的表面状态。

可以将五种硝酸铈掺杂涂料的不同腐蚀行为看作具有一定缓蚀剂吸收能力的混合网络结构。低浓度硝酸铈缓蚀剂能够改善涂层的阻隔性，从而改善其防腐性能。硝酸铈含量增加使孔隙率增加，降低涂层的阻隔性，因此可以降低防腐蚀性[11,25,34,35]。

人造划痕附近的腐蚀与其他地方的均匀腐蚀不同，增加铈浓度可以显著减少该处的分层现象。例如，硝酸铈含量为 0.050mol/L（S_9）和 0.100mol/L（S_4）的涂层在刮痕附近的分层现象少于硝酸铈含量较低的涂层，高浓度硝酸铈条件下分层很少，说明硝酸铈能起到缓蚀作用。

将 6 个 HDG 样品在 3.5% NaCl 溶液中浸泡 24h 后测试其阻抗谱 [图 5.20(a)]，结果表明，硝酸铈浓度在 0~0.050mol/L 时，低频阻抗随着硝酸铈浓度的增加而增加，但是当浓度高于 0.050mol/L 后，低频阻抗随硝酸铈浓度增加而有所降低。

图 5.20(b) 中相位角的形状表明存在两个时间常数。高频时间常数是对硅烷膜的响应，而低频时间常数是由于基体与涂层界面处的电荷迁移所致。

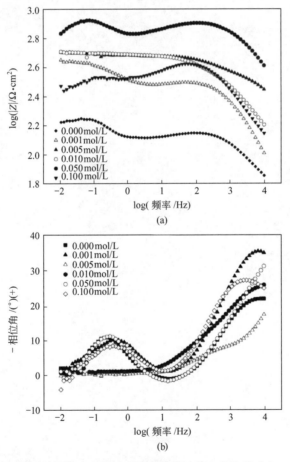

图 5.20　HDG 上涂覆掺杂不同浓度硝酸铈的硅烷杂化涂层后在 3.5% NaCl 溶液浸泡 24h 后的 EIS Bode 图（a）和相位角图（b）

在 3.5% NaCl 溶液中浸泡 144h 后，由于涂层的水解失效，各涂层 EIS 的 Bode 图 [图 5.21(a)] 和相位角图 [图 5.21(b)] 始终表明 LF 阻抗明显下降。硝酸铈掺杂涂层（除了涂层 S_9）的低频阻抗下降到 <300Ω·cm²。然而，0.050mol/L 硝酸铈掺杂的涂层仍保持较高

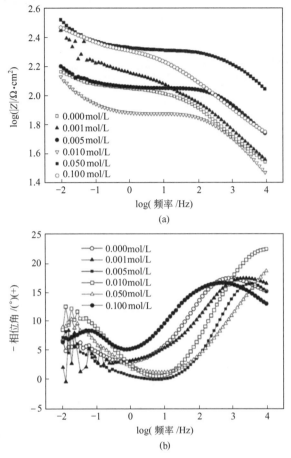

图 5.21 HDG 上涂覆掺杂不同浓度硝酸铈的硅烷杂化涂层后在 3.5% NaCl 溶液浸泡 144h 后的 EIS Bode 图（a）和相位角图（b）

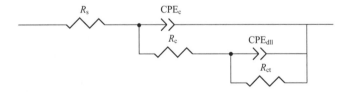

图 5.22 掺杂不同浓度硝酸铈的硅烷杂化涂层在 3.5% NaCl 溶液中的 EIS 等效电路图

的 337Ω·cm² 的低频阻抗，涂层耐蚀性对铈浓度的依赖性表明，如果涂层要想达到最佳防护性能，就需要控制铈的浓度[1,7]。

采用如图 5.22 所示等效电路对 EIS 结果进行分析，其中 R_s 是溶液电阻，CPE_c 和 R_c 分别代表杂化涂层的电容和电阻，CPE_{dll} 是金属-溶液界面处电化学双电层电容，R_{ct} 是金属的电荷转移电阻。

通过电容和电阻来评估浸泡过程中涂层性能的变化（图 5.23）：0.050mol/L 硝酸铈掺杂涂层在浸泡 144h 后电容最小，表明它的厚度最大 [图 5.23(a)]。浸泡过程中，涂层电容基本保持一致，仅有极微小的增加，这是由于涂层吸收溶液所致，这种现象在涂层浸泡 24h 后出现。增加硝酸铈的掺杂量显著影响涂层的电容，经 0.100mol/L 硝酸铈掺杂的涂层的电容大约提高了一个数量级。涂层电容的增加是由于涂层厚度减小和/或孔隙率较高造成的，这两种因素都会增加导电性[7]。0.100mol/L 硝酸铈掺杂涂层浸泡期间的电容显著增加主要是由于涂层吸水的缘故，这种现象是由于高铈含量涂层阻隔性能降低造成的，该现象与以前报道的铝合金上铈掺杂硅烷涂层（Schem 报道）[11]和镀锌钢（Trabelsi报道）[7]的结果一致。

涂层电阻［图 5.23（b）］是评价保护层阻隔性能的重要特征[7,11]。开始浸泡时，0.050mol/L 硝酸铈掺杂的涂层的电阻最高。最初 24h 的浸泡期间，涂层电阻略微增加，这可能是由于涂层溶胀以及随之而来的纳米/微孔封闭造成的[11]。在随后一直到 144h 的浸泡期间，涂层电阻缓慢下降，表明涂层具有良好的稳定性和阻隔性。相反，最低浓度硝酸铈（0.000～0.005mol/L）掺杂的涂层迅速失去其阻隔性能，在整个浸泡过程中涂层电阻一直在降低。这种快速下降是由于涂层中出现了新的缺陷和孔隙[11]。电阻和电容的行为表明，需要对硅烷溶液中掺杂硝酸铈的含量进行优化[7]。

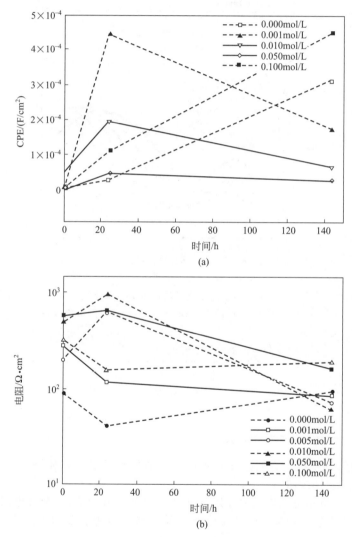

图 5.23　采用图 5.22 所示等效电路对涂层在 3.5% NaCl 溶液中浸泡不同时间的 EIS 结果进行拟合得到的电容（a）和电阻（b）变化

硝酸铈浓度对腐蚀过程的参数特征产生影响，腐蚀与 EIS 谱低频时间常数变化有关。浸泡超过 24h 后，随着掺杂的铈浓度从 0.000mol/L 增加到 0.050mol/L，与腐蚀速率成反比的电荷转移电阻也随之增加[7]［图 5.24（a）］。更高的铈掺杂量能显著降低电荷转移电阻。浸泡 144h 后，这几种涂层的电阻都会降低，其中经 0.050mol/L 硝酸铈掺杂的涂层的电阻

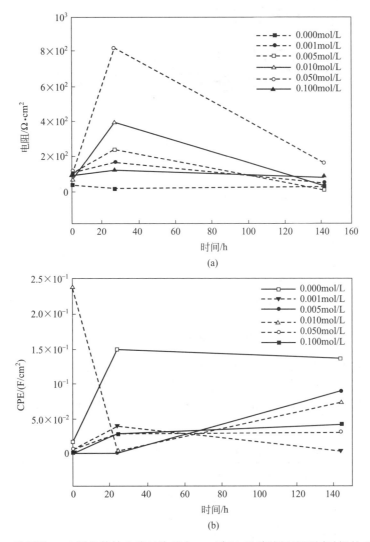

图 5.24 采用图 5.22 所示等效电路对涂层在 3.5% NaCl 溶液浸泡不同时间的 EIS 结果进行拟合得到的电荷转移电阻（a）和双电层电容（b）的变化

最高，表明铈掺杂涂层能很好地阻止腐蚀的触发[7]。

浸泡过程中，所有涂层的双电层电容[图 5.24(b)]都随浸泡时间而增加。EIS 结果还表明，掺杂 0.000mol/L 和 0.001mol/L 硝酸铈的涂层最先出现腐蚀，浸泡 24h 后检测到腐蚀最先出现的迹象。其他涂层浸泡 96h 后开始出现腐蚀（除了 0.050mol/L 硝酸铈掺杂的涂层），这些结果与涂层电阻结果非常吻合，表明存在最佳的铈掺杂量水平。硝酸铈掺杂浓度最高的涂层表现出较低的阻隔性能，因此会出现腐蚀[7]。

进行动电位极化测试以评估铈掺杂浓度对涂层防腐蚀性能的影响（图 5.25），采用 Tafel 曲线外推法[1,24]得到各样品的腐蚀电流（I_{corr}）和腐蚀电位（E_{corr}），用以探究不同铈掺杂量对涂层防腐蚀性能的影响（表 5.5）。相对于无铈掺杂涂层来说，0.050mol/L 硝酸铈掺杂涂层与其曲线之间存在两个明显的差异：E_{corr} 变为极小的负值，并且阴极电流密度（A/cm²）显著降低。E_{corr} 的差异直接反映了整个基体上涂层的覆盖程度[36]。良好的覆盖率可以提供连续的纳米多孔涂层，使 E_{corr} 向更正的方向移动。阴极电流密度降低是由于腐蚀部位阴极反应，尤其是氧还原反应的阻滞作用造成的[36,37]。Zhong 等人[1]报道 AZ91D 镁

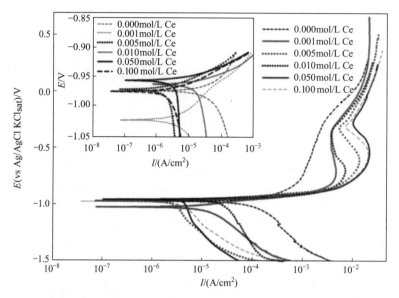

图 5.25 不同浓度硝酸铈掺杂的硅烷杂化涂层在 3.5% NaCl 溶液中浸泡 1h 后的动电位极化曲线（为了更好地区分阳极极化效应和阴极极化效应，嵌入能反映施加电位和腐蚀电位之间差异电位区间图）

合金在添加硝酸铈的 3.5% NaCl 溶液中腐蚀行为与此相似，他们的研究结果表明，Ce^{3+} 在第一阶段与阴极区产生的 OH^- 反应，形成局部富铈区。这些富铈的氢氧化铈会阻塞阴极区，减小基体的腐蚀速率，由此推断，0.050mol/L 硝酸铈掺杂硅烷杂化涂层能延缓钢基体上的腐蚀反应。

表 5.5　在 3.5% NaCl 溶液中由极化曲线获得的电化学参数

样品	E_{corr}/V	I_{corr}/(A/cm²)	b_c/(V/dec)	b_a/(V/dec)	钝化区/V
S_1:0.000mol/L	−0.974	3.57×10⁻⁵	0.06	0.093	−0.792～−0.241
S_6:0.001mol/L	−1.025	3.48×10⁻⁶	0.043	0.057	−0.815～−0.348
S_7:0.005mol/L	−0.972	1.18×10⁻⁶	0.017	0.066	−0.829～−0.320
S_8:0.010mol/L	−0.963	6.01×10⁻⁶	0.014	0.027	−0.838～−0.341
S_9:0.050mol/L	−0.957	1.74×10⁻⁶	0.047	0.009	−0.864～−0.289
S_4:0.100mol/L	−0.976	1.02×10⁻⁶	0.016	0.027	−0.840～−0.304

5.3.4　铈盐活化纳米粒子填充硅烷涂层对 HDG 基体缓蚀作用的评估

接下来研究加有活化 CeO_2 纳米粒子硅烷涂层的保护行为。采用铈离子活化该纳米粒子可以提高其防腐性能，并减少纳米粒子由于表面电荷稳定化而产生的团聚现象[5]。

图 5.26 是 HDG 基体上涂覆未改性（S_1）以及铈改性硅烷涂层的 AFM 图像。涂层 S_1 俯视图形貌表明该涂层为 RMS 表面粗糙度 0.608nm、相对平滑的纳米结构表面[图 5.26(a)]，整个图像颜色几乎一致，表明涂层厚度比较均匀，二氧化硅粒子分布良好。然而，图 5.26(b) 中可以观察到一些大粒子，这些粒子很可能是表面上较小的粒子团聚形成的[25,38]。铈掺杂和纳米粒子对表面形貌的影响可以利用这些图像进行评估，用 $Ce(NO_3)_3$（S_9）改性的硅烷涂层的 RMS 表面粗糙度为 0.402nm，具有光滑的纳米结构表面[图 5.26(c)、(d)]，

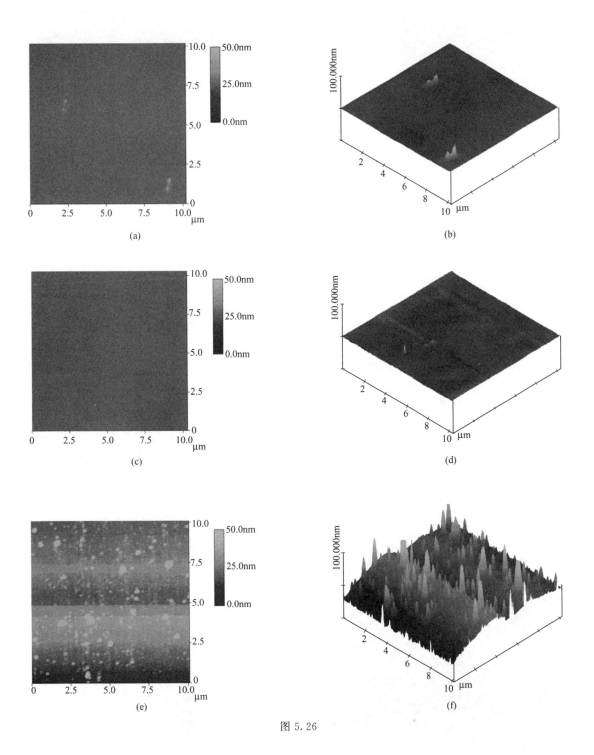

图 5.26

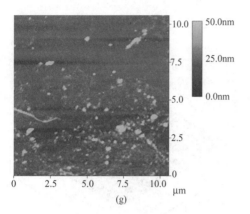
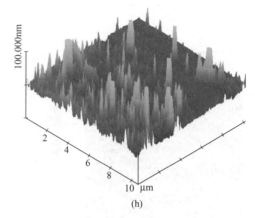

图 5.26　HDG 涂覆（a，b）空白硅烷杂化涂层（S_1）与经（c，d）硝酸铈（S_9）、
（e，f）CeO_2 纳米粒子（S_{10}）、（g，h）硝酸铈活化 CeO_2 纳米粒子（S_{11}）
改性的硅烷杂化涂层的 AFM 俯视图（a，c，e，g）和拓扑形貌图（b，d，f，h）

整个俯视图颜色几乎一致，表明涂层厚度比较均匀，表面上没有观察到聚集的小块。

添加未活化 CeO_2 纳米粒子涂层（S_{10}）的俯视图 [图 5.26(e)] 显示，硅烷涂层中均匀分布许多 CeO_2 纳米粒子，该涂层的 RMS 表面粗糙度为 8.421nm。在拓扑图像中可见一些聚集物 [图 5.26(f)]，色彩对比越大，其高度差异性越大。整个拓扑图像中色彩对比度均匀分布，表明涂层厚度具有不均匀性。Phanasgaonkar 等人[25]报道了类似的试验现象。

从活性 CeO_2 纳米粒子（S_{11}）[图 5.26(g)] 掺杂的硅烷涂层的俯视图中可以观察到许多 CeO_2 纳米粒子均匀分布在硅烷涂层中，该涂层的 RMS 表面粗糙度为 6.210nm。整个图像的色彩对比度不高，表明涂层厚度比较均匀，拓扑形貌图 [图 5.26(h)] 显示该涂层外层含有纳米尺度的粒子和聚集物。这些现象表明添加铈离子后改变了未活化 CeO_2 纳米粒子改性涂层的表面形态。

SEM 揭示了 CeO_2 纳米粒子对各种硅烷涂层微观结构和化学组成的影响。图 5.27(a) 为没有浸泡 3.5% NaCl 溶液的空白硅烷涂层（S_1）表面，表面均匀、无缺陷和裂缝。然而，在涂层基体中出现了几个白色聚集体，经 EDX 能谱鉴定，这些白色聚集体为富硅区 [图 5.27(b)]，该特征可能是硅烷涂层最外层的纳米粒子簇[1,39]。硝酸铈掺杂（S_9）[图 5.27(c)] 和未活化 CeO_2 纳米粒子掺杂（S_{10}）[图 5.27(d)] 涂层表面含有许多不同尺寸的粒子，这些粒子均匀分布在涂层中，没有观察到微米级孔隙或裂缝。铈离子活化的 CeO_2 纳米粒子（S_{11}）掺杂硅烷涂层与空白硅烷涂层 [图 5.27(e)] 相比，含硅聚集体更少且硅聚集体

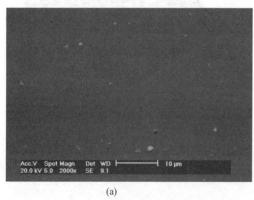
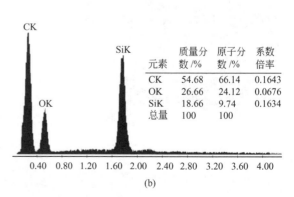

图 5.27

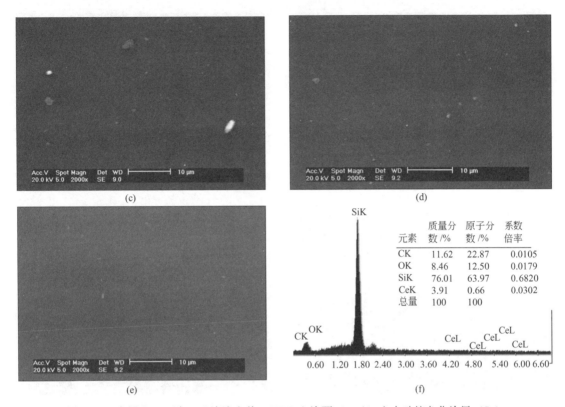

图 5.27 在浸入 3.5%NaCl 溶液之前，HDG 上涂覆（a，b）空白硅烷杂化涂层（S_1）、
（c）硝酸铈改性涂层（S_9）、（d）CeO_2 纳米粒子改性涂层（S_{10}）、
（e，f）硝酸铈活化 CeO_2 纳米粒子改性涂层（S_{11}）的指定
区域获得的 SEM 显微图片（a，c，d，e）和 EDX 光谱（b，f）

更小。该区域的 EDX 分析 [图 5.27(f)] 清楚地检测到铈和硅的存在，表明加入活化 CeO_2 纳米粒子导致硅烷链的分解和溶胶中粒子尺寸的减小[1,25]。

利用 SEM 测定硅烷涂层厚度，硝酸铈掺杂（S_9）和未活化氧化铈纳米粒子改性（S_{10}）硅烷涂层厚度分别约为 $2.16\mu m$ 和 $4.97\mu m$，而铈离子活化 CeO_2 纳米粒子改性硅烷涂层厚度增加到约 $6.77\mu m$（S_{11}）。所有改性涂层都比空白硅烷涂层（S_1）（约 $1.89\mu m$）厚，表明活化二氧化铈纳米粒子能形成更厚或更好的交联涂层。这一现象与 Montemor 等人[18]和 Garcia-Heras 等人[34]所观察到的现象一样，涂层改性可以提高基体的抗氧化性[25]。

未改性和铈改性硅烷涂层经 EIS 测试后的 SEM 图像（图 5.28）表明溶胶-凝胶涂层具有保护 HDG 基体的能力。在 3.5% NaCl 溶液中浸泡 144h 后，所有涂层均出现局部腐蚀：可以观察到腐蚀产物的剥落和不同尺寸的裂纹。这可能是由于界面处发生的水解反应造成的，这些局部腐蚀促进杂化涂层的失效和分层。此外，氧化剂离子扩散速率加快，腐蚀速率增加，界面处腐蚀产物积累，同时产生缺陷和微裂纹[16]。然而，SEM 结果还显示含活化纳米粒子（S_{11}）[图 5.28(d)] 涂层的阻隔性能得到改善，与涂层厚度增加的效果相同。铈离子还可促进硅烷分子中反应性硅烷醇基团的形成，产生更高程度的交联、更高的硅含量以及阻隔性能更好的更均匀的膜，这一现象与 Montemor 等人[18]报道的结果一致。

为了检测不同掺杂改性硅烷涂层之间可能存在的差异，将不同样品进行 144h 的盐雾暴露试验（图 5.29）。暴露初期所有涂层的人造划痕区都出现了锌的牺牲阳极溶解，并且随着时间的推移，涂层也开始出现分解，最终锌涂层失效，形成白锈[40]。

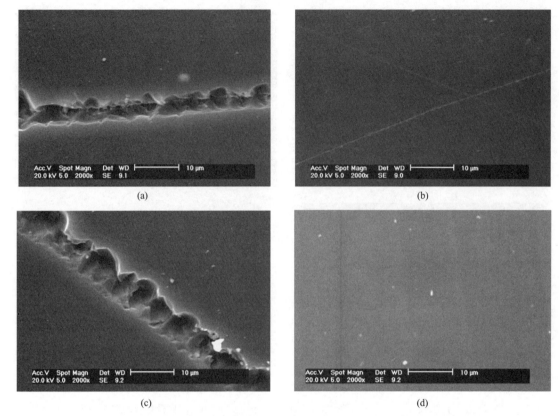

图 5.28　HDG 上涂覆 (a) 空白硅烷杂化涂层（S_1）与（b）硝酸铈掺杂改性涂层（S_9）、
(c) CeO_2 纳米粒子改性涂层（S_{10}）、(d) 硝酸铈活化 CeO_2 纳米粒子
改性涂层（S_{11}）在 3.5％NaCl 溶液中浸泡 144h 后的 SEM 显微照片

　　盐雾试验中，未掺杂的空白硅烷涂层（S_1）分层快速增加。尽管改性硅烷涂层在盐雾试验时也出现分层现象，但分层速率显著降低。例如，活性 CeO_2 纳米粒子（S_{11}）改性硅烷涂层在盐雾试验中暴露 144h 后分层现象相对较少，表明其稳定性和阻隔性较好。

　　镀锌钢上涂层的 EIS 谱表明，未掺杂硅烷涂层（S_1）样品 [图 5.30(a)] 比 $Ce(NO_3)_3$ 掺杂改性涂层（S_9）样品 [图 5.30(c)] 具有更低的阻抗。此外，对于硝酸铈掺杂涂层来说，在 3.5％NaCl 溶液中浸泡 144h 测试期间其总阻抗保持大致恒定，这是由于该涂层具有更好的阻隔性能和缓蚀能力[32]。

　　由添加 CeO_2 纳米粒子改性硅烷涂层（S_{10} 和 S_{11}）EIS 的 Bode 图 [图 5.30(e) 和 (g)] 可以观察到，未活化 CeO_2 纳米粒子改性涂层总阻抗较低。铈离子的加入显著增加涂层的阻抗。例如，浸泡 24h 后，添加活化 CeO_2 改性涂层的总阻抗比未活化 CeO_2 掺杂涂层总阻抗高两个数量级以上，以前其他研究者也观察到了这个现象[5,15]。一般认为这是由于纳米粒子团聚而在涂层中产生大缺陷，促使侵蚀性溶液渗入，从而促进基体的腐蚀。铈离子活化纳米粒子通过增加涂层厚度和减小孔隙率而增强改性硅烷涂层的保护性能[18]。

　　相位角形状表明存在两个时间常数 [图 5.30(b)、(d)、(f) 和 (h)]：一个归因于硅烷涂层的高频响应，另一个是由于在硅烷涂层-基体界面处过程的低频响应。采用图 5.22 的等效电路对 EIS 数据进行拟合分析。

　　图 5.31 为涂层在 3.5％NaCl 溶液中浸泡不同时间的电阻和电容的变化。由于空白硅烷涂层（S_1）内部通道的扩展，高频电阻值 [图 5.31(a)] 通常在浸泡的最初几个小时出现下

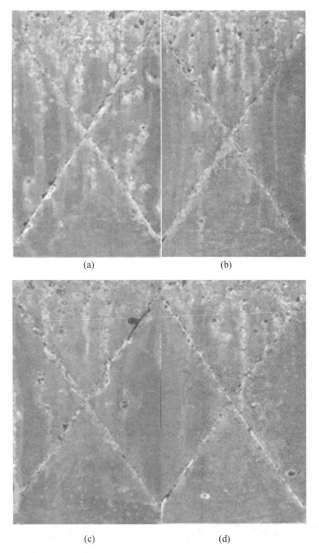

图 5.29 HDG 上涂覆（a）空白硅烷杂化涂层（S_1）与（b）硝酸铈掺杂涂层（S_9）、（c）CeO_2 纳米粒子掺杂涂层（S_{10}）、（d）硝酸铈活化 CeO_2 纳米粒子改性涂层（S_{11}）在盐雾箱中暴露 144h 后的 SEM 显微照片

降[30]。早期浸泡时，$Ce(NO_3)_3$ 掺杂改性涂层（S_9）的电阻最高，浸泡几小时后电阻急剧下降。未活化 CeO_2 纳米粒子改性涂层（S_{10}）的高频电阻达到最大值后开始下降。最初 S_9 和 S_{10} 中高频电阻的增加均是由于涂层基质溶胀及由此产生的纳米微孔闭合造成的[11]。

活性 CeO_2 纳米粒子掺杂改性涂层（S_{11}）的高频电阻逐渐增大，在整个频率范围内，最初的 EIS 响应几乎都呈电容特征，电阻一直高于 $233Ω·cm^2$。在 144h 浸泡测试中，电阻持续缓慢增长。与空白硅烷膜相比，改性硅烷膜的阻隔性能有了显著改善。

浸泡试验过程中几种涂层的电容变化如图 5.31（b）所示，四个涂层体系中，涂层 S_{11} 的电容最低，涂层最厚，其电容在浸泡过程中保持相对一致，浸泡 96h 后电容仅有因涂层对电解质吸收造成的少量增加[5,11]。相反地，未掺杂空白硅烷涂层浸泡 96h 后的电容显著增加，这是由于涂层的阻隔性能降低而产生的吸水现象造成的[5]。

EIS 高频拟合参数的变化表明，加入纳米粒子能增强涂层的阻隔性能。向纳米粒子中添

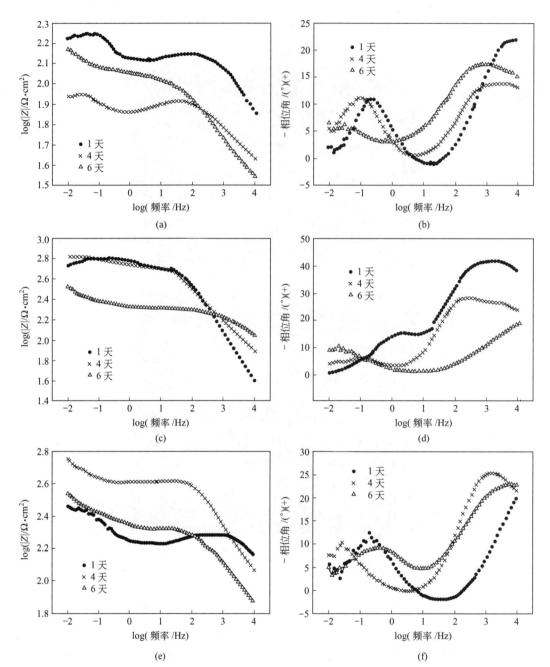

图 5.30 HDG 上涂覆的 (a, b) 空白硅烷杂化涂层 (S_1)、(c, d) 硝酸铈改性涂层 (S_9)、(e, f) CeO_2 纳米粒子改性涂层 (S_{10})、(g, h) 硝酸铈活化 CeO_2 纳米粒子改性涂层 (S_{11}) 的 EIS Bode 图 (a, c, e, g) 和相位角图 (b, d, f, h)

加铈明显影响了涂层的电容和电阻,铈活化 CeO_2 纳米粒子掺杂涂层体系的防护作用最好,这些结果与 Schem 等人[11]关于 CeO_2 纳米粒子掺杂硅烷涂层涂覆的铝合金以及 Montemor 等人[5]关于铈盐活化纳米粒子掺杂硅烷涂层涂覆镀锌钢的研究结果是一致的。

EIS 低频拟合参数的变化(图 5.32)为硅烷涂层-锌界面处的电化学活性提供有用信息。硅烷预处理涂层(S_1)体系的初始 CPE 值 [图 5.32(a)] 约为 $0.0187F/cm^2$。浸泡 96h 后,CPE 值增加,然后稳定在约 $0.1402F/cm^2$。空白硅烷涂层低频电阻 [图 5.32(b)],逐渐从

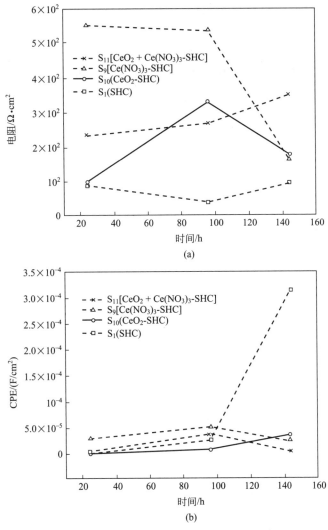

图 5.31 采用图 5.22 所示等效电路对涂层在 3.5% NaCl 溶液中浸泡不同时间的
EIS 结果进行拟合得到的电荷转移电阻（a）和双电层电容（b）的变化

39.81$\Omega \cdot cm^2$ 下降到 20.24$\Omega \cdot cm^2$，最后稳定在约 34.42$\Omega \cdot cm^2$，两者的变化趋势一致。

CeO_2 改性涂层体系的电化学行为比较特殊。没有添加铈离子的 CeO_2 改性涂层（S_{10}）浸泡 96h 后，CPE 值大约为 0.0438F/cm^2。浸泡 1h 后，电阻从最初的 92.54$\Omega \cdot cm^2$ 增加到约 166.20$\Omega \cdot cm^2$。浸泡 144h 后，其 CPE 和电阻分别慢慢降低到 0.0129F/cm^2 和 106.60$\Omega \cdot cm^2$。铈离子活化对低频 CPE 和电阻都有显著影响。浸泡 96h 后，样品 S_{11} 的 CPE 值不到 9.7601×$10^{-3}F/cm^2$，电阻超过 318.80$\Omega \cdot cm^2$，随后浸泡试验期间电阻逐渐下降，最终该涂层的电子和电容接近 $Ce(NO_3)_3$ 改性硅烷涂层（S_9）的值。浸泡过程中，低频电阻增加，表明从溶胶-凝胶基体中析出的 $Ce(NO_3)_3$ 形成了稳定的氧化铈/氢氧化物[31]。浸泡 144h 后，低频电阻变为约 170.62$\Omega \cdot cm^2$，表明在浸泡过程中氧化铈/氢氧化物连续累积。此外，浸泡 144h 后，CPE 逐渐增加到约 0.0301F/cm^2，比空白硅烷涂层的 CPE 值低 4 个数量级，表明涂层-基体界面处原来被溶液填充的孔隙中已经填充进缓蚀剂[31]。

某些情况下，浸泡几个小时后，低频电阻增加，CPE 下降。由于发生的是局部腐蚀，不溶性物质和腐蚀产物可能在这些局部区域发生沉淀，从而降低界面处的腐蚀活性[5]。事

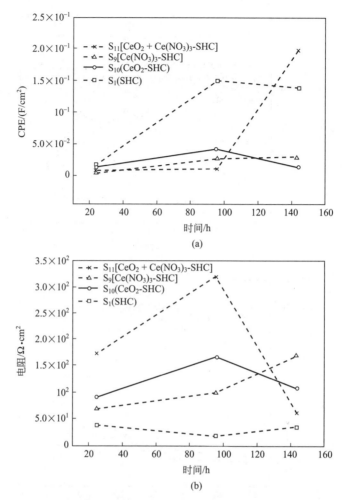

图 5.32 采用图 5.22 所示等效电路对涂层在 3.5%NaCl 溶液中浸泡不同时间的 EIS 结果进行拟合得到的双电层电容（a）和电荷转移电阻（b）的变化

实上，在浸泡过程中观察到的最显著变化是空白硅烷涂层阻挡性能变得最差，最容易发生早期腐蚀，这一现象与 Montemor 等人[5]所观察到的实验现象一致。

将几种涂料在电解液中浸泡 1h 后进行极化曲线测试（图 5.33），由曲线得出的电化学参数值（I_{corr} 和 E_{corr}）（表 5.6）表明铈掺杂改性对硅烷涂层具有不同影响。阴极极化曲线向低电流密度方向移动，表明涂层 S_{11} 阴极区的保护性能增强。相对于涂层 S_1（−0.974V）、S_9（−0.959V）和 S_{10}（−0.987V）而言，涂层 S_{11} 腐蚀电位为−0.934V，表明该涂层具有更强的耐蚀性。

表 5.6 由在 3.5% NaCl 溶液中测得的极化曲线获得的电化学参数

样品	E_{corr}/V	I_{corr}/(A/cm^2)	b_c/(V/dec)	b_a/(V/dec)	钝化区/V
S_1：SHC	−0.974	3.57×10^{-5}	0.06	0.093	−0.792~−0.241
S_9：Ce(NO$_3$)$_3$-SHC	−0.959	3.22×10^{-6}	0.022	0.022	−0.832~−0.320
S_{10}：CeO$_2$-SHC	−0.987	4.90×10^{-6}	0.026	0.026	−0.677~−0.262
S_{11}：CeO$_2$+Ce(NO$_3$)$_3$-SHC	−0.934	1.11×10^{-6}	0.015	0.012	−0.809~0.327

涂层 S_1 和 S_{10} 耐蚀性差可能是由于裂纹或孔隙而使溶液产生渗透现象，从而使侵蚀性溶

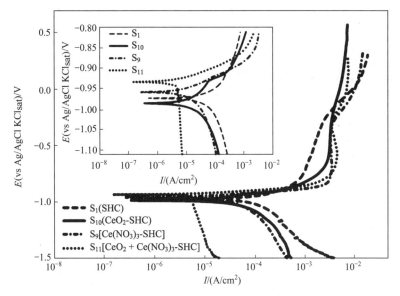

图 5.33 HDG 上涂覆的空白硅烷杂化涂层（S_1）、硝酸铈掺杂涂层（S_9）、
CeO_2 纳米粒子改性涂层（S_{10}）、硝酸铈活化 CeO_2 纳米粒子改性
涂层（S_{11}）在 3.5% NaCl 溶液中浸泡 1h 后获得的动电位极化曲线
（嵌入能反映施加电位和腐蚀电位之间差异的电位区间图）

液与金属表面相接触，引发腐蚀[30]。这些结果与 SEM 显微照片结果一致，这些显微照片显示涂层在 3.5% NaCl 溶液中浸泡 144h 后，出现了裂纹和分层（见图 5.28）。Montemor 等人[5]报道的镀锌钢基体在 0.005mol/L NaCl 溶液中的腐蚀行为与此相似。

5.4 结论和展望

通过溶胶-凝胶方法，利用 GPTMS 和 BPA 作为交联剂合成铈掺杂 SHC，并且在处理过的钢基体表面（奥氏体 304L 不锈钢或 HDG）上制备涂层。选择这两种基体是为了研究铈离子和添加剂（如 BPA、硝酸铈和 CeO_2 纳米粒子）的浓度等参数对涂层的微观结构、形态和保护性能的影响。

FTIR 和 SEM 证实无裂纹铈掺杂 SHC 具有 Si—O—Si 结构主链和结合到硅烷网络中的 —CH_2 基团，所制备的涂层是透明的和均匀的。线性交联铈掺杂 SHC 中由于缺少 BPA 交联剂而出现裂纹，脆性大，并且耐腐蚀性较差。

经硝酸铈而非 CeO_2 纳米粒子改性的硅烷涂层的厚度均匀，纳米结构表面光滑。CeO_2 纳米粒子改性使涂层厚度出现高度不均匀性。

腐蚀实验结果表明，纳米 CeO_2 粒子具有与其他物质复合的能力，因此对划痕表面具有良好的缓蚀性能，故此采用阳极缓蚀机制维持其钝化膜的稳定。对硅烷涂层进行硝酸铈掺杂改性可以改善其阻隔性、缓蚀性和缺陷自修复性。铈离子可以改变硅烷溶液的化学性质，促进反应性硅醇基团以及更多凝聚物的形成。

电化学研究结果表明，掺杂铈硝酸铈通常可以提高涂层的保护性能，而且保护性能的提高程度与铈的掺杂量有关。铈浓度过低或过高都会降低溶胶-凝胶涂层的耐蚀性。EIS 和极化结果表明 0.05mol/L 铈掺杂涂层的耐蚀性最佳。

铈盐活化 CeO_2 纳米粒子改性硅烷涂层能改善涂层的阻隔性和耐蚀性，降低涂层的电容。相对于空白硅烷涂层而言，活化 CeO_2 纳米粒子改性涂层在 3.5% NaCl 溶液中的极化曲线表明能将阴极电流密度降低两个数量级，并且将电压移至更正值。

致谢

特别感谢根特大学的经费支持和阿赛洛·米塔尔·根特提供的材料，同时还要感谢 Peter Mast、Michel Moors、Christa Sonck、Veerle Boterberg、Sandra Van Vlierberghe、Babs Lemmens 和 Vitaliy Bliznuk 等人提供的技术支持。

参 考 文 献

[1] Zhong XK，Li Q，Hu JY，et al. Effect of cerium concentration on microstructure，morphology and corrosion resistance of cerium-silica hybrid coatings on magnesium alloy AZ91D. Prog Org Coat 2010；69（1）：52-56.

[2] Shchukin DG，Zheludkevich M，Yasakau K，et al. Layer-by-layer assembled nanocontainers for self-healing corrosion protection. Adv Mater 2006；18（13）：1672-1678.

[3] Cabral AM，Trabelsi W，Serra R，et al. The corrosion resistance of hot dip galvanised steel and AA2024-T3 pretreated with bis-[triethoxysilylpropyl] tetrasul de solutions doped with Ce（NO_3）（3）. Corros Sci 2006；48（11）：3740-3758.

[4] De orian F，Rossi S，Fedel M，et al. Electrochemical investigation of high-performance silane sot-gel films containing clay nanoparticles. Prog Org Coat 2010；69（2）：158-166.

[5] Montemor ME，Feffeira MGS. Cerium salt activated nanoparticles as fillers for silane films：evaluation of the corrosion inhibition performance on galvanised steel substrates. Electrochim Acta 2007；52（24）：6976-6987.

[6] Wang HM，Akid R. Encapsulated cerium nitrate inhibitors to provide high-performance anti-corrosion sol-gel coatings on mild steel. Corros Sci 2008；50（4）：1142-1148.

[7] Trabelsi W，Cecilio P，Ferreira MGS，et al. Electrochemical assessment of the self-healing properties of Ce-doped silane solutions for the pre-treatment of galvanised steel substrates. Prog Org Coat 2005；54（4）：276-284.

[8] Pepe A，Aparicio M，Duran A，et al. Cerium hybrid silica coatings on stainless steel AISI 304 substrate. J Sol-Gel Sci Techn 2006；39（2）：131-138.

[9] Trabelsi W，Triki E，Dhouibi L，et al. The use of pre-treatments based on doped silane solutions for improved corrosion resistance of galvanised steel substrates. Surf Coat Tech 2006；200（14-15）：4240-4250.

[10] Rosero-Navarro NC，Pellice SA，Duran A，et al. Corrosion protection of aluminium alloy AA2024 with cerium doped methacrylate-silica coatings. J Sol-Gel Sci Techn 2009；52（1）：31-40.

[11] Schem M，Schmidt T，Gerwann J，et al. CeO_2-filled sol-gel coatings for corrosion protection of AA2024-T3 aluminium alloy. Corros Sci 2009；51（10）：2304-2315.

[12] Aramaki K. Self-healing mechanism of a protective film prepared on a Ce(NO_3)(3)-pretreated zinc electrode by modi cation with Zn(NO_3)(2) and Na_3PO_4. Corros Sci 2003；45（5）：1085-1101.

[13] Aramaki K. The inhibition effects of cation inhibitors on corrosion of zinc in aerated 0.5M NaCl. Corros Sci 2001；43（8）：1573-1588.

[14] Aramaki K. Preparation of self-healing protective films on a zinc electrode treated in a cerium（Ⅲ）nitrate solution and modified with sodium phosphate and cerium（Ⅲ）nitrate. Corros Sci 2004；46（6）：1565-1579.

[15] Montemor MF，Trabelsi W，Zheludevich M，et al. Modification of bis-silane solutions with rare-earth cations for improved corrosion protection of galvanized steel substrates. Prog Org Coat 2006；57（1）：67-77.

[16] Zand RZ，Verbeken K，Adriaens A. Influence of the cerium concentration on the corrosion performance of ce-doped silica hybrid coatings on hot dip galvanized steel substrates. Int J Electrochem Sci 2013；8（1）：548-563.

[17] Zand RZ，Verbeken K，Adriaens A. Evaluation of the corrosion inhibition performance of silane coatings filled with cerium salt-activated nanoparticles on hot-dip galvanized steel substrates. Int J Electrochem Sci 2013；8（4）：4924-4940.

[18] Montemor MF，Ferreira MGS. Analytical characterization of silane films modified with cerium activated nanoparticles and its relation with the corrosion protection of galvanised steel substrates. Prog Org Coat 2008；63（3）：330-337.

[19] Report of International Nickel Company（INCO），Corrosion resistance of the austenitic chromium nickel stainless steels in chemical environments；1963.

[20] Marder AR. The metallurgy of zinc-coated steel. Prog Mater Sci 2000; 45 (3): 191-271.
[21] Zand RZ. Investigation of corrosion, abrasion and weathering resistance in hybrid nanocomposite coatings based on epoxy-silica [Thesis]. Azad University-Tehran North Branch; 2005.
[22] Zand RZ, Verbeken K, Adriaens A. The corrosion resistance of 316L stainless steel coated with a silane hybrid nanocomposite coating. Prog Org Coat 2011; 72 (4): 709-715.
[23] ASTM B117-11 standard practice for operating salt spray (fog) apparatus, G01.05, book of standards 2011; Volume: 03.02.
[24] ASTM standards for corrosion testing of metals. 3rd ed. W. Conshohocken, PA: ASTM International; 2008.
[25] Phanasgaonkar A, Raja VS. Influence of curing temperature, silica nanoparticles and cerium on surface morphology and corrosion behaviour of hybrid silane coatings on mild steel. Surf Coat Tech 2009; 203 (16): 2260-2271.
[26] Tiwari A, Hihara LH. High silicone content barrier coatings for corrosion protection of metals. TRI-service corrosion conference, Denver; 2007. p. 1-17.
[27] Mosher BP, Wu CW, Sun T, et al. Particle-reinforced water-based organic-inorganic nanocomposite coatings for tailored applications. J Non Cryst Solids 2006; 352 (30-31): 3295-3301.
[28] Zandi-zand R, Ershad-langroudi A, Rahimi A. Organic-inorganic hybrid coatings for corrosion protection of 1050 aluminum alloy. J Non Cryst Solids 2005; 351 (14-15): 1307-1311.
[29] Pepe A, Aparicio M, Cere S, et al. Preparation and characterization of cerium doped silica sol-gel coatings on glass and aluminum substrates. J Non Cryst Solids 2004; 348: 162-171.
[30] Moutarlier V, Neveu B, Gigandet MP. Evolution of corrosion protection for sol-gel coatings doped with inorganic inhibitors. Surf Coat Tech 2008; 202 (10): 2052-2058.
[31] Shi HW, Liu FC, Han EH. Corrosion behaviour of sol-gel coatings doped with cerium salts on 2024-T3 aluminum alloy. Mater Chem Phys 2010; 124 (1): 291-297.
[32] Zand RZ, Verbeken K, Adriaens A. Corrosion resistance performance of cerium doped silica sol-gel coatings on 304L stainless steel. Prog Org Coat 2012; 75 (4): 463-473.
[33] Zheludkevich ML, Serra R, Montemor MF, et al. Nanostructured sol-gel coatings doped with cerium nitrate as pretreatments for AA2024-T3—corrosion protection performance. Electrochim Acta 2005; 51 (2): 208-217.
[34] Garcia-Heras M, Jimenez-Morales A, Casal B, et al. Preparation and electrochemical study of cerium-silica sol-gel thin films. J Alloys Compd 2004; 380 (1-2): 219-224.
[35] Ballarre J, Jimenez-Pique E, Anglada M, et al. Mechanical characterization of nano-reinforced silica based sol-gel hybrid coatings on AISI 316L stainless steel using nanoindentation techniques. Surf Coat Tech 2009; 203 (2): 3325-3331.
[36] Sugama T. Cerium acetate-modified aminopropylsilane triol: A precursor of corrosion-preventing coating for aluminum-finned condensers. JCT Res 2005; 2 (8): 649-659.
[37] Hosseini M, Ashassi-Sorkhabi H, Ghiasvand HAY. Corrosion protection of electro-galvanized steel by green conversion coatings. J Rare Earth 2007; 25 (5): 537-543.
[38] Montemor MF, Trabelsi W, Lamaka SV, et al. The synergistic combination of bis-silane and CeO_2 center dot ZrO_2 nanoparticles on the electrochemical behaviour of galvanised steel in NaCl solutions. Electrochim Acta 2008; 53 (20): 5913-5922.
[39] Palomino LM, Suegama PH, Aoki IV, et al. Electrochemical study of modified cerium-silane bi-layer on Al alloy 2024-T3. Corros Sci 2009; 51 (6): 1238-1250.
[40] Shibli SMA, Chacko F. CeO_2-TiO_2 mixed oxide incorporated high performance hot dip zinc coating. Surf Coat Tech 2011; 205 (8-9): 2931-2937.

第6章 杂化富锌涂层：纳米缓蚀剂和导电粒子掺杂的影响

András Gergely, Zoltán Pászti, Imre Bertóti, Judith Mihály, Eszetr Drotár, Tamás Török

Department of Metallurgical and Foundry Engineering, Faculty of Materials Science and Engineering, University of Miskolc, Budapest, Hungary

Department of Plasma Chemistry, Institute of Materials and Environmental Chemistry, Research Centre for Natural Sciences, Hungarian Academy of Sciences, Budapest, Hungary

Department of Biological Nanochemistry, Institute of Molecular Pharmacology, Research Centre for Natural Sciences, Hungarian Academy of Sciences, Budapest, Hungary

Department of Metallurgical and Foundry Engineering, Faculty of Materials Science and Engineering, University of Miskolc, Budapest, Hungary

6.1 简介

富锌涂层（ZRPs）的应用和研究可以追溯到很久以前[1]，并已获得大量科学理论和工程应用的成果。目前一些关于富锌涂层研究的主旨是研究液态富锌涂层特征[2]，包括利用电化学阻抗谱（EIS）进行建模[2,3]、分析活化-钝化保护的持续时间[4]、钢铁基体表面锈蚀转化剂的预处理[5]、研究界面处盐污染的影响[6]、揭示影响富锌涂层整体防护性能的锌和铁早期腐蚀和晚期腐蚀过程中腐蚀产物扩散的差异。许多研究已经公开了颜料体积浓度（PVC）[7~12]、从微米到纳米的锌晶粒尺寸范围[12~17]或球形颜料和层状颜料[8,10,18~20]对涂层的影响。其中球形颜料和层状颜料结合在一起使用具有最好的保护性能[10,21]。为了研究黏合剂的影响，工业上开发了几种有机载体、无机黏合剂和有机-无机杂化化合物，利用挥发性有机碳（VOC）组分替代有机颜料涂层，并寻求长寿命和高性能涂层的解决方案。环氧树脂[21~23]和醇酸黏结剂[24,25]是涂层中最常用的有机物。然而，许多无机硅酸盐[13,26,27]和烷基硅酸盐[15,23,28~31]或烷基硅氧烷改性硅酸盐[18]等经济环保的替代品，具有更高效和更长的使用寿命（意味着低 VOC 含量和无异氰酸酯技术）。与有机涂层相比，这些杂化材料具有许多优点，如耐久性好、硬度高、光泽度好、色泽稳定性好、耐大气降解、耐热、对氧化的化学亲和力低（在长时间暴露期间几乎没有阴极分层）等。所有这些特征都是由于其化学结构和大量使用无机物质而使其稳定性增加，从而使得这些组分比许多其他替代物更具吸引力。尽管如此，为达到实际应用目标，每次都需要对这些涂层体系的实际使用情况仔细地进行实验室和现场测试评估。在制备涂层时，可以采用无溶剂粉末方法以符合 VOC 的严格规定。粉末涂料的测试[32,33]是在流动条件[34]下掺杂导电和半导体粒子（如炭黑[35,36]和聚苯胺[37]）条件下进行，以达到基体中电渗流或缓蚀的目的。一些研究发现，磷化二铁是一种合适的试剂，不仅可以提高涂层的电导率，而且可以将无机富锌涂层[38]的性能提高到与石墨和铝粉相当的水平[39]。因此，根据导电添加剂和所有颜料组分的相对含量，当涂层中锌含量低于临界颜料体积浓度时，可以获得一定程度的电偶保护。对磷化二铁、石墨和铝来说，取代锌的最合适比例（质量分数）高至20%、15%和15%。但是，实际使用结果证明大量使用添加剂并不合适，甚至会使涂层失效，使同一时间范围内锌的自腐蚀和异金属电偶腐蚀速率加大。

除了使用纯锌涂层之外[21]，ZRPs的研发还对许多锌合金（特别是锌铝[18,40]合金，或某些情况下采用锌镁[41]合金）涂料的性能进行了测试。锌镁合金涂层甚至能够有效地保护铝合金涂层。与纯的富镁涂层相比，铝合金涂层通常具有较小并能降低铝合金腐蚀速率。此外，在某些情况下，开发一些表面改性锌（经磷酸或膦酸衍生物改性）的新产品，有助于减缓锌的腐蚀、降低涂层的电偶活性[42]。在锌含量很低[低至10%（质量分数）][17]的情况下，使用添加剂（如氧化锌[8]和高质量且分散性好的黏土矿物[16,32]）的涂层具有良好的阻隔性能和长期的电偶保护功能。另一个发展分支是开发混合涂料粒子组分涂层，也即采用本征导电聚合物［如聚苯胺（Pani）[32,38,43]、加有炭黑[44]或纳米氧化铝[45]的聚吡咯（PPy）、原始碳纳米管[46]和改性碳纳米管（CNTs）[47]］替换涂层中的部分锌粉。前者半导体作为辅助缓蚀剂，后者用于促进电渗流。两种添加剂都能不同程度地改善涂料的保护性。一方面，碳纳米管嵌入PPy[48]和聚苯胺薄膜[49]能使涂料保护性有所增强，而加有CNTs-聚（邻苯二胺）组分的涂层保护性能很差[50]。含有氧化CNTs的水性聚氨酯涂层的保护性能一般[51]。另一方面，有报道指出金属与碳纳米管复合时其耐蚀性较差[52~55]，该现象可能是由于金属基体与碳纳米管之间存在微电偶效益而造成的。类似地，众所周知，石墨环氧树脂复合材料和金属基体在静止或流动海水中存在明显的电偶作用，并且复合材料或/和纤维面积越大，电偶现象越明显[56]。当水分由环氧树脂外层进入石墨纤维时，甚至也会发生电偶腐蚀现象，复合材料在海水环境中将作为阴极，而在该阴极发生氧气还原反应，这种现象类似于由两种异金属组成的双金属结构。因此，如何使具有纳米尺寸、高电导率的碳材料得以成功应用仍面临一定的困难。此外，尽管添加超细玻璃纤维能提高涂层硬度和附着力，但是会使涂层保护性能变差[57]。当然可以采用一种非常规的方法来制备涂料，就是用微小的镍-锌合金壳将二异氰酸酯树脂单体包封而使涂料具有自我修复特性[58]。尽管如此，利用该技术制备的材料的性能还不能与液态ZRPs相媲美。

一般来说，电渗流特性是ZRPs具有保护功能的前提。通常认为颜料均匀分布在有机涂层中，不管颜料体积浓度是达到、超过临界值，还是低于临界值，涂层中都会产生空隙。唯象理论已经证实涂层中孔隙现象的存在，并且该理论还揭示了粗糙度参数与孔隙之间的关系，以及最小密排颜料簇与孔隙的相关性。颜料堆积方式使涂层不管在高于或低于临界颜料体积浓度条件下均可形成空隙，而使涂层的密度发生变化[7]。因此，为了防止在获得电渗流时涂层中到处充满孔隙，强烈建议加入低于临界颜料体积浓度的小尺寸金属粒子，加入粒子的具体浓度取决于载体密度、金属颜料密度以及载体和金属颜料的大小和形状。这一要求不仅符合经济和环境要求，而且有利于实现该涂层的电偶保护的耐久性和有效性以及高阻隔功能。

必须注意的是，对于含纳米锌的涂层，由于晶粒间平均距离较小而使粒子相互间更容易连接而形成高效电偶活性（降低涂层渗透性）。不同粒子之间的距离随粒子尺寸减小而减小[59,60]，增大电偶连接空间密度，促进无穷大的涂料粒子簇的形成，从而降低电渗流阈值。由于粗糙度低、涂层填充密度高，涂层中应该不会出现渗透作用而导致的起泡现象。尽管总体组分浓度接近临界颜料体积浓度，但是由于微米和纳米尺寸球状晶粒所占的比例优势，形成大尺寸致密涂料簇，从而导致涂层粗糙度低、涂层填充密度高，这一发现与以前所述的理论部分一致[61]。实验已经证明晶粒中纳米尺寸粒子所占比例对涂层性能确实起到一定的作用[14]。当锌的总含量降低时，为了保持涂层的高保护特性，必须减少微米尺寸粒子比例，从而增加纳米金属粒子所占比例[15]。

本章对含有缓蚀剂或导体类纳米粒子的两种富锌杂化涂层的防腐蚀性能进行比较，并将这两种杂化涂层的主要特征与一种具有电渗流结构的典型传统液态富锌涂层进行比较，并从纳米粒子的电学性质和空间分布解释富锌杂化涂层的保护性能，尽量寻找能提高非电渗流结构固体填料的传统液态富锌涂层保护性能的合适粒子。

6.2 实验过程

6.2.1 材料和制备方法

6.2.1.1 纳米粒子的制备

将多壁碳纳米管（平均直径为 40nm 的 MWCNT-30 型纳米管，由中国深圳纳米港有限公司供应）在乙醇和乙酸水溶液的混合物（体积比为 10∶1∶3）中超声波分散两次，每次 30min。向该体系中加入聚（4-苯基苯乙烯磺酸）（30%，Aldrich）（简称 PSS）和十二烷基硫酸钠（98%，Aldrich）（简称 SDS），提高分散液的分散性和稳定性，以及使碳纳米管便于剥离。

为制备纳米尺寸的粒子，将吡咯（98%，Aldrich）溶解在气相法氧化铝（AluC，BET 比表面积为 $100m^2/g$，德国赢创工业集团）的水溶胶中，将胶体剧烈搅拌 2h。氧化铝负载 PPy 粒子的聚合和沉积是在氧化铝的乙醇水溶液（体积分数为 13%）溶胶中进行的。吡咯的初始浓度分别为 1.94×10^{-2} mol/L 和 1.192×10^{-1} mol/L，而氧化铝含量分别仅为含氧化铝和纳米管分散液的 2.44%（质量分数）和 4.76%（质量分数）。含碳纳米管的混合物中 PSS 的含量和 SDS 的浓度分别为 2.15%（质量分数）和 2.43×10^{-3} mol/L。吡咯的氧化聚合过程是将硝酸铁（Ⅲ）（97%，Fluka）的溶液加入剧烈搅拌的吡咯水溶胶中，得到摩尔比为 0.8 的铁（Ⅲ）-吡咯，混合均匀后，立即加入 1mol/L 硝酸溶液（约 1mL）调节溶液的 pH 值为 3，然后将混合物缓慢搅拌 6h，静置 16h。过滤悬浮液并将滤渣洗涤 12 次（以除去 SDS），然后将粒子干燥并研磨。纳米粒子的组成列于表 6.1 中。

表 6.1 基于氮元素的元素分析法测定的纳米粒子组成（三次测量取平均值）

样品	氧化铝含量 （质量分数）/%	多壁碳纳米管 类型	多壁碳纳米管 含量(质量分数)/%	聚吡咯含量 （质量分数）/%	聚吡咯的充电效率 /%
p1	96.6	MWCNT-30	—	3.28	$3.7\pm5\times10^{-3}$
p2	77.9	LS NC7000	14.01	4.48	$2.1\pm4\times10^{-1}$

6.2.1.2 颜料涂层的制备

将涂料一层一层涂覆在 Q-Lab 有限公司生产的标准冷轧低碳钢板［RS 型 CRS，粗糙度为 $(25\sim65)\times10^{-6}$ in（1in=2.54cm），符合 ASTM A1008.1010、A-109 和 QQS-698 标准］上，然后进行固化。

首先将颜料粒子加入环氧树脂溶液［聚合物浓度为 50%（质量分数）］中，然后在研钵中研磨分散 20min。该环氧树脂溶液中的有机溶剂由体积比为 8∶1∶1 的二甲苯（Fluka）、1-甲氧基-2-丙醇（Fluka）、2-丁酮（Aldrich）组成。将颜料粒子的悬浮液与组分 A 混合，组分 A 为环氧树脂（Epoxidharz CHS141，双酚 A 环氧树脂，Prochema）中稳定的富锌母料（HZO Farbenzinkstaub，Norzinco GmbH）。将组分 B——聚酰胺-胺交联剂（Durepoxy H15VP，USNER）加入悬浮液中，搅拌均匀，稀释到所需浓度。在钢板上滚刀涂刷湿膜厚度为 $90\mu m$ [$(35\pm5)\mu m$ 干膜厚度]的底漆，室温固化一周。将面漆涂在固化的环氧树脂上。该环氧树脂的湿膜总厚度为 $120\mu m$ [$(80\pm5)\mu m$ 干膜厚度]，组分为 Macrynal SM 2810/75BAC 羟基丙烯酸树脂（CYTEC Industries Inc.），其固化剂为脂肪族多异氰酸酯树脂，该固化剂是溶于混合物溶剂（乙酸正丁酯∶二甲苯∶异丁醇=2∶2∶1）中的六亚甲基二异氰酸酯（Desmodur N75MPA/X，Bayer Material-Science LLC）。涂层在室温下干燥、固化三周后，用刀片在涂层上做 X 形切口划痕。表 6.2 对油漆涂料的组成进行了详细的描述。

表 6.2 固化涂层的组分

涂层	粒子	底漆中 PPy 的质量分数和体积分数	环氧树脂载体中 PPy 的质量分数和体积分数	底漆中多壁碳纳米管的质量分数和体积分数	环氧树脂载体中多壁碳纳米管的质量分数和体积分数	锌
Z	—	—	—	—	—	90(55.8)
H1①	p1	0.107 (2.8×10^{-3})	0.364 (3.9×10^{-3})	—	—	70(25.8)
H2②	p1	0.060 (1.9×10^{-3})	0.301 (3.2×10^{-3})	—	—	80(37.0)
H3①	p2	0.144 (3.8×10^{-3})	0.493 (5.3×10^{-3})	0.450 (5.3×10^{-3})	1.542 (7.3×10^{-3})	70(25.8)
H4②	p2	0.079 (2.6×10^{-3})	0.408 (4.3×10^{-3})	0.245 (3.6×10^{-3})	1.275 (6.0×10^{-3})	80(37.0)

① 纳米粒子在底漆和环氧基料中的质量分数分别为 3.21% 和 11.0%。
② 纳米粒子在底漆和环氧基料中的质量分数分别为 1.75% 和 9.1%。

6.2.2 研究方法

6.2.2.1 纳米管和纳米粒子的表征

6.2.2.1.1 元素分析

称取约 4mg 的纳米粒子，采用 Vario EL Ⅲ 微型和宏观 CHNOS 元素分析仪（德国 Elementar 分析系统有限公司）对其进行元素分析，所得的元素分析数据见表 6.1。

6.2.2.1.2 电动势

用 Malvern Zetasizer Nano ZS 设备，对 4×10^{-2} mol 碳纳米管分散水溶液进行 Zeta 电位测试。采用动态光散射原理测试电泳迁移率，基于 Smoluchowski 迫近法，以及 Henry 方程来确定电动势。多壁碳纳米管密度为 $2300kg/m^3$、折射率为 2.000，水的折射率为 1.330、密度为 $998.21kg/m^3$，20℃时的动态黏度为 $1.002Pa\cdot s$。测量表明，在 pH 值为 6 时，MWCNT 的外表面电势为 -17.6mV。制备纳米粒子时，添加表面活性剂和高分子电解质后纳米管的电动势可以使制备纳米粒子过程中混合物的分散性得到稳定。

6.2.2.1.3 循环伏安法

采用三电极电池系统进行电化学测量。螺旋铂电极（$A\approx13cm^2$）为对电极，饱和甘汞电极（SCE）为参比电极，将铂圆盘工作电极（直径 13mm）装入四氟管中，使用 $250kgf/cm^2$（$1kgf=98.0665kPa$）的最大压力将 0.15g 颜料粒子小球压成片状，用四氟支架将其固定到工作电极上，在 0.1mol/L 高氯酸钠（Aldrich）乙腈溶液中对其进行电化学测试。在-0.4V电压条件下保持30min，降低小球里面的PPy含量，然后以10mV/s的扫描速率进行循环伏安测试，将电容性瞬态电流的粒子单位质量和工作电极表面积两个指标进行归一化处理。进行伏安法测试前，需将工作电极静置半小时以确保样品中的小球充分润湿和膨胀。

6.2.2.1.4 傅里叶变换红外光谱

采用傅里叶变换红外光谱（FTIR，Varian Scimitar 2000型，Agilent Technologies, Inc., USA）研究粒子中的PPy结构，采用宽带碲化镉汞（MCT）探测器和"Golden Gate"ATR金刚石衰减全反射附件，对样品进行128次扫描叠加，光谱分辨率为$4cm^{-1}$。所有光谱都使用Varian Resolution Pro 4.0光谱处理软件包进行ATR校正。

6.2.2.1.5 透射电子显微镜

将粉末状颜料在乙醇中振荡分散、沉积在支撑碳膜的铜网上。采用FEI MORGAGNI 268（D）电子显微镜（FEI Co., The Netherlands）进行微观测试，该设备加速电压为100kV，钨丝作阴极，样品采取顶部进入方式，分辨率为0.5nm。

6.2.2.1.6 流变学

测试分散有不同粒子的醇酸树脂胶体的流变性，可以获得TEM得不到的微观结构信息。考虑到统计学和动力学渗流阈值间的差异，将ZRPs涂层树脂中粒子含量设定为较低值（3.846%，质量分数）。分散剂中粒子的三维（3D）分布以及粒子间的相互作用等微观结构有利于分析交联化的有机基料干膜对杂化涂层的保护作用。

实验采用HAAKE RheoSress RS1旋转流变仪（赛默飞世尔科技公司，美国）在（25±0.3）℃温度条件测量流变性，该流变仪配有锥板传感器（2°角，$\phi 35mm$）。将粒子溶胀三天后，在醇酸树脂（蒸馏妥尔油，SYLVATALTM 25/30LT，亚利桑那化学公司，盖斯特霍芬，德国）的正丁醇和二甲苯（7:93）溶液中研磨半小时进行分散。控制扫描频率为1Hz进行应力振幅扫描，控制应力为1Pa进行频率扫描。在各向异性机械载荷增加和减小的阶段之间，在$300s^{-1}$形变速率和200Pa恒定应力下分别测试33s和5s，考察胶体（胶体组成见表6.3）在稳定剪切速率和动态应力下的稳态流变学特征。在涂料的环氧树脂基料中，流变学表征的混合物粒子含量被设定为较低值，因为在相同的分散度条件下，相对于基于统计几何排布的电渗流来说，动态渗滤是在固体含量较低的情况下进行测量的[62]。这是由于高度各向异性粒子的体积排斥效应更容易测量，并且溶解聚合物的运动局限性比纳米管网络三维体积跨越电子传导能力更显著[63,64]。在相同的纵横比（约10^2）下，体积分数高于几何渗流阈值（约$5×10^{-3}$）的纳米管是一个半稀释分散体系，说明纳米管开始相互作用。

表6.3 固含量为3.846%（质量分数）的纳米粒子醇酸树脂分散体
（具有流变特性）的体积分数（φ）

粒子	氧化铝的φ	聚吡咯的φ	多壁碳纳米管的φ	触变性①/(Pa/s)	σ①/Pa
D1	$1.61×10^{-2}$	$1.32×10^{-3}$	—	78522	7.4
D2	$1.30×10^{-2}$	$1.76×10^{-3}$	$2.45×10^{-3}$	28350	6.5

① 触变指数和屈服应力分别通过恒定速率和力模式测量来确定。

6.2.2.2 涂层及低碳钢基体的表征

6.2.2.2.1 电化学阻抗谱

将螺旋铂电极、SCE分别作为对电极和参比电极，涂装钢板安装在玻璃管中作为工作电极。按照Kendig等人[65]提出的"涂层快速电化学评估方法"将涂层放在电化学电解池装置系统中进行浸泡试验。将电化学电池和 Zahner IM6eX 恒电位-频率分析仪（德国 Zahner-Elektrik GmbH 公司）放入两个相互连接的接地法拉第笼中，先测试其 OCP，然后在 20mV 正弦扰动条件下测试 10kHz 和 20MHz 的频率范围内的阻抗。使用最少的离散元器件建立等效电路。假定电解池极化尺寸相同时，所有样品在不同条件下的溶液电阻 R_s 都相同，均为 25Ω。下图中阻抗拟合的等效电路参考如下：$R_s(Q_c(R_p(Q_{dl}(R_{ct}W_s))))$（1）、$R_s(Q_c(R_p(Q_{dl}(R_{ct}))))$（2）、$R_s(R_p(Q_c))$（3）、$R_s(Q_c(R_p(Q_{dl}(R_{ct}W_o))))$（4）。由于频散现象，涂层电容（$Q_c$，用 C_{coat} 表示）和双电层电容（Q_{dl}，用 C_{dl} 表示）用常相位角元件表示，如等效电路（1）~（4）所示的电容元件，孔隙电阻（R_p，用 R_{coat} 表示）和电荷转移电阻（R_{ct}，用 R_{corr} 表示）能够通过电容元件进行并联耦合。为了描述某些涂层在阻抗谱低频区尾部的半无限扩散和有限扩散过程，采用开路（W_o）和短路（W_s）沃伯格阻抗进行拟合。阻抗拟合软件为 Zview 3.1c 版本（Scribner Associates, Inc.），在结果部分相应位置列出各自的等效电路与拟合数据汇总图。

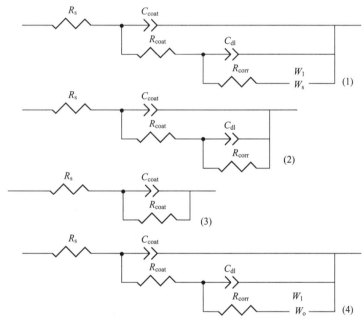

6.2.2.2.2 辉光放电发射光谱

辉光放电发射光谱能够检测 10^{-6} 级元素含量，可以更清晰了解浸泡试验中元素在溶液中的质量传输效应。

用 600# 砂纸轻轻研磨除去面漆，保持环氧底漆完好（厚度 40μm）。使用 GD-Profiler 2TM 型号的射频辉光放电光谱仪（GD OES）（法国，HORIBA Jobin Yvon S.A.S. 公司）进行元素深度分布测试。优化后的工作参数为射频功率为 50W、氩气压力为 500Pa、阳极直径为 4mm、放电时间为 20s，可以获得理想形状的溅射坑和合适的深度分辨率。深度剖面数据包括 40μm 底漆涂层以及其下平均约 20μm 钢基体厚度的溅射深度。借助溅射的氩气强度（Fi），获得各元素强度与深度的关系。如果没有涂漆层和富锌组分的标准曲线，采用浸泡试验前后元素的相对强度随深度的变化进行比较分析。

6.2.2.2.3 X 射线光电子能谱

尽管 X 射线光电子能谱法在采样以及对实验结果拟合的统计方面还存在一些局限性，但其仍是一种灵敏的表面检测方法，可获得关于钢/涂层界面的元素种类、相对含量、化学本质等极有价值的信息。将样品在二氯甲烷：甲醇：甲苯：四氢呋喃＝6：1：1：1 的混合物中，超声波清洗三次，每次 5min，除去浸泡试验留在钢板上的涂层。利用 Kratos XSAM 800 光谱仪对钢表面进行 XPS 测试，采用固定分析器透射能量模式和 $MgK\alpha_{1,2}$（1253.6eV）X 射线激发源。分析室真空度大于 $1\times10^{-7}Pa$。全谱能量扫描范围为 $100\sim1300eV$、步长 0.5eV、通能 80eV、扫描时间 0.5s。各元素以及含碳层 C1s 的高分辨率谱的实验条件为通能 40eV、步长 0.1eV、扫描时间 1s。将聚合物或饱和碳氢化合物中结合能为 285.0eV 的 C1s 作为标样，对谱图中各谱线的结合能进行能量校正，校正后的结合能和标准数据（或谱线）对照，确定各谱线的归属，即确定各谱线代表的元素及化学状态[66,67]。采用 Kratos Vision 2000 软件进行元素价态灵敏度因子定量分析。

6.2.2.2.4 浸泡试验和盐雾试验

将样品在室温 1mol/L 氯化钠溶液中浸泡测试 254 天，每 42 天更换一次溶液。在安装有无油压缩机（Jun-Air OF302，Gast 制造公司，美国）的喷雾/干湿交替/湿度箱（SF/MP/AB100，C+W Specialist Equipment Ltd.，UK）中进行腐蚀测试。每 45min 为一个周期，每个周期分为两个阶段：在第一阶段的 25min 内，样品暴露于盐雾和干湿交替环境中，温度设定为 35℃，氯化钠溶液（5%，质量分数）的加入量为 $7cm^3/min$，盐溶液温度为（45±3）℃；第二阶段，在不施加盐雾条件下保持 35℃ 20min。循环测试 142 天，根据 EN ISO 4628：2005 标准评估样品的腐蚀演化行为。

6.3 结果

6.3.1 纳米粒子的研究

6.3.1.1 循环伏安法

循环伏安法能够揭示本征导电聚合物（包括它们的衍生物和复合物）电化学活性的特征差异以及微小变化。此外，由于中介电子转移反应机制，无论 PPy 粒子和导电纳米粒子以单独粒子状态、负载状态、单涂层状态或复合涂层状态存在，PPy 的氧化还原活性和导电纳米粒子的电导率均强烈影响其阳极缓蚀能力。因此，对粒子进行伏安测试，最具代表性的扫描结果如图 6.1 所示。

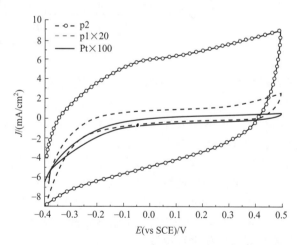

图 6.1 PPy 改性氧化铝（p1）、PPy 改性氧化铝/MWCNT（p2）以及铂工作电极（Pt）的循环伏安图

p1 曲线结果表明，PPy 具有中度电活性。因氧化还原活性产生的电容电流密度远远大于氢离子在铂电极上的双电层电容和吸附而产生的背景电流密度。第一个循环与其后连续的

电位扫描过程中的电流响应与铂电极在氧化峰电位（－0.1V）的曲线极为相似，但是氧化电荷和还原电荷要低得多，表明该粒子具有良好的电化学可逆性。由于 p1 样品中含有未掺杂半导体聚合物，该聚合物在氧化铝［涂层中氧化铝含量约为4%（质量分数），恰好在其渗滤阈值附近[68]]表面形成一个薄层，使 p1 的电导率非常低，所以在连续扫描和低充电效率（表6.1）条件下产生的瞬态电流值较低并且逐渐下降。

粉末样品 p2 的循环伏安结果表明，第一次扫描和后面连续循环扫描都可以看到比阳极-阴极电容瞬态电流大几个数量级的现象，说明该样品的电导率更高。电位为 0.0V 处很容易观察到氧化峰，但只能勉强在－0.35V 处看到一点还原峰，说明这一含量 PPy 的样品具有明显的电化学可逆性。由于样品具有高电导率，所以伏安曲线受该条件下较低欧姆电位降的影响较小。根据多壁碳纳米管几何学和统计学渗流现象，当填充的多壁碳纳米管含量为14%（质量分数）时在 p2 中形成电渗流，而填充纳米管含量为 9%（质量分数）时开始出现电渗流现象。当 PPy 相对含量较低时，库仑效率为 (2.1±0.3)% 的电容电流瞬态分布特征表明，填充了 PSS 改性纳米管的 PPy 粒子具有中等电导率。相对于纯 PPy 和氧化铝负载 PPy，p2 的峰电位发生偏移，部分归因于 PPy 具有更大程度共轭、填充的相对较高含量纳米管以及固有效电子转移而产生的较少的缺电子状态。然而，通过网络受阻的电荷的运动性受到因加入 PSS 而使 PPy 变形的空间结构的影响，因此在聚合物链段中共轭作用有限。这是因为大量不可移动的 PSS 与 PPy 复合膜对少量均匀分散的纳米管进行修饰，聚电解质通过畸变和构象调整从而形成能垒，降低电子传导性，制约 PPy 中的共轭程度[69]。

6.3.1.2 傅里叶变换红外光谱

图 6.2 为 PPy 改性氧化铝、PPy 改性氧化铝/MWCNT、水介质中制备的 PPy、乙醇水溶液中制备的 PPy 的红外光谱图。PPy1 谱图中，位于 $1528cm^{-1}$ 和 $1467cm^{-1}$ 处的 PPy 特征峰分别对应于吡咯环（箭头）的 νC—C 和 νC＝N 伸缩振动带，位于 $1285cm^{-1}$ 和 $1142cm^{-1}$ 处的特征峰属于 C—H 的变形峰[70,71]，位于 $1093cm^{-1}$ 处的弱峰对应于质子化 PPy 主链上 NH_2^+ 的面内变形模式[72]。PPy2 谱图中，位于 C—C 伸缩区的 $1554cm^{-1}$ 和 $1531cm^{-1}$ 双峰属于环内 C＝C 和环间 C—C 伸缩振动峰[73]。此外，相对于 PPy1 来说，PPy2 的特征峰发生轻微蓝移，表明 PPy2 比 PPy1 具有更紧凑的3D结构。对于氧化铝负载的 PPy（p1），聚合物膜特征光谱发生改变。位于 $1634cm^{-1}$ 和 $1340cm^{-1}$ 处的新特征峰归属于质子化物质（即掺杂 PPy 的 NH_2^+）的变形振动峰。位于 $1120cm^{-1}$ 处的宽、强峰为 C—H 面内的变形振动峰，表明该聚合物涂层具有紧凑的3D结构。C＝C/C—C 间和环内振动（箭头）蓝移是

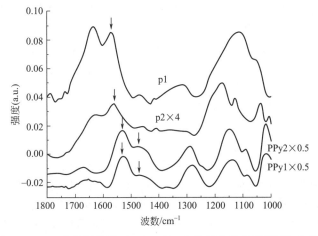

图 6.2　PPy 改性氧化铝（p1）、PPy 改性氧化铝/MWCNT（p2）、
水介质中制备的 PPy（PPy1）、乙醇水溶液中制备的 PPy（PPy2）的红外光谱图

由于 PPy 片段中增强的电子离域现象造成的[74]。

对于多壁碳纳米管掺入粒子（p2）谱图，位于 1550cm^{-1}（箭头）附近的特征峰为 PPy 环间和环内的 C═C/C—C 主谱带，与纯聚合物（1530cm^{-1} 附近）相比，该特征峰稍有蓝移[46]，部分原因是超分子的组装，造成沿 PPy 网络形成了更高效增强的电子离域。然而，位于 1294cm^{-1} 和 1047cm^{-1} 处被压制的 C—H 变形特征峰表明整个主链骨架上 PPy 片段的共面（特征）结构。与 PPy 去质子化状态一致的蓝移谱带（1575cm^{-1} 和 1220cm^{-1}）[75]，产生适当的电导率和良好的电活性。这种电活性是由于聚合物具有高氧化还原活性和可逆性。分别位于 1038cm^{-1} 和 1173cm^{-1} 处的平面弯曲和 C—N 伸缩低强度峰证明了样品中存在典型的 PPy 薄膜结构。对于 PPy/PSS 复合物，检测到的 PPy 谱带强度较低。由谱图中 PSS 谱带可证明，部分 PSS 结合到 PPy 修饰的纳米管-氧化铝中。尽管在 1220cm^{-1} 处出现了极弱的 S═O 谱带，但在 1180cm^{-1} 处检测到明确的 νC—N 伸缩带，这与 N—C 键附近双极子电子跃迁的 PPy 导电机理有关[76]。红外光谱中检测到羰基的存在，说明没有发生氧化降解。

6.3.1.3 透射电子显微镜

图 6.3 为纳米粒子的 TEM 图像。从图 6.3(a) 可观察到氧化铝负载 PPy 粒子在亚微米尺度上松散聚集的絮状物，在微米尺度上以中密度空间连在一起并相互作用。高度均匀分散粒子表现出显著增强的粒子间相互作用、无限缔合和形成三维团簇（p1）。在较高放大倍数下 [图 6.3(b)]，能够清楚地观察到粒子分散良好以及相关分布状态。氧化铝的 PPy 改性出现少部分粒子堆积聚集在一起（箭头 A 所示），大部分松散桥接在一起（箭头 B 所示），还有一些几乎以 PPy 薄膜涂层粒子的形式单独分散在表面，呈核壳形粒子状（B 和 C），合并成球状的多相结构（A），该结构平均尺寸约为 200nm，团聚倾向较弱。图中可明显观察到样品表面完全被 PPy 薄膜覆盖 [图 6.3(c)]，聚集体主要尺寸为 100nm（B），200nm（A）次之，100nm 以下（C）最少。

如图 6.3(d) 所示，掺入纳米管的样品分散性更低，体系中粒子（p2）聚集（A）现象更明显，与聚集的絮凝粒子相互作用而在微米尺度上（B）松散组装在一起（C）。PPy 改性氧化铝与纳米管连接有些部分聚集较紧密 [图 6.3(e)，A]，有些不太紧密（B 和 C），并且没有沿着 MWCNT（B 和 C）均匀分布。然而，纳米管自身几乎均匀地分散，它们的细丝支撑着微凝胶絮凝物，该絮凝物是由具有低空间密度的粒子形成的 3D 网状连接。PPy 沉积导致 MWCNT（B）周围的可逆聚集和一定程度的氧化铝聚结 [图 6.3(f)，A]，但是所有氧化铝和纳米管载体完全被聚合物薄膜（C）覆盖。与 p1 相比，p2 的大范围聚集是由于 PPy/PSS 复合物共沉积导致的双絮凝效应而引起的。一般认为，p2 样品是由各向异性的丝状粒子和随机分布的亚微米岛状大体积的各向同性纳米粒子组成的不均匀粒子。尽管 p2 的团簇拓扑结构和分散性远低于 p1，但其电活性可以有效提高当锌含量低于临界 PVC 时 ZRPs 的电偶效应，而 p1 型粒子仅能促进牺牲金属涂料的缓蚀作用，也可能会增强涂层阻隔性能。

6.3.1.4 纳米粒子分散性的流变学特征

流变动力学测量结果如图 6.4(a) 和 (b) 所示，宽频范围的高储能模量（G'）和低损耗模量（G''）表明 p1 粒子分散性（D1）的强黏弹性响应特征 [图 6.4(a)]。类固态流动行为与溶胶中等空间密度相互连接在一起的微观结构有关。在约 3Hz 交叉点的黏弹性转变说明 3D 缔合胶体体系发生了适度应力诱导失效。急剧增加的损耗因子（损耗角正切值）也表明了这种凝聚态和黏性的转变。复数黏度 η 的急剧变化是由于高分散性填料相在较大范围内发生了粒子间的相互作用。损耗因子在 10~100Hz 之间的平台也在一定程度上表明因胶体结构破坏而产生了高应变速率。

应变幅度扫描测试结果表明，随着黏弹性转变，D1 的宏观和微观凝胶结构中的应力损

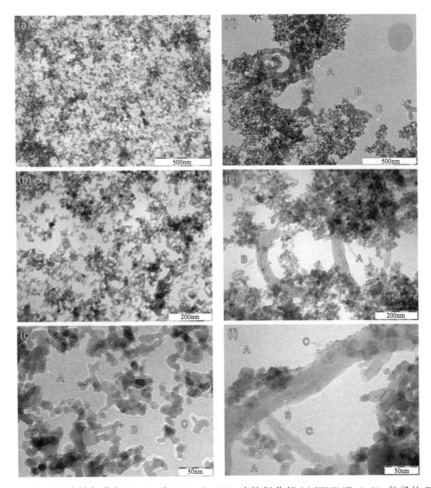

图 6.3 （a～c）PPy 改性氧化铝（p1）和（d～f）PPy 改性氧化铝/MWCNT（p2）粒子的 TEM 图像

耗包括两个阶段，该黏弹性通过储能模量（G'）和损耗模量（G''）在 2.8Pa 处的交叉得以体现［图 6.4(b)］。前者与小范围的相互连接的絮凝体系以及微凝胶絮凝体内粒子连贯性缔合有关，而后者极有可能是由于临界应力使类固态缠结凝胶体系被破坏。然而，复数黏度的降低证实剪切应力诱导产生有效的重定向现象，破坏三维粒子关联。

如图 6.4(a) 中 p2 粒子分散性（D2）的流变性曲线所示，在较宽角频率范围内，损耗因子呈现出的高相位角、较低的储存模量和相对高一些的损耗模量的恒定斜率显示出胶体体系不存在有效三维粒子缔合和缠结网络微观结构的黏流特征。尽管如此，在角频率为 50Hz 处的储存模量和损耗模量相交、相位角急剧下降等结果一致表明，溶胶到凝胶的转变行为与因应变而造成分散体中微凝胶絮凝物的结构堆积和疏散以及低空间密度的相互作用有关，这一现象在应力约为 0.4Pa 交叉处（应力扫描测试范围之外，所以没有显示出来）得以证实。

氧化铝和分散剂之间不能产生氢键，因此导致在界面处不能形成有效的相互作用。固体粒子和载体之间通过弱范德华力结合，使未改性氧化铝呈现微小流变控制，导致水合氧化铝与多处醇酸树脂基体发生相互排斥。因此，溶解载体及其与氧化铝分散体的牛顿流动呈现为与快速松弛过程相关的、在较宽范围内储存模量和损耗模量为线性斜率的恒定复数黏度。由于未改性氧化铝未与胶体体系缠结网络微观结构结合，较大的损耗模量和较小的储能模量证明了该体系的黏性流动特性。氧化铝的高表面积/体积比和分散性使流体动力学阻力增加，纳米尺寸填料的体积位阻效应更大。因此，由于溶解度参数匹配，使薄膜 PPy 含量与亲油

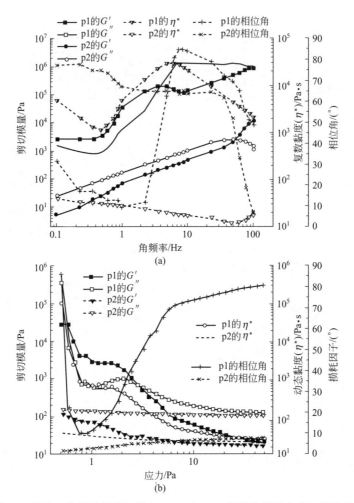

图 6.4 (a) 在 1Pa 的应力作用下频率扫描和 (b) 在 1Hz 频率条件下应力扫描的动态流变性特征

基发生相互作用,从而在 D1 体系中产生很好的界面结合力[77]。溶解的聚合物基料液相与高分散粒子间界面吸引力的增强阻碍了聚合物链段的高流动性和有效载荷传递的有效大量流体流动。

恒定速率应力载荷结果如图 6.5(a) 和 (b) 所示,而图 6.5(c) 为蠕变试验结果。对于黏弹性的 D1,高应变率区域存在着较大滞后现象以及剪切变稀效应的不同斜率,这与粒子关联和重排的不同强度和尺度有关 [图 6.5(a)]。在所有应变速率的正向 (fw) 和反向 (bw) 段,表观动力学黏度产生较大的触变指数,说明粒子的重取向速率适中,胶体结构的恢复发生滞后。除了较大的触变性之外,连续的剪切变稀与相互连接絮凝物破坏的增加以及随后絮凝结构逐渐损耗-聚集或絮凝粒子的桥接再生有关。尽管如此,所有粒子间相互作用似乎都随着高速率持续应变而减弱,导致微凝胶絮体系统的完全破坏,这一现象通过拦截速率下的渐近动力学流动阻力(与氧化铝分散体的测试结果相同)得以体现。高屈服应力 [图 6.5(b)] 和低应力下较大抗蠕变性 [图 6.5(c)] 表明该体系为高度相连的絮状结构,高度分散的 p1 粒子(具有有效的高体积分数特征)间具有相互作用很强的微结构。

对于黏塑性的 D2,假塑性黏性高剪切变稀现象表明对松弛和堆积具有较低阻力的纳米管细丝的快速旋转取向行为 [图 6.5(a)]。适当的触变本质(28350Pa/s)和较低的屈服应力(6.5Pa,表 6.3)也支持纳米管负载 p2 粒子的快速松弛和快速重定向这一观点。在只有

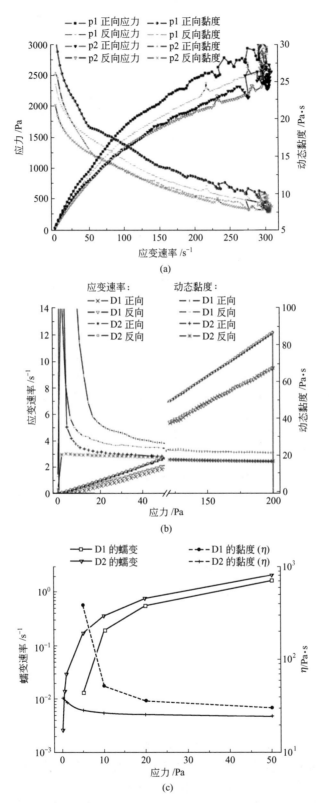

图 6.5 粒子分散体的稳态流变测试——正向（fw）和反向（bw）测试结果
(a) 施加的剪切应力；(b) 应变率；(c) 蠕变率以及表观动态黏度

多壁碳纳米管的半稀释状态体系中，尽管平均长径比为100的纳米管体积分数低于体积分数为$7×10^{-3}$的流变学渗流阈值[78]，但其表观黏度很高。此外，从絮凝体相互作用的快速破裂（缓慢恢复）和各向异性纤维的逐渐磨损（较快恢复）可推断出粒子分散性不太好，有效载荷转移效率低，应力阈值抗流动屈服低[图6.5(c)]。通过各种测量发现，对纳米管含量较低[在8.5%~14%（质量分数）之间]的p2型粒子分散体系来说，只表现为高触变性，没有发现纳米管及其丝状粒子的无限团簇、几何（统计）或动力学渗流。因此，建议对MWCNT含量相对较高时的p2体系，通过测试其流变性行为的统计学和动力学渗流阈值来表征其电渗透行为。

6.3.2 涂层和钢基材的研究

6.3.2.1 EIS 监控的浸泡试验

浸泡试验过程中测试的OCP和阻抗数据如图6.6(a)和图6.6(b)~(f)所示，表6.4中为对试验样品的评定。图6.7和图6.8是通过对阻抗数据的分析，得到的与试验结果最符合的等效电路中离散元件的拟合参数。传统富锌Z涂层钢板在试验的前半段（大约浸泡3000h）的混合电位低于-0.9V，表明底漆具有稳定可行的电偶效应、在钢表面的阴极极化特征，以及从热力学角度可以保护钢基材免于腐蚀。但是，这也在一定程度上表明在涂层和基体界面的腐蚀产物对基体腐蚀的抑制效率低。多孔底漆和锌的牺牲阳极作用可以为基体提供长期的主动保护。除了高频低相位角的最小值和断点频率向高频区移动[图6.6(b)]外，Z涂层的弱阻挡性质还通过其小阻抗模量的逐渐衰减而得以体现，这是由于缺乏孔隙阻塞效应造成的。Z涂层浸泡552h初始失活之后，OCP向阳极缓慢移动使阻抗模量连续下降。浸泡3000h后，Z涂层的均匀表面极化及电偶效应部分减弱现象变得明显，而涂层浸泡552h、4800h和6100h后，发现涂层具有一定的机械阻塞性和阻挡性。通过横截面SEM观察发现部分锌涂料（约30%）发生强烈的牺牲阳极和自腐蚀行为，腐蚀相在晶界出现。因此锌的强烈牺牲作用导致氧的还原反应速率很高，特别是在界面处的强碱性环境中，还原反应更加明显。因氧化降解和基料的皂化反应使底漆发生严重分层[79,80]，钢基体表面没有检测到肉眼可见的宏观腐蚀点。有趣的是，浸泡6000h的涂层仍有一定程度的阴极保护作用，并且呈现明显的不均匀横向分布，这是由于系统的腐蚀电位保持在-0.8V左右的电位阈值，即使在性能要求苛刻的情况下，该电位阈值也能为钢基材的阴极保护提供足够阳极电流输出的电位阈值（在适当保护屏障涂层下）[81]。

处于0.2~0.3V间的OCP和高阻抗模量[图6.6(c)]表明因电解质作用使涂层出现明显的初始缓慢活化过程，说明H1涂层能持续大约1500h仍能保持非常有效的屏障特征。这些数据表明，除了在锌特定阳极区域出现明显收缩之外，涂层属于有效电阻控制。虽然一般认为具有高受限电偶效应的底漆及其锌含量的活性是基于浸泡2000h后涂层的OCP已经转移到约-0.3V时产生的，但它不应被视为涂层的电容特性。由此通过阻抗谱揭示了涂层内部质量传输方式即电解质渗透过程基本不发生变化。由于测量电解池的几何形状不够完美、电流分布不均以及底漆/面漆和面漆/溶液界面处的涂层表面均不均匀，而使非理想电容相位响应范围较宽。经浸泡2000h轻度活化后，H1涂层持续的钝化保护似乎在浸泡约2400h后得以恢复并且能持续3000多个小时，这可能是由于腐蚀产物聚集的数量很少。OCP向阳极移动很大，大约移到0.4V，并且其较大的电阻控制（比涂层电阻高$1010Ω·cm^2$）说明作为氧电极[82]在钢基体上进行的氧还原反应速率很低。有人指出，金属氧化物电极钝化膜的腐蚀电位和氧还原反应发生在0.4V（相对于SCE），如果存在电偶对，则为0.2V（相对于SCE）[83]。与底漆的初始状态相比，该电位值说明活性阳极面积较小，锌溶解率较低。然而，当OCP向阴极方向移动时，浸泡5000h后，H1涂层固有屏障性能恶化，随着低频

第 6 章 杂化富锌涂层：纳米缓蚀剂和导电粒子掺杂的影响

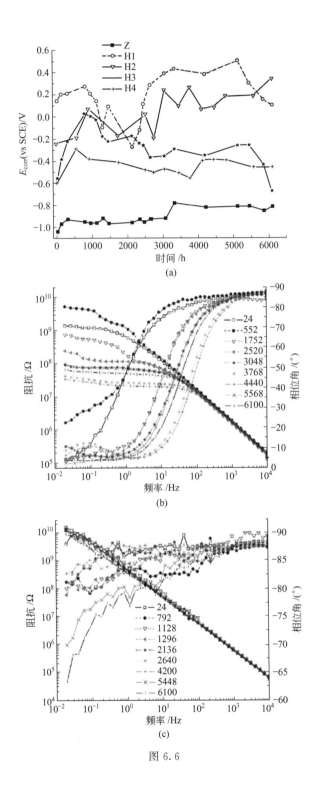

图 6.6

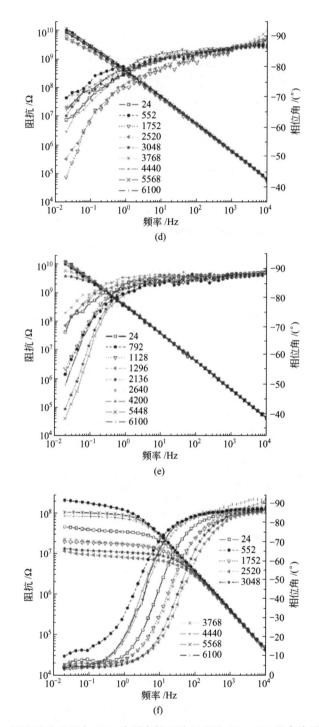

图 6.6 浸泡试验过程中（a）涂覆富锌 Z 涂层以及 H1～H4 混合涂层钢板的腐蚀电位和（b～f）电化学阻抗谱（以 Bode 图形式表示）

相位角最小值的增加，低频阻抗减小。根据其强大的钝化特性，不会出现诸如分层、起泡和基体生锈的腐蚀过程。

可以注意到 H2 涂层具有与 H1 涂层类似的功能，存在微小波动但持续增加的腐蚀电位和持续的高电阻行为［图 6.6(d)］。H2 杂化涂层的保护特性略有改变（与 Z 涂层和 H1 涂层部分相似），其腐蚀电位和阻抗均为时间的函数。浸泡 1000h、3000h 和 4000h，所测的 OCP 向着更正的方向移动，与涂层电容性增加现象相一致，在低频区阻抗振幅较高、最小相位值较低。OCP 稳定地朝着电位更正的方向的变化趋势支持了锌的牺牲阳极作用（降低活性表面）和涂层电偶效应逐渐降低的观点。尽管阻抗模量实际上保持不变，但从阻抗谱可知浸泡 1752h 和 2520h 的涂层通过增加低频相位角而发生活化，这表明底漆中的孔隙体积和孔面积只是稍有增加，渗透进入的电解质比例较小。与 H1 涂层相比，H2 涂层的活化和恢复更频繁，可能是由于聚集在底漆本体相中而很难浸出的少量腐蚀产物的短期孔填充行为造成的。另外，对 H2 涂层与 H1 涂层曲线的尾部进行比较（收敛），发现 H2 涂层的腐蚀电位也是强烈地向正向移动，较低电阻控制，这显然表明沉淀出来的绝缘腐蚀产物在钢铁表面提供了更有效的腐蚀防护作用，这也意味着界面上碱性环境没有发生变化，氧的还原反应总速率很低，所以在钢基体的表面检测到腐蚀点（表 6.4）。尽管如此，由于涂层完全分层，也会发生一定的氧化劣化现象。这种阴极分层现象与即使在纯环氧面漆屏障涂层下也会发生界面电子转移反应现象相一致。除了浸泡试验中缺乏阴极保护功能的证据外，已经证明底漆中高分散 PPy 包封的氧化铝粒子具有高效钝化防护能力以及长期的机械阻塞性。

表 6.4　浸泡试验的测试结果

涂层	起泡程度和密度	分层度	涂层脱落
Z	2(很少)	大量	不均匀
H1	0(没有)	没有	—
H2	0(没有)	完全	均匀
H3	0(没有)	没有	—
H4	1(很少)	轻微	不均匀

对于负载纳米管纳米粒子的 H3 涂层［图 6.6(e)］，OCP 和阻抗的改变表明涂层的阻挡特性、早期活化到浸泡 400h 时间内具有一定的阴极保护作用，以及随后从浸泡 2500h 开始的稳定期。整个测试过程中高阻抗振幅以及在浸泡早期和晚期的低相位最小值（在 $-75°$ 和 $55°$ 之间）、在中期和晚期浸泡时测得的低频区断点频率位置均表明该涂层具有很好的钝化保护作用。浸泡 1300h 左右，阻抗模量有所下降，这与涂层的快速活化和堵塞，以及腐蚀电位正移有关。由于涂层的电渗流依赖于中等分散的 p2 粒子（而不是非渗透性的各向同性微米尺寸的锌），纳米管支撑的细丝将锌粒子和钢基体连接在一起。随着 OCP 在浸泡 1500h、2500h 和 5500h 逐步负移，支撑簧的绝缘性似乎缓慢下降，直到 $-0.7V$ 的抑制阴极电位才得以结束。随后涂层的阻挡性能得以稍微恢复，这一特征通过浸泡约 1300h、2600h 和 6100h 后涂层具有更大的电容性质，以及 OCP 微小的正移而得以体现出来。在浸泡 2600h 左右孔堵塞作用最为有效，从而提高了涂层的阴极保护能力。也就是说底漆本体相中牺牲阳极组分中活性阳极表面的减少，但是在钢基体/涂层界面仍保持电接触，从而使该界面处的环氧基料发生严重的氧化失效（见第 6.3.2.3 节）。

与 Z 涂层相似，H4 涂层表现出稳定的腐蚀电位变化过程，从开始浸泡到浸泡约 2000h 期间，其腐蚀电位为 $-0.4V$；从浸泡 2000h 到 3500h 期间腐蚀电位为 $-0.5V$；从浸泡 3500h 到 4000h，其腐蚀电位变为 $-0.6V$。根据腐蚀电位的变化，可以预见浸泡 500h 和 4000h 涂层状态随之发生的变化情况。浸泡 4000h 到浸泡试验结束，OCP 仍保持在 $-0.4V$

和 $-0.5V$ 之间。阻抗数据表明屏障功能的恢复：在浸泡550h的短暂恢复，从浸泡3000h到浸泡结束的长期恢复［图6.6(f)］。第一个恢复是由于填孔的腐蚀产物使涂层轻度失活，随后在接下来的2500h电解质发生中度浸润现象。从3500h一直到浸泡试验结束，由于腐蚀产物在涂层/钢界面以及底漆本体相的沉积，而使涂层出现部分缓蚀作用和钝化保护作用。大约$-0.5V$的稳定OCP表明纳米粒子对锌的电相互作用适中，使其起到一定的电偶效应抑制作用和一定程度的阴极保护作用。从开始到浸泡约550h这一阶段，在0.1Hz出现较小的第二个时间常数，表明氧化还原反应发生在钢表面的比例不断减小的情况。H3涂层和H4涂层都未出现起泡现象，H3涂层没有出现内聚力或黏附损失，H4涂层有少量脱黏，表明界面电子转移反应的低速率（或短期）和小范围（非均匀）分布会导致部分阴极分层失效。有趣的是，通过SEM观察，H3和H4混合底漆的横截面中并没有发现晶界处出现锌的腐蚀产物沉积现象。

根据建立的等效电路分析交流阻抗数据，从开始浸泡到浸泡4500h，Z涂层的孔隙电阻（R_p）一直以和电荷转移电阻（R_{ct}）相似的方式降低，在浸泡约5000h时孔隙电阻最低［图6.7(a)和(b)］。试验过程中发现涂层电容与电阻的变化趋势基本相同。与预期相同，

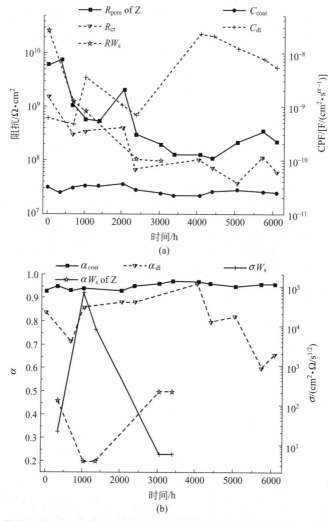

图6.7 传统的富锌涂层Z在浸泡试验过程中测得的交流阻抗拟合结果（a和b）
［等效电路$R_s(Q_c(R_p(Q_{dl}(R_{ct}W_s))))(1)$；等效电路$R_s(Q_c(R_p(Q_{dl}(R_{ct}))))(2)$］

但随时间增加，涂层电容减小。这与有限扩散元件的电阻持续下降一致，表明穿过涂层的质量传递阻力变小（见低频区），浸泡 3500h 的阻抗谱仍能观察到这样的现象。浸泡时间在约 1000h 和 1300h 之间，通过涂层的典型孔扩散过程的溶液质量传输阻力变大，体现在沃伯格阻抗指数为 0.5 以及其扩散系数高了几个数量级。有趣的是，它没有转化成阻力更大的涂层电容，但是发现浸泡大约 1000h 和 4000h 双电层电容分别达到极值和最大值。因此，有限扩散的沃伯格阻抗分散的分散程度较小，其原因是底漆中的物质传递空间分布不均匀、腐蚀产物在较高 pH 界面处（由于还原反应集中在钢界面上而使其成为碱性环境）的部分溶解和运输，以及在中性或微酸性环境的底漆本体内和外部发生的沉积。

浸泡大约 400h、2000h 和 5800h，孔隙电阻间歇上升（以较大的低频阻抗测量），与腐蚀产物对涂层阻挡性能有所增加的现象一致。由于腐蚀产物的滤出，阻挡作用只能持续一小段时间。短期持续的腐蚀产物使涂层阻挡本质略微增强，也就是说，向外的质量传输使底漆以较快的速率发生消耗。另外，当涂层电阻变大时，双电层电容达到极值，这与前面的假设一致。腐蚀产物的沉积对钢具有腐蚀抑制作用，在浸泡 3000~4500h 期间，腐蚀产物能够将底漆与其基体在一定程度上隔离开来，因为除了通过电解质增强涂层活化之外，OCP 结果表明没有或只有不完全的界面阴极极化现象（腐蚀电位正移）。这与扫描电子显微镜和 X 射线光电子能谱检测到的涂层上的溶胀斑点以及钢表面和横截面存在大量腐蚀产物的结果是一致的。虽然双电层电容在浸泡后期似乎有较大下降，但是涂层和电荷转移电阻的微小增加可以通过更稳定的机械阻塞恢复和更低的电子转移反应速率，尤其是涂层/钢界面氧化还原反应现象来解释。堆积的腐蚀产物的抑制作用逐渐衰退并不意味着涂层不发生阴极极化现象。事实上，基体电偶保护作用的减小与因底漆内以及钢界面孔隙处填充物质积聚而造成电渗流的部分衰退有关。一方面，在相同条件下（R_{ct} 约为 $3.5×10^3 Ω·cm^2$）[84]，与裸钢相比，电荷转移电阻幅度要高出几个数量级，使整个浸泡试验过程中涂层的缓蚀效率良好。另一方面，在浸泡 600h 和 5800h 时，由于常相位角元件参数可以部分地转移到沃伯格元件参数上，所以双电层电容指数表明涂层/钢界面以及界面附近底漆本体区域中的质量输送对其产生明显影响。

对于 H1~H4 杂化涂层，等效电路中只有一个并联电路 [图 6.8(a)~(e)]。在浸泡 500~3200h 期间，高阻隔涂层 H1 和 H3 表现出较强的钝化保护作用，而涂层 H2 和 H4 的保护作用因孔堵塞的阻隔作用而有所下降。另外，相对于掺入 MWCNT 的 H3 和 H4 涂层（约 10^8~$10^{10}Ω·cm^2$），无纳米管 H1 和 H2 涂层（约 10^{11}~$10^{12}Ω·cm^2$）的孔隙电阻明显要高。尽管如此，仍然将 H1 涂层、H2 涂层和 H3 涂层划分为高度交联、均匀的 I 型涂层，根据 H4 涂层电阻行为将其划分为交联程度较低的、不均匀的 D 型涂层。因此，底漆中较高的锌含量使交联空间密度较低将使孔隙阻力下降（尽管填料相结构被基料包封），在锌含量较高的情况下，即使加入底漆和基料的纳米管粒子使锌粒子相对量减少，增加掺入的表面改性纳米管数量也会产生同样的效果（表 6.2）。涂层 H1 与涂层 H3、以及涂层 H2 与涂层 H4 的电容变化曲线，更确切地说是常相位元件的恒定变化，随时间的变化趋势相似 [以及图 6.8(b)]。此外，在大多数情况下，孔隙电阻增加与涂层电容降低趋势一致。尽管锌粒子含量较低，但 H2 涂层的常相位元件一直高于 H1 涂层，这与底漆中粒子含量之间的差异有关，涂层电阻在浸泡约 6000h 时尾端出现收敛现象，两种涂层电阻发生相交，可能原因为锌含量增大使初始界面的面积增加，以及高分散粒子的有效相互作用增加了 H2 涂层的孔隙率。活性锌表面积和孔隙率随着时间推移而降低，使 OCP 正移，使涂层阻力稍微受到一点影响。有趣的是，孔较少的 H3 涂层电容明显大于 H4 涂层，表明与 H1 涂层和 H2 涂层趋势相反，可能原因是纳米粒子含量增加以及 H3 涂层中密排聚集体以渗透丝的形式存在。杂化涂层中没有双电层电容元件，因此可以通过比较孔隙电阻、涂层电容以及 OCP 推测界面

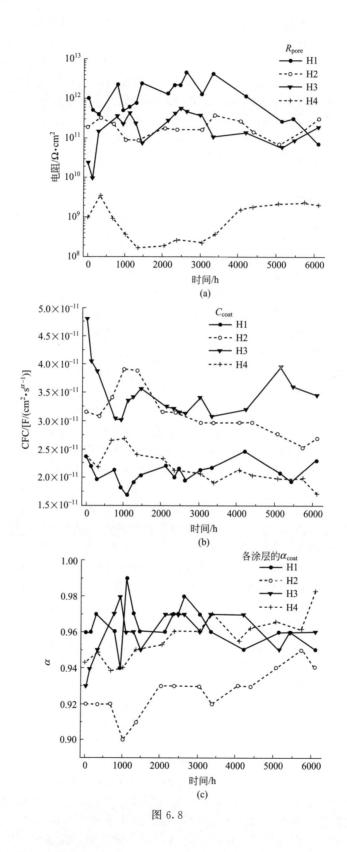

图 6.8

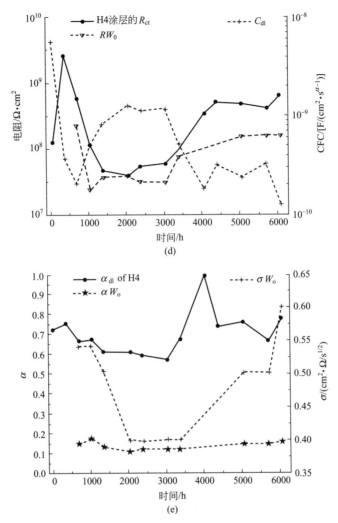

图 6.8 浸泡试验过程中测试的阻抗谱拟合结果：（a～c）H1～H4 样品；（d 和 e）H4 涂层模拟的第二并联电路元件的参数 ［H1～H3 涂层的等效电路为 $R_s(Q_c(R_p))(3)$；H4 涂层的等效电路为 $R_s(Q_c(R_p(Q_{dl}(R_{ct}W_o))))(4)$］

沉积的腐蚀产物对腐蚀的抑制行为。因此，H4 涂层具有显著的抑制作用和轻微的阴极表面极化能力，但是对于其他三种杂化涂层来说，由于其孔隙阻力远高于 H4 涂层，所以 H4 涂层的这种腐蚀抑制作用并不适用于其他三种杂化涂层。除了在浸泡早期具有最高的孔隙率外，H2 涂层在浸泡后期的常相位角元件指数接近于理想的电容行为，这一点与其他三种涂层在浸泡后期的常相位角元件指数特征相似。

与电渗流 H1、H2 和 H3 涂层（程度不同）相比，由于高锌含量和特定粒子（p2）的组合，H4 涂层既具有电渗流特性又具有电解渗流特性。与 H3 涂层相比，H4 涂层基料中的 PPy 和氧化铝含量较低，使其电容常数下降，但其随时间的变化趋势与具有相同配方的 H2 涂层相似。H4 涂层初始透水性结构体现为在较低频率添加至少有两个时间常数的电路元件［图 6.8（d）和（e）］。虽然在浸泡 1400～4000h 期间，H4 涂层的电荷转移电阻保持在约 10^7 $\Omega \cdot cm^2$，但浸泡后期电阻值约为 10^8 $\Omega \cdot cm^2$ 的 H4 涂层相比于 Z 涂层对钢表面的腐蚀抑制作用更明显。H4 涂层与常相位角元件有关的双电层电容更稳定，至少比 Z 涂层的双电层电容［图 6.8（a）］要低一个数量级［图 6.8（d）］。在局部连接中，浸泡 1000h 和 3200h 期间显示出的更大的双电层电容是由于 H4 涂层较低孔隙电阻造成的。H4 涂层双电层电容的常相位角元件指数大约为 0.7，比 Z 涂层大约低 0.15，表明 H4 涂层和钢表面之间的界面是高度多孔的[图 6.8(d)]。对 Z 涂层来说，浸泡最后阶段的常相位角元件指数与在钢表面上检测到的大量腐蚀产物有关，该腐蚀产物能明显影响涂层的表面孔隙度，以及通过底漆中多孔层的质量传输过程。H4 涂层的常相位角元件指数在浸泡 4000h 时变成理想的电容特征（约为 1），并且伴随着孔隙电阻和电荷传输电阻的增加、双电层电容降低以及 OCP 正向移动，表明在界面和底漆中的封孔作用起到作用。采用半无限扩散模型沃伯格元件对 H4 涂层中与阻抗有关的质量传输过程进行拟合。尽管开始浸泡时 H4 的阻抗值与 Z 涂层阻抗值的变化趋势相同，但从浸泡 1000h 开始，H4 涂层的阻抗变化趋势与 Z 涂层相反。约 0.15 的极低指数[图 6.8(e)]部分归因于钢表面极不均匀的失效现象（如 Mansfeld 等人[85]描述的厚涂层中许多单元电解池），这可能说明多孔扩散过程存在较大空间范围，该现象反映在涂层和双电层电容相关的常相位角元件指数上。然而，与 Z 涂层相比，集中在钢表面附近涂层中的沃伯格阻抗的高分散性是由于涂层/钢界面中较高的 pH 梯度和底漆中受阻的物质传输造成的。在中性或微酸性环境下，碱性物质的少量溶解和传输过程促使底漆内部的腐蚀产物和大量沉积物脱除出来。

H1 涂层、H2 涂层和 H3 涂层低频区的阻抗数据显示为低相位角最小值，表明涂层没有出现破裂，这一现象说明阻抗法的结果与根据涂层评价方法、涂层劣化检测以及涂层失效预测的结果相一致[86]。这几种涂层样品在 $10^2 \sim 10^4$ Hz 范围内阻抗/频率斜率为 -1，这是对涂层降解采取的另一种评估方法[87]。在浸泡测试中涂层样品 OCP 正移（与没有添加任何试剂的环氧树脂一样属于明显的电阻控制），这一现象是由于该涂层发生高度交联和具有最小渗透率而使界面缺乏电解液而进行的氧还原反应造成的。据文献报道，在钝化金属氧化物电极和热氧化电极上，氧的还原反应分别在开路电位为 $0.4V_{SCE}$ 和 $0.2V_{SCE}$（如果存在电偶对）时发生，这与 Evans 提出的观点一致[82]。带有环氧涂层的新暴露的钢基材具有优异的阻隔性能，当聚合物涂覆的钢作为氧还原反应的电极时，OCP 约为 $0 \sim 0.25V$。在该电位范围内，发生腐蚀的面积比例能低至样品整个几何表面的 10^{-3}%。随着阳极面积的比例增加，涂层钢的电位下降，收敛到 -0.65V 左右。由于测试涂层的电位增加是一种有效的涂层失效检测方法，因此当腐蚀性金属基体表面积很小时，具有良好阻隔涂层体系的电位降低较多。由于纯锌在海水中的电位约为 $-1.050V$[11]，在所有情况下，与锌（牺牲阳极）相邻的铁一定是阴极。根据 Evans 的预测[82]，对杂化涂层测量的任何 OCP，在 10^{-11} A/cm² 的电流密度下，99.99% 的涂层范围均位于 Evans 图的范围内。另外，对于 Z 涂层和 H4 涂层，在测试期间，在 $10^{-3} \sim 10^{-2}$V 范围的电位降显示稳定增加的趋势。对于 H1 涂层、H2 涂层和 H3 涂层，在约 50pA/cm² 的电流密度下，电压降要比 Z 涂层和 H4 涂层大得多，大约为 10^1V 和 $10^0 \sim 10^{-1}$V，并表现出整体下降趋势。因此，根据直流电流测量的工程分类，将杂化涂层称为高阻隔涂层[88]。

为了估算 ZRPs 的等效相对介电常数-初始容量之间的关系，利用已成功应用于环氧基纳米氧化铝[89]和氧化锌[90]体系的 Lichteneker-Rother 模型指数混合规则，计算由环氧树脂、纳米氧化铝、PPy、CNTs 和氧化锌组成的底漆的介电常数[91]。根据 Brasher-Kingsbury 关系式[92]的推测和方法，即使聚合物因吸湿而膨胀，也仍然假设涂层厚度在浸泡试验期间保持恒定。假定还原树脂基料和用于 CPE 中阻抗的涂层的吸水量分别为：Z 涂层 22%~33% 和 10%~14%，H1 涂层 4%~12% 和 3%~9%，H2 涂层 9%~19% 和 6%~14%，H3 涂层 7%~14% 和 5%~10%，H4 涂层 2%~10% 和 1%~6%。此外，根据基于断点频率评估方法的嵌套对模型的分析，为了预测缺陷区的相对增加[95]，并进行分类评估[93,94]，用 Bode 相图中经过 -45° 的断点频率以及由涂层分层决定的钢表面上的氧化还原活性区域的相对增加评价浸泡期间的涂层/钢样品。具体结果如下：Z 涂层的断点频率高于 $10^0 \sim 10^2$ Hz，相对面积增加到 5×10^4（占总面积的 $10^{-5}\% \sim 10^{-3}\%$），H1 涂层的断点频率高于 $10^{-3} \sim 10^{-2}$ Hz，相对面积增加总是低于 2×10^1（低于总面积的 $10^{-6}\%$）；H2 涂层的断点频率高于 $10^{-2} \sim 10^{-1}$ Hz，相对面积增加到 10^2（低于总面积的 $10^{-6}\%$）；H3 涂层的断点频率高于 $10^{-3} \sim 10^{-1}$ Hz，相对面积增加到 5×10^2（低于总面积的 $10^{-5}\%$）；H4 涂层的断点频率高于 $10^0 \sim 10^2$ Hz，H4 涂层的相对面积增加小于 10^5 倍（占总面积的 $10^{-5}\% \sim 10^{-2}\%$）。氧化还原活性区域的相对面积也称为孔隙的表面积比、涂层中所有破坏或缺陷的微电池面积比，杂化 ZRPs 涂层符合这一比例，但是这一面积比低估了传统的 ZRPs 型 Z 涂层。涂层的断点频率与该涂层下金属基体（该基体需要满足以下三个基本假设）表面具有氧化还原活性的表面积具有一定的比例有效性，才能对涂层进行评价：①断点频率与涂层厚度无关，因此其与剥离面积成正比；②腐蚀性金属的面积与孔面积相同；③在腐蚀发展期间涂层的介电常数是恒定的。浸泡基体后，Z 涂层不满足第二个和第三个假设，但是杂化 ZPRs 涂层在暴露几天之后（至少使孔隙和涂层表面比呈恒定或稳定状态）可以很好地满足这几条假设。

6.3.2.2 辉光放电发射光谱

图 6.9 和图 6.10 中给出了 H2 和 H4 底漆中检测到的主要元素的深度剖面数据。与阻抗谱结果所显示的涂层固有阻挡性质一致，浸泡试验后，底漆的整个横截面中没有发现涂层元

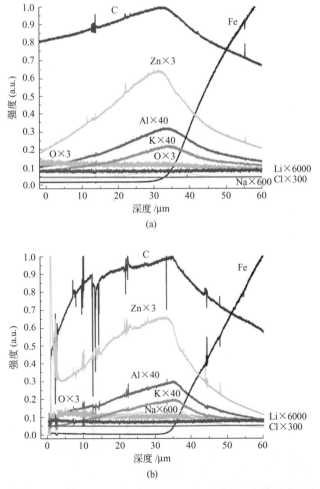

图 6.9 浸泡试验之前（a）和之后（b），采用 GD OES 测试的 H2 涂层截面上元素的相对强度

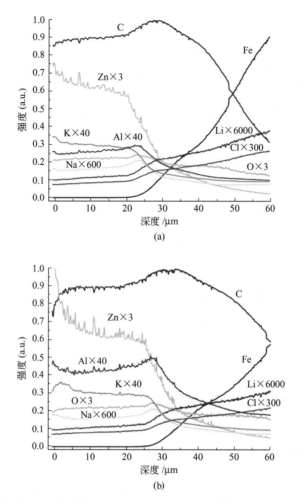

图 6.10 浸泡试验之前（a）和之后（b），采用 GD OES 测试的 H4 涂层截面上元素的相对强度

素尤其是锌和氧的贫化或富集。与底漆本体相中碳和锌的原子分数相比，在腐蚀发展后溶液中并没有检测到相对含量更大的元素，但是大部分元素例如铝、钠、钾的含量与锌的含量成正比，很明显这几种元素可能是杂质。这也说明，尽管 H4 富锌杂化涂层的阻抗数据表明该涂层具有多孔性质，其孔隙电阻在 $10^7 \sim 10^8 \Omega \cdot cm^2$ 之间，H2 和 H4 富锌杂化涂层的离子渗透性-导电性非常低。

6.3.2.3　X 射线光电子能谱

图 6.11(a)～(d) 为浸泡试验过程中 Z 涂层和 H1～H3 涂层样品的钢板表面的 XPS 检测结果，其峰强度与元素含量相关。检测元素和成分的相对含量更适用于定性分析，其数据见表 6.5。表 6.6 总结了与腐蚀过程相关的主要元素和成分的比例，从而使人们对涂层的功能和特征有所了解。

检测结果显示，铁元素在 Z 涂层中以 +2 价和 +3 价的混合物形式存在，而在 H1 涂层、H2 涂层和 H3 涂层中除了偶尔有少量的金属铁，铁元素主要以 +3 价存在［图 6.11(a)］。H1 涂层和 H2 涂层基料（碳）中氧化铁的相对含量（表 6.5）大大高于 Z 涂层和 H3 涂层中的含量。对 Z 涂层而言，甚至观察到了严重的分层和脱黏现象，含碳残余物数量的增加是由环氧树脂氧化降解引起的，这一现象与底漆增强的电偶作用、界面电子转移反应以及氧的还原反应相一致。在 Z 涂层和 H1 涂层中可以检测到一些金属锌，但是大部分锌元素还是以

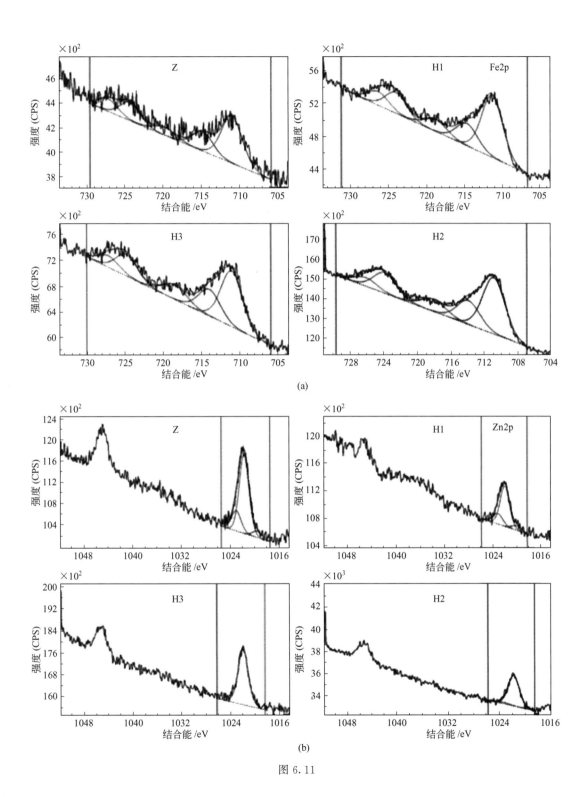

图 6.11

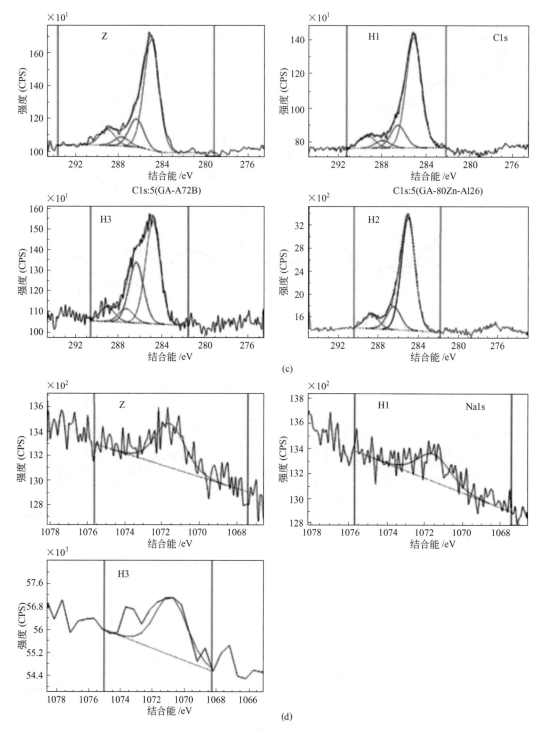

图 6.11 浸泡试验后钢表面的 XPS 光谱
(a) Fe 2p；(b) Zn 2p；(c) C1s；(d) Na 1s

表 6.5 XPS 测试得到的浸泡试验后涂层钢板表面的元素比

涂层样品	元素（区域）	结合能/eV	化学状态（相对比例）	含量（原子分数）/%
Z	Fe 2p	710.9	Fe_xO_y[薄 Fe(Ⅲ)富集相]	7.5
		706.8	Fe(O)	0.08
	Zn 2p3/2	1022.2	ZnO	4.5
		1024.0	$Zn(OH)_2$	0.14
		1019.6	Zn(O)	0.1
	O 1s	530.2	Fe_xO_y	18.1
		531.8	—OH,O=C—	19.7
		533.4	OO—C	4.2
	C 1s	285.0	C—C	25.3
		286.6	—C—O	5.5
		288.6	—C=O	4.0
		289.7	—C=O(O)	1.1
	Na 1s	1072.1	Na_2O、NaCl、Na_2CO_3 或磷酸盐	1.7
	K 2p3/2	292.8	卤化物和磷酸盐	0.3
H1	Fe 2p	711.5	Fe_xO_y[薄 Fe(Ⅲ)富集相]	14.5
	Zn 2p	1021.7	ZnO	2.8
		1022.9	$Zn(OH)_2$	0.8
		1019.6	Zn(O)	0.3
	C 1s	285.0	C—C	27.4
		286.4	—OH	5.6
		287.9	—C=O	1.3
		289.0	—C=O(O)	3.2
	O 1s	531.5	O=C—、HO—Fe 和 Zn	14.7
		530.0	O—Zn 和 Fe	21.5
		533.0	OO—C	3.9
	Na 1s	1071.5	Na_2O、NaCl、Na_2CO_3 或磷酸盐	0.8
H2	Fe 2p	711.1	Fe_xO_y[薄 Fe(Ⅲ)富集相]	16.9
	Zn 2p	1021.7	ZnO	4.4
		1022.9	$Zn(OH)_2$	0.2
	C 1s	285.0	C—C	25.5
		286.4	—OH	5.5
		288.7	—C=O(O)	3.5
	O 1s	531.5	O=C—、HO—Fe 和 Zn	15.3
		530.0	O—Zn 和 Fe	25.0
		533.0	OO—C	3.7
	Na 1s	1072.1	Na_2O、NaCl、Na_2CO_3 或磷酸盐	0.2

续表

涂层样品	元素(区域)	结合能/eV	化学状态(相对比例)	含量(原子分数)/%
H3	Fe 2p	710.7	Fe_xO_y [薄 Fe(Ⅲ)富集相]	5.3
		713.4	$Fe(OH)_x$(部分)	1.6
	Zn 2p	1022.0	ZnO 和 $Zn(OH)_2$	8.1
	C 1s	284.8	C—C	16.6
		286.3	—OH	9.7
		287.2	—C=O	2.3
		289.0	—C=O(O)	2.5
	O 1s	531.2	O=C—、HO—Fe 和 Zn	16.8
		530.4	O—Zn 和 Fe	10
		529.8	OO—C	10.4
	Na 1s	1072.1	Na_2O、NaCl、Na_2CO_3 或磷酸盐	1.6
	K 2p3/2	292.8	卤化物和磷酸盐	0.4

表 6.6 浸泡试验的钢表面 XPS 数据中的元素比例

项目	Z	H1	H2	H3
总 Zn/Fe 含量	0.6	0.2	0.3	1
Fe 含量/总 C	0.21	0.39	0.49	0.17
与 C 结合的 O/总 C 含量	0.3	0.3	0.3	0.5
碱性物质/铁含量	0.3	0.1	0.01	0.3

氧化锌形式存在，氢氧化锌的含量较低 [图 6.11(b)]。在界面沉淀的氧化锌的相对含量（相对于氧化铁）在 H3 涂层和 Z 涂层中较高，而在 H1 涂层和 H2 涂层中较低（表 6.6）。通过测定双金属腐蚀电偶的总速率（在整个测试周期内），也就是底漆的电偶作用，可以确定没有添加纳米管的杂化涂层 Z 和 H3 中因锌的存在而产生的强烈电偶作用和较低的腐蚀速率。尽管重复测量结果表明，H3 涂层的钢/涂层界面处的锌腐蚀产物含量低得多，但其腐蚀产物含量仍然超过 H1 涂层和 H2 涂层中的平均水平（电阻控制的结果），说明填充剂相的良好渗透结构和腐蚀产物具有防止钢基体腐蚀的能力，与富锌底漆体系的阳极电流输出及其对钢基体阴极保护效率密切相关。界面积累的锌腐蚀产物的腐蚀抑制效果，在杂化涂层中明显比在 Z 涂层中更为有效，Z 涂层中产生的碱性环境和底漆的高孔隙度降低了界面处积聚的腐蚀产物的腐蚀抑制作用，正如该涂层的腐蚀电位、电阻和电容所得到的结果一样。由于铁和锌的氧化物/氢氧化物的相对含量较高，表明含氧物质由不同化合物组成。关于 H3 涂层 XPS 谱的氧元素峰位，虽然锌的化学状态不能被分解成不同组分（含氧）的峰位，但腐蚀的铁可以分峰为氧化物和氢氧化物，说明腐蚀产物为氧化铁和氢氧化铁。涂覆杂化涂层的钢表面没有肉眼可以观察到的铁腐蚀的斑点，Fe 2p 谱图与在室温环境中形成的天然氧化铁具有相同的特征[96]，这证明了在浸泡试验之前大部分钢表面已被氧化的假设，并且杂化涂层在整个浸泡期间肯定对基体提供了腐蚀防护。

在所有研究的样品中，环氧基料氧化性的总转化-降解几乎相同（表 6.6）。然而，与其他样品 [图 6.11(c)] 相比，H3 涂层中被氧化的碳的比例表明羟基型（而不是羰基或羧基型）降解所占比例更大 [图 6.11(c)]，清楚地说明底漆和钢基体间应该发生了增强的电子转移反应，而 MWCNT 对 ORR[10] 的催化作用并没有受到 PPy 半导体膜的抑制。

根据涂料的电偶作用和有机基料氧化降解的趋势（包括基料的各种交联度取决于固体夹杂物相对量），在 Z 涂层和 H3 涂层中都发现了大量的钠元素，也发现了钾元素（明显高于其检测极限，并且检测的钾/钠的比值大于溶液中的比值）[图 6.11(d)]，但 H1 涂层和 H2 涂层中钠的含量较少，接近其检测极限，而且在这两种涂层中都没有发现任何钾的迹象。

6.3.2.4 盐雾试验

表 6.7 归纳了盐雾试验后样品的评估结果，样品表面图片如图 6.12 所示。测试结果表明，H1 涂层具有稳定的屏障功能，对划痕区附近的分层和铁锈的形成具有相当大的阻碍作用。涂层的脱落和后期劣化现象表明 H1 涂层对基体具有良好的保护作用。H2 涂层显示出更好的保护特性，在划痕区域周围具有非常好的有效的防腐性和抗分层性。甚至被盐覆盖的区域似乎处于更好的保护状态，涂层的退化程度较低，这支持了涂层具有良好的半活性/钝化本质的观点。一部分被覆盖区域分散着一些小水泡，但只有数量为小水泡一半的大水泡是因生成铁锈而造成的。由此得到优化的杂化涂层方案为：采用高含量的锌和低含量的某些特定粒子形成具有低孔隙度和电解电导率，以及低阳极电流输出的涂层来保护钢基体。划痕周围的小规模腐蚀、较低程度的污斑以及涂层劣化的后期和非常低的分层前端迁移进程，这些都表明了其具有较强的防护能力。

表 6.7 盐雾试验结果

涂层	起泡程度和密度	完整表面上生锈程度(Ri)和面积/%	划痕周围的腐蚀等级和分层
Z	3	2(少量)	Ri 3,1	3 级-轻微
H1	3	3(适中)	Ri 3,1	2 级-轻微
H2	2	3(适中)	Ri 2,0.5	2 级-非常轻微
H3	3	2(少量)	Ri 3,1	3 级-轻微
H4	3	2(少量)	Ri 2,0.5	2 级-轻微

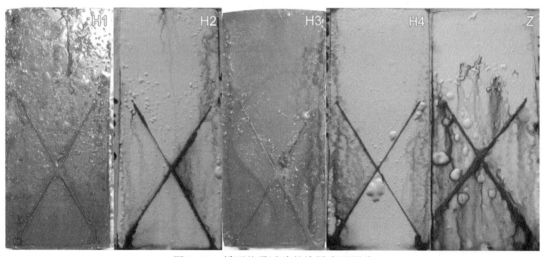

图 6.12 循环盐雾试验的涂层表面照片

负载纳米管的 H3 涂层和 H4 涂层都表现出非常好的状态，在完整区域起泡程度最低，并且在划痕区域周围具有很好的阻止分层的能力。盐雾覆盖区域起泡的敏感度较低，这与填料的没有互连或适度互接（通过纳米粒子的流变学和电渗流的阈值测量出来的）结构相一致，从而赋予涂层主要的钝化保护特征。尽管如此，它们的防腐蚀功能却有着显著差异：在 H4 涂层中，尤其是在交叉线位置，污斑形成速率和铁锈形成量最大，H3 涂层的总体状况良好。

由于锌的 PVC 含量高、基料的涂层孔隙率和交联密度的影响，Z 涂层只能提供适度的抗起泡性，但在划痕区域可以有效地防止腐蚀。该涂层在完好的表面能为钢基体提供一定程度的保护，防止完好表面发生腐蚀和起泡，但其防止起泡的能力明显不如其他杂化涂层。在盐雾箱中暴露 40 天后，发现由于大量腐蚀产物积聚和浸出，导致涂层的劣化速率增加。

6.4 讨论

为了解释不含纳米管的杂化 ZRPs 涂层的保护机制，首先进行如下假设：假设锌涂料和纳米粒子均为球状，在统计学上均匀分布，其平均尺寸分别为 $3\mu m$ 和 30nm。因此，如果金属粒子附近 10nm 距离的体积范围内存在电相互作用，两种粒子之间的活性界面面积估计为整个锌表面的 6%。后者是聚合物复合材料采用电子隧穿机制发生电渗流的典型粒子间最大距离[97,98]。当溶剂化引起的膨胀、分裂或 PPy 片段的桥接聚集的影响可以忽略时，这一机制是合理有效的。PPy 包封的纳米氧化铝粒子平均密度约为 2×10^{20} 个/m^3，降低基料的黏附性，并使穿过基料的低密度路径降低，因此限制了溶液的进入。由于本体相和沿晶界界面之间质量传输的显著差异（至少相差 $10^4 cm^2/s$）[99]，可以得到杂化 ZRPs 涂层中相互作用的锌晶粒是完全活化还是部分钝化。由于纳米粒子对复合材料的影响[100]以及纳米复合材料与金属表面的界面相互作用的抑制[101]，锌的总腐蚀量非常有限。此外，半导体粒子对锌的牺牲阳极电流输出也有影响。因此，由于生成的氧化锌和 PPy 的相互连接形成 n 型和 p 型半导体，所以总机制可能包括部分 p-n 结调节[102]。通过半导体改变金属牺牲作用的机制，从而提高涂层的保护性能[8]。

另外，阳极电流输出和密度必须总是高于受保护基体的电流密度。在 ZRPs 涂层保护的基材中，腐蚀速率由阴极极化控制。因此，当电流密度刚刚超过等效腐蚀电流时，系统的腐蚀电位接近阳极 OCP。在浸泡试验中，因为涂层/钢界面的电荷转移电阻小于沃伯格阻抗（尽管它受到明显的电压降的影响），所以锌的腐蚀是由扩散过程控制的。考虑到需要通过外加电流系统提供 $2 \sim 5 mA/m^2$ 和 $5 \sim 20 mA/m^2$ 的阴极电流，才能使完好涂层和不良涂层分别对钢基体提供稳定保护[103]，结合盐雾试验结果可知，必须由 H2 涂层（和 H4 涂层）才能提供相应的阳极电流输出。因此，纳米粒子的适度相互作用和低空间密度对杂化 ZRPs 涂层的电偶效应有益。尽管这些粒子在基料中分布不均匀，但大部分粒子仍以 50nm 尺寸的大小进行分散。由纳米粒子和锌涂料形成的无限团簇能够促进该涂层的电渗流。计算结果表明，当粒子直径为 10nm 时，杂化底漆的电导率有所提高，这与双重和多重渗流理论[61,104]观点一致，该理论在导电离子尺寸减小和复合材料渗流阈值之间建立了相关性。

为了解释负载纳米管的杂化 ZRPs 涂层的电偶效应以及 PPy 修饰纳米管的作用，首先应了解原始纳米管的影响。通过简化的模型解释此影响，纳米管连接的锌和钢的电路如下。CNTs 将锌粒子通过三维网络连接在一起，钢也连接到该网络结构上。锌电极和钢电极之间的纵向电流传导被称为沿纵向穿过纳米管轴线的电流排流（I_D）。因此，横向方向（垂直于纳米管的轴线）的电流传导被称为阳极锌和阴极钢电极之间的电流泄漏（I_L）。同样地，由于石墨是一种有效的阳极[105]，所以通常用于外加电流的阴极保护系统，但石墨掺入涂料配方中会导致破坏性后果[57]。在我们的方法中，纳米管上 PPy 膜将改变垂直电导率，并且该膜能减少导电层相对周围环境的相对厚度，从而增加多壁碳纳米管表面上的电阻。一般认为碳纳米管的两端没有涂覆 PPy 膜（原始碳纳米管具有轴向电阻率），渗流阈值决定空间互连网络所需添加的纳米管数量。尽管由于粒子运动和动态聚集或者填料在静态路径中随机分布使动力学和统计学渗流阈值之间存在差异[62]，但这两种渗流阈值均为流变学术语，而且渗流阈值影响聚合物复合材料结构与其电性能之间相关性的建立[106,107]。另外，还需要做进一步的假设：负载纳米管的杂化 ZRPs 涂层与溶液均匀接触，并且与主要的去极化剂例如氧气的反应受到溶液渗透速率控制，从而活化了氧化物薄层覆盖下的、具有牺牲阳极作用的锌。具有高表面积和导电性的多壁碳纳米管表现为中立电极，提高了阳极和阴极反应速率。介观电池与金属组分之间的微电偶发生阴极极化反应过程。

多壁碳纳米管是良好的电导体（电导率约为 1.8×10^3 S/cm）[108]，其单根管的电导（G）高达 $490G_0$[109]，纵向电导量化公式为 $G=nG_0$，其中 n 为整数，G_0 约为 $77.5\mu S$[110]。对于杂化涂层来说，高达 7.27mA 的载流能力和约 $460G_0$[11] 的电导足以使其与典型 ZRPs 涂层一样为金属基板提供约 10^{-1}mA/cm 的阳极电流输出[111]。由于碳纳米管能使锌与钢基体产生电连接，所以某些粒子之间可以形成纳米原电池和介观原电池，从而降低阳极电流输出的利用效率，降低涂层的保护性，使钢基体得不到有效保护。更有甚者，阴极纳米管的表面积增加只会加剧这一现象。

尽管已经讨论锌和钢通过纳米管产生的简单电偶结构[96]，但要注意，作为溶液和去极化剂的裸纳米管也可以作为电化学反应的阴极，并因锌和铁的阳极反应产生较高的阴极反应速率。由于阴极反应速率大而且在整个纳米管长度上浪费了大部分的阳极电流输出（如 $R_\mathrm{perp}<R_\mathrm{long}$），因此可以忽略因纳米管纵向减弱的电子传输所产生的电位降。阴极与金属距离越小，发生还原反应的可能性就越大，尤其是在电解质贫化和稀释的条件下，发生还原反应的可能性更大。尽管电偶对效率受稀释电解质低电导率的限制[112]，但多壁碳纳米管传导的电流密度仍然很大。因此，通过碳纳米管连接的锌和铁的电偶腐蚀一定会受到去极化剂的质量传输限制，使涂层和钢基体的寿命大大缩短。耦合电极的形成也可以通过改性或未改性涂层的排流系统进行讨论，因为锌的阳极电流输出不足以对钢基体提供保护，所以纳米管负载的典型 ZRPs 涂层电流效率应该是非常低的，在锌和钢电极的附近，多壁碳纳米管两端接头处电流排流效率很小。排流系统的加速取决于添加组分的电阻大小，电阻越高，电位降越高，两端之间的电流越低。两个电极之间没有耦合的平行传输（$I_\mathrm{L}>I_\mathrm{D}$），使多壁碳纳米管的垂直漏电流体积范围较小，所以牺牲阳极装置的排流效率应该是非常低的，因此，该系统不能为钢基体有效地积聚和输出阳极电流。当碳纳米管电耦合到锌或钢表面时，阴极和阳极的腐蚀速率一定会很高。如果取向合适使其到锌、钢基体两种电极的距离相同，则其腐蚀速率应当平行增加。

使用诸如 PPy 的 p 型半导体对纳米管进行外部修饰旨在克服涂层大部分缺点。该系统由两个金属电极组成：锌和钢通过改性多壁碳纳米管相互连接成"塑料护套"的电流导体，符合外加阴极系统标准[105]。因此，上述机制发生变化，由于正常通道电阻较大（因 $R_\mathrm{perp}>R_\mathrm{long}$，所以 $I_\mathrm{L}<I_\mathrm{D}$），CNTs 上排流在垂直方向优先降低腐蚀速率。因此，已加速的双金属腐蚀速率变得更大，造成纵向电流传输比的增加或电流排流程度的增加。更好的方法是设计具有优化结构性能的原电池，将不同惰性的电极通过孤立的电导体进行连接，从而消除纳米管的阴极行为。

由于连接处电位降出现渗流或隧穿，连接处的电阻应低于 PPy 膜的电阻，该膜控制了作为横向方向电流渗流的去极化剂的还原反应速率。纳米管-锌连接处的电阻还与 CNTs 和锌电极、铁电极之间的隧穿现象有关。因此，纳米粒子高度各向异性长丝的三维渗透排列有利于锌和钢进行电连接。增加离子导电路径的数量和体积有助于增加纳米管负载杂化 ZRPs 涂层的电解液渗透性（如 EIS 数据所反映的那样）。底漆本体相中溶液的电导率越高，产生的活化程度越大。增加阳极电流输出量，会使通过改性纳米管产生的电偶对形成有效的电流排流。为此必须把基料中的纳米管含量增加几倍（相对于 H3 涂层和 H4 涂层中的纳米管含量），才能维持阳极电流的有效排流效率，以及因低阻隔涂层（比电阻约为 $10^7 \Omega\cdot cm^2$ 的"合适的涂层"）中锌对钢基材的牺牲阳极作用增加而产生的电流传导效率。因此，锌粒子之间以及锌粒子与钢基体间相互连接可以使阳极电流输出的排流比最大化、使漏点损失最小化。然而，这个微电池结构必须进行优化，部分原因是亲水性改性纳米管极大地增加了溶液的渗透性，所以牺牲阳极电流的利用率只能保持在一个中度水平。该观点由下述实验结果提供了支撑：负载纳米管的聚合物复合材料的电导率通常随着单位面积或单位体积的接头数量的增加而提高，从而促进电子沿网络和填充路径进行传输[113,114]。另外，当纳米管的相对量接近渗滤阈值时，纳米管聚集体总能赋予复合材料更高的电导率[115]，而负载纳米填料的复合材料的品质融合赋予杂化涂层更先进的功能。

然而，为避免阴极部分表面积增大而形成大密度的介观原电池，多壁碳纳米管和锌粒子所占的质量比应该有一个上限。从这个角度来说，直径较小的 MWCNT 更有利于产生适当阴极表面积的最少固体填料来保持牺牲阳极晶粒的适当电连接。另外，通过高导电性粒子可以改变阳极（锌）和阴极（钢）的面积比，包括改变与基体电连接的晶粒总数以设定渗透厚度、渗透体积范围以及阳极填料的体积浓度、尺寸大小和形状。采取这里所述的方法，根据纳米管类型和粒子组成，在底漆中降低 20%（质量分数）的锌含量仍能保持甚至增强常规 ZRPs 涂层的保护性能。所有锌含量低的杂化 ZRPs 涂层的电偶效应只能依据多重渗流理论进行解释[61]。在由多相组成的体系中，低维结构的取向（如 PPy 膜）优先出现在至少两个不混溶相（如环氧树脂、氧化铝或 MWCNT）的界面处。由于纳米材料[116]可以形成没有宏观渗透的导电路径[117]，所以纳米粒子的排列和底漆的组成将使涂料的电渗流阈值降低。

6.5 结论

有许多方法可以改善传统的富金属涂层。当添加辅助性的导电粒子时，尤其是具有各向同性的粒子时，应当优先选用高分散性的粒子。对于各向异性粒子来说，通常优选一些介观构件及排列方式。然而，导电粒子的最有效的添加方式是选取具有高电导率和最小去极化剂还原能力的粒子。

根据 PPy 改性纳米管的解释说明，在精心设计粒子组成和涂料配方的情况下，具有高度各向异性、同轴的一维碳材料同素异形体是改善 ZRPs 涂层性能的潜在候选物。

从介观粒子和纳米粒子的空间排列和极好的平衡功能的观点来看，纳米粒子和微米粒子的混合物应会产生纳米工程"智能涂层"，具体实施方式需要根据涂层的屏障功能、溶液扩散速率和去极化剂种类来确定。

因此，通过对比 PPy 改性的氧化铝/碳纳米管负载的杂化涂层和常规的 ZRPs 涂层发现，具有更好保护性的杂化底漆是具有适度的介电常数，以及具有因吸收少量的水而产生的低介电损耗的电荷储存能力体系。

致谢

非常感谢 Gábor Lassú 提供辉光放电发射光谱测试。

参 考 文 献

[1] Ross TK, Wolstenholme J. Anti corrosion properties of zinc dust paints. Corros Sci 1977；17（4）：341-351.

[2] Abreu CM, Izquierdo M, Keddam M, et al. Electrochemical-behavior of zinc-rich epoxy paints in 3-percent NaCl solution. Electrochim Acta 1996；41（15）：2405-2415.

[3] Hammouda N, Chadli H, Guillemot G, et al. The corrosion protection behaviour of zinc rich epoxy paint in 3% NaCl solution. Adv Chem Eng Sci 2011；1（1）：51-60.

[4] Abreu CM, Izquierdo M, Merino P, et al. A new approach to the determination of the cathodic protection period in zinc-rich paints. Corrosion 1999；55（12）：1173-1182.

[5] Singh DDN，Yadav S. Role of tannic acid based rust converter on formation of passive film on zinc rich coating exposed in simulated concrete pore solution. Surf Coat Technol，2008；202（8）：1526-1542.

[6] Shi H，Liu F，Han E-H. The corrosion behavior of zinc-rich paints on steel：influence of simulated salts deposition in an offshore atmosphere at the steel/paint interface. Surf Coat Technol 2011；205（19）：4532-4539.

[7] Fishman RS，Kurtze DA，Bierwagen GP. The effects of density fluctuations in organic coatings. J Appl Phys 1992；72（7）：3116-3124.

[8] Jagtap RN，Patil PP，Hassan SZ. Effect of zinc oxide in combating corrosion in zinc-rich primer. Prog Org Coat 2008；63（4）：389-394.

[9] Rodríguez MT，Gracene JJ，Saura JJ，et al. The influence of the critical pigment volume concentration (CPVC) on the properties of an epoxy coating. Part II. Anticorrosion and economic properties. Prog Org Coat 2004；50（1）：68-74.

[10] Giudice C，Benitez JC，Linares MM. Zinc-rich epoxy primers based on laminar zinc dust. Surf Coat Int 1997；80（6）：279-284.

[11] Selvaraj M，Guruviah S. Optimisation of metallic pigments in coatings by an electrochemical tecnique and an investigation of manganese powder as pigment for metal rich primers. Prog Org Coat 1996；28（4）：271-277.

[12] Vilche JR，Bucharsky EC，Giudice CA. Application of EIS and SEM to evaluate the in uence of pigment shape and content in ZRP formulations on the corrosion prevention of naval steel. Corros Sci 2002；44（6）：1287-1309.

[13] Montes E. Influence of particle size distribution of zinc dust in water-based，inorganic，zinc-rich coatings. J Coat Technol 1993；65（821）：79-82.

[14] Schaefer K，Miszczyk A. Improvement of electrochemical action of zinc-rich paints by addition of nanoparticulate zinc. Corros Sci 2013；66（1）：380-391.

[15] Canosa G，Al eri PV，Giudice CA. Environmentally friendly，nano lithium silicate anticorrosive coatings. Prog Org Coat 2012；73（2-3）：178-185.

[16] Bagherzadeh MR，Mousavinejad T. Corrosive inhibition behavior of well-dispersible aniline/p-phenylenediamine copolymers. Prog Org Coat 2012；74（4）：589-595.

[17] Arianpouya N，Shishesaz M，Arianpouya M，et al. Evaluation of synergistic effect of nanozinc/nanoclay additives on the corrosion performance of zinc-rich polyurethane nanocomposite coatings using electrochemical properties and salt spray testing. Surf Coat Technol 2013；216（1）：199-206.

[18] Zhang L，Ma A，Jiang J，et al. Anti-corrosion performance of waterborne Zn-rich coating with modified silicon-based vehicle and lamellar Zn（Al）pigments. Prog Nat Sci：Mater Int 2012；22（4）：326-333.

[19] Jagtap RN，Nambiar R，Hassan SZ，et al. Effect of zinc oxide in combating corrosion in zinc-rich primer. Prog Org Coat 2007；58（1）：253-258.

[20] Li XF，Cui XM，Liu SD，et al. Preparation and characterization of inorganic zinc-rich coatings based on geopolymers. In：Zhang C，Chen N，Hu J，editors. Inorganic thin films and coatings. Key engineering materials，vol. 537. 2013. p. 261-264.

[21] Faidi SE，Scantlebury JD，Bullivant P，et al. An electrochemical study of zinc-containing epoxy coatings on mild steel. Corros Sci 1993；35（5-8）：1319-1328.

[22] Pereira D，Scantlebury JD，Ferreira MGS，etal. The application of electrochemical measurements to the study and behaviour of zinc-rich coatings. Corros Sci 1990；30（11）：1135-1147.

[23] Shreepathi S，Bajaj P，Mallik BP. Electrochemical impedance spectroscopy investigations of epoxy zinc rich coatings：role of Zn content on corrosion protection mechanism. Electrochim Acta 2010；55（18）：5129-5134.

[24] Gervasi CA，Di Sarli AR，Cavalcanti E，et al. The corrosion protection of steel in sea water using zinc-rich alkyd paints. An assessment of the pigment-content effect by EIS. Corros Sci 1994；36（12）：1963-1972.

[25] Baczoni A，Molnár F. Advanced examination of zinc rich primers with thermodielectric spectroscopy. Acta Polytech Hung 2011；8（5）：43-51.

[26] Peart J. Point-counterpoint：organic vs inorganic zinc-rich in the field in defense of inorganic zinc-rich primers. J Protect Coat Linings 1992；9（2）：46-53.

[27] Øystein Knudsen O，Steinsmo U，Bjordal M. Zinc-rich primers—test performance and electrochemical properties. Prog Org Coat 2005；54（3）：224-229.

[28] Feliú Jr S，Morcillo M，Feliú S. Deterioration of cathodic protection action of zinc-rich paint coatings in atmospheric exposure. Corrosion 2001；57（7）：591-597.

[29] Diaz I，Chico B，de la Fuente D，et al. Corrosion resistance of new epoxy-siloxane hybrid coatings. A laboratory

study. Prog Org Coat 2010; 69 (3): 278-286.

[30] Real SG, Elias AC, Vilche JR, et al. An electrochemical impedance spectroscopy study of zinc rich paints on steels in artificial sea water by a transmission line model. Electrochim Acta 1993; 38 (14): 2029-2035.

[31] Akbarinezhad E, Ebrahimi M, Sharif F, et al. Synthesis and characterization of new polysiloxane bearing vinylic function and its application for the preparation of poly (silicone-co-acrylate) / montmorillonite nanocomposite emulsion. Prog Org Coat 2011; 70 (1): 39-44.

[32] Marchebois H, Keddam M, Savall C, et al. Zinc-rich powder coatings characterisation in arti cial sea water: EIS analysis of the galvanic action. Electrochim Acta 2004; 49 (11): 1719-1729.

[33] Meroufel A, Touzain S. EIS characterisation of new zinc-rich powder coatings. Prog Org Coat 2007; 59 (3): 197-205.

[34] Marchebois H, Joiret S, Savall C, et al. Characterization of zinc-rich powder coatings by EIS and Raman spectroscopy. Surf Coat Technol 2002; 157 (2-3): 151-161.

[35] Marchebois H, Touzain S, Joiret S, et al. Zinc-rich powder coatings corrosion in sea water: in uence of conductive pigments. Prog Org Coat 2002; 45 (4): 415-421.

[36] Marchebois H, Savall C, Bernard J, et al. Electrochemical behavior of zinc-rich powder coatings in arti cial sea water. Electrochim Acta 2004; 49 (17-18): 2945-2954.

[37] Meroufel A, Deslouis C, Touzain S. Electrochemical and anticorrosion performances of zinc-rich and polyaniline powder coatings. Electrochim Acta 2008; 53 (5): 2331-2338.

[38] Feliú Jr S, Bastidas R, José M, et al. Effect of the Di-iron phosphide conductive extender on the protective mechanisms of zinc-rich coatings. J Coat Technol 1991; 63: 67-72.

[39] Ling C, Xue JZ, Hui M, et al. Effects of conductive pigments on the anti-corrosion properties of zinc-rich coatings. Adv Mater Res 2013; 652-654: 1830-1833.

[40] Bastosa AC, Zheludkevich ML, Klüppel I, et al. Modification of zinc powder to improve the corrosion resistance of weldable primers. Prog Org Coat 2010; 69 (2): 184-192.

[41] Plagemann P, Weise J, Zockoll A. Zinc-magnesium-pigment rich coatings for corrosion protection of aluminum alloys. Prog Org Coat 2013; 76 (4): 616-625.

[42] Park JH, Yun TH, Kim KY, et al. The improvement of anticorrosion properties of zinc-rich organic coating by incorporating surface-modified zinc particle. Prog Org Coat 2012; 74 (1): 25-35.

[43] Armelin E, Martí M, Liesa F, et al. Partial replacement of metallic zinc dust in heavy duty protective coatings by conducting polymer. Prog Org Coat 2010; 69 (1): 26-30.

[44] Armelin E, Pla R, Liesa F, et al. Corrosion protection with polyaniline and polypyrrole as anticorrosive additives for epoxy paint. Corros Sci 2008; 50 (3): 721-728.

[45] Gergely A, Pfeifer É, Bertóti I, etal. Corrosion protection of cold-rolled steel by zinc-rich epoxy paint coatings loaded with nano-size alumina supported polypyrrole. Corros Sci 2011; 53 (11): 3486-3499.

[46] Avakian RW, Horton SD, Hornickel JH. Cathodic protection coatings containing carbonaceous conductive media. US Patent, 7, 422, 789; 2008.

[47] Gergely A, Pászti Z, Bertóti I, et al. Novel zinc-rich epoxy paint coatings with hydrated alumina and carbon nanotubes supported polypyrrole for corrosion protection of low carbon steel: part II: corrosion prevention behavior of the hybrid paint coatings. Mater Corros 2013; 64 (12): 1091-1103.

[48] Ionita M, Pruna A. Polypyrrole/carbon nanotube composites: molecular modeling and experimental investigation as anti-corrosive coating. Prog Org Coat 2011; 72 (4): 647-652.

[49] Martina V, De Riccardis MF, Carbone D, et al. Electrodeposition of polyaniline-carbon nanotubes composite films and investigation on their role in corrosion protection of austenitic stainless steel by SNIFTIR analysis. J Nanopart Res 2011; 13 (11): 6035-6047.

[50] Salam MA, Al-Juaid SS, Qusti AH, et al. Electrochemical deposition of a carbon nanotube-poly (o-phenylenediamine) composite on a stainless steel surface. Synth Met 2011; 161 (1-2): 153-157.

[51] Hu ST, Kong XH, Yang H, etal. Anticorrosive film sprepared by incorporating permanganate modified carbon nanotubes into waterborne polyurethane polymer. Adv Mater Res 2011; 189-193: 1157-1162.

[52] Fukuda H, Szpunar JA, Kondoh K, et al. The in uence of carbon nanotubes on the corrosion behaviour of AZ31B magnesium alloy. Corros Sci 2010; 52 (12): 3917-3923.

[53] Aung NN, Zhou W, Goh CS, et al. Effect of carbon nanotubes on corrosion of Mg-CNT composites. Corros Sci 2010; 52 (5): 1551-1553.

[54] Li Q, Turhan MC, Rottmair CA, et al. In uence of MWCNT dispersion on corrosion behaviour of their Mg composites. Mater Corros 2012; 63 (5): 384-387.

[55] Turhan MC, Li Q, Jha H, et al. Corrosion behaviour of multiwall carbon nanotube/magnesium composites in 3.5% NaCl Electrochim Acta 2012; 56 (20): 7141-7148.

[56] Aylor DM, Murray JN. The effect of a seawater environment on the galvanic corrosion behavior of graphite/epoxy composites coupled to metals. Research and development report, CDNSWC-SME-92/32, Naval Surface Warfare Center, Bethesda, MD; August 1992.

[57] Hao Y, Liu F, Shi H, et al. The in uence of ultra-fine glass fibers on the mechanical and anticorrosion properties of epoxy coatings. Prog Org Coat 2011; 71 (2): 188-197.

[58] Patchan MW, Baird LM, Rhim Y-R, et al. Liquid-filled metal microcapsules. ACS Appl Mater Inter-faces 2012; 4 (5): 2406-2412.

[59] Jing X, Zhao W, Lan L. The effect of particle size on electric conducting percolation threshold in polymer/conducting particle composites. J Mater Sci Lett 2000; 19 (5): 377-379.

[60] Levon K, Margolina A, Patashinsky AZ. Multiple percolation in conducting polymer blends. Macromolecules 1993; 26 (15): 4061-4063.

[61] Gergely A, Bertóti I, Török T, et al. Corrosion protection with zinc-rich epoxy paint coatings embedded with various amounts of highly dispersed polypyrrole-deposited alumina monohydrate particles. Prog Org Coat 2013; 76 (1): 17-32.

[62] Bauhofer W, Kovacs JZ. A review and analysis of electrical percolation in carbon nanotube polymer composites. Compos Sci Technol 2009; 69 (10): 1486-1498.

[63] Zhu J, Wei S, Yadav A, et al. Rheological behaviors and electrical conductivity of epoxy resin nano-composites suspended with in-situ stabilized carbon nanofibers. Polymer 2010; 51 (12): 2643-2651.

[64] Kim YJ, Shin TS, Choi HD, et al. Electrical conductivity of chemically modified multiwalled carbon nanotube/epoxy composites. Carbon 2005; 43 (1): 23-30.

[65] Kendig M, Jeanjaquet S, Brown R, et al. Rapid electrochemical assessment of paint. J Coat Technol 1996; 68 (863): 39-47.

[66] Moulder JF, Stickle WF, Sobol PE, et al. Handbook of X-ray photoelectron spectroscopy. Eden Prairie, Minnesota, USA: Perkin-Elmer Corp; 1992.

[67] Wagner CD, Naumkin AV, Kraut-Vass A, et al. NIST X-ray photoelectron spectroscopy database, Version 3.4. Gaithersburg, MD: National Institute of Standards and Technology; 2003. http://srdata.nist.gov/xps/.

[68] Cho G, Glatzhofer DT, Fung BM, et al. Formation of ultrathin polypyrrole (PPY) lms on alumina particles using adsorbed hexanoic acid as a template. Langmuir 2000; 16 (10): 4424-4429.

[69] Vernitskaya TV, E mov ON. Polypyrrole: a conducting polymer; its synthesis, properties and applications. Russ Chem Rev 1997; 66 (5): 443-457.

[70] Tian Y, Yang F, Yang W. Redox behavior and stability of polypyrrole film in sulfuric acid. Synth Met 2006; 156 (16-17): 1052-1056.

[71] Socrates G. Infrared and Raman characteristic group frequencies. Baf ns Lane, Chichester, England: John Wiley & Sons; 2001.

[72] Omastova M, Trchova M, Kovarova J, et al. Synthesis and structural study of polypyrroles prepared in the presence of surfactants. Synth Met 2002; 138 (3): 447-455.

[73] Tian B, Zerbi G. Lattice dynamics and vibrational spectra of pristine and doped polypyrrole: effective conjugation coordinate. J Chem Phys 1990; 92 (6): 3892-3898.

[74] Liu L, Zhao C, Zhao Y, et al. Characteristics of polypyrrole (PPy) nano-tubules made by templated ac electropolymerization. Eur Polym J 2005; 41 (9): 2117-2121.

[75] Blinova NV, Stejskal J, Trchová M, et al. Polyaniline and polypyrrole: a comparative study of the preparation. Eur Polym J 2007; 43 (6): 2331-2341.

[76] Patil AO, Heeger AJ, Wudl F. Optical properties of conducting polymers. Chem Rev 1988; 88 (1): 183-200.

[77] Hansen CM. Hansen solubility parameters: a user's handbook. Boca Raton, FL: CRC Press; 2007.

[78] Shaffer MSP, Fan X, Windle AH. Dispersion and packing of carbon nanotubes. Carbon 1998; 36 (11): 1603-1612.

[79] Sorensen PA, Dam-Johansen K, Einell CE, et al. Cathodic delamination of seawater-immersed anti-corrosive coatings: mapping of parameters affecting the rate. Prog Org Coat 2010; 68 (4): 283-292.

[80] Nguyen T, Hubbard JB, Pommersheim JM. Unified model for the degradation of organic coatings on steel in a neutral electrolyte. J Coat Technol 1996; 68 (855): 45-56.

[81] Recommended Practice DNV-RP-B101. Corrosion protection of floating production and storage units. Det Norske Veritas; 2007.

[82] Evans UR. The corrosion and oxidation of metals. London: Edward Arnold; 1961.

[83] Wilhelm SM. Galvanic corrosion caused by corrosion products. In: Hack HP, editor. Galvanic corrosion, ASTM STP 978. Philadelphia: American Society for Testing and Materials; 1988. p. 23-34.

[84] Hammer P, dos Santos FC, Cerrutti BM, et al. Carbon nanotube-reinforced siloxane-PMMA hybrid coatings with high corrosion resistance. Prog Org Coat 2013; 76 (4): 601-608.

[85] Mansfeld F, Kendig M, Tsai S. Determination of the long term corrosion behavior of coated steel with AC impedance measurements. Corros Sci 1983; 33 (4): 317-329.

[86] Mansfeld F, Tsai CH. Determination of coating deterioration with EIS: I. Basic relationships. Corrosion 1991; 47 (12): 958-963.

[87] Tsai CH, Mansfeld F. Determination of coating deterioration with EIS: part II. Development of a method for field testing of protective coatings. Corrosion 1993; 49 (9): 726-737.

[88] Bacon RC, Smith JJ, Rugg FM. Electrolytic resistance in evaluating protective merit of coatings on metals. Ind Eng Chem 1948; 40 (1): 161-167.

[89] Singha S, Thomas MJ. Permittivity and tan delta characteristics of epoxy nanocomposites in the frequency range of 1 MHz-1 GHz. IEEE Trans Dielectr Electr Insul 2008; 15 (1): 2-11.

[90] Singha S, Thomas MJ. Dielectric properties of epoxy nanocomposites. IEEE Trans Electr Insul 2008; 15 (1): 12-23.

[91] Lichtenecker K, Rother K. Die herleitung des logarithmis-chen mischungsgesetzes als allegemeinen prinzipien der staionaren stromung. Physikalische Zeitschr 1931; 32: 255-260.

[92] Brasher DM, Kingsbury AH. Electrical measurements in the study of immersed paint coatings on metal. I. Comparison between capacitance and gravimetric methods of estimating water-uptake. J Appl Chem 1954; 4 (2): 62-72.

[93] Haruyama S, Asari M, Tsuru T. In: Kendig MW, Leidheiser H, editors. Electrochemical society proceedings series. Proceedings of the symposium on corrosion protection by organic coatings [abstract 87-2]; Pennington: Electrochemical Society; 1987. p. 197-207.

[94] Hirayama R, Haruyama S. Electrochemical impedance for degraded coated steel having pores. Corrosion 1991; 47 (12): 952-958.

[95] Hack HP, Scully JR. Defect area determination of organic coated steels in seawater using the break-point frequency method. Ship materials engineering research and development report, David Taylor Research Center; 1990.

[96] Bhargava G, Gouzman I, Chun CM, et al. Characterization of the "native" surface thin film on pure polycrystalline iron: a high resolution XPS and TEM study. Appl Surf Sci 2007; 253 (9): 4322-4329.

[97] Fiuschau GR, Yoshikawa S, Newnham RE. Resistivities of conductive composites. J Appl Phys 1992; 72 (3): 953-959.

[98] Sherman RD, Middleman LM, Jacobs SM. Electron transport processes in conductor-lled polymers. Polym Eng Sci 1983; 23 (1): 36-46.

[99] Reed-Hill RE. Physical metallurgy principles. 2nd ed. New York: Van Nostrand; 1973 p. 418-422.

[100] Rothon RN. Mineral fillers in thermoplastics: filler manufacture and characterization. Adv Polym Sci 1999; 139: 67-107.

[101] Gergely A, Pászti Z, Hakkel O, et al. Corrosion protection of cold-rolled steel with alkyd paint coatings composited with submicron-structure types polypyrrole-modified nano-size alumina and carbon nanotubes. Mater Sci Eng B 2012; 177 (18): 1571-1582.

[102] Patil RC, Radhakrishnan S. Conducting polymer based hybrid nano-composites for enhanced corrosion protective coatings. Prog Org Coat 2006; 57 (4): 332-336.

[103] Joseph RD. Metals handbook, ASM international, vol. 1. 9th ed. Ohio: Materials Park; 1978. p. 758.

[104] Jing X, Zhao W, Lan L. Threshold in polymer/conducting particle composites. J Mater Sci Lett 2000; 19 (5): 377-379.

[105] von Baeckman W, Schwenk W, Prinz W. In: Handbook of cathodic corrosion protection, theory and practice of electrochemical protection processes. 3rd ed Houston: Gulf Professional Publishing; 1997. p. 209.

[106] Mc Clory C, Mc Nally T, Baxendale M, etal. Electrical and rheological percolation of PMMA/MWCNT nanocom-

[107] Zhu J, Wei S, Yadav A, et al. Rheological and electrical analysis in carbon nano ber reinforced polypropylene composites. Polymer 2010; 51 (3): 2643-2651.

[108] Ando Y, Zhao X, Shimoyama H, et al. Physical properties of multiwalled carbon nanotubes. Int J Inorg Mater 1999; 1 (1): 77-82.

[109] Li H J, Lu W G, Li J J, et al. Multichannel ballistic transport in multiwall carbon nanotubes. Phys Rev Lett 2005; 95 (8): 086601 (1-4).

[110] Dekker C. Carbon nanotubes as molecular quantum wires. Physics Today 1999; 52 (5): 22-28.

[111] Yan M, Gelling V J, Hinderliter BR, et al. SVET method for characterizing anti-corrosion performance of metal-rich coatings. Corros Sci 2010; 52 (8): 2636-2642.

[112] Uhlig H H, Revie R W. Corrosion and corrosion control. New York: John Wiley & Sons; 1985.

[113] Xiao G, Tao Y, Lu J, et al. Highly conductive and transparent carbon nanotube composite thin films deposited on polyethylene terephthalate solution dipping. Thin Solid Films 2010; 518 (10): 2822-2824.

[114] Blackburn J L, Barnes T M, Beard M C, et al. Transparent conductive single-walled carbon nano-tube networks with precisely tunable ratios of semiconducting and metallic nanotubes. ACS Nano 2008; 2 (6): 1266-1274.

[115] Aguilar J O, Bautista-Quijano J R, Avilés F. Influence of carbon nanotube clustering on the electrical conductivity of polymer composite films. eXPRESS Polym Lett 2010; 4 (5): 292-299.

[116] Suzuki Y Y, Heeger A J, Pincus P. Percolation of conducting polymers on a gel. Macromolecules 1990; 23 (21): 4730.

[117] Fizazi A, Moulton J, Pakbaz K, et al. Percolation on a self-assembled network: decoration of poly-ethylene gels with conducting polymer. Phys Rev Lett 1990; 64 (18): 180-183.

第7章 新型发光搪瓷涂层

Stefano Rossi,Alberto Quaranta,Linda Tavella,
Flavio Deflorian,Attilio M. Compagnoni
Department of Industrial Engineering, University of
Trento, via Sommarive 9, Trento, Italy
Wendel Email Italia, Via Bedeschi 10a, Chignolo(BG), Italy

7.1 简介

搪瓷是具有玻璃本质的无机涂层,通过不同技术可以在玻璃上和金属基体(如钢和铝合金)上制备搪瓷涂层。搪瓷是一个源自中世纪(约5～15世纪)日耳曼语的术语"smaltjan",表示熔融的意思。事实上,这种涂层是由玻璃质薄片制成的,是在添加了颜料和添加剂的情况下,在相对较高的温度(在钢基材的情况下为780～850℃)下烧制而成。搪瓷本质上属于玻璃材料,不需要使用溶剂或其他任何有毒的化学成分[1]。

在搪瓷的热处理过程中,玻璃料片发生融化,研磨过程中加入的大部分氧化物和其他化合物也随之发生溶解。被称为"frit"的玻璃片历经熔化、快速冷却,随后与其他玻璃材料一起研磨而获得。搪瓷是一种古老的材料,由于其具有发光和耐久性的特征,以及漂亮的外观和绚丽的色彩,已被用于艺术领域,如制造珠宝、艺术品、宗教物件和其他物品,至今已有数百年的历史。随着18世纪工业革命的到来,搪瓷开始获得广泛使用,并被用于家庭用品、家具和室内装饰等多种产品的工业化生产[2]。近几十年来,搪瓷已被当作装饰、防腐蚀以及具有其他一些工程特性的材料使用。目前将更多不同本质的特性复合在同一材料中,尤其在涂层中已成为一种发展趋势。因此这些涂层被称为"智能材料"或"智能涂层"。搪瓷的发展也遵循这一趋势。近年来,已开展将不同的功能特征融入智能涂层的研究,例如:抗菌性能、光学特性以及耐腐蚀和高温特性。

本章主旨是制备发光搪瓷,赋予这种具有优异功能性和美学特性的传统涂层以发光特性,从而开发搪瓷的新用途。虽然发光材料(如聚合物发光材料、有机涂层发光材料)和油墨已经市场化,但是,制备这些产品的颜料本身在高温下并不具有耐腐蚀性,而且这些材料通常在自然环境中、紫外线辐照以及化学物质的作用下容易发生腐蚀。

发光搪瓷对一些商业用户十分有吸引力(如用于户外家具和室内设计的组件,以及在建筑材料、安全领域的应用)。发光搪瓷在不能使用发光涂层的领域中具有很大的应用潜力。目前对发光搪瓷的研究还比较少,也几乎没有与其相关的文献。这些创新材料的性能,尤其是耐风化性还没有得到很好的研究。本章的目的是通过考察发光搪瓷的微观结构和发光性能，研究和表征几种发光搪瓷的性能。

为了拓展发光搪瓷可能的应用领域，需要模拟不同侵蚀性环境用于研究发光搪瓷的性质，以便检查暴露于侵蚀性环境中发光性能的耐久性，以及添加发光颜料是否降低或改变传统搪瓷固有的优异性能。另外，还需要研究搪瓷固化过程的热处理工艺是否会改变发光颜料的性能。

7.2 搪瓷最重要的性能

搪瓷具有在许多不同领域的优异性能。由于其具有玻璃属性、没有缺陷、厚度大以及附着力优异，因此这种涂层成为有效防腐的最佳材料之一。图7.1为搪瓷涂层的典型横截面图和搪瓷基质与钢基体间的界面图。

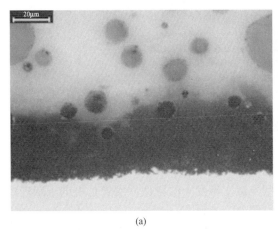 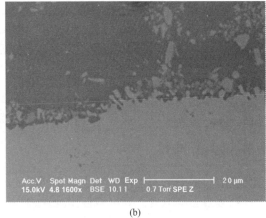

(a) (b)

图7.1 钢基体上搪瓷涂层的典型横截面形貌（a）和搪瓷基质与钢基体间的界面形貌（b）

搪瓷涂层在固化过程中能够获得优异的附着力。在热处理期间，铁基体的氧化形成树枝状氧化物。这些在搪瓷/金属界面发生的物理化学反应确保两种材料之间产生牢固的黏附作用，从而使搪瓷/金属体系具有良好的机械性能和优异的耐腐蚀性。

一般，搪瓷的烧结温度在760～870℃之间。在此过程中，不同成分在搪瓷玻璃中相互作用，产生气泡，气泡挥发出去，搪瓷层表面得以流平。最后，熔融玻璃料发生扩散，因含钴的一些氧化物的存在而使该搪瓷获得优异的黏合性能[3,4]。

从图7.2可以看出，由于气体和水蒸气的逸出，搪瓷在固化过程中出现典型的多孔特征，这些孔多位于最靠近基体的这一层涂层中。另外，这种孔隙相互之间并不连接，所以可以避免侵蚀性环境与金属基体之间发生接触。由于其孔的这一特征以及搪瓷的化学惰性本质，所以该搪瓷涂层表现出优异的防腐蚀性。搪瓷具有玻璃特性，所以除了氢氟酸和强碱性溶液以外，搪瓷涂层能防止大多数溶液的侵蚀。另外，搪瓷也具有耐高温和易清洗的特性[3~5]，搪瓷基质以及彩色颜料的玻璃特性使其产生优良耐紫外线辐照能力时，还能保持其本身的色彩[4]。

搪瓷涂层的硬度使其具有良好耐机械损伤性，从而免于脆性玻璃基质的冲击而产生的破坏。搪瓷涂层不仅具有良好的保护性能，而且还表现出与其玻璃属性相关的美学特征。其光滑的表面不仅具有高光泽度，而且就像一个具有不同色调和纹理及特殊效果的调色板[2,4]。

通过改变玻璃料的化学成分，可以控制搪瓷涂层的性质，改善其某些特性。例如，在玻璃料混合物中加入钾长石和硅酸锆，可以提升其在高温下的热解性能并提高阻燃性，避免表面发生不美观的变化。

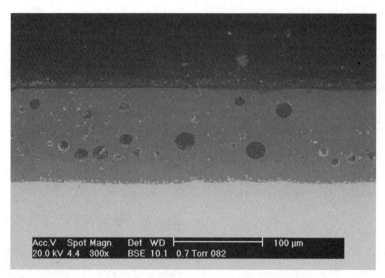

图 7.2　搪瓷层中出现的典型孔隙

为了确保涂层和基体之间具有良好的附着力，一般在基体上施加底层瓷釉，能保证涂层和基体之间的黏附性，而其上的搪瓷覆盖层能为基体提供不同的表面特性[1]。

7.3　发光特性

发光材料具有在被阴极射线、紫外线或可见光激发时发光的特性。发光是由电子跃迁产生的物理过程，只有几种材料能呈现这种现象，例如荧光粉[6]。

通常，发光材料是在基质中掺杂活化剂制备得到的，活化剂可以是用作发光中心的过渡金属或稀土元素离子。当采用合适的波长照射该材料时，活化剂吸收能量，使电子呈激发态，电子吸收的能量应该等于两个能级之间的差值。该体系电子的激发过程为不稳定状态，可以通过辐射形式释放能量而回到基态[7]。

为了获得具有发光性质且不具有放射性或毒性的材料，经常向氧化物基质中添加稀土元素。稀土元素离子的激发光谱是通过 4f 电子轨道能级间的跃迁或者从 4f 轨道跃迁到 5d 轨道得到的。一些四价离子（Ce^{4+}、Pb^{4+}、Tb^{4+}）和一些三价离子（Dy^{3+}、Eu^{3+}）的电子在不同能级之间进行跃迁，而其他三价离子（Ce^{3+}、Pb^{3+}）和二价离子（Sm^{2+}、Yb^{2+}、Eu^{2+}）的电子在 4f 和 5d 能级之间进行跃迁[7]。

人们对于那些具有余光现象的发光材料特别感兴趣。这些材料的特征是在停止激发后仍可以长时间观察到其发光，该现象是其具有将激发能量在晶格中储存一段时间的能力而得以实现的[7]。长余辉荧光物质就属于这一类别材料，其发光衰减时间从几秒到几分钟不等。

对于稀土元素来说，利用铕离子和镝离子在不同能级间的电子跃迁可以获得磷光体，特别是在受激发期间从 Eu^{2+} 到 Dy^{3+} 以及在能量释放期间从 Dy^{3+} 到 Eu^{2+} 的电子转移过程中均可获得磷光体[6]。在这种类型的发光颜料中常添加锶，有助于增加发射强度[8]。

7.4　发光瓷釉涂层

本章分析发光搪瓷涂层的行为，该搪瓷涂层因添加了含铕和镝的颜料，所以经紫外或可见光激发后可发光。

这些颜料的发光特性是通过铕离子的电子跃迁得以实现的，而加入镝离子后可以获得长余辉特征。特别是镝离子充当空穴陷阱，捕获由铕离子激发形成的间隙[9]。

在铈和镝掺杂基质中,必须添加 Dy^{3+} 才能获得长发光衰减时间,同时 Dy^{3+} 浓度影响发射光谱特征。Song 等人[10]在掺杂 Eu 和 Dy 的 Al_2O_3-SiO_2 玻璃中证实了这一点,其中 Dy^{3+} 浓度的增加导致绿色发射效应的增强,其原因是晶格中存在缺陷。

7.5 实验材料和过程

将低碳钢板（10cm×10cm）表面涂上三层不同的发光搪瓷体系。第一层是基底层,该层保证涂层具有良好的防腐蚀性和附着力[3];第二层为防腐层;最上层是发光层。这些涂层是在工业实验室（Wendel Email Italia,Chignolo d'Isola-BG）里,采用湿式喷雾法进行制备的,随后将该批样品在 850℃ 的温度下进行干燥和烧结处理（三次喷涂和两次烧结处理）。

第一层和第二层的典型组分为市场化的 SiO_2、B_2O_3、Na_2O 以及一些其他氧化物,TiO_2 作为遮光剂加入第二层,这两层的总厚度为 $220\mu m$。

制备发光层的方法是,在标准玻璃料中加入 50%（质量分数）含有氧化铈和氧化镝的发光颜料和 1%（质量分数）的色料。玻璃料的基料是含有 Al_2O_3、SiO_2、SrO、MgO、CaO 和 B_2O_3 的传统釉质。

发光搪瓷的组成为 50%（质量分数）Al_2O_3、25%~30%（质量分数）SiO_2、30%（质量分数）SrO、10%~15%（质量分数）MgO、2%（质量分数）CaO、1%~2%（质量分数）B_2O_3,其中添加适量的 Eu_2O_3 和 Dy_2O_3。

首先向玻璃料中加入 5%（质量分数）黏土、0.5%（质量分数）铝酸钠和 50%（质量分数）水制成浆液,然后采用湿式喷雾法制备涂层。

采用三种不同类型的样品研究不同 Eu/Dy 比对可见颜色和发光效应的影响,结果如表 7.1 所示。此外,用于样品 M1 和 M2 的发光颜料的尺寸小于用于样品 M3 中的尺寸。

表 7.1 发光层的特性

发光层	M1	M2	M3
Eu/Dy 比值	1.2	4	0.6
可见颜色	白色/淡黄色	淡蓝色	黄色
发光颜色	天蓝色	天蓝色	青色
发光层厚度/μm	170	240	95

使用 ESEM Philips XL30 显微镜对样品的截面和表面进行显微分析,不仅考察发光性是否会影响涂层的一些典型性能,如防腐蚀性、是否掉色、光泽度、耐磨性等,同时也考察加速试验期间不同层的发光性质及其持久性。使用 Jasco 荧光分光光度计 FP6300 对发光光谱（激发波长 350nm）和激发光谱（发射波长 500nm）进行测定,评价其发光特性。为了考察涂层性能的稳定性,通常对涂料和瓷漆进行不同的加速试验。本试验是按照 ASTM G154 标准,将样品在 UV-A 辐照条件下暴露 500h,依照国际通用的 CIELab 法,在暴露前后分别使用带 D65/10°光源的柯尼卡美能达（Konica Minolta）光谱仪 CM-2600d 测量涂层的颜色[11~13],考察几个不同参数对样品颜色的影响。样品暴露前后的总色差 ΔE^* 如式(7.1)所示：

$$\Delta E^* = [(\Delta L)^2 + (\Delta a)^2 + (\Delta b)^2]^{1/2} \tag{7.1}$$

式中,L 是亮度（0 表示黑色,100 表示白色）;a 是红绿变化（正值代表红色,负值代表绿色,0 代表中性）;b 是黄蓝变化（正值代表黄色,负值代表蓝色,0 代表中性）。

为了检查样品在紫外光循环刺激情况下发光性能的耐久性,对样品进行 24 个周期的交替紫外光线辐照暴露试验。每个辐照周期为：先进行 1h 的 UV-A 辐照暴露试验，随后进行 1h 没有 UV-A 辐照的暴露试验。如此往复循环，在此暴露试验进行期间，使用海洋光学光谱仪（USB4000）连续监测发光性能随时间的变化。为了收集辐射光线，将 $600\mu m$ 石英光纤固定在样品前面，采集辐照光线。在循环暴露期间，测量不发光的白色搪瓷表面所反射的光线，将其作为基准，其他样品发出来的光线与其进行比较。采用 SpectraSuite 仪分析光谱和信号随时间的变化，测试不同时间光谱强度的最大值（与特定波长相关），每分钟检测一次。

将样品表面光纤所探测到的发射光谱减去从白色釉质上反射的 UV-A 光线的反射光谱，即为发光搪瓷釉的发光光谱。为了评估搪瓷涂层的耐化学性，对样品进行酸性和碱性溶液浸泡试验。依据 ASTM C282 标准，在室温下将搪瓷试样在含量为 10%（质量分数）的 pH＝2 的柠檬酸溶液中浸泡 24h，进行涂层的耐酸性测试。将样品在 96℃下浸入浓度为 52.64g/L 的焦磷酸四钾溶液（pH＝10）中浸泡 6h，进行涂层的耐碱性试验。

为了评估涂层所受侵蚀的情况，在浸泡 0h、3h、6h、9h 和 24h 后，取出搪瓷涂层样品，分别测量其颜色、光泽度和粗糙度。使用 Erichsen NL3A 数字型光泽计测量其光泽度，使用 MAHR MarSurf PS1 测试仪测量其粗糙度，测量面积为 5.6mm×0.8mm。Ra 为测量五次的平均值，测量精度为 $0.01\mu m$。使用荧光分光光度计，测试涂层浸泡前后的发光特性。浸泡后，使用环境扫描电子显微镜 ESEM Philips XL30 观察涂层的表面和横截面，以观察发光搪瓷涂层表面可能出现的损坏情况。

为了研究发光层的腐蚀防护性能及可能对整体涂层性能的影响，依据 ASTM B117 标准将表面含有 2mm 宽人造划痕的涂层样品在盐雾箱中总共暴露 1000h。暴露 500h 和 1000h 后，使用 Zeiss Stemi 2000-C 型光学显微镜观察靠近缺陷的表面状态，用于评估发光搪瓷的黏附性和可能存在的脱釉现象。

使用 Jasco 荧光分光光度计 FP6300 分别测量暴露开始、暴露 500h 和 1000h 后的发光情况，在每个样品上选取几个点，采集其发射光谱，最后评估搪瓷表面对机械损伤的抵抗力和维持其发光性能。依据 ASTM D-4060 标准，使用 5135 型 Taber 磨损机进行涂层的磨耗试验测试。使用 H22 研磨机，磨耗轮负载为 1kg[14,15]。磨耗轮由玻璃化黏土、碳化硅和嵌入有机基质中的氧化铝粒子组成。经过 1000 个循环，测量颜色、光泽度和表面粗糙度的变化，以观察涂层表面上产生的损伤。进行光泽度测试时选择 60°角度进行测试，获得 12 个读数，取其平均值。对样品进行粗糙度（Ra）测量时，每个样品需测量 12 个粗糙度值，然后取其平均值。

为了突出搪瓷涂层的损伤形态，使用扫描电子显微镜观察样品的表面；为了研究机械损伤引起的防腐性能变化，对样品进行磨损试验，直到其失去保护性能；为了突出保护性能的损失，对样品进行电化学阻抗谱（EIS）测量，该技术被广泛用于评价涂层的保护性能[16~18]。

电化学阻抗谱测试在经典的三电极系统中进行：样品为工作电极，铂电极为对电极，Ag/AgCl（0.205V vs 标准氢电极 SHE）作为参比电极，测试面积为 $30.43cm^2$，相当于磨损试验中的圆形受损区域。电解液是含量为 3%（质量分数）的 Na_2SO_4 溶液。

涂层每经过 1000 次磨损循环进行一次电化学阻抗测量，该试验是使用连接到 PC 的恒电位仪和频率响应分析仪（Princeton PARSTAT 2273）进行的。采用的交流扰动电位幅值为 15mV、频率范围为 $10^5 \sim 10^{-2}$ Hz。使用 Z SIMP WIN 拟合软件，采用电阻电容并联的简单等效电路 $R(RQ)$[16,18]对电化学 EIS 试验数据进行拟合。第一个电阻是溶液电阻，第二个电阻 R_p 代表涂层电阻，C_p 代表涂层电容。

R_p 的阈值为 $10^6 \Omega \cdot cm^2$，一般认为该值为涂层丧失其保护性能的极限。低于该阈值，涂层不具有保护特性。涂层经 8000 次磨损循环之后，在光学显微镜（Zeiss Stemi 2000-C）上观察样品表面，以分析涂层的损坏形态并研究发光样品之间的差异。

7.6 结果和讨论

7.6.1 涂层的形貌特征

图 7.3～图 7.5 为不同样品横截面的图片。对样品进行微观结构分析，可以观察到较大的封闭孔隙（直径达到 $40\mu m$），特别是在釉质底层和中间层之间的界面处，孔隙更大。相对而言，在最底层和最上的发光层中，孔较小，且数量也较少，这是在搪瓷涂层固化过程中形成的典型孔隙率[1,3]。

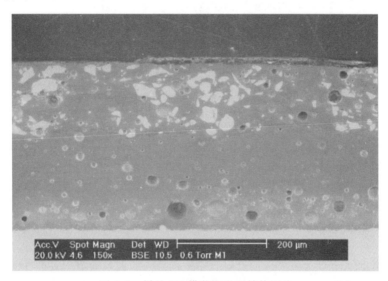

图 7.3　样品 M1 横截面微观结构图片

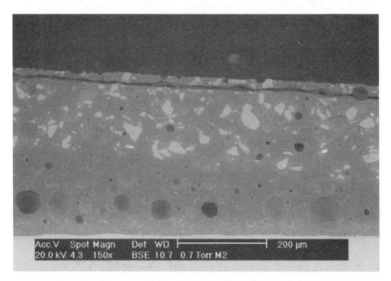

图 7.4　样品 M2 横截面微观结构图片

在不同 Eu/Dy 比的 M1、M2 和 M3 三种样品中，均可观察到在搪瓷层和钢基体间界面处存在着枝晶，搪瓷涂层和钢基体两种材料相互渗透可以得到良好黏附性，使涂层具有良好

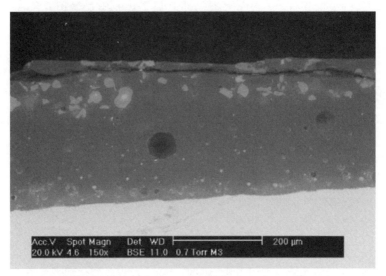

图7.5 样品M3横截面微观结构图片

的防腐蚀性能[1,3]。

观察发光涂层的沉积状态，可以看到氧化锶粒子和发光粒子在某些区域更集中，而且尺寸不等，粒子的最大尺寸为$35\mu m$。

对于样品M2，氧化锶粒子主要集中在发光层的下半部分。事实上，发光层向上的表面几乎没有氧化物粒子的存在。

只有样品M3的表面出现颜料粒子，这些粒子在纵向厚度方向呈现不均匀分布，并且集中在某些区域。

图7.6为三种样品的表面形貌，可以看到样品M3表面分布着发光粒子。表面上是否出现粒子可能是由三种搪瓷中发光颜料的不同性质决定的。样品M1和M2中使用的发光颜料尺寸较小，因此容易嵌入搪瓷沉积浆料中。相反，对样品M3来说，发光颜料呈现出明显更大的尺寸，并且在喷涂过程中，一些粒子保留在样品表面，在烧结过程中，这些粒子尚不能完全融入玻璃基质中。

通过EDXS对稀土元素（铕和镝）进行面扫描，结果表明，这些元素在发光层中均匀分散。图7.7为三种样品的发射光谱。从发射光谱可以看出，这些发光搪瓷并没有出现Eu^{3+}的跃迁现象，所以是通过Eu^{2+}的电子跃迁来进行发光的[10]。该光谱上存在两个宽带，峰值分别为467nm（蓝色）和491nm（绿色）。此外，随着镝浓度的增加（M2<M1<M3），与基体缺陷有关的绿色峰值随之增加[10]。

从三种样品的激发光谱（图7.8）可以观察到三个峰。样品M1和M2的光谱形状相似：在361nm波长处有一个主峰，在约325nm和400nm波长处分别有两个次级峰。样品M3光谱略有不同，其激发光谱更宽，主峰位于波长365nm处，并且其相对强度较高。

7.6.2 涂层的防护性能

将样品暴露于UV-A环境中辐照500h，其颜色发生了变化（见图7.9），所有样品的颜色差异在2~2.6之间，人眼几乎观察不到。因此，几乎可以肯定，由于化合物对紫外光的抵抗特性，颜料（使搪瓷呈现不同外观色彩的材料）并不会因UV-A的辐照而产生损伤。

考虑到不同颜色参数，样品M1稍微有点暗，样品M2稍微有点偏绿色，样品M3稍微有点偏黄色。但是在所有这些情况下，因紫外线辐射而使不同样品颜色产生的变化仍然是非常有限的。

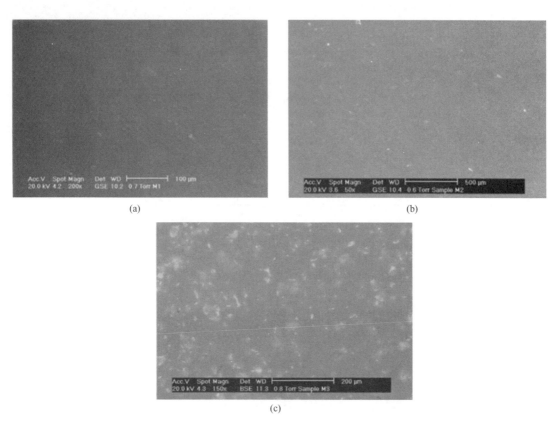

图 7.6 样品的表面形貌
(a) M1 样品；(b) M2 样品；(c) M3 样品

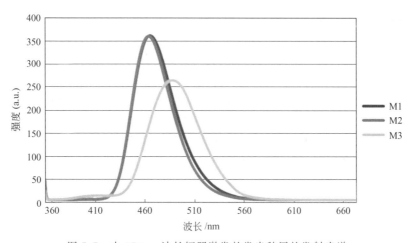

图 7.7 由 350nm 波长辐照激发的发光釉层的发射光谱

接下来分析样品对化学溶液的抵抗力。图 7.10 为样品浸入柠檬酸溶液中浸泡 3h、6h、9h 和 24h 前后的光泽度变化。对于样品 M1 和 M2 来说，样品表面的光泽度值没有明显的变化，表明这些样品具有优异的耐酸性。相反，样品 M3 显示出明显的光泽度降低趋势。在第一次浸泡 3h 后已经观察到这种降低现象，随后光泽度几乎保持不变。由此可知，样品 M3 在短时间内表面就已受到损伤。粗糙度值的变化（图 7.11）也证实了这一结果。事实上，粗糙度和光泽度联系密切。

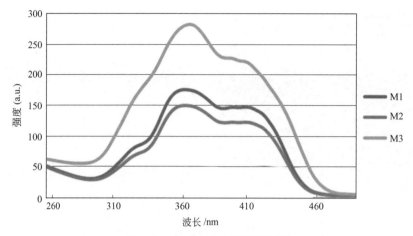

图 7.8 搪瓷发光层的激发光谱

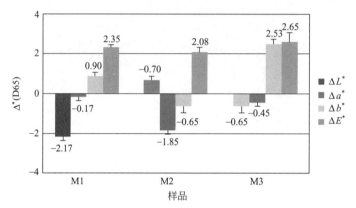

图 7.9 在 UV-A 环境中连续暴露 500h 后发光搪瓷样品的颜色变化

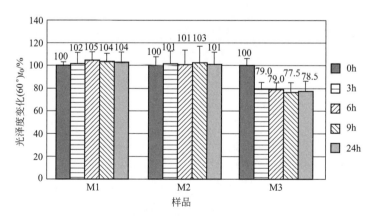

图 7.10 浸入柠檬酸溶液中 3h、6h、9h 和 24h 后的样品在 60°测试时的光泽度变化

根据样品颜色的变化结果（图 7.12），发现只有样品 M3 的颜色发生显著的变化，变为蓝色和红色。

从这些实验数据可以得出结论：样品 M1 和 M2 表面涂层均具有良好的耐酸性；相反，样品 M3 表面涂层在酸性溶液中发生降解。

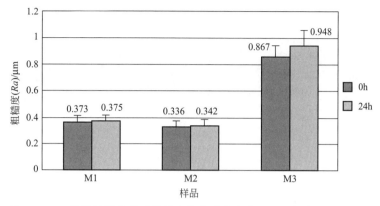

图 7.11 三种样品浸泡前以及浸入柠檬酸溶液中 24h 后的表面粗糙度值

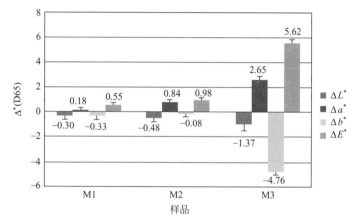

图 7.12 浸泡在柠檬酸溶液中 24h 后样品的颜色变化

分析浸泡 24h 后的样品的表面情况（图 7.13）可以发现，样品 M3 靠近涂层表面粒子的地方受到局部侵蚀，使粗糙度增加、光泽度下降。样品 M3 表现出的这种不同行为可能与其表面出现的粒子有关，并且其增加的粗糙度可以促进化学侵蚀的发生（图 7.14）。

将这几种样品在 96℃ 的碱性焦磷酸钾溶液中浸泡 24h 后得到完全不同的结果。在这种情况下，样品 M1 和 M2 的光泽度（图 7.15）和粗糙度（图 7.16）表现出较大的变化。与之前在酸性溶液中的行为不同，浸泡在碱性溶液中样品的光泽度在浸泡 3h 后开始下降，而且随着浸泡时间的延长，光泽度持续下降。在浸泡期间，涂层降解过程持续进行，在浸泡末期，样品的粗糙度增加十分明显，样品 M2 的粗糙度变化最大。相反，样品 M3 的光泽度变化非常有限，浸泡 3h 后其光泽度保持不变。

粗糙度结果表明样品 M1 和 M2 发生了很大程度的降解。根据颜色参数（图 7.17）可见，只有样品 M2 表现出可见的颜色变化，看起来更明亮、更黄。

在碱性溶液中浸泡 24h 后，样品 M1 和 M2 的表面由于玻璃状基质被侵蚀而发生明显降解［图 7.18(a) 和 (b)］。相反，样品 M3 的耐碱性能力较强，在浸泡结束时仅出现小尺寸的局部侵蚀［图 7.18(c)］，所以碱性溶液倾向于侵蚀玻璃基质。不同样品中出现不同侵蚀行为可能与其表面出现的粒子有关。这些粒子的存在似乎在溶液和玻璃质基质之间形成一层屏障，从而有助于提高搪瓷的耐化学性，阻碍玻璃基质被碱性溶液侵蚀［图 7.19(a) 和 (b)］。样品 M1 受到的损伤比样品 M2 小，可能是由于其发光搪瓷表层存在未溶解的粒子。

将样品暴露于盐雾环境中进行典型的加速腐蚀测试后，可以观察到，暴露 1000h 后，发

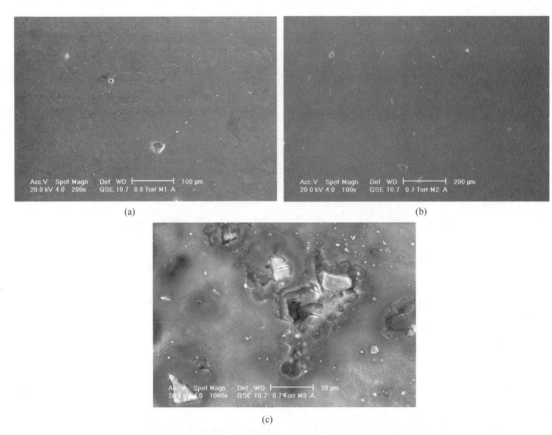

图 7.13 样品 M1（a）、样品 M2（b）以及样品 M3（c）在柠檬酸溶液中浸泡 24h 后的表面图片

图 7.14 样品 M3 在柠檬酸溶液中浸泡 24h 后的横截面

光搪瓷显示出优异的腐蚀防护性能，属于典型搪瓷涂层的特性。观察这些样品表面，都没有发现人造划痕附近的涂层发生脱落现象（图 7.20），这是由于玻璃基质具有惰性以及涂层与钢基材之间具有良好黏合性。此外，即使在钢基体表面观察到了腐蚀现象，也没有发现因缺陷而导致黏合损失的现象。这一事实表明，获得发光效果所需玻璃料的化学组成变化不会对

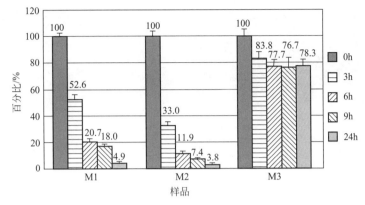

图 7.15 样品浸泡在碱性焦磷酸钾溶液中不同时间（浸泡前和浸泡 3h、6h、9h 和 24h）后，在 60°测试时的光泽度相对初始样品光泽度的变化百分比

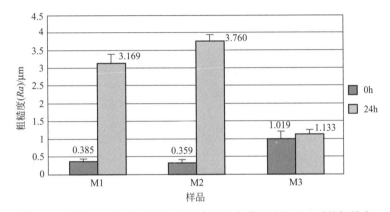

图 7.16 样品在碱性焦磷酸钾溶液中浸泡之前和浸泡 24h 后的粗糙度

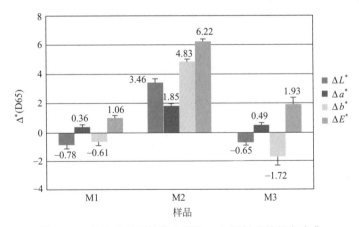

图 7.17 在焦磷酸钾溶液中浸泡 24h 后样品的颜色变化

涂层保护性能产生不利的影响。

接下来分析磨损阻力。1000 次循环磨损试验对样品表面改变很大，不仅磨掉部分发光搪瓷涂层，并且在涂层中形成很多缺陷，这些样品的粗糙度明显增加（图 7.21）。经过 1000 次磨耗循环后，三种涂层样品的光泽度值均下降约 20（图 7.22）。

磨损过程使搪瓷涂层表面产生了明显的颜色变化，表现出明显的颜色差异（图 7.23）。

图 7.18 样品 M1（a）、样品 M2（b）和样品 M3（c）在碱性溶液中浸泡 24h 后的表面形貌

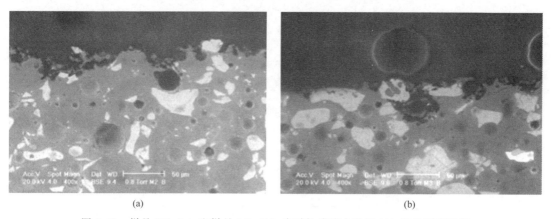

图 7.19 样品 M2（a）和样品 M3（b）在碱性溶液中浸泡 24h 后的截面形貌

样品 M2 和 M3 的色调表现出极大的变化。样品 M2 颜色变浅，成为黄色，而样品 M3 变成蓝色。

考虑样品表面受损情况时还要注意，研磨过程会在玻璃基质表面形成凹槽和划痕（图 7.24），样品表面那些能被识别出来的典型十字形损伤纹理一般由磨损时的砂轮摩擦造成[14]。

从磨损试验后的样品横截面 [图 7.25(a)～(c)] 可以观察到，在砂轮摩擦区域的机械损伤呈现不均匀的形貌。越靠近涂层内部，涂层损失越大，发光层厚度明显减小。样品 M3 有几个区域的发光沉积物几乎完全被磨掉。

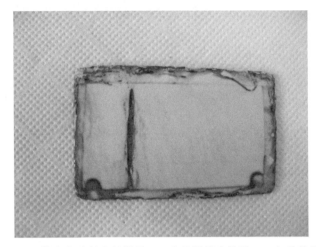

图7.20 带有人造划痕的样品 M3 在盐雾箱中暴露 1000h 后的照片

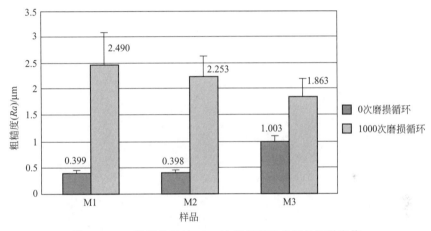

图7.21 三类样品经过 1000 次磨损循环前后的粗糙度值

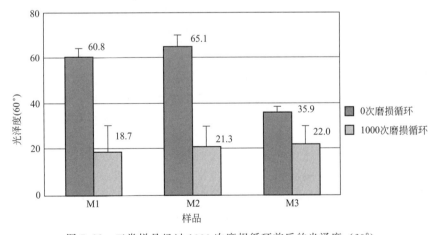

图7.22 三类样品经过 1000 次磨损循环前后的光泽度（60°）

虽然经过上千次循环磨损，但对中间层并没有造成影响，并且在这几种样品中也没有发现裂纹，三种样品的保护特性都得以保留。为了获得失去防腐性能的涂层的机械损失信息，重新进行 Taber 循环测试，每完成 1000 次循环后，采用电化学阻抗法评估样品的保护能力。

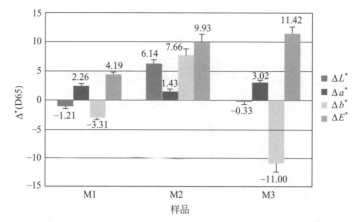

图 7.23 三类样品经过 1000 次磨损循环之后的颜色变化

图 7.24 样品 M1 经过 1000 次循环磨损后的表面形貌（仍能辨别出研磨过程产生的十字划痕）

图 7.26 为根据阻抗谱拟合得到的涂层电阻随磨损次数的变化趋势。三种样品最初均呈现出高防腐特征。样品 M1、样品 M2 和样品 M3 分别经过 8000 次、7000 次和 10000 次循环磨损后，均失去其高防腐性能特征。失去防护性能的涂层，最外层的发光层完全被磨掉，中间层也几乎全部被磨掉，这些是防腐的第一层屏障层。接下来就是最底层的涂层出现直达钢基材的裂纹成核过程。

需要对涂层进行多少次循环磨损会使其失去对基体的防护性能呢？研究发现，搪瓷涂层厚度对该磨损次数没有影响，但是从统计学角度来说，缺陷的成核数目将影响磨损次数。由于经过很多次的循环磨损才使涂层失去对基体的保护性能，所以可以确认三种涂层样品的防护能力都非常高，发光搪瓷体系与传统搪瓷涂层相比，两者在防腐性能方面几乎没有区别。

7.6.3 发光性能的趋势

图 7.27 为涂层样品在 UV-A 环境中连续暴露 500h 前后发射光谱主峰的强度值，由图可以发现，涂层样品暴露前后强度、形状、发射位置和激发光谱均没有发生变化。因此可以得出这样的结论：UV-A 辐照不会对发光涂料造成可检测到的改变，进而也不会对涂层性能

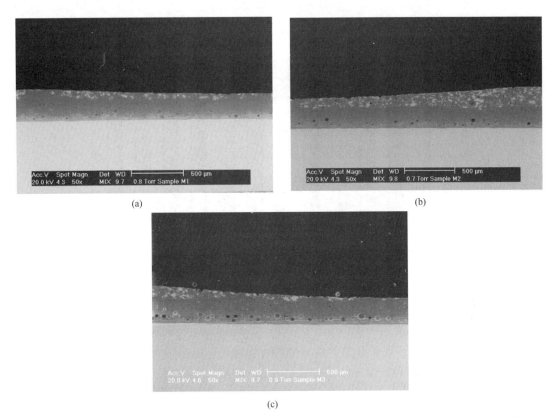

图 7.25 样品 M1（a）、样品 M2（b）以及样品 M3（c）经过 1000 次循环磨损后的横截面微观图片

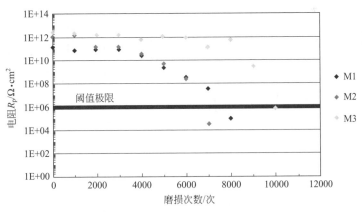

图 7.26 搪瓷发光样品的涂层电阻 R_p 随磨损次数的变化

产生影响。

对样品进行 UV-A 循环暴露试验，以研究 UV-A 的加载和卸载行为是否降低颜料的效率。暴露于 UV-A 循环辐照环境中不会引起发光涂料的损坏或改变，从而不会导致发光强度的降低。图 7.28(a)～(c) 为加载和卸载 UV-A 的循环过程中，每个样品的发射光谱主峰强度的变化趋势。对于这几种样品，既没有发现强度随着循环次数的增加而减少，也没有观察到响应的延迟。经过 24 个循环后发射光谱主峰强度与第一个循环相同，各样品强度之间出现的微小差异是由于在每次测量期间传感器纤维位置的微小变化。

将涂层样品进行酸性和碱性溶液浸泡试验，考察对其发光性能的影响。样品在柠檬酸溶

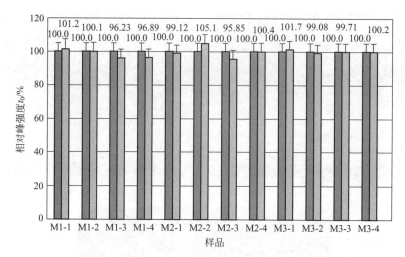

图7.27 搪瓷样品在UV-A环境中暴露500h前后的发射光谱（激发波长350nm）的主峰强度（每个测量点都相对于其初始峰强度进行了归一化处理，在每个样品表面四个不同区域进行测试取平均值）

液中浸泡24h后，没有引起激发光谱和发射光谱的任何变化。这些光谱的形状、位置和强度（图7.29）均在仪器再现性误差范围之内。根据这些结果可以得出，在这些搪瓷涂层中去除几微米均不会导致可检测到的发光特性变化，样品M3的实验结果对这一结论进行了证明。

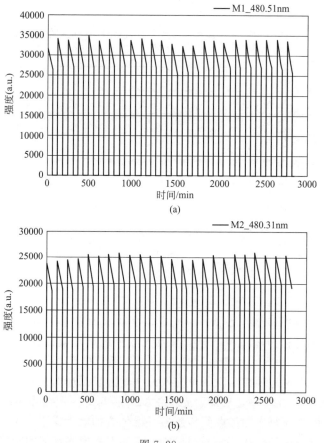

图7.28

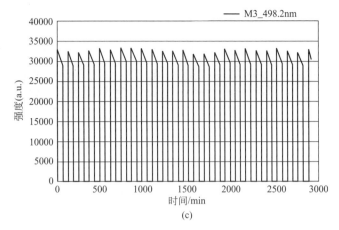

图 7.28 加载/卸载 UV-A 循环期间样品 M1（a）、样品 M2（b）和样品 M3（c）的发射光谱主峰强度的变化趋势（UV-A 灯开 1h＋UV-A 灯灭 1h）

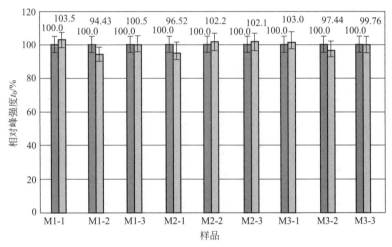

图 7.29 搪瓷涂层在酸性溶液中浸泡前后的发射光谱（激发波长 350nm）主峰的强度［每个测量点都相对于其初始峰强度进行了归一化处理，初始值（左）和浸泡 24h 后（右）］

实际上，样品 M3 在酸性溶液浸泡试验后，样品表面出现了小范围的局部侵蚀，并可能伴随着颜料脱落现象，但没有观察到其发光强度的降低，表明该涂层能保持发光涂层的均匀性。

即使将发光搪瓷涂层样品 M3 浸泡在焦磷酸钾碱性溶液中 24h 也不会使其激发光谱和发射光谱发生变化。至于浸泡后发光量的减少（图 7.30），只有样品 M2 在某些点上发光量有所下降，这可能是由于在碱性物质中浸泡后增加了样品表面的粗糙度，从而阻碍了该涂层对光的吸收和发光过程。

发光搪瓷样品在盐雾箱中暴露几千小时，发光层也没有产生任何变化，没有观察到强度（图 7.31）、形状、发射位置和激发光谱的任何变化。

最后，利用磨损测试法评估机械损伤是否会降低搪瓷涂层的发光特性。图 7.32 为 Taber 磨损试验前以及 1000 次循环后涂层发射光谱主峰强度的变化趋势。可以观察到机械损伤使样品的发光性能降低，而且这几种样品的发射光谱和激发光谱的强度均呈现下降趋势。事实上，发射峰值强度的减小遵循磨损损失分布的趋势。在接触区域厚度减小得更多的内部，该趋势表现得更为显著。

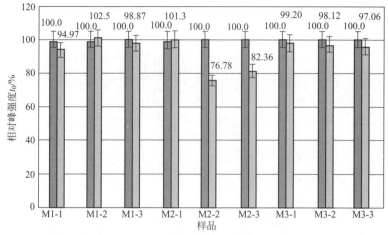

图 7.30 搪瓷涂层在碱性溶液中浸泡前后的发射光谱（激发波长 350nm）主峰的强度 [每个测量点都相对于其初始峰强度进行了归一化处理，初始值（左）和浸泡 24h 后（右）]

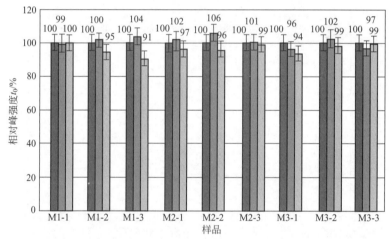

图 7.31 在盐雾箱中暴露前（左）、暴露 500h（中）及暴露 1000h（右）后，搪瓷涂层发射光谱（激发波长 350nm）主峰的强度（每个测量点都相对于其初始峰强度进行了归一化处理）

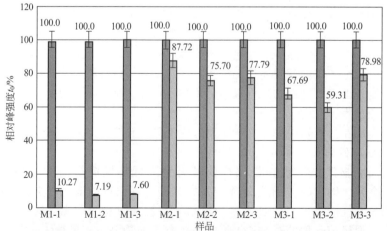

图 7.32 在磨损循环之前（左）和之后（右），搪瓷涂层发射光谱（激发波长 350nm）主峰的强度（每个测量点都相对于其初始峰强度进行了归一化处理）

每个样品去除层为几微米,导致涂层的发光强度明显降低,但强度降低的百分比不同。样品 M1 发射强度减少较多,相对于初始强度,损失了 90% 的强度。样品 M3 相对于初始强度减少了 40%,样品 M2 则减少了 25%。如果考虑到搪瓷涂层的厚度(M3<M1<M2),不同样品发射强度减少的差异尚不清楚,但可能是由于涂层厚度不同,发光颜料呈现出不同分布特性和均匀性。

7.7 结论

搪瓷涂层是在钢基体上制备的玻璃涂层,同时它还具有优异的技术性能和美感。这些涂层的玻璃质物质组分在许多环境和侵蚀性介质中都呈惰性。本部分涂层制备采用喷涂和固化技术使搪瓷涂层与钢基体之间的附着力非常好,即使涂层中存在缺陷、裂纹以及在裸露基体上存在腐蚀现象的情况下,搪瓷涂层与钢基体之间也具有很好的附着力。

智能涂层的一个十分有趣的例子是添加铈、镝等稀土元素制成的发光搪瓷,该涂层除了具有传统涂层的特性以外,还具有非常特殊的光学性能,以及具备环保安全的特点。

目前尚未在文献中发现关于这些创新涂层的研究内容。因此,本章的目的是通过实验测试,检查发光层的存在是否会改变搪瓷的传统特性,并突出这些发光层的耐降解性。通过研究三种不同类型的发光搪瓷涂层体系(铈和镝等稀土元素比例不同)的发射光谱,分析了不同尺寸发光颜料对涂层发射光谱的影响。涂层的发射光谱主要包括两个峰(分别位于蓝色区域和绿色区域),而镝的添加增加了涂层的绿色的发射峰。

样品 M1 和样品 M2 的发光层与样品 M3 的发光层具有不同的耐化学溶液行为。只有样品 M3 能被柠檬酸溶液侵蚀,产生局部腐蚀,导致光泽降低、粗糙度增加以及颜色变化。相反,样品表面的粒子似乎能阻碍碱性溶液对玻璃基质的侵蚀。在碱性溶液环境中,样品 M3 仅出现微小的局部侵蚀,受到的损伤比样品 M1 和样品 M2 要小得多,样品 M1 和样品 M2 的玻璃基质出现严重损伤,光泽度下降明显,粗糙度增加,颜色色素降解。发光颜料的尺寸及其在釉质层中的位置对这些行为有重要影响。

经过 UV-A 辐照试验(连续和循环测试)以及盐雾箱试验之后,样品的发光强度保持恒定,表明紫外线对发光颜料的发光特性不会产生影响。从试验数据可以推测,釉层的厚度可以影响发光强度,但只有去除很厚的釉质层才能使其发光强度出现明显下降,去除局部几微米釉质层时根本不可能出现可检测到的发光强度变化。

发光搪瓷涂层的最外部发光釉质层不会影响传统搪瓷系统优异的抗蚀能力。只有当发光层和几乎所有中间层全部被去除,才会使涂层出现较大的机械损伤,使其丧失腐蚀防护性能,同时在涂层中产生裂纹。

参 考 文 献

[1] Rossi S, Scrinzi E. Evaluation of the abrasion resistance of enamel coatings. Chem Eng Proc 2013; 68; 74-80.

[2] Scrinzi E, Rossi S. The aesthetic and functional properties of enamel coatings on steel. Mater Design 2010; 31; 4138-4146.

[3] Andrews AI, Pagliuca S, Faust WD. Porcelain (vitreous) enamels and industrial enamelling processes—the preparation, application and properties of enamels. Mantova; The International Enam-ellers Institute; 2011.

[4] Rossi S, Scrinzi E, Compagnoni AM, et al. Enamel and design. The potential of enamelled materials. Bologna; Fausto Lupetti Editore; 2011.

[5] Ubertazzi A, Wojciechowski N. Vitreous enamel. Milano; Ulrico Hoepli Editore; 2002.

[6] Buxbaum G, Pfaff G. Industrial inorganic pigments. 3rd ed. Weinheim; Wiley-VCH; 2005.

[7] Blasse G, Grabmaier BC. Luminescent materials. Berlin; Springer-Verlag; 1994.

[8] Bartwal KS, Ryu H, Singh BK. Effect of Sr substitution on photoluminescent properties of $BaAl_2O_4$: Eu^{2+}, Dy^{3+}.

Physica B 2008; 403: 126-130.

[9] Lin Y, Tang Z, Zhang Z, et al. Preparation and properties of photoluminescent rare earth doped SrO-MgO-B_2O_3-SiO_2 glass. Mater Sci Eng B-Adv 2001; 86: 79-82.

[10] Song CF, Yang P, Lu MK, et al. Enhanced blue emission from Eu, Dy co-doped sol-gel Al_2O_3-SiO_2 glasses. J Phys Chem Solids 2003; 64: 491-494.

[11] Hunt RWG. Measuring colour. New York: Wiley; 1987.

[12] Overheim RD, Wagner DL. Light and colour. New York: Wiley, John & Sons; 1982.

[13] Hunter RS, Harold RW. The measurement of appearance. New York: Wiley; 1987.

[14] Rossi S, De orian F, Fontanari L, et al. Electrochemical measurements to evaluate the damage due to abrasion on organic protective system. Prog Org Coat 2005; 52: 288-297.

[15] Rossi S, De orian F, Scrinzi E. Comparison of different abrasion mechanisms on aesthetic properties of organic coatings. Wear 2009; 267: 1574-1580.

[16] Macdonald JR. Impedance spectroscopy: emphasizing solid materials and systems. New York: Wiley; 1987.

[17] Barsoukov E, Macdonald JR. Impedance spectroscopy: theory, experiment and applications. Hoboken: Wiley; 2005.

[18] Scully JR, Silverman DC, Kendig MW. Electrochemical impedance: analysis and interpretation. Philadelphia: American society for testing and materials; 1993.

第8章 破损触发的微纳米容器自修复防腐蚀涂料

D. Grigoriev

Max-Plank Institute of Colloids and Interfaces, Am Muehlenberg 1, Potsdam-Golm, Germany

8.1 简介

8.1.1 成为全球经济问题的腐蚀现状

每年因金属材料和结构的腐蚀而造成巨大的经济损失并产生巨大的经济影响，这已经成为一个全球性的问题。在美国联邦公路管理局（FHWA）和美国腐蚀工程师协会（NACE）的资助下，CC Technologies Laboratories，Inc. 于1999～2001年进行了一项研究，结果表明，仅在美国每年因腐蚀而造成的直接经济损失高达2760亿美元[1]。据报道，欧洲也有类似的结果，每年需要投资超过2000亿欧元才能恢复因腐蚀失效造成的损失。因此，即使在经济最发达的国家，因腐蚀造成的材料损失和性能失效的成本估计也占其GDP的3%～4%[2,3]。虽然在经济欠发达的国家只能获取因腐蚀造成损失的部分信息，但在这些国家因腐蚀而造成的损失似乎更为严重[2]。因此，预防腐蚀和提高腐蚀防护能力是当今腐蚀科学家、工程师和技术人员共同面临的最重要任务。

8.1.2 防止腐蚀的方法

由于腐蚀过程通常在金属结构与周围侵蚀性环境相接触的地方开始，腐蚀发生的典型位置就是该处的金属表面，或者更严格地讲，就是金属与介质之间的界面。因此，迄今为止，所有已知的防腐方法和控制腐蚀方法的目的都是直接或间接地停止或减缓金属（合金）与侵蚀性环境的界面/表面反应。可以通过许多不同的方式来达到这一目的。将这些方式综合起来，可以概括地分为两类：第一类是使用化学或物理化学方法对材料整体进行改性；第二类是对被保护材料进行表面/界面改性。

第一类方式比较典型的例子是采用耐腐蚀合金[4,5]、聚合物[6~8]和复合材料[9]或阴极保护等方法[10]。

第二类方式包括采用不同的有机物[11]、陶瓷[12]和金属保护涂层[13]，以及采用阳极保护[14]以及各种缓蚀剂[15~18]等传统方法。

在上面简要提及的几种界面保护方法中，对金属制品及其结构提供腐蚀保护进而提高耐久性和材料性能的最常见也是最经济的方法是使用有机涂层，该方法的应用十分广泛，从航空领域到家用电器等领域都获得应用。

根据被保护金属基体以及涂层的抗腐效率和其他性质的特定要求，现代有机保护涂层可能具有相当复杂的结构。抛除对防腐性能有特殊要求的应用以外，常规的现代防腐蚀涂层通常具有从基材表面开始的三层分层结构：预处理层、底漆和面漆。

某些情况下，这些层状结构仅仅是将金属基材与腐蚀环境进行良好隔离来提供防腐性能。也就是说，这些涂层的防腐蚀性仅具有被动特性，这是由于没有向涂层中添加任何可以防止腐蚀开始或减缓其蔓延的试剂。因此，在被动涂层中，对涂层机械完整性的任何损害均将造成涂层（至少是受损部位附近）防护性能的完全失效，并因此导致腐蚀的快速发展。

目前越来越普遍的防护方法是将不同防腐剂（主要是无机防腐蚀颜料[19,20]）加入被动防护涂层中，从而赋予被动涂层部分主动的防腐功能。

在这些应用中，获得最大成功的是六价铬[Cr(Ⅵ)]化合物防腐涂层，该涂层已广泛用于制备预处理转化膜[21,22]。由于铬酸盐的强氧化作用，被保护的金属基体起到还原剂的作用，在其表面形成水合氧化铬（Ⅲ）的致密固体膜[23,24]。通过这种方式获得的转化膜虽然相对较薄，但是该膜层不仅具有非常好的阻隔性能，而且还能赋予涂层损伤时自愈的能力。该涂层的自愈行为是通过加入过量的铬酸盐离子实现的，使其在涂层制备过程中嵌入转换层中，并且只与该转换层保持物理结合。因此，一旦涂层机械的完整性被破坏，转换层可以很容易地释放出铬酸盐离子，从而与金属基体再次发生反应，同时使表面发生阴极和阳极钝化[25,26]。

此外，加入转化膜基质中的铬酸盐被逐渐释放后，将由临近的液相传输到涂层的表面缺陷处，从而赋予其长期的保护性能[27~29]。

铬酸盐转化膜通常采用化学处理来制备，而且膜层较薄。因此，制备这些转化膜时，膜内过量的铬酸盐并不足以用于基材的持续防腐[30]。为了保持保护效果的可持续性，应将铬酸盐防腐颜料如 $CaCrO_4$、$SrCrO_4$ 或 $BaCrO_4$ 加入较厚的底漆层中[31~35]。

然而，铬酸盐的氧化性会产生一些非常严重的负面影响：最重要的是，它具有高度的环境毒性，并且铬酸盐污染会产生诸如癌症或基因损伤等高死亡率的健康问题[36]。这些健康问题、环境不相容性以及与之相关的安全问题是禁止使用铬酸盐防腐蚀的主要原因[37]。

迄今为止，几乎所有的主要工业都已停止使用铬酸盐，并逐渐加大力度寻找对环境无害的替代品。目前已经提出了不同的替代方案，比如一些高氧化态的过渡金属化合物已被用于化学转化涂层，如钛[38]、钒[39]、锆和铌[40]、锰[41,42]、钴[43]、钼[44]、钨和硅[45]、铈[40,46~49]和其他稀土金属[50,51]。另外也采取了一些其他方案，包括无铬酸盐电化学氧化处理方法（阳极氧化法）[52~54]、各种有机-无机预处理方法[55,56]以及将有机缓蚀剂直接应用在金属基材表面的技术[57]。Dufek 和 Buttry 还报道了尝试寻找铬酸盐替代品的另一种方法[58]。

替代有机防腐涂料中有毒铬酸盐的最常规方法之一是向锌化合物（特别是磷酸锌）中掺入各种无机颜料，然后一起添加到底漆层中[20]。然而，这些化合物虽然本质上几乎无毒，但是作为添加剂加入涂层中对基体的保护效率较低。为了获得合适的抗腐蚀性能，应向涂料配方中添加更高含量的磷酸锌。但是，添加磷酸锌时，必须考虑到其使用对环境，特别是对长期生态环境的影响。为了应对这些问题，现在已经开始研发无磷酸锌涂料溶液[59]。

不幸的是，至今还没有发现铬酸盐的等效替代物。而且大多数无铬酸盐保护溶液的研究都明确指出，与迄今为止开发的任何其他涂层相比，铬酸盐具有最优良的腐蚀防护性能。因此，出于特殊安全标准考虑，在某些领域如航空航天工业，由于该领域材料和构件对防腐性能的要求非常高，所以暂时允许使用六价铬化合物[60]。同时，防腐专家团队也越来越多地尝试提出和开发新的添加剂、技术和方法对基体提供腐蚀保护，以获得与六价铬化合物相当甚至更好的性能。

在保护性有机涂层中的一个层（预处理层、底漆甚至是顶涂层）中直接掺入缓蚀剂是赋予该涂层主动防腐能力的最直接方式[61~63]。

然而，由于所用缓蚀剂的特定物理化学性质以及它们与涂层体系中其他组分的相互作用，采用这种直接掺入缓蚀剂的解决方法会出现许多不同的问题。比如不同组分之间的相互作用可能对涂层产生显著的损害，甚至失去保护性能。

只有在最接近受损部位处的缓蚀剂浓度处于某个"适当"范围内时，才能获得最佳的缓蚀效果。因此，缓蚀剂浓度太低会导致其在损伤环境中缺乏足够的缓蚀剂，并由此使反应活性变弱。如果缓蚀剂浓度太高，也只能在相对较短的时间内对基体提供保护，然后缓蚀剂会迅速被消耗。浓度高的另一个问题是产生高渗透压，从而出现强烈的起泡现象，甚至将涂层从其保护的基体上分离出去。渗透压也可以加速涂层中的水渗透过程，因此被动地破坏涂层的基质[64]。此外，缓蚀剂与涂层基质其他组分之间发生不利的化学相互作用导致其稳定性和整个涂层体系阻隔性能的恶化[65]。被动涂层基质的结构、耐化学和耐酸/碱性决定了它与缓蚀剂相互作用的强度，并进而决定了缓蚀剂的释放速率。此外，缓蚀剂的自由分散状态经常导致其产生自发泄漏，使老化过程中涂层表面的缓蚀剂出现耗尽现象[66]。

8.2 保护性有机涂层的微米容器和纳米容器制备方法：自愈合涂层 vs 自防护涂层

将预先封装的活性剂掺入各种材料或涂层中以使其具有自愈或自恢复特性，该想法最初是受到生活中大量自愈或自恢复实例的启发。首先，人类和各种哺乳动物以及其他生物的皮肤以及其他组织均表现出一种特征：在受到外部冲击损伤后能自主恢复其完整性（自恢复），防止其他侵蚀性物种（主要是来源于自然环境）依附在其表面（自我保护）。另外也要注意，自然界生物的这种自我保护能力总是被环境中的破坏性因素（如规整性破坏、化学或微生物侵蚀）而激活，起到按需触发、长期持久的作用。

为了赋予涂层自主重建的能力，大约三十年前，人们就开始尝试在各种人造工程材料中模仿自然界的这些自愈或自恢复特征。20世纪90年代[67,68]初期，科学家们提出并初步阐述了材料完整性的自修复概念[69]，随后将这一理念用到材料界面上，主要用于金属基体的有机防腐蚀涂层界面的研究[64,70~72]。

微观或纳米结构材料的主动反应行为主要由其特殊的设计所决定。迄今为止，制备自修复材料精细结构的方法可以分为如下几类：①掺入微米容器或纳米容器；②嵌入微毛细管（"血管"）网络；③固有结构[73]。

由于在实际操作中，向基体中掺入微米容器或纳米容器的方法具有普遍性和高度灵活性，所以该方法是目前为止最为成熟的自组装技术。掺入负载有不同活性剂的容器能够使该体系对其影响因素（导致材料损坏的因素）做出主动反应，触发容器作用，并同时释放出活性剂。

一般来说，密封剂用于封装容器，使材料本体重新获得机械完整性以及相应的机械性能。为此目的而添加的密封剂的数量必须足以填充材料本体内部的裂纹。因此必须在本体中使用体积分数相当大的、微米级的容器。

如果将该自愈或自恢复的理念用于二维保护涂层，则需要考虑限制所用封装密封剂最大体积的若干固有约束条件。首先，密封剂体积受容器大小的制约。其次，涂层基质中容器体积分数也限制了可能在破裂部位释放的密封剂体积。与容器相关的这两个参数对于其在特定涂层中的应用是非常重要的。只有尺寸比涂层厚度小几倍的容器才能在不损坏其完整性的前提下掺入进去。此外，体积分数太高会形成多分散的、上限尺寸超过涂层厚度的容器聚集体。

密封剂填充容器对涂层保护能力的定量评估方法如下：取一块厚度为 H、深度为 D 的涂层，该涂层被宽度为 L、深度贯穿整个涂层厚度的划痕，见图 8.1。

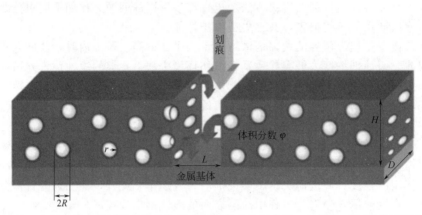

图 8.1　金属基材上保护性容器基涂层上划痕产生的示意图（经国际 NACE 许可引用）

填充密封剂的单分散球形核壳容器尺寸为 $2R$，其核心半径为 r，均匀分布在体积分数为 φ 的涂层基质中，如图 8.1 所示。只有那些与每个划痕面间距 $x \leqslant r$ 的容器在刮擦扩展过程中才能被损坏。因此，分布在邻近划痕的涂层基质部分中所有容器的体积可以简单表达如下：

$$V = 2HDr \tag{8.1}$$

则分布在这个矩阵划痕体积内的所有容器的容积是：

$$V_c^t = 2HDr\varphi \tag{8.2}$$

显然，同一容积中的容器数量 N_c 是容器总体积与单个容器容积的比值：

$$N_c = \frac{V_c^t}{V_c^s} = \frac{2HDr\varphi}{4/3\pi R^3} \tag{8.3}$$

将封装在单个容器中的密封剂的体积乘以其数量［式(8.3)］，则得到在破损部分内包封的密封剂总量为：

$$V_s^t = \frac{2HDr^4\varphi}{R^3} \tag{8.4}$$

总划痕区中可负载的总密封剂所占体积比如式（8.5）所示：

$$\alpha = \frac{V_s^t}{V_{Scr}} = \frac{2HDr^4\varphi}{R^3 HDL} = \frac{2r^4\varphi}{R^3 L} \tag{8.5}$$

如果容器外壳厚度相对于其直径可以忽略不计，也就是说，如果 $R \approx r$，那么式(8.5)可以简化为如下形式：

$$\alpha = 2\frac{R}{L}\varphi \tag{8.6}$$

式(8.6) 所表示的物理意义为：在尺寸为 $10\mu m$、壳体非常薄的容器中，不管容器内密封剂所占体积分数如何（只要在合理有效范围之内，例如，$\varphi = 0.1$），只有当刮痕宽度 $<1\mu m$ 时，由划痕造成的损伤才能被密封剂完全密封住，即只有亚微米级的划痕才能被恢复。

一些典型保护涂层在其使用寿命期间，也可能出现较大的缺陷，即使填充密封剂的涂层已经开始起到一定的保护作用，也不能将缺陷完全密封起来。填充了密封剂容器的自修复防腐涂层性能的制约因素决定了容器主要负载的是缓蚀剂（例如腐蚀缓蚀剂）而不是密封剂。

如果容器是细长的，即长宽比不是1的容器被掺杂到涂层基质中，则可以显著增加涂层损坏时容器释放出密封剂的最大量[74]。相对于长宽比为1的容器来说，长宽比为10的细长容器可释放几乎两倍的密封剂量。而且，这些容器在裂纹平面上的取向也会影响涂层中掺杂容器的密封效率：如果所有容器都垂直于涂层的裂纹平面，则密封效率可提高四倍，达到设计的预期目标。相反地，如果容器平行于裂纹，将使密封效率降低达50%。然而，一旦划痕宽度超过几微米，即使使用细长容器（填充有密封剂）也不能完全自行恢复该划痕。

另外，当涂层出现划痕而使金属基体表面裸露出来时，封装的缓蚀剂的保护效率要高得多。设半径 $R=1\mu m$、$\varphi=0.05$ 的球形容器装有摩尔质量（M_w）为 500g/mol、密度（ρ）为 $1g/cm^3$ 的缓蚀剂，按照本章前面所做的假设，则吸附在划痕表面上缓蚀剂的最大值为：

$$\Gamma_{max}=\frac{2HR\rho\varphi}{M_w L} \tag{8.7}$$

式中，L 和 H 分别是划痕的宽度和涂层的厚度。

假设涂层的厚度 $H=70\mu m$，则可以得到 $\Gamma_{max}=0.014/L\mu mol/m$。换句话说，对于典型的毫米级划痕，$\Gamma_{max}$ 值为每平方米几十微摩尔。这些值至少比报道的一些有机缓蚀剂的饱和吸附值 Γ_∞ 高出一个数量级[75,76]。因此通过上述容器释放的缓蚀剂量，完全可以对涂层表面上更大的、厘米宽度的缺陷进行保护。

因此，在涂层领域，使用术语"自我保护"[77]比"自我修复"更为适用，这是由于从容器释放出来的缓蚀剂的保护作用，通常并不会使涂层的物理完整性得以重新建立，而其防腐蚀的"主要功能"可以完全恢复。

新型自保护有机防腐涂料的关键要素是向涂料基质中掺入众多微米容器或纳米容器，从而具有一旦触发就会按需释放保护剂的能力。本章以下部分将主要讨论新型涂料不同类型的容器、容器的制备方法和技术、容器的形态和释放性能、涂料固化后容器在其中的分布以及掺杂容器后的有机涂层防腐性能。

8.3 容器类型及其制备方法

可掺入新型自保护涂层基质中的几种类型的纳米容器或微米容器包括：层状双氢氧化物（LDHs）容器；主要用缓蚀剂浸泡的多孔或空心陶瓷芯容器，外用刺激响应性聚电解质（PE）壳包封；主要用缓蚀剂浸泡的多孔或空心陶瓷芯容器，容器孔末端用刺激响应性塞子进行密封；由富含缓蚀剂的芯和刺激响应性壳（由直接法或反相乳液法制备）组成的聚合物和复合容器。各种类型容器的特征由其制备方法、加载的活性剂（缓蚀剂）以及涂料基质中的掺杂所决定，这些内容将在下一节中进行更详细的讨论。

8.3.1 LDHs 型纳米容器或微米容器

LDHs 也称为水滑石类物质[78]，是一种天然存在的黏土纳米结构粒子，其组成可以由通式 $[M^{2+}_{1-x}M^{3+}_x(OH)_2]A^{n-}_{x/n}\cdot mH_2O$ 表示，其中阳离子 M^{2+} 可以为 Mg^{2+}、Zn^{2+}、Fe^{2+}、Co^{2+}、Cu^{2+} 等离子，M^{3+} 可以为 Al^{3+}、Cr^{3+}、Fe^{3+}、Ga^{3+} 等离子。LDHs 具有八面体孔的类水镁石结构，其中一些二价阳离子与各种三价阳离子进行交换，LDHs 通过在不同层状主体氢氧化物的层间插入不同客体的阴离子以补偿其过量的正电荷[79]。这些阴离子可以与不同物质进行交换，从而可以制备各种具有特定功能的新材料，例如可以作为生物上一些重要化合物和药物的储存和运输载体、作为分离科学的选择性介质、作为聚合物添加剂[79]。LDHs 也经常作为催化剂和催化剂的载体[80]、聚合物稳定剂[81]以及阴离子污染物的捕捉器[82]。

水滑石类化合物在不同行业的腐蚀防护中获得了广泛的应用。一些研究报告指出，在金属基体表面可以进行LDHs的原位生长，从而对基体提供保护[83]。利用纳米容器进行防腐的最简单方法就是进行LDHs层的靶向合成，即在受保护基质附近插入缓蚀剂[84]。水滑石转化膜表现出良好的防腐蚀性，并且一些研究小组一直试图改善这些转化膜和有机涂层之间的相互作用[85]。

另一种替代方法是将这些可交换的阴离子作为黏土无机粒子，对其负载不同的缓蚀剂后，掺入保护性的有机涂层中。由于LDHs具有相当大的吸附能力，所以采用这种方法可以实现双重目标：不仅释放活性保护物质，还可捕获腐蚀性物质如氯化物或硫酸盐。随后可以通过不同腐蚀抑制性物质如硝酸盐、铬酸盐[86]、钒酸盐[87]或二钒酸盐[88]取代这些腐蚀性的物质。在后一种情况下，使用Zn/Al LDHs-纳米容器掺杂的涂层具有良好的自保护作用，该有机涂层具有与目前还在使用的对环境不友好的铬酸盐体系相当的，甚至更强的抗腐蚀性能。

负载有机阴离子的LDHs是LDHs家族中新兴的一类重要新材料[89]。最近有几例成功合成这类材料的实例，Williams和McMurray采用苯并三唑（BTA）、黄原酸乙酯、草酸盐[90]等有机物质对工业化水滑石［$Mg_6Al_2(OH)_{16} \cdot CO_3 \cdot 4H_2O$］进行重新水化制备了LDHs。将所得分层体系插入聚合物（乙烯醇缩丁醛）涂层中，然后压涂在AA2024-T3铝合金基体表面。

Kendig等人[91]采用类似的方式成功制备了掺杂2,5-二巯基-1,3,4-噻二唑的LDHs体系，并研究了该阴离子对铜氧还原反应的抑制性能。

Poznyak等人[78]最近开发了一种新的方法，制备掺有喹哪醇和2-巯基苯并噻唑的Zn-Al和Mg-Al型LDHs容器，该容器是通过阴离子交换反应合成的。分光光度测量结果表明，氯离子能使有机阴离子从LDHs中释放到本体溶液中，证明了该反应过程属于阴离子交换。当腐蚀介质中含有LDHs纳米颜料时，可以观察到腐蚀速率显著降低。

抑制型阴离子从LDHs中释放的机理说明其环境友好结构的多样性以及其作为纳米容器在自保护涂层中的潜在应用。

8.3.2 陶瓷芯和聚电解质/聚合物壳的容器

这种类型的容器是利用天然的或预先合成的介孔微米或纳米粒子进行制备的，图8.2为该类型的微米或纳米粒子图片。

不管是人造的还是天然的陶瓷粒子，也不论是否与陶瓷粒子的化学性质无关，这些粒子设计的多孔核心均可以作为容器组装的坚固支架。同时，这种像一种海绵状储藏器的粒子可以负载各种活性化合物，对于本部分研究的防腐涂层来说，该陶瓷粒子用于负载不同的缓蚀剂。缓蚀剂的负载量由空腔、间隙或可用孔隙的总体积所决定，并且负载量大约在15%（体积分数）［多水高岭石纳米管（HS）］与70%（体积分数）（孔隙率最高的二氧化硅纳米粒子）之间变化。

多水高岭石纳米粒子组成通式为$Al_2Si_2O_5(OH)_4 \cdot nH_2O$，是一种特定类型的天然硅铝酸盐。与高岭土和许多其他硅铝酸盐相比，多水高岭石纳米粒子具有管状的形状［图8.2（a）］，为空心圆柱形，其平均长度一般在2~5μm之间，沿着粒子长轴圆柱形腔的外径和直径分别为50nm和15nm[92]。据推测，由于地壳中的化学演变过程，八面体位置Al^{3+}不规则地被Fe^{3+}置换［Fe_2O_3含量为3%~10%（质量分数）］，从而形成这种管状多水高岭石粒子[93]。

与自然形成的多水高岭石不同，球形二氧化硅纳米粒子具有更高孔隙率，该粒子可以通过表面活性剂模板缩聚方法进行制备。这些二氧化硅粒子的大小、形态、孔的尺寸分布和结构由合成过程所用软模板的类型（表面活性剂胶束或乳液液滴）以及控制水解和缩聚动力学系统的物理化学条件所决定。

选取阳离子表面活性剂十六烷基三甲基溴化铵（CTAB）胶束作为模板粒子，将其分散在氢氧化钠溶液中，随后添加四乙氧基硅烷（TEOS），则四乙氧基硅烷发生水解形成硅烷醇分子，在胶束模板上逐渐缩聚形成所谓的"球形介孔二氧化硅"（SMS）纳米粒子[图8.2(b)]。SMS粒子具有二维的六角形排列的直径为3.5nm的组装规整的圆柱形孔，并且具有非常高的比表面积和总孔体积，其值分别为1000m^2/g和1cm^3/g。

将TEOS和CTAB初步预混合，随后将该混合物分散在水-乙醇介质中，并且用氢氧化铵将所得乳液连续相的pH值提高到11.5，可以观察到有球形中空的二氧化硅（SHS）纳米粒子形成，见图8.2(c)。这种方法组装出来的二氧化硅纳米粒子的孔不具有结构顺序，但具有相当致密的壳和高度多孔的内腔。然而，这些粒子的平均孔径、比表面积和总孔体积与SMS纳米粒子对应数据（分别为3.5nm、1000m^2/g和0.9cm^3/g）相当甚至相等。

介孔二氧化钛（TiO_2）纳米粒子也可作为人造多孔陶瓷类容器的核心，该粒子是通过浓硝酸对碳化钛（TiC）微米级粉末进行异相氧化而合成的。随后用水多次洗涤得到平均尺寸为400nm且具有中等多分散性（PDI=0.35）的二氧化钛纳米粒子，见图8.2(d)。这些海绵状的陶瓷支架具有较宽的孔径分布，平均孔径为10nm，总孔体积约为0.35cm^3/g，足够负载各种缓蚀剂。

现在在市场上可以用合理的价格购买用于制造微容器的介孔二氧化硅微米或亚微米粒子。例如，图8.2(e)和(f)就是两种这样的粒子，该粒子的总孔体积非常高，平均尺寸为3.7μm的粒子对应的孔体积为2.0cm^3/g，平均尺寸为500nm的粒子对应的孔体积为0.75cm^3/g。

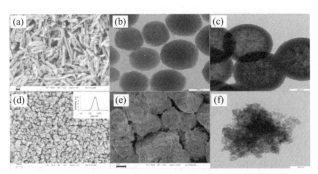

图8.2 用于制备容器陶瓷核的介孔微米或纳米粒子
（这些材料经国际NACE许可引用）
(a) 多水高岭石纳米管（比例尺标为200nm）；(b) 球形介孔二氧化硅（SMS）纳米粒子（比例尺标为100nm）；(c) 球形中空二氧化硅（SHS）纳米粒子（比例尺标为200nm）；(d) 介孔TiO_2纳米粒子（比例尺标为200nm）；(e) 市售二氧化硅粒子（比例尺标为1μm）；(f) 市售铝改性二氧化硅亚微米粒子（比例尺标为200nm）

关于陶瓷芯孔隙度的特征，需要解决的问题是：什么程度的孔隙度才能掺入能起到有效防腐作用的足够的缓蚀剂？

设想有一个半径为1μm、孔体积分数为20%的球形多孔陶瓷芯的微容器，并且只有一半的体积可以负载缓蚀剂，涂层一旦发生损伤就会释放出该缓蚀剂。采用与式(8.7)相同的推导公式，那么负载在单个容器中有效的缓蚀剂体积则为：

$$V_{\text{eff}} = \frac{0.2 \times 4/3\pi R^3}{2} \tag{8.8}$$

在8.2节中所介绍的缓蚀剂密度为ρ，摩尔质量为M_w，金属基体表面比较典型的饱和

吸附量 Γ_{max} 值分别为 $1g/cm^3$、$500g/mol$ 和 $5\times10^{-6}mol/m^2$，由此可以估算该容器释放出来的缓蚀剂可以对基体提供保护的最大面积为：

$$A_{max} = \frac{V_{eff}\rho}{M_w\Gamma_\infty} = \frac{0.2\times 4/3\pi R^3 \rho}{2M_w\Gamma_\infty} \approx 16\times 10^{-10} m^2 \tag{8.9}$$

该区域的大小相当于一个边长为 $40\mu m$ 的正方形，那么一千个这样的容器就可以保护 $1.6\times 10^{-6} m^2$ 的面积。我们可以将该面积想象为一个长度为 16mm、宽度为 $100\mu m$ 的划痕区域的面积，这一面积也是工程实践中经常发生的、非常常见的一种宏观缺陷区域的大小。根据容器总体积与划痕体积的比可以得到能为该划痕提供全面保护所必须含有的容器体积分数。假设有机涂层厚度为 $H=70\mu m$，则体积比大约为 0.37×10^{-4}，也就是说，即使容器所占比例如此之低，也可以对基体进行有效的保护。当然，这种对多孔陶瓷芯容器缓蚀剂负载量的估计方法比较简单，但是即使在这种估算的情况下，也能证明该容器在新型防腐有机涂层中的应用效率。

本节所述容器制备过程中接下来的一个重要步骤是将选定的活性剂或缓蚀剂浸泡沉积在容器陶瓷芯的孔或空腔（芯的加载）中。该工艺是将相应的多孔或中空微米/纳米粒子加入溶于合适溶剂的缓蚀剂浓缩液或纯缓蚀剂（适用于液态缓蚀剂）中，然后将其进行多次真空循环干燥[71]。这些步骤通常能显著加速微小气体堵塞管（纳米气泡）密封的狭窄孔隙中的溶液渗透和吸收过程，从而增大容器的缓蚀剂负载量。此外，窄孔隙的有限体积显著降低缓蚀剂分子的活性，增加已浸渍到多孔核心的缓蚀剂的释放时间，并因此使缓蚀剂的释放过程更为持久。

最近一段时间，科技人员已将孔隙中缓蚀分子的这种缓释特性[94]用于制备铝基体的自保护防腐涂层，他们观察到具有较长孔隙核心粒子的缓蚀剂释放动力学显著减慢，并在缓蚀剂分子和孔壁之间出现了更多的相互作用位点。对于不含任何聚电解质或聚合物壳的介孔纳米容器保护性有机涂层来说，这种缓蚀剂的延长释放过程也具有很好的长期缓蚀作用。

对于缓蚀剂浓缩液或纯缓蚀剂来说，要想成功地浸渍到核心粒子的空隙中，必须满足一个重要的前提条件，那就是核心粒子必须能被相应的缓蚀剂浓缩液或液态缓蚀剂完全润湿。因此，如果想获得容器的高负载效率，需要选择对容器核心的陶瓷材料具有良好润湿性同时还需要对所选择缓蚀剂具有优异溶解能力的溶剂。一般来说，溶解在水中的无机缓蚀剂浸渍在陶瓷介孔容器中可以获得较高的无机缓蚀剂沉积量。但是对于有机缓蚀剂来说，由于其在水中的溶解度低，所以一般选用中等极性的有机溶剂，如短链的醇、酮和酯等，才能浸渍得到较高的负载量。图8.3为前面所述的负载有缓蚀剂的中空或中孔核心粒子的图片。

容器组装的最后阶段是逐层（L-b-L）将相反电荷的聚电解质交替吸附到陶瓷芯上，以便在其周围形成 PE 壳。阳离子聚电解质如聚二烯丙基二甲基氯化铵（PDADAMAC）、聚烯丙胺盐酸盐（PAH）、聚乙烯亚胺（PEI）和阴离子聚电解质如聚苯乙烯磺酸钠（PSS）、聚丙烯酸（PAA）、聚甲基丙烯酸（PMA）等，这些聚合物均可作为容器壳组装的独立单元，并可通过改变聚电解质的组合方式使容器的壳获得所需要的特定性能。图8.4为容器组装及其最后一步装配示意图，即 L-b-L 聚电解质沉积的过程。从阳离子聚电解质转变为阴离子聚电解质过程中的沉积量和洗涤次数取决于所需制备的壳厚及其最终组成的要求。

在负载缓蚀剂的陶瓷多孔或中空容器核周围的多层聚电解质封套能明显减缓或几乎完全阻止缓蚀剂从容器中过早泄漏。而且，在进行壳体组装时，以特定的方式将聚电解质进行组合，可以使壳体对周围局部的 pH 值变化特别敏感，该 pH 值敏感性可以作为控制壳体渗透性或容器开口的触发器。将弱阳离子聚电解质或弱阴离子聚电解质与带很强相反电荷的聚电解质交替沉积在微米或纳米容器中，就可以制备出对 pH 值敏感的壳。两种类型的聚电解质在中性环境中几乎完全分解，并在容器外壳中通过静电引力互相吸引。壳内这种完全的电荷

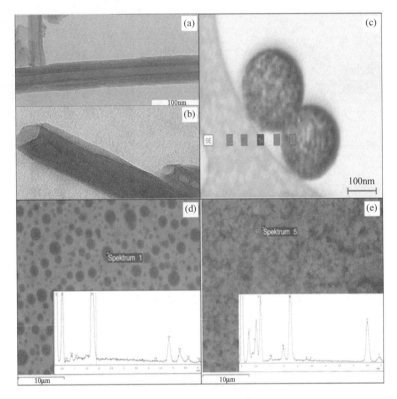

图 8.3 负载缓蚀剂的陶瓷容器核心（这些材料经国际 NACE 许可引用）
(a 和 b) 多水高岭石和负载钼酸铵的多水高岭石；(c) 负载巯基苯并噻唑（MBT）的 SHS 粒子；
(d) 负载硝酸铈的市售二氧化硅微粒（右下角插入的谱图为图中"Spektrum 1"点的点扫描
元素谱图）；(e) 负载六氟钛酸钠的市售铝改性二氧化硅微粒（右下角插入的
谱图为图中"Spektrum 5"点的点扫描元素谱图）

补偿使其表现为中性，并具有较高的电荷密度，特别是在干燥状态下，这种现象更为明显。

如果壳的组成含有弱聚电解质，根据弱聚电解质的酸性或碱性特征，可以得知该弱聚电解质在 pK_a 或 pK_b 值附近的解离更少，结果使 pH 值由酸性（弱阴离子聚电解质）向碱性（弱阳离子聚电解质）转变，导致容器壳体中的电荷补偿失真，最后由于各层之间的静电排斥而产生体积膨胀，随后实现容器的打开状态。

一般情况下，腐蚀发生和发展过程会导致基体上阴极或阳极区附近局部 pH 值发生显著变化。具有特定的 pH 值灵敏度的容器壳将伴随着腐蚀过程中的 pH 值变化转化为容器打开和按需释放封装缓蚀剂的触发器。因此，具有这种类型掺杂容器的保护涂层具有自我保护的防腐蚀功能。

8.3.3 含有陶瓷芯和毛孔末端刺激响应塞的容器

这种类型容器的主要组成部分几乎与上一节描述的相同，包括微孔或者纳米多孔或者中空陶瓷芯，以及浸渍于该孔中的液态缓蚀剂或者其他活性剂。但是该容器具有一个比上一节的陶瓷芯和聚电解质壳容器更重要的特殊特征，就是即使核心内部是中空的情况下，这种容器的陶瓷粒子外壳上也必须要有小孔（图 8.5），其原因包括：首先，这些孔是负载用作容器芯的多孔或中空陶瓷粒子内部组分所必需的；其次，陶瓷粒子浸入待负载的液体中后必须经过多次真空循环。当陶瓷粒子具有合适的负载量后，就开始容器制备的最后一步工序。与具有连续聚电解质多层壳体的陶瓷容器相比，本容器并没有将整个核心粒子封闭起来，以便

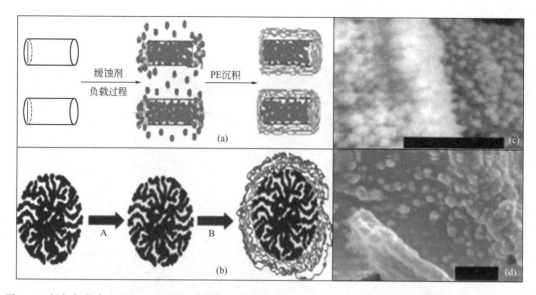

图 8.4 制备负载陶瓷粒子的纳米容器或微米容器的装配步骤示意图（这些材料经国际 NACE 许可引用）
（a）和（b）的第二步分别代表 L-b-L 交替型 PE 吸附多水高岭石纳米管和介孔陶瓷粒子；显微照片为多层 PE 沉积之前（c）和之后（d）的介孔陶瓷粒子表面（两种情况下的比例尺标均为 200nm）

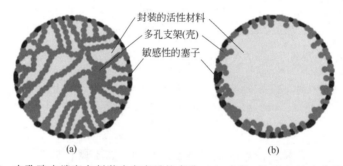

图 8.5 在孔隙末端塞有刺激响应塞子的多孔（a）和核-壳（b）纳米容器示意图

将容器的负载物与周围介质隔离从而防止该负载物从容器中过早释放出来。为了使容器呈现封闭状态，本容器采用不溶性的塞子将陶瓷多孔或中空粒子的孔外端密封起来，该塞子是封装的缓蚀剂或溶剂/分散剂与添加的其他化合物之间通过化学或物理相互作用形成的产物。例如，这些塞子可以由离子络合物或由界面物理过程（例如界面沉淀、凝聚或胶凝）产生的聚集体制成。因此，该孔的第二个重要特征是在其端部形成的塞子"支架"作用。塞子能否成功地将孔密封住是由孔的大小、曲折度以及表面化学性质决定的。有时，需要额外添加开孔稳定剂或对其表面进行化学修饰[95]。

一旦启动触发因素，孔里封装的缓蚀剂就会向容器外部释放。这些触发因素可能是导致腐蚀发生的因素，也可能是在腐蚀过程中慢慢出现的一些因素。比较典型的触发因素包括：pH 值的变化、特定离子的浓度、离子强度或温度。在介孔关闭状态条件下，容器附近这些参数的局部变化将引起塞子的膨胀或溶解，这时容器就会打开，导致缓蚀剂或其他活性剂发生刺激响应性释放。

最近，Abdullayev 等人[96,97]通过一种最简单的方式将这一想法付诸实践。他们将多水高岭石纳米管作为核心粒子，多水高岭石中的空腔作为负载缓蚀剂的单个大孔，然后用塞子将空腔外端进行密封。当多水高岭石纳米管填充 BTA 缓蚀剂后，用不溶性塞子封闭小管的末端,防止负载在管里的缓蚀剂自发释放出来。BTA 和二价铜离子反应,形成不溶性络合物,用于密封纳米容器。通过向容器的含水悬浮液中加入浓氨水溶液,实现该容器的刺激响应性开启模式。由于在该体系中形成了非常稳定的、可溶的铜-氨络合物,并且由于 pH 值的增加,在体系中形成阴离子 BTA,将塞子从孔的两端移走(为不可逆转的过程),包封在孔里的 BTA 缓蚀剂得以释放到容器外部。随后将这些容器引入铜和铝的有机防腐蚀涂层中,与标准涂层相比,该涂层具有相当好的、持续的防腐蚀性能。该研究结果已经申请了一个相应的美国专利[98]。

最近,关于这些容器制备方法又申请了一个新的专利[99]。该专利中,不仅提出将圆柱形中空多水高岭石作为容器核,而且还提出了许多其他类型的中孔或中空陶瓷微米和纳米粒子也可作为容器核。此外,该专利还提出了用于密封塞的各种可能化学物质和制备的物理机制以及缓蚀剂的络合反应。

就在前一段时间,研究发现铜离子与 BTA 反应生成的不溶性络合物成功地将介孔二氧化硅基纳米容器孔隙进行了封闭,这一事实[95]证明采取不同化学机制打开密封塞的可能性:pH 值和离子浓度这两个外部因素(pH 值降至 5 以下,以及外部溶液中硫离子浓度增加)可以使铜-BTA 络合物分解以及使密封塞溶解,随后释放出活性剂(如 BTA 缓蚀剂或苯扎氯铵或二氯苯氧氯酚抗菌剂)。将负载不同试剂的容器掺入涂层基质中可以制备具有更强防腐性、抗菌性或多功能性的保护性有机涂层。

8.3.4 直接乳液法或反相乳液法容器

从前面几节内容可以看出,制备作为支架和可浸渍容器核心的中空或介孔微米或纳米陶瓷粒子容器是包含多个步骤的过程。负载能力和负载循环次数取决于支架的孔隙率以及孔隙尺寸分布,并且在孔隙狭窄的情况下影响因素更为复杂。当容器的负载物和容器芯由具有不同极性的物质组成时,该制备过程还会变得更加复杂。此外,容器核心和分散介质(容器在该介质中最初就发生错位)之间的极性不匹配可使整个过程复杂化[100]。这种容器制备方法的整个过程(容器 PE 壳至少需要两步沉积)看起来不够简单,也不够经济。

相反,与上面讨论的粒子状多孔或中空芯容器的制备技术相比,采用乳液法制备纳米容器或微米容器具有许多优点。其中最重要的一个优势是,乳液法中乳液液滴可以起到十分明确的双重作用:不仅可以作为软(液体)模板粒子,而且可以作为待制备容器的负载核心。乳状液滴的多用途可以明显简化容器的制备过程。使用乳液作为容器制备初始体系的第二大优势是,在组装开始时分散介质和分散相都是液态。这一优势一方面可以大大减少能耗,即减少用于制备胶体体系所必须进行的粉碎工作;特别是在存在降低界面张力表面活性剂情况下的粉碎工作;另一方面液态分散相有助于精确调节所有组分的浓度,不仅能够精确调节活性剂含量及其在容器中的分布,而且能够通过疏水物和表面活性剂精确控制容器的尺寸分布。

乳液法制备容器的第三个优势是可以制备具有核-壳形态和封装液体成分的容器。例如,制备用于仿生自保护防腐涂层的容器就属于这种类型,其中封装在容器中的液体类似于生物液体,如皮肤中的血液。因此,如果外部环境使掺有该容器的涂层发生破坏,那么该涂层将会发生强烈的即时反馈。

显然,采取乳液法制备容器的前提条件是先制备出水包油(O/W,直接乳液法)或油包水(W/O,反相乳液法)的乳液。在此基础上,乳液的分散介质与构成其分散相的多个液滴之间的液/液界面以及这些液滴本身均能起到提供容器制备场所的作用。根据制备容器过程的本质特征,可以将微米或纳米容器的各种制备技术分为两大类:①利用物理现象进行制备;②利用乳液液滴界面处的不同化学反应或本体中的原位反应进行制备(最终使生长的预聚物在界面处合并或分离）。具体制备简图如图 8.6 所示。

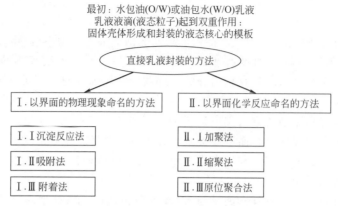

图 8.6　乳液法制备微米和纳米容器的细分方法

在本章接下来的部分将根据这两类技术制备几种类型的容器，并对其开展更详细的讨论。为使自保护防腐蚀涂层具有模仿活性物质的主动反馈特性，下面将以具体容器为例，讨论其制备方法、形成机制以及优缺点。

8.3.5　基于界面物理现象的容器

8.3.5.1　溶剂诱导界面沉淀法制备的容器

采用这种制备方法时，由于体系中物理或化学参数（组成）的变化，乳液液滴作为软模板粒子，那些即将形成容器壳的组分在该模板粒子的界面上先沉淀出来，然后再形成容器壳。乳液液滴中也包含容器将要负载的物质，以及将作为容器核心的物质。开始时，生成壳的组分完全溶解在乳液液滴中，最初该乳液分散体系的两相保持均匀。一旦系统发生变化，就会对壳体组分的溶解性造成干扰，并导致其开始发生沉淀。

在最简单的情况下，系统只有一个物理参数（例如温度）变化就会导致生成壳的组分与双相分散体系一个相中的其他组分的混溶性严重降低，使该液滴在界面处发生沉淀。

当然也可以通过改变相的组成来降低成壳组分的溶解度，然后产生沉淀。可以通过从该体系中除去对该化合物具有良好溶解能力的溶剂（后面指"溶剂"），或者通过向系统添加具有对该壳组分溶解能力差的溶剂（后面指"非溶剂"）来改变相的组成。由于相的分散是一个非自发过程，相组分的独立变化会使相出现不均匀的现象。如果制备壳体的组分最初是溶解在分散介质中，那么其溶解度变化几乎不会对分散相的组成产生任何影响。此外，根据界面的异质成核机制，乳液液滴的存在有利于壳的组分从分散介质中沉淀出来。能使壳组分从分散介质界面沉淀的典型过程是溶剂从该相中蒸发出去或者该组分的溶液被非溶剂稀释，也就是溶剂蒸发诱导沉淀法或稀释诱导沉淀法（图 8.6）。

从空间上反过来看，壳组分从乳滴内部开始发生沉淀，并且该沉淀析出的触发过程只能是被分散介质的周围环境变化所激发。因此，为成壳组分所选的溶剂或非溶剂在乳液的分散介质中至少是略溶的，以便初始溶于分散介质中的成壳组分能转移到乳液滴中或转移出乳液滴。来自分散相的界面沉淀可以受其粒子曲率和约束特性的影响。最后，形成具有核-壳形态的容器以及液体核心或致密固体的容器。

我们小组利用溶剂蒸发诱导沉淀法在 O/W 乳液中制备了含疏水剂多库脂钠（AOT）的自保护防腐涂层微米容器和纳米容器[101]。O/W 乳液的油相是由不溶于水的十二烷与难溶于水的乙酸乙酯（EA）以 5∶9 的组分比混合而成。然后利用该混合油相溶剂配制相对于该油相的含量约为 9.5%（质量分数）的聚苯乙烯（PS，分子量为 34000）和 5%（质量分数）

的多库脂钠。一般情况下,将经 EA 饱和的磷酸盐缓冲液(pH 值为 7)作为该乳液的水分散介质,混合均匀后,向该溶液中加入 135mg 非离子表面活性剂 Triton X-100 作为乳化剂。然后,用涡旋振荡器(第 7 阶段,持续 1min)制备 10%(体积分数)的粗 O/W 乳液,最后使用高速转子-定子均化器 Ultra-Turrax(IKA Werke,Staufen,德国)处理 3min。随后,开始乳液的制备:将该溶液在通风橱中用 150r/min 转速连续搅拌 12h 以蒸发 EA,或者首先用 Milli-Q 水稀释 10 倍,然后通过干燥氮气鼓泡 5h 加速去除该溶剂。挥发性 EA 完全蒸发后,得到含 AOT 的十二烷溶液的 PS 微米容器和纳米容器的水分散体。通过 DLS 强度仪(Zetasizer Nano ZS Malvern,UK)测量容器的 ζ 平均尺寸为 1570nm,PDI 为 0.8,由图 8.7 也可定性地看出该容器具有很强的多分散性。容器尺寸分布范围广是由于采用高速转子-定子均化器(如 Ultra-Turrax)制备乳液的结果。有趣的是,仅通过逐渐蒸发 EA 而没有加速搅拌所得容器的多分散性较低,PDI 为 0.6,

图 8.7 带有聚苯乙烯壳的微米容器和纳米容器(壳中含有通过溶剂蒸发诱发界面沉淀所得的憎水剂多库脂钠的十二烷溶液)(这些材料经 ICE 出版社许可引用)

这可能是因为初始乳液液滴中奥斯特瓦尔德(Ostwald)熟化过程能使其液态保持更长时间。从图 8.7 中可以观察到几个部分变形的容器,壳体中还可以观察到凹陷现象,这一现象可以作为它们的核-壳或多室形态的间接论据。另外,该容器结构也可以由核心材料(溶于十二烷的多库脂钠)与液相分散介质相互之间非常低的混溶性推断出来。

尽管界面沉淀法的不同具体实施过程相对简单、成本较低,但由于沉淀法的一些技术特点以及通过这种方式制备的容器还需要包埋在涂层中,所以该方法也存在很多挑战和弊端。用于溶解成壳组分的溶剂必须完全或至少略溶于分散介质中,该介质通常是含水组分。这些溶剂也应具有足够好的挥发性,以确保在适当的时间完全蒸发出来,以便形成容器外壳。因此,溶剂蒸发诱导沉淀和稀释诱导沉淀两种方式均会产生大量的环境危险废物,如挥发性有机化合物(VOC)或 VOC 污染水,尤其是该容器进行工业化规模生产时污染更严重。正是由于存在这样的环境问题,如果进行界面沉淀法的工业化生产,可能需要安装相当昂贵的回收装置而使该工艺变得复杂化。

另一个问题是形成容器外壳的聚合物是预成型的聚合物,该聚合物在几种中等极性溶剂中都必须具有很好的溶解性,才能确保该聚合物与水相和油相均能具有良好的混溶性。因此,采用沉淀法聚合时,聚合物必须具有较低的交联度。然而,成核聚合物在中等极性溶剂中的高溶解度使其不能自动地通过界面沉淀方法将该聚合物制成的容器掺入有机溶剂型涂层中,所以将其局限于水性涂层配方的应用上。此外,即使在这种水性涂层配方的情况下,如果固化温度较高,也会存在问题,因为具有低交联度的聚合物在固化阶段会发生熔化,破坏容器结构。

8.3.5.2 逐层(L-b-L)聚电解质界面吸附法制备的容器

尽管近三十年来,平板固体[102]和胶态固体[103]模板的 L-b-L 界面吸附方法在全世界已经得到了广泛的应用,但是不久之前又有报道界面吸附方法拓展到液态胶体模板(乳液液滴)上的使用。21 世纪初期,有些领域已经开始报道使用该技术的一些具体细节[104~106]。然而,由于需要使用特定的化学品或需要独特的制备条件,在液态胶体模板上的吸附法受到严重的限制。因此,Tjipto 及其同事[106]将用于制备向列型液晶的一种特殊物质(4′-戊基-4-氰基联苯)作为包封 O/W 乳液液滴的材料。在与食物有关的各种乳化剂的包封过程中,疏水性生物乳化剂的用量和所采用的制备条件都证明,在 L-b-L 聚电解质沉积开始形成容器壳之前,在界面处形成了初始的固态层或类固态层[104,105]。

直到最近,一种基于聚电解质 L-b-L 吸附的直接乳液封装的负载型微米容器和纳米容器制备的通用方法才开发出来[107]。该方法的液态胶体模板(O/W 乳液的液滴)由水与十二烷(一种与水互不相溶的物质)组成。为了稳定初始乳液分散相,并确保聚电解质开始吸附时液滴界面能出现大量电荷,加入少量阳离子表面活性前驱体双十八烷基二甲基溴化铵(DODAB)对油相进行掺杂。另外,由于十二烷在非极性的溶剂中溶解度非常低,所以向十二烷中加入 30%(体积分数)的极性氯仿以改善前驱体在油相中的溶解度。又因为氯仿在水中具有一定的溶解度,所以在聚电解质沉积过程中 O/W 乳液液滴中检测不到一点氯仿的存在。每个液滴表面带有大量正电荷的 DODAB 单层(ζ 电位约为 +90mV)能够保证初始乳液胶体的稳定性。随后从其浓缩的无盐水溶液(20mg/mL)中吸附带相反电荷的聚电解质完成 L-b-L 组装。在连续搅拌的条件下,将最初带正电荷的乳液上层逐滴加入带负电荷的 PSS 溶液当中,确保在其后的液滴界面电荷过剩时也能具有良好的吸附性。用纯 Milli-Q 水将残余的过量游离聚电解质洗掉。采用同样的方式,在阳离子型的 PE PDADMAC 或 PAH 的水溶液中进行封装第二步(图 8.8)。根据最终的特定需求,进行交替重复的吸附过程,直到形成所需壳厚度的容器。制备出来的该容器 ζ 平均尺寸为 4.2μm,具有明显的单分散性(PDI=0.32)。图 8.8 中显示的是采用 L-b-L 界面吸附技术包封的 O/W 乳液干液滴。如果填充容器的是 PE 油性试剂,那么容器在干燥过程中(尤其是制备 SEM 样品的过程中)容易发生破裂,油性容器芯不能保持其完整性,只能观察到起皱的聚电解质容器壳(图 8.9)支撑着 O/W 乳液液滴周边的聚电解质多层壳组件。

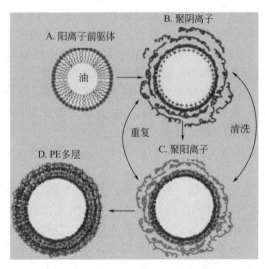

图 8.8 沉积过程的示意图(乳液液滴界面的交替逐层(L-b-L)聚电解质吸附过程)
(这些材料经 ICE 出版社许可引用)

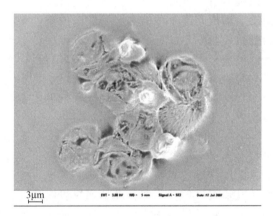

图 8.9 基于具有 PE 壳的水包油(水包十二烷)乳液微容器(由四个随后吸附的 PSS 和 PDADMAC 层制成)
(这些材料经 ICE 出版社许可引用)

遵循直接制备乳液聚电解质容器[107]的方法,在该领域已经取得了进一步的进展[108,109]。Wackerbarth 等人[108]报道了采用乳液法制备可能用于食品工业的六层生物聚合电解质微容器。Lomova 等人[109]通过引入天然抗氧化剂化合物(单宁酸),将该化合物与具有生物相容性的、带相反电荷的聚电解质作为壳组分，相互交替沉积，成功地将高度不稳定的、多元不饱和天然油的聚电解质封装起来，以达到保存和防止降解的目的。

通过聚电解质 L-b-L 直接乳化包封技术制备的容器非常适用于保护性涂层（特别是水性涂层），并赋予它们一些独立于包封在芯中组分本质的独特功能。由于适用于组装 L-b-L 容器壳的聚电解质很多，所以这种方法是完全可以实现的。通过有目的性地选择聚电解质可以将许多环境因素（如温度[110]、压力[111]、pH 值[112]、离子强度、电化学电位等）的变化作为容器壳的触发条件，并由此赋予掺杂这些容器的涂层特定的刺激响应保护能力。

由于容器的每一步制备过程中，聚电解质的 L-b-L 沉积都具有纳米级精度，所以可以对其尺寸和壳厚度进行非常精细的调整，因此在许多研究和工业领域中均具有很高的实际价值。

另外，在此将采用 L-b-L 界面吸附法制备聚电解质容器在几种自保护涂层应用中的缺点也一并指出来。即使在沉积具有最低 M_w 的聚电解质时，对于负载到容器中的低分子试剂来说，壳的渗透性仍然很高，这些低分子试剂很快从壳中渗透出来，所以不能获得持续释放。另外，在对于核心材料具有良好溶解性的介质中也不能使用该类型的容器。要想在壳中获得合理的聚电解质层数，聚电解质壳的低机械稳定性又成为另外一个难题。虽然增加 L-b-L 沉积步骤，随后在较高温度下进行退火处理，可以显著提高其机械稳定性[110]，但是这种过度复杂化将使制造成本增加，因此在许多潜在的应用领域是不可能被接受的。同时，在具有比较温和的固化条件和韧性涂层基质的水性涂料配方中，可以使用具有 L-b-L 聚电解质壳的乳液软容器。

8.3.5.3 基于 Pickering 乳液的不可逆界面附着法容器

O/W 或 W/O 界面处由于存在部分疏水/亲水微米粒子或纳米粒子的自发附着，所以产生明显的乳液稳定化现象，这是乳液纳米容器和微米容器制备的基础。

20 世纪初[113,114]就已发现这种粒子的"奇怪"行为，并且可以以粒子能量变化的形式（从本体位置到界面的位置转变过程中的能量变化）对其进行描述[115]：

$$\Delta G_{att} = -\pi r^2 \gamma_{\alpha\beta} (1 \pm \cos\theta)^2 \tag{8.10}$$

从热力学角度来说，即使只有少量的纳米粒子，但由于位于界面处粒子的巨大能垒，这种变化实际上是不可逆的，所以通常称该现象为"吸附"而不是"附着"。由于吸附过程，部分疏水性/亲水性粒子在乳液液滴界面处可自发形成紧密的单层或多层，生成容器壳。此外，作为形成粒子壳模板的乳液液滴，同时还可以作为辅助活性试剂的储罐。

粒子的界面活性是它们与某类溶剂具有特定亲和性的内在特性。在这种情况下，即使表面未改性的粒子也能够集中在该溶剂液滴与其外部连续相之间的界面处[116]。然而，更常见的做法是使用各种类型的表面活性剂[117,118]使其通过静电或共价键结合方式对粒子进行表面改性，从而赋予粒子界面活性。

静电改性并不是使表面活性剂分子与粒子表面之间形成适当的化学键，而是这些分子、粒子和周围介质（溶液）之间复杂的物理作用相互平衡的结果。因此，体系总是存在少量游离的表面活性剂分子，这些分子偶尔也会干扰成核乳液液滴中的缓蚀剂或其他保护剂，并损害界面粒子的附着机制。为了避免这种不希望的情况出现，应该在制备容器之前选择完全合适的非反应性和非相互作用的表面活性剂和保护性组分。但是，当缓蚀剂分子本身具有某种表面活性，同时该活性还能使粒子表面部分疏水时，就根本不会出现刚才所指出的这些问题。许多缓蚀剂是含有在特定 pH 值范围内可以部分电离或完全电离官能团的弱有机酸、碱或两性化合物，因此属于亲水性的物质。如果缓蚀剂分子另外的有机部分具有足够疏水性，那么整个缓蚀剂分子将在相同的 pH 值范围内表现出亲水亲油两亲性，也就是起到表面活性剂的作用。Haase 等人利用两性缓蚀剂 8-羟基喹啉（8-HQ）[119]在 pH<5.5（$pK_a=5.13$

时的质子化程度高并能静电吸附在带负电二氧化硅纳米粒子（Ludox TMA）表面上的特点，使二氧化硅纳米粒子（Ludox TMA）部分疏水化而具有界面活性。这些粒子使制备多层膜的 O/W 乳液液滴在其界面上得以稳定，因此可以看作是粒状容器壳（图 8.10）。分散相的液滴由溶有 8-HQ 的邻苯二甲酸二乙酯（DEP）组成，并且与已负载的缓蚀剂一起作为容器核心。在 pH 值约为 4.4～5.6 范围内，容器的尺寸分布和容器壳中纳米粒子的数量是 pH 值的函数。当 pH 值为 4.4 时，制备得到平均尺寸为 $4.5\mu m$ 且 PDI 约为 0.4 的单分散容器。这种 pH 值依赖性行为可能是由于 pH 值下降使吸附的 8-HQ 数量逐渐增加，从而增加二氧化硅纳米粒子的疏水性，进而逐渐增加该粒子的界面活性。当 pH 值小于 4.4 时，8-HQ 的质子化程度以及随后其在分散介质中的浓度均达到能够在二氧化硅纳米粒子表面形成 8-HQ 双层的值。重叠的芳环之间的疏水物和疏水物的相互作用是产生这种效应的驱动力。因此，双层的外部 8-HQ 分子带正电的质子化基团朝向分散介质并使容器壳中的粒子重新具有亲水性，在该 pH 值范围内（pH<4.4）可以观察到容器快速破坏，封装的缓蚀剂立即爆发性地释放出来。这种 pH 值敏感性以及容器的机械破裂可以用作容器开口的触发器，并且当容器嵌入自保护防腐涂层基体中时能促进缓蚀剂的释放。

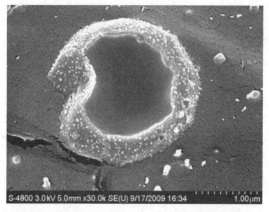

图 8.10 含有 8-HQ 缓蚀剂液态核的微米容器和纳米容器的多层纳米粒子
（Ludox TMA）壳的冷冻 SEM 图像（这些材料经 ICE 出版社许可引用）

制备容器壳的纳米粒子或微米粒子模块的界面附着法组装的乳液法容器在制备路线和随后的处理中显示其具有几个优点，使其成为用于制备各种自保护涂层的潜在备选者。采用界面附着法制造微米容器和纳米容器的过程通常是十分简单的，一般只包括两个步骤：①待组装容器壳模块的粒子的制备过程，该制备过程使容器具有部分疏水化（O/W）或亲水性（W/O）；②在乳化期间或即将进行乳化之前将粒子添加到包含容器所有组分的两相体系中，随后加工成容器。实际上，有时这个程序甚至可以进一步简化为一步法[116]。由于其简单，这种制备法通常具有一定的经济合理性以及很高的实际操作性。各种不同化学本质的粒子以及具有不同极性的、互不相溶的溶剂几乎可以制备无限种类的容器，因此该方法非常通用。与上述乳液法容器类型相比，采用粒子界面附着法制备的容器显示出更高的结实坚固特性[120]，因此更适合掺入具有硬涂层基质的自保护涂层中。然而，采用界面附着法制备的容器在使用过程中仍然存在一个主要问题，那就是壳的不均匀性，这是由于壳是由每个乳液液滴表面处连接的许多细小粒子组成，所以使构成单层或多层的单个壳模块之间出现间隙。容器壳体这种不连续的结构大大地降低了其机械性能，尤其是与那些由单一粒子构成的壳体相比，大大地增加了其渗透性。当将负载有油溶性保护剂的容器与溶剂基涂料配方相混合时，渗透性可能成为非常关键的问题，所述溶剂基涂料配方一旦加入涂料混合物中，就会立即冲洗掉容器中的负载物。

为了提高容器的机械强度并使其缝隙更少，应该将容器外壳的单个微粒元件锁定在界面处并使其相互连接在一起。要达到这一目的，可以采取两种方法：第一种是通过局部的高能量方式[121]（例如高强度超声波）来完成；第二种是在其界面沉积附加的聚电解质层而使壳中粒子相互连接。虽然这样会使一步法容器制备过程复杂化，但是可以显著提高其壳的完整性和降低其渗透性。而且，聚电解质的沉积还可额外赋予壳体一些聚电解质层独有的特性，如具有选择性的pH值敏感性等。图8.11显示的是由Pickering乳液液滴［1.5mol/L的8-HQ邻苯二甲酸二甲酯（DMP）溶液］制备的容

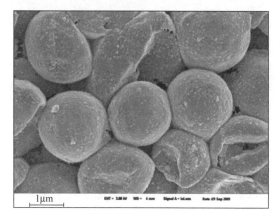

图8.11 采用界面沉积法获得的具有纳米粒子壳的核-壳微容器，随后用L-b-L吸附六层多聚电解质单层结构［PSS/聚烯丙胺盐酸盐（PAH）］
（这些材料经ICE出版社许可引用）

器，涂覆了三次由PAH/PSS或PAH/PAA组成的双层聚电解质。聚电解质交替沉积不但没有影响初始容器的尺寸分布（平均尺寸为$2.5\mu m$，PDI=0.35），而且在SEM样品制备过程中容器几乎没有发生变形，容器的稳定性显著提高。

8.3.6 乳液液滴中的界面或本体化学反应制备的容器

采用化学方法制备容器，是在乳化液滴和其周围分散介质之间的界面处或在液滴内部进行化学反应，然后生成容器的。

依照反应位置的自然分类法，通过相应的化学反应制备容器可以分成两大类：使用界面加聚或缩聚法制备容器；通过在乳液液滴本体中的原位乳液聚合法制备容器。

8.3.6.1 通过界面加聚或缩聚法制备容器

在乳液界面加聚或缩聚反应法制备容器过程中，乳液的连续相中至少有一种反应物分布在液滴外部，而其余部分溶解在液滴中。最初，反应物具有很强的极性，并且仅溶解于其中一个共存相中，但不包括它们在相邻相中的相互渗透以及它们之间可能发生的过早反应。而且，当反应进行时，反应物必须始终保持相分离状态，而且只能在乳液液滴的界面相遇。如果这种界面反应的产物既不溶于乳液的液滴，也不溶于其周围的介质中，则会合成具有核-壳形态的容器。然而，在更多情况下，所得产物在分散相的液滴中是可溶的或可溶胀的，并且出现了具有致密形态的粒子[122,123]。根据低分子量副产物的释放情况，可以判断出发生的到底是界面加聚（无副产物）反应还是界面缩聚（有副产物）反应。

最近通过界面加聚反应法技术对同时具有缓蚀效果和防水功能的保护剂混合物进行了封装[124]，以进一步用于自保护防腐蚀涂层。O/W乳液的油相由两种保护剂组成：一种是三甲氧基十八烷基硅烷（TMODS）；另一种是由三甲氧基辛基硅烷（TMOS）、参与生成壳层反应的聚（苯基异氰酸酯-共-甲醛）三官能团预聚物以及使所有组分均可混溶的DEP溶剂组成的混合物[124]。首先用非离子型聚合乳化剂聚乙烯醇（PVA）将该混合物在高速转子-定子均化器Ultra-Turrax（IKA Werke, Staufen, Germany）中剧烈搅拌3min，使其均匀分散在水性介质中。

然后将该乳液混合物加入含有第二水溶性反应物甘油和加聚反应催化剂1,4-二氮杂双环［2.2.2］辛烷（DABCO）的磷酸盐缓冲溶液中，按照以下反应方案形成聚氨酯：

$$n\text{OCN—R—NCO} + n\text{HO—R}'\text{—OH} \longrightarrow \text{\textstyle -\!\!\!\!\Big[}\text{R—NHC(O)OR}'\text{\textstyle \Big]\!\!\!\!-}_n \qquad (8.11)$$

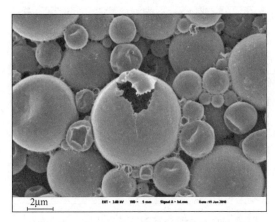

图 8.12 通过界面加聚法与双功能保护剂和聚氨酯外壳的包封混合物合成的微容器的 SEM 图像（这些材料经 ICE 出版社许可引用）

随后将反应混合物在 65℃下连续搅拌 1h，在没有加热和搅拌的情况下静置一晚，使容器的生成反应得以完成。然后对该微米容器和纳米容器的悬浮液进行透析，除去残余的甘油和 PVA，随后以 3000r/min 的转速离心分离，得到具有良好的核-壳形态、多分散性的微容器（图 8.12）。

通过该法制备的 PU 容器是一个混合物，具有两个尺寸分布的峰，代表混合物中有两个主要部分的容器，一个尺寸为 $1.0\mu m$，另一个尺寸为 $5.5\mu m$。当制备过程中高速转子-定子均化器转速从 11000～16000r/min 增加到 22000r/min 时，仍然是两个尺寸分布的峰，但是第一个峰值面积持续增加，第二个峰值面积持续减小。

如果采用高速转子-定子均化器对乳液进行乳化，这样的双峰粒度分布可以看作初始 O/W 乳液的聚合复制品，这可以通过该乳液总是显示出的高度多分散性的液滴尺寸分布[125]体现出来。如果使用超声波粉碎法对乳液进行乳化，那么原始乳液中通常呈现出较窄的单峰液滴尺寸分布[126]。不幸的是，当容器中壳为 PU 时，不可能采用这种超声波粉碎方法，因为在进行超声波传播时，随着空化气泡的破裂伴随着许多声化学作用，预聚物分子中的反应性异氰酸酯官能团将迅速与水分子和水热分解的高反应性产物（自由基、携带羟基的物质等）发生副反应，所以得不到 PU 壳。

向传统涂料中加入少量容器（相对于干涂层，微容器的总质量约占 6%），使其对基体具有保护特性：发生机械损伤时，改性涂层不仅可以使刮伤部位恢复防腐保护作用，而且对水性腐蚀介质也具有去湿能力。

图 8.13(a) 和（b）为采用界面缩聚反应法制备的容器图片。该容器的外壳为二氧化硅，里面填充有溶解在二苄基酯有机溶剂中的巯基苯并噻唑（MBT）缓蚀剂。其制备方法是将这两种化合物与成壳组分 TEOS 混合在一起组成油相，使用阳离子表面活性剂 CTAB 将该油相分散在 pH=11.5 的水相中形成乳液，然后将该乳液在 65℃放置一晚，在此期间 TEOS 在硅醇中逐渐发生水解反应，成为中间产物，随后在液体胶体模板表面发生缩合反应，形成由二氧化硅组成的容器壳体。该水解和浓缩反应式如式(8.12) 所示[127]：

$$Si(—OEth)'_4 + H_2O \xrightarrow{—EthOH} (OH)Si(—OEth)_3 \xrightarrow[—H_2O]{+(OH)Si(—OEth)_3} $$
$$(EthO—)_3Si—O—Si(—OEth)_3 \qquad (8.12)$$

最后，得到负载有 MBT 的多分散性亚微米容器（ζ 平均尺寸为 700nm，PDI=0.43）[参见图 8.13(b) 中的 EDX 谱]。

这些容器加到涂料中后，当腐蚀发生或 pH 值增加时，可以有效地起到自保护防腐作用。在此 pH 值范围之内，二氧化硅壳的溶解可以触发释放缓蚀剂。

类似地，通过界面加聚方法制备的具有致密形貌的其他组分容器，也可以达到自保护的目的。如由聚脲和 2-甲基苯并噻唑（MeBT）缓蚀剂制成的容器被用于铝基体的自保护防腐涂层中[123]。该条件下形成的壳的紧密形态可能是由于 MeBT 对聚合物网络具有较高的亲和力。由于聚脲在该液态缓蚀剂中的溶解性非常好，所以 MeBT 在整个液滴中均匀分布，形成含有大量液体成分的凝胶。同时，交联聚合物网络可以将制备的粒子聚集在一起，确保其

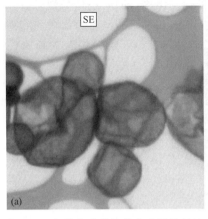 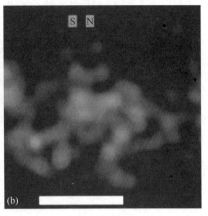

图 8.13 负载有巯基苯并噻唑缓蚀剂的二氧化硅壳纳米容器的 TEM 图片（a）和 EDX 面扫描图谱（b）（比例标尺为 1μm）（这些图片经国际 NACE 许可引用）

固态结构。这些微凝胶粒子同时具有固体和液体的各自性能，所以成为自保护防腐涂料组分的理想选择。另外，粒子的固态结构还能确保所制备的涂层体系具有良好的机械稳定性，而包埋在固体基质中的液体组分（MeBT）又能保持其流动性，从而为涂层体系提供自我保护能力。正如在扫描振动电极技术和电化学阻抗谱中所显示的那样，在有机涂层中仅引入少量粒子就可以使其防腐性能显著提高[123]。

图 8.14 为通过界面缩聚法制备的容器图片。该容器的壳为聚酰胺，容器中填充有溶解在二丁基磷酸酯有机溶剂中的 Ce(Ⅲ)-三（二-2-乙基己基）磷酸酯缓蚀剂。将这两种化合物与成壳组分对苯二甲酰氯（TPC）一起按照缓蚀剂、溶剂和 TPC 的质量比为 2∶13∶5 进行混合，形成油相。使用 PVA 非离子型乳化剂将油相分散在 Milli-Q 水中得到乳液，然后将该乳液加入含有双官能胺和五官能胺（乙

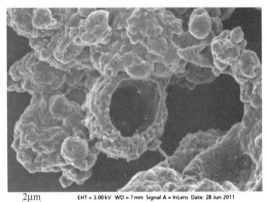

图 8.14 填充有溶解在有机溶剂二丁基磷酸酯中的 Ce(Ⅲ)-三（二-2-乙基己基）磷酸酯缓蚀剂的微米容器和纳米容器（其壳为采用界面多缩合法制备的聚酰胺）（这些材料经 ICE 出版社许可引用）

二胺和四亚乙基五胺）组成的第二个水相中，其比例确保最终混合物具有防腐性、流动性和分散性，然后该体系根据如下反应迅速形成容器壳：

$$n\mathrm{H_2NRNH_2} + n\mathrm{ClOCR'COCl} \rightleftharpoons [-\mathrm{NHRNHCOR'CO}-]_n + 2n\mathrm{HCl} \qquad (8.13)$$

该反应过程中有低分子量的 HCl 副产物释放出来，所以需要在含有相对于对苯二甲酰氯过量 5 倍胺的高碱性介质中进行。所制备容器的平均尺寸为 6μm，而且由于制备过程中的条件非常严谨（使用高速转子-定子均化器，在最低搅拌速率下进行，粉碎时间短等），所以制备的是高度多分散性容器（PDI=0.7）。

这些容器在基体发生腐蚀或随后 pH 值降低的情况下可能用于防腐性的自保护涂层。聚酰胺壳在该 pH 值范围内的溶解或强溶胀会导致以腐蚀触发方式释放缓蚀剂。

8.3.6.2 通过原位乳液聚合法制备容器

原位乳液聚合法制备容器技术的实现是假定合成反应过程中所需的所有反应物从一开始

就都在乳液液滴中。这些液滴作为反应物和保护剂的储罐，同时还作为液态胶体反应器，并且在动力学上被稳定下来以防止聚合反应的过早发生。在制备具有所需性质（如稳定性、浓度、液滴尺寸分布等）的 O/W 或 W/O 乳液之后，化学触发剂（引发剂物质、催化剂）或物理触发剂（温度、UV 光等）被激活，反应开始进行，直至达到与聚合反应完成相对应的实际平衡状态为止。

用于铝基体的自保护性防腐涂层，其中掺入负载 MeBT 缓蚀剂的聚环氧树脂容器，该容器的原位聚合法[101]步骤如下：将芳族和脂族环氧单体三羟甲基丙烷三缩水甘油醚和三（4-羟苯基）甲烷三缩水甘油醚按 1∶1 比例组合，混合均匀后得到容器聚环氧壳所需要的初始反应物，然后加入相对于混合物总质量 20% 的 MeBT 缓蚀剂。乳液油相制备的最后一步是加入第二种原位聚合反应的反应物，即二亚乙基三胺，其加入量按照化学计量当量并稍微超过两种环氧组分的总和。使用 Ultra-Turrax 以 16000r/min 的转速搅拌 5min，将油相分散在非离子乳化剂 PVA 的 2%（质量分数）水溶液中，形成 O/W 乳液。然后将少量催化剂四丁基溴化鏻掺入该 O/W 乳液中，以便将聚合反应速率提高到一定的水平。在适度搅拌条件下将混合物放置一晚以便完成聚合反应。所制备的容器具有高度多分散性（见图 8.15），该容器的体积平均尺寸为 2.3μm（PDI＝0.96），具有明显的核-壳形态，该形态表明容器核心部分和壳部分的分离是

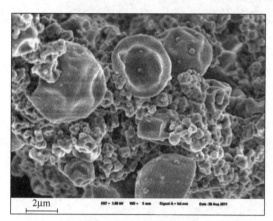

图 8.15　O/W 乳液原位聚合法制备的填充缓蚀剂甲基苯并噻唑（MeBT）的多环氧微米容器和纳米容器（这些材料经 ICE 出版社许可引用）

由于聚合反应过程中乳液液滴中的相分离造成的。同样，因为单体与水以及单体与超声化学过程的反应产物能直接发生反应，所以不能通过超声法制备单分散更强的初始 O/W 乳液以显著改善容器尺寸分布状况。由于在制备环氧聚合物结构中存在游离氨基，所以容器表面带较高的正电荷（ζ 电势约为＋45mV），因此可以很好地分散在各种水性介质中，例如分散在水性液态涂料配方中。另外，在酸性或碱性介质中引入带有易水解官能团（如酯基）的环氧单体，使得这些单体能够在这些介质中开环，最终通过酸或碱触发而从容器中释放出保护性试剂。

有时在容器制备过程中采用几种乳液法组合来制备容器比单独使用一种方法会有更好的效果。通过界面沉积液滴稳定化的二氧化硅纳米粒子进行制备用于自保护防腐涂层的固态微米容器和纳米容器，随后采用原位聚合法制备其液态核心[128]。初始 Pickering 乳液的油相可以有两种组成：一种是由苯乙烯及溶于苯乙烯中的 8-HQ 缓蚀剂、疏水剂十六烷（HD）以及聚合引发剂偶氮二异丁腈（AIBN）组成；另一种是由苯乙烯及溶于苯乙烯中的 MBT 缓蚀剂、MBT 的增溶剂 4-乙烯基吡啶（4VP）、HD 以及 AIBN 组成。两种油相中各组分质量分比分别依次为 193∶45∶10∶2、255∶90∶130∶20∶4。采用二氧化硅纳米粒子（Ludox TMA，Sigma）制备微米容器和纳米容器的粒子外壳。值得注意的是，由于没有采用额外的反应步骤使二氧化硅部分疏水化，因此二氧化硅纳米粒子必须具有界面活性：8-HQ 可以作为 SiO_2 粒子的疏水剂，同时包封的缓蚀剂 4VP 也使二氧化硅疏水化，作为 MBT 的共增溶剂，与苯乙烯发生共聚反应。粉碎步骤（进行超声处理，VCX 505，美国 Sonics＆Materials 公司）中可以改变引入液/液体系的二氧化硅粒子数量，界面沉积过程几乎将所有二氧化硅粒子完全消耗掉，从而控制具有油性液态核心的中间容器的尺寸。纳米粒

子质量与油体积之比（R）越高，相应 Pickering 乳液的液滴越小，液滴大小与系统的超声功率（$W=40W$）无关。纳米 SiO_2 稳定乳液液滴的尺寸分布总是很窄：当 $R=0.09$ 时，数均尺寸为 $2.3\mu m$，PDI=0.45；当 $R=0.32$ 时，数均尺寸为 600nm，PDI=0.35；当 $R=0.91$ 时，数均尺寸约为 260nm，PDI=0.2。在此还要强调的是，在超声处理之前和超声处理期间，需要采用氮气流对系统吹洗 7min，并且在冰浴中连续冷却条件下进行超声处理。这些措施可以完全避免在分散步骤中不希望出现的过早聚合现象。最后，将整个混合物在 65℃下加热 24h 引发液态核的聚合。将这些固体容器（图 8.16）加入传统的水性醇酸涂料配方中，然后将其沉积在铝基体上。掺入容器的涂层比未改性涂层具有更好的耐腐蚀性能，这一结果与 EIS 和 SVET 测试结果一致（图 8.17）。

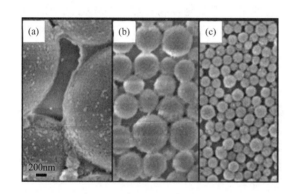

图 8.16　最初界面沉积稳定化并且最终通过原位聚合法合成的二氧化硅-PS/8-HQ 微米容器和纳米容器的 SEM 显微照片［合成时二氧化硅质量与油体积比（$m_{粒子}/V_{油}$）分别为：(a) 0.09g/mL，(b) 0.32g/mL，(c) 0.91g/mL。这些材料经 ICE 出版社许可引用］

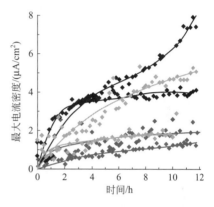

图 8.17　通过扫描振动电极技术（SVET）测量的结果［该测试是在 0.1mol/L NaCl 溶液中，在铝基体上刮擦的空白醇酸涂料和改性醇酸涂层上进行的。涂料：无容器——靠上的两条线，容器含量 10%（质量分数）——中间的两条线，容器含量 20%（质量分数）——靠下的两条线。这些材料经 ICE 出版社许可引用］

8.4　容器中活性剂的释放

包埋在容器中的活性剂（缓蚀剂）的释放动力学是非常重要的容器特征，强烈地影响掺杂了容器后的涂层的保护反馈速率和强度。当然，还有一些其他因素也会影响反馈动力学特征，如容器在涂料基质中的分布动力学特征、其对包封剂分子的渗透动力学特征、对环境介质分子的渗透动力学特征等，但是容器本身的释放特性仍然是决定其在特定实际应用中是否被选择的主要参数。基本上，壳厚度以及受其间接影响的渗透性决定了容器的释放动力学。壳厚度和渗透性这两个参数在容器组装时的变化范围很宽。在采用界面法或原位聚合法制备容器的过程中，可以通过精确设计组分比来精确控制容器壳的厚度。对于陶瓷芯和聚电解质壳的容器，采用交替方式进行聚电解质沉积的各步骤，甚至可以使壳的厚度达到纳米级精度。

与容器壳的绝对厚度一样，壳材料的化学本质对于释放动力学是极其重要的决定性因素，尤其是对于所包封活性剂的化学性质以及用于分散容器的介质均十分重要。如果用于油相均化的液态缓蚀剂或辅助性助溶剂具有良好溶解性，而使乳化前界面聚合或本体聚合的反应产物在容器核心中是可溶胀的，则所制备的容器不具有核-壳形态，而是形成相当致密的凝胶粒子[122,123]，表明包封物质的释放是一个缓慢且持续的过程。在最终涂层中掺入容器的所有步骤中也应当考虑成壳材料的溶解性或溶胀性。容器（独立的容器）不仅必须在与涂料配方的混合阶段保持稳定，而且在随后的涂覆和固化过程中均能保持稳定，直到它们（包埋在涂料基质中的容器）暴露于腐蚀性环境。

在使用涂层之前，容器应已均匀分布在涂料中，为了检查该涂料配方中某些组分的影响，必须从随机分散在模拟溶剂混合物介质中的容器的释放动力学特征加以研究。例如，因为聚电解质壳具有极性，所以具有陶瓷芯和聚电解质壳的容器主要适用于水性涂料组分。为了检查这些介质如何影响壳的特性以及容器的释放行为，将它们放置在具有不同 pH 值的缓冲溶液中，研究其相应的释放动力学，该试验的研究结果如图 8.18(a) 所示。由图可以看出，在酸性和碱性环境下，活性剂（缓蚀剂 BTA）快速且几乎完全被释放出来。这些结果与由两种弱电解质（碱性 PAH 和酸性 PAA）组成的聚电解质复合物在相同 pH 值范围的强烈溶胀现象是一致的。因此，容器中聚电解质壳的溶胀使容器开口，并且在较低 pH 值和较高 pH 值条件下均能释放缓蚀剂，因此这可以用作触发这种容器涂层的保护性反馈活性。

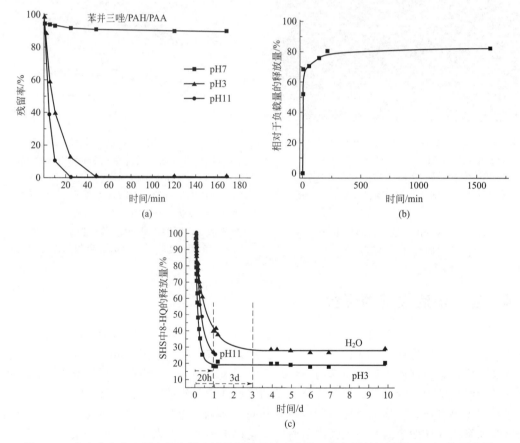

图 8.18　自由分布在介质中的容器中活性剂的释放动力学（这些材料经国际 NACE 许可引用）
(a) 在水介质中不同 pH 值条件下负载苯并三唑的聚电解质壳中包裹的多水高岭石形容器；
(b) 在乙醇介质中负载 4,5-二氯-2-正辛基-4-异噻唑啉-3-酮（DCOIT）的聚氨酯壳体的容器；
(c) 在水介质中不同 pH 值条件下负载缓蚀剂 8-羟基喹啉（8-HQ）的 SHS 二氧化硅容器

图 8.18(b) 是介质作用于容器壳体而使封装的活性剂快速释放的动力学曲线。封装在 PU 微容器中的抗微生物污染剂和抗微生物腐蚀剂 4,5-二氯-2-正辛基-4-异噻唑啉-3-酮（DCOIT）在乙醇介质中的爆发性释放曲线清楚地表明，该容器类型完全不适用于含乙醇类

介质的涂料配方。

对于具有多孔或中空陶瓷芯的容器来说，中空腔的形状和孔径分布是对最终释放速率有显著影响的附加因素。图 8.18(c) 为采用 SHS 二氧化硅纳米粒子制备的容器，在其核的孔隙率特别高、孔特别细小的情况下，从芯体释放负载物质的过程可能会持续相当长的时间。因为陶瓷芯表面电荷的变化和负载的缓蚀剂 8-HQ 两性特征的变化导致周围介质 pH 值发生变化，从而影响容器的释放动力学特征。

如果在同一涂层基质中能同时含有快速释放和连续缓慢释放的多种容器，那么该涂层能为基体提供最佳的保护。涂层损伤部位初始强烈爆发性释放能确保该局部区域具有高浓度的腐蚀抑制剂或其他保护剂，从而在金属表面上立即生成一层保护层，而随后少量抑制剂的逐渐缓慢释放能为基体提供长期的、可持续性的保护。

8.5　容器在新型保护涂料基质中的分布

容器在保护涂层基质中分布的均匀性是一个影响新型涂层刺激响应性和其阻隔性能的非常重要的参数。从传统意义上说，一般认为容器最佳的尺寸是其所包埋涂层厚度的约 10%。选择涂层和容器尺寸的这个比例是确保加入容器之后，即使在涂覆或固化过程中涂层出现少量聚集等比较严酷条件下，涂层仍然能够保持完整性。然而，即使在理想情况（没有团聚现象、小尺寸容器）下，涂层基质中局部区域容器浓度的增加也可能使涂层的阻隔性能变差，随后导致其防腐蚀性能的失效[129]。而且，容器位于涂层基质中的位置也会影响新型涂层对破坏性冲击的响应速率。正如最近研究所报道的那样[130]，增加容器所处位置与待保护金属表面之间的距离会提高涂层的阻隔性能，但却减弱了涂层的耐蚀性。相反，当容器靠近金属基体表面时，会降低涂层钝化保护能力。

固化涂层基质中容器的分布状态取决于其在初始涂层配方中的分散性。反过来，这一特性又取决于容器自身之间作用力（内聚力）以及容器与涂料配方中的溶剂组分之间作用力（附着力）的相互影响。如果附着力大于内聚力，从能量角度上来说，不利于涂料介质润湿容器，那么容器倾向于形成聚集体。在附着力较低的最佳情况下，容器润湿性良好，可以很好地分散在涂料中。容器分散体稳定性的其他一些重要先决条件是容器周围存在静电或空间阻挡层阻止其聚集。另外，诸如容器材料和配方的组分之间较大的密度差异以及其他粒子（最坏的情况是带反电荷的粒子）（例如有色颜料的粒子）的存在可能导致整个涂层配方不稳定，甚至使容器在涂层涂覆之前就出现不稳定的现象，并在固化后的涂层基质中呈现非常不均匀的分布状态。

通过表面改性在容器表面形成静电层或空间阻挡层，可以防止容器出现过早聚集的现象。通常具有表面活性的物质（包括离子型、非离子型和聚合物型表面活性剂）可以起到这一作用。通过表面活性剂对容器表面进行改性可以改善配方介质对其润湿性，从而使容器在该配方介质中具有更好的分散性。采用这种改性方式，不仅可以在极性（水性）介质中制备极性容器稳定分散体，而且可以在具有更高疏水性的介质中制备[131]极性容器稳定分散体。

聚氨酯、聚脲（PUa）和聚酰胺等具有强极性聚合物壳体的容器在具有高度至中度极性的介质中能够具有良好分散性，这是因为容器表面电荷使之稳定，从而使其免于凝聚。这些容器可以成功加到水性涂料配方中，如图 8.19(a) 和 (b) 所示。图 8.19(b) 为嵌入聚环氧涂层基质中、具有 PU 壳和用于防止生物污损及生物腐蚀的自保护涂层的 DCOIT 填料的核-壳容器。这些容器的制备方法类似于上述烷氧基硅烷填充的 PU 容器的制备方法，这两种制备方法唯一的区别在于该制备方法不采用烷氧基硅烷混合物，而改用最初的 O/W 乳液分散相，该乳液油相（占乳液总体积的 55%）由大约 10%（质量分数）的 DCOIT 溶于辛基苯和壬基苯混合溶剂中所组成。

与此同时，由于不含溶剂的粉末涂料（聚酯和聚环氧树脂）具有极性特性，所以具有 PUa 壳的容器和具有更强极性的多水高岭石容器均能在该涂层中均匀分布［图 8.19(c) 和(d)］。

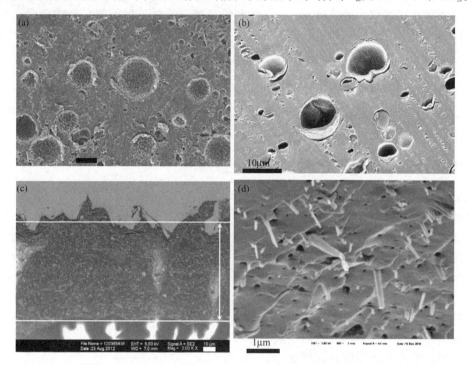

图 8.19　纳米容器和微米容器在涂层基质中的分布（这些材料经国际 NACE 许可引用）
(a) 环氧涂层中负载硅氧烷混合物的 PU 微米容器（比例尺标为 3μm）；(b) 环氧涂层中负载杀生物剂 DCOIT 的 PU 微米容器（比例尺标为 10μm）；(c) 钢基体上的环氧涂层中负载有缓蚀剂 8-HQ、PE 壳的多水高岭石型纳米容器（比例尺标为 10μm，箭头表示涂层厚度）；(d) 聚酯粉末涂层中负载有缓蚀剂苯并三唑（BTA）、PE 壳的多水高岭石型纳米容器（比例尺标为 1μm）

8.6　掺有容器的有机自保护涂层的防护性能

加入涂层基质容器中的活性剂类型决定了新型涂层的自我保护功能。因此，不仅可以实现防腐蚀，而且可以制备防污、去湿以及许多其他类型的活性功能涂层。由于容器壳体的特殊结构，所以它们的开启是由诸如腐蚀和生物污损等破损发生或发展等因素引起的。当某一容器所处的涂层由于破坏而受损时，该处涂层中临近的容器也会受到机械或化学影响。因此，保护剂正好释放在受损或受影响的地方，并且只是按需释放，而且释放数量不会超过终止破坏性过程所必需的数量。新活性涂层的这种"智能"行为使活性剂发生非常缓慢的释放，所以比常规涂层具有更加持久的保护性能。此外，涂层的某些劣化产生的结果可以作为释放活性剂的触发因素，并最终使涂层恢复到几乎完好的状态，实现涂层主要保护功能的自我恢复。

将含 10%（质量分数）负载缓蚀剂的微米容器或纳米容器加入水性双组分环氧涂料配方中，然后涂刷在 AA2024 铝合金样品表面。按照 DIN EN 3665 的丝状腐蚀试验标准，将该涂层的抗腐蚀性能与含 15%（质量分数）的无机防腐颜料的标准涂层的抗腐蚀性能进行比较。图 8.20 为其测试结果，由图可以看出含介孔二氧化硅纳米粒子纳米容器配方的涂层和含有环氧壳及富含缓蚀剂核的核-壳微米容器配方的涂层均具有比标准涂层更好的性能。

相对于标准涂层来说，嵌入丙烯酸涂层中的多水高岭石型纳米容器显著改善了涂层的防

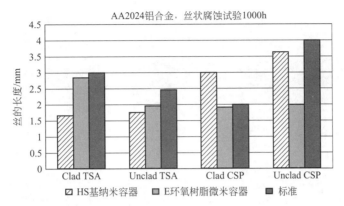

图 8.20　与标准涂料配方相比，含 10%（质量分数）负载缓蚀剂的微米容器或纳米容器的双组分环氧涂料配方在丝状腐蚀试验中获得的丝线平均长度：（花纹棒）负载无机缓蚀剂的多水高岭石矿纳米容器，（灰色填充棒）负载有机缓蚀剂的环氧树脂基芯/壳微米容器；（黑色填充棒）标准涂料配方

腐蚀性能。依据 ASTM B368 标准对涂层进行的铜加速乙酸盐喷雾试验（CASS-Test）结果显示，涂层的人造划痕区域和切割边缘处的完整性可以维持更长时间，而负载缓蚀剂的多水高岭石（图 8.21）则明显降低了涂层的分层现象，这是因为含 PE 壳的小管状容器释放缓蚀剂较慢，所以新型涂层的抗腐蚀效率增强，缓蚀剂释放时间更持久。

图 8.21　铝基体上不同涂层的防腐性能（CASS 测试持续时间为 240h。这些材料经国际 NACE 许可引用）
(a) 标准丙烯酸涂层；(b) 掺有 5%（质量分数）多水高岭石的纳米容器防护涂层；(c) 掺有 5%（质量分数）多水高岭石型纳米容器防护涂层（该纳米容器含有 PE 壳并负载缓蚀剂巯基苯并噻唑）

图 8.22 为负载缓蚀剂的多水高岭石纳米容器的另外两个成功应用的例子。依照 ASTM

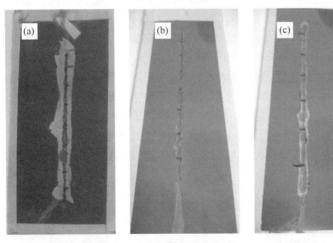

图 8.22

图 8.22 涂覆在钢基体表面的不同涂层的防腐蚀性能（这些材料经国际 NACE 许可引用）
(a) 标准聚环氧粉末涂层；(b) 掺杂 5%（质量分数）多水高岭石、含有聚电解质壳并负载缓蚀剂 8-HQ 的新型容器环氧粉末防护涂层；(c) 掺杂 5%（质量分数）多水高岭石、含聚电解质壳并负载缓蚀剂 BTA 的新型容器环氧粉末防护涂层；(d) 标准聚酯粉末涂层；
(e) 掺杂 5%（质量分数）微米容器、含有聚环氧壳并负载缓蚀剂甲基苯并噻唑的聚酯粉末涂层；(f) 掺杂 5%（质量分数）微米容器、含有聚环氧壳并负载
缓蚀剂 8-HQ 的聚酯粉末涂层

B117 标准将涂覆粉末涂层的钢试样在中性盐雾试验箱（NSS-Test）中暴露 500h。可以看出，与涂层基质的化学组成无关，掺有负载缓蚀剂的纳米容器能显著提高涂层的抗腐蚀性能，不仅可以防止划痕部位的腐蚀发展，而且可以改善划痕周围的涂层分层程度。

8.7 结论

在具有良好防腐蚀保护的传统涂层基础上，将填充活性剂的纳米容器或微米容器掺入保护性涂层基质中的涂层制备新方法能提高其对不同环境攻击的抵抗性且其表现出更持久的抗腐蚀性能。

纳米容器或微米容器是新型保护性有机涂料的关键组成部分，这些容器的特性，如组成、形态和尺寸决定了涂层的保护效果。

环境友好型 LDH 纳米容器结构具有很强的功能性，可能在自保护涂料领域具有很大的应用潜力。

采用天然的或预制的中空或中孔纳米粒子可以制备有效且稳定的纳米容器，随后形成对特定腐蚀敏感的 L-b-L 聚电解质壳或孔塞触发器。

通过乳化方法制造聚合物和复合纳米容器或微米容器是另外一种多功能涂层的制备方法，可以制备出具有核-壳、多室或紧凑（按需）形态、尺寸范围从微米到几十纳米、负载不同固态和液态缓蚀剂的容器，根据不同涂层种类对容器中的壳组分进行优化选择及掺杂。

将含有不同活性剂（缓蚀剂、杀菌剂、去湿剂等）的容器掺入涂层中，不仅可以得到具有单一特征的反馈活性功能型保护涂层，而且可以得到多功能（同时掺入多种类型的容器）的保护涂层。

参 考 文 献

[1] Koch GH, Brongers MPH, Thompson NG, et al. Corrosion costs and prevention strategies in the United States. Report No. FHWA-RD-01-156. Washington, DC：Federal Highway Administration；2001.

[2] Schmitt G, Schütze M, Hays GF, et al. Global needs for knowledge dissemination, research, and development in materials deterioration and corrosion control. New York: World Corrosion Organization (WCO); 2009.

[3] Mc Cafferty E. Introduction in corrosion science. New York: Springer; 2010.

[4] Bendall KC. Corrosion resistant alloys—an industry-wide overview of applications. Anti-Corros Method M 1995; 42 (2): 12-15.

[5] Ahluwalia H, Uhlenkamp BJ. The importance of quality in corrosion-resistant alloys in biopharmaceutical manufacturing. Pharmaceut Tech 2008; 32 (2): 164-177.

[6] Pacitti J. Plastics for corrosion-resistance applications. Anti-Corros Method M 1964; 11 (1): 18-24.

[7] Pritchard G. Anti-corrosion polymers: PEEK, PEKK and other polyaryls. Toronto: ChemTec Publishing; 1995.

[8] Schweitzer PA. Mechanical and corrosion-resistant properties of plastics and elastomers. New York: Marcel Dekker; 2000.

[9] Bogner B. Composites for chemical resistance and infrastructure applications. Reinf Plast 2005; 49 (10): 30-34.

[10] von Baeckmann W, Schwenk W, Prinz W, editors. Handbook of cathodic corrosion protection: theory and practice of electrochemical protection processes. Houston: Gulf Publishing; 1997.

[11] Khanna AS. High performance organic coatings. Cambridge: Woodhead Publishing; 2008.

[12] Gao W, Li Z, He Y. High temperature oxidation protection using nanocrystalline coatings. In: Saji VS, Cook R, editors. Corrosion protection and control using nanomaterials. Cambridge: Woodhead Publishing; 2012.

[13] Maaß P, Peißker P, editors. Handbook of hot-dip galvanization. Weinheim: Wiley; 2011.

[14] Roberge PR. Handbook of corrosion engineering. New York: McGraw-Hill; 2000.

[15] Sastri VS. Corrosion inhibitors. Principles and applications. New York: Wiley; 1998.

[16] Raja PB, Sethuraman MG. Natural products as corrosion inhibitor for metals in corrosive media—a review. Mater Lett 2008; 62 (1): 113-116.

[17] Saji VS. A review on recent patents in corrosion inhibitors. Recent Patents Corr Sci 2010; 2: 6-12.

[18] Zhao XD, Yang J, Fan XQ. Review on research and progress of corrosion inhibitors. Appl Mech Mater 2010; 44-47: 4063-4066.

[19] Etzrodt G. Pigments, inorganic, 5. Anticorrosive pigments. Ullmann's encyclopedia of industrial chemistry, vol 27. Weinheim: Wiley; 2012. p. 343-357.

[20] Buxbaum G, Pfaff G, editors. Industrial inorganic pigments. Weinheim: Wiley; 2005.

[21] Osborne JH, Blohowiak KY, Taylor SR, et al. Testing and evaluation of non-chromated coating systems for aerospace applications. Prog Org Coat 2001; 41 (4): 217-225.

[22] Osborne JH. Observations on chromate conversion coatings from a sol-gel perspective. Prog Org Coat 2001; 41 (4): 280-286.

[23] Xia L, McCreery RL. Chemistry of a chromate conversion coating on aluminum alloy AA2024-T3 probed by vibrational spectroscopy. J Electrochem Soc 1998; 145 (9): 3083-3089.

[24] Sinko J. Challenges of chromate inhibitor pigments replacement in organic coatings. Prog Org Coat 2001; 42 (3-4): 267-282.

[25] Chidambara D, Vasquez MJ, Halada GP, et al. Studies on the repassivation behavior of aluminum and aluminum alloy exposed to chromate solutions. Surf Interface Anal 2003; 35 (2): 226-230.

[26] Kendig MW, Buchheit RG. Corrosion inhibition of aluminum and aluminum alloys by soluble chromates, chromate coatings and chromate-free coatings. Corrosion 2003; 59 (5): 379-400.

[27] Zhao J, Frankel G, McCreery RL. Corrosion protection of untreated AA-2024-T3 in chloride solution by a chromate conversion coating monitored with Raman spectroscopy. J Electrochem Soc 1998; 145 (7): 2258-2264.

[28] Xia L, Akiyama E, Frankel G, et al. Storage and release of soluble hexavalent chromium from chromate conversion coatings—equilibrium aspects of Cr-VI concentration. J Electrochem Soc 2000; 147 (7): 2556-2562.

[29] Zhao J, Xia L, Sehgal A, et al. Effects of chromate and chromate conversion coatings on corrosion of aluminum alloy 2024-T3. Surf Coat Tech 2001; 140 (1): 51-57.

[30] Berger R, Bexell U, Grehk TM, et al. A comparative study of the corrosion protective properties of chromium and chromium free passivation methods. Surf Coat Tech 2007; 202 (2): 391-397.

[31] Le Bozec N, Nazarov A, Persson D, et al. The role of chromate in preventing undermining coatings on hot dip galvanised steel surfaces. In: Sinclair JD, Frankenthal RP, Kalman E, Plieth W, editors. Corrosion and corrosion protection. The electrochemical society proceeding series, Pennington, vol. 2001-22; 2001. p. 81-90.

[32] Carlton GN. Hexavalent chromium exposures during full-aircraft corrosion control. AIHA J 2003; 64 (5):

668-672.

[33] Prosek T, Thierry D. A model for the release of chromate from organic coatings. Prog Org Coat 2004; 49 (3): 209-217.

[34] Gao Y, Ana U, Wilcox GD. Corrosion inhibitor doped protein films for protection of metallic surfaces: appraisal and extension of previous investigations by Brenner, Riddell and Seegmiller. Trans Inst Met Finish 2006; 84 (3): 141-148.

[35] Scholes FH, Furrnan SA, Hughes AE, et al. Chromate leaching from inhibited primers. Part I. Characterisation of leaching. Prog Org Coat 2006; 56 (1): 23-32.

[36] Twite RL, Bierwagen GP. Review of alternatives to chromate for corrosion protection of aluminum aerospace alloys. Prog Org Coat 1998; 33 (2): 91-100.

[37] Directive 2000/53/EC of the European Parliamentand of the council of 18 September 2000 on end-of life vehicles. Ofcial J Eur Comm 2000; L269: 34-43.

[38] Tsai YT, Hou KH, Bai CY, et al. The inuence on immersion time of titanium conversion coatings on electrogalvanized steel. Thin Solid Films 2010; 518 (24): 7541-7544.

[39] Zou ZL, Li N, Li DY, et al. A vanadium-based conversion coating as chromate replacement for electrogalvanized steel substrates. J Alloy Compd 2011; 509 (2): 503-507.

[40] Ardelean H, Frateur I, Marcus P. Corrosion protection of magnesium alloys by cerium, zirconium and niobium-based conversion coatings. Corros Sci 2008; 50 (7): 1907-1918.

[41] Hughes AE, Gorman JD, Harvey TG, et al. Development of permanganate-based coatings on aluminum alloy 2024-T3. Corrosion 2006; 62 (9): 773-780.

[42] Zhao M, Wu SS, Luo J-R, et al. A chromium-free conversion coating of magnesium alloy by a phosphate-permanganate solution. Surf Coat Tech 2006; 200 (18-19): 5407-5412.

[43] Hughes AE, Gorman JD, Harvey TG, et al. SEM and RBS characterization of a cobalt based conversion coating process on AA2024-T3 and ALA7075-T6. Surf Interface Anal 2004; 36 (13): 1585-1591.

[44] Magalhaes AAO, Margarit LCP, Mattos OR. Molybdate conversion coatings on zinc surfaces. J Electroanal Chem 2004; 572 (2): 433-440.

[45] Li Z, Dai C, Liu Y, et al. Study of silicate and tungstate composite conversion coatings on magnesium alloy. EPC 2007; 27 (1): 16-18.

[46] Kobayashi Y, Fujiwara Y. Corrosion protection of cerium conversion coating modified with a self-assembled layer of phosphoric acid mono-n-alkyl ester. Electrochem Solid-State Lett 2006; 9 (3): BI5-8.

[47] Lin CS, Li WJ. Corrosion resistance of cerium-conversion coated AZ31 magnesium alloys in cerium nitrate solutions. Mater Trans 2006; 47 (4): 1020-1025.

[48] Hosseini M, Ashassi-Sorkhabi H, Ghiasvand H. Corrosion protection of electro-galvanized steel by green conversion coatings. J Rare Earth 2007; 25 (5): 537-543.

[49] O'Keefe MJ, Geng S, Joshi S. Cerium-based conversion coatings as alternatives to hex chrome. Met Finish 2007; 105 (5): 25-28.

[50] Yang X, Wang G, Dong G, et al. Rare earth conversion coating on Mg-8.5Li alloys. J Alloy Compd 2009; 487 (1-2): 64-68.

[51] Kong G, Liu R, Lu J-T, et al. Study on growth mechanism of lanthanum salt conversion coating on galvanized steel. Acta Metall Sin 2010; 46 (4): 487-493.

[52] Knudsen OO, Tanem BS, Bjorgum A, et al. Anodising as pre-treatment before organic coating of extruded and cast aluminium alloys. Corros Sci 2004; 46 (8): 2081-2095.

[53] Niu LY, Jiang ZH, Li GY, et al. A study and application of zinc phosphate coating on AZ91D magnesium alloy. Surf Coat Tech 2006; 200 (9): 3021-3026.

[54] Alanazi NM, Leyland A, Yerokhin AL, et al. Substitution of hexavalent chromate conversion treat-ment with a plasma electrolytic oxidation process to improve the corrosion properties of ion vapour deposited AlMg coatings. Surf Coat Tech 2010; 205 (6): 1750-1756.

[55] Hansal WEG, Hansal S, Polzier M, et al. Investigation of polysiloxane coatings as corrosion inhibitors of zinc surfaces. Surf Coat Tech 2006; 200 (9): 3056-3063.

[56] Liu JR, Guo YN, Huang WD. Study on the corrosion resistance of phytic acid conversion coating for magnesium alloys. Surf Coat Tech 2006; 201 (3-4): 1536-1541.

[57] Hernandez-Alvarado LA, Hernandez LS, Miranda JM, et al. The protection of galvanised steel using a chromate-

［58］ Dufek EJ, Buttry DA. Inhibition of O_2 reduction on AA2024-T3 using a Zr (IV) -Octadecyl phosphonate coating system. Electrochem Solid-State Lett 2008; 11 (2): C9-C12.

［59］ http: //www.duboischemicals.com/pcp/ les/ZirconizationWhitePaper.pdf [accessed 22.08.2013].

［60］ Velterop L. Phosphoric sulphuric acid anodising: an alternative for chromic acid anodising in aerospace applications? ATB Metallurgie 2003; 43 (1-2): 284-289.

［61］ Brooman EW. Modifying organic coatings to provide corrosion resistance part I: background and general principles. Met Finish 2002; 100 (1): 48-53.

［62］ Brooman EW. Modifying organic coatings to provide corrosion resistance: part II—inorganic additives and inhibitors. Met Finish 2002; 100 (5): 42-53.

［63］ Brooman EW. Modifying organic coatings to provide corrosion resistance part III: organic additives and conducting polymers. Met Finish 2002; 100 (6): 104-110.

［64］ Shchukin DG, Möhwald H. Self-repairing coatings containing active nanoreservoirs. Small 2007; 3 (6): 926-943.

［65］ Raps D, Hack T, Wehr J, et al. Electrochemical study of inhibitor-containing organic-inorganic hybrid coatings on AA2024. Corros Sci 2009; 51 (5): 1012-1021.

［66］ Vreugdenhil AJ, Woods ME. Triggered release of molecular additives from epoxy-amine sol gel coatings. Prog Org Coat 2005; 53 (2): 119-125.

［67］ Dry CM, Sottos NR. Passive smart self-repair in polymer matrix composite materials. Proc SPIE 1993; 1916 (7): 438-444.

［68］ Dry CM. Procedures developed for self-repair of polymeric matrix composite materials. Comp Struct 1996; 35 (3): 263-269.

［69］ White SR, Sottos NR, Geubelle PH, et al. Autonomic healing of polymer composites. Nature 2001; 409 (15 February): 794-797.

［70］ Shchukin DG, Zheludkevich ML, Yasakau KA, et al. Layer-by-layer assembled nanocontainers for self-healing corrosion protection. Adv Mater 2006; 18 (13): 1672-1678.

［71］ Shchukin DG, Möhwald H. Nanocontainers for entrapment of corrosion inhibitors. Adv Funct Mater 2007; 17 (9): 1451-1458.

［72］ Hughes AE, Cole IS, Muster TH, et al. Designing green, self-healing coatings for metal protection. NPG Asia Mater 2010; 2 (4): 143-151.

［73］ Blaiszik BJ, Kramer SLB, Olugebefola SC, et al. Self-healing polymers and composites. Annu Rev Mater Res 2010; 40 (5 April): 179-211.

［74］ Mookhoek SD, Fischer HR, van der Zwaag S. A numerical study into the effects of elongated capsules on the healing ef ciency of liquid-based systems. Comp Mater Sci 2009; 47 (2): 506-511.

［75］ Wang X, Liu C, Li XF, et al. Photodegradation of 2-mercaptobenzothiazole in the γ-Fe_2O_3/oxalate suspension under UV-A light irradiation. J Hazard Mater 2008; 153 (1-2): 426-433.

［76］ Ferreiro EA, De Bussetti SG, Helmy AK. Sorption of 8-hydroxyquinoline by some clays and oxides. Clays Clay Miner 1988; 36 (1): 61-67.

［77］ Ghosh SK. Self-healing materials: fundamentals, design strategies, and applications. Weinheim: Wiley; 2009, p. 102.

［78］ Poznyak SK, Tedim J, Rodrigues LM, et al. Novel inorganic host layered double hydroxides intercalated with guest organic inhibitors for anticorrosion applications. ACS Appl Mater Interfaces 2009; 1 (10): 2353-2362.

［79］ Williams GR, O' Hare D. Towards understanding, control and application of layered double hydroxide chemistry. J Mater Chem 2006; 16 (30): 3065-3074.

［80］ Albertazzi S, Basile F, Vaccari A. Catalytic properties of hydrotalcite-type anionic clays. In: Wypych F, Satyanarayana KG, editors. Clay surfaces: fundamentals and applications. Amsterdam: Elsevier; 2004. p. 496-546.

［81］ Sorrentino A, Gorrasi G, Tortora M, et al. Incorporation of Mg-Al hydrotalcite into a biodegradable Poly (3-caprolactone) by high energy ball milling. Polymer 2005; 46 (5): 1601-1608.

［82］ Palmer SJ, Frost RL, Nguyen T. Hydrotalcites and their role in coordination of anions in Bayer liquors: anion binding in layered double hydroxides. Coord Chem Rev 2009; 253 (1-2): 250-267.

［83］ Buchheit RG, Mamidipally SB, Schmutz P, et al. Active corrosion protection in Ce-modified hydro-talcite conversion coatings. Corrosion 2002; 58 (1): 3-14.

［84］ Tedim J, Zheludkevich ML, Salak AN, et al. Nanostructured LDH-container layer with active protection functionality. J Mater Chem 2011; 21 (39): 15464-15470.

[85] Leggat RB, Taylor SA, Taylor SR. Adhesion of epoxy to hydrotalcite conversion coatings: II. Surface modi cation with ionic surfactants. Colloids Surf A 2002; 210 (1): 83-94.

[86] Williams G, McMurray HN. Anion-exchange inhibition of filiform corrosion on organic coated AA2024-T3 aluminum alloy by hydrotalcite-like pigments. Electrochem Solid-State Lett 2003; 6 (3): B9-B11.

[87] Mahajanarn PV, Buchheit RG. Characterization of inhibitor release from Zn-Al-$[V_{10}O_{28}]^{6-}$ hydrotalcite pigments and corrosion protection from hydrotalcite-pigmented epoxy coatings. Corrosion 2008; 64 (3): 230-240.

[88] Zheludkevich ML, Poznyak SK, Rodrigues LM, et al. Active protection coatings with layered double hydroxide nanocontainers of corrosion inhibitor. Corr Sci 2010; 52 (2): 602-611.

[89] Theng BKG. The chemistry of clay-organic reactions. New York: Wiley; 1974.

[90] Williams G, McMurray HN. Inhibition of filiform corrosion on polymer coated AA2024-T3 by hydrotalcite-like pigments incorporating organic anions. Electrochem Solid-State Lett 2004; 7 (5): B13-5.

[91] Kendig MH, Hon M. A hydrotalcite-like pigment containing an organic anion corrosion inhibitor. Electrochem Solid-State Lett 2005; 8 (3): B10-1.

[92] Joussein E, Petit S, Churchman J, et al. Halloysite clay minerals—a review. Clay Miner 2005; 40 (4): 383-426.

[93] Lvov Y, Price R. Halloysite nanotubules a novel substrate for the controlled delivery of bioactive molecules. In: Ruiz-Hitzky E, Ariga K, Lvov Y, editors. Bio-inorganic hybrid nanomaterials. London: Wiley; 2008. p. 454-480.

[94] Borisova D, Akcakayıran D, Schenderlein M, et al. Nanocontainer-based anticorrosive coatings: effect of the container size on the self-healing performance. Adv Funct Mater 2013; 23 (30): 3799-3812.

[95] Zheng Z, Huang X, Schenderlein M, et al. Self-healing and antifouling multifunctional coatings based on pH and sulfide ion sensitive nanocontainers. Adv Funct Mater 2013; 23 (26): 3307-3314.

[96] Abdullayev E, Price R, Shchukin D, et al. Halloysite tubes as nanocontainers for anticorrosion coating with benzotriazole. ACS Appl Mater Interfaces 2009; 1 (7): 1437-1443.

[97] Abdullayev E, Lvov Y. Clay nanotubes for corrosion inhibitor encapsulation: release control with end stoppers. J Mater Chem 2010; 20 (32): 6681-6687.

[98] Lvov YM, Abdullayev E. Microreservoir with end plugs for controlled release of corrosion inhibitor. US 2011/0297038 A1.

[99] Shchukin D, Grigoriev D, Möhwald H. Corrosion inhibiting pigments and method for preparing the same. EP2604661A1, US 2013/0145957 A1.

[100] Moya S, Sukhorukov GB, Auch M, et al. Microencapsulation of organic solvents in polyelectrolyte multilayer micrometer-sized shells. J Colloid Interface Sci 1999; 216 (2): 297-302.

[101] Grigoriev DO, Haase MF, Fandrich N, et al. Emulsion route in fabrication of micro and nano-containers for biomimetic self healing and self-protecting functional coatings. Bioinspir Biomim Nanobiomater 2012; 1 (2): 101-116.

[102] Decher G, Schlenoff JB. Multilayer thin films. Sequential assembly of nanocomposite materials. Wiley: Weinheim; 2003.

[103] Sukhorukov GB, Fery A, Brumen M, et al. Physical chemistry of encapsulation and release. Phys Chem Chem Phys 2004; 6 (16): 4078-4089.

[104] Guzey D, McClements DJ. Formation, stability and properties of multilayer emulsions for application in the food industry. Adv Colloid Interface Sci 2006; 128-130: 227-248.

[105] Nilsson L, Bergenståhl BJ. Adsorption of hydrophobically modified anionic starch at oppositely charged oil/water interfaces. J Colloid Interface Sci 2007; 308 (2): 508-513.

[106] Tjipto E, Cadwell KD, Quinn JF, et al. Tailoring the interfaces between nematic liquid crystal emulsions and aqueous phases via layer-by-layer assembly. Nano Lett 2006; 6 (10): 2243-2248.

[107] Grigoriev DO, Bukreeva T, Möhwald H, et al. New method for fabrication of loaded micro and nanocontainers: emulsion encapsulation by polyelectrolyte layer-by-layer deposition on the liquid core. Langmuir 2008; 24 (3): 999-1004.

[108] Wackerbarth H, Schön P, Bindrich U. Preparation and characterization of multilayer coated microdroplets: droplet deformation simultaneously probed by atomic force spectroscopy and optical detection. Langmuir 2009; 25 (5): 2636-2640.

[109] Lomova MV, Sukhorukov GB, Antipina MN. Antioxidant coating of microsize droplets for prevention of lipid

[110] Köhler K, Shchukin DG, Sukhorukov GB, et al. Drastic morphological modification of polyelectrolyte microcapsules induced by high temperature. Macromolecules 2004; 37 (25): 9546-9550.

[111] Shchukin DG, Gorin DA, Möhwald H. Ultrasonically induced opening of polyelectrolyte microcontainers. Langmuir 2006; 22 (17): 7400-7404.

[112] Mauser T, Déjugnat C, Möhwald H, et al. Microcapsules made of weak polyelectrolytes: templating and stimuli-responsive properties. Langmuir 2006; 22 (13): 5888-5893.

[113] Ramsden W. Separation of solids in the surface-layers of solutions and 'Suspensions' (observations on surface-membranes, bubbles, emulsions, and mechanical coagulation). Preliminary account. Proc R Soc Lond 1903; 72 (477-486): 156-164.

[114] Pickering SU. Emulsions. J Chem Soc Trans 1907; 91 (1): 2001-2021.

[115] Binks BP. Particles as surfactants—similarities and differences. Curr Opin Colloid Interface Sci 2002; 7 (1-2): 21-41.

[116] Frelichowska J, Bolzinger M-A, Chevalier Y. Pickering emulsions with bare silica. Colloids Surf A 2009; 343 (1-3): 70-74.

[117] Gonzenbach UT, Studart AR, Tervoort E, et al. Ultrastable particle-stabilized foams. Angew Chem Int Ed 2006; 45 (21): 3526-3530.

[118] Schmitt-Roziéres M, Krägel J, Grigoriev DO, et al. From spherical to polymorphous dispersed phase transition in water/oil emulsions. Langmuir 2009; 25 (8): 4266-4270.

[119] Haase MF, Grigoriev D, Moehwald H, etal. Encapsulation of amphoteric substances in a ph-sensitive Pickering emulsion. J Phys Chem C 2010; 114 (41): 17304-17310.

[120] Ferri JK, Philippe C, Gorevski N, et al. Separating membrane and surface tension contributions in Pickering droplet deformation. Soft Matter 2008; 4 (11): 2259-2266.

[121] Grigoriev D, Miller R, Shchukin D, et al. Interfacial assembly of partially hydrophobic silica nano-particles induced by ultrasonic treatment. Small 2007; 3 (4): 665-671.

[122] Latnikova A, Grigoriev DO, Möhwald H, et al. Capsules made of cross-linked polymers and liquid core: possible morphologies and their estimation on the basis of Hansen solubility parameters. J Phys Chem C 2012; 116 (14): 8181-8187.

[123] Latnikova A, Grigoriev D, Schenderlein M, et al. A new approach towards "active" self-healing coatings: exploitation of microgels. Soft Matter 2012; 8 (42): 10837-10844.

[124] Latnikova A, Grigoriev DO, Hartmann J, et al. Polyfunctional active coatings with damage-triggered water-repelling effect. Soft Matter 2011; 7 (2): 369-372.

[125] Barrére M, Landfester K. High molecular weight polyurethane and polymer hybrid particles in aqueous miniemulsion. Macromolecules 2003; 36 (14): 5119-5125.

[126] Abismaı̈l B, Canselier JP, Wilhelm AM, et al. Emulsi cation by ultrasound: drop size distribution and stability. Ultrason Sonochem 1999; 6 (1-2): 75-83.

[127] Grigoriev D, Akcakayiran D, Schenderlein M, et al. Protective organic coatings with anticorrosive and other feedback active features: micro and nanocontainers based approach. Corrosion 2014; 70 (5): 446-63. http://dx.doi.org/10.5006/0976.

[128] Haase MF, Grigoriev DO, Möhwald H, et al. Development of nanoparticle stabilized polymer nanocontainers with high content of the encapsulated active agent and their application in water-borne anticorrosive coatings. Adv Mater 2012; 24 (18): 2429-2435.

[129] Borisova D, Möhwald H, Shchukin DG. Influence of embedded nanocontainers on the ef ciency of active anticorrosive coatings for aluminum alloys part I: influence of nanocontainer concentration. ACS Appl Mater Interfaces 2012; 4 (6): 2931-2939.

[130] Borisova D, Möhwald H, Shchukin DG. Influence of embedded nanocontainers on the efficiency of active anticorrosive coatings for aluminum alloys part II: influence of nanocontainer position. ACS Appl Mater Interfaces 2013; 5 (1): 80-87.

[131] Hollamby MJ, Fix D, Dönch I, et al. Hybrid polyester coating incorporating functionalized mesoporous carriers for the holistic protection of steel surfaces. Adv Mater 2011; 23 (11): 1361-1365.

第9章 现代涂料中试生产的重要方面

Sandeep Rai，Snehal Lokhandwala
GRP Limited，510，A Wing，Kohinoor
City C-1，Kurla（W），Mumbai，India
Shroff S R Rotary Institute of Chemical Technology，Block
No. 402，At & Post Vataria，Bharuch，Gujarat，India

9.1 简介

尽快将新产品和新技术推向市场是每个行业使用的并且经过验证的一种成功的商业战略。在开发新技术的过程中，需要采取系统的和有条不紊的方法，从而减少工艺步骤、降低产品质量的风险，这对于公司的生存至关重要。众所周知，对于化学品、催化剂、燃料和其他产品来说，在将研发成果应用到商业生产过程中时，中试环节发挥着至关重要的作用。中试对于快速发展的现代涂层来说，在根本层面上具有同样的价值，它们属于最快的消费品类别。

为降低新研发、尚未被实践证明的新产品或新技术的风险性，对新产品和新技术进行中试至关重要。中试与商业化生产的主要区别在于中试的主要产出（"产品"）通常是数据，而不是像商业反应器那样生产出大量的实物产品。这些数据包括商业化生产的工程设计信息、运行参数对过程效率和产品质量的影响、原材料质量要求、安全标准操作程序的开发以及资本和运营成本的估算。因此，与商业制造业相比，中试需要具有更加稳定和灵活的功能性和操控性。通常情况下，中试设备需要承受工艺的极限条件，如最佳的制造温度、压力，未知的以及还没有确定的一些其他要素。

关于现代涂料和涂层中试规模生产方面的详细工程信息，对于根据市场需求成功轻松地对配方进行中试放大是极为重要的。

本章我们对聚合物基料（水性和溶剂型）、中间分散体和最后涂层配方的中试生产涉及的各种工程问题进行简要描述。

9.2 定义

涂层是指用于基体上的任何有色液体、可液化或树脂组分的薄层，并且涂覆在基体上后转化为固体，具有保护性、装饰性或功能性的黏合膜。

涂料主要由四种成分组成：颜料和填充剂、树脂/介质/基料、溶剂/稀释剂、添加剂。

颜料：以离散的小粒子形式存在的固体材料，不溶于其所加入的介质中。颜料能提供密度、颜色、保护、不透明度和耐光性。

颜料具有以下性质：
① 颜色：装饰效果或审美吸引力；
② 不透明：可隐藏或涂去的功能；
③ 耐光性：暴露在光线下可以保持其颜色；
④ 着色力：使白色基体颜色发生变化的能力；
⑤ 消色力：白色基体抵抗着色的能力。

树脂：树脂是不均匀的且通常分子量较高的固态、半固态或液态物质。固态树脂通常具有软化温度或熔融温度区间，并呈现贝壳状断裂。树脂在室温下具有流动的总趋势。一般情况下，树脂作为原材料，例如基料、可固化模塑组合物、黏合剂和涂层。其介质类型包括胶、酪蛋白、油、醇酸、氨基酯、硝基纤维素、聚氨酯、氯化橡胶和环氧树脂。

溶剂：溶剂/稀释剂是添加到基料中的液态材料，以降低系统的整体黏度/流动性。选择溶剂要考虑其溶解能力、沸点、挥发速率、闪点、可燃性、化学稳定性、颜色、气味、毒性和成本等。溶剂（主要是碳氢化合物）可分为脂肪族（煤油、矿物松节油）、芳香族（甲苯、二甲苯）、酮［丙酮、甲基异丁酮（MIBK）和丁酮（MEK）］和酯（乙酸乙酯、乙酸丁酯）。

溶剂有以下应用：
① 提供流动性；
② 增加可涂刷性；
③ 溶解树脂；
④ 控制涂料的干燥性能；
⑤ 确保均匀干燥；
⑥ 溶解成膜剂。

添加剂：添加剂是用量较少并为涂料提供一种或多种所需性质的一类组分。它起到提供润湿、促进分散、促进和控制干燥、防止细菌侵袭的作用。添加剂类型较多，包括润湿剂、分散剂、抗沉降剂、抗浮剂、流动控制剂、防起皮剂、pH值稳定剂、触变剂、增稠剂、杀菌剂和冻融稳定剂。为了开发关键原材料/化学原料的新型和替代原料/供应商，对这些添加剂进行中试试验具有重要意义。

添加剂有以下作用：
① 可以增加或减小黏度；
② 可以防止沉淀；
③ 可以防止起皮；
④ 可以加速干燥；
⑤ 可以消除泡沫；
⑥ 可以产生触变性；
⑦ 可以增加或减少光泽；
⑧ 在中间加工和储存过程中改善配方的稳定性；
⑨ 可以改善流动性和流平性。

9.3 分散过程

分散体能瓦解颜料团聚体并使颜料均匀地混合到树脂中，使每个颜料粒子完全被树脂所包围。为了促进分散，将一些分散助剂加入颜料中，这些助剂可以更容易吸附到颜料表面上，并且自身被吸附到树脂上。

固体具有确定的结构，一般为刚性的、致密的结构，而且不能发生流动。微粉化固体，其内夹带空气，分子间具有吸引力和表面张力。液体不具有明显的固定结构、具有流动性，分子之间具有吸引力和表面张力。

液体/固体的分散过程：粉末状固体在微粉化时里面夹带有空气。因此，当将固体粉末与液体混合时，体系里存在三个相。分散的目的是将液体与固体粉末相互混合，并除去体系里的空气。

影响分散的因素有以下几个：
① 固液界面；
② 分子间的吸引力；
③ 表面张力。

分散过程：任何涂层制造商必须将干颜料分散到涂料的部分介质中。干颜料是由颜料晶体聚集而成。分散过程包括以下四个阶段：
① 研磨；
② 润湿；
③ 分离；
④ 稳定。

研磨：研磨是通过外力（诸如冲击力、剪切力或同时使用这两种力）使聚集块发生破坏粉碎的过程。

润湿：润湿过程是介质分子将颜料表面的空气置换移开，并且颜料表面被即将分散的介质所包围。

分离：该过程的目的是将颜料团聚物分离成单个晶体。

稳定：这是做好分散的关键过程。如果分散不稳定，则颜料粒子彼此吸引并发生絮凝。

9.4 涂料的一般工艺

生产涂料主要有三步（图9.1）。该方法主要用于溶剂型颜料和涂层，也被称为砂磨机方法。砂磨机方法由双轴分散机（TSD）和砂磨机组成。采用TSD对涂料进行预混合，砂磨机用于研磨或减小粒子尺寸。

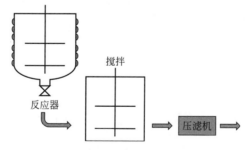

图9.1 生产涂料的一般工艺

工艺路径如下：

TSD $\xrightarrow{(A)}$ OHM $\longrightarrow$ SM $\longrightarrow$ 混合 $\longrightarrow$ 包装
$\qquad\qquad\qquad$ (C)↑ $\quad$ (B)↑
$\qquad\qquad\qquad$ HSM $\quad$ 球磨

TSD：双轴分散机　OHM：架空搅拌器　SM：砂磨机　HSM：高速搅拌器

该工艺包含以下任务：
① 预混；

② 研磨；
③ 细化和着色；
④ 质量保证；
⑤ 包装。

（A）由于 TSD/砂磨机中不能分散或研磨非常硬的颜料，所以采用该方法进行制备的颜料特别硬。

（B）该路径中的 TSD 和 OHM 是和 HSM 一起完成任务的。这种路线是优选的中试路径，只需要很少的样品就可以对成品涂料进行评估。

细化和着色是现代涂层中试生产的关键任务。调色剂是一类添加剂，主要用于根据市场需求获得所需的色漆批次的颜色深浅。以下是制备调色剂的工艺过程：

① 超微磨碎机→调色剂混合器
② 双轴分散机→架空搅拌器→砂磨机→调色剂混合器
③ 球磨→调色剂混合器
④ 高速搅拌器→砂磨机→调色剂混合器

9.5 中试

中试的定义是产品在大规模量产前的较小规模试验，建立中试的目的是通过中间性试验为最终工厂运行提供经验。在大规模工厂建立之前，通过这个小规模的中试工业厂房可以预先发现和解决问题。中试车间通常被称为实验性工业工厂，在此预先测试那些已规划的即将全面运行的工艺或技术。在将大量资金投入大规模工厂生产之前，通过中试生产可以在中等规模的产品和工业上考察其可行性。

一般来说，一个中试生产可以用于以下几方面：

① 进行生产放大之前，中试可以根据实验室研究所得到的评估结果、优化和验证，对产品和工艺进行校正；
② 开发原型新配方和制剂；
③ 获取数据以证明是否要进行全面生产，如果证明可行的话，设计和建造一个大规模的工厂或改进现有的工厂；
④ 开发替代和更便宜的原材料来源；
⑤ 获得热化学数据和反应趋势；
⑥ 评估关键原材料/化学试剂/添加剂的性能；
⑦ 客户投诉调查。

9.5.1 逐步放大

9.5.1.1 反应器

台架规模和实验室规模系统是评估和推广新技术的重要前期工具。该系统应用的自动化程度和定制程度高，被视为较大的试点和示范规模工厂的先导。比较典型的台架/实验室反应器尺寸从 1L 到 5L 不等。

为了保证大规模产品生产的成功，必须通过中试车间考察该产品的工艺过程。中试能提供获得最大产量和高质量产品至关重要的所有参数，也是工艺发展并走向世界的第一扇窗口。通过对产品进行性能/应用测试，可以确定或确认在各种运行条件下的产量和其他相关数据。中试规模的反应器规模通常在 10～100L 的范围内。

示范工厂与中试车间有所不同，其区别主要在于示范工厂的设备和工艺流程图与商业规模经营更为接近。示范工厂的资本和运营成本要比中试车间高得多，而且通常只有在工艺技术本身已经相当完善的情况下才能使用。示范工厂反应器体积通常在 100～1000L 的范围内。

9.5.1.2 扩大规模的一般步骤

① 产品经济性应根据预测的市场规模和竞争性销售来进行定义。

② 同时进行实验室试验和放大规划。

③ 在提出工艺流程中界定关键监测参数。

④ 建造中试车间时，要考虑到 SHE 的要求、清洁和消毒系统、包装和废物处理系统。

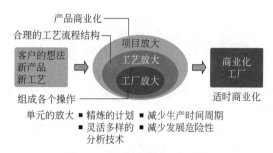

图 9.2　扩大规模的一般步骤

⑤ 对中试车间的产品和工艺结果进行评估，包括工艺校正的经济性，并决定是否扩建为大规模生产工厂。图 9.2 展示了一种新产品发展过程的商业化模型。

另一个经常使用的放大用词是公斤级实验室，但与表 9.1 中所示的中试生产不同。

表 9.1　千克级实验室和中试的对比

千克级实验室	中试
能在实验室安装	独立的建筑
受防火规范限制，在较低楼层，有局部防爆措施	风险等级为 H 级
建筑一般不适合使用大量溶剂	能处理通过桶装或管道输来的溶剂
一般用玻璃的生产装置	通常是钢的或玻璃钢的容器
体积一般为 1～5L	体积能达到 10～100L

9.5.2　中试布局——主要问题

中试生产不仅对于考虑工艺参数和保证产品质量是十分必要的，而且应该容易达到生产目标、方便操作和维护。使用有毒原料/副产品时，其安全性和处置方法在设计和调试过程中必须给予应有的重视。图 9.3 描述了在设计和安装中试生产装置时要考虑的关键参数。

9.5.3　生产装置及其配套装置

表 9.2 列出了涂层中试生产过程中使用的工艺设备所需的重要配套装置清单。

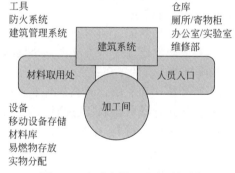

图 9.3　中试布局——主要问题

涂层中试生产的基本需求是为正确放大生产规模而收集试验数据。工艺的主要标准是使用合适的基料（本质上是水性或溶剂型聚合物）使其进行适当分散。用于涂料的聚合物基料包括水性丙烯酸、苯乙烯-丙烯酸乳液、SBR、XSBR、NBR、XNBR 乳液和溶剂型醇酸树脂。

表 9.2　用于涂层试验工厂的设备

生产装置	配套装置
反应器——压力型和非压力型	合适的 PCS/DCS 控制单元
混合容器	温度控制模块
泵	合适的加热/冷却系统

续表

生产装置	配套装置
秤	容易进入的控制室
球磨搅拌机	空气压缩机
砂磨机	用于安全环保方面的相关设备
Dyno 磨机混合器（HSM）	
磨碎机——搅拌机	
直接搅拌机	
JPT	

9.5.4 水性和溶剂型聚合物基料的中试生产类型

现代涂层的中试生产可以大致分为水性乳液中试生产和溶剂型树脂中试生产。

9.5.4.1 水性乳液中试生产

水性乳液是不饱和单体在水性介质中进行自由基聚合的产物，其主要用于制备涂料和石膏的基料、木材用的纸和包装材料的黏合剂，以及用于制备造纸、织物和皮革生产的黏合剂和层压材料。这种自由基聚合反应优于溶液聚合，这是因为该工艺过程不需使用有机溶剂、生产批次时间较短、产物黏度恒定（不受聚合速率的影响）。水性乳液中试生产的主要组成包括：

① 单体。绝大多数使用的单体是丙酸乙烯酯、乙酸乙烯酯、丁二烯、苯乙烯以及丙烯酸和甲基丙烯酸衍生物。有时为了使成品具有一些所需的性能，采用单体混合物进行制备。

② 乳液稳定剂。在聚合过程中胶束形成期间，需要使用表面活性剂使聚合物粒子稳定。据观察，与仅使用乳化剂产生的聚合物相比，采用保护性胶体稳定剂制备的乳液表现出更高的黏度和更大的粒径。

③ 乳化剂。通常使用阴离子乳化剂和非离子乳化剂，如烷基硫酸盐和磺酸盐、烷基醚硫酸盐和磷酸盐、磺基琥珀酸盐和乙氧基化脂肪醇或壬基酚。这种乳化剂的稳定剂选用水溶性高分子有机化合物，如聚乙烯醇、羟乙基纤维素和聚乙烯吡咯烷酮。

④ 引发剂。聚合过程需要水溶性引发剂，例如过硫酸铵或过氧化硫酸钾，以及过氧化氢（很少使用）。

⑤ 缓冲剂。在聚合过程中，反应混合物的 pH 值影响一些单体（乙烯基和丙烯酸酯）的皂化速率，因此需加入少量缓冲剂，如磷酸盐、碳酸盐、乙酸盐或硼酸盐。

⑥ 水。因为生产工艺中水中电解质的存在将对聚合过程产生不利影响，所以优选完全去离子水。水的质量对单体分子部分通过水相扩散到乳化剂的胶束中并形成引发剂自由基过程产生影响。

批量乳液聚合是通过单体进料或乳液进料过程进行的。

单体进料过程：该过程是将初始量的单体、引发剂、乳化剂或保护性胶体和部分水加入反应器中，达到所需温度（一般为 45~80℃）后，以控制的速率计量加入剩余的单体和其他成分。

乳液进料过程：该过程的预制乳液是由单体、水、乳化剂和引发剂制备的。将预制乳液的一部分转移到反应器中并加热至所需温度。反应开始时，预先加入预先设定流量的预制乳液，使反应一直保持平衡状态。图 9.4 中为各种进料模式（如连续、半连续和直接配料）的示意图。

另一种方法是先将水、乳化剂和添加剂计量后加入反应器，最后加入一部分预制乳液。

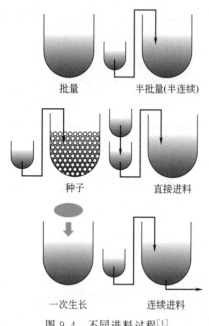

批量　　　　半批量(半连续)

种子　　　　直接进料

一次生长　　连续进料

图 9.4　不同进料过程[1]

在开始聚合过程的引发反应之后，将剩余的预制乳液以预设速率加入反应器中。反应完成之后，加入另外的引发剂并将该批次在该反应温度保温一段时间，以减少游离单体的残余含量。最后将该批料冷却并转移到冷却的混合罐中，在罐中加入辅助材料如增塑剂、消泡剂、杀菌剂和中和剂（如果需要的话），对该批料进行调整，使其符合最终产品规格。

该过程的主要优点是，在聚合过程中产生的热量可以通过反应器的螺旋缠绕管式换热器的冷却水循环系统进行控制。即使该反应器配有无级变速轴驱动的搅拌器，也可以进行有效的搅拌，并且在低剪切力下也可以实现热交换。

聚合物乳液中试生产装置主要由以下设备组成：

① 带有乳化罐、单体混合罐、引发剂和促进剂罐、反应器以及自动加料阀的压力传感器的原料进料设备。

② 带有储罐、搅拌器和输送泵的乳化剂生产设备。

③ 带有单体混合罐、引发剂和促进剂罐的单体混合和加料设备，每个罐都配有搅拌器、传输泵和流量计。

④ 带有反应器、反应器搅拌器和蒸馏系统的反应设备。丁二烯乳液需要进行机械密封和具有适当安全设备（保险片）的中试生产过程。

⑤ 带有真空泵的真空设备。

⑥ 带循环泵、热交换器和控制阀的加热和冷却回路（一次和二次回路）。

⑦ 带冷却和混合罐及搅拌器的冷却和混合设备。

⑧ 带产品泵和产品过滤器的过滤设备。

⑨ 带有计算机和软件控制器、用于加料设备安装的开关和控制板以及 PLC 的过程控制设备和仪表。

聚合物乳液中试生产过程使其具有高搅拌效率、低剪切速率和良好的传热性能，即使在高度抛光的反应器和反应器搅拌器表面附有清洗物质时也能具有良好的传热性能。使用新技术通过计算机对生产过程实现全自动控制，该计算机配有专门开发的用户友好型软件，可实现舒适的工厂操作、最佳的工艺操作和可重现的产品特性。图 9.5 为一个丁二烯（气态单体）配方（如苯乙烯-丁二烯橡胶和丙烯腈-丁二烯橡胶）开发工作的中试车间。

9.5.4.2　溶剂型树脂中试生产

树脂是通过单体官能团反应形成缩合/加成聚合物的。该聚合物为成膜材料，能为涂料提供光泽和附着力。黏合剂是用来将颜料和增量剂黏合到基体表面的。

树脂在整体涂料配方中起着至关重要的作用，例如：

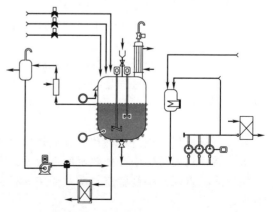

图 9.5　水性乳液中试生产装置

① 通过风干或干燥机理将涂料液膜转化为固态涂层薄膜。
② 为涂膜提供光泽。
③ 为涂层提供柔韧性和硬度。
④ 有助于涂层黏附到表面。
⑤ 提供耐水、耐碱、耐磨性。
⑥ 有助于颜料和增量剂在基材上均匀分散。

现代涂料和涂层行业中使用不同类型的基料，包括醇酸树脂、硝化纤维素、氨基树脂、聚酯、酚醛树脂、氯化橡胶、丙烯酸树脂、环氧树脂、有机硅树脂和聚氨酯。

树脂中试生产车间包括大量的设备，如中试反应器、搅拌器和过滤器。中试装置配套设施有转子流量计氮气管路、温度压力指示器、取样口、冷凝器、自动虹吸分离器、真空泵等。所需的常规设备及物质包括加热介质、冷却塔、压缩机、制冷设备、氮气和仪表空气等等。在树脂加工过程中，中试生产时只对极少数几种重要的物理和化学性质进行监测，例如颜色、透明度、黏度、酸值、不挥发物（%）（120℃/h）、羟基值、Hegmann 细度、密度、稀释黏度和干燥特性。树脂中试生产中的过程控制包括反应水的测量、搅拌速度（RPM）和搅拌器的类型、成分的添加时间、反应时间、温度、蒸汽压力等等。

9.6 涂料工业主要设备

搅拌器、研磨机和过滤器是生产涂料的主要设备。因此，涂料中试生产车间必须包含上述设备的小型复制品，以便有效和准确地扩大生产。中试生产和扩大化生产原理是一样的，只是规模大小不一样。图 9.6 显示了聚合物基料所需的反应器和附件的示意图。

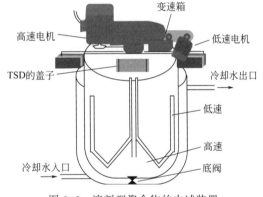

图 9.6 溶剂型聚合物的中试装置

9.6.1 搅拌器

使用搅拌器对混合物进行搅拌，使涂料的不同组分之间混合均匀。搅拌器用于以下操作：
① 混合油或树脂；
② 降低树脂和清漆的黏度；
③ 将颜料及填料与涂料混合；
④ 将添加剂与涂料或清漆混合；
⑤ 在涂料中加入溶剂或稀释剂以调节黏度；
⑥ 制备乳液（水性）涂料。

根据最终应用的不同领域，用于涂料工业中的搅拌器有几种类型。搅拌器类型的选择主要取决于黏度、组分之间的密度差异和固体颗粒的大小。

搅拌器的种类：
① 手动搅拌器；
② 自动搅拌器；
③ 捏合机；
④ 胶体磨；
⑤ 旋转搅拌器；
⑥ 通过气流混合的搅拌器。

Solitia 公司在产品和工艺开发中使用了 VisiMix——一种模拟搅拌罐内混合和传热的工程建模工具。该工具已成功用于评估新树脂产品中试反应器的混合和传热能力。该建模工具为新工艺设计中试生产搅拌构造,并将实验室反应器放大到中试容器以匹配最终产品的粒度分布都是非常有用的[2]。

图 9.7(a)～(q)[3] 为用于现代涂料工业的中试生产的叶轮和搅拌器。

图 9.7 高速搅拌器

(a～f) 轴流式螺旋桨;(g,h) 涡轮螺旋桨;(i) 桨叶螺旋桨;(j) 径流式螺旋桨;(k,l) 桨式搅拌器;
(m) 锚式搅拌器;(n) 多叶片搅拌器;(o,p) 倾斜螺旋桨的运动;(q,r) 捏合机;(s) 卧式捏合机

大多数搅拌器通常是由垂直的混合罐和由电动机驱动的一个或多个叶轮组成,混合罐也可以有垂直挡板。一个或多个搅拌叶片螺旋桨组装的轴组成叶轮。螺旋桨可以分为两种主要类型:轴流式螺旋桨和径流式螺旋桨。

如图9.7(a)～(f)所示的轴流式螺旋桨被认为是涂料行业中最常用的螺旋桨。图9.7(d)中的叶轮以适当的倾角固定在混合罐壁上，也可以使用垂直挡板垂直固定在混合罐轴线上。这些叶轮以1150～1750r/min的转速进行旋转。图9.7(e)所示的垂直型搅拌器用于制备胶体，并通过齿轮箱以350～420r/min的转速进行旋转。倾斜的高速型搅拌器用于制备各种乳液。图9.7(f)所示的类型用于混合不含固体颗粒的液体。

如图9.7(g)～(j)所示的径流式螺旋桨具有平行于传动轴轴线的叶片。另外，如图9.7(g)和(h)所示的涡轮螺旋桨在垂直和轴向方向上以圆周运动方式旋转混合罐里的物质。图9.7(i)所示桨叶螺旋桨的直径达到混合罐直径的60%，并以相对较低的速度旋转。

如图9.7(k)～(m)所示，桨式搅拌器用于混合高黏度的液体或膏体，而锚式搅拌器则用于黏度极高的液体或膏体。这种类型的混合螺旋桨和混合罐壁之间有一个小间隙。图9.7(n)为多叶片搅拌器，图9.7(o)和(p)[3]显示了倾斜螺旋桨的运动轨迹。

图9.7(q)[3]为油灰生产的典型捏合机。捏合机由一个独立的罐体组成，可以将其固定在混合器中，或者将其内容物转移到包装单元中。该系统有助于在混合之前称量罐物料的重量并清洗清洁单元中的混合器。在图9.7(r)[3]所示的系统中，混合器可以垂直或横向升高。

图9.7(s)[3]为两个独特形状的搅拌器中U形容器组成的水平捏合机，两个搅拌器沿不同的方向旋转，两者之间有很小的间隙。还有其他类型的捏合机，如可用蒸汽加热或水冷却的方式控制混合物黏度的捏合机。

下面介绍几种基本类型的搅拌器：

① 双轴分散机（TSD）。双轴分散机是顶部装有两根轴的中碳钢容器。中心轴是慢速轴，并连接到带有刮刀的笼子上，以大约30～40r/min的转速旋转，它的作用是在搅拌过程中刮擦黏附在容器内壁上的研磨基体材料。相对于圆柱形容器中心轴倾斜的另一个轴，以大约1400r/min的极高速度旋转，该轴底部装有一个圆形的锯片式叶轮盘，称为罩板。锯片式叶轮盘安装在容器内部，使得粉末、介质和溶剂的混合物以适当的剪切流动模式进行分散。

② 架空搅拌器（OHM）。该混合器的主要任务是研磨来自TSD的产品。通常该混合器安装在TSD旁边。

③ 高速搅拌机（HSM）。与溶剂相比，颜料较少时使用此设备以便实现均匀分散。

9.6.2 研磨机

涂料工业使用不同类型的研磨机，例如辊磨机和球磨机。图9.8[3]为三辊研磨机，其中每个辊子相对于另一个辊子都是以相反的方向并以不同的速度（转速比为1∶3∶9）旋转的。每两个辊子之间的间隙是保持所需的染料精细度的关键因素，并得到所期望的均匀性。这种类型的研磨机通常是开放的，因此不能用于研磨含有高挥发性溶剂的涂料，否则溶剂的排放可能引起与SHE相关的问题。

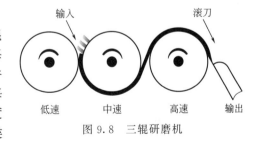

图9.8 三辊研磨机

另一个相关的设备是球磨机，包括一个围绕其水平轴旋转的圆柱体，以及由钢或鹅卵石制成的研磨球。如果使用钢球，气缸套一般也是由钢制成，这种类型的球磨机仅用于深色涂料的研磨。但是，如果球由鹅卵石或陶瓷制成，则气缸套必须是由陶瓷或二氧化硅制成，这种类型的球磨机可以用于研磨白色或浅色的涂料。颗粒的研磨效率和细度取决于圆柱体的尺寸、旋转速度、球尺寸和球密度。有些研磨机圆柱体的长度等于其直径，但为了保持更高的细度,一般使用长度大于其直径的研磨机。另外一种类型的研磨机是因为其气缸被分成具有适当尺寸筛网的区段,所以其研磨过程在研磨机内分步进行,在第一区段中进行初始磨削,并且在最后一段完成修饰。使用小型轧机代替球磨机可以获得尺寸略有不同的、适合于干磨粒子和/或研磨的胶体粒子。

目前,大型现代工厂中最常用的研磨机是砂磨机(垂直或水平型)和动力磨机。球磨机内径与球体直径之间的关系如表9.3[3]和图9.9[3]所示。

表 9.3 球磨机的内径与球体直径之间的关系

内径/cm	球直径(cm)及其百分比
30~60	1.5(70%),2.5(30%)
90~120	1.5(30%),2.5~4(60%),4~5(10%)
120~150	2~2.5(85%),5~6.5(15%)

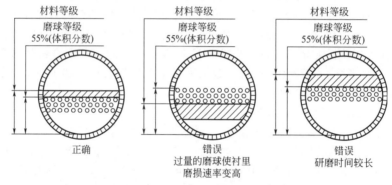

图 9.9 球磨机内径与球体直径的关系

巴西淡水河谷公司(CVRD)研究中心进行了先导试验,发现了提高研磨机进料球磨效率的新技术。他们注意到,当进入研磨机的粒子细度低于 $170\mu m$ 时,当30%(质量分数)的磨石和磨球混合研磨进料粒子时,球磨效率将提高15%。中试生产的试验结果证明,进料粒子细度从 $209\mu m$ 降到 $44\mu m$ 时,磨石破损率超过直径 $25mm$ 的磨球破损率,而进料粒子细度小于 $44\mu m$ 时,性能是相似的。然而当油漆浆料密度为80%进行研磨时,研磨机里不需要使用磨石[4]。

下面介绍一些主要使用的研磨机:

(1)砂磨机(SM) 是将均匀分散在预混漆料中的粉末颗粒尺寸降低的设备。预混漆料通过经受剧烈搅拌的砂缸组。在向上通过搅拌砂区的过程中,漆料在砂粒之间被捕获和研磨——通过强烈的剪切作用影响颜料在载体中的分散,并且还减小了颜料的粒度。从活性砂区浮选出来时,分散的漆料通过出口筛网溢出,该筛网尺寸足以让漆料自由流过,同时将砂粒阻挡下来。

砂粒的搅动是由平盘叶轮产生的,该叶轮在砂磨机壳体内以极高的速度(圆周速度为 $2000in/min$)进行旋转。靠近叶轮表面的砂粒和漆料通过黏滞阻力跟随叶轮运动,并因此向壳体壁面外侧倾倒。外壳装有夹套以进行冷却水循环,以散发研磨过程中产生的热量。这个过程中的关键工艺参数是从砂磨机出来的漆料流量,对于获得所需的分散程度和研磨程度是至关重要的。通常使用的研磨介质是尺寸为 $0.6\sim 1.4mm$ 的玻璃珠,填充在砂磨机壳体中的研磨介质量大约是壳体体积的一半。

(2)球磨机 主要用于研磨由极硬的颜料组成的涂料。与砂磨机研磨过程不同,预混合和研磨操作都在一个设备中进行。

球磨机由一个水平安装的圆筒容器组成，部分填充有鹅卵石或陶瓷或金属球（称为研磨介质）。将全部粉末（颜料和添加剂）、部分介质和溶剂以及分散剂装入球磨机中。将球磨机及其组成部分围绕球磨机的水平轴线以足以将鹅卵石或球体提升到一侧，然后使其滚动、滑动和翻滚到下侧的速度进行旋转，从而完成漆料的研磨（分散）。由于这种级联运动，颜料颗粒被夹在滚球之间并受到冲击和强力剪切。这种高度湍动的混合运动使颗粒被裹入球间隙，产生所需的分散作用。为了实现有效分散，需要进行监测的一些重要参数包括以下几个：

① 球磨机的旋转速度；
② 装球量；
③ 漆料黏度。

（3）磨碎机　磨碎机与运转中的球磨机相似。磨碎机和球磨机唯一的区别在于球磨机绕水平轴旋转而磨碎机垂直旋转。

9.6.3 过滤器

在涂料工业的制造过程中或油加热过程中，液体被异物污染。而且，涂料和涂层可能含有一些未被充分研磨的粒子或者未溶解的聚合物。某些表面硬度也可能是由于污染导致的，所以需要采用过滤器进行过滤。图9.10[5]为一种过滤器的示意图。

出于以上所述的这些原因，必须采取以下任一方法对液态的涂料进行纯化：

① 使用单缸磨机；
② 使用压滤机；
③ 使用离心分离器；
④ 使用细孔隔筛；
⑤ 使用沉降技术。

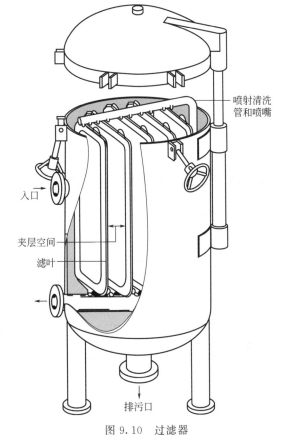

图9.10　过滤器

使用离心机、筛网或压力过滤器去除未分散的颜料。将中试车间生产的涂料倒入小罐中，贴上标签，包装好，然后移到储存区/货架上。

9.7　涂料的检查要点

为了使涂料中试生产能平稳启动，应预先进行一些常规检查，这些检查通常包括反应器的清洁和配套设施（包括安全装置和过程控制系统）的工作状态。表9.4为几种典型的检查要点。

9.8　涂料工业的一般安全注意事项

由于试验中的大多数成分都是挥发性和爆炸性的，因此用适当和正确的安全装置如安全阀和爆破片来增强中试生产的安全性是非常重要的。表9.5中列出的是一些常见的安全检查点，通常在中试反应器装料之前就应予以关注。

表 9.4 典型涂料中试生产时的检查要点

反应器条件	清洁反应器/无残留物/阀门功能/压力定期测试/线圈压力定期测试/超声厚度测量/定期外部检查/安全设备测试
分离器	排水管线正常/查看玻璃清洁
冷凝器	排气口开通、冷却压力正常
冷却塔	适当的压力使泵处于运行状态
氮气压力	惰性气氛、回流速度

表 9.5 处理中试反应器时的安全预防措施

加热液体泄漏	潜在的火灾危险
加热流体中的水污染	①线路增压 ②包装破裂 ③膨胀水箱溢流(溢出)
Hytherm 闪点低	火灾危险

9.9 用于涂料的丙烯酸胶乳中试和扩大生产的典型实例

表 9.6 和表 9.7 分别为用于涂料的胶乳的典型配方、工艺参数、温度情况以及典型的成品胶乳性能。

表 9.6 用于涂料的苯乙烯-丙烯酸丁酯胶乳的典型配方（质量分数）

成分	配方明细[①]
初始水相量	
处理水	61.5%
阴离子乳化剂	0.17%
进到反应器中的物料	
单体混合物	
丙烯酸丁酯	85.0%
甲基丙烯酸甲酯	13.0%
甲基丙烯酸	2.0%
表面活性剂溶液	
阴离子乳化剂	1.35%
工艺用水	20.0%
催化剂溶液	
工艺用水	25.0%
过硫酸钾	0.45%

① 材料清单。

表 9.7 胶乳的典型特性（pH 值调节前）

参数	数值
固体总量	47.5%
pH 值	2.5
转换率	99.7%

续表

参数	数值
砂粒含量	0
粒子尺寸	1000Å
布氏黏度(RV♯50,最大转速,25℃)	45mPa·s
表面张力(25℃)	45dyn/cm(1dyn/cm=10^{-3}N/m)
机械稳定性	中等

9.9.1 装料的一般过程

① 在反应器中加入初始水量。

② 用氮气吹扫将反应器的温度提高到80℃,整个反应过程中应进行氮气保护。

③ 在10min内向反应器中加入10%的单体混合物和表面活性剂溶液以及20%的催化剂溶液,在此阶段保持所有的加料过程共计15min。

④ 然后控制进料速度,在4h内将剩余的单体混合物、表面活性剂溶液和催化剂溶液全部加入反应器,整个反应过程中保持温度在80℃。

⑤ 所有加料完成后,将反应器在80℃下保持30min。

⑥ 将反应器冷却至30℃或室温,并用氨将成品胶乳的pH值调整至7.0。

9.9.2 中试车间设置

一般来说,水性乳液研发的中试生产装置包括反应器、氮气保护设备、制造不同溶液的中间容器、搅拌器、保温流体循环夹套、控制所需流量的流量计等。当然安装一个合适的安全装置(如安全阀和爆破片),也是必不可少的。为了保证控制的精确性,通常应该有一个复杂的控制系统,以便在规定的时间内保持所需温度以及原料的自动加料。在中试反应器中需要进行一系列的实验对最初通过实验室反应器筛选的配方加以优化,随后对配方进行热化学数据和成品质量的进一步优化。

为了将中试生产进一步扩大到商业生产,表9.8~表9.10中所示的工程计算数据对于中试规模获得产品特性和质量具有极其重要的意义。

表9.8 标准搅拌系统的几何比例

$D_A:D_T=1:3$	$H:D_T=1:1$	$J:D_T=1:12$
$E:D_A=1:1$	$W:D_A=1:5$	$L:D_A=1:4$

注:B=叶轮上的叶片数量;R=挡板数量;D_A=搅拌器直径;H=液体高度;D_T=罐直径;E=搅拌器从罐底部开始往上的高度;L=挡板宽度;J=搅拌叶片长度;W=搅拌器叶片宽度。

表9.9 叶轮选择指南

叶轮类型	液体黏度范围/mPa·s	黏度/(kg/ms)
锚	$10^2 \sim 2 \times 10^3$	$10^{-1} \sim 2$
螺旋桨	$10^0 \sim 10^4$	$10^{-3} \sim 10^1$
平板涡轮机	$10^0 \sim 3 \times 10^4$	$10^{-3} \sim 3 \times 10^1$
桨	$10^2 \sim 3 \times 10^1$	$10^{-1} \sim 2 \times 10^1$
门	$10^3 \sim 10^5$	$10^0 \sim 10^2$
螺旋螺钉	$3 \times 10^3 \sim 3 \times 10^5$	$3 \sim 3 \times 10^2$
螺旋丝带	$10^4 \sim 2 \times 10^6$	$10^1 \sim 2 \times 10^3$
挤出机	$>10^6$	$>10^3$

注:1kg/ms=1Pa·s。

表 9.10　混合的重要工程参数[6]

$NRe = 10.75Nd^2S/\mu$，雷诺数
$Np = 1.523 \times 10^{13}P/(N^3d^5S)$，功率
$NQ = 1.037 \times 10^5Q/(Nd^3)$，流速
$tbN=$ 无量纲混合时间
$NFr = 7.454 \times 10^{-4}N^2d$，弗劳德数

注：$\mu=$ 流体黏度；$d=$ 叶轮直径 (in)；$D=$ 容器直径 (in)；$N=$ 叶轮轴的转速；$P=$ 马力输入；$Q=$ 容积泵送速率 (ft³/s)；$S=$ 密度；$tb=$ 混合时间 (min)；$p=$ 黏度 (mPa·s)。

9.10　结论

中试生产仍然在现代涂料行业中发挥关键作用，并提供关于工艺参数、产品质量以及安全、健康和环境方面的第一手资料。这特别有助于对所需的涂料进行高质量、及时和无障碍的放大生产。中试生产在涂料等快速消费品行业发挥重要作用，打入市场、深入群众、满足客户需求是其首要任务。

参 考 文 献

[1] Anderson CD, Daniels ES. Rapra Review Reports, Report 160 2003；14 (4).
[2] Liu K, Neeld K. Simulation of mixing and heat transfer in stirred tanks with Visi Mix®. In：AIChE：Proceeding from annual meeting topical conference on process development from research to manufacturing, industrial mixing and scale-up；1999.
[3] Environics. Paints industry-self-monitoring manual；2002.
[4] Alives VK, Lacaoste-Bouchet P. Comparative Grinding pilot test of grinding balls vs balls/mill pebs blend：a report of CVRD Research Centre, January 17, 2004.
[5] http：//www.dicalite-europe.com/ltrat.htm.
[6] http：//www.pacontrol.com/process-information book/Mixing and Agitation 2093851_10.pdf.

第10章 用于金属防护的智能绿色转化涂层的溶胶-凝胶法

Atul Tiwari, L. H. Hihara
Department of Mechanical Engineering,
University of Hawaii at Manoa, Honolulu, Hawaii, USA

10.1 简介

涂层是获得商业重大成功不可或缺的一类材料,为满足消费者需求出现了各种各样的涂层。预计全球涂层市场将以5.46%的年增长率增长,估计2017❶年将达到1070亿美元[1]。大多数涂层组分是从相对无毒的化学成分中开发出来的。然而,美国环境保护局(EPA)最近颁布的法规和欧洲的化学品注册、评估、授权和限制(REACH)标准,迫使涂层配方设计师采用替代性的开发方法,使用无管制环保化学品[2~4]。目前环境友好涂层(也称为绿色涂层)的发展受到了极大重视[5]。"绿色化学"一词是由Paul Anastas于1991年创造的,现在已经成为环境友好型化学合成的代名词。绿色涂层组分的开发可以通过遵循绿色化学原则得以实现[6]:

① 使用毒性较小的化学单体;
② 合成危险性较小的化学品;
③ 防止浪费的合成路线;
④ 使用更安全的溶剂;
⑤ 化学衍生物的还原;
⑥ 辅助物质的有限利用;
⑦ 优化能效过程;
⑧ 使用催化剂;
⑨ 使用可再生材料;
⑩ 使用不释放不友好副产品的可生物降解材料;
⑪ 采用防止发生危险事故的更安全的化学路线;
⑫ 开发可实现实时监测的分析方法。

绿色化学和绿色涂层的发展还处于起步阶段,各学术机构和工业界正在开发新的合成路线,以制备更安全的环保涂层。本章介绍了一种符合上述12种绿色化学原则的涂层组成。该物质采用溶胶-凝胶法制备,对组分进行仔细筛选可以在金属表面上合成一层薄的不可渗

---

❶ 译者注:原著2015年出版。

透的屏障涂层。本章的第一部分描述了用于绿色转化涂层（GCC）的智能绿色化学。第三部分使用各种分析技术表征 GCC 材料以确保化学结构的完整性。最后，在第四部分检查用于各种铝合金的 GCC（约 5μm）的防腐蚀性能，并与另外两种商业化的转化涂层进行比较。

10.2 智能化学的发展

按照一个专利所述的方法制备绿色准陶瓷涂层，其过程简述如下[7]：根据反应方程式计算量取所需的甲基三乙酰氧基硅烷（MTAS）、四甲氧基硅烷（TMS）和甲基三甲氧基硅烷（MTMS），加入第一个反应器中，然后加入一定量的异丙醇，进行超声处理；在第二个反应器中，将计算量的碳酸氢钠溶解在一定量的水中，边搅拌边加入钠盐，以后每 2h 搅拌一次；将第二个反应器的溶液倒入第一个反应器中，超声处理 30min；量取一定量的四乙氧基钛（TET）与异丙醇混合，然后在第三个反应器中超声处理 30min 后，加入第一个反应器中，再次取用一定量的异丙醇（IPA）、二乙醚和二月桂酸二丁基锡（DBTDL）在第四个反应器中混合均匀，然后也加入第一个反应器中，自然静置 30min，就得到绿色涂层的前驱体。

众所周知，当一种或多种烷氧基硅烷混合物在基体表面干燥时，可以形成涂层状结构[8]。然而，正确选择化学组分对于达到所需使用性能至关重要。在 GCC 组分中，最先添加的硅烷是 MTAS，选择该硅烷的原因是该材料在铝等金属表面能形成稳定涂层，并与基体表面的可用羟基官能团形成永久共价键（这一点至关重要）。然而，基体表面并不总是存在羟基官能团，另外金属表面惰性氧化物层也会阻止硅氧键和金属间形成永久共价键。因此，有必要去除惰性氧化物层，并暴露羟基官能团用以形成共价键。然而，因为惰性氧化物层的形成几乎是瞬间发生，所以去除惰性氧化物层以及随后涂覆金属表面、构建永久共价键几乎是不可能的[9]。对于开发 GCC 来说，可以利用 MTAS 中具有可水解乙酸酯基团的优势形成共价键。此外，MTAS 中甲基在促进乙酸乙酯中乙酸的释放方面起着举足轻重的作用，乙酸可作为硅烷水解过程的催化剂，也可作为蚀刻剂去除惰性氧化物层。因此，乙酸可以执行三个功能：催化剂、蚀刻剂和缓冲剂（稍后讨论）。

GCC 中加入的第二种硅烷是 TMS，它是具有高度反应性的硅氧烷，当基体表面的惰性氧化物被刻蚀后，硅氧烷的甲氧基可以容易地与基体表面的羟基官能团形成共价键。而且，它可以为新交联反应创建一个模板。因此，TMS 具有两个功能：将暴露的羟基官能团附着在金属基体上；生成用于新交联反应的模板。

GCC 组分中添加的第三种硅烷是 MTMS，其—CH_3 可以促进—OCH_3 的释放。此外，更有利的是碳氢化合物不是主链结构而是悬挂在硅烷上的支链，这是由于碳氢化合物容易发生紫外光降解，如果是主链结构，在紫外线照射下可能会影响主链的化学特性。甲基侧基可以有效地起到防止水分子进攻的"保护伞"作用。据推测，MTMS 可以有两个功能：提供足够的侧链烃以赋予涂层所需的柔韧性，以及起到对水分子屏障的作用。

应该澄清的是，虽然 MTAS 可以为涂层提供所有所需含量的碳氢化合物，但是该物质能产生大量乙酸，相应地降低介质中的 pH 值，并在涂覆过程中使金属表面发生腐蚀。因此，必须使用 MTMS 防止形成过量乙酸，调节涂层中的烃含量。过多的碳氢化合物使涂层形成半孔网状结构，降低涂层的硬度（氢含量越低，涂层硬度越低）[10]。

为获得涂层所需要的使用性能，一定要正确设计三种硅烷的加入量。如上所述，如果加入过量 MTAS 会产生大量的乙酸并可能腐蚀金属表面，而 MTAS 量过少可能不足以同时起到前面所说的 MTAS 所起的三种作用；由于高交联密度，加入的 TMS 量太多会形成脆性涂层结构，而 TMS 量太低又不足以捕获金属表面上的所有羟基官能团；加入大量的 MTMS

可以增加涂层中的烃含量,但是 MTMS 量太少可能不会提供足够多的烃。

尽管选择上述三种硅烷加入涂层并赋予涂层特定功能,但是为了确保形成防渗防腐涂层还需要满足更多的要求。如果不知道金属基体的特性及其腐蚀活性,很难开发出合适的涂层配方体系。当在含痕量水的无水异丙醇中将硅烷按所需量混合时,将发生简单的化学反应。将硅烷加入该溶剂中进行超声混合时,超声波能量触发硅烷发生水解反应,然而,由于没有足够的水分子,所以水解反应不能完成,从而产生活化溶胶。

将饱和碳酸氢钠水溶液($NaHCO_3$)加入上述活化溶胶中,进行超声搅拌,引发水解反应。必须使用饱和碳酸氢钠溶液以避免在此阶段使整个乙酰氧基或烷氧基发生水解。事实上,使溶液中 Na^+ 浓度达到最大至关重要。溶液中 CH_3COO^- 和 Na^+ 与中间体碳酸(H_2CO_3)一起起到缓冲作用[(CH_3COONa)+CH_3COOH]。酒精的存在可以促进碳酸中间体的形成。固化期间暴露于潮湿空气中时,活化溶胶发生水解,此时这种原位产生的缓冲液在涂覆时需要控制溶液的 pH 值,一旦出现大量乙酸时能及时中和金属表面产生的 H^+。此外,屏障涂层中原位生成的乙酸钠可以作为阻止水合氢离子侵袭的屏障,该盐在涂层整个使用寿命期间均保留在网络中。

在该反应过程中水起到双重作用:有利于形成离子(Na^+、HCO_3^-);为后续水解反

方案 10.1 反应性凝胶主要组分的形成机制(包括 GCC 的前驱体和在 GCC 凝胶形成期间发生的反应)

应提供介质。涂层配方中还含有 TET，它暴露于空气时，原位产生自组装纳米二氧化钛（TiO_2）粒子，该粒子或许有利于促进涂层骨架结构的形成。涂层配方中加入 TET 还为了对涂层 UV 光降解起到保护作用，而且有助于涂层结构的内聚和硬化。另外，加入 TET 可以防止预制 TiO_2 的相分离和附聚现象。在加入硅氧烷之前，将 TET 掺入异丙醇（不是无水异丙醇）中引发水解。因此，TET 起着两个关键的作用：防紫外线；赋予涂层结构硬度。但是，需要对 TET 的加入量进行优化。过量 TET 对固化和硬化过程均有不利影响。通过一系列纳米力学测试确定涂层最佳硬度，进而确定 TET 的临界浓度。

将 DBTDL 催化剂溶解在超声活化的异丙醇和二乙醚混合物中。室温条件下需要使用催化剂诱导不同化学部分之间的缩合反应。由于二乙醚具有极度表面清洁趋势，所以选择其作为共溶剂。

上面所讨论的反应性化学成分的添加顺序是获得涂层所需阻挡性能的决定性因素。将饱和 $NaHCO_3$ 水溶液充分混入硅氧烷溶液中，直到水分子优先在溶液中混合或消耗。接下来，将 TET 溶液加入上述活化的硅烷混合物中。相反地，如果在加入 $NaHCO_3$ 饱和溶液之前将 TET 加入硅烷溶液中，则整个溶液将变成乳白色，并且所制备的涂层性能较差。

如果将涂料配方施加到金属表面，游离乙酸会刻蚀惰性氧化物层，惰性氧化物层溶解在涂料配方中，并作为涂层网络中的组分。由于采用刻蚀工艺去除惰性氧化物层，所以 TMS 可以和金属表面上可用的羟基官能团发生反应。TMS 和 MTMS 中的甲氧基在乙酸存在条件下发生水解，形成三维网络结构。类似地，TET 在室温水分作用下也发生水解，与硅烷醇相互作用，形成骨架。产生的乙酸与 Na^+ 反应生成乙酸钠。乙酸钠、游离乙酸和碳酸起到缓冲作用，控制溶液的 pH 值。这种缓冲作用可以延长涂层寿命，催化剂有助于在室温条件下形成涂层网络（方案 10.1）。

10.3 表征方法

10.3.1 光谱分析

活性系数不同的反应物经过竞争可能形成不同链长的中间大分子混合物。然而，混合物中的聚合物链在固化/硬化阶段进行调整，形成缩合三维网络。为确认所需结构的完整性，需要对前驱体单体、凝胶大分子和交联网络进行研究。以下部分描述了在 GCC 开发过程中所进行的各种特性研究。

10.3.1.1 固化涂层和涂层前驱体的 FTIR 分析

众所周知，杂化材料中的分子堆积排列在很大程度上取决于其硬化动力学[11]。另外，快速、不受控制的溶剂蒸发过程不能提供足够的时间使聚合物链按照受限的方式进行调整，从而导致涂层网络出现空洞、针孔或漏点等缺陷。腐蚀性电解质溶液通过扩散经漏点到达金属表面，使涂层发生分层和失效。使用快速固化动力学或 FTIR 原位观察硬化机制有助于确定复杂化学网络中的体积塌陷或硬化路径[12,13]。

图 10.1(a) 为三维 FTIR 吸收光谱对时间的函数。图 10.1(a) 所示的 3D FTIR 光谱为 GCC 凝胶上的原位硬化现象观察结果，观察室温老化（在密封容器中）24h 涂层的前驱体变化。初始阶段出现由于挥发性溶剂蒸发而产生的尖峰（未示出），其中在约 $2900cm^{-1}$ 处的峰对应于涂层组分中的烃部分。具体地，位于 $2920cm^{-1}$ 的特征峰对应于对称的—CH 伸缩振动，而位于 $2975cm^{-1}$ 处的特征峰对应于不对称的—CH 伸缩振动，每个光谱中都会出现这些特征峰，与时间无关，表明涂层组合物反应初始阶段没有烃参与。$1600cm^{-1}$ 处的特征峰为酸官能团[12]（由于乙酸形成），15min 后消失。除了在 $1050cm^{-1}$ 处出现的峰，大部

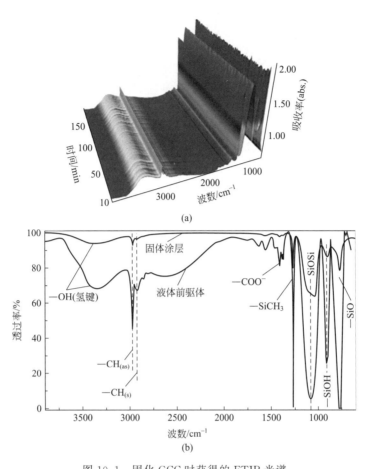

图 10.1 固化 GCC 时获得的 FTIR 光谱
(a) 在 GCC 的固化动力学研究期间记录的 3D 光谱分布；(b) 液体前驱体和固体涂层的光谱

分峰都出现在 500~1500cm^{-1} 范围内，且峰位保持不变，表明形成 Si—O—Si 网络[14,15]。位于约 915cm^{-1} 处的尖峰表示 Ti—O—Si 和硅烷醇（Si—OH）连接[16,17]。

图 10.1(b) 中，位于 3400cm^{-1} 处的驼峰表明分子结构中存在氢键。随着涂层固化，峰强度下降。位于 1271cm^{-1} 处的尖峰为 Si—OCH$_3$ 振动峰[18]。位于 1000~1100cm^{-1} 之间的峰是由于 Si—O—Si 振动而引起的。位于 911cm^{-1} 处的特征峰是由烷氧基硅烷水解产生的—OH 基团引起的。位于 911cm^{-1} 处的峰在凝胶阶段较强，但在固体阶段较弱，可能由于交联和硬化阶段消耗了所产生的羟基。位于 777cm^{-1} 的另一个强峰是由于准陶瓷结构中存在碳氢化合物而形成的。

10.3.1.2 固化涂层和涂层前驱体的拉曼光谱分析

作为对 FTIR 测试的补充，拉曼光谱可以确定化学结构中的有机和无机组分。凝胶阶段（图 10.2），主要峰位对应于涂层中的烃。位于 1740cm^{-1} 和 950cm^{-1} 处的特征峰对应于硅烷醇羧基官能团。在固态涂层中，拉曼光谱在 450cm^{-1} 和 3100cm^{-1} 之间显示有四个主峰，出现在 2936cm^{-1} 和 2902cm^{-1} 处的两个尖峰对应于烃部分的反对称和对称的—CH$_2$[19,20]。

位于 1400cm^{-1} 处相对较弱的峰也对应于碳氢化合物的—CH$_2$ 弯曲/剪切振动[21]，位于 1100cm^{-1} 处的另一个强峰是烃和 Si—O—Si 骨架共同作用产生的结果。在 500cm^{-1} 附近可以观察到小峰，表明涂层中存在无定形相的钛[22,23]。

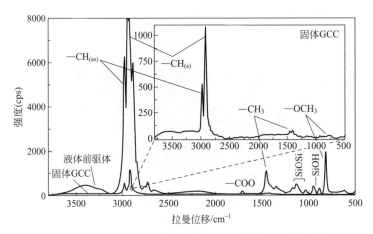

图 10.2 在液体前驱体和固体 GCC 上获得的拉曼光谱

10.3.1.3 固化涂层和涂层前驱体的 NMR 分析

核磁共振光谱一直是有机材料表征的主要手段,可以准确地确定液体转变为凝胶过程中可能发生的反应机理。用 ^{13}C 和 ^{29}Si NMR 分析 GCC 的液态前驱体。图 10.3(a) 中的 ^{13}C NMR 分析显示在 -3.63 （—OCH_3）、25.26（—CH_2）、30.51（—CH_3）和 65.52（—OCH_2CH_3）处的四个主峰[24]。类似地,^{29}Si 谱 [图 10.3(b)] 在 -57.29 （D）、-66.70 （T^3）、103.23 （Q^4）和 111.53 （Q^4）处显示有四个峰[25]。

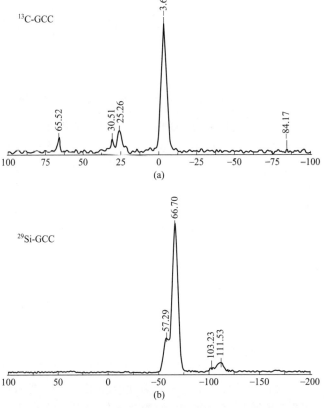

图 10.3　GCC 前驱体中的不同元素的 NMR 分析
(a) ^{13}C 元素的 NMR 谱图；(b) ^{29}Si 元素的 NMR 谱图

10.3.1.4 固化涂层的 XPS 分析

使用 XPS（X 射线光电子能谱）（图 10.4）分析经 GCC 涂覆的金属基体表面，确认涂层与金属表面之间发生键合的化学性质。GCC 涂覆在 7075 铝合金［含 Al 87%～91%（质量分数）、Cr 0.18%～0.28%（质量分数）、Cu 1.2%～2.0%（质量分数）、Fe 0.5%（质量分数）、Mg 2.1%（质量分数）、Mn 0.3%（质量分数）、Zn 5%～6%（质量分数）、Si 和 Ti 等其他组分 0.8%（质量分数）］表面，然后在室温下干燥 30 天。图 10.4(a) 中的表面全谱图表明存在 Si、O、Cu、Ti、Na 和 Mg 元素。另外，XPS 图谱深度剖面图谱表明该处

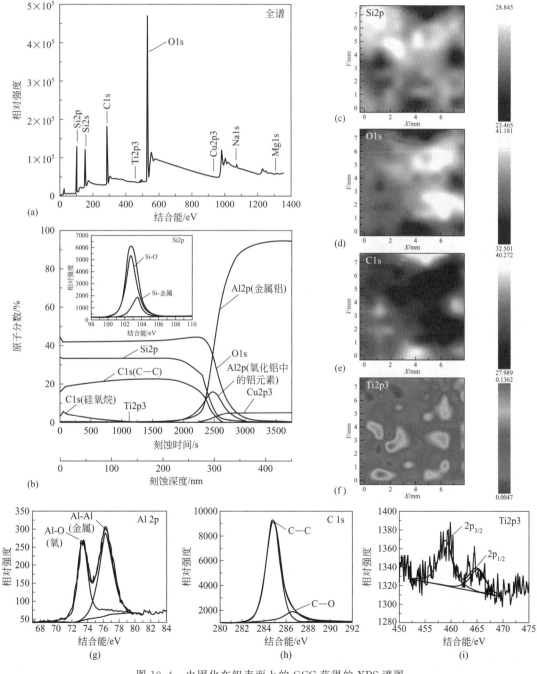

图 10.4 由固化在铝表面上的 GCC 获得的 XPS 谱图

金属基体含有较低浓度 Mg（0.15%，原子分数）和 Cu（0.03%，原子分数），这可能是由于该区域的涂层很薄，而且固溶体或 Guinier-Preston（GP）区或沉积区中的铜正好处于基体粗糙表面的凸出之处。另一个可能原因是在涂覆过程中有少量合金溶解在涂层中。O1s 拟合窄谱中出现 532eV 的单峰，对应于附着在碳上的氧。在 O1s 拟合窄谱中没有发现这一峰位，而 Si2p 拟合窄谱中位于 102.5eV 的峰对应于附着到氧上的硅。可能 O—Si 峰被 O1s 拟合窄谱中的 C—O（硅氧烷）峰完全掩盖了。涂层硅烷中碳的原子百分比是 31.84%，比硅的原子百分比（28.21%）高。但是，预计最终涂层中碳的浓度将低于硅的浓度。较高的碳含量表明在硬化/固化过程之后，硅氧烷上仍有少数烷基存在，与 FTIR 光谱中观察到的结果相似。

深度剖面图［图 10.4(b)］和表面图［图 10.4(c)~(f)］表明，氧气和硅氧烷在空间上均匀分布并穿过整个涂层。碳组分在涂层中分布并不均匀，可能是由于存在少量未反应的烷氧基硅烷。结果表明，GCC 与铝及其残余氧化物形成较强的键，但在 GP 区和铝合金中的其他沉积区，GCC 与铜/金属间化合物的结合强度仍不明显。

结合能为 287eV 的 C—O 峰［图 10.4(h)］表明在涂层结构中还有未反应完的甲氧基，而在 285eV 处的另一个峰可能是由于表面甲基引起的 C—Si 键[26]。将窄谱中的 Si2p 曲线进行拟合，得到两个峰［图 10.4(b) 中的插图］：一个峰位于 102.5eV 处，对应于 Si—O—Si 的形成，该峰一般位于 103eV 处，但由于 SiO_2 的形成而发生偏移[27]；另一个位于 103eV 的峰表明，一些硅酮大分子从主链上脱落并转化为二氧化硅。

涂层 XPS 分析发现存在两个不同的 Ti2p 光谱（459.15eV 和 464.98eV）［图 10.4(i)］。该 Ti2p 的 2p1/2 和 2p3/2 的峰对应于两个轨道分裂，产生 5.83eV 结合能的偏移[28]，说明由于水解反应和随后钛化合物的转化，涂层中已经形成金红石或锐钛矿形式的 TiO_2[29]。还有证据表明，结合能为 459.15eV 的峰可能来自 Ti—Si 键[30]，该转变表明，通过合成溶胶-凝胶路线可以实现 TiO_2 纳米粒子的均匀分布。

由 XPS 的深度剖面可以看出，当钠盐加入涂层中时，出现了结合能为 1072.06eV 的钠峰。在涂层深度为 400nm 处发现了硅的峰，而氧化铝峰出现在涂层深度 340nm 处，这些结果表明，GCC 穿透了铝的惰性氧化层，到达铝和氧化物的界面，并与金属铝成键。XPS 溅射刻蚀 280nm 的深度后出现的硅峰［如图 10.4(b) 中的插图所示］表明在此狭窄区域，同时存在硅（Si2p）、氧化铝（Al2p）和铝金属（Al2p）。

10.3.2 热分析

10.3.2.1 惰性气氛和空气中 GCC 液态前驱体的热分析

对含有挥发性溶剂的 GCC 固体和液态前驱体溶液（图 10.5）进行热重分析，该溶液中含有挥发性溶剂，文献［31~33］对这个现象进行过类似的报道。插图［图 10.5(b)］为 GCC 液体前驱体的质量损失与惰性气氛以及环境温度的函数关系，右边的纵坐标表示在惰性和大气中获得的微分图。

惰性气氛（流动氮气）中，涂层前驱体（溶剂挥发后）在 110℃下质量损失为 13%，最终分解后残留为 8.7%（质量分数）。类似地，在氧化热解气氛（流动空气）中，前驱体在 148℃下质量损失为 13%，而最终分解后残留量为 6.8%（质量分数）。在惰性气氛中 630℃时的分解速率最高，在空气气氛中约 360℃时的分解速率最高。

10.3.2.2 固态 GCC 在惰性气氛和空气中的热分析

将前驱体加热到 100℃后，大约 85% 的挥发性组分（包括溶剂、自由水和结合水）从前驱体中挥发出来。在所有挥发性组分完全脱除后，随着温度的升高，前驱体转化为固态，并在随后的加热过程中发生分解反应。图 10.5(a) 中的左侧纵坐标为固态 GCC 的质量损失与

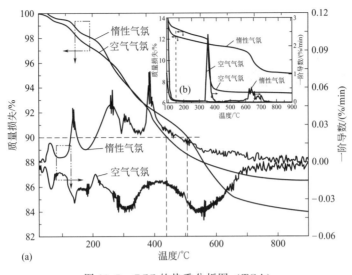

图 10.5 GCC 的热重分析图（TGA）
(a) 凝固 GCC 的 TGA；(b) GCC 前驱体的 TGA（插图）

温度的函数关系（惰性和空气气氛中），而右边纵坐标为由于固体 GCC 在惰性气氛和空气中分解而获得的一阶导数。惰性气氛中的 10%（质量分数）GCC 分解发生在 506℃，而在空气中 438℃时就会发生分解。空气中 GCC 最大分解速率发生在约 205℃时，在最终分解温度条件下，残留量为 16%（质量分数），惰性气氛下最大分解速率发生在 380℃，在最终分解温度条件下，残留量为 16.5%（质量分数）。在空气和惰性气氛中，在约 350℃的 GCC 固态和液态前驱体中，GCC 的降解数量显著增加。FTIR 气体变化分析表明，在 350℃时，交联的 3D 主链结构随着硅烷和侧链甲基部分的释放而发生分解，每种情况下可观察到多步降解模式，表明涂层网络由多组分结构组成。

10.3.3 纳米压痕分析

GCC 固化在金属表面形成转化涂层。与传统涂层不同，将 GCC 从基体上剥离以进行机械分析并不科学，需要采用纳米压痕技术测试 GCC 的力学性能[34]。

10.3.3.1 GCC 的硬度和模量

通过纳米压痕仪的 Berkovich 尖端测定硬度（H）和模量（E）。图 10.6(a) 所示的加载和卸载曲线表明了涂层的弹性回复，其塑性变形可以忽略不计[35]。加载/卸载曲线和标准偏差数据表明涂层具有光滑的表面形态。加载和卸载曲线也表明每种情况下残余变形都很低，表明涂层具有弹性性质。加载和卸载段没有出现偏差或不连续性，表明涂层在测试过程中没有出现分层现象。图 10.6(b) 为三种铝合金（2024 Al、6061 Al 和 7075 Al）涂层的 H 值和 E 值随位移的变化，三种不同铝合金上 GCC 的平均 H 值分别为 0.42GPa、0.41GPa 和 0.47GPa，平均 E 值分别为 4.40GPa、4.51GPa 和 5.45GPa，这些值与在其他硅酮陶瓷涂层上获得的值相当[11,36]。为比较涂层的效果，将三种铝合金进行镜面抛光后，测量其裸材的 H 值和 E 值，2024 Al、6061 Al 和 7075 Al 的平均 H 值分别为 1.87GPa、1.47GPa 和 2.37GPa，平均 E 值分别为 77GPa、76GPa 和 78GPa。GCC 力学性能的轻微变化表明涂层可能已经受到来自基体力学性质或来自基体中增溶合金元素的某些影响。不过要注意，除 6061Al 外，涂层与另外两种铝合金基体的力学性能一致，相对于另外两种铝合金而言，6061Al 具有更高的标准偏差。

10.3.3.2 附着力分析

采用纳米压痕仪进行纳米扫描测试可以帮助确定涂层中结合力、黏合剂以及涂层失效状

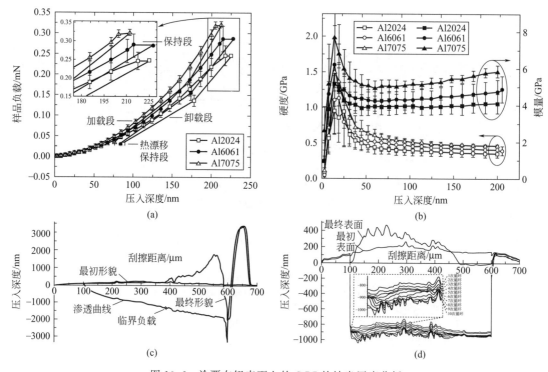

图 10.6 涂覆在铝表面上的 GCC 的纳米压痕分析
(a) 载荷-位移曲线；(b) H 和 E 随位移的变化；(c) 划痕概况；(d) 固体 GCC 的磨损分析

态，进行纳米划痕分析可以了解材料的黏附、断裂和磨损特性。而且，纳米划痕测试还可以帮助测试材料的近表面强度[37,38]。当涂层进行刮擦测试时，压头穿过材料的三个关键区域：弹性区、塑性区和断裂区。涂层破裂后出现分层现象，然后从表面脱落。估算上述变形所需正确载荷并研究其应用非常有益。高载荷会使涂层在接触时破裂，避免其他两种状态的出现。因此，在确定真实参数时，最大载荷、刮擦速度和刮擦距离是至关重要的。

在典型纳米划痕试验中，压头尖端以 30nm/s 的速率接近试样表面，根据硬度 S 的预定增加值设定表面接触，然后将施加到压头的载荷增加到 20μN（小载荷），并且扫描整个压痕路径的原始表面形貌。当压头在初始轮廓扫描之后返回到原点时，预设划痕区位置的加载图谱，加载压头，样品台以 10μm/s 的速率沿着划痕路径移动样品，当满足划痕长度标准时，将压头按照加载方案卸载到预设值，进行与前扫描相同长度的再次扫描。图 10.6(a) 中各段用以衡量各刮擦循环数据。一旦后加载完成，阶段移动到交叉轮廓段的位置，并开始交叉轮廓扫描。然后将压头完全从样品中取出，并将样品移动到下一次试验的位置。

图 10.6(c) 为 GCC 残余表面形貌渗透曲线随划痕距离的关系。在这种情况下，使用 Berkovich 尖头（正面朝前）刮擦样品，最大负荷为 30mN，刮擦速率为 10μm/s，直到刮擦距离达到 500μm。该涂层的原始形貌光滑，平均粗糙度约为 40nm。从渗透曲线可以看出，逐渐加载的压头向前移动推动涂层，进行到行程为 385μm 的刮擦距离后，在临界载荷为 17mN 时发生断裂，临界负载的深度为 1450nm。此外，在临界载荷下，横向力为 5.72mN，摩擦系数为 0.34。在堆积高度为 15nm 的涂层中观察到不明显的塑性变形（3.6%）。

10.3.3.3 GCC 磨损分析

传统的磨损分析包括涂层表面球形摩擦副材料以及在摩擦试验完成后观察表面损伤。纳米划痕技术也可以用来获得预设定循环周次结束后被去除材料的详细信息。在典型纳米划痕磨损试验中，压头尖部以 10nm/s 的速率接近测试样品表面。根据被测样品硬度值（S）设定接触时的压头载荷，压头每走 $50\mu m$ 该载荷增加一次。第一步预扫描，施加非常小的载荷对测试区域进行扫描成像，完成后压头回到原点位置；第二步刻扫描，施加 8mN 的恒载荷在测试区域进行划痕试验（这个时候仪器会记录划痕深度和位置的关系）；第三步后扫描，当刻扫描完成后，压头卸载至预扫描时施加的载荷对划痕完成扫描过程并成像。通过预扫描图像和后扫描图像来拉平划痕数据。一旦后扫描完成，压头将被施加一个预定的载荷进行扫描并记录残余划痕形貌。按照上述过程，试验重复 10 次。摩擦磨损试验结束后，进行截面分析。然后完全取出压头，样品移动到下一次试验的位置。

图 10.6(d) 为涂覆在 6061 Al 表面上的 GCC 的磨损图，表面原始形貌显示其表面粗糙度约为 250nm，而磨损循环结束后表面粗糙度约为 450nm。通过观察每个循环的平均摩擦系数和平均横向力，发现经过七个磨损循环试验后，发生涂层失效，或者压头滑动 $4200\mu m$。最大磨损轨迹变形约为 $550\mu m^2$。涂层的使用寿命可以通过选择合适压头、测试环境以及涂层可能承受的大致负载进行预测。

10.3.4 表面形态

具有活性羟基官能团的准陶瓷或混合硅氧烷涂料随着时间增加而逐渐冷凝，形成致密的三维结构，这些高密度的涂层网络难以用传统的微观技术进行研究。

10.3.4.1 FESEM 表面形态分析

采用场发射扫描电子显微镜（FESEM）检查 7075 Al 表面室温硬化的 GCC。图 10.7(a) 为 GCC 硬化后的表面织构，在扫描区域没有发现任何缺陷或漏点的迹象。在涂层表面上人为制造划痕用以观察划痕周围纳米粒子的形态。将涂层中人造缺陷周围某些区域切掉。涂层表面不同相的对比度很小，可能是由于固化的准陶瓷溶胶粒子分布不均匀造成的。由于在超高分辨率样品表面的电荷作用，无法进行单个准陶瓷粒子观测。

为了理解这些纳米粒子的聚集状态，对 7075 Al 表面室温固化的 GCC 进行横截面 FESEM 分析。图 10.7(b) 中的 FESEM 图像显示了 GCC 具有两个不同层。GCC 总厚度约为 $3\mu m$，顶层密集，而下层为束状溶胶粒子簇集群。这些溶胶束随着时间逐渐固化，导致表面形态变得致密。

图 10.7 GCC 的显微形貌观察

(a) FESEM 表面形貌；(b) GCC 涂覆表面的横截面 FESEM；(c) 显示纳米粒子分散体的固体 GCC 的 TEM 形貌；(d) GCC 的 AFM 表面形貌

10.3.4.2 TEM表面形态分析

为了观察 GCC 本体结构，对固化涂层进行透射电子显微镜（TEM）测试分析。图 10.7(c)的 TEM 图像显示了原位生成的含钛化合物纳米粒子在 GCC 基体中的分布。纳米粒子的平均直径约为 15nm，并且在某些区域出现比较大的聚集现象。在较高的放大倍数下，纳米粒子之间出现明显的尖锐界面[36]。这些纳米粒子可能是由乙醇钛转化成的 TiO_2[39]或缩合成的 Ti—O—Ti 的大分子单体而形成的[40]。

10.3.4.3 AFM表面形态分析

如上所述，用传统微观技术难以分析薄透明薄膜和涂层，故采用原子力显微镜（AFM）技术研究在光亮 6061Al 表面硬化的 GCC 表面形貌。图 10.7(d) 显示了表面粗糙度的 3D AFM 图像，其平均粒子大小约为 70nm，而聚集堆的平均高度（由于溶胶粒子相互约束而形成）约为 225nm。需要指出的是，钛纳米粒子是因为 GCC 中的组分相互反应和在固化过程中原位生成的。钛化合物与杂化材料中的有机官能团发生化学键合。从 GCC 表面的 AFM 图片可以清晰地看到含有钛纳米粒子的区域。要注意，图中表面粗糙度还包括裸铝基材表面原来固有的粗糙度[11]。扫描区域中没有发现密集涂层网络出现任何漏点的迹象。

10.4 涂层评估

涂层的防腐性能需要在各种模拟腐蚀环境和自然腐蚀环境下进行测试。此外，不透水的阻隔涂层应该与市售涂层一起进行性能测试。在大多数情况下，对于模拟腐蚀环境测试，一般按照 ASTM 或其他行业标准进行测试。如果是室外暴露在大气中，其测试结果可能因地而异。因此，标准涂层的结果应与新涂层进行比较。下面主要介绍 GCC 涂层的阻隔性能与含铬酸盐（ADC）及不含铬酸盐（ADNC）两种工业涂层阻隔性能的比较结果。由于市售的商业涂层的所有权问题，这里将用通用名称（即 ADC 和 ADNC）来进行表示。

为检测样品的腐蚀活性，使用增强视频图像老化评估（VIEEW）表面分析仪或光学摄影对样品成像，利用 SEM 对侵蚀区域进行深入分析。首先对最初样品表面条件进行观测记录，然后在环境中进行暴露试验，最后观测其因环境造成破坏后的表面状态。采用 VIEEW 系统捕获经用户优化的直接照明和漫射照明条件下样品的数字图像，以突出和增强样品的表面缺陷。然后使用软件对图像进行处理，并对受损区域进行量化。

10.4.1 实验室试验

10.4.1.1 浸泡试验

在实验室设备中对金属试样进行销钉定位、表面处理和浸涂 GCC 涂层（图 10.8），而市购的商业化涂层由第三方供应商根据涂层制造商标准程序进行涂覆，在室温固化至少两周。

在 ASTM 海水和硫酸钠溶液中的浸泡试验如下：

在 2024、5086、6061 和 7075 铝合金表面施加 GCC、ADC 和 ADNC 涂层，然后按照 ASTM 标准在模拟海水中进行浸泡试验。划线标记以测试涂层和划痕界面处的腐蚀行为。将试样浸入暴露在 30℃ 空气中的溶液中。将样品安装在塑料支架上后

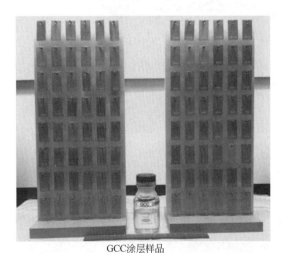

GCC涂层样品

图 10.8 表面带有 GCC 涂层的金属合金样品的安装设置

放置在烧杯中，每个烧杯放置三个同类样品。图 10.9(a) 为 ASTM 海水和 0.5mol/L Na$_2$SO$_4$ 溶液的浸泡装置。图 10.9(b) 为浸泡试验结束后取回的塑料样品架上的试样。

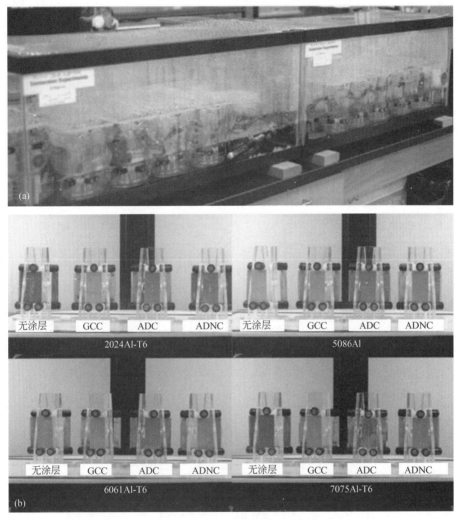

图 10.9 浸泡试验的设置
(a) 浸泡室；(b) 三角形塑料托架上的样品

一般来说，无涂层样品比带涂层样品发生更严重的腐蚀损伤。另外，与正面相比，涂层样品背面的腐蚀更为严重，可能是由于在施用和固化过程中造成的涂层损伤。图 10.10(a)～(d) 分别为在 ASTM 海水中浸泡 2 个月和在 0.5mol/L Na$_2$SO$_4$ 溶液中浸泡 6 个月后，对裸材和涂层样品进行 VIEEW 图像分析得到的腐蚀损伤图片。经 ASTM 海水浸泡后取回样品，GCC 涂层表现出与 ADC 涂层相似的腐蚀防护作用，并且优于 ADNC 涂层试样的保护性。另外，5086 Al 涂层的试样比其他试样得到更好的保护。同样地，经 Na$_2$SO$_4$ 溶液浸泡的样品，GCC 涂层表现出与 ADC 涂层相当的防护作用，而且比 ADNC 涂层的性能要好。此外，相对于其他铝合金，6061 Al 上的涂层对其保护作用更强。

10.4.1.2 表面形貌研究

10.4.1.2.1 ASTM 海水浸泡样品的表面形貌

将裸样和带涂层的试样在 ASTM 海水中浸泡一定时间后取回，清洗样品，然后用 VIEEW 图像分析仪对其表面进行分析。图 10.11(a) 为裸样的 VIEEW 扫描图像。虽然每

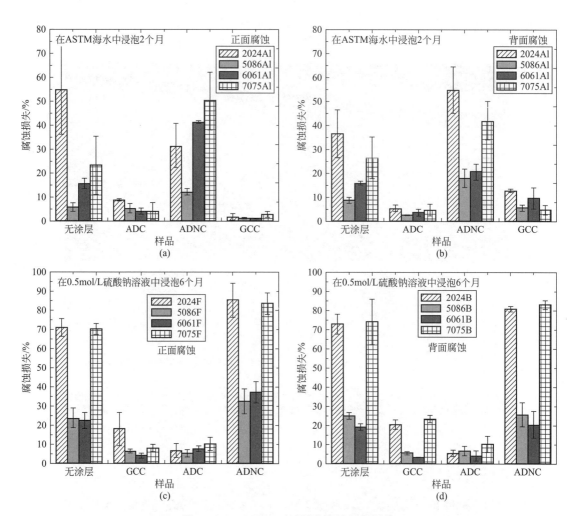

图 10.10 VIEEW 对试件的腐蚀损伤评估
(a) 在 ASTM 海水中浸泡 2 个月后试样正面的腐蚀损失；(b) 在 ASTM 海水中浸泡 2 个月后试样背面的腐蚀损失；(c) 在硫酸钠溶液中浸泡 6 个月后试样正面的腐蚀损失；(d) 在硫酸钠溶液中浸泡 6 个月后试样背面的腐蚀损失

种合金均测试三个试样，但在此处只给出每组中一个试样的形貌。图像上工字形部分表示由腐蚀而造成的损坏。在 2024 Al 和 7075 Al 裸样上可以看到严重的腐蚀现象。在 5086 Al 和 6061 Al 试样上观察到适度的腐蚀。图 10.11(b) 为带 GCC 涂层试样的 VIEEW 扫描图像。试样背面的腐蚀损伤可能是由于在施用和固化过程中涂层损伤造成的。带涂层的金属试样通常被涂层保护免于受腐蚀。在人造划痕区可以观察到腐蚀现象，划痕边界附近没有观察到涂层的分层现象。

图 10.11(c) 为 ADC 涂层试样的 VIEEW 扫描结果，可以发现试样的背面和正面都显示出优异的防腐蚀性能。然而，在人造划痕区观察到了腐蚀。图 10.11(d) 为 ADNC 涂层试样的 VIEEW 扫描结果，试样的背面和正面均由于腐蚀而严重损坏，表明涂层不具有防水性能，不能对金属表面提供足够的保护。

10.4.1.2.2 在硫酸钠溶液中浸泡后的形貌

将裸样和带涂层的试样浸入 0.5mol/L 硫酸钠溶液中并在预定的暴露时间取回，清洗干净，使用 VIEEW 图像分析仪对其表面进行分析。图 10.12(a) 为裸样的 VIEEW 扫描结果。

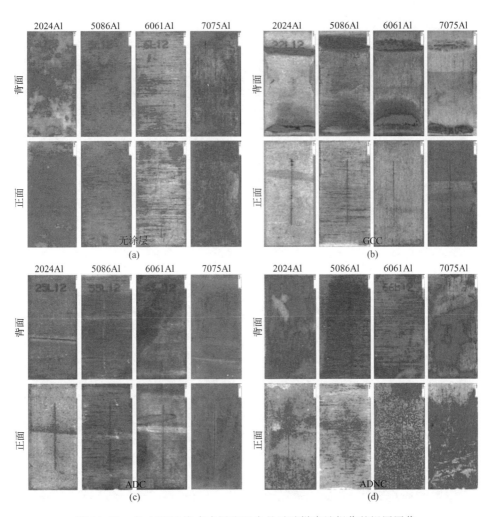

图 10.11 在 ASTM 海水中浸泡两个月后试样腐蚀损伤的视图图像
(a) 无涂层的试样；(b) 经 GCC 涂层涂覆的试样；(c) 经 ADC 涂层涂覆的试样；(d) 经 ADNC 涂层涂覆的试样

试样背面和正面均可观察到严重的腐蚀损伤。在 2024 Al 和 7075 Al 裸样表面可以观察到严重腐蚀。在 5086 Al 和 6061 Al 裸样表面观察到中等程度的腐蚀。图 10.12(b) 为带 GCC 涂层的不同铝合金样品表面的 VIEEW 扫描结果，可以看到样品背面受到严重的腐蚀损伤，5086 Al 和 6061 Al 正面均受到明显保护，而 2024 Al 和 7075 Al 试样的正面显示出中度腐蚀现象。在划痕区可以看到腐蚀现象，但未出现涂层-基体的分层现象。图 10.12(c) 为带 ADC 涂层的不同铝合金试样的 VIEEW 扫描结果，所有试样背面均表现出一定程度的腐蚀，而试样正面除了施涂过程中可能已被损坏的少数地方，其他区域均显示出优异的防腐性能。图 10.12(d) 为带 ADNC 涂层铝合金试样的 VIEEW 扫描图片，试样的背面和正面均由于腐蚀而被严重损坏，表明涂层不能对金属表面提供有效的保护。

10.4.1.2.3 浸泡试验后的试样分析

进行浸泡试验后将样品取回，采用 SEM 研究其表面状况，从而了解带 GCC 涂层试样的腐蚀过程。图 10.13(a)～(d) 为四种不同铝合金的 SEM 图像。

对于经 GCC 涂层涂覆的 2024 Al 试样 [图 10.13(a)]，涂层对该铝合金的防腐效果属于中等有效。尽管观察到涂层中有一些分散的针孔，但大部分表面受到保护。在划痕周围区域

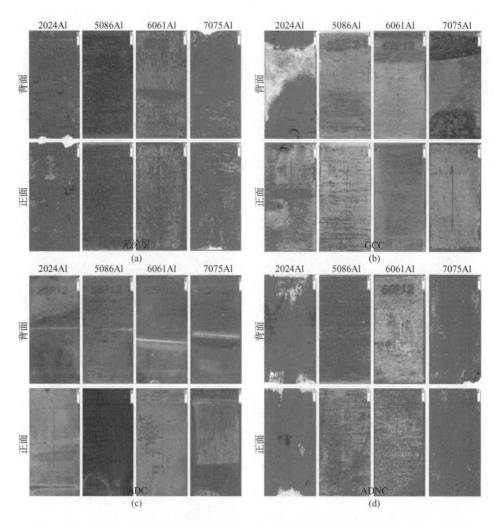

图 10.12 在 0.5mol/L 硫酸钠溶液中浸泡 6 个月后试样表面腐蚀损伤的 VIEEW 图像
(a) 无涂层的裸样；(b) 经 GCC 涂层涂覆的试样；(c) 经 ADC 涂层涂覆的试样；(d) 经 ADNC 涂层涂覆的试样

没有观察到涂层的分层迹象。腐蚀产物沉淀出来并延伸至划痕区域外，涂层对试样的边缘和角落均起不到保护作用。对 GCC 涂覆的 5086 Al 试样 [图 10.13(b)] 而言，涂层具有防水性，并且可以保护铝合金基体。在测试区域内几乎没有观察到腐蚀损伤的现象，在划痕处能观察到中等的腐蚀活性，但没有看到涂层分层的迹象，基体的边缘和角落受到涂层很好的保护，涂层与金属表面的黏结作用很强。

对 GCC 涂覆的 6061 Al 试样 [图 10.13(c)] 而言，涂层可有效地保护基体表面。涂层表面几乎没有腐蚀活性，然而，涂层中存在白色沉淀物，散布在表面各处。在划痕区域附近没有观察到涂层分层迹象。此外，基体的边缘和角落均受到保护。7075 Al 试样 [图 10.13(d)] 表面的 GCC 涂层能保护大约 80%～90% 的铝合金基体，但在划痕周围一些区域可观察到严重的腐蚀活性，并且涂层的一些区域被腐蚀产物完全覆盖。此外，基体的边缘和角落严重受损。

10.4.1.2.4 涂层加速老化后的表面形貌

依照 ASTM 标准将 2024 Al 合金、5086 Al 合金、6061 Al 合金和 7075 Al 合金的裸材和涂

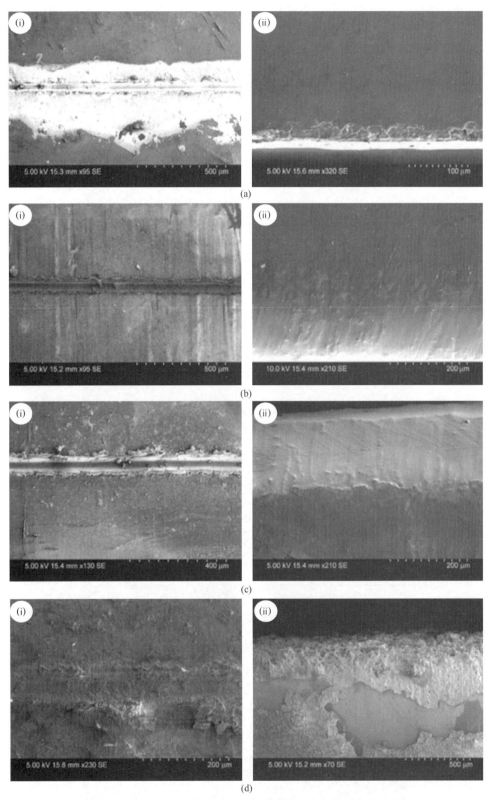

图 10.13　在 0.5mol/L Na_2SO_4 溶液中浸泡 6 个月的不同铝合金表面 GCC 涂层的 SEM 图片
(a) 2024 铝合金；(b) 5086 铝合金；(c) 6061 铝合金；(d) 7075 铝合金

覆涂层的试样暴露 2688h。然后使用照片扫描仪对试样进行扫描，以测试试样表面上的腐蚀损伤。图 10.14(a)～(d) 为铝合金裸材和带涂层表面的腐蚀照片。一般来说，与带涂层的铝合金相比，未涂覆涂层的铝合金遭受严重的腐蚀损伤。涂层对 5086 Al 合金和 6061 Al 合金的保护作用比较显著，而涂层对 2024 Al 合金和 7075 Al 合金的保护作用较差，样品表面腐蚀较为严重。而 GCC 涂层和 ADC 涂层与 ADNC 涂层相比能为基体提供更好的防护效果。

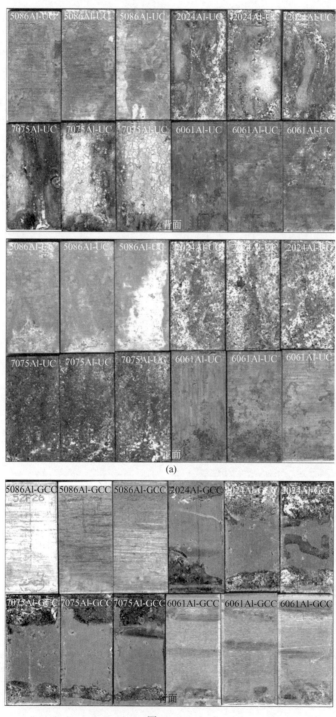

图 10.14

第 10 章 用于金属防护的智能绿色转化涂层的溶胶-凝胶法

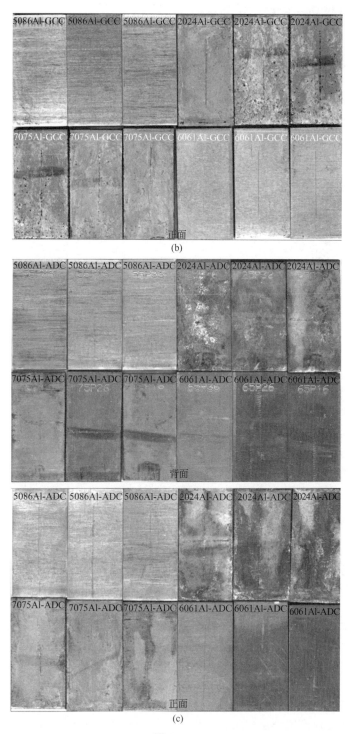

图 10.14

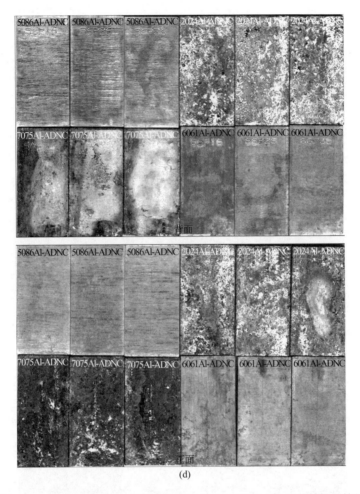

图 10.14 依据 ASTM B117 标准暴露 2688h 后试样表面的光学扫描结果
(a) 未涂覆涂层试样的背面（上部）和正面（底部）图片；(b) 带 GCC 涂层
试样的背面（上部）和正面（底部）图片；(c) 带 ADC 涂层试样的背面（上部）
和正面（底部）图片；(d) 带 ADNC 涂层试样的背面（上部）和正面（底部）图片

10.4.1.2.5 加速老化后样品的分析

采用 SEM 观察加速腐蚀试验（ASTM B117）后的回收试样，以了解经 GCC 涂层涂覆样品的腐蚀过程。图 10.15～图 10.18 为四种不同铝合金表面的 SEM 图像。在 2024 Al 合金表面涂层的某些区域中可以观察到几个深的凹坑。图 10.15 为划痕涂层表面的腐蚀产物，但涂层仍黏附在金属表面上，划痕末端有严重腐蚀的现象且有腐蚀坑形成。

对经 GCC 涂层涂覆的 5086 Al 样品（图 10.16）而言，在划痕区域附近有腐蚀产物形成。此外，没有观察到凹坑形成或涂层分层现象，从样品的边缘可以看到涂层表面发生严重退化。同样，对于使用 GCC 涂层的 6061 Al 合金试样（图 10.17），腐蚀产物将涂层划痕区域进行覆盖，没有发现涂层分层现象，试样的边缘和角落均能获得很好的保护。相比之下，涂有 GCC 涂层的 7075 Al 合金由于发生腐蚀而产生严重的破坏（图 10.18），涂层表面发生剥落，形成深坑，基体的边缘和角落严重受损。

10.4.2 户外试验

为了进行户外试验，每种涂层准备四个试样，并从这四个试样中任选一个进行划痕试

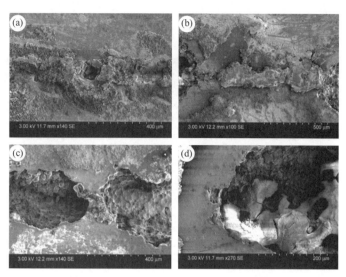

图 10.15　经 GCC 涂层涂覆的 2024 Al 合金在 ASTM B117 中暴露 456h 后的表面 SEM 图片

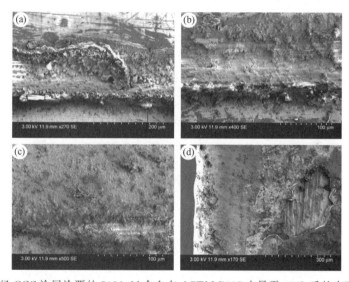

图 10.16　经 GCC 涂层涂覆的 5086 Al 合金在 ASTM B117 中暴露 456h 后的表面 SEM 图片

验，研究涂层缺陷处的腐蚀情况。对原始样品和带涂层的样品进行观察分析后，使用不导电的 Delrin® 绝缘体和尼龙紧固件将每个试样安装到面板上（图 10.19）。在六个测试地点，将未涂覆涂层的裸样、涂覆涂层的试样和涂层上有划痕的试样彼此并排安装，将所有这些试样放置在位于夏威夷群岛的夏威夷大学夏威夷腐蚀实验中心建立的户外站点（自然天气）的试验装置中进行暴露试验（图 10.20～图 10.25），这些户外站点包括里昂植物园（LA）、椰子岛（CIL）、坎贝尔工业园（CIP）、基拉韦厄（KLV）、夏威夷海军核心基地（MCBH）以及莫纳罗亚（MLO）。选择这些站点是因为它们分别代表不同的腐蚀性气候条件。将裸材和涂覆涂层的试样安装在架子上，试样带印花标记面朝下。安装带划痕的试样时，注意划痕面朝上。户外暴露试验结束后，将试样在超声波水浴中清洗并用乙醇擦净。

10.4.2.1　腐蚀损伤评估

使用 VIEEW 图像分析仪对暴露前后试样的上下两个表面进行扫描观测，利用 VIEEW 图像分析仪中预设成像程序对清洗后的试样进行扫描，对裸材和涂覆涂层的试样的上下两个表面

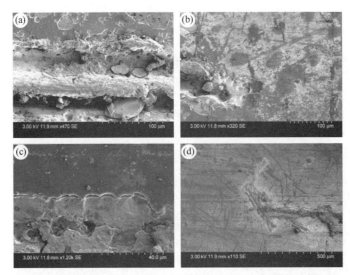

图 10.17　经 GCC 涂层涂覆的 6061 Al 合金在 ASTM B117 中暴露 456h 后的表面 SEM 图片

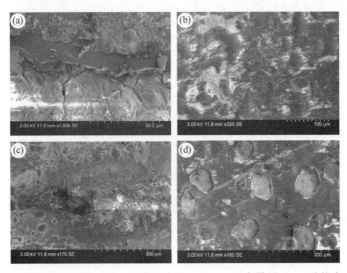

图 10.18　经 GCC 涂层涂覆的 7075 Al 合金在 ASTM B117 中暴露 456h 后的表面 SEM 图片

图 10.19　安装在铝面板上用于户外暴露的试样
（使用绝缘体 Delrin® 垫片和尼龙紧固件进行安装）

第 10 章 用于金属防护的智能绿色转化涂层的溶胶-凝胶法

图 10.20 在夏威夷里昂植物园站点暴露的试样

图 10.21 在夏威夷椰子岛站点暴露的试样

图 10.22 在夏威夷坎贝尔工业园站点暴露的试样

图 10.23 在夏威夷基拉韦厄站点暴露的试样

图 10.24 在夏威夷海军核心基地站点暴露的试样

第 10 章 用于金属防护的智能绿色转化涂层的溶胶-凝胶法

图 10.25 在夏威夷莫纳罗亚站点暴露的试样

进行扫描观察,并对腐蚀造成的损伤进行量化,然后比较铝合金及其表面涂层的损伤情况。

图 10.26～图 10.28 为每种合金在 LA、CIL 和 CIP 站点暴露 12 个月后,腐蚀表面积的百分比。每种试验条件准备三个平行试样,计算腐蚀损伤百分比(报告的是平均值)和误差。LA 站点雨水丰富,雨水中的氯化物含量可以忽略不计,在该站点,涂层 GCC 和 ADC 对 2024 Al 合金和 6061 Al 合金(图 10.26)具有很好的保护作用,7075 Al 合金表面涂覆 GCC 和 ADC 涂层后,表面几乎观察不到腐蚀损伤。CIL 是一个海洋性气候站点,暴露的金属样品表面沉积大量的氯化物。与 LA 站点类似,在这个地点的试样(图 10.27)显示具有相似的腐蚀趋势,7075 Al 合金的裸材及其带有涂层的样品腐蚀严重,而涂覆涂层的 2024 Al 合金和 6061 Al 合金仍能受到涂层的保护,而且涂覆 GCC 涂层的 7075 Al 合金腐蚀现象弱于涂覆 ADC 涂层的 7075 Al 合金。CIP 站点的环境中不存在大量的氯离子,而是存在大量的腐蚀性工业气体,在该站点(图 10.28),涂覆涂层的 2024 Al 合金和 6061 Al 合金的腐蚀活性较高,而涂覆涂层的 7075 Al 合金在 CIP 站点的腐蚀现象与在 LA 和 CIL 两个站点的

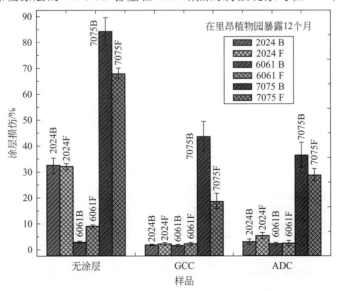

图 10.26 样品在里昂植物园站点暴露 12 个月后,利用 VIEEW 对其进行的腐蚀损伤评估

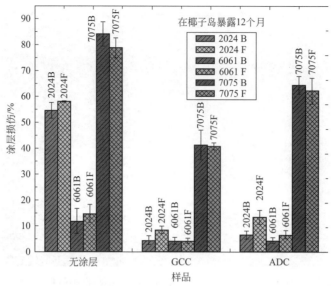

图 10.27 样品在椰子岛站点暴露 12 个月后,利用 VIEEW 对其进行的腐蚀损伤评估

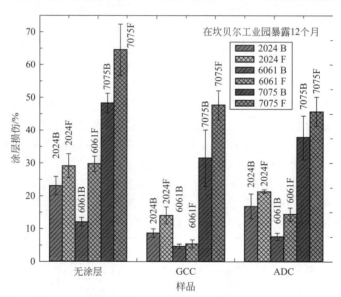

图 10.28 样品在坎贝尔工业园站点暴露 12 个月后,利用 VIEEW 对其进行的腐蚀损伤评估

图 10.29 在基拉韦厄站点暴露 12 个月后的试样宏观照片

腐蚀情况相似。一般来说，与涂覆 ADC 涂层的试样相比，涂覆 GCC 涂层的试样具有更好的防腐蚀性能。三个站点的结果表明，GCC 涂层和 ADC 涂层能对 2024 Al 合金和 6061 Al 合金提供腐蚀防护，而且 GCC 涂层的防腐蚀效果优于 ADC 涂层。然而，GCC 涂层和 ADC 涂层都不能对 7075 Al 合金提供明显的腐蚀防护。

图 10.29 为安装在面板上的试样在 KLV 站点暴露 12 个月后的图片。不管是在裸材表

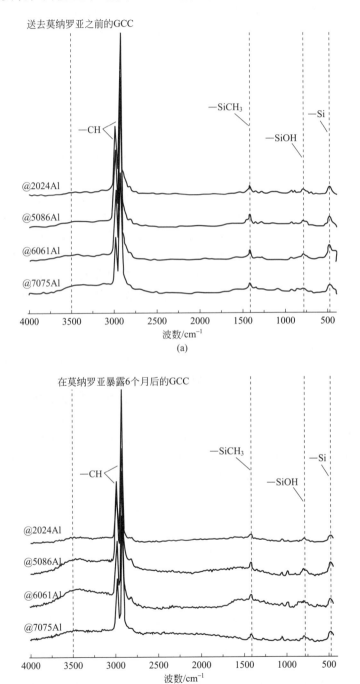

图 10.30　涂覆 GCC 涂层的试样在莫纳罗亚站点暴露 6 个月前后的拉曼光谱分析
（a）暴露前；（b）暴露后

面还是涂覆涂层的试样表面都可观察到严重的腐蚀现象。因为试样腐蚀严重，表面对比度差，所以不能使用 VIEEW 对试样进行测试。目视检查结果表明，在涂覆 GCC 涂层和 ADC 涂层的试样表面的腐蚀损失现象相似。

10.4.2.2 紫外线暴露试验后样品的研究

将铝合金裸材和涂覆涂层的铝合金试样安装在面板上，然后在位于海拔 110000ft（1ft=0.3048m，下同）的夏威夷 MLO 站点暴露 6 个月（图 10.30）。暴露试验结束后，在涂覆涂层的样品表面没有观察到肉眼可见的腐蚀损伤。采用拉曼光谱对涂覆涂层试样的结构完整性进行分析。图 10.30(a) 和 (b) 显示了带涂层铝合金暴露 6 个月前后的拉曼光谱，在拉曼光谱中并没有观察到试样暴露前后的差异，表明涂层性能不受太阳辐射的影响。

10.5 结论

通过溶胶-凝胶法合成了 GCC，并详细描述了该智能涂层中每种化学物质的作用。采用 FTIR、Raman、NMR 和 XPS 对涂层液态前驱体和固化涂层进行了表征。XPS 峰位证实涂层组分能渗透金属惰性氧化物层，并与金属表面的活性官能团形成共价键。对液态前驱体和固体材料的热力学研究有助于理解材料中多种化学物质的存在，其降解方式表明涂层中不存在对环境有害的化学成分。使用纳米压痕进行纳米力学分析有助于分析金属表面上的涂层强度，纳米压痕结果和形貌分析表明，GCC 能在金属表面凝聚形成一层阻挡涂层。通过进行一系列实验室和户外试验对涂层的防腐蚀能力进行评估，并将 GCC 的防腐蚀性能与两种市售转化涂层进行了比较。根据实验室和户外暴露试验的结果可知，GCC 涂层起到类似商业铬酸盐转化涂层的防腐防渗屏障的作用，而且其性能优于商业化的非铬酸盐转化涂层。

致谢

已获专利的 SiloXel 涂层（GCC）是在美国军方赞助项目（DAAE30-03-C-1071）下开发出来的。后来，这个项目得到了海军研究局（N00014-09-1-1056）和国防部长办公室（FA8501-HAW-001 和 W9132T-09-2-0022）的支持。感谢美国海军陆战队（USMC）腐蚀防护和控制计划、能源部以及橡树岭国家实验室（合同♯4000106469）的"环太平洋地区腐蚀评估和减缓计划（PacRimCAMP）"项目的支持。作者特别感谢美国海军陆战队的 Matthew Koch，卡德洛克部的海军水面作战中心的 Andrew Sheetz 和 Forrest Pilgrim，以及 ORNL 的 J. Allen Haynes、Timothy Vane 和 Steven Pawel。

参 考 文 献

[1] Gagro D. Global coatings market to reach USD 107 billion by 2017. Eur Coating J 2012；12：6.
[2] Warnon J. The REACH regulation and its impact on the coatings industry. Paint Coat Ind 2005；21（7）：106-112.
[3] Mikan J. Is the coatings industry heading towards increased chemical regulation in the wake of the EU's REACH regulation? JCT Coat Tech 2009；6（1）：26-29.
[4] Roth-Evans B. The advantages & drawbacks of the EPS's coating & composites coordinate rule development. In：AESF SUR/FIN conference，Chicago，IL，June 25-29，2000. http：//www.trinitycon-sultants.com/TechnicalPapers/.
[5] de Sousa MPeS C，Oliveira RLF，Mandarino LC. Green chemistry principles and applications in the paint industry. Paint Coat Ind 2014；3：72-84.
[6] Anastas PT，Warner JC. Green chemistry theory and practice. NewYork：Oxford University Press；1998，p.129.
[7] Hihara LH，Tiwari A. Corrosion protection coatings and methods of making the same. USA Patent US 8，480，929；2013.
[8] Brinker CJ，Hurd AJ，Schunk PR, et al. Review of sol-gel thin film formation. J Non-Cryst Solids 1992；147-148：

424-436.

[9] Foley RT, Nguyen TH. The chemical nature of aluminum corrosion. J Electrochem Soc 1982; 129 (3): 464-467.

[10] Qi Y, Prenzel T, Harriman TA, et al. Investigation of hydrogen concentration and hardness of ion irradiated organically modified silicate thin films. Nucl Instr Meth Phys Res Sec B-Beam Inter Mat 2010; 268 (11-12): 1997-2000.

[11] Tiwari A, Zhu J, Hihara LH. The development of low-temperature hardening silicone ceramer coatings for the corrosion protection of metals. Surf Coat Technol 2008; 202 (19): 4620-4635.

[12] Saure R, Wagner GR, Schlünder EU. Drying of solvent-borne polymeric coatings: II. Experimental results using FTIR spectroscopy. Surf Coat Technol 1998; 99 (3): 257-265.

[13] Tejedor-Tejedor MI, Paredes L, Anderson MA. Evaluation of ATR-FTIR spectroscopy as an "in situ" tool for following the hydrolysis and condensation of alkoxysilanes under rich H_2O conditions. Chem Mater 1998; 10 (11): 3410-3421.

[14] Innocenzi P. Infrared spectroscopy of sol-gel derived silica based films: a spectra microstructure overview. J Non-Cryst Solids 2003; 316 (2-3): 309-319.

[15] Jiang H, Zheng Z, Wang X. Kinetic study of methyltriethoxysilane (MTES) hydrolysis by FTIR spectroscopy under different temperatures and solvents. Vib Spectrosc 2008; 46 (1): 1-7.

[16] Launer PJ. Infra-red analysis of organosilicon compounds: spectra-structure correlations. In: Arkles B, editor. Silicon compounds: register and review. 1987. p. 323, Bristol: Petrarch Systems.

[17] Zeitler VA, Brown CA. The infrared spectra of some Ti-O-Si, Ti-O-Ti and Si-O-Si compounds. J Phys Chem 1957; 61 (9): 1174-1177.

[18] Tiwari A. Applications of some spectroscopic techniques on silicones and precursor to silicones. In: Tiwari A, Soucek MD, editors. Concise encyclopedia of high performance silicones. New Jersey: Wiley Scrivener Press; 2014, p. 177-189.

[19] Bersani D, Lottici PP, Casalboni M, et al. Structural changes induced by the catalyst in hybrid sol-gel films: a micro-Raman investigation. Mater Lett 2001; 51 (3): 208-212.

[20] Gumula T, Paluszkiewicz C, Blazewicz M. Structural characterization of polysiloxane-derived phases produced during heat treatment. J Mol Struct 2004; 704 (1-3): 259-262.

[21] Bantignies J-L, Vellutini L, Maurin D, et al. Insights into the self-directed structuring of hybrid organic-inorganic silicas through infrared studies. J Phys Chem B 2006; 110 (32): 15797-15802.

[22] Balachandran U, Eror NG. Raman spectra of titanium dioxide. J Solid State Chem 1982; 42 (3): 276-282.

[23] Frank O, Zukalova M, Laskova B, et al. Raman spectra of titanium dioxide (anatase, rutile) with identified oxygen isotopes (16, 17, 18). Phys Chem Chem Phys 2012; 14 (42): 14567-14572.

[24] El Rassy H, Pierre AC. NMR and IR spectroscopy of silica aerogels with different hydrophobic characteristics. J Non-Cryst Solids 2005; 351 (19-20): 1603-1610.

[25] Taylor RB, Parbhoo B, Fillmore DM. Nuclear Magnetic Resonance Spectroscopy. In: Lee Smith A, editor. The analytical chemistry of silicones, vol. 112. New York: John Wiley & Sons; 1991.

[26] O'Hare L-A, Hynes A, Alexander MR. A methodology for curvetting of the XPS Si2p core level from thin siloxane coatings. Surf Interface Anal 2007; 39 (12-13): 926-936.

[27] Hanley L, Fuoco E, Wijesundara MBJ, et al. Chemistry and aging of organosiloxane and fluorocarbon films grown from hyperthermal polyatomic ions. 4th ed. Boston, Massachusetts, USA: AVS; 2001, p. 1531-1536.

[28] Vitanov P, Stefanov P, Harizanova A, et al. XPS characterization of thin $(Al_2O_3)_x (TiO_2)_{1-x}$ films deposited on silicon. J Phys Conf Ser 2008; 113 (012036): 1-4.

[29] Saini KK, Sharma SD, Chanderkant M, et al. Structural and optical properties of TiO_2 thin films derived by sol-gel dip coating process. J Non-Cryst Solids 2007; 353 (24-25): 2469-2473.

[30] Yang WY, Iwakuro H, Yagi H, et al. Study of oxidation of $TiSi_2$ thin film by XPS. Jpn J Appl Phys 1984; 23: 1560.

[31] Tiwari A, Hihara LH. Thermal stability and thermokinetics studies on silicone ceramer coatings: part 1-inert atmosphere parameters. Polym Degrad Stab 2009; 94 (10): 1754-1771.

[32] Wu KH, Chao CM, Yeh TF, et al. Thermal stability and corrosion resistance of polysiloxane coatings on 2024-T3 and 6061-T6 aluminum alloy. Surf Coat Technol 2007; 201 (12): 5782-5788.

[33] Marrone M, Montanari T, Busca G, et al. A Fourier transform infrared (FTIR) study of the reaction of triethoxysilane (TES) and bis [3-triethoxysilylpropyl] tetrasulfane (TESPT) with the surface of amorphous silica. J Phys Chem B 2004; 108 (11): 3563-3572.

[34] Tiwari A, Agee P. Nanoindentation, nanoscratch and dynamic mechanical analysis of high performance silicones. In: Tiwari A, editor. Nanomechanical analysis of high performance materials. New York: Springer; 2014. p. 103-119.

[35] Tiwari A, Hihara LH. High performance reaction-induced quasi-ceramic silicone conversion coating for corrosion protection of aluminium alloys. Prog Org Coat 2010; 69 (1): 16-25.

[36] Tiwari A, Hihara LH. Nanoindentation and morphological analysis of novel green quasi-ceramic nanocoating materials. Prog Org Coat 2014; 77 (7): 1200-1207.

[37] Zhang X, Hu L, Sun D. Nanoindentation and nanoscratch pro les of hybrid films based on ([gamma] -methacrylpropyl) trimethoxysilane and tetraethoxysilane. Acta Mater 2006; 54 (20): 5469-5475.

[38] Etienne-Calas S, Duri A, Etienne P. Fracture study of organic-inorganic coatings using nanoindentation technique. J Non-Cryst Solids 2004; 344 (1-2): 60-65.

[39] Aarik J, Aidla A, Sammelselg V, et al. Characterization of titanium dioxide atomic layer growth from titanium ethoxide and water. Thin Solid Films 2000; 370: 163-172.

[40] Chappell JS, Procopio LJ, Birchall JD. Observations on modifying particle formation in the hydrolysis of titanium (Ⅳ) tetra-ethoxide. J Mater Sci Lett 1990; 9 (11): 1329-1331.

第 11 章
超疏水导电聚合物防腐蚀涂层

Al de Leon,Rigoberto C. Advincula
Department of Macromolecular Science and Engineering,Case Western Reserve University,2100 Adelbert Rd.,Cleveland,OH,USA

11.1 简介

实际上,完全阻止腐蚀是不可能做到的。在热力学上,腐蚀是一个将高能金属转化为低能氧化物的能量降低过程。腐蚀不仅导致巨大的经济和工业问题,而且严重危害人类生命。然而,目前来说,没有好的办法可以完全阻止金属的腐蚀,唯一的办法就是通过阻止腐蚀性物质到达金属表面从而降低腐蚀速率,或者在金属中添加能够优先发生反应的牺牲材料来减缓金属腐蚀。

11.2 腐蚀防护

金属自身的抗腐蚀性体现在金属表面的氧化层(如铁的锈层),金属与电解质中的腐蚀性物质发生反应而形成氧化层。然而,大多数情况下,氧化层致密程度不足以阻止腐蚀性物质进一步扩散到金属表面。一些腐蚀防护方法致力于改善氧化层的性质。研究表明,合金化不仅极大程度地增加了氧化层的致密度,而且降低了氧化层的孔隙率[1]。然而,合金化价格昂贵且大大影响金属的力学性能。另一种方法是利用涂层将金属与腐蚀介质隔开达到防腐蚀目的。涂层分为两种:转化涂层和有机涂层[2]。

11.2.1 转化涂层

转化涂层是通过化学或电化学方法改变金属表面基本组成起到防腐蚀作用。这种涂层可单独作为防腐蚀涂层,也可以作为后续有机涂层的黏结层。尤其是对铁来说,最常用的两种转化涂层是磷酸盐基涂层和铬酸盐基涂层。制备磷酸盐基涂层的过程如下:先将金属表面浸泡在 Ti 胶体溶液中,然后在磷酸锌或磷酸铁溶液中浸泡[3],胶体作磷酸盐晶体的成核中心。就磷酸锌来说,金属表面直接溶解在磷酸锌溶液中,降低局部 pH 值,pH 值降低促使 $Zn(H_2PO_4)_2$ 在金属表面沉积。就磷酸铁而言,铁先转化为氧化铁,最后转变成磷酸铁[4]。另外,铬酸盐基涂层是通过形成抵抗侵蚀性物质的物理屏障来保护金属免受腐蚀的[1],同时由于形成了具有带负电荷外层和带正电荷内层的双极膜而有效地阻止离子的传递。铬酸盐基涂层在受到破坏时能够进行自修复:填充缺陷的电解质由于多孔 $Cr(OH)_3$ 网络中 $Cr(Ⅲ)\text{-}O\text{-}Cr(Ⅳ)$ 的水解而产生 $Cr(Ⅳ)$,$Cr(Ⅳ)$ 随即被还原为 $Cr(Ⅲ)(OH)_3$ 吸附在缺陷位置。然而，铬酸盐基涂层的问题在于它的高毒性和致癌性[5]。

11.2.2 有机涂层

有机涂层可细分为导电涂层和非导电涂层。有机涂层的基本功能是分离金属表面和腐蚀环境并且形成一个屏障，阻止或减慢侵蚀性试剂和腐蚀产物的扩散。有机涂层可设计为选择性地阻挡水、阳离子及其复合物扩散的涂层。非导电聚合物涂层本身作为隔离层，阻止电子从金属表面转移到形成金属氧化物或生锈所必需的侵蚀性物质中。环氧树脂等屏蔽涂层已得到广泛使用，且被证明可以有效防止金属腐蚀，直到涂层出现缺陷[6]。当涂层中形成凹坑或孔时（通常是机械冲击或老化所引起的），涂层即开始失效。腐蚀性物质通过缺陷进攻下层金属，增加金属的暴露表面，从而加速腐蚀过程[7]。不仅裸露的金属表面被腐蚀，涂层下面的金属也会发生腐蚀。侵蚀性物质可以与涂层或金属基体反应，最终分别导致阴极或阳极剥离。为了防止涂层的剥离，可以用导电聚合物涂覆金属。

11.3 导电聚合物防腐蚀涂层

导电（或电活性）聚合物是一种特殊的聚合物，其骨架中有大量的离域 π 电子，使其产生一定的光学性能，并允许其成为电的良导体（当被氧化或还原时）[8]。导电聚合物由于具有半导体的电性能和常规聚合物的加工性能，被广泛应用于各个领域[2]。具有共轭骨架和/或具有低氧化电位的骨架是必要的，但还不足以使聚合物导电[9]。共轭结构提供轨道，使载流子沿着骨架连续重叠的 π 轨道进行移动。大部分的聚合物，包括共轭聚合物，本身没有固有的载流子。载流子可通过电子受体部分氧化（p-掺杂）聚合物链或电子给体部分还原（n-掺杂）聚合物链引入聚合物中[10]，这种掺杂工艺主要是沿着聚合物主链引入带电缺陷（例如极化子、双极子和孤子）。

有几种方法可以引入载流子或掺杂共轭聚合物以实现导电，但被广泛采用的是电化学法和化学氧化/还原法。电化学掺杂与其他掺杂方法相比具有以下优点：掺杂水平可以通过改变电流进行精确控制；掺杂和脱掺杂过程可以通过改变施加电压来完成[11]。共轭聚合物的部分氧化使聚合物变成了阳离子盐，而部分还原的聚合物变成了阴离子盐，两种形式都能导电，而阳离子盐更稳定[9]。

11.3.1 涂覆工艺

导电聚合物作为防腐蚀涂层的成功使用在很大程度上取决于它如何能很好地涂覆在金属基体上。涂层应具有非常好的阻隔性能，在侵蚀性物质能够扩散通过的地方没有任何缺陷，并且牢固地黏附在金属表面上才能有效。下面是在工业和研究中广泛使用的一些涂覆工艺。

11.3.1.1 浇铸法

浇铸过程包括将导电聚合物溶解在合适的溶剂（通常是挥发性有机溶剂或水）中，然后将溶液铺展在基体上，其中包括但不限于以下几种方式：浸涂、滴涂、喷涂和旋涂，溶剂蒸发后获得聚合物膜。下一步通常是退火，以确保涂层不含溶剂，并且使聚合物均匀地涂覆在金属基体上。涂层厚度取决于聚合物浓度、旋转速度（旋涂）或浸渍速度（浸涂），该技术的一个主要问题是难以找到可溶解导电聚合物的合适溶剂。

11.3.1.2 涂料/树脂混合涂覆

浇铸的替代方法是将导电聚合物分散到涂料或环氧树脂或丙烯酸树脂中。这种方法可以不用溶剂，因为导电聚合物可以以固体形式分散。此外，通过该方法可以实现涂料或树脂的力学性能和聚合物导电性能的协同作用。这也是扩大导电聚合物在工业上应用的首选方法，特别是涂覆大型结构。

11.3.1.3 电聚合/电沉积

电聚合是另一种涂覆方法，其中导电聚合物由单体溶液制备，并沉积到导电基体上，是涂覆相对较小结构的首选方法。必须注意选择电聚合条件，尤其是施加的电压和电流。施加的电压应该足够高，以至于能够氧化单体并使单体聚合；但也不能太高，不能溶解金属或引起金属腐蚀。电化学涂覆通常在电化学池中进行，其中待涂覆的基体作为工作电极，两个惰性材料分别作为对电极（通常是铂）和参比电极（通常是 Ag/AgCl 或 SCE）。聚合溶液含有单体、溶剂和支持电解质。该方法可以进一步分为动电位电聚合、恒电流电聚合和恒电位电聚合。

11.3.1.3.1 动电位电聚合

动电位电聚合的特征是在单体氧化电位和导电聚合物还原电位之间进行循环扫描[12]。随着扫描电位的变化，生长的聚合物膜从中性状态不断变化到掺杂（或导电）状态。这个过程伴随着电解质和溶液的吸附、脱附，以稳定生长膜。

11.3.1.3.2 恒电流电聚合

恒电流电聚合是用恒定电流以恒定速率制备导电聚合物。在电聚合的初始阶段，电位在短时间内升高，稍后降低，电位的突然增加可以解释为电极前形成了氧化还原活性的带电低聚物。随后的电位降低是由带电低聚物对单体氧化的催化作用引起的。测得的电位取决于温度，电位随着温度的降低而降低。可以这样解释：随着温度的降低，溶剂的体积减小导致单体的浓度增加[13]。

11.3.1.3.3 恒电位电聚合

恒电位电聚合中使用的电位是恒定不变的，使用的电位可以控制聚合速率。这种方法与恒电流电聚合类似，不同于动电位电聚合，因为在涂覆过程中没有物质从沉积膜中排出。使用恒电位电聚合（以及恒电流电聚合）得到的聚吡咯膜是树枝状的，并且在基底上具有低黏合强度。相比之下，动电位聚合得到的聚吡咯膜是闪亮的黑色，牢固地黏附在基底上，并具有光滑均匀的表面形态，此结果归因于膜生长过程中形成的大量等效成核位点[14]。另外，恒电位聚合的聚（3-甲基噻吩）膜比动电位聚合的显示出更好的电性能（电导率、电荷迁移率、自由载流子数目和带隙）[15]。

11.3.2 腐蚀防护机理

下面讨论一些已建立的导电聚合物防腐蚀机理。

11.3.2.1 屏蔽防护

导电聚合物在正确涂覆后可分离金属基体和腐蚀环境，没有孔、裂缝和其他涂层缺陷，可确保涂层对基体的有效防护，还可以选择性地调节导电聚合物以防止离子、水和其他腐蚀性物质的扩散。这种防护机制并不是导电聚合物所独有的，也就是说，即使是非导电聚合物也可以作为屏障起到防护作用。涂层阻止离子和腐蚀产物的扩散，从而阻止在局部阳极和阴极之间建立电流耦合。

11.3.2.2 钝化机制

导电聚合物与非导电聚合物的区别是导电聚合物能够诱导金属表面氧化形成金属氧化物使金属维持在钝态，聚合物应该比其保护的金属具有更低的氧化电位[16]。形成的氧化层有时称为钝化层，作为防止侵蚀性物质扩散的另一道屏障以及作为阻止电子流动的绝缘层来进一步防止金属的腐蚀。导电聚合物还改善了氧化层的钝化性能，抑制了涂层的阴极和阳极脱层[17]。

11.3.2.3 聚合物优先氧化

这种机制类似于锌对铁的保护机制。聚合物具有比金属更低的氧化电位，因此聚合物优先被氧化。然而，与锌不同的是聚合物的氧化形式不溶于腐蚀介质且在金属表面保持完好，因此能够长久地保护金属。

11.3.2.4 自修复

自修复机理是基于以下假设：当涂层缺陷出现时，导电聚合物释放出储存在导电聚合物基体内的掺杂阴离子，掺杂阴离子扩散到缺陷位置降低腐蚀速率。然后，由于导电聚合物的氧化能力，在金属和导电聚合物之间重新形成钝化氧化层[16]。

11.3.3 导电聚合物实例

人们对导电聚合物研究的兴趣始于20世纪70年代。当聚乙炔薄膜暴露于碘蒸气时，其还原态具有半导体特性和高电导率[8,18]。暴露于碘蒸气中会使其电导率增加超过十五个数量级，其值达到$10^4 \sim 10^6$ S/cm，这与金属电导率相当。然而，聚乙炔很少用于防腐工程，因为其在空气中降解。下面介绍一些已经用作防腐涂层的导电聚合物。

11.3.3.1 聚苯胺

聚苯胺（PANI）被认为是最常用作防腐涂层的导电聚合物之一。相对于其他导电聚合物，它具有如下优点：①易合成，化学或电化学合成；②易掺杂和脱掺杂，用水溶性酸和碱处理；③不易降解；④苯胺单体价格低廉[19]。PANI合成的首次报道可追溯到1862年[20]，最初用作织物燃料。直到20世纪60年代，聚苯胺的电学性质才被发现[21]。

PANI可通过化学或电化学方法合成。PANI的化学合成是苯胺单体在酸性介质中与氧化剂（如过硫酸铵和四丁基高碘酸铵）作用发生氧化反应[22,23]。Letheby[20]首次报道了苯胺的电化学氧化，随后扩展到了烷基、烷氧基和二甲氧基取代的聚苯胺。已经证明苯胺的化学氧化可得线型聚苯胺，而电化学氧化可制得交联网络状聚苯胺[24,25]。PANI有多种氧化态[26]，PANI可以完全被还原（全还原态）、完全被氧化（全氧化态）或部分被氧化即中间氧化态（单醌式、双醌式、三醌式），这些状态都不导电。当部分氧化态（特别是双醌式）加入酸溶液进行质子化时，PANI则具有适中的导电特性。

近来，Sakhri等人[27]比较了PANI和磷酸锌作为防腐蚀涂层的防腐效果：将PANI与磷酸锌分别混合到氯化橡胶漆中，并将复合涂层涂覆在碳钢基体上。结果发现，与磷酸锌相比，即使负载量低到1.5%，PANI仍表现出很好的防腐效果。他们还报道，虽然PANI涂层吸收了更多的水，但是PANI的高电活性增加了聚合物/金属界面处的碱度，提高了涂层阴极剥离的稳定性。

Akid等人[28]证实，通过将PANI与硅溶胶-凝胶结合，可以容易地改善PANI与金属基体的黏附性，PANI/硅溶胶-凝胶复合涂层具有PANI的耐腐蚀性和硅溶胶-凝胶的力学性能。即使在PANI/溶胶-凝胶比低的情况下，复合涂层经过500h的盐雾试验，没有观察到任何腐蚀或刻蚀迹象（图11.1）。扫描振动电极技术也证明，PANI的氧化还原反应能力使PANI/溶胶-凝胶复合涂层具有自愈功能。最后，他们报道，高含量PANI（>2.5%）会大大降低复合涂层的抗腐蚀能力和在基体表面的黏附性。

二氧化钛/PANI/聚乙烯醇缩丁醛杂化涂层也被证明具有优良的抗腐蚀性能。Radhakrishnan等人[29]认为杂化涂层的效果取决于以下几个方面：①涂层阻隔性能；②PANI氧化还原能力；③形成p-n结。当涂层遭到破坏时，阻止电荷转移。已开发的杂化涂层可以释放PANI以修复缺陷并防止灾难性事故的发生。

11.3.3.2 聚吡咯

聚吡咯是杂环导电聚合物的实例，其合成最早报道于1968年[30]。在硫酸溶液中，电化学法合成的黑色聚吡咯导电膜甚至在高于200℃的环境条件下仍然是稳定的[8]。电聚合聚吡咯的电性能和机械性能严重依赖于所使用的反离子，使用高氯酸盐代替草酸盐可以使它的导

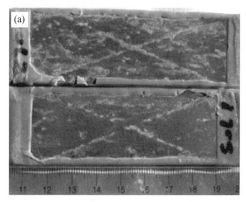
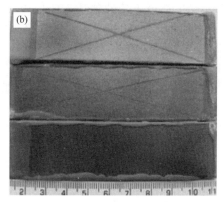

图 11.1　用溶胶-凝胶（a）和 PANI/溶胶-凝胶（b）涂覆的划线铝基材图像[28]

电性提高 10 倍[31,32]。商业上使用的聚吡咯膜是用甲基苯磺酸根作为反离子，其电导率高（15S/cm），稳定性高（在工作环境中放置 1 年，电导率仅降低 15%）[33]。

为了增强聚吡咯的加工性能，在吡咯环上增加柔性侧链制成可溶聚吡咯。在氮位置增加不同的官能团也可以改善其水溶性；然而，制备成的聚吡咯膜的导电性大大降低，这归因于氮的取代基与相邻吡咯环的 3-位和 4-位上氢的强空间相互作用。邻环被迫离开平面，导致其失去共轭结构，并且最终导致其电导率的急剧下降[34,35]。

近来，Gonzalez 等人[36]研究了在硝酸盐和钼酸盐存在下电聚合的聚吡咯，并评价了此聚吡咯膜的抗腐蚀性能[36]。他们报道恒电位电聚合聚吡咯膜在不锈钢上有强黏附性，能够完全阻止不锈钢在氯溶液中发生点蚀。如图 11.2 所示，涂覆聚吡咯膜的不锈钢电极在 0.15mol/L NaCl 溶液中，在 0.60V（相对于 Ag/AgCl 电位）的电位下极化 12h 后，没有观察到凹坑或缺陷，表明硝酸盐和钼酸盐的存在为聚合物涂层提供了固定的负电荷，阻止了氯阴离子通过聚合物基体进行扩散。

图 11.2　涂覆聚吡咯膜的不锈钢电极在 0.60V（相对于 Ag/AgCl 电位）的
电位下极化 12h 后的 SEM 图像[36]

Mrad 等人[37]发现加入羟基喹啉或钼酸根阴离子可以大大改变电聚合聚吡咯的厚度和表面形貌，加强涂层对铝合金点蚀的抑制。Herrasti 等人[38]研究了由聚吡咯和二氧化钛纳米管组成的杂化涂层的性能，他们报道添加二氧化钛纳米管加快吡咯聚合速率的原因是：纳米管是吡咯聚合的成核位点。另外，相对于空白不锈钢，杂化涂层将不锈钢的电阻提高了 400 倍，是仅涂覆聚吡咯涂层不锈钢的两倍。

11.3.3.3　聚噻吩

聚噻吩与聚吡咯相似，只是芳环中的氮变成了硫。聚噻吩的化学合成是将噻吩单体和硫酸混合，产生黑色不溶性物质，或使用 2,5-二溴噻吩作 Grignard 偶联剂进行聚合[39~41]。高导电形式的聚噻吩是由单体在 2-位和 5-位连接合成，而 2,4-位和 2,3-位连接降低了共轭性，结果是降低了聚噻吩膜的导电性[42]。在加工性方面，在 3-位和/或 4-位处添加柔韧性侧链可以改善聚噻吩的溶解性。噻吩单体的电聚合很少使用，因为聚合需要高的氧化电位（2.07V vsSCE）。相反地，噻吩低聚物，如相对于 SCE 氧化电位分别为 1.05V 和 1.31V 的二噻吩和三噻吩则采用电聚合方法[43]。

在抗腐蚀性能方面，聚噻吩最近被用作聚合物合金的一部分，该聚合物合金作为低碳钢防腐蚀涂层[44]。聚合物合金涂层具有高的耐热性，380℃仍然很稳定。同时，阻抗谱测试证明涂层最初是电容性的，具有非常高的电阻（$10^7 \sim 10^8 \Omega \cdot cm^2$），浸渍在 3%（质量分数）NaCl 溶液中，其电阻仅降低 1/3~1/2。Leon-Silva 等人[45]报道，聚（3-辛基噻吩）热退火处理后抗腐蚀特性大大提升，这是由于导电聚合物涂层非常致密，大大增加了侵蚀性物质扩散通过的阻力。

11.4 超疏水防腐蚀涂层

开发超疏水涂层的兴趣来自于其在自清洁表面、防黏剂、抗静电涂层和防腐蚀涂层等方面的应用[46]。通过直接测量接触角表征表面润湿性，表面与水的接触角大于 150°的是超疏水性的，而表面与水的接触角在 0°附近的是超亲水性的。在自然界中，有许多物种表现出超疏水性，如荷叶、水黾的腿、蝉的翅膀等[47]。

11.4.1 理论背景

深入理解物质的超疏水性需要检验表面能与表面粗糙度、表面润湿性的关系，这些关系通过 Young's 方程联系在一起。Young's 方程式的推导过程是认为液滴与理想、刚性、均匀、平坦、惰性表面进行接触[47]。当液滴滴在固体基体上时，存在气态、液态和固态彼此相互接触的三相接触线。Young's 方程如下所示：

$$\cos\theta = \frac{\gamma_{SV} - \gamma_{SL}}{\gamma_{LV}}$$

式中，γ_{SV}、γ_{SL} 和 γ_{LV} 分别为固气之间的表面张力、固液之间的表面张力和液气之间的表面张力；θ 为 Young's 接触角（或接触角），接触角的值是固-液-气界面间表面自由能热力学平衡的结果。如果以水为液相，当 θ 小于 90°时，该表面具有亲水性，而 θ 大于 90°的表面具有疏水性。

大多数情况下，真实的表面既不平整也不均匀（见图 11.3）。Wenzel 考虑到表面的粗糙度和表面能[48]，提出了一个新的方程，如式(11.1) 所示：

$$\cos\theta^w = r\cos\theta \tag{11.1}$$

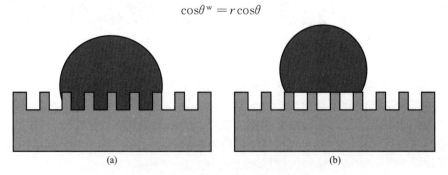

图 11.3 液滴在粗糙表面上的行为
(a) 液滴渗透粗糙表面（Wenzel）；(b) 液滴悬浮在表面顶端（Cassie-Baxter）[46]

式中，θ^W 为表面（Wenzel）接触角；r 为粗糙度因子；θ 为 Young's 接触角。Wenzel's 理论假设液体完全渗入到所接触的粗糙表面凹槽中，粗糙度因子 r 定义为实际粗糙表面积与投影面积的比值。因此，对于完美平整的表面，$r=1$；而对于粗糙表面，$r>1$。正如从 Wenzel's 方程所看到的，粗糙度可以增强表面的疏水性或亲水性（取决于表面能）。表面接触角随着粗糙度因子的增加而增加，直到 r 值超过 1.7，与 Wenzel's 理论的偏差变得明显[49]。当表面变得更粗糙时，水难以渗透到凹槽，主要是由于凹槽截留有空气而阻止了水的渗透。因此液滴停留在由截留空气和表面尖端组成的"复合"表面上。Cassie-Baxter 提出，表观接触角跟与液体接触的固体表面所占分数有关，关系式如下：

$$\cos\theta^{CB} = f(1+\cos\theta) - 1$$

式中，θ^{CB} 为表观（Cassie-Baxter）接触角；f 为与液体接触的固体表面所占分数；θ 为 Young's 接触角[47]。通过 Cassie-Baxter 公式，我们可以看出要想拥有超疏水性表面，f 应该尽可能小，或者表面由具有高接触角的固体材料组成。

11.4.2 制备方法

超疏水表面的制备工艺主要分为两种：一是先使表面粗糙化（使 f 尽可能小），然后再进行疏水处理（使 θ 尽可能大）；二是直接使低表面能材料表面粗糙化。接下来介绍一些用于防腐领域超疏水涂层的制备方法。

11.4.2.1 化学沉积法

化学沉积涉及产物自组装及涂覆基体的过程，可进一步划分为化学气相沉积、化学浴沉积和电化学沉积。近来，Wang 等人[50]用锌作工作电极，通过恒电位法电解十四烷酸，产物在锌表面沉积得到十四烷酸锌薄膜。十四烷酸锌薄膜在锌表面的沉积导致它的接触角从裸锌的 $62°±3°$ 转变为 $152.5°±3°$。在锌表面发现的具有低表面能的花瓣结构（图 11.4）产生超疏水性。他们观察到电容降低了五个数量级，并且由于这些结构之间存在空气，电阻急剧增加。

(a)　　　　　　　　　　(b)

图 11.4　由超疏水膜涂覆的锌接触角图（a）和超疏水涂层的表面形貌图（b）[50]

Zhang 等人[51]将三乙氧基-$1H,1H,2H,2H$-十三氟-N-辛基硅烷（PTES）沉积到粗糙的钛表面使其具有超疏水性，通过恒电位阳极氧化生长的氧化钛膜形成粗糙钛表面。氟化硅烷沉积前的接触角约为 $10°$，而沉积后高达 $160°$。即使在 3.5%（质量分数）NaCl 溶液中浸泡 90 天，超疏水膜也能防止下面的金属钛发生腐蚀。优良的抗腐蚀性归因于截留在纳米孔中的空气限制了水的接近和 Cl^- 的扩散。Qiu 等人[52]用碳纤维来制备锌超疏水涂层，在 0.1mol/L $CuCl_2$ 溶液中浸泡使锌基体表面粗糙化，锌表面形成金属铜树枝状结构，此结构成为碳纤维在锌表面沉积的催化剂。极化扫描显示涂覆超疏水碳纤维的锌的电流密度是

$2.83×10^{-11}A/cm^2$,而裸锌的电流密度则为 $3.05×10^{-5}A/cm^2$。与以前的报道相似,被截留的空气使电流密度下降了六个数量级。Liu 等人[53]发现涂覆超疏水涂层的锌箔使裸锌的电流密度从 $1.09×10^{-5}A/cm^2$ 下降到 $1.62×10^{-7}A/cm^2$。将锌箔在三乙氧基-$1H,1H,2H,2H$-十三氟-N-辛基硅烷的水解液中浸泡 5 天可以制备超疏水涂层,接触角从 64°增加到 151°。在 3%(质量分数)NaCl 溶液中浸泡 1 天的锌的表面 SEM 图显示,在整个锌表面上形成了 ZnO 结构的致密膜。另外,经 SH 涂层涂覆的锌在相同的溶液中浸泡 29 天后,仅在锌表面的某些地方可以看到相似结构。

11.4.2.2 胶体组装

当微纳米粒子沉积到金属表面时,可以使金属表面具有一定的粗糙度,进一步处理纳米粒子以降低其表面能,进而获得超疏水金属表面。近年来,Weng 等人[54]使用由氟化聚丙烯酸酯和甲基三乙氧基硅烷制得的倍半硅氧烷颗粒来制备冷轧钢的超疏水涂层。由于粒子(直径大约为 400nm)提供的表面粗糙度和由氟化聚丙烯酸酯提供的低表面能,使得接触角从裸钢的 74.1°增加到 151°(图 11.5)。动电位测试表明,腐蚀速率从 12.77mm/a(裸钢)降低到 0.02mm/a(涂层钢)。硅胶也被用来制备铝箔的超疏水涂层,如 Xu 等人[55]所述,他们用含有 2.5%(质量分数)硅胶颗粒和 0.2%(质量分数)聚苯乙烯微球的溶胶-凝胶浸涂清洁的铝基体。聚苯乙烯微球用作可移除的模板来控制涂层的表面粗糙度,通过将涂层加热到 550℃移除聚苯乙烯微球,全氟烷基硅烷的化学气相沉积使涂层的表面能降低。这种涂层能够保护下面的铝箔至少 5h 内免受酸的侵蚀。Rao 等人[56]用含有甲基三乙氧基硅烷(MTES)、甲醇、水和氢氧化铝的溶液浸泡铜基体从而在铜基体上涂覆超疏水涂层,在 250℃下烧结 3h 使凝胶网络致密化。为了测试涂层的长期稳定性,将涂覆的基体浸泡于 50%HCl 溶液中。浸泡 100h 后,其润湿性没有变化,然而浸泡 120h 后,接触角却从 158°降低到 146°。

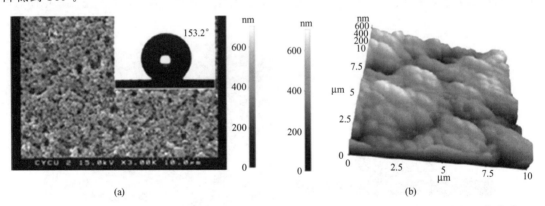

图 11.5 超疏水涂层涂覆的冷轧钢表面的 SEM 图(a)和 AFM 图(b)(接触角图在插图中)[54]

11.4.2.3 其他制备方法

Yuan 等人[57]发现通过在粗糙的铜表面生长聚合物刷可以有效地降低表面能。在硝酸和过氧化氢溶液中刻蚀铜使铜表面粗糙化,然后端乙烯基硅烷在铜表面自组装,含氟聚合物刷即从此处生长。聚合 6h 形成了接触角为 159°的粗糙表面(图 11.6),铜在 3.5%(质量分数)NaCl 溶液中浸泡一天后,超疏水性涂层呈现出 95.3%的防腐蚀效率,浸泡 21 天后,防腐蚀效率为 91.3%。

电纺丝纳米纤维也可用来制备超疏水性防腐蚀涂层[58],使用聚(全氟癸基丙烯酸酯-丙烯酸)-聚丙烯腈嵌段共聚物纳米纤维制备超疏水涂层,采用乙酸盐雾测试涂层的黏附性。在加速腐蚀测试后,看到涂覆厚纳米纤维层的基体接触角保持不变。

 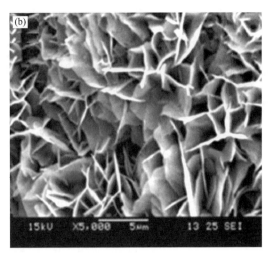

图 11.6 聚合物刷生长后的涂层 SEM 图：低放大倍数图（a）和高放大倍数图（b）[57]
（水在 Cu 基体的光学图片和接触角图在（a）的插图中）

11.5 超疏水导电聚合物防腐蚀涂层

  导电聚合物保护金属免受腐蚀，除了作为屏障阻止侵蚀性粒子到达金属表面，还能诱导在金属和涂层界面处形成钝化氧化层。另外，超疏水涂层通过阻止水扩散保护下面的基体，而水作为侵蚀性物质向金属扩散的介质。因此，由导电涂层制备超疏水涂层的想法是合理的，可以形成具有强防腐蚀能力的涂层。

  由导电聚合物制备超疏水涂层已经成为研究的焦点。Qu 等人[59]研究发现可通过吸收低表面能分子制备超疏水 PANI 纳米线[59]。PANI 纳米线膜是通过苯胺在硫酸中，在阳极氧化铝作为硬模板的镀钛硅晶片上电聚合制备而成的。然后将得到的 PANI 在含有全氟辛酸和 N,N'-二环己基碳二亚胺的甲醇溶液中浸泡 2h，制得膜的接触角为 $160°±1°$。Zhu 等人[60]开发了制备超疏水 PANI 的替代方法，即一种无模板方法：在全氟癸酸的存在下，PANI 纳米纤维进行自组装，制备了 3D 盒式微结构 PANI，其接触角为 $151.7°$。他们提出，PANI 纳米纤维自组装为盒式结构是全氟癸酸和苯胺共同作用的结果，氢键和疏水作用使纳米纤维组合在一起而形成盒子。

  Xu 等人[61]发现，粗糙 PPy 膜的润湿性可以通过在氟化掺杂剂存在下施加电位而得到有效控制。以全氟辛烷磺酸盐为掺杂剂，通过恒电流电聚合吡咯制备超疏水聚吡咯，聚吡咯膜接触角为 $152°±2°$。应用相对于 SCE 为 $-0.6V$ 的电压将超疏水性膜转变为超亲水性的中性体，在全氟辛烷磺酸盐的存在下，应用 $1.0V$ 电压使超亲水性转变回超疏水性（图 11.7）。

  超疏水性导电涂层应用于腐蚀方面的研究仍然是有限的。Weng 等人[62]利用纳米浇铸技术制备电活性环氧树脂，以形成具有箭叶兰芋叶子形态的涂层，这种涂层的接触角大约为 $155°$。涂覆此涂层的冷轧钢浸泡在中性 3.5% NaCl 溶液中 1 天后，防腐蚀效率为 86.77%。增加 NaCl 溶液的酸度，防腐效率降低很少，pH=1 时，保护效率最低为 84.66%。在中性 NaCl 溶液中浸泡 7 天防腐蚀效率降低到 86.31%。他们还比较了超疏水电活性涂层与光滑（疏水）电活性涂层的防腐蚀性能。在中性 NaCl 溶液中分别浸泡 1 天和 7 天后，光滑（疏水）电活性涂层的保护效率仅分别为 69.1% 和 52.3%。制造超疏水导电涂层的替代方法是胶体组装与电聚合的组合[63]。采用 Langmuir-Blodgett（LB）膜技术在不锈钢上沉积聚苯乙烯纳米球（$d=500nm$）单层膜。聚苯乙烯纳米粒子为不锈钢表面提供微观粗糙度，同时

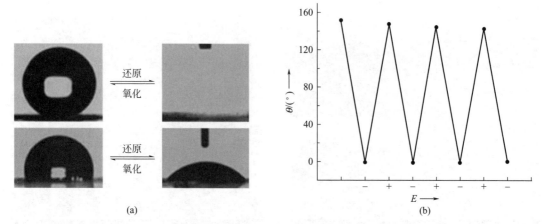

图 11.7 掺杂（氧化）PPy 膜和去掺杂（中性）PPy 膜之间的电势诱导的润湿性转化（a）和超疏水性及超亲水性之间的可逆转换（b）[61]

单层膜作为侵蚀性试剂扩散的阻碍层，然后将三噻吩衍生物单体电聚合在其顶部，就形成了低表面能、纳米级粗糙度和阳极保护不锈钢基体的涂层。所得膜的接触角为 152°±1°，其腐蚀防护性能通过将涂层钢浸泡在 pH 值和温度变化的 3.5mol/L NaCl 溶液中进行测试。动电位测试表明超疏水涂层在 pH 值为 1、7、14 和 $T=60℃$ 时，其保护效率分别为 96.6%、96.9%、96.2% 和 95.8%。浸泡 7 天可以最低限度地降低保护效率，优良的防腐蚀性是导电聚合物的氧化还原能力和超疏水涂层的防水性能协同作用的结果。

11.6 结论

总体来说，将导电聚合物突出的氧化还原能力和超疏水涂层的防水性能有效结合，可以大大改善涂层的防腐蚀性能，涂层优异的性能归因于聚合物涂层的高防水性和保护基体免受阳极氧化的能力。由于水是腐蚀性试剂和腐蚀产物扩散的介质，不被涂层吸收，因此涂层防止水分附着的能力对其防腐蚀性能至关重要。

致谢

作者衷心感谢 NSF DMR-1304214 和 NSF CHE-1247438 的资助，并感谢 KSV Instruments（Attension/Biolin Scientific）、INFICON Inc、Agilent Technologies、Park Systems 和 Optrel GbR 提供的技术支持。

参 考 文 献

[1] Kendig M, Davenport A, Isaac H. The mechanism of corrosion inhibition by chromate conversion coatings from x-ray absorption near edge spectroscopy (Xanes). Corros Sci 1993; 34 (1): 41-49.

[2] Satoh M, Kaneto K, Yoshino K. Electrochemistry preparation of high quality poly (p-phenylene) film. J Chem Soc Chem Commun 1985; 22: 1629-1630.

[3] Niu L, Jiang Z, Li G, et al. A study and application of zinc phosphate coating on AZ91D magnesium alloy. Surf Coat Technol 2006; 200 (9): 3021-3026.

[4] Gorecki G. Iron phosphate coatings-composition and corrosion resistance. Corrosion 1992; 48 (7): 613-616.

[5] Balaraju J, Rajam K. Electroless deposition and characterization of high phosphorus Ni-P-Si_3N_4 composite coatings. Int J Electrochem Sci 2007; 2: 747-761.

[6] Talo A, Passiniemi P, Forsen O, et al. Polyaniline/epoxy coatings with good anti-corrosion properties. Synth Met 1997; 85: 1333-1334.

[7] Mansfeld F, Kendig M, Tsai S. Evaluation of corrosion behavior of coated metals with AC impedance measurements. Corrosion 1982; 38 (9): 478-485.

[8] Chiang C, Fincher C, Park Y, et al. Electrical conductivity in doped polyacetylene. Phys Rev Lett 1977; 39: 1098.

[9] Searson P, Moffat T. Photoelectrochemical systems. Crit Rev Surf Chem 1994; 3: 29.

[10] Macdiarmid A, Chiang J, Richter A. Polyaniline: a new concept in conducting polymers. Synth Met 1987; 18: 285-290.

[11] Kaufman J, Kanazawa K, Street G. Gravimetric electrochemical voltage spectroscopy: in situ mass measurements during electrochemical doping of the conducting polymer polypyrrole. Phys Rev Lett 1984; 53: 2461-2464.

[12] Anand J, Palaniapan S, Sathyanarayana D. Conducting polyaniline blends and composites. Prog Polym Sci 1998; 23: 993-1018.

[13] Heinze J, Rasche A, Pagels M, et al. On the origin of the so-called nucleation loop during electropolymerization of conducting polymers. J Phys Chem B 2007; 111: 989.

[14] Otero T, DeLaretta E. Electrochemical control of the morphology, adherence, appearance and growth of polypyrrole films. Synth Met 1988; 26: 79.

[15] Sanchez D, Diaz R, Herrasti P, et al. Electrogeneration and characterization of poly (3-methylthiophene). Polym J 2001; 33: 514.

[16] Wessling B. Passivation of metals by coating with polyaniline: corrosion potential shift and morphological changes. Adv Mater 1994; 6 (3): 226.

[17] Wessling B. Corrosion prevention with an organic metal (polyaniline): surface ennobling, passivation, corrosion test results. Mater Corrosion 1996; 47: 439.

[18] Shirakawa H, Louis E, MacDiarmid A, et al. Synthesis of electrically conducting organic polymers: halogen derivatives of polyacetylene, $(CH)_x$. J Chem Soc Chem Commun 1977; 16: 578-580.

[19] Iroh J, Rajagopalan R. Electrochemical polymerization of aniline on carbon fibers in aqueous toluene sulfonate solution. J Appl Polym Sci 2000; 76 (10): 1503-1509.

[20] Letheby H. On the production of a blue substance by the electrolysis of sulphate of aniline. J Chem Soc 1862; 15: 161.

[21] Mohilner D, Adams R, Argersinger W. Investigations of the kinetics and mechanism of the anodic oxidation of aniline in aqueous sulfuric acid solution at a platinum electrode. J Am Chem Soc 1962; 84: 3618-3622.

[22] Scherr E, MacDiarmid A, Manohar S, et al. Polyaniline: oriented films and fibers. Synth Met 1991; 41 (1): 735-738.

[23] Epstein A, Ginder J, Zuo F, et al. Insulator-to-metal transition in polyaniline. Synth Met 1987; 18: 303.

[24] Kitani A, Kaya M, Yano J, et al. "Polyaniline": formation reaction and structure. Synth Met 1987; 18: 341.

[25] Vachon D, Angus Jr R, Lu F, et al. Polyaniline is poly-para-phenyleneamineimine: proof of structure by synthesis. Synth Met 1987; 18: 297.

[26] Green A, Woodhead A. Aniline-black and allied compounds. J Chem Soc, Trans 1910; 97: 2388-2403.

[27] Sakhri A, Perrin F, Aragon E, et al. Chlorinated rubber paints for corrosion prevention of mild steel: a comparison between zinc phosphate and polyaniline pigments. Corros Sci 2010; 52: 901-909.

[28] Akid R, Gobara M, Wang H. Corrosion protection performance of novel hybrid polyaniline/sol-gel coatings on an aluminium 2024 alloy in neutral, alkaline and acidic solutions. Electrochim Acta 2011; 56 (5): 2483-2492.

[29] Radhakrishnan S, Siju C, Mahanta D, et al. Conducting polyaniline-nano-TiO_2 composites for smart corrosion resistant coatings. Electrochim Acta 2009; 54: 1249-1254.

[30] Dall'Olio A, Dascola G, Varacca V, et al. Electron paramagnetic resonance and conductivity of an electrolytic oxypyrrole (pyrrole polymer) black C R Acad Sci Ser. IIc: Chim. 1968; C267: 433.

[31] Jen K, Miller G, Elsenbaumer R. Highly conducting, soluble, and environmentally-stable poly (3-alkylthiophenes). J Chem Soc Chem Commun 1986; 17: 1346-1347.

[32] Yamamoto T, Morita A, Miyazaki Y, et al. Preparation of π-conjugated poly (thiophene-2, 5-diyl), poly (p-phenylene), and related polymers using zerovalent nickel complexes. Linear structure and properties of the π-conjugated polymers. Macromolecules 1992; 25: 1214.

[33] Naegele D, Bittihn R. Electrically conductive polymers as rechargeable battery electrodes. Solid State Ionics 1988; 983: 28.

[34] Sato M, Tanaka S, Kaeriyama K. Poly (3-dodecyl-2,5-thiophenediyl), a soluble and conducting polythiophene. Makromol Chem 1987; 188: 1763.

[35] Kanazawa K, Diaz A, Geiss R, et al. 'Organic metals': polypyrrole, a stable synthetic 'metallic' polymer. J Chem Soc Chem Commun 1979; 19: 854-855.

[36] Gonzalez M, Saidman S. Electrodeposition of polypyrrole on 316L stainless steel for corrosion prevention. Corros Sci 2011; 53: 276-282.

[37] Mrad M, Dhouibi L, Montemor M, et al. Effect of doping by corrosion inhibitors on the morphological properties and the performance against corrosion of polypyrrole electrodeposited on AA6061-T6. Prog Org Coat 2011; 72: 511-516.

[38] Herrasti P, Kulak A, Bavykin D, et al. Electrodeposition of polypyrrole-titanate nanotube composites coatings and their corrosion resistance. Electrochim Acta 2011; 56: 1323-1328.

[39] Meyer V. Ueber den Begleiter des Benzols im Steinkohlentheer. Chem Ber 1883; 16 (1): 1465.

[40] Yamamoto T, Sanechika K, Yamamoto A. Preparation of thermostable and electric-conducting poly (2, 5-thienylene). J Polym Sci Polym Lett Ed 1980; 18: 9-12.

[41] Lin J, Dudek L. Synthesis and properties of poly (2, 5-thienylene). J Polym Sci Polym Lett Ed 1980; 18: 2869.

[42] Roncali J, Lemaire M, Garreau R, et al. Enhancement of the mean conjugation length in conducting polythiophenes. Synth Met 1987; 18: 139.

[43] Diaz A, Crowley J, Bargon J, et al. Electrooxidation of aromatic oligomers and conducting polymers. J Electroanal Chem 1981; 121: 355-361.

[44] Palraj S, Selvaraj M, Vidhya M, et al. Synthesis and characterization of epoxy-silicone-polythiophene interpenetrating polymer network for corrosion protection of steel. Prog Org Coat 2012; 75: 356-363.

[45] Leon-Silva U, Nicho M, Gonzalez-Rodriguez J, et al. Effect of thermal annealing of poly (3-octylthiophene) films covered stainless steel on corrosion properties. J Solid State Electrochem 2010; 14 (6): 1089-1100.

[46] Li X, Reinhoudt D, Crego-Calama M. What do we need for a superhydrophobic surface? A review on the recent progress in the preparation of superhydrophobic surfaces. Chem Soc Rev 2007; 36: 1350-1368.

[47] Yan Y, Gao N, Barthlott W. Mimicking natural superhydrophobic surfaces and grasping the wetting process: A review on recent progress in preparing superhydrophobic surfaces. Adv Colloid Interface Sci 2011; 169: 80-105.

[48] Wenzel R. Resistance of solid surfaces to wetting by water. Ind Eng Chem Res 1936; 28: 988-994.

[49] Jopp J, Grull H, Yerushalmi-Rozen R. Wetting behavior of water droplets on hydrophobic microtextures of comparable size. Langmuir 2004; 20: 10015.

[50] Wang P, Zhang D, Qiu R, et al. Super-hydrophobic film prepared on zinc as corrosion barrier. Corros Sci 2011; 53: 2080-2086.

[51] Zhang F, Chen S, Dong L, et al. Preparation of superhydrophobic films on titanium as effective corrosion barriers. Appl Surf Sci 2011; 257: 2587-2591.

[52] Qiu R, Zhang D, Wang P. Superhydrophobic-carbon fibre growth on a zinc surface for corrosion inhibition. Corros Sci 2013; 66: 350-359.

[53] Liu H, Szunerits S, Xu W, et al. Preparation of superhydrophobic coatings on zinc as effective corrosion barriers. ACS Appl Mater Interfaces 2009; 1: 1150-1153.

[54] Weng C, Peng C, Chang C, et al. Corrosion resistance conferred by superhydrophobic fluorinated polyacrylate-silica composite coatings on cold-rolled steel. J Appl Polym Sci 2012; 126: E48-55.

[55] Xu Q, Wang J. A superhydrophobic coating on aluminium foil with an anti-corrosive property. New J Chem 2009; 33: 734-738.

[56] Rao A, Latthe S, Mahadik S, et al. Mechanically stable and corrosion resistant superhydrophobic sol-gel coatings on copper substrate. Appl Surf Sci 2011; 257: 5772-5776.

[57] Yuan S, Pehkonen S, Liang B, et al. Superhydrophobic fluoropolymer-modified copper surface via surface graft polymerisation for corrosion protection. Corros Sci 2011; 53: 2738-2747.

[58] Grignard B, Vaillant A, de Coninck J, et al. Electrospinning of a functional perfluorinated block copolymer as a powerful route for imparting superhydrophobicity and corrosion resistance to aluminum substrates. Langmuir 2011; 27: 335-342.

[59] Qu M, Zhao G, Cao X, et al. Biomimetic fabrication of lotus-leaf-like structured polyaniline film with stable super-hydrophobic and conductive properties. Langmuir 2008; 24: 4185-4189.

[60] Zhu Y, Li J, Wan M, et al. 3D-boxlike polyaniline microstructures with super-hydrophobic and high-crystalline properties. Polymer 2008; 49: 3419-3423.

[61] Xu L, Chen W, Mulchandani A, et al. Reversible conversion of conducting polymer films from superhydrophobic to

superhydrophilic. Angew Chem Int Ed 2004；44：6009-6012.

[62] Weng C，Chang C，Peng C，et al. Advanced anticorrosive coatings prepared from the mimicked *Xanthosoma sagittifolium*-leaf-like electroactive epoxy with synergistic effects of superhydrophobicity and redox catalytic capability. Chem Mater 2011；23：2075-2083.

[63] de Leon A，Pernites R，Advincula A. Superhydrophobic colloidally textured polythiophene film as superior anticorrosion coating. ACS Appl Mater Interfaces 2012；4：3169-3176.

第 12 章
聚合物-缓蚀剂掺杂涂层的智能防护

Carmina Menchaca-Campos, Jorge Uruchurtu, Miguel Ángel Hernández-Gallegos, Alba Covelo, Miguel Ángel García-Sánchez

Centro de Investigación en Ingeniería y Ciencias Aplicadas, Universidad Autónoma del Estado de Morelos, Av. Universidad 1001, Col. Chamilpa, 62209 Cuernavaca, Morelos, México

Facultad de Ingeniería, Universidad Nacional Autónoma de México, Av. Universidad 3000, Copilco Universidad, Coyoacán, 04510 Ciudad de México, D. F.

Facultad de Química, Universidad Nacional Autónoma de México, Av. Universidad 3000, Copilco Universidad, Coyoacán, 04510 Ciudad de México, D. F.

Depto. Química, Universidad Autónoma Metropolitana, Av. San Rafael Atlixco No 186, Iztapalapa, Vicentina, 09340 Ciudad de México, D. F.

12.1 简介

如果防腐蚀机理有效,但是没有防腐蚀效果和/或应用于不合适区域或非理想条件,则腐蚀防护工作也将会失去意义。

传统的涂层被设计成基体表面与腐蚀环境的屏障从而被动地保护基体材料。更为先进的涂层包含了一小部分功能型的添加剂,这些添加剂赋予涂层某些功能,还有一些涂层将某些功能材料包裹进自身的树脂中。这些材料的功能特性是恒定的且仅由初始涂层的组成决定[1]。

更进一步说,智能涂层必须能够感受到环境中的条件变化并且能够对这个变化以可预见的和明显的方式做出响应。Challener 等人[1]阐明智能涂层将功能与设计相结合,可以获得具有多功能和多维效果的系统。智能涂层不仅能赋予涂层保护功能和装饰功能,而且能对环境刺激做出智能响应。

因此,为了取得更有效的防护效果,开发更新、更先进的涂层设计方案是非常必要的。应用纳米技术制备智能涂层是较有效的解决方案,从新应用到现有结构都将从中获益。缓蚀剂的储存是以使用纳米粒子为基础的,纳米粒子作为吸附在其内部的缓蚀剂的储存器件[2~5]。

减缓腐蚀的常用方法之一是使用缓蚀剂,当添加量很少时,即可大大降低腐蚀速率。在腐蚀方面,由于缓蚀剂特殊的防护性能和广泛的应用性,缓蚀剂的使用占据了某些特殊领域。缓蚀剂主要用于水溶液体系(中性水、酸洗的酸溶液)、部分水体系(石油的一次和二次加工、石油的精炼)和大气中的腐蚀防护。

选择缓蚀剂时,应该考虑所使用的金属材料及其使用环境(温度、压力、流动性等)、缓蚀效率、使用性、毒性和成本;还应考虑各种作用机理,如界面抑制机理、电解质层抑制机理、膜抑制机理和钝化膜抑制机理等。

新一代环境响应的防腐蚀涂层引发了材料科学家的极大兴趣,因为腐蚀是材料损失和结构破坏的最重要原因之一,预防腐蚀至关重要,这种防腐蚀方法的目标是阻止或控制金属基体腐蚀。防腐蚀涂层具有钝化基体和对环境积极响应的双重功能。腐蚀是金属的损失,而防腐的目的是当钝化涂层基体被破坏金属基体开始腐蚀时,能够恢复金属基体材料的特性(功能性)。在涂层的整体性遭到破坏后,涂层不得不在短时间内释放出活性修复物质进行修复,则涂层破坏作为修复缺陷的引发剂。

最早期的自修复涂层是聚合物基涂层,其机理如下:微米尺寸容器中含有与涂层聚合物基体性质相似的单体和合适的催化剂或者紫外光敏剂,当它们被释放到聚合物涂层的破坏点时,触发单体聚合并进入涂层基体中。当这些微容器机械变形时,释放出单体和催化剂,从而密合缺陷[3,4]。采用聚合物树脂填充的中空纤维来修复在复合材料的整个使用寿命期间形成的缺陷;这些纤维会在结构的过度负荷下破裂[5,6],密封组分为不同的甲基化合物,该类化合物用以增强聚丙烯基体的黏附性[7,8]。聚电解质如水性聚(L-赖氨酸)-聚乙二醇用作氧化物基摩擦系统的自修复剂[9],通过用不溶性沉淀物简单地阻塞缺陷进行修复,还可以恢复受损涂层的屏障性能。

自修复复合涂层的另一种方法是使用缓蚀剂,缓蚀剂能够从涂层体系中释放出来。然而,缓蚀剂成分直接混入保护涂层中经常导致缓蚀剂失去活性和聚合物基体降解[8]。为了克服这个问题,已经开发出了一些拦截缓蚀剂并防止其与涂层基质直接相互作用的系统。缓蚀剂包覆方法是一种非常简单的方法,基于环糊精对有机分子的络合[9];另一种方法是使用氧化物纳米粒子,其作为缓蚀剂吸附在金属表面的纳米载体。通过在水溶液中用Ce^{3+}控制前驱体的水解,在ZrO_2纳米颗粒表面上固定Ce^{3+}合成纳米溶胶[10];通过与阳离子交换固体或阴离子交换固体相关的可交换离子结合,无机离子也能发挥缓蚀作用;通过彻底交换天然膨润土的离子制得$Ca(Ⅱ)$和$Ce(Ⅲ)$阳离子交换膨润土防腐蚀涂层[11]。对于阴离子交换固体,腐蚀性氯离子会引发缓蚀剂阴离子的释放[12,13]。

新型活性涂层设计中最重要的是制造与基质成分具有良好相容性的纳米容器,可以封装和保留活性物质,且具有在外界刺激下能够控制性渗透的壳。开发功能化的微容器和纳米容器,必须将壳结构和组成等性质结合起来。最近,涂层技术的目标是将智能涂层制成结构系统,以对物理、物理化学或生化等外部刺激(如温度、应力、应变和腐蚀)做出选择性响应,其智能响应是涂层性能和独特的纳米材料特性结合的结果[14]。理想情况下,只有在腐蚀发生需要缓蚀剂时,智能缓蚀涂层才会产生或释放缓蚀剂。在这方面,已经提出了不同类型的智能涂层:用导电聚合物配制的涂层(特别是不含对环境有害溶剂的水性涂层)、具有离子交换的自修复涂层等等[1,10,14]。

根据引入容器壳中的"智能"材料(如聚合物、纳米颗粒或混合物)的性质,各种刺激可以诱导可逆和不可逆的壳修饰。可以观察到不同的反应,从细微的影响,如可调节的渗透性,到更深刻的影响,如容器壳全部破裂[13,14]。

目前,已开发出几种方法来制备微米容器、中空容器和纳米容器[11,13]。第一种方法是基于脂质分子或嵌段共聚物自组装成球形封闭的双层结构[13~16],这些相对不稳定结构接下来进行交联以稳定纳米容器壳。第二种方法是使用超支化聚合物作为纳米容器[17~19]，然而纳米材料的制备是一个相当昂贵和耗时的过程，这就限制了它的应用。第三种方法涉及胶乳粒子周围的悬浮聚合和乳液聚合以形成交联的聚合物外壳，这种方法可以通过简单的一步反应获得尺寸小到100nm的中空纳米外壳[18,19]。

上述方法提供了外壳形成的一般路线，制备自修复防腐蚀涂层纳米容器的下一步是使纳米容器外壳对腐蚀过程响应。可用具有控释特性的壳型纳米容器制备新型活性涂层，该涂层能够对涂层环境和涂层整体性的变化做出快速响应。

腐蚀反应引发包覆于纳米容器中缓蚀剂的释放，防止缓蚀剂自发泄漏到涂层外部。此外，如果将包覆活性物质的不同纳米容器同时添加到涂层基体中，涂层可以以几种不同的方式起作用（例如抗菌、防腐、抗静电）。

这一任务可以通过在形成纳米容器外壳时采用逐层（L-b-L）组装方法来实现[19~21]。聚合物电解质膜能够随着 pH 值的变化而改变化学组成，原因是聚合物电解质膜的解离对 pH 值的变化敏感。在一定的 pH 值范围内，其中一种聚合物解离度大而另一种聚合物解离度小，可以利用 L-b-L 法制得含一种聚合物比另一种聚合物多的复合膜，作为这种薄膜的一部分而沉积的活性物质可以根据需要进行释放。所得容器的外壳是半透明性的并且对周围介质中的各种物理和化学条件（机械冲击、pH 值变化）敏感，使其能够调节包埋的缓蚀性物质的释放。因此，能够调节缓蚀剂的储存和释放的纳米容器可以以纳米级精度构建。

另一个新的鲜见报道的方法[22,23]是使用聚合物尼龙颗粒或电纺纤维作储存器/载体与缓蚀剂及传统的涂层复合，作为可能的腐蚀防护智能涂层体系。

12.2 钢筋混凝土中的应用

在钢筋混凝土中尝试使用简单的方法来抑制钢筋与电解质接触时发生的腐蚀，减缓其物理和化学降解，并影响其实际应用。在钢筋混凝土施工中，钢材作为建筑和土木工程的结构要素起着重要作用。抑制混凝土中钢筋化学退化的一种方法是："活化"尼龙颗粒作为储存器/载体来吸收缓蚀剂，作为骨料加入混凝土中。

钢筋混凝土在其使用寿命期间暴露在腐蚀性环境中，有时会受到应力作用，从而遭到破坏。混凝土是碱性的，pH 值为12~14，促使其形成保护性钝化层防止发生腐蚀。钝化层不是不可破坏的，它能够被化学或机械撞击而破坏。混凝土的设计和制备能够保证其使用体系中的长期耐久性。尽管如此，在其服役期内，混凝土可能会发生一些破坏。通常采取防御措施来进一步保护混凝土结构，包括使用阴极保护材料、氯离子去除剂、渗透密封剂、预防性抑制剂、涂层来控制钢筋腐蚀和改善混凝土力学性能，这样将会延长钢筋混凝土结构的服役寿命。

近些年阻锈剂得到了大量的应用，它能够降低钢筋在腐蚀体系中的腐蚀速率。阻锈剂有无机阻锈剂和有机阻锈剂，它们在不同的浓度和机制下起作用，减缓腐蚀。有机阻锈剂在金属表面形成屏障影响钢筋的阳极反应、阴极反应或同时抑制阴阳极反应。无机阻锈剂促进钢筋氧化形成保护性钝化膜，近来也发表了关于这个主题的综述[24,25]。

过去四十年来一直在研究使用聚合物材料对混凝土进行改性。尽管如此，在某些应用领域，这些材料会失效，针对特定应用领域采用其他复杂而昂贵的技术是有必要的。一般来说，含纤维或脆性建筑材料颗粒的增强材料以及合成材料如聚乙烯醇、聚丙烯、聚乙烯和聚酰胺等早已为人所知[26~29]。

自20世纪80年代早期以来，微细或粗的合成尼龙纤维一直用于防止混凝土的二次温缩开裂。微细纤维为单丝纤维和原纤化纤维。由于这些纤维非常细，在每千克混凝土中，纤维的数量（纤维数）在数百万的范围内[30]。以 0.6～0.9kg/m³ 的剂量将微细合成尼龙纤维掺入混凝土中，可以使混凝土性能得到以下几个方面的改善：

① 降低混凝土塑性收缩开裂与塑性沉降。混凝土凝结前开裂和沉降的降低会改善混凝土的耐久性。

② 通过降低在大应变下发生的纤维拉伸和拉伸程度来提高耐冲击性，避免基体在相对低的载荷下失效。

③ 创建具有优质纤维/混合连接的 3D 加固网络。纤维的整合将应力均匀地分散在整个加强网络中，改变了微观宏观开裂机理并提高了耐久性。

④ 减少水流通的通道数量，从而减少水流向混凝土表面的迁移。该行为有助于控制水灰比，及生产低渗、高强、高韧混凝土。

迄今为止，用来强化混凝土基体的材料仅仅是通过物理作用进行结合，而不是化学键。使用的其他方法如化学侵蚀或热处理，费用高且耗时。混凝土中骨料占总体积的 75%，包括黏土、石灰、有机物或化学盐等等。ASTM 标准规定了骨料的形状和尺寸[28]。波特兰水泥制成的混凝土由于其应用范围广（结构、砌块、路面等）和性能优良（耐久性和可塑性）而被广泛使用。

一般来讲，空白组混凝土表现出高抗压强度和低抗拉强度。因此，需要添加各种添料。添加聚合物，黏附性是个问题。聚合物周围是砂子和砾石，当它遭受机械应力时易开裂。文献[31]综述了裂纹的形成以及荷载下聚合物响应的替代机制。

以聚合物为增强材料改性混凝土的主要目的是提高其抗压强度、抗拉强度、耐冲击性和耐磨性，延长其在恶劣环境（风力、湿度等）中的服役寿命，降低自重和成本[32,33]。

由水污染所形成的电解质溶液逐渐渗透到钢筋混凝土结构件（嵌入式钢）中，将会促进构件腐蚀和粉碎，使其丧失力学性能。目前，开发新建筑材料、新涂层或新阻锈剂以监测不同结构件的腐蚀、避免重大经济损失是一项艰巨的工作。

某些建筑材料能够减少嵌入式钢铁腐蚀并与特定结构协调一致，不影响钢筋结构，这些材料的使用已经为研究聚合物骨料用作"智能阻锈剂存储器/载体系统"（智能系统）提供了借鉴。用γ射线辐射或化学侵蚀来激活聚合物表面，使其与易碎混凝土基体相容，并将阻锈剂包裹进所形成的空腔中。

当氧化反应发生时，智能系统能够释放出阻锈剂。阻锈剂将通过毛细作用或者其他孔结构进行迁移，直到到达待保护和电化学还原的金属，或者促进形成氧化物钝化膜。在这两种情况下，随着阻锈剂的适当释放和及时传输，钢筋的腐蚀速率大大降低。混凝土聚合物添加剂的存在也改善了混凝土的机械性能[32]。

图 12.1 比较了空白组混凝土板（$f_c = 219.91 \text{kg/cm}^2$）和添加尼龙 66 颗粒的混凝土板（$f_c = 225.40 \text{kg/cm}^2$）抗压强度（%）随混凝土固化时间的变化，添加尼龙 66 颗粒后，混凝土板的力学性能提高了，与报道的结果一致[33]。

聚合物的选择应注意以下方面。

所使用的添加剂应不腐蚀、抗压，能够储存阻锈剂且与混凝土结构协调一致。

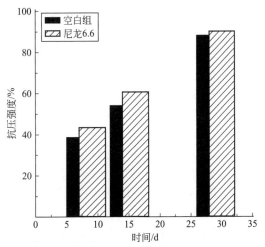

图 12.1　不同凝结时间，空白混凝土板和添加尼龙 66 的混凝土板的抗压强度

考虑到这些因素，提出使用尼龙 66 等聚酰胺。尼龙可以是纤维、块状物、棒状物或丸粒。

聚酰胺具有光滑的表面，因此必须暴露于化学试剂（不同浓度的 NaOH 溶液）中或者采用 γ 射线辐射（氩气或空气）激活以使表面变得多孔或凹凸不平进而促进阻锈剂的吸附，如图 12.2 所示。80℃氢氧化钠溶液化学处理和 γ 射线辐射的影响在尼龙 66 颗粒表面是清晰可见的，表面形成了中空孔[23]。详细的步骤在其他文献中也有报道[34~36]。

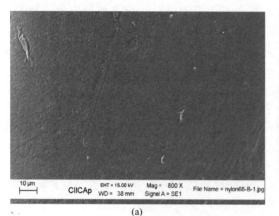
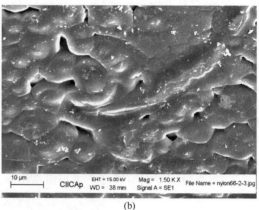
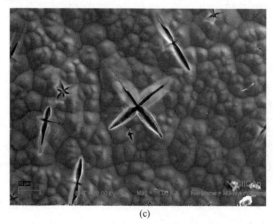

图 12.2　活性尼龙 66 处理前后表面对比图
(a) 未处理；(b) 化学试剂处理；(c) γ 射线辐射

在含有 80mg/mL 的硝酸铁 [$Fe(NO_3)_3$] 钝化剂的丙酮中，获得了活性表面吸附钝化剂的尼龙颗粒。活化尼龙 66 颗粒循环浸渍于缓蚀剂溶液中以通过缓蚀剂的存在实现颗粒最大增重[23]。活化聚合物末端的密封是基于加载的阻锈剂与过渡 Fe 金属离子间的反应，这个反应形成了不溶络合物，该络合物作为密封剂或塞子分散在智能体系末端，以这种方式形成智能系统。

活化以后，尼龙 66 的表面粗糙度由图像处理和分形维数分析确定[37~42]。图 12.3 给出了分形维数与 γ 射线辐射剂量的函数 [图 12.3(a)]、分形维数与化学处理中样品浸渍时间的函数 [图 12.3(b)]，并获得了最大粗糙度的表面处理条件。化学处理的尼龙粒子被选作吸附剂和钢筋混凝土添加剂。

$Fe(NO_3)_3$ 钝化剂浓度的选择基于不同参数组合，包括阻锈剂活性，使用动电极化测量获得的腐蚀电位、点蚀电位、钝化电流密度。这些参数是在空白和添加不同浓度吸附有阻锈剂尼龙 66 颗粒的饱和 $Ca(OH)_2$ 和 $CaCl_2$ 1∶1 的混凝土模拟液（pH=12）中测得的，如图

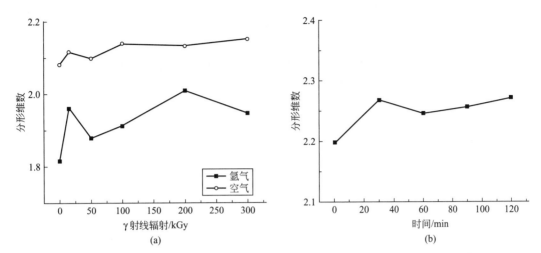

图 12.3 γ射线辐射下尼龙 66 的分形维数与辐射剂量的函数（a）和化学处理时，
尼龙 66 的分形维数与处理时间的函数（b）

12.4 所示。腐蚀电位是阻锈剂浓度的函数。极化程度越低，钝化电流密度越小，点蚀电位越负，如图 12.4(a) 所示。自腐蚀电位和噪声电流密度随钢筋混凝土在氯离子溶液中浸泡时间的变化如图 12.4(b) 所示，其中钢筋混凝土中添加和未添加智能系统作为骨料。相似的，两个不同钢筋混凝土体系中，电位均随浸泡时间延长而增加，但噪声电流密度却不是这样的，这些结果表明了阻锈剂的释放和腐蚀防护性能。

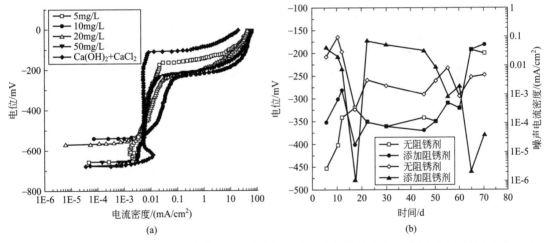

图 12.4 混凝土模拟环境中的极化曲线（a）和混凝土样品浸在氯离子溶液中腐蚀电位与时间的函数（b）

吸附的阻锈剂释放可能由腐蚀过程本身引发，这样可以防止阻锈剂的自发泄漏或者智能系统的缓慢释放，从而对服役环境的变化做出响应[43]。

12.3 电纺丝智能涂层

现存的文化遗产中绝大多数是金属制品，如纪念碑、雕像和艺术作品等。铜及其合金作为艺术家和建筑师所使用的基础金属材料发挥着重要作用。铜及其合金的腐蚀是一个复杂过程，涉及腐蚀产物和氧化物膜的形成。这些产物是由许多易碎氧化物和氢氧化物层组成的，在许多情况下具有不同的颜色和纹理。一些钙质来源，包括硅酸钙，都能使铜生成氧化铜

（通常为赤铜矿）[44~48]。铜常被用在结构和雕塑中，表面常覆盖有多层腐蚀产物，以提供其美学价值并保护金属基体。由于大气污染的增加，当暴露于污染环境中时，这些产物层通常会发生溶解。

聚合物材料作金属腐蚀防护涂层，当用缓蚀剂改性后，其防护效率提高[49]。具有储存性能的纳米载体，以受控的方式释放缓蚀剂，可用于制造新的涂层系列，以对涂层内环境或其完整性的变化做出响应。腐蚀过程本身可以激发包封在纳米存储器/载体中的缓蚀剂的释放，防止缓蚀剂从涂层中自发泄漏。有了这个限制，就有可能通过屏蔽和缓蚀剂机制对金属实现双重防腐蚀目标。

电纺丝（又称静电纺丝）是一种公认的技术，可生产直径范围为40~2000nm的聚合物纤维[48]。纤维可以直接从溶液或融熔状态电纺丝，通过调节表面张力、溶液浓度、电导率等来控制直径大小[48,50,51]。当溶液表面的电场力克服表面张力并触发溶液从容器（注射器）射出形成射流，就会发生静电纺丝，沉积并收集在金属接收屏上。当射出的材料干燥或凝固时，形成带电纤维，可以通过电力来引导或加速[44~52]。当射流拉伸和干燥时，径向电力使其反复飞溅，纤维干燥、固化[53~55]。改进的电纺丝技术可以生产液晶或其他定制材料甚至更细的纤维[56]。聚合物与缓蚀剂间的热力学相容性允许它们组合为一个完整的材料体系，生产出准相容化合物，这就是聚合物缓蚀剂材料科学进步的方向[57]。

缓蚀剂是指即使在很低的浓度下也能够降低金属在腐蚀性介质中腐蚀的化合物，它们改变了金属腐蚀反应的电化学动力学，大大降低腐蚀速率[49]。大多数情况下，腐蚀过程包括水分子，缓蚀剂则用于含水体系和大气环境的腐蚀防护。现如今，缓蚀剂主要有铬酸盐、硝酸盐、苯并三唑及其他有机化合物和无机化合物。苯并三唑（BTAH）是一种低分子量的有机化合物，具有很好的防止金属腐蚀的性能，尤其用于金属铜的腐蚀防护。

制备适用于自修复防腐蚀涂层纳米存储器/载体的下一个步骤是使它们对腐蚀过程或其他外部触发器敏感[53,54]，以激发储存的缓蚀剂释放。此过程是自修复过程，能够调整缓蚀剂的储存/释放[19,21]。

直接将缓蚀剂加入防腐蚀涂层通常会导致缓蚀剂失活和聚合物基体降解。另一种方法是生产复合防腐蚀涂层：聚合物和电纺尼龙66纳米纤维作为缓蚀剂BTAH的存储器/载体，整体作为"智能涂层"。其目标是将这种防腐蚀涂层应用于由铜或其合金制成并暴露于大气腐蚀条件下的雕塑或文化艺术品的腐蚀防护。

为了实现这些目标，作者研究了电纺和捕获缓蚀剂的几个系统条件。智能涂层的设计概念如下：存储器/载体选用纳米级粒子。例如，当存储器/载体机械变形或金属表面腐蚀时，缓蚀剂被释放出来，在金属表面形成钝化膜以降低金属的腐蚀速率，导致金属所处化学环境发生改变。此外，聚合物与电纺尼龙66/苯并三唑（Ny-BTAH）缓蚀剂复合，在金属表面形成薄膜，该膜作为智能涂层、屏障、曲折路径防止侵蚀性物质扩散到金属表面[53,54]。

一旦涂层膜变得复杂，必须用红外光谱（FTIR）进行表征，在红外光谱中标记了尼龙66、固态的BTAH、含20% BTAH的电纺尼龙纤维的位置，如图12.5(a)所示。在红外光谱图中观察到了BTAH缓蚀剂和尼龙66的吸收峰。20%Ny-BTAH的谱图呈现与在其他谱图中观察到的对应峰，表明尼龙和BTAH已复合于膜中。在SEM图中观察到了尼龙，且复合的Ny-BTAH呈透明状，如图12.5(b)所示[54]。水性醇酸漆涂覆在缓蚀剂尼龙智能涂层上，在环境温度下干燥24h。经测试，该涂层具有很好的黏结特性。

对涂覆涂层的铜电极进行电化学评价，结果如图12.6所示。图12.6(a)给出了浸泡在氯化物-硫酸盐溶液中，涂覆上述智能涂层的铜电极、空白铜电极、涂覆普通涂层的铜电极三者的对照结果，自腐蚀电位均是浸泡时间的函数。由图12.6(a)可见，涂覆上述智能涂层的铜电极电位最高，其次是涂覆普通涂层的铜电极电位，其变化与空白铜电极电位相似。

第 12 章 聚合物-缓蚀剂掺杂涂层的智能防护

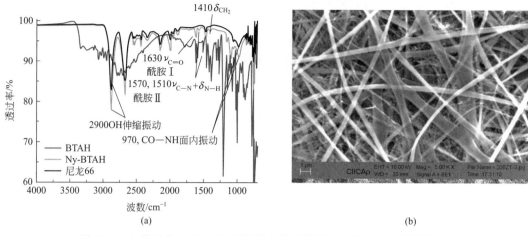

图 12.5 电纺尼龙 66/BATH 纤维的红外光谱图（a）及 SEM 微观图（b）

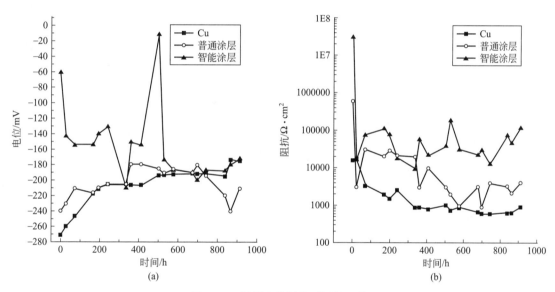

图 12.6 裸铜和涂层涂覆铜的比较
（a）腐蚀电位与浸泡时间曲线；（b）总阻抗与浸泡时间曲线

大约浸泡 350h 后，涂覆智能涂层的铜电极持续降低的电极电位达到了其他两个电极的稳态值。这种行为可能归因于：尼龙/缓蚀剂纤维和涂层限制了侵蚀性物质的扩散路径，使其难以到达金属表面。

为了测试浸泡 500h 后智能涂层的"智能"特性，用刀尖对涂层表面划线制作了模拟涂层损伤的机械涂层。腐蚀电位正移，然后负移回到活泼电位，而后再次增加，表明涂层具有较好的防腐性能，总阻抗也相应变化。

空白电极、涂有普通涂层的铜电极、涂有智能涂层的铜电极的平均电化学阻抗模量是浸泡时间的函数，如图 12.6(b) 所示。相对于空白铜电极和涂有普通涂层的铜电极，涂覆智能涂层铜电极的阻抗模值更高。浸泡 500h 后，划痕处的阻抗大大降低，随后升高直到浸泡结束。电位和阻抗的变化表明，受损区域裸露铜发生腐蚀并形成氧化膜，BTAH 缓蚀剂的释放行为促进这一过程[54]。一般来说，涂层在腐蚀性条件下浸泡 900h 后仍保持足够高的阻抗值，则认为该涂层是良好的防腐涂层，同时也证实了智能涂层的智能行为。

为了观察划伤部位的金属表面形貌，将 SEM 照片示于图 12.7(a)，样品的元素分析示于图 12.7(b)，元素分析给出了与电解质（如钠离子、氯离子、硫酸根）相关的腐蚀产物元素。元素分析图中给出的元素如碳、氧、氮等表明聚合物和缓蚀剂存在于金属表面。从图中还可以观察到铜金属基体、与人工破坏聚合物涂层的刀相关的铁颗粒，正如报道的那样，所有这些表明可能是 BTAH 缓蚀剂与金属作用形成一层聚合物层[58,59]。

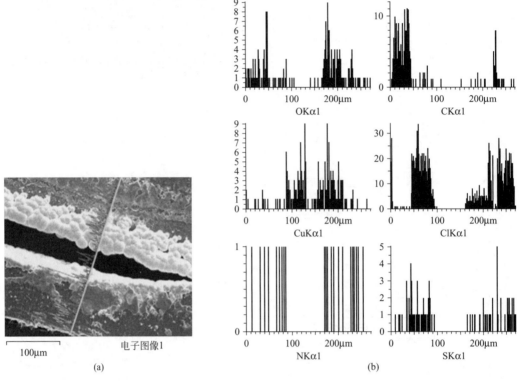

图 12.7 划线涂层
(a) 表面形貌和 (b) 化学分析

所得结果支撑了氯化物溶液中铜-BTAH 缓蚀剂膜的形成机制[58]。

$$4Cu + 8Cl^- + O_2 + 2H_2O \rightleftharpoons 4CuCl_2^- + 4OH^-$$

$$nCuCl_2^- + nBTAH \rightleftharpoons [-CuBTA-]_n + nH^+ + 2nCl^-$$

在侵蚀性大气条件下，借助智能涂层系统的帮助，聚合物的形成将进一步保护受损区域，钝化金属表面。

12.4 溶胶-凝胶涂层的腐蚀控制

用于处理无机材料的溶胶-凝胶方法可能要追溯到 20 世纪初，基于 Graham 和 Ebelmen (1842) 对硅凝胶的研究[60]。这些研究得到了一些结论：在酸性环境中以原硅酸四乙酯（TEOS）为前驱体制成的玻璃状材料是一种黏性凝胶，可应用于不同领域（光学、陶瓷）。通过这些研究进而得到以下结论：硅前驱体发生水解和缩聚反应，如酸性或碱性条件下原硅酸四乙酯发生水解和缩聚反应。无机网络的生长首先形成胶体悬浮液，并且缩合反应的连续性增加了网络的尺寸和复杂性，直到形成玻璃状材料或凝胶。此凝胶由固体网络组成，固体网络孔中有液体或黏性凝胶（光学凝胶、陶瓷凝胶），因此认为是一种复合物。无水凝胶存在裂纹，因此很难有其他方面的应用[61]。然而，经过恰当的化学、热、物理化学处理后，无机网络会在其他方面得以应用，这种方法称为溶胶-凝胶法。由于该方法中的水解反应和缩聚反应是在较温和的条件下进行的，所以又称为软化学反应[62,63]。

由于之前的凝胶存在缺陷，20 世纪 70 年代合成出了新结构凝胶。1971 年，在阳离子表面活性剂的协助下，合成了 TEOS 前驱体，该生产过程称为低密度硅溶胶-凝胶化[64]。为了改善溶胶-凝胶性质，许多科学家[65~68]合成了新结构。从那一刻起，有机-无机混合溶胶-凝胶的合成开始展现出比前一种溶胶-凝胶更为广泛的应用。自从此方法被开发出来，采用溶胶-凝胶法制备了不同应用领域的涂层。溶胶-凝胶涂层相对于其他生产技术生产的涂层具有很多优势，例如纯度高、基体均匀、固化温度低（＜500℃）。此外，溶胶-凝胶过程中使用的温和条件允许其物理捕获不同的无机物、有机物[69~71]、生化物种[72,73]、生物物种[74,75]置于网络内。

溶胶-凝胶涂层使金属基体材料性质保持不变。在过去的二十年中，溶胶-凝胶法由于其灵活性，且能与其他材料组合形成更均匀、更耐蚀的涂层而得到了更为广泛的应用。另外，应用溶胶-凝胶法制备了一系列应用于电子学、光学、陶瓷、汽车、生物技术、防腐蚀等领域的陶瓷玻璃涂层[76,77]。

从抗腐蚀的角度来讲，复合溶胶-凝胶涂层具有更多的可能性，因为避开了材料脆性和高温环境。通常，单独的无机氧化物溶胶-凝胶涂层在固化处理后会有裂纹和孔洞。因此，低黏度的复合溶胶-凝胶涂层在沉积过程中容易注入模具中，不管采用何种技术均能实现这一目标[78~80]。掺杂涂覆和旋涂是最普通的两种沉积方法[81,82]，相对于喷涂和电化学沉积具有很多优势：厚度均匀、表面缺陷少。

沉积技术对腐蚀特性影响的例子如图 12.8(a)和(b) 所示，图中给出了浸泡于 0.1mol/L NaCl 溶液中 48h 后的涂覆铝试样。正如看到的那样，旋涂技术和浸涂技术显示出较好的电阻特性，在低频时终阻抗高达 $10^5 \Omega \cdot cm^2$。刷涂和喷涂技术显示出较差的电阻特性。所有试样具有相似的平均厚度，约为 4~5μm，从这些结果中明显看出，浸涂和喷涂技术增加了涂层中缺陷的数量。

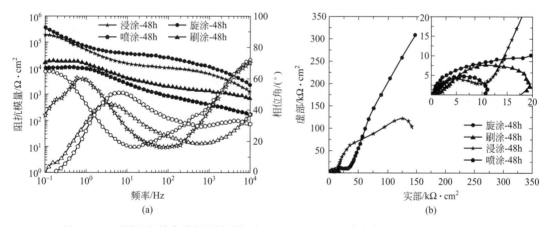

图 12.8 不同沉积技术获得的涂覆铝在 0.1mol/L NaCl 溶液中浸泡 48h 后的阻抗谱
(a) Bode 图；(b) Nyquist 图

杂化溶胶-凝胶涂层在涂层沉积后还有其他的优点，即低加工温度和对基体的疏水/亲水特性。无机部分通常控制固化过程中的脆性、硬度、透明度，而有机部分调节密度、热稳定性、表面性质如多孔性[83]。如果有机部分或有机分子完全嵌入无机基体中，可形成范德华力或静电键合等弱键。另外，当无机部分和有机部分在所有分子间形成强相互作用时，共价键即为主要键合。

从 20 世纪 90 年代早期，已经由同心多层纳米颗粒合成了一些其他材料以改善最终基体的性质。因此具有双重特性（如磁性和发光性能）的颗粒的合成有很大的吸引力，结果是开发了由两种或更多种材料组成的纳米粒子的合成方法，名为核-壳纳米粒子的合成法[84-87]。溶胶-凝胶法可以将金属氧化物如 TiO_2、ZrO_2、ZnO 和 Al_2O_3 制成网络结构[61]。

另外，当纤维、纳米粒子或纳米容器加入网络中时，也可以使用这些杂化材料。依赖于涂层中物质的性质，根据这些物质与无机/有机基体形成的化学键而将这些物质分成不同种类[88]。获得凝胶的步骤如下[68,76]：混合→凝胶化→老化→干燥→烧结。溶胶-凝胶法是现代新兴的跨学科领域：可用于制备新型杂化材料、生产催化剂和传感器，以及用于制备可输送药物或防腐剂的复合材料。

下面介绍溶胶-凝胶涂层在腐蚀领域中的应用。

用于保护基体免受腐蚀的溶胶-凝胶法在近 15 年内发展起来了，包含氧化硅的无机涂层，由于其高的化学稳定性和良好的耐磨性而用作防腐涂层[89]。

SiO_2、ZrO_2、Al_2O_3、TiO_2 基涂层是防止氧在金属基体中扩散的优质涂层[90,91]。基于 TiO_2-SiO_2 配方的双陶瓷涂层在 800℃ 处理 15h 后具有高的抗金属氧化性能。然而，它在酸性条件下（H_2SO_4）的抗氧化性能较差。Y_2O_3 的掺入可改善 ZrO_2 涂层的抗氧化性，因为钇与氧具有很好的亲和性，能够形成稳定膜层。然而，耐腐蚀性是高温烧结后所形成内部和表面缺陷的函数[79]。涂层和基材的热膨胀系数之间的差异阻碍了无裂缝厚涂层的合成。为了避免高温固化出现较厚层而制备了杂化溶胶-凝胶涂层（从单层沉积中得到微米尺寸）。因此，制备具有较好黏附性、柔韧性和表面无缺陷的涂层是可以实现的[92,93]。

如前所述，TEOS 的掺入可以制备具有广泛应用领域的低黏度凝胶。TEOS 与有机改性醇盐如甲基三乙氧基硅烷（MTES）以 40∶60 的摩尔比复合，采用单层沉积法可以得到 $2\mu m$ 厚的无裂缝涂层[94]。碱性条件下，TEOS/MTES 促进了直径在 20nm 以下纳米粒子的形成，表现为密集的颗粒物，这种凝胶成功应用于镀锌钢的腐蚀防护[95]。其他研究证明，用碱性催化剂电泳沉积颗粒溶胶可使涂层厚度达到 $2\sim 10\mu m$。

由于电场容易将胶体粒子吸引到金属基体上，因此不仅使涂层更厚，而且还使涂层更致密，从而降低了涂层的孔隙率，提高了不锈钢的耐腐蚀性[96]。

然而，尽管有很多改进的合成途径，但二氧化硅溶胶-凝胶复合涂层的合成仍然制约了其在腐蚀防护方面的应用，因为涂层仍然不能为金属在酸性或中性溶液中提供良好的防护效果。其他氧化物如锆、钛和铝的氧化物的加入使其在腐蚀方面的应用从碱性介质扩展到中性介质。通过不同摩尔比的四丁基氧化锆溶液与 MTES 的水解和缩聚反应来开发 ZrO_2/SiO_2 涂层，证明在低于 700℃ 的烧结温度下形成 Si—O—Zr 键是有效的。低烧结温度的涂层增强了不锈钢的耐腐蚀性，例子如下：从 TEOS/MTES 合成中获得的烧结温度为 400~500℃ 的涂层，聚甲基丙烯酸甲酯（PMMA）分散到锆石溶胶中制得的烧结温度为 200℃ 的涂层。然而，这些材料的开发均依赖于合成过程中有机相的数量，因为有机相比例高会促使发生相分离和涂层剥离。

3-缩水甘油基氧基丙基三甲氧基硅烷（GPTMS）属于有机改性硅前体 [R—Si(OR)$_3$]，R 是有机官能团如环氧基、乙烯基、甲基丙烯基，与 SiO_2 和酸催化剂复合，可以制备烧结温度在 200℃ 以下的铝合金涂层[96~98]，涂层厚度在 $5\sim 10\mu m$ 之间。从这个观点出发，已经提出了许多组合方法以改进溶胶-凝胶涂层对铝合金的腐蚀防护。研究小组制备了 AA2024-T2 铝合金的四正丙醇锆 [Zr(PrO^n)$_4$ 或 TPOZ] 与 3-缩水甘油基氧基丙基三甲氧基硅烷杂化涂层。

在室温下，通过电化学阻抗谱分析了涂层在 0.1mol/L NaCl 溶液中对铝合金的腐蚀防护行为。掺杂 1%或 5%硝酸铈缓蚀剂制得杂化溶胶-凝胶涂层。另外，用铈化合物饱和的纳米容器 SBA15（Santa Barbara 无定形材料 15）也被加载到溶胶-凝胶中，以便比较其与未添加 Ce^{3+} 涂层的腐蚀防护效果。铈化合物属于绿色缓蚀剂，在受损涂层中它将屏蔽性质和缓蚀作用结合起来以增强耐腐蚀性。根据图 12.9(a) 和图 12.9(b)，48h 后，载有饱和铈 SBA15 纳米容器的溶胶-凝胶涂层表现出最好的介电性能，但对 Al 2024-T3 合金没有表现出更好的抗腐蚀性能；因此，当 Ce^{3+} 无机缓蚀剂缓慢释放时，防腐蚀效果更好。

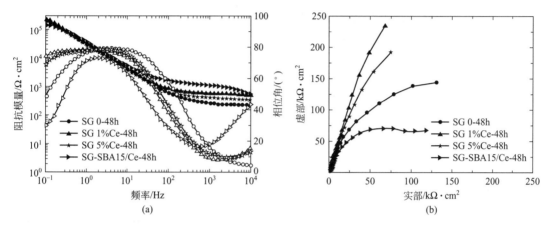

图 12.9 铈掺杂溶胶-凝胶涂层在 0.1mol/L NaCl 溶液中浸泡 48h 后的阻抗谱
(a) Bode 图；(b) Nyquist 图

溶胶-凝胶的发展已生产出新的涂层，主要是新的杂化有机无机体系，不仅包含改性的醇盐，还包含具有侵蚀粒子阻挡效应的纳米粒子。我们研究组通过电纺技术将尼龙纤维复合到溶胶-凝胶系统中，电化学阻抗谱 EIS 表征的电化学性能如图 12.10(a) 和图 12.10(b) 所示，图 12.11(a) 和图 12.11(b) 给出了电纺时间对纤维密度的影响。从 Bode 曲线看到，最高介电性能归于静电纺丝 2.5min 的尼龙复合涂层，低频阻抗模量为 $10^5\Omega\cdot cm^2$，阻抗模量值在浸泡 45 天内保持不变。涂层平均厚度为 $4\mu m$，显微照片与图 12.11(a) 相一致，可以看出，尼龙纤维形成了一个完全由溶胶-凝胶覆盖的网，而静电纺丝 5min 的尼龙复合涂层，不能覆盖整个表面。这些结果表明，溶胶-凝胶需要一个特定的锚固轮廓而沉积在尼龙纤维上。长时间电纺的高密度尼龙纤维降低了黏附性，从而降低了腐蚀防护性能。

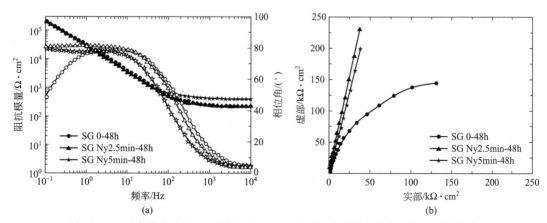

图 12.10 尼龙掺杂溶胶-凝胶涂层在 0.1mol/L NaCl 溶液中浸泡 48h 后的阻抗谱
(a) Bode 图；(b) Nyquist 图

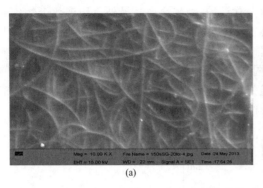 

图 12.11 尼龙掺杂的溶胶-凝胶涂层的显微图
(a) 静电纺丝 2.5min；(b) 静电纺丝 5min

因此，通过选择合适的前驱体、有机/无机相摩尔比、催化剂及合成条件参数等可以制得低烧结温度的更厚更致密的涂层，该涂层能够应用于其他基体，如低熔点的铝镁合金[99,100]。

12.5 结论

在本章中，介绍了尼龙活化粒子或电纺纤维复合缓蚀剂、聚合物和溶胶-凝胶涂层的新应用，这些涂层即所谓的智能涂层。基于文中这些涂层，我们的想法就是开发更高效的腐蚀防护体系。

致谢

作者衷心感谢 SEP-PROMEP 对学术团体"Desarrollo y Análisisde Materiales Avanzados"（UAEMOR-CA-43）以及学术网"Diseño Nanoscópico y Textural de Materiales Avanzados"的支持，最后，感谢 CONACyT 对该工作的资助。

参 考 文 献

[1] Challener C. The intelligence behind smart coatings. J Coat Tech 2006；3（January）：50-55.
[2] Andreeva D，Shchukin D. Smart self-repairing protective coatings. Mater Today 2008；11 (10)：24-30.
[3] Feng W，Patel SH，Young MY，et al. Smart polymeric coatings—recent advances. Adv Polym Technol 2007；26 (1)：1-13.
[4] Li W，Calle LM. Smart coating for corrosion sensing and protection In：*Proceedings of the US Army Corrosion Summit*. Clearwater Beach，FL：US Army Corrosion Summit；2006.
[5] Davis SJ，Watts JF. Organization of methoxysilane molecules on iron. Int J Adhes Adhes 1996；16 (1)：5-15.
[6] Allsop NABM，Glass NFC，Harris AE，et al. Thermal analysis in the development of self validating adhesives. Thermochim Acta 1998；315 (1)：67-75.
[7] Brown EN，White SR，Sottos NR. Microcapsule induced toughening in a self-healing polymer composite. J Mater Sci 2004；39：1703-1710.
[8] Abdullayev E，Lvov Y. Halloysite clay nanotubes for controlled release of protective agents. J Nanosci Nanotechnol 2011；11 (11)：10007-10026.
[9] Khramov AN，Voevodin NN，Balbyshev VN，et al. Hybrid organo-ceramic corrosion protection coatings with encapsulated organic corrosion inhibitors. Thin Solid Films 2004；447-448：549-557.
[10] Zheludkevich ML，Serra R，Montemor MF，et al. Nanostructured sol-gel coatings doped with cerium nitrate as pretreatments for AA2024-T3. Electrochim Acta 2005；51 (2)：208-217.
[11] Buchheit RGMS，Schmutz P，Guan H. Active corrosion protection in Ce-modified hydrotalcite conversion oatings. Corros Sci 2002；58 (1)：3-14.

- [12] Leggat RBZW, Buchheit RG, Taylor SR. Performance of hydrotalcite conversion treatments on AA2024-T3 when used in coating systems. Corros Sci 2002; 58 (4): 322-328.
- [13] Meier W. Polymer nanocapsules. Chem Soc Rev 2000; 29 (5): 295-303.
- [14] Peyratout CSMH, Dähne L. Preparation of photosensitive dye aggregates and fluorescent nanocrystals in microreaction containers. Adv Mater 2003; 15 (20): 1722-1726.
- [15] Föster S, Plantenberg T. From self-organizing polymers to nanohybrid and biomaterials. Angewandte Chemie International Edition 2002; 41 (5): 689-714.
- [16] Deyá C, Romagnoli R, Amo B. A new pigment for smart anticorrosive coatings. J Coat Technol Res 2007; 4 (2): 167-175.
- [17] Manna AIT, Aoi K, Okada M, et al. Synthesis of dendrimer-passivated noble metal nanoparticles in a polar medium: comparison of size between silver and gold particle. Chem Mater 2001; 13 (5): 1674-1681.
- [18] Sunder AKM, Hanselmann R, Mülhaupt R, et al. Molecular nanocapsules based on amphiphilic hyperbranched polyglycerols. Angew Chem Int Ed 1999; 38 (23): 3552-3555.
- [19] Lu X, Xin Z. Preparation and characterization of micron-sized polystyrene/polysiloxane core/shell particles. Colloid Polym Sci 2006; 284 (9): 1062-1066.
- [20] Zoldesi CI, van Walree CA, Imhof A. Deformable hollow hybrid silica/siloxane colloids by emulsion templating. Langmuir 2006; 22 (9): 4343-4352.
- [21] Schneider G, Decher G. From functional core/shell nanoparticles prepared via layer-by-layer deposition to empty nanospheres. Nano Lett 2004; 4 (10): 1833-1839.
- [22] Menchaca EC, Hernández S, Tejeda A, et al. Adsorption of Fe(NO$_3$)$_3$ onto Activated Nylon-6,6 as a Container and a Possible "Smart" Corrosion Inhibitor-containing System. Adsorption Science & Technology 2011; 29 (5): 507-517.
- [23] Menchaca EC, Hernández S, Tejeda A, Sarmiento E, Uruchurtu J, García MA. Adsorption of Fe(NO$_3$)$_3$ onto Activated Nylon-6,6 as a Container and a Possible "Smart" Corrosion Inhibitor-containing System. Adsorpt Sci Technol 2011; 29 (5): 507-517.
- [24] Gece G. Drugs: a review of promising novel corrosion inhibitors. Corros Sci 2011; 53 (12): 3873-3898.
- [25] Abdulrahman AS, Mohammad I, Mohammad SH. Corrosion inhibitors for steel reinforcement in concrete: a review. Sci Res Essays 2011; 6 (20): 4152-4162.
- [26] Ramaswamy A, Reddy H. Time dependent deformations in concrete: a multi-scale approach. In: Dattaguru B, Gopalakrishnan S, Aatre VK, editors. IUTAM symposium on multi-functional material structures and systems, (vol. 19): Netherlands: Springer; 2010. p. 55-64.
- [27] Fowler D. Polymers in concrete: a vision for the 21st century. Cem Concr Res 1999; 21 (5-6): 449-452.
- [28] Beaudoin JJ. Handbook of fiber-reinforced concrete, principles, properties developments and applications. Park Ridge, NJ, USA: Noyes Data Corporation; 1990. ISBN: 0815512368. http://worldcat.org/isbn/0815512368.
- [29] Hoult NA, Sherwood EG, Bentz EC, et al. Does the use of FRP reinforcement change the one-way shear behavior of reinforced concrete slabs? J Compos Constr 2008; 12 (2): 125-33.
- [30] Zheng Z, Feldman D. Synthetic fibre-reinforced concrete. Prog Polym Sci 1995; 20: 185-210.
- [31] Pfeifer DW, McDonald DB, Krauss PD. The rapid chloride permeability test and its correlation to the 90-day chloride ponding test. PCI J 1994; 39 (1): 38-47.
- [32] Martínez-Barrera G, Menchaca-Campos C, Vigueras-Santiago E, et al. Post-irradiation effects on Nylon-fibers reinforced concretes. e-Polymers 2013; 10 (1): 457-469.
- [33] Martínez-Barrera G, Villarruel UT, Vigueras-Santiago E, et al. Compressive strength of gamma-irradiated polymer concrete. Polym Compos 2008; 29 (11): 1210-1217.
- [34] Martínez-Barrera G, Menchaca-Campos C, Hernández-López S, et al. Concrete reinforced with irradiated nylon fibers. J Mat Res 2006; 21 (02): 484-491.
- [35] Menchaca C, Alvarez-Castillo A, Lopez-Valdivia H, et al. Radiation-induced morphological changes in polyamide fibers. Int J Polym Mater 2002; 51 (9): 769-781.
- [36] Martínez-Barrera G, Campos CM, Ureña-Nuñez F. Gamma radiation as a novel technology for development of new generation concrete. In: Adrovic F, editor. Gamma radiation. Rijeka, Croatia: InTech; 2012. p. 320.
- [37] Menchaca C, Nava JC, Valdez S, et al. Gamma-irradiated nylon roughness as function of dose and time by the hurst and fractal dimension analysis. J Mat Sci Eng 2010; 4 (9): 50-58.
- [38] Menchaca C, Demesa G, Santiaguillo A, et al. Gamma irradiation effect on nylon 6-12 modification under argon at-

mosphere. J Mat Sci Eng 2012; 4 (B2): 247-254.

[39] Hernández M, Genescá J, Uruchurtu J, et al. Correlation between electrochemical impedance and noise measurements of waterborne coatings. Corros Sci 2009; 51 (3): 499-510.

[40] Bahena D, Rosales I, Sarmiento O, et al. Electrochemical noise chaotic analysis of NiCoAg alloy in hank solution. Int J Corros 2011; 2011: 1-11.

[41] González-Nuñez MA, Uruchurtu-Chavarin J. R/S fractal analysis of electrochemical noise signals of three organic coating samples under corrosion conditions. J Corros Sci Eng 2003; 6: 1-15.

[42] Mayorga-Cruz D, Sarmiento-Martinez O, Uruchurtu-Chavarin J. Investigation of system dynamics in a corrosion process by optical and electrochemical methods. ECS Trans 2008; 13 (27): 19-32.

[43] Troconis de Rincón O, Sánchez M, Millano V, et al. Effect of the marine environment on reinforced concrete durability in Iberoamerican countries: DURACON project/CYTED. Corrosion Sci 2007; 49 (7): 2832-2843.

[44] Reneker DH, Chun I. Nanometre diameter fibres of polymer, produced by electrospinning. Nanotechnology 1996; 7: 216-223.

[45] Yao Z. Corrosion and its control. Amsterdam: Elsevier; 1998.

[46] Rozenfield IL. Corrosion Inhibitors, McGraw Hill Higher Education. December 1, 1981. 327 pages. ISBN-13: 978-0070541702.

[47] Graedel TE, Nassau K, Franey JP. Copper patinas formed in the atmosphere—I. Introduction 1987; 27 (7): 639-657.

[48] Yarin AL, Koombhongse S, Reneker DH. Taylor cone and jetting from liquid droplets in electrospinning of nanofibers. J Appl Phys 2001; 90 (9): 4836.

[49] Søensen PA, Kiil S, Dam-Johansen K, et al. Anticorrosive coatings: a review. J Coat Technol Res 2009; 6 (2): 135-176.

[50] Shin YM, Hohman MM, Brenner MP, et al. Experimental characterization of electrospinning: the electrically forced jet and instabilities. Polymer 2001; 42 (25): 9955-9967.

[51] Deitzel JM, Kleinmeyer JD, Hirvonen JK, et al. Controlled deposition of electrospun poly (ethylene oxide) fibers. Polymer 2001; 42 (19): 8163-8170.

[52] Koombhongse S, Liu W, Reneker D. Flat polymer ribbons and other shapes by electrospinning. J Polym Sci B 2001; 39: 2598-2606.

[53] Soto-Quintero A, Uruchurtu-Chavarín J, Cruz-Silva R, et al. Electrospinning smart polymeric inhibitor nanocontainer system for copper corrosion. ECS Trans 2011; 36 (1): 119-127.

[54] Menchaca C, Castañda I, Soto-Quintero A, et al. Characterization of a "Smart" hybrid varnish electrospun nylon benzotriazole copper corrosion protection coating. Int J Corros 2012; 2012: 1-10.

[55] Ávila-Gonzalez C, Cruz-Silva R, Menchaca C, et al. Use of silica tubes as nanocontainers for corrosion inhibitor storage. J Nanotechnol 2011; 2011: 1-9.

[56] Rinzler AG, Hafner JH, Nikolaev P, et al. Unraveling nanotubes: field emission from an atomic wire. Science 1995; 269: 1550-1553.

[57] Pinčuk LS. Melt blowing: equipment, technology, and polymer fibrous materials. New York: Springer; 2002.

[58] Kosec T, Merl DK, Milošev I. Impedance and XPS study of benzotriazole films formed on copper, copper-zinc alloys and zinc in chloride solution. Corros Sci 2008; 50 (7): 1987-1997.

[59] Finšgar M, Milošev I. Inhibition of copper corrosion by 1,2,3-benzotriazole: a review. Corros Sci 2010; 52 (9): 2737-2749.

[60] Ebelmen JJ. Recherches sur quelques composés de l'urane. Ann Chim Phys 1842; 5 (3): 189-193.

[61] Hench LL, West JK. The sol-gel process. Chem Rev 1990; 90: 33-72.

[62] Livage J. Chimie douce: from shake-and-bake processing to wet chemistry. New J Chem 2001; 25 (1): 1.

[63] Sanchez C, Rozes L, Ribot F, et al. "Chimie douce": a land of opportunities for the designed construction of functional inorganic and hybrid organic-inorganic nanomaterials. C R Chim 2010; 13 (1-2): 3-39.

[64] Chiola V, Ritsko JE, Vanderpool CD. Process for producing low-bulk density silica. USA patent 3, 556, 725 1971.

[65] Huang HH, Orler B, Wilkes GL. Ceramers: hybrid materials incorporating polymeric/oligomeric pecies with inorganic glasses by a sol-gel process 2. Effect of acid content on the final properties. Polym Bull 1985; 14 (6): 557-564.

[66] Schmidt H, Seiferling B. Chemistry and applications of inorganic-organic polymers (organically modified silicates). In: Materials research society symposium proceedings. Materials Research Society; 1986. p. 739-750.

[67] Philipp G, Schmidt H. New materials for contact lenses prepared from Si-and Ti-alkoxides by the sol-gel process. J Non Cryst Solids 1984; 63: 283-292.

[68] Schmidt H, Scholze H, Kaiser A. Principles of hydrolysis and condensation reaction of alkoxysilanes. J Non Cryst Solids 1984; 63 (1-2): 1-11.

[69] Levy D, Reisfeld R, Avnir D. Fluorescence of europium (Ⅲ) trapped in silica gel-glass as a probe for cation binding and for changes in cage symmetry during gel dehydration. Chem Phys Lett 1984; 109 (6): 593-597.

[70] Campostrini R, Carturan G, Ferrari M, et al. Luminescence of Eu^{3+} ions during thermal densification of SiO_2 gel. J Mater Res 1992; 7 (3): 745-753.

[71] Pouxviel JC, Dunn B, Zink JI. Fluorescence study of aluminosilicate sols and gels doped with hydroxyl trisulfonated pyrene. J Phys Chem 1989; 93 (5): 2134-2139.

[72] Miller JM, Dunn B, Valentine JS, et al. Synthesis conditions for encapsulating cytochrome c and catalase in SiO_2 sol-gel materials. J Non Cryst Solids 1996; 202 (3): 279-289.

[73] Menaa B, Miyagawa Y, Takahashi M, et al. Bioencapsulation of apomyoglobin in nanoporous organosilica sol-gel glasses: influence of the siloxane network on the conformation and stability of a model protein. Biopolymers 2009; 91 (11): 895-906.

[74] Campostrini R, Carturan G, Caniato R, et al. Immobilization of plant cells in hybrid sol-gel materials. J Sol-Gel Sci Technol 1996; 7: 87-97.

[75] Avnir D, Coradin T, Lev O, et al. Recent bio-applications of sol-gel materials. J Mater Chem 2006; 16 (11): 1013-1030.

[76] Brinker CJ, Scherer GW. Sol-gel science: the physics and chemistry of sol-gel processing. Amsterdam: Elsevier; 1990.

[77] de la Rosa-Fox N, Esquivias L, Piñro M. Organic-inorganic hybrid materials from sonogels. In: Handbook of organic-inorganic hybrid materials and nanocomposites. Volume 1: Hybrid Materials Edited by H. S. Nalwa. ISBN: 1-58883-011-X. American Scientific Publisher; 2003.

[78] Flory PJ. Introductory lecture: levels of order in amorphous polymers. Faraday Discuss Chem Soc 1979; 68: 14-25.

[79] Brook R. Sol-gel technology for thin films, fibers, preforms, electronics, and speciality shapes. [Klein LC, editor.]. New Jersey, USA: Noyes Publications; 1988 xxi, 407 p.

[80] Schmidt H. New type of non-crystalline solids between inorganic and organic materials. J Non Cryst Solids 1985; 73: 681-691.

[81] Coltrain BK, Sanchez C, Schaefer DW, et al. Better ceramics through chemistry 7: Organic/inorganic hybrid materials: Spring meeting of the Materials Research Society (MRS), San Francisco, CA (United States), 8-12 Apr. 1996. ISBN 1-55899-338-X.

[82] Donley MS, Mantz RA, Khramov AN, et al. The self-assembled nanophase particle (SNAP) process: a nanoscience approach to coatings. Prog Org Coat 2003; 47 (3-4): 401-415.

[83] Castro Y, Ferrari B, Moreno R, et al. Coatings produced by electrophoretic deposition from nano-particulate silica sol-gel suspensions. Surf Coat Technol 2004; 182 (2-3): 199-203.

[84] Kresge CTLM, Roth WJ, Vartuli JC, et al. Ordered mesoporous molecular sieves synthesized by a liquid crystal template mechanism. Nature 1992; 359: 710-712.

[85] Naik B, Ghosh NN. A review on chemical methodologies for preparation of mesoporous silica and alumina based materials. Recent Pat Nanotechnol 2009; 33 (3): 213-224.

[86] Mizoshita N, Tani T, Inagaki S. Syntheses, properties and applications of periodic mesoporous organosilicas prepared from bridged organosilane precursors. Chem Soc Rev 2011; 40 (2): 789-800.

[87] Chaudhuri RG, Paria S. Core/shell nanoparticles: classes, properties, synthesis mechanisms, characterization, and applications. Chem Rev 2012; 112 (4): 2373-2433.

[88] Schmidt H. Organic modification of glass structure new glasses or new polymers? J Non Cryst Solids 1989; 112: 419-423.

[89] Mackenzie JD. Structures and properties of Ormosils. J Sol-Gel Sci Technol 1994; 2 (1-2): 81-86.

[90] Guglielmi M. Sol-gel coatings on metals. J Sol-Gel Sci Technol 1997; 8 (1-3): 443-449.

[91] Zhu M, Li M, Li Y, et al. Influence of sol-gel derived Al_2O_3 film on the oxidation behavior of a Ti_3Al based alloy. Mater Sci Eng A 2006; 415 (1-2): 177-183.

[92] Metroke TL, Kachurina O, Knobbe ET. Spectroscopic and corrosion resistance characterization of GLYMO-TEOS Ormosil coatings for aluminum alloy corrosion inhibition. Prog Org Coat 2002; 44 (4): 295-305.

[93] Atik M, Zarzycki J. Protective TiO_2-SiO_2 coatings on stainless steel sheets prepared by dip-coating. J Mat Sci Lett 1994; 13 (17): 1301-1304.

[94] Chou TP, Chandrasekaran C, Limmer SJ, et al. Organic-inorganic hybrid coatings for corrosion protection. J Non-Cryst Solids 2001; 290 (2-3): 153-162.

[95] Chou TP, Chandrasekaran C, Cao GZ. Sol-gel-derived hybrid coatings for corrosion protection. J Sol-Gel Sci Technol 2003; 26: 321-327.

[96] Vazquez-Vaamonde AJ, de Damborenea JJ, Damborenea-Gonzalez JJ. Ciencia e ingeniería de la superficie de los materiales metálicos Volume 31 of Textos universitarios. Madrid Spain: Editorial CSIC -CSIC Press, 2001. 632 pages.

[97] Conde A, Damborenea J, Durán A, et al. Protective properties of a sol-gel coating on zinc coated steel. J Sol-Gel Sci Technol 2006; 37 (1): 79-85.

[98] Castro Y, Duran A, Damborenea JJ, et al. Electrochemical behaviour of silica basic hybrid coatings deposited on stainless steel by dipping and EPD. Electrochim Acta 2008; 53 (20): 6008-6017.

[99] Schmidt H, Langenfeld S, Nab R. A new corrosion protection coating system for pressure-cast aluminium automotive parts. Mater Des 1997; 18 (4-6): 309-313.

[100] Collazo A, Hernández M, Nóvoa XR, et al. Effect of the addition of thermally activated hydrotalcite on the protective features of sol-gel coatings applied on AA2024 aluminium alloys. Electrochim Acta 2011; 56 (23): 7805-7814.

第 13 章 热致变色二氧化钒智能涂层的性能及应用

Mohammed Soltani, Anthony B. Kaye

RSL-Tech, 9114 Descartes, Montreal, Quebec, Canada

Department of Physics, Texas Tech University, Box 41051, Lubbock, Texas, USA

13.1 VO₂ 的简介和性质

自从 1959 年 Morin[1] 的工作以来, 热致变色材料 VO_2 一直受到全世界研究人员的关注, 其挑战是理解其超快相变背后的复杂机制和使用 VO_2 进行研发新的涂层、传感器和器件。

VO_2 在相变温度 (T_{trans}) 约为 68℃ 的低温下经历超快速、可逆的固态半导体-金属相变 (SMT)。这种相变伴随着单斜晶系 (低温) 到四方金红石晶系 (高温) 的结构转变。图 13.1 给出了这两种状态下 VO_2 的晶体结构。

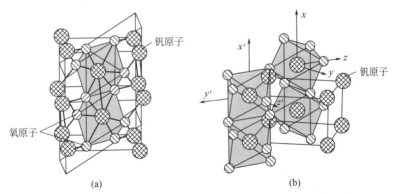

图 13.1 VO_2 的晶体结构[2]: 单斜结构 (低温) (a) 和四方结构 (高温) (b)
⊛代表钒原子; ⊘和◎代表氧原子

SMT 过程也伴随着光学性质和电学性质的改变; 当相变发生的时候, 电阻率降低了约 3 个数量级 (如图 13.8 所示), 材料本身从透明变为不透明 (在长波段红外光谱中 1~25μm 有很大的差别)。图 13.2 显示了 VO_2 涂覆的石英的红外透射率随温度的变化情况, VO_2 在低温时 (即在半导体状态) 是透明的, 高温时变成不透明且反射增强。在相同的红外光谱范围内, 金属状态的透射率降低到零 (图 13.2)。

Crunteanu 等人[4] 阐明了直流电导率和沉积在蓝宝石 (Al_2O_3) c 面上的 120nm 厚 VO_2 膜太赫兹透过率对温度的依赖性, 结果如图 13.3 所示。

在图 13.3 中，可以看出随着温度的升高，电导率增加，但太赫兹信号通过 VO_2 层传输的数量减少[4]。这种太赫兹透过率变化可用于制造先进的可调谐太赫兹系统。

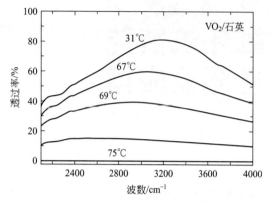

图 13.2　VO_2 涂覆石英热循环过程中的红外透射光谱图[3]

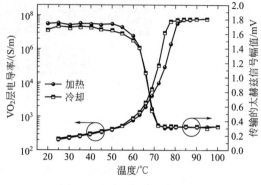

图 13.3　直流电导率和太赫兹信号强度与温度的关系[4]

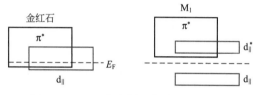

图 13.4　VO_2 的金属四方晶型和半导体的单斜晶型的价带图[2]

图 13.4 给出了 VO_2 四方晶型（金属状态，左）和单斜晶型（M_1）（半导体状态，右）的价带图。在四方相中，VO_2 每一个分子有一个外层 d 电子，两个未填满的 $d_\parallel$ 和 $d_\parallel^*$ 价带互相交叠。在低温时，钒的 π^* 价带在费米能级（E_F）之上，3d 价带被分裂为一个填满的 $d_\parallel$ 和一个空的 $d_\parallel^*$ 价带，这些价带间的能量（即价带间隙能）是 0.67eV[5]。因此，当有足够能量时，电荷密度提高，VO_2 转变为金属态（文献[6,7]中也有讨论）。

13.1.1　VO_2 的合成方法

很多方法可用来合成 VO_2，包括化学气相沉积法、反应电子束沉积法、反应磁控溅射法、脉冲激光沉积法、溶胶-凝胶法、水热法、物理气相传输法、活化反应蒸发法（表13.1）。在 2008 年，Nag & Haglund[55]发表了不同 VO_2 制备方法对比的文章。热致变色性质（即转变温度、开关比、滞后宽度）极大地依赖于各种沉积参数（如温度、沉积气相组成、大气压）和基体的具体特征（如材料、晶体结构、沉积温度）[56]。

表 13.1　VO_2 的合成方法

VO_2 制备方法	参考文献
化学气相沉积法	[8~12]
反应电子束沉积法	[13]
反应磁控溅射法	[14~26]
脉冲激光沉积法	[27~38]
溶胶-凝胶法	[28,39~48]
水热法	[49]
物理气相传输法	[50~53]
活化反应蒸发法	[54]

13.1.2 VO$_2$ 相变开关时间

虽然经历了 50 多年的研究，但 VO$_2$ 超快速固-固 SMT 背后的物理机理仍然是一个有争议的话题。一般来讲，有以下两种模型来描述 SMT：

① Peierls 模型[6,57~61]。在这个模型中，SMT 是根据电子和声子之间的相互作用来描述的，是结构驱动的。

② Mott-HMott-Hubbard 模型[57,62~65]。此模型中，根据电子-电子的相关性进行描述 STM，因此是电荷驱动的。

这个争议在很多地方讨论了，在文献中可以找到很好的论述（例如文献[66~71]），尽管做了研究工作，但仍然存在问题：结构变化和电子跃迁哪个先发生？

与此同时，这组实验使我们能够理解 VO$_2$ 的超快速 SMT。在其他因素中，测定的转变时间依赖于以下因素：

① 实验设置的分辨率；
② 基底的性质；
③ VO$_2$ 的厚度、VO$_2$ 粒子的尺寸和形状、试样中的结构缺陷；
④ 掺杂剂的性质和/或试样中的杂质。

表 13.2 概括了用飞秒泵浦探测光谱仪（透射和反射）、飞秒 X 射线光谱、四维成像和超快电子显微镜测得的 VO$_2$ 相变开关时间。

表 13.2 VO$_2$ 相变开关时间的测试结果

VO$_2$ 厚度	生长基体	测试技术	光学①t_{switch}/fs	参考文献
200nm	玻璃	基于透射和反射模式的飞秒泵浦探针光谱	500	[25]
200nm	玻璃	飞秒 X 射线和泵浦探针反射光谱	470	[72]
50nm 和 100nm	SiO$_2$	泵浦探针瞬态反射率	$10^4 \sim 10^5$	[73]
50nm	Al$_2$O$_3$			
200nm	MgO			
25nm	SiO$_2$	泵浦探针瞬态反射率	500（但在厚度超过 50nm 的薄层的深层中较慢）	[74]
50nm				
70nm				
90nm				
100nm				
140nm				
160nm				
120nm	BK7 玻璃	太赫兹泵浦探针透射光谱	6000	[75]
100nm	Al$_2$O$_3$	太赫兹泵浦探针透射光谱	700	[76]
50~200nm	云母	四维成像；超快速电子显微镜	3100	[48]
5nm 单晶	—	四维成像；超快速电子显微镜	307	[77]
100nm 纳米粒子	二氧化硅	泵浦探针透射光谱学	<120	[78]

① 典型电感应 SMT 相变开关时间比表 13.1（见参考文献[79]）报告的要慢 1ns。
注：1fs=10^{-5}s。

13.1.3 原子氧辐照对 VO_2 性质的影响

Jiang 等人[80]研究了氧原子辐照对 VO_2 涂覆铝基体热致变色性能的影响。在这个研究中，通过用相当于在典型的低地球轨道环境中 6 个月和 3 年的原子氧（AO）剂量照射 VO_2/Al 来模拟空间环境。结果显示，小剂量的原子氧辐照对 VO_2 的光致变色性稍有影响，但是更长时间辐照，对光致变色性能影响很大。扫描电子显微镜（SEM）分析表明用高剂量原子氧辐照试样显示出中等程度的侵蚀；X 射线电子照片分析表明，在 VO_2 样品中 O/V 比例略有增加（可能是由于氧离子与 VO_2 的高反应活性[80]）。此外，红外（IR）发射率与温度有关；尤其是当用高剂量原子氧对 VO_2 辐照时，红外发射率增加而相变温度（T_{trans}）降低。在 AO 照射环境中，在用作保护层的 SiO_2 层质量较高的情况下，观察到类似的增加的红外发射率[80]。

随着 VO_2/Al 的温度升高，IR 发射率的增加被用于制造无源智能散热器装置，以控制航天器的温度，从而确保机载设备的良好运行[80~83]。

13.1.4 掺杂对 VO_2 相变的影响

VO_2 的相变温度（T_{trans}）跟室温接近（约 68℃）。然而，对于实际应用来说，相变温度（T_{trans}）必须改变成设备和操作环境所要求的特定温度。大量的掺杂剂被用来提高和降低 VO_2 的相变温度（表 13.3）。在这一部分，我们介绍了一些用掺杂剂掺杂 VO_2 得到的一些有趣的结果。

表 13.3 掺杂剂对 VO_2 的影响[6,55]

掺杂剂	T_{trans} 变化（原子分数）/(℃/%)	参考文献
F	-35	[84~86]
Cr	3	[9,87~97]
Fe	3	[9,87,93,95~97]
Ga	6.5	[98]
Al	9	[87,93,98,99]
Ti	-0.5~-0.7	[88,89,96,97,100]
Re	-4	[88,101,102]
Ir	-4	[101]
Os	-7	[101]
Ru	-10	[101]
Ge	5	[96,98,103,104]
Nb	-7.8	[40,88,92,93,96,105~109]
Ta	-5~-10	[97,108]
Mo	-5~-10	[88,105,110~113]
W	-23 和 -28	[3,6,86,88,89,100,105,114~119]
Ce	-4.5	[120]
Au	-6.4	[121]

13.1.4.1 Mo 掺杂剂和溶胶-凝胶法制得的 VO_2

Hanlon 等人[111]研究了钼掺杂对溶胶-凝胶法在玻璃基底上制备的 VO_2 光致变色性能的影响。图 13.5 对比了未掺杂 VO_2 与 Mo 掺杂 VO_2 薄膜的电导率。这两种膜的电导率均随温度升高而升高。Mo 掺杂剂减小了滞后宽度，降低了相变温度（T_{trans}），当掺杂 7%Mo 时，相变温度（T_{trans}）达到 24℃。

13.1.4.2　W 和 F 掺杂 VO₂

Burkhardt 等人[86]研究了 W 和 F 掺杂对 VO₂ 的影响。图 13.6 显示了 2μm 波长下在 O₂-Ar 气体背景下通过 RF 溅射（射频溅射）在钒靶上沉积的未掺杂、W 掺杂、F 掺杂 VO₂ 薄膜透过率与温度的关系。此外，Burkhardt 还发现，两种掺杂剂均降低了相变温度（T_{trans}）且缩小了滞后宽度。

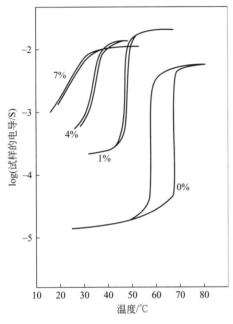

图 13.5　玻璃上涂覆不同 Mo 掺杂量［未掺杂的、1%（原子分数）、4%（原子分数）和 7%（原子分数）］的 VO₂ 膜电导率随温度变化的对比曲线[111]

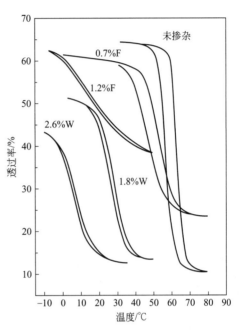

图 13.6　2μm 波长下，未掺杂、W 掺杂、F 掺杂 VO₂ 薄膜透过率和滞后回线的对比[86]

13.1.4.3　Ce 掺杂 VO₂

近来，Song 等人[120]用溶胶-凝胶法在白云母基底上合成了 Ce 掺杂 VO₂。在波长为 2.5μm 条件下，透过率开关测试表明，Ce 以 4.5℃%（原子分数）的比例降低相变温度（T_{trans}）。此外，Song 的结果还表明 Ce 可能是唯一能够降低 VO₂ 膜增益尺寸的掺杂剂（见文献[120]的图 13.1）。

13.1.4.4　W 掺杂和 W-Ti 共掺杂 VO₂ 的对比

Soltani 等人[3]研究 W 掺杂和 W-Ti 共掺杂对 VO₂ 的影响。结果如图 13.7 所示，通过冷热循环方法对比了波长为 2.5μm 时未掺杂、掺杂 1.4%W、掺杂 1.4%W-12%Ti 石英基底上 VO₂ 的透过率。在图中，我们看到对于未掺杂和金属掺杂的 VO₂，透过率随着温度的升高而降低（例如，样品变得更不透明）。但是，W 和 Ti 大大影响了半导体状态的透过率；透过率从未掺杂的 VO₂ 的 50% 降到 W 和 Ti 共掺杂 VO₂ 的 40%，到 W 掺杂 VO₂ 的 30%。W 掺杂 VO₂ 的滞后宽度（5℃）与未掺杂保持一致，但是 W-Ti 共掺杂 VO₂ 却完全抑制了滞后这个事实，可以应用于制备光学调制器。W 的掺杂大大影响了 VO₂ 相变温度（T_{trans}），掺杂量为 1.4%（原子分数）时相变温度（T_{trans}）降低到约 36℃（同样膜厚的未掺杂 VO₂ 为 68℃），1%（原子分数）掺杂时，相变温度为 22.85℃[3]。

除了光学效应外，W 和 Ti 的掺杂也影响了 VO_2 的电阻率。图 13.8 给出了未掺杂、掺杂 1.4％W、掺杂 12％Ti-1.4％W VO_2 薄膜电阻率与温度的关系。由于处于 SMT 状态（半导体状态），所有试样电阻率随着实验温度升高而降低（即当试样转变成金属状态时，它是一个较好的导体）。W 掺杂对金属状态的电阻率几乎没有影响，但由于 W 掺杂剂的存在，导致了膜中载流子增多进而降低了半导体状态的电阻率（即金属掺杂使半导体态更具有金属性）。

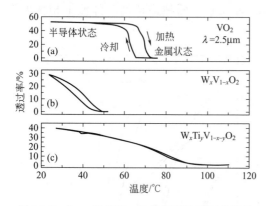 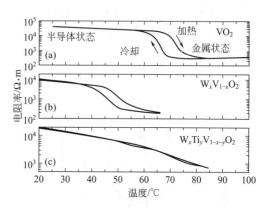

图 13.7　$2\mu m$ 波长下，冷热循环处理而获得的 VO_2 薄膜 IR 透过率与温度滞后回线的对比：未掺杂（a）；1.4％W 掺杂（b）；12％（原子分数）Ti-1.4％（原子分数）W 共掺杂（c）[86]

图 13.8　电阻率与温度关系曲线的对比：未掺杂（a）；1.4％（原子分数）W 掺杂（b）、12％（原子分数）Ti-1.4％（原子分数）W 共掺杂（c）[3]

与 W 掺杂 VO_2 相比，W-Ti 共掺杂 VO_2 的电阻率在两种状态下都得到提高。在 W-Ti 共掺杂膜中，Ti 含量（12％）比 W 含量（1.4％）高很多。因此，Ti 受体补偿 W 给体，导致两种状态整体载流子降低，电阻率升高。

电阻率随温度的变化可用于红外辐射量热计，应用电阻率的变化测定红外辐射产生的热量。为了使红外辐射量热计具有最高的灵敏度，必须最大化的基本属性是电阻温度系数（TCR），其定义式如下：

$$TCR = \frac{dR}{R\,dT} \tag{13.1}$$

VO_2 电阻温度系数（TCR）值：未掺杂 VO_2（$-1.76％/℃$）、W 掺杂 VO_2（$-1.76％/℃$）与 VO_x（$-2％/℃$）的相当（它目前用于市售的非制冷的 IR 微量热仪）[122]。Raytheon 最近授权了一个中子探测系统的专利，该系统是将微热敏感的 VO_x 层与中子敏感反应层（如 ^{10}B 或 ^6Li）组合在一起[123]。

Soltani 等[3] 的研究结果表明 Ti-W 共掺杂的 VO_2 导致高的电阻温度系数（$-5.12％/℃$）——该值与单独 VO_2 晶体（$-6％/℃$）的相当。抑制光电滞后和使用高电阻温度系数的 Ti-W 共掺杂 VO_2 薄膜将为开发基于这些特性的新型红外传感器开辟道路。

13.2　应用

如 13.1.4 所述，通过控制掺杂剂的浓度可使 VO_2 的相变温度（T_{trans}）适应于几乎任何所需的温度。另外，VO_2 的 SMT 可以通过外部刺激而启动，如温度、压力、注入光生载流子、光引发剂或电场。实际上，在某些情况下，这些外部环境可以以这样的方式构建，即仅需要最小的环境变化来启动 SMT（即一个 VO_2 膜可以保持在一个特定的电压，这样这个膜仅需要很少的热能即可启动 SMT）。这些特点使 VO_2 在广泛的应用领域具有吸引力。下

面介绍一些 VO_2 的应用，包括光电开关、射频微波开关、可调谐等离子体和超材料系统、智能窗口。

13.2.1 全光开关

大多数通信和计算工业领域（在众多领域中）用的全光开关是非常理想的。随着我们继续关注摩尔定律[124]，集成电路制造商关心的问题不再是晶体管的尺寸，而是互连所占据的空间。如果我们在涂层中添加具有超速开关特性的 VO_2，就能赋予该涂层光电开关的新性能。

Soltani 等人[37]采用纤维泵浦探针技术研究了非掺杂和 1.4%W 掺杂 VO_2 膜的全光开关，在此技术中使用具有可控功率（$P_{max}=60mW$）的连续波二极管激光器（$\lambda=980nm$）来诱导 VO_2（石英衬底上100～250nm 厚）的 SMT，而另一个激光器（$\lambda=1550nm$）用来探测 VO_2 的透过率开关。使用"Y"耦合器将两个光束耦合到单模光纤中，并以垂直入射激发样品。通过单模光纤收集透射光，并将结果记录为泵浦激光功率的函数。图 13.9 比较了石英基体上的 VO_2 涂层以及 W 掺杂的 VO_2 涂层在波长为 1550nm 的光辐照条件下，透过强度随泵浦

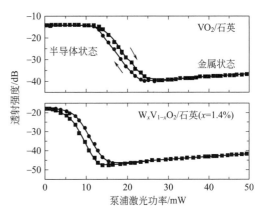

图 13.9　石英基体上的 VO_2 涂层以及 W 掺杂的 VO_2 涂层在波长为 980nm 和 1550nm 的光辐照条件下，透射强度随泵浦激光功率的变化[37]

激光功率的变化情况。结果表明，在激光的激发下，两种膜均从半导体状态切换为金属状态。这些结果归纳在表 13.4 中。

表 13.4　未掺杂和 W 掺杂 VO_2 泵浦探针法的结果

试样	开关所需的泵(980nm)功率/mW	光学滞后宽度/mW	光学对比度/dB
未掺杂 VO_2	18	1.3	25
W 掺杂 VO_2	10	1.95	28

试验中的开关机制是由于泵浦激光引发的 VO_2 能带的变化[125]，因为试验中应用的光子能量（$h\nu=1.265eV$）高于 VO_2 中的价带隙能量（$0.67eV$[5]），增加泵浦激光功率使电子从填满的 $d_\parallel$ 带激发到空的 $d_\parallel^*$ 带。VO_2 膜中产生的电子-空穴对导致 $d_\parallel$ 带和 $d_\parallel^*$ 带与半充满的 d 价带交叠（见图 13.4），因此，电荷密度增加，VO_2 切换成金属状态。

其他的研究（如 Rini 等人[5]）显示在带隙能量低于 $0.67eV$ 时能够很好地进行开关。尽管观察到的 VO_2 的最高对比度开关在红外波段，但其他实验得出的结论是激发可以由光学区域中的波长驱动（甚至低功率引发），尽管对比度很低，且有来自 Au 纳米颗粒的局部表面等离子体共振（LSPR）的辅助（见 13.2.4）[126]。

13.2.2 电开关

Soltani 等人[125]通过使用高达 20V 的直流电来激发 VO_2（SMT），同时在 1550nm 波长下测量 $VO_2/TiO_2/ITO/$玻璃结构的反射率和透过率。

在这个结构中（即 $VO_2/TiO_2/ITO/$玻璃），TiO_2 作为改善 VO_2 结晶度的缓冲层，ITO 作为透明电极，在上（VO_2 层）下（ITO）电极之间使用直流（DC）电压。以来自于

可调光纤激光源的红外激光束 45°角入射探测其完整结构,由两个单模光纤收集反射光和透射光,并由两个光探测器进行记录。文献[125]中的图 7 给出了实验结果,从结果实验可见,随着使用电压的增加,透过率降低而反射率升高(即随电压增加,材料变得更加不透明,更金属化)。在开关电压为 11.5V 时,透射模式下半导体状态与金属状态之间的消光比为 12dB,而反射模式下消光比为 5dB。

这种情况中开关机制是随电压变化电荷从 TiO_2 层转移至 VO_2 层[125],当电压增加,载流子射入 VO_2 层,结果是电荷密度增加,VO_2 带隙消失(见图 13.4),从而导致 VO_2 转换为金属状态。

13.2.3 VO_2 基杂化超材料器件

超材料是工程材料,可设计成具有某些物理性质,这些在自然界中是无法找到的。可以制得的新器件包括(但不限于):隐形设备、超高速光电开关、高分辨率成像设备、光开关、无线电通信设备、毫米波雷达。一般来讲,超材料器件由介电基材组成,周期性金属结构(如亚波长共振腔)放在基体上面。超材料的单元设计方法是响应入射电磁波从而产生特定的共振频率。超材料基系统被设计为在微波到近可见光波长范围内使用(如电磁波波谱从几毫米到 400nm)。近来,人们更多地集中研究具有非线性特性的可调谐超材料,许多人利用 VO_2 来实现他们的目标。加入的 VO_2 通过外部刺激(如温度、光引发、电场)调制 VO_2 的 SMT 而使器件具有可调性。

下面介绍可调谐的超材料器件。

Crunteau 等人[4]应用 VO_2 相变制备了在 0.1~1THz 运行的热可调超材料器件,其单元框架和光学显微照片分别如图 13.10(a) 和 (b) 所示。Crunteanu 等人[4]采用电子束蒸发和剥离方法制备了 VO_2 杂化超材料,此材料由 500μm 厚 c 面蓝宝石衬底、120nm 厚的 VO_2 活化层和一系列 Au(200nm)/Ti(10nm) 周期性谐振腔组装而成。该装置利用了活性 VO_2 层发射的热可控的太赫兹信号。Crunteau 等[4]使用太赫兹时域光谱法来研究超材料器件的温度依赖性,该器件以 c 面蓝宝石衬底作参比,从透过该器件的太赫兹信号的傅里叶变换时间迹线的比率中提取入射的太赫兹电场的归一化透射信号,结构如图 13.11 所示。

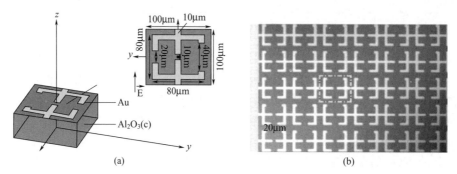

图 13.10 太赫兹材料的单晶胞 (a) 和器件的光学显微图 (b)[4]

在图 13.11 中,两个不同的图显示出在温度 100℃、VO_2 活化层切换为金属状态时,发射的太赫兹信号被大大减弱了(100℃时为稳定状态)。在半导体状态(20℃,显示出共振峰),在垂直方向共振频率为 0.65THz [图 13.11(a)]。在平行方向 [图 13.11(b)] 上,可以观察到第一个共振峰频率红移至 0.45THz,第二个共振频率为 0.8THz(归因于超材料晶胞不同分支的耦合)。结果表明,仅仅围绕太赫兹电场入射的方向,旋转器件可以改变室温下的共振频率。

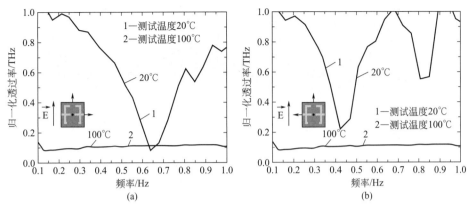

图 13.11 当入射电场垂直（a）和平行（b）于间隙时，太赫兹信号透过半导体（1）和金属（2）相的 VO_2 杂化超材料的透过率[4]

我们能以电子刺激 VO_2 的 SMT 的事实，意味着我们能够制造可进行电子调谐的 VO_2 杂化超材料器件。Driscoll 等人[127]使用溶胶-凝胶法，将图案化的单金层开环谐振器（SRR）阵列与沉积在蓝宝石衬底上的 90nm 厚的 VO_2 膜结合，用来制造这种器件。这种器件应用了 VO_2 SMT 的宽滞后回线的记忆效应（见文献［127］中的图 1-B）：VO_2 层的相变大大改变了 VO_2 的介电常数，而后增加了 SRR（开环谐振器）的电容。结果是，共振频率随着温度升高而降低（见文献［127］中的图 1-C）。在半导体状态，共振频率是 1.65THz，这个频率随着温度升高红移约 20%，且诱导了 VO_2 的相变。

通过将温度维持在 338.6K，然后将一系列电脉冲应用于这种器件来展示这种器件的电子控制响应，此温度时滞后更为明显（见文献［127］中的图 1-B 的垂直点状线）。文献［127］中图 2 展示了随着功率增加 1s 电脉冲对器件的共振频率的影响。由图可见，随着电脉冲功率增加，共振频率红移，电容增加。即使停止电脉冲，共振频率仍然红移，这表明了 VO_2 杂化超材料器件的持续性变化。

几个研究组应用电路模型模拟了这些器件，在电路中，共振频率 $\omega = (LC)^{-1/2}$ [127]，每个开环谐振器阵列都用 RLC 电路元件来模拟。电感 L 是常数，SRR 阵列电容随着 $C/C_0 = (\omega/\omega_0)^2$ 而变化。电导率的增加引入了存储电容 C_m 和存储电阻 R_m，降低了器件的品质因数。由于每个电子脉冲（V_{ext}）均会导致 VO_2 电导率增加，因此总电容 $C_{tot} = C_0 + C_m$。

13.2.4 VO_2 等离子体器件

VO_2 的另一个吸引人的应用是可以通过将 VO_2 与贵金属结构相结合来生成 LSPR 并对其进行调谐。通过选择正确的材料、尺寸、形状、图案、周围电介质，可对器件进行微调。下面我们描述制备这种等离子体系的三个方法：使用复合物、双层结构、纳米阵列。

13.2.4.1 VO_2-Au 纳米粒子复合物

Orlianges 等人[128]研究了包含 Au 纳米粒子（NPs）的 VO_2 薄膜的电阻和光学性质。通过脉冲激光将膜沉积到 c 面蓝宝石基底上或者在 920℃ 的 O_2 反应气氛中使用 KrF 激光器来刻蚀 Au 和钒靶合成 200nm 厚的 VO_2-Au 复合物，产物如图 13.12 所示。

电阻率测试的温度依赖性表现出了 VO_2 SMT 的正常行为：对于纯 VO_2 膜和 VO_2-Au 复合材料，电阻率随温度的升高而降低。然而，VO_2-Au 复合材料表现出了略小的开关对比度（在普通的 VO_2 膜相同数量级内）和略低的转变温度（VO_2-Au 复合材料是 341.85K，而普通 VO_2 膜是 345.34K）。图 13.13 给出了 VO_2-Au 复合材料在 300nm 和 1500nm 间的透

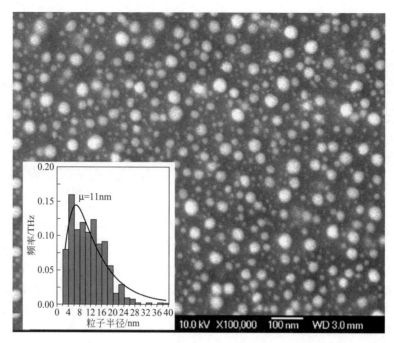

图 13.12 VO$_2$-Au 复合材料的 SEM 图像（插图给出 Au NPs 在表面上的尺寸分布）[128]

过率，可以看到 NIR（近红外）的透过率随温度升高而降低。这种行为归因于热诱导的 VO$_2$ 中自由载流子的增加。650nm 处的吸收峰归因于 Au NPs 的局域表面等离子共振（LSPR），温度升高峰位蓝移，归因于高温时 VO$_2$ 介电性质的改变（见文献[129]）。透过率滞后回线（见图 13.13 中的插图）表明，随着温度的升高 750nm 处的透过率升高，但是长波长的透过率降低（如 1550nm）。

13.2.4.2 双层结构：Au 纳米粒子/VO$_2$ 薄膜

Xu 等人[130]制备了一个双层系统：将 Au NPs 直接沉积在 c 面蓝宝石衬底的 25nm VO$_2$ 之上（即 Au NPs/VO$_2$/Al$_2$O$_3$）。使用射频磁控溅射工艺制备等效质量厚度（d_m=1nm、2nm、4nm 和 6nm）的 VO$_2$ 和 Au NPs。

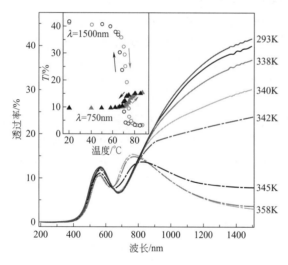

图 13.13 热处理过程中，在选定的温度下，含有 Au NPs 的 VO$_2$ 膜的透射光谱与 750nm、1500nm 的光透过率的热滞后回线（插图）[128]

在 NIR（近红外）区，双层结构比 VO$_2$ 参比材料显得更不透明。如预期的那样，在红外区半导体状态下，VO$_2$ 和双层复合材料两个试样都是透明的（30℃），但是一旦 VO$_2$ 金属化则这两个试样就变得大不同（80℃）。这种差异是由 Au NPs 的加入所引起的，并且对 Au 的用量很敏感。此外，随 Au 加入量的增多，局域表面等离子共振（LSPR）的峰位不断红移（是温度和 Au 用量的函数）。图 13.14 展示了 Au（6nm）/VO$_2$（25nm）/蓝宝石复合物与其相应 LSPR 峰位的关系：试样在 200nm 处红移。注意，Au（6nm）/石英参比（没有 VO$_2$）的 LSPR 不受温度升高的影

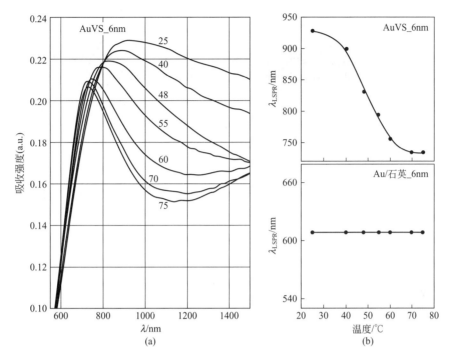

图 13.14 （a）Au（6nm）/VO$_2$（25nm）/蓝宝石的吸收开关（从 25℃到 75℃）；
（b）λ_{LSPR} 与温度关系的对比：Au（6nm）/VO$_2$（25nm）/蓝宝石与
Au（d_m=6nm）/石英[130]

响，表明此效应一定是由 Au 和 VO$_2$ 相互作用引起的。

13.2.4.3 Au∷VO$_2$ 纳米阵列

Ferrara 等人[126]将光引发的 VO$_2$ 膜的 SMT 和 Au∷VO$_2$ 纳米复合物等离子响应进行比较。在这个例子中，纳米复合物由直径为 140nm、厚度为 20nm 的 Au 阵列和 60nm 的 VO$_2$（位于上部）组成。采用标准的电子束光刻技术将 Au 图案化在 c 面蓝宝石上，（PLD 脉冲激光沉积法）沉积到 VO$_2$ 层制备好的 Au 阵列上。图 13.15（a）显示了 VO$_2$ 层沉积前制备的 Au 阵列的 SEM 图。图 13.15（b）比较了当 VO$_2$ 由 22℃的半导体状态转变为 100℃的金属状态时，Au∷VO$_2$ 结构的消光效率。与以前的例子相似，局域表面等离子共振（LSPR）随温度升高红移，这种结构红移了 250nm 之多。图 13.15（c）比较了 Au∷VO$_2$ 结构和 VO$_2$ 膜 785nm 处吸收的温度依赖性。在半导体状态，两个试样是相对透明的，但在金属状态时，Au∷VO$_2$ 结构要比普通的 VO$_2$ 膜不透明得多。

Ferrara 等人[126]使用标准泵浦探针实验研究了由光诱导的 LPSR 对 SMT 开关的影响。使用具有可变强度 I 的泵浦光束（785nm）来诱导 SMT，而 Au∷VO$_2$ 结构的透过率由 18W/cm^2 的二极管激光器（λ=1550nm）检测。结构的温度保持在半导体状态 55℃［即 T $<T_{trans}$(VO$_2$)］，对于每一次测定，Au∷VO$_2$ 纳米结构阵列用泵浦光束照射 5s。图 13.15（d）显示了开关对比度 $C(t)$（定义：Au∷VO$_2$ 纳米结构阵列和 VO$_2$ 膜在 1550nm 的透过率归一化为半导体 VO$_2$ 的透过率），正如期望的那样，当 VO$_2$ 发生相变的时候材料变得不透明了，激光功率增加，对比度更明显。

Au∷VO$_2$ 结构切换到金属状态要比普通 VO$_2$ 膜快，在最大强度，Au∷VO$_2$ 结构在 1s 内达到 85℃（对照普通 VO$_2$ 膜，需要 5.3s）。应用热力学第一定律，Ferrara 等人[126]发现基体和试样（或者普通 VO$_2$ 膜，或者 Au∷VO$_2$ 纳米结构阵列）间界面温度的增加（ΔT）

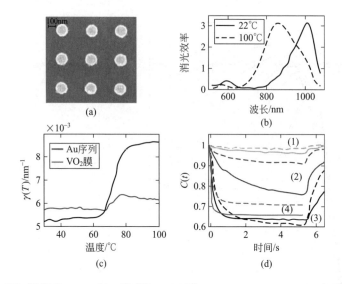

图 13.15 (a) VO_2 沉积前 140nm Au 序列的 SEM 图;(b) 140nm Au::VO_2 序列在 VO_2 半导体状态(实线)和金属状态(虚线)的消光谱;(c) $\lambda = 785$nm 测得和透射实验计算的吸收系数 $\gamma(T)$;(d) VO_2 膜(虚线)和 Au::VO_2 结构(实线)的 $C(t)$ 值测定:33W/cm^2 (1)、76W/cm^2 (2)、163W/cm^2 (3);由式(13.2)对 76W/cm^2 的理论预测值显示为标记为(4)的一对曲线[126]

可用下式描述:

$$\Delta T = \frac{2q\sqrt{\alpha t}}{\kappa}\left[\frac{1}{\sqrt{\pi}} - i\,\mathrm{erfc}\left(\frac{a}{2\sqrt{\alpha t}}\right)\right] \tag{13.2}$$

式中,$q = I(1-R)[1-\exp(\gamma_{\mathrm{eff}} z_0)]$,是试样内吸收的能量;$\alpha = 5.3\times 10^{-3}\,\mathrm{cm}^2/\mathrm{s}$,是热扩散系数;$\kappa = 9.6\mathrm{mW}/(\mathrm{cm}\cdot℃)$,是玻璃基体的电导率。$R$ 是 VO_2-空气界面处的反射率,γ_{eff} 是有效激光吸附系数;z_0 为膜厚度。

基本模型有些缺陷,预测 $C(t)$ 比实验结果降低更快,$C_{\max}$ 比实验结果增加更快。当我们了解这种模式高估了金属状态的吸收,从而导致了 $C_{\max}$ 的过高估算,就可以解释这些差异。这个模型也忽略了一个事实:VO_2 粒状性质倾向于阻止激光焦点的横向热扩散。尽管这个模型有缺陷且相对简单,但这个模型支持了主要的实验结果:Au::VO_2 结构相对无 Au 纳米结构的 VO_2 膜能更快地取得较高的金属比例和较高的 $C_{\max}$ [图 13.15(d)]。

Au::VO_2 结构和 VO_2 膜的动力学可以通过拟合 $C_{\max}(I)$ 与三参数 S 曲线分析,公式如下。

$$C(I) = 1 - \frac{1-C_H}{1+\exp\left(\dfrac{I-I_c}{I_w}\right)} \tag{13.3}$$

式中,I_c 是相变中点的临界开关强度;I_w 是相变强度范围;C_H 是高温对比度[126]。对实验数据的拟合(如图 13.16 所示)表明,在 Au::VO_2 结构中 I_c 和 I_w 降低了大约 2/3,Au::VO_2 纳米结构的相变比普通 VO_2 的相变需要更小的泵浦激光功率驱动。

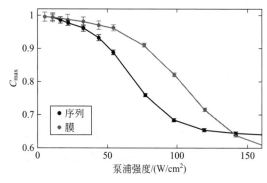

图 13.16 泵浦时间为 5.3s,140nm Au::VO_2(黑)和 VO_2 膜(灰)的最大对比度与泵浦强度的关系[126]

13.2.5 VO_2基射频微波开关

Dumas-Bouchiat 等人[131]利用 VO_2 的 SMT（半导体状态）以期制备在 560MHz 和 35GHz 之间运行的射频微波开关。这种设计是建立在微波共面波导基础上的，将 200nm 的 VO_2 作为活性层集成在两种配置中：并联配置［图 13.17(a)］和串联配置［图 13.17(b)］。

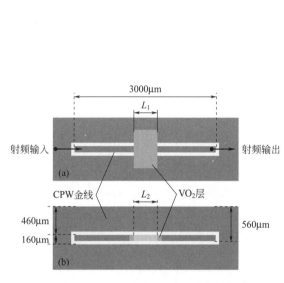

图 13.17 基于 VO_2 的微波开关设计[131]
(a) 并联结构（上）；(b) 串联结构（下）

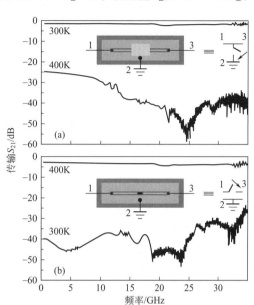

图 13.18 两种配置中，沉积在 c 面蓝宝石的共面波导的传输开关 S_{21}[131]
(a) 并联（上）；(b) 串联（下）

每个器件都按如下步骤组装：①选择基体材料（或者 SiO_2/Si，或者 c 面蓝宝石）；②将约 200nm 厚的黄金蒸镀在基体上；③利用光刻和湿蚀刻将共面波导刻成图案；④采用脉冲激光沉积法（PLD）沉积 200nm 厚 VO_2 膜；⑤为了使传播损失最小，Au 线加厚到约 800nm[131]。通过射频-微波测试台记录透过 CPW 线的透过率对温度的依赖性。图 13.18 显示了当 VO_2 从 300K 的半导体状态转变到 400K 的金属状态时，并联配置［图 13.18(a)］和串联配置［图 13.18(b)］ S_{21} 参数的变化。300K 时，并联开关损失了很少的信号（大约 0.8dB）；但 400K 时，VO_2 将信号短路到地，并强烈衰减信号［见图 13.18(a)］[131]。串联开关配置与并联开关作用相反：300K 时，由于 VO_2 的存在，信号大大衰减；400K 时，信号通过 VO_2 的金属状态发射，插入损失低至 2.5dB［见图 13.18(b)］[131]。

尽管 $VO_2:Al_2O_3(c)$ 和 $VO_2:Si/SiO_2$ 体系间电阻存在差异，但是在两个配置中表现出相似的性能，这表明 VO_2 是一个非常有潜力的活性材料，能够用来制备在广泛频率范围内使用的高活性、高对比度、高隔离射频微波开关。

13.2.6 智能窗口

如 13.1 节所讨论，固-固相变的结果是：VO_2 的 IR 透过率随着温度的改变而大大改变，但是可见光透过率保持不变。此特征可用于"智能窗口"应用程序，外部温度影响 VO_2 的 IR 热致变色特性，进而使用较少昂贵空调系统即可使建筑物的内部温度可调（更凉快）（这种技术的综述请见 Kamalisarvestani 等人[132]的综述）。

由于 VO_2 的自身 T_{trans} 高于正常的环境温度，因此本应用需要使用定制 T_{trans} 的掺杂

图 13.19 玻璃上的 20nmVO_2/TiO_2 核-壳粒子膜（左）和 70nmVO_2/TiO_2 核-壳粒子膜（右）[注意颜色变化（黄/褐到蓝色）和两个样品透光率的差异]

VO_2。不同的掺杂剂可用来改变 VO_2 的 T_{trans}（见 13.1.4），这些掺杂剂也降低了 VO_2 的光学和热致变色性质。建议采用以下几种方法来改善其性能，包括 Li 等人[133]提出的使用 VO_2 和 TiO_2 作为核-壳纳米粒子，然后形成柔性箔，用来作为智能窗口的一部分。VO_2/TiO_2 结构将 VO_2 纳米棒核心的热致变色性质与 TiO_2 锐钛型壳光催化性质整合在一起。Li 等人[133]也观察到普通的 VO_2 膜是黑黄色的（即使膜很薄），但是 VO_2/TiO_2 核-壳粒子的使用提高了膜的透光度，将膜的颜色改变为淡蓝色（见图 13.19）。

Min 等人[134]开发了一种 VO_2 基多孔结构，该结构展现出高透光率、良好的太阳能调制效率。近来，Mg 掺杂 VO_2 NPs[135]、F 掺杂 VO_2 NPs[136]、W 掺杂 VO_2 膜被认为是改善 VO_2 基智能窗口透光率的潜在途径。

13.3 结论

本章我们提出了一些智能涂层和它们的应用，这些仅能通过使用 VO_2 的热致变色性质和超快速半导体状态才能够实现。此外，很明显，随着光谱可见部分透光率的提高和太阳能调制效率的提高，商业"智能窗口"的进步仍然在跨越式发展[132,137,138]。最后，我们期待将 VO_2 和贵金属结合在一起来制备基于等离子体和超材料的器件，将其应用于各种领域，包括（但不局限于）光学调制器[139]、负电容晶体管[140]、场效应晶体管[141]、活动百叶窗[142]、光限辐器件[143]、航天器遮阳板[144]、光子谐振器[145]。不远的将来，VO_2 独特性质在其他方面的应用必然会大放异彩。

参考文献

[1] Morin F. Oxides which show a metal-to-insulator transition at the Neel temperature. Phys Rev Lett 1959; 3 (1): 34-36.

[2] Eyert V. The metal insulator transitions of VO_2: a band theoretical approach. Ann Phys 2002; 11 (9): 650-704.

[3] Soltani M, Chaker M, Haddad E, et al. Effects of Ti-W codoping on the optical and electrical switching of vanadium dioxide thin films grown by a reactive pulsed laser deposition. Appl Phys Lett 2004; 85 (11): 1958-1960.

[4] Crunteanu A, Leroy J, Humbert G, et al. Tunable terahertz metamaterials based on metal-insulator phase transition of VO_2 layers. In: Microwave symposium digest (MTT), 2012 IEEE MTT-S international: IEEE; 2012. p. 1-3.

[5] Rini M, Hao Z, Schoenlein R, et al. Optical switching in VO_2 films by below-gap excitation. Appl Phys Lett 2008; 92 (18): 181904.

[6] Goodenough JB. The two components of the crystallographic transition in VO_2. J Solid State Chem 1971; 3: 490-500.

[7] Goodenough JB. Metallic oxides. Prog Solid State Chem 1971; 5: 145-399.

[8] Koide S, Takei H. Epitaxial growth of VO_2 single crystals and their anisotropic properties in electrical resistivities. J Physical Soc Japan 1967; 22 (3): 946-947.

[9] Everhart C, MacChesney J. Anisotropy in the electrical resistivity of vanadium dioxide single crystals. J Appl Phys 1968; 39 (6): 2872-2874.

[10] Maruyama T, Ikuta Y. Vanadium dioxide thin films prepared by chemical vapour deposition from vanadium (Ⅲ) acetylacetonate. J Mater Sci 1993; 28 (18): 5073-5078.

[11] Ryabova L, Serbinov I, Darevsky A. Preparation and properties of pyrolysis of vanadium oxide films. J Electrochem Soc 1972; 119 (4): 427-429.

[12] Ibisate M, Golmayo D, López C. Vanadium dioxide thermochromic opals grown by chemical vapour deposition. J Opt A-Pure Appl Opt 2008; 10 (12): 125202.

[13] Marvel R, Appavoo K, Choi B, et al. Electron-beam deposition of vanadium dioxide thin films. Appl Phys A: Mater

Sci Process 2013; 111: 975-981.

[14] Chain E. Effects of oxygen in ion-beam sputter deposition of vanadium oxide. J Vac Sci Technol A 1987; 5(4): 1836-1839.

[15] Fuls E, Hensler D, Ross A. Reactively sputtered vanadium dioxide thin films. Appl Phys Lett 1967; 10 (7): 199-201.

[16] Guinneton F, Sauques L, Valmalette J-C, et al. Optimized infrared switching properties in thermochromic vanadium dioxide thin films: role of deposition process and microstructure. Thin Solid Films 2004; 446 (2): 287-295.

[17] Rozgonyi G, Hensler D. Structural and electrical properties of vanadium dioxide thin films. J Vac Sci Technol 1968; 5 (6): 194-199.

[18] Thornton JA. Plasma-assisted deposition processes: theory, mechanisms and applications. Thin Solid Films 1983; 107 (1): 3-19.

[19] Duchene J, Terraillon M, Pailly M. RF and DC reactive sputtering for crystalline and amorphous VO_2 thin film deposition. Thin Solid Films 1972; 12 (2): 231-234.

[20] Mahan JE. Physical vapor deposition of thin films, by John E. Mahan. Wiley-VCH; 2000, ISBN: 0-471-33001-9, pp. 336.

[21] Wasa K, Kitabake M, Adachi H. Thin films materials technology: sputtering of compound materials. New York: William Andrew, Inc.; 2004.

[22] Jin P, Yoshimura K, Tanemura S. Dependence of microstructure and thermochromism on substrate temperature for sputter-deposited VO_2 epitaxial films. J Vac Sci Technol A 1997; 15 (3): 1113-1117.

[23] Rozgonyi G, Polito W. Preparation of thin films of vanadium (di-, sesqui-, and pent-) oxide. J Electrochem Soc 1968; 115 (1): 56-57.

[24] Lim S, Long J, Xu S, et al. Nanocrystalline vanadium oxide films synthesized by plasma-assisted reactive RF sputtering deposition. J Phys D Appl Phys 2007; 40 (4): 1085-1090.

[25] Becker MF, Buckman AB, Walser RM, et al. Femtosecond laser excitation of the semiconductor-metal phase transition in VO_2. Appl Phys Lett 1994; 65 (12): 1507-1509.

[26] Chen X, Li J, Lv Q. Thermoelectrical and optical characteristics research on novel nanostructured VO_2 thin film. Optik Int J Light Electron Opt 2013; 124 (15): 2041-2044.

[27] Borek M, Qian F, Nagabushnam V, et al. Pulsed laser deposition of oriented VO_2 thin films on R-cut sapphire substrates. Appl Phys Lett 1993; 63 (24): 3288-3290.

[28] Chae B, Youn D, Kim H, et al. Fabrication and electrical properties of pure VO_2 phase films. J Korean Phys Soc 2004; 44 (4): 884-888.

[29] Chrisey DB, Hubler GK. Pulsed laser deposition of thin films. In: Chrisey DB, Hubler GK, editors. Pulsed laser deposition of thin films. Wiley-VCH; May 2003. p. 648, ISBN: 0-471-59218-8.

[30] Eason R. Pulsed laser deposition of thin films: applications-led growth of functional materials. New York: John Wiley & Sons; 2007.

[31] Aguadero A, de la Calle C, Pérez-Coll D, et al. Study of the crystal structure, thermal stability and conductivity of Sr (V0.5Mo0.5) $O_3+\delta$ as SOFC material. Fuel Cells 2011; 11 (1): 44-50.

[32] Kim D, Kwok H. Pulsed laser deposition of VO_2 thin films. Appl Phys Lett 1994; 65 (25): 3188-3190.

[33] Kana Kana JB, Ndjaka JM, Ngom BD, et al. High substrate temperature induced anomalous phase transition temperature shift in sputtered VO_2 thin films. Opt Mater 2010; 32 (7): 739-742.

[34] Pauli S, Herger R, Willmott P, et al. X-ray diffraction studies of the growth of vanadium dioxide nanoparticles. J Appl Phys 2007; 102 (7): 073527.

[35] Donev EU, Suh JY, Lopez R, et al. Using a semiconductor-to-metal transition to control optical transmission through subwavelength hole arrays. Adv Optoelectron 2008; 2008: 1-10.

[36] Akiyama M, Oki Y, Nagai M. Steam reforming of ethanol over carburized alkali-doped nickel on zirconia and various supports for hydrogen production. Catal Today 2012; 181 (1): 4-13.

[37] Soltani M, Chaker M, Haddad E, et al. Optical switching of vanadium dioxide thin films deposited by reactive pulsed laser deposition. J Vac Sci Technol A 2004; 22 (3): 859-864.

[38] Rúa A, Cabrera R, Coy H, et al. Phase transition behavior in microcantilevers coated with M1-phase VO_2 and M2-phase VO_2: Cr thin films. J Appl Phys 2012; 111 (10): 104502.

[39] Beteille F, Livage J. Optical switching in VO_2 thin films. J Sol-Gel Sci Technol 1998; 13 (1-3): 915-921.

[40] Guzman G, Beteille F, Morineau R, et al. Thermochromic $V_{1-x}Nb_xO_2$ sol-gel thin films. Eur J Solid State Inorg

Chem 1995; 32 (7-8): 851-861.

[41] Chen H-K, Hung H-C, Yang TC-K, et al. The preparation and characterization of transparent nano-sized thermochromic VO_2-SiO_2 films from the sol-gel process. J Non-Cryst Solids 2004; 347 (1): 138-143.

[42] Dachuan Y, Niankan X, Jingyu Z, et al. Vanadium dioxide films with good electrical switching property. J Phys D Appl Phys 1996; 29 (4): 1051-1057.

[43] Guzman G, Beteille F, Morineau R, et al. Electrical switching in VO_2 sol-gel films. J Mater Chem 1996; 6 (3): 505-506.

[44] Livage J. Sol-gel chemistry and electrochemical properties of vanadium oxide gels. Solid State Ionics 1996; 86-88: 935-942.

[45] Appavoo K, Lei DY, Sonnefraud Y, et al. Role of defects in the phase transition of VO_2 nanoparticles probed by plasmon resonance spectroscopy. Nano Lett 2012; 12 (2): 780-786.

[46] Partlow D, Gurkovich S, Radford K, et al. Switchable vanadium oxide films by a sol-gel process. J Appl Phys 1991; 70 (1): 443-452.

[47] Wu YF, Fan LL, Chen SM, et al. Spectroscopic analysis of phase constitution of high quality VO_2 thin film prepared by facile sol-gel method. API Adv 2013; 3 (4): 042132.

[48] Grinolds MS, Lobastov VA, Weissenrieder J, et al. Four-dimensional ultrafast electron microscopy of phase transitions. Proc Natl Acad Sci 2006; 103 (49): 18427-18431.

[49] Popuri SR, Miclau M, Artemenko A, et al. Rapid hydrothermal synthesis of VO_2 (B) and its conversion to thermochromic VO_2 (M_1). Inorg Chem 2013; 52 (9): 4780-4785.

[50] Guiton BS, Gu Q, Prieto AL, et al. Single-crystalline vanadium dioxide nanowires with rectangular cross sections. J Am Chem Soc 2005; 127 (2): 498-499.

[51] Bassim ND, Schenck PK, Donev EU, et al. Effects of temperature and oxygen pressure on binary oxide growth using aperture-controlled combinatorial pulsed-laser deposition. Appl Surf Sci 2007; 254 (3): 785-788.

[52] Wu J, Gu Q, Guiton BS, et al. Strain-induced self organization of metal-insulator domains in single-crystalline VO_2 nanobeams. Nano Letters 2006; 6 (10): 2313-2317.

[53] Tselev A, Luk'yanchuk I, Ivanov I, et al. Symmetry relationship and strain-induced transitions between insulating M1 and M2 and metallic R phases of vanadium dioxide. Nano Letters 2010; 10 (11): 4409-4416.

[54] Case FC. Influence of ion beam parameters on the electrical and optical properties of ion assisted reactively evaporated vanadium dioxide thin films. J Vac Sci Technol A 1987; 5 (4): 1762-1766.

[55] Nag J, Haglund Jr. R. Synthesis of vanadium dioxide thin films and nanoparticles. J Phys Condens Matter 2008; 20 (26): 264016.

[56] Jeong J, Aetukuri N, Graf T, et al. Suppression of metal-insulator transition in VO_2 by electric field-induced oxygen vacancy formation. Science 2013; 339 (6126): 1402-1405.

[57] Zylbersztejn A, Mott N. Metal-insulator transition in vanadium dioxide. Phys Rev B 1975; 11 (11): 4383.

[58] Peierls RE. Quantum theory of solids. Oxford: Oxford University Press; 1955.

[59] Wentzcovitch RM, Schulz WW, Allen PB. VO_2: Peierls or Mott-Hubbard? A view from band theory. Phys Rev Lett 1994; 72 (21): 3389-3392.

[60] Paquet D, Leroux-Hugon P. Electron correlations and electron-lattice interactions in the metal-insulator, ferroelastic transition in VO_2: a thermodynamical study. Phys Rev B 1980; 22 (11): 5284-5301.

[61] Cavalleri A, Dekorsy T, Chong HH, et al. Evidence for a structurally-driven insulator-to-metal transition in VO_2: a view from the ultrafast timescale. Phys Rev B 2004; 70 (16): 161102.

[62] Hubbard J. Electron correlations in narrow energy bands. Proc R Soc Lond A Math Phys Sci 1963; 276 (1365): 238-257.

[63] Hubbard J. Electron correlations in narrow energy bands. II. The degenerate band case. Proc R Soc London, Ser A 1964; 277 (1369): 237-259.

[64] Hubbard J. Electron correlations in narrow energy bands. III. An improved solution. Proc R Soc London, Ser A 1964; 281 (1386): 401-419.

[65] Rice T, Launois H, Pouget J. Comment on "VO_2: Peierls or mott-hubbard? A view from band theory". Phys Rev Lett 1994; 73 (22): 3042.

[66] Cavalleri A, Rini M, Chong H, et al. Band-selective measurements of electron dynamics in VO_2 using femtosecond near-edge X-ray absorption. Phys Rev Lett 2005; 95 (6): 067405.

[67] Qazilbash MM, Brehm M, Chae B-G, et al. Mott transition in VO_2 revealed by infrared spectroscopy and nano-ima-

ging. Science 2007; 318 (5857): 1750-1753.

[68] Kübler C, Ehrke H, Huber R, et al. Coherent structural dynamics and electronic correlations during an ultrafast insulator-to-metal phase transition in VO_2. Phys Rev Lett 2007; 99 (11): 116401.

[69] Biermann S, Poteryaev A, Lichtenstein A, et al. Dynamical singlets and correlation-assisted peierls transition in VO_2. Phys Rev Lett 2005; 94 (2): 026404.

[70] Tomczak JM, Biermann S. Effective band structure of correlated materials: the case of VO_2. J Phys Condens Matter 2007; 19 (36): 365206.

[71] Haverkort M, Hu Z, Tanaka A, et al. Orbital-assisted metal-insulator transition in VO_2. Phys Rev Lett 2005; 95 (19): 196404.

[72] Cavalleri A, Tóth C, Siders C, et al. Femtosecond structural dynamics in VO_2 during an ultrafast solid-solid phase transition. Phys Rev Lett 2001; 87 (23): 237401.

[73] Lysenko S, Vikhnin V, Zhang G, et al. Insulator-to-metal phase transformation of VO_2 films upon femtosecond laser excitation. J Electron Mater 2006; 35 (10): 1866-1872.

[74] Lysenko S, Rua A, Vikhnin V, et al. Light-induced ultrafast phase transitions in VO_2 thin film. Appl Surf Sci 2006; 252 (15): 5512-5515.

[75] Zhi C, Qi-Ye W, Kai D, et al. Ultrafast and broadband terahertz switching based on photo-induced phase transition in vanadium dioxide films. Chin Phys Lett 2013; 30 (1): 017102.

[76] Nakajima M, Takubo N, Hiroi Z, et al. Study of photo-induced phenomena in VO_2 by terahertz pumpprobe spectroscopy. J Lumin 2009; 129 (12): 1802-1805.

[77] Baum P, Yang D-S, Zewail AH. 4D visualization of transitional structures in phase transformations by electron diffraction. Science 2007; 318 (5851): 788-792.

[78] Rini M, Cavalleri A, Schoenlein R, et al. Giant, ultrafast optical switching based on an insulator-to-Metaltransition in VO_2 nano-particles: photo-activation of shape-controlledplasmons at $1.55\mu m$. Berkeley, CA(US): Ernest Orlando Lawrence Berkeley National Laboratory; 2004.

[79] Hormoz S, Ramanathan S. Limits on vanadium oxide Mott metal-insulator transition field-effect transistors. Solid-State Electron 2010; 54 (6): 654-659.

[80] Jiang X, Soltani M, Haddad E, et al. Effects of atomic oxygen on the thermochromic characteristics of VO_2 coating. J Spacecraft Rockets 2006; 43 (3): 497-500.

[81] http://www.mpb-space.com/web/smart_structures/radiator.html.

[82] Kruzelecky RV, Haddad E, Wong B, et al. Variable emittance thermochromic material and satellite system. *US patent 7761053 B2*; 2010.

[83] Soltani M, Chaker M, Haddad E, et al. Thermochromic vanadium dioxide (VO_2) smart coatings for switching applications. In: Chen X, editor. Applied physics in the 21st century. Research Signpost; Kerala, India; 2008. ISBN: 978-81-7895-313-7.

[84] Bayard M, Reynolds T, Vlasse M, et al. Preparation and properties of the oxyfluoride systems V_2O_5F and $VO_{2-x}F_x$. J Solid State Chem 1971; 3 (4): 484-489.

[85] Bayard M, Pouchard M, Hagenmuller P, et al. Propriétés magnétiques et electriques de l'oxyfluorure de formule $VO_{2-x}F_x$. J Solid State Chem 1975; 12 (1): 41-50.

[86] Burkhardt W, Christmann T, Meyer B, et al. W-and F-doped VO_2 films studied by photoelectron spectrometry. Thin Solid Films 1999; 345 (2): 229-235.

[87] Galy J, Casalot A, Darriet J, et al. Some new phases with non-stoichiometric character in V_2O_5-VO_2-M_2O_3 systems (M=Al Cr and Fe). Bull Soc Chim Fr 1967; 1: 227-234.

[88] Marinder B-O, Magneli A. Metal-metal bonding in some transition metal dioxides. Acta Chem Scand 1957; 11 (10): 1635-1640.

[89] MacChesney J, Guggenheim H. Growth and electrical properties of vanadium dioxide single crystals containing selected impurity ions. J Phys Chem Solid 1969; 30 (2): 225-234.

[90] Marezio M, McWhan DB, Remeika J, et al. Structural aspects of the metal-insulator transitions in Cr-Doped VO_2. Phys Rev B 1972; 5 (7): 2541-2551.

[91] Pierce J, Goodenough J. Structure of orthorhombic $V_{0.95}Cr_{0.05}O_2$. Phys Rev B 1972; 5 (10): 4104-4111.

[92] Pouget J, Lederer P, Schreiber D, et al. Contribution to the study of the metal-insulator transition in the $V_{1-x}Nb_xO_2$ system—II magnetic properties. J Phys Chem Solid 1972; 33 (10): 1961-1967.

[93] Villeneuve G, Bordet A, Casalot A, et al. Proprietes physiques et structurales de la phase $Cr_xV_{1-x}O_2$. Mater Res

Bull 1971; 6 (2): 119-130.

[94] Villeneuve G, Drillon M, Hagenmuller P. Contribution a l'etude structurale des phases $V_{1-x}Cr_xO_2$. Mater Res Bull 1973; 8 (9): 1111-1121.

[95] Kosuge K. The phase transition in VO_2. J Physical Soc Japan 1967; 22: 551-557.

[96] Mitsuishi T. On the phase transformation of VO_2. Jpn J Appl Phys 1967; 6 (9): 1060-1071.

[97] Futaki H, Kobayashi K, et al. Thermistor composition containing vanadium dioxide. U. S. patent 3, 402, 131; September 17, 1968.

[98] Kitahiro I, Watanabe A. Shift of transition temperature of vanadium dioxide crystals. Jpn J Appl Phys 1967; 6 (8): 1023-1024.

[99] Longo JM, Kierkegaard P. A refinement of the structure of VO_2. Acta Chem Scand 1970; 24 (2): 420-426.

[100] Walter Rüdorff H. Kornelson. Angew Chem 1968; 7: 229.

[101] Chamberland BL, Rogers DB. Temperature sensitive conductive metal oxide modified vanadium dioxides. U. S. patent 3, 542, 697; November. 24, 1970.

[102] Sävborg Ö, Nygren M. Magnetic, electrical, and thermal studies of the $V_{1-x}Re_xO_2$ system with $0 \leqslant x \leqslant 0.15$. Phys Status Solidi A 1977; 43 (2): 645-652.

[103] Aoki M, Kobayashi K, Futaki H. Abstract of the fall meeting of the Applied Physical Society of Japan 1965; 59. (in Japanese); see also Futaki H, Aoki M. Effects of various doping elements on the transition temperature of vanadium oxide semiconductors. Jpn J Appl Phys 1969; 8: 1008.

[104] Neuman C, Lawson A, Brown R. Pressure dependence of the resistance of VO_2. J Chem Phys 1964; 41: 1591-1595.

[105] Batista C, Ribeiro RM, Teixeira V. Synthesis and characterization of VO_2-based thermochromic thin films for energy-efficient windows. Nanoscale Res Lett 2011; 6 (1): 1-7.

[106] Jorgenson G, Lee J. Doped vanadium oxide for optical switching films. Sol Energy Mater 1986; 14 (3): 205-214.

[107] Rüdorff W, Märklin J. Untersuchungen an ternären Oxiden der übergangsmetalle. Ⅲ. Die Rutilphase ($V_{1-x}Nb_x$) O_2. Z Anorg Allg Chem 1964; 334 (3-4): 142-149.

[108] Trarieux H, Bernier JC, Michel A. Ann Chim 1969; 4: 183-194.

[109] Villeneuve G, Launay J-C, Hagenmuller P. Proprietes electriques du systeme $V_{1-x}Nb_xO_2$. Solid State Commun 1974; 15 (10): 1683-1687.

[110] Kierkegaard P, Axrup S, Israesson M, et al. Studies on structural relations in crystalline and vitreous compounds. [Stockholm Univ (Sweden) Inst of Inorganic and Physical Chemistry], DTIC Document, DIS No. 31; 1968.

[111] Hanlon T, Coath J, Richardson M. Molybdenum-doped vanadium dioxide coatings on glass produced by the aqueous sol-gel method. Thin Solid Films 2003; 436 (2): 269-272.

[112] Jin P, Tanemura S. $V_{1-x}Mo_xO_2$ thermochromic films deposited by reactive magnetron sputtering. Thin Solid Films 1996; 281: 239-242.

[113] Wu Z, Miyashita A, Yamamoto S, et al. Molybdenum substitutional doping and its effects on phase transition properties in single crystalline vanadium dioxide thin film. J Appl Phys 1999; 86 (9): 5311-5313.

[114] Jin P, Tanemura S. Relationship between transition temperature and x in $V_{1-x}W_xO_2$ films deposited by dual-target magnetron sputtering. Jpn J Appl Phys 1995; 34 (5A): 2459-2460.

[115] Lee M-H, Kim M-G. RTA and stoichiometry effect on the thermochromism of VO_2 thin films. Thin Solid Films 1996; 286 (1): 219-222.

[116] Nygren M, Israelsson M. A DTA study of the semiconductor-metallic transition temperature in $V_{1-x}W_xO_2$, $0 \leqslant x \leqslant 0.067$. Mater Res Bull 1969; 4 (12): 881-886.

[117] Reyes J, Sayer M, Chen R. Transport properties of tungsten-doped VO_2. Can J Phys 1976; 54 (4): 408-412.

[118] Tang C, Georgopoulos P, Fine M, et al. Local atomic and electronic arrangements in $W_xV_{1-x}O_2$. Phys Rev B 1985; 31 (2): 1000-1011.

[119] Tazawa M, Jin P, Tanemura S. Optical constants of $V_{(1-x)}W_{(x)}O_2$ Films. Appl Opt 1998; 37 (10): 1858-1861.

[120] Song L, Zhang Y, Huang W, et al. Preparation and thermochromic properties of Ce-doped VO_2 films. Mater Res Bull 2013; 48 (6): 2268-2271.

[121] Cavanna E, Segaud J, Livage J. Optical switching of au-doped VO_2 sol-gel films. Mater Res Bull 1999; 34 (2): 167-177.

[122] Uncooled detectors for thermal imaging cameras. http: //www. flir. com/uploadedfiles/Eurasia/MMC/Appl _ Stories/AS _ 0015 _ EN. pdf.

[123] Rhiger DR, Harris B. Neutron detection system. *US Patent 8183537*; 2012.

[124] Moore GE. Cramming more components onto integrated circuits. Electronics 1965; Volume 38: 114-117, See also: Moore GE. Cramming more components onto integrated circuits. *Proc IEEE* 1998; Volume 86 (1): 82-85.

[125] Soltani M, Chaker M, Haddad E, et al. 1 × 2 optical switch devices based on semiconductor-to-metallic phase transition characteristics of VO_2 smart coatings. Meas Sci Technol 2006; 17 (5): 1052-1056.

[126] Ferrara DW, MacQuarrie ER, Nag J, et al. Plasmon-enhanced low-intensity laser switching of gold∷ vanadium dioxide nanocomposites. Appl Phys Lett 2011; 98 (24): 241112.

[127] Driscoll T, Kim H-T, Chae B-G, et al. Memory metamaterials. Science 2009; 325 (5947): 1518-1521.

[128] Orlianges JC, Leroy J, Crunteanu A, et al. Electrical and optical properties of vanadium dioxide containing gold nanoparticles deposited by pulsed laser deposition. Appl Phys Lett 2012; 101 (13): 133102.

[129] Verleur HW, Barker Jr. AS, Berglund CN. Optical properties of VO_2 between 0.25 and 5 eV. Phys Rev 1968; 172 (3): 788-798.

[130] Xu G, Huang C-M, Tazawa M, et al. Tunable optical properties of nano-Au on vanadium dioxide. Opt Commun 2009; 282 (5): 896-902.

[131] Dumas-Bouchiat F, Champeaux C, Catherinot A, et al. rf-microwave switches based on reversible semiconductor-metal transition of VO_2 thin films synthesized by pulsed-laser deposition. Appl Phys Lett 2007; 91 (22): 223505.

[132] Kamalisarvestani M, Saidur R, Mekhilef S, et al. Performance, materials and coating technologies of thermochromic thin films on smart windows. Renew Sustain Energy Rev 2013; 26: 353-364.

[133] Li Y, Ji S, Gao Y, et al. Core-shell VO_2@TiO_2 nanorods that combine thermochromic and photocatalytic properties for application as energy-saving smart coatings. Sci Rep 2013; 3: 1370.

[134] Min Zhou JB, Minshan Tao, Rui Zhu, Yingting Lin, Xiaodong Zhanga, and Yi Xie. Periodic porous thermochromic VO_2 (M) films with enhanced visible transmittance. Chem Commun 2013; 49: 6021-6023.

[135] Zhou J, Gao Y, Liu X, et al. Mg-doped VO_2 nanoparticles: hydrothermal synthesis, enhanced visible transmittance and decreased metal-insulator transition temperature. Phys Chem Chem Phys 2013; 15 (20): 7505-7511.

[136] Gao YF, Zhou J, Dai L, et al. F-doped VO_2 nanoparticles for thermochromic energy-saving foils with modified color and enhanced solar-heat shielding ability. Phys Chem Chem Phys 2013; 15: 11723-11729.

[137] Roberts PMS. Smart window. *Patent application US 20120301642 A 1*; 2012.

[138] Kim H, Kim Y, Kim KS, et al. Flexible thermochromic films based on hybridized VO_2/graphene. ACS Nano 2013; 7 (7): 5769-5776.

[139] Jiang L, Carr WN. Design, fabrication and testing of a micromachined thermo-optical light modulator based on a vanadium dioxide array. J Micromech Microeng 2004; 14 (7): 833.

[140] Soltani M, Chaker M. System and method for generating a negative capacitance. *Patent application US 20120286743*; 2012.

[141] Byung Gyu CHAE, Hyun Tak KIM, Doo Hyeb YOUN. Field effect transistor using vanadium dioxide layer as channel material and method of manufacturing the field effect transistor. *US patent 6933553 B 2*; 2005.

[142] Jeffrey De Natale F. Vanadium-dioxide front-end advanced shutter technology. *US patent 8067996 B 2*; 2011.

[143] Kaye AB, Richard Forsberg HJ. Phase-change materials and optical limiting devices utilizing phasechange materials. *US patent 8259381 B 2*; 2012.

[144] Soltani M, Chaker M, Haddad E, et al. Thermochromic vanadium dioxide smart coatings grown on Kapton substrates by reactive pulsed laser deposition. J Vac Sci Technol A 2006; 24 (3): 612.

[145] Bryan L, Jackson LVJ, Zhiyong Li. Photonic device including at least one electromagnetic resonator operably coupled to a state-change material. *US patent 7446929 B 1*; 2008.

第 14 章 单组分自修复防腐蚀涂层：设计方案与实例

Jinglei Yang, Mingxing Huang
School of Mechanical and Aerospace Engineering,
Nanyang Technological University, Singapore

14.1 简介

金属腐蚀是导致材料失效的最具破坏性的过程之一，并且每年造成巨大的经济损失。腐蚀是金属与环境发生化学或电化学反应而造成的破坏性侵蚀，是一种涉及阳极反应和阴极反应的电化学过程[1,2]。还原反应和氧化反应分别发生在阴极区和阳极区，而金属腐蚀常发生在阳极区。

铁的腐蚀如图 14.1 所示。可以看出，当铁片浸泡于腐蚀电解质溶液中时，阴极反应由溶解氧还原、氢离子还原、水还原组成，而阳极区的氧化反应会使铁溶解而产生 Fe^{2+}，在铁片上留下孔洞。在溶液中，Fe^{2+} 将与 OH^- 反应生成 $Fe(OH)_2$，经过一系列反应后，最终产物为 Fe_2O_3，这就是经常在铁表面看到的铁锈。

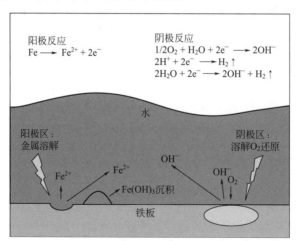

图 14.1 铁在水中的腐蚀机理

腐蚀控制是人们使用金属时最重要的问题之一。迄今为止，已研发出多种方法来减缓金属的腐蚀破坏，传统方法包括材料选择、阴极保护、添加缓蚀剂、工程设计等等[2~4]。然而，在众多腐蚀控制方法中，使用涂层是对金属基体进行腐蚀防护最直接的方法。涂层为隔离下面的金属基体和外部环境提供一层屏障。涂层作为阻隔层，将其下面的金属与外部腐蚀性环境分开。另外，缓蚀剂加载到涂层中以提供更进一步的腐蚀防护。然而，涂层的退化始终是个问题。如果不能及时地检测到涂层退化和失效，下面的金属基体将直接暴露于腐蚀环境中遭受严重且快速的腐蚀。如果涂层自动地对退化和失效做出响应以恢复其完整性和其他功能，它的服役寿命将会大大延长，腐蚀防护功能的有效期也将延长。具有自修复功能的材料为自修复材料。

自然界中，自修复行为是无处不在的。例如，当皮肤损伤或划伤时，动物能够通过"流血"机制进行自修复[5]。在这个过程中，生物系统对外部刺激如损伤进行响应，并转移修复物质到受伤部位来修复伤口。源于大自然的启发，现代自修复材料能够感应到损伤并释放修复组分而实现自修复功能。与传统技术（焊接、修补、树脂的原位固化）相比，自修复技术具有优势：节省时间和成本[6]。

由于自修复的重要性，自20世纪以来，自修复材料一直是研究人员关注的焦点，并开发出了许多方法来生产自修复材料。然而，大多数早期自修复材料需要人工干预，如加热和辐照。Jud等人[7]报道了热塑性聚合物的自修复性能，通过高温下分子相互扩散实现修复功能。Chung等人[8]报道了聚（甲基丙烯酸甲酯）涂层的自修复行为，但是为了达到自修复目的，需要光照引发肉桂基发生环加成反应。

在理想的自修复系统中，自修复行为应该是完全自发的而不需要人工干预。从这个意义上讲，White等人[9]于2001年开发出首个自修复材料。双环戊二烯（DCPD）单体均匀地储存在聚（脲-甲醛）（PUF）微胶囊中，当DCPD单体接触到预分散的Grubbs催化剂颗粒时，通过DCPD的聚合实现自修复功能。整个过程不需要任何检测和人工干预来引发修复行为，因此，这种行为被视为自修复。目前，涌现出了大量的自修复材料，在许多综述性论文中可以找到关于这个课题的研究进展[5,10~13]。

最近，有人提出了防腐领域的自修复概念，这种新方法在研发防腐涂层方面具有广阔前景。通常，涂层的退化始于微裂纹的形成。微裂纹将破坏存储修复剂的存储器，修复剂流到裂纹处，经历修复反应，使裂纹处重新形成保护膜——自修复膜。原则上来说，开发自修复涂层，可用微胶囊、中空管、微血管网络作修复剂的储存器，但是考虑到涂层厚度小这一制约，只有微胶囊适于在涂层系统中应用。Sauvant-Moynot等人[14]基于水溶的、自固化环氧电沉积加合物的微胶囊化，开发了一种自修复防腐涂层。当加合物与水接触时，它沉积在裂纹处而表现出自修复能力。该涂层涂覆的钢片的电化学阻抗谱（EIS）结果表明自修复涂层大大提高了钢的抗腐蚀能力。Suryanarayana[15]、Samadzadeh[16]、García[17]等人也开发了具有不同化学性质的自修复防腐涂层。

当微胶囊掺入聚合物中以实现自修复防腐蚀功能时，微胶囊应满足一些严格的要求。例如，微胶囊应有足够的机械强度以在加工和运输过程中保持完好，但在需要时微胶囊应能够破裂[18]。此外，微胶囊应该是稳定的且能与自修复物质、涂层基质及最终涂层将暴露的实际环境相容。

14.2 单组分自修复防腐蚀涂层的设计方案

14.2.1 传统自修复材料的制备

根据自修复机理，自修复材料常被分为本征型和外掺型。本征型自修复材料通常是利用材料某些官能团的可逆反应进行自修复，通常需要外部刺激如加热和光照等来引发其自修复反应。据报道，聚氨酯（PU）中掺入氧杂环丁烷取代的壳聚糖前体表现出了很好的自修复性能[19]，但仍然需要 UV 辐射来引发自修复反应。外掺型自修复材料通过预存的自修复剂实现自修复功能，修复剂储存在容器中，容器均匀分布于主体聚合物中，容器对外部刺激做出响应从而释放修复剂。基于所用的存储器，自修复材料通常被分成三种类型：微胶囊型[20,21]、中空管型[4]、微血管型[22,23]。

基于微胶囊的自修复材料的制备涉及微胶囊化，即将核心材料包封进微胶囊的技术。微胶囊化已经广泛应用于农业、医药、食品、纺织品、涂料、调味香料和胶黏剂等各个领域[24]。该技术也成为设计自修复材料的重要方法之一，因为该技术可用于制备聚合物复合材料和薄聚合物涂层，并且可以通过调整微胶囊直径来监测修复剂的含量。修复功能可通过微胶囊中修复剂的聚合反应来实现，大多数情况下，这个反应需要使用催化剂。在典型的微胶囊体系中，主体聚合物基体有裂纹时，含有修复剂的微胶囊破裂，释放出修复剂。一旦与催化剂接触，修复剂就会发生聚合，形成一个薄膜来修复裂纹，如图 14.2 所示[10]。这种自修复聚合物是一种胶囊，其中修复剂包封在胶囊中，而催化剂直接分布在主体基体中。另外，自修复聚合物也有两种胶囊形式，修复剂和催化剂分别封装在不同的胶囊中，然后这些胶囊随机地分布在主聚合物基体中。Samadzadeh 等人[25]综述了微胶囊自修复材料的最新进展。

图 14.2　微胶囊体系的修复机理

可以采用多种方法实现胶囊化，如凝聚[26,27]、界面聚合和喷雾干燥[28,29]。在众多方法中，界面聚合和原位聚合是研究自修复材料最常用的方法。

界面聚合通常在水包油乳液体系中进行，该体系是在表面活性剂的帮助下，将不溶于水的有机液体（油相）分散到水连续相中而制成。在典型的界面聚合反应中，聚合反应的一个反应物与目标核材料包裹进油相中，而另一个反应物在水相中。来自不同相的两种反应物发生聚合反应，在水相和有机相的界面处形成聚合物壳材，其中核心物质包封在壳材中[25,30~32]。Yang 等人[33]报道了通过界面聚合由 PU 微胶囊对异佛尔酮二异氰酸酯（IPDI）进行微胶囊化。在这项研究中，先制备甲苯二异氰酸酯（TDI）基 PU 预聚物，然后与目标核材 IPDI 混合均匀形成油相。油相加入水连续相中形成水包油体系，加入链增长剂引发油相中高反应活性 TDI 预聚物的聚合反应，而低反应活性的 IPDI 则作为核材被包封其中。

IPDI 填充的 PU 微胶囊具有光滑的表面，如图 14.3(a) 所示。从图 14.3(b) 中可见，所得微胶囊的直径和壳厚依赖于反应过程中的搅拌速度。当搅拌速度为 500r/min 时，制得

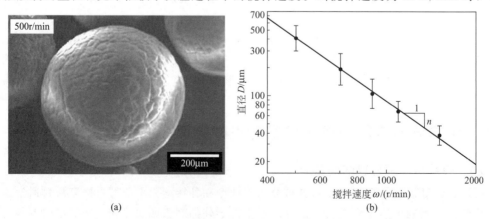

图 14.3　(a) IPDI 填充 PU 微胶囊的形貌；(b) 平均直径与搅拌速度的关系[33]

的胶囊直径大约为 413μm，这是首次实现液态的反应性异氰酸酯单体的胶囊化，所得胶囊与水的高反应活性代表了单组分和无催化剂自修复体系的发展前景。

原位聚合已经成为活性试剂胶囊化并用于自修复体系的最普遍的方法之一。与界面聚合相似，原位聚合也发生在乳液体系中，但聚合的反应物来自于同一个相。PUF 微胶囊是人们所熟知的原位聚合的自修复材料。

PUF 是一个非常好的材料，其广泛应用于自修复材料中。由 PUF 制成的微胶囊足够坚固，足以承受自修复材料生产中的加工处理，且可以通过传递微裂纹而粉碎[34]。Yuan 等人[35,36]报道了两步法制备环氧树脂 PUF 微胶囊：第一步，在水相中合成脲醛预聚体；第二步，环氧树脂作为目标核材加入制得的预聚体溶液中形成水包油乳液。脲醛预聚体发生原位聚合形成 PUF 微胶囊，将环氧树脂包覆其中。

Brown 等人[20]报道了通过一步原位聚合反应制备 PUF 微胶囊，合成中，将尿素、氯化铵、间苯二酚加入乙烯马来酸酐表面活性剂溶液中，溶解后用氢氧化钠和盐酸调节溶液的 pH 值为 3.5，在不断搅拌的条件下将 DCPD 液体加到水溶液中制成水包油乳液体系。然后，将浓度为 37% 的甲醛溶液加入该体系中，则水相中的尿素和甲醛发生原位聚合反应制得包封 DCPD 油滴的 PUF 微胶囊。

PUF 微胶囊壳结构的 SEM 图如图 14.4 所示，该图表明胶囊壳由光滑的内表面和粗糙的外表面组成。内表面厚度在 160~220nm 之间，它在很大程度上与合成参数无关，外表面是 PUF 纳米粒子的聚集体，制得的微胶囊含有 83%~92%（质量分数）DCPD。胶囊直径取决于搅拌速度，直径范围为 10~1000μm。

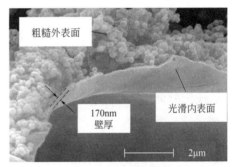

图 14.4 原位聚合制得的 PUF 微胶囊的壳结构 SEM 图[20]

上述方法已用作制备 PUF 微胶囊的标准方法。Suryanarayana 等人[15]报道通过原位聚合实现了 PUF 微胶囊对亚麻籽油的微胶囊化，与上述过程非常类似。García 等人[17]也报道了相似的胶囊化过程——水反应活性硅烷基酯自修材料的胶囊化。

聚（三聚氰胺-甲醛）（PMF）微胶囊也已广泛应用于自修复领域，其在机械性能、稳定性和耐化学性等方面具有优势[37~39]。原位聚合法也可合成 PMF 微胶囊，其步骤与 PUF 微胶囊类似[37,38]。

界面聚合与原位聚合反应广泛用于合成单组分胶囊。然而，微胶囊化用于开发自修复材料时，由单一组分制成的微胶囊不能满足实际应用中复杂而严苛的条件[40]。比如，PU 微胶囊具有优良的机械性能和热性能，但会由于剩余的异氰酸酯官能团交联而团聚，因此，它们在主基体中的分布可能是一个大问题[41]。PUF 微胶囊也有好的机械性能，也易于在主聚合物中分布，但是抗高温性能差，通常在材料加工过程中会有这方面的要求。为了克服这些缺陷，研究者们开发了多层微胶囊的制备技术以使活性试剂胶囊化用于自修复领域。由两种或多种材料组成的微胶囊具有综合优势，同时避免了每种单一材料的不足，具有优异的综合性能。

采用界面聚合与原位聚合的复合方法可以制备多层微胶囊。Caruso 等人[42]介绍了通过界面聚合与原位聚合的复合法实现了 PU-PUF 双层微胶囊对苯乙酸乙酯的微胶囊化。与在文献中描述的制备 PUF 微胶囊[20]的普通原位聚合法相比，这种方法是：在将尿素、氯化铵和间苯二酚加入表面活性剂溶液中及调节 pH 值后，将壳材料和 PU 预聚体混合物而不是单独壳材料加入上面的水溶液中以获得水包油体系。接下来的操作步骤包括加入甲醛溶液、控制温度、收集产物等，与普通的原位聚合相似。在图 14.5 微胶囊原子力显微图片中可以明显看到两个不同的相，壳由 PU 内壳和 PUF 外壳组成。作为对照，还研究了单层 PUF 微胶囊的壳组成。与单层 PUF 微胶囊相比，微胶囊热重分析（TGA）表明 PU-PUF 微胶囊对核材料表现出了更好的保护性能。

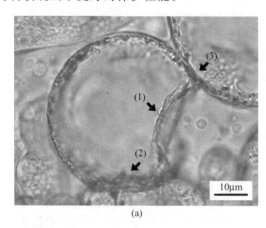
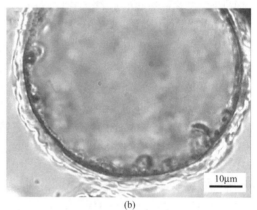

图 14.5　原子力显微图片
(a) PUF 单层微胶囊；(b) PU-PUF 双层微胶囊[42]

除了上述讨论的微胶囊体系外，中空管体系是另一种自修复材料。修复试剂储存在中空管中，中空管嵌入聚合物主基体中诱导自修复功能[43~49]，嵌入的管作为修复剂的储存器和补强填充剂[50]。

与微胶囊相比，中空管能储存更多的修复剂，因此具有很好的修复性能[12]。中空管自修复材料的自修复机制如图 14.6 所示。一旦聚合物出现裂纹，嵌入的中空管破裂并将储存的修复剂释放到裂缝处。修复剂聚合覆盖在裂纹处，进而实现自修复功能。

玻璃纤维是中空管自修复材料的重要基材，因为玻璃纤维对大多数修复剂和主聚合物基体是惰性的。另外，玻璃纤维很容易被主基体中形成的裂缝破坏并释放出修复剂[51]。但是，玻璃纤维很难感应由铜或铝等其他材料制成的管中的裂缝，因此不能触发自修复行为[6]。与微胶囊基自修复体系相比，中空管基体系需要特别注意修复剂与中空管的相容性，因此，应综合考虑修复剂的各种特性，如湿度、黏度、化学反应活性等[11]。例如，太黏的修复剂不能进入管中，即使在自修复体系研发成功后，修复剂也不太可能流入需要修复的裂缝处。此外，修复剂在管中的湿度也应该重点关注。

微胶囊和中空管自修复材料的研究取得了重大进展，但是这些材料不能对同一位置

图 14.6　中空管体系的自修复机制[49]

进行多次修复[12]。例如，在微胶囊材料中，当胶囊破裂自修复启动时，修复剂被消耗掉，在基体中留下空位。当在同一位置需要再次修复时，则没有修复剂可用。在中空管自修复体系中也出现了类似的问题，因为储存的修复剂是有限的。另外，在大多数情况下，二次开裂倾向于在原来的位置发生，因为材料在整体性和机械性能方面很难完全愈合。为了克服这个问题，提出了用微血管网状材料作自修复材料替代微胶囊和中空管[52~55]。

在微血管基自修复体系中，三维血管网嵌入聚合物主体基材中，修复剂储存在网络中。一旦裂缝破坏血管网，则修复剂通过血管网传输到受损位置。图 14.7 解释了皮肤和微血管自修复体系的修复过程。可以看到，在这样的自修复体系中，修复过程是对自然界的一个模仿[5]。修复剂可以通过互相连接的网络由其他位置提供，这些修复剂将不在一个地方使用，因此微血管基体系可以实现多重修复[56]。

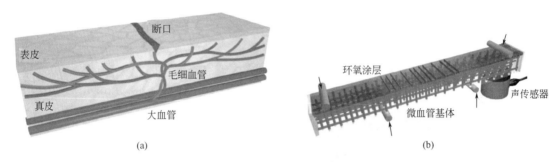

图 14.7 （a）有切口的真皮层中的毛细血管网示意图；（b）具有微血管基体和易碎环氧树脂涂层的微血管自修复结构示意图[52]

Toohey 等人[23]阐述了微血管基自修复材料的自修复性能。在这个系统中，矩形三维微血管网络通过有机墨水直接写入组装在整个聚合物基体上[57]，然后将不同比例的 Grubbs 催化剂颗粒改性的环氧树脂层沉积在基体上，互联的微血管通道（$d=200\mu m$）由修复剂 DCPD 填充。一旦上面的环氧树脂层出现裂缝，下面的通道将会被破坏，储存的 DCPD 将会通过垂直通道释放并到达裂缝处，一旦与 Grubbs 催化剂接触，DCPD 聚合形成膜来修复裂缝。在修复过程中，水平通道切断 DCPD 在整个网络中传输的通道，以确保体系始终充满修复剂，从而实现多重修复。对制备系统的修复效率进行了评估，四点弯曲实验表明，损伤后断裂韧性的恢复率高达 70%。

14.2.2 单组分自修复防腐蚀涂层的设计

在大多数现有的自修复材料中，自修复反应是双组分反应。例如，Toohey 等人[54]报道了一种基于环氧树脂和固化剂双组分反应的自修复材料。否则自修复反应是基于单组分的聚合反应，但是需要催化剂[9,23]或其他外界干预，如加热、紫外线辐射等[19]。从上面讨论的腐蚀机制可以看出，金属的腐蚀始终涉及水，这样，预存的修复剂能够与水反应以实现自修复防腐蚀功能。

原则上，上面探讨的自修复材料的生产方法对制备单组分自修复防腐涂层也是有效的。然而，如果考虑涂层厚度限制的话，微胶囊技术是最适合的方法。单组分自修复防腐蚀涂层的开发，选择修复剂是至关重要的。首先，当材料暴露于腐蚀环境中需要修复时，修复剂应该能够及时修复。其次，修复剂应该具有良好的流动性以流进涂层的微裂缝处。

异氰酸酯单体是单组分自修复涂层的优良候选材料，异氰酸酯与水或潮气反应产生氨基酸，氨基酸不稳定，易分解成胺，接下来与异氰酸酯反应生成脲或缩二脲或其他聚合物，如图 14.8 所示。

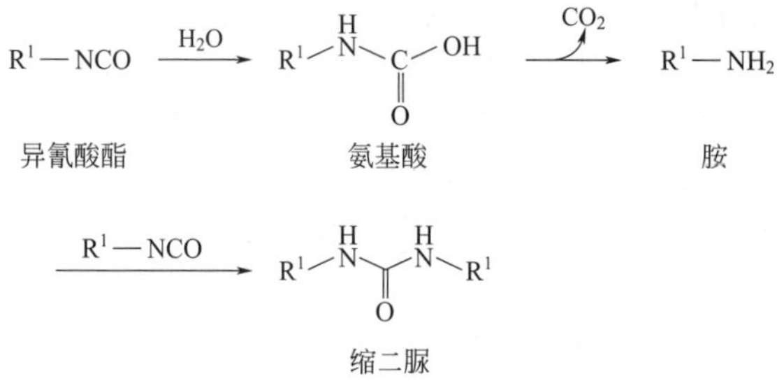

图 14.8　异氰酸酯与水反应的机理 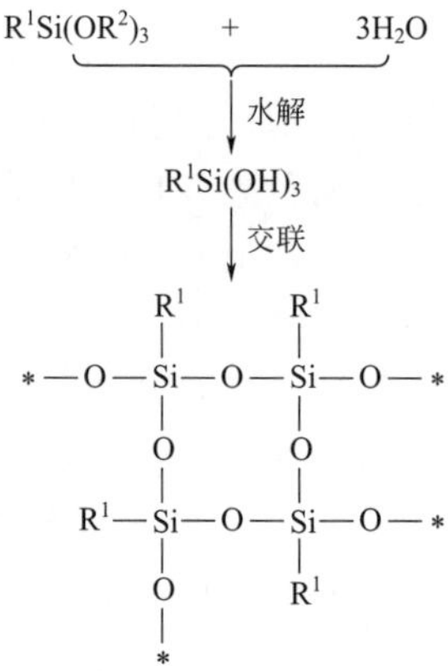　　　　图 14.9　有机硅的水解、缩聚

有机硅是单组分自修复涂层又一候选材料，一旦接触潮气，有机硅就会缩聚形成硅膜，如图 14.9 所示。

14.3　单组分自修复防腐蚀涂层举例

14.3.1　二异氰酸酯基单组分自修复防腐蚀涂层

14.3.1.1　界面聚合制备二异氰酸酯微胶囊

由于异氰酸酯具有自修复性能，所以它是单组分自修复防腐涂层的潜在候选材料。然而，异氰酸酯的高反应活性使其难以加工和胶囊化。异氰酸酯胶囊化的前期研究主要局限于它的固体状态或封闭形式。Yang 和 Rawlins 等人[58~60]报道了通过乳液聚合由聚苯乙烯纳米胶囊将封闭型多异氰酸酯胶囊化，Walther 等人[61]报道了用对异氰酸酯惰性的保护材料如聚苯乙烯、氯化橡胶和聚丁基乙烯醚等将 1,5-亚萘基二异氰酸酯胶囊化。目前，很少有关于液态异氰酸酯单体胶囊化的文献报道。

Yang 等人[33]首次报道了液态异氰酸酯单体微胶囊化。在水包油乳液体系中，用 PU 微胶囊使 IPDI 单体胶囊化。如图 14.10 所示，TDI 预聚体和 1,4-丁二醇发生界面聚合反应形成微胶囊的 PU 壳结构。然而，该合成过程要自制氨基甲酸酯预聚物，因此工艺烦琐。此外，IPDI 反应活性不够高，对自修复涂层不利，因为自修复反应要在很短的时间内进行以保证瞬时修复。

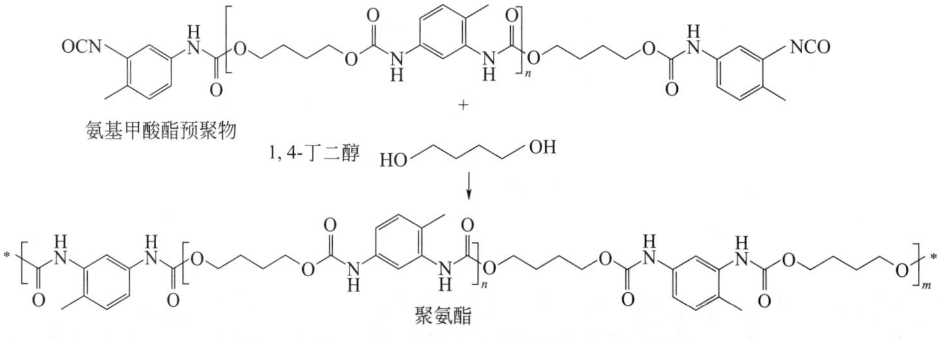

图 14.10　PU 微胶囊对 IPDI 的包封示意图[33]

更高反应活性的液态六亚甲基二异氰酸酯（HDI）单体通过界面聚合胶囊化进入 PU 微

胶囊，如图 14.11 所示。在合成过程中，商品 MDI 预聚体作为壳材的反应物。

在合成过程中，MDI 预聚物 Suprasec 2644 溶解在 HDI 中产生油相，然后将油相分散到阿拉伯树胶表面活性剂溶液中形成水包油乳液。当加入 1,4-丁二醇时，水相中的羟基与油相中的异氰酸酯基发生反应，从而产生围绕油滴的 PU 膜。PU 的形成机制与图 14.10 相似，唯一的区别是 TDI 预聚物由 MDI 预聚物取代。水相中二元醇扩散穿过初始膜进一步与异氰酸酯反应使膜增加[62]。MDI 预聚体比 HDI 反应活性更高，因此 1,4-丁二醇与 MDI 预聚体反应形成壳结构，而活性相对低的 HDI 液体则作为芯材形成最后的微胶囊。合成中使用的所有材料都是可以买到的，可以看出 HDI 的微胶囊化过程与之前报道的 IPDI 的封装相比简单单得多[33]。在典型的合成中，油相由 2.9g MDI 预聚物和 8.0g HDI 组成，阿拉伯树胶表面活性剂溶液浓度为 3%（质量分数），搅拌速度为 500r/min，反应温度为 40℃。在这样的条件下，胶囊产率为 70%。微胶囊的尺寸是 86.5μm，壳厚 6.5μm。

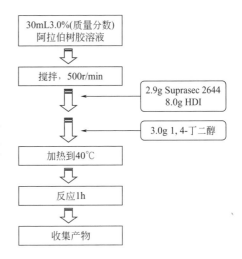

图 14.11　HDI 填充 PU 微胶囊的制备过程

鉴于胶囊壳壁的合成不是严格的化学计量反应，过量的 1,4-丁二醇用于确保 Suprasec 2644 完全反应。合成产率可以简单计算如下：

$$\text{Yield}(\%) = \frac{W_{\text{cap}}}{W_{\text{pre-p}} + W_{\text{diol}} + W_{\text{HDI}}} \tag{14.1}$$

式中，W_{cap} 是干胶囊质量；$W_{\text{pre-p}}$、W_{diol}、W_{HDI} 分别是 MDI 预聚物、1,4-丁二醇和 HDI 的质量。这种方法可以粗略估算合成产率。

以上面的计算为基础，在搅拌速度为 500r/min 时，产率为 65%～74%，随反应参数变化而有微小变化。研究发现，搅拌速度越高产率越低，当搅拌速度升高至 2000r/min 时，产率降至约 54%。

由于 MDI 预聚体的高反应活性，微胶囊的合成速率非常快。光学显微结果表明，在反应过程中，1,4-丁二醇加入 15min 后，微胶囊就形成了。然而，最短反应时间（MRT）是必要的，以保证胶囊壳有足够的机械强度经受接下来的过滤和进一步的加工。MRT 对节省时间和控制微囊壳质量非常重要，为了确定 MRT，以 10min 的时间间隔从乳液中取样，直到分散的干燥微胶囊可以通过过滤收集。尽管在反应初期可以看到微胶囊，但是在 MRT 前，胶囊进行过滤时坍塌产生大量黏稠聚合物。如表 14.1 那样，MRT 随反应温度升高而稳步缩短。这表明胶囊壳在高温时生长快，与 PU 的聚合反应速率和温度成正比这一事实相符。

表 14.1　不同温度下微胶囊合成的最短反应时间（MRT）和填充量

温度/℃	30	40	50	60
MRT/min	150	60	45	30
HDI 含量(质量分数)/%	65	62	35	18

14.3.1.2　微胶囊的化学组成

采用 FTIR 表征微胶囊的化学组成。作为对照，表征了完整胶囊、纯 HDI、MDI 预聚

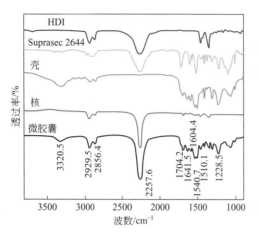

图 14.12 HDI、Suprasec 2644、制备的 PU 微胶囊、胶囊壳和胶囊芯材的 FTIR 谱

体、壳材、芯材。如图 14.12 所示，微胶囊位于 2257.6cm^{-1}（NCO 伸缩振动）和 2929.5cm^{-1}（CH_2 伸缩振动）处的特征信号表明胶囊含有大量 HDI。而在胶囊壳的光谱中没有观察到 NCO（2257.6cm^{-1}）信号，表明胶囊壳中没有 HDI，并且可以看到芯材的谱图与纯 HDI 几乎一样，表明芯材主要由纯 HDI 组成，因此断定 HDI 成功地被 PU 胶囊化。纯胶囊壳光谱中没有 NCO 信号，表明预聚物链扩展形成外壳。基于这些现象，推断 MDI 预聚体聚合形成 PU 微胶囊壳，HDI 作为芯材被胶囊化。

14.3.1.3 微胶囊的形貌和直径

合成的微胶囊是具有光滑表面的球形结构，如图 14.13 所示。可以看到胶囊内表面不如外表面光滑。胶囊的粗糙横截面表明胶囊壳可能含有一些孔隙。搅拌速度在 300～2000r/min 时，平均壳厚范围为 1.1～12.48μm。

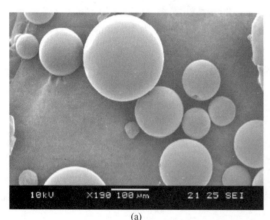
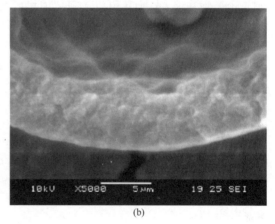

(a) (b)

图 14.13 HDI 填充的 PU 微胶囊微观形貌
(a) 球形微胶囊；(b) 微胶囊壳结构[77]

通过微胶囊化研发自修复材料，控制胶囊直径是非常关键的，因为直径大大影响了自修复性能[63]，在某些条件下，只有某些直径的胶囊合适。微胶囊直径受到几个因素影响：混合装置的几何形状、反应介质黏度、表面活性剂浓度、搅拌速度、温度等。然而，搅拌速度是最终的影响因素。如图 14.14 所示，合成过程中，当所有变量保持不变时，搅拌速度越快，微胶囊尺寸越小。早期的研究中也得到了这样的结果[20,23]。

14.3.1.4 微胶囊的热学性能与核心部分

搅拌速度为 500r/min 时，由纯 HDI 和壳材料制成的微胶囊的 TGA 失重曲线是温度的函数，如图 14.15 所示。可以看到，微胶囊在 180℃时经历了明显的质量损失，这种质量损失与 HDI 的失重非常一致，表明 HDI 成功包封在微胶囊内。240℃时，壳材开始分解。图 14.15 也给出了微胶囊 DTG 曲线。在整个微胶囊的曲线上，HDI 在第一个峰处的汽化过程和在 240℃之后的峰中壳的分解过程是很明显的。

由全微胶囊的 DTG 曲线的峰宽确定制备的微胶囊中的 HDI 含量或核心部分。从图 14.15 可以看出，基于 HDI 的质量损失，在 500r/min 下微胶囊的 HDI 含量约为 62%（质量分数)。

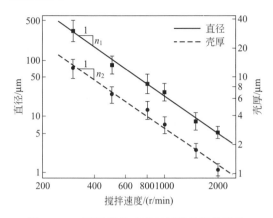

图 14.14 不同搅拌速度下制得的微胶囊的平均直径和壳厚 ($n_1=2.18$, $n_2=1.25$)[77]

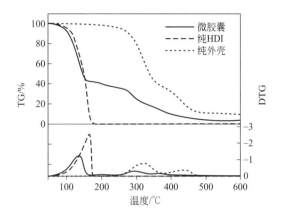

图 14.15 纯 HDI、微胶囊、微胶囊壳的 TG 曲线和微胶囊 DTG 曲线[77]

14.3.1.5 HDI 基自修复防腐蚀涂层的制备

常温下,通过分散一定质量比的 HDI 微胶囊到环氧树脂 EPOLAM 5015 中,随后加入固化剂 EPOLAM 5014 制备二异氰酸酯基单组分自修复环氧树脂防腐蚀涂层。混合物脱气 20min,然后通过可调膜涂布器涂布在预处理的基材上。在环境温度下,涂层露天固化 24h。

14.3.1.6 加速盐侵蚀实验

对 HDI 微胶囊基环氧树脂涂层进行了加速盐侵蚀实验。在实验中,微胶囊的平均直径为 100μm,10%(质量分数)微胶囊与环氧树脂混合形成最终的涂层。按照 ASTM D1654 的标准方法手工划线制备 HDI 基涂层,然后浸泡于 10%(质量分数)的 NaCl 水溶液中 48h。如图 14.16 所示,涂有纯环氧树脂涂层的划线试样浸泡盐溶液后,在划线区域观察到严重的腐蚀。相反,涂有自修复涂层的试样在浸泡后没有腐蚀。这种差异清楚地表明,HDI 填充的微胶囊改性的环氧涂层表现出优异的抗腐蚀性能。

(a) (b)

图 14.16 浸泡在 10%(质量分数)NaCl 溶液中 48h 的涂覆钢板[77]
(a) HDI 基自修复涂层涂覆;(b) 普通涂层涂覆

为了阐述微胶囊基涂层的防腐机理,用 SEM 表征涂层腐蚀后的划线区域。图 14.17 给出了涂层在盐溶液中浸泡两天后,HDI 基涂层和空白环氧涂层划线位置的图片。在涂层上施加划痕之后,下面的钢基材暴露于腐蚀性盐溶液中并被腐蚀。将图 14.17(a) 与 (b) 进行比较,可以清楚地看到,浸泡后在 HDI 基环氧涂层的划痕中产生了一些新材料,这意味着这种涂层上的裂缝自主修复,这就是自修复,因为在修复过程中没有任何人工的干预。由于这种自修复行为,划痕被密封且下面的钢与外部腐蚀性环境再次分离表现出防腐蚀功能。裂缝中产生的材料应该是从破裂的微胶囊释放的 HDI 与环境中的水反应的产物。作为对照,从图 14.17(c) 和 (d) 可以看出,对照试样的裂纹没有被密封,因此腐蚀性盐溶液仍然可以直接侵蚀钢材。

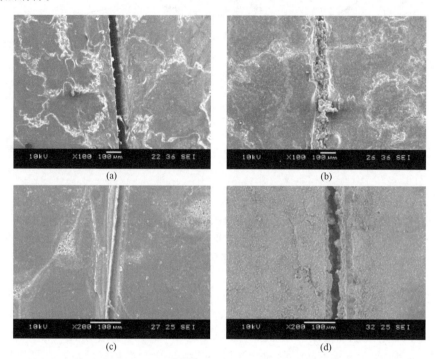

图 14.17 HDI 基环氧树脂涂层划线区的 SEM 图 [(a) 浸泡前;(b) 浸泡后] 及对照组环氧树脂涂层划线区的 SEM 图 [(c) 浸泡前;(d) 浸泡后][涂覆的样品浸泡在 10%(质量分数)NaCl 溶液中 48h][77]

从上面讨论的 HDI 基防腐涂层可以看出,微胶囊涂层优良的防腐蚀性能可以通过自修复/密封机制实现。当微胶囊改性涂层被划伤时,修复剂 HDI 将从破裂的微胶囊中流至裂缝处。在与水或湿气接触后,修复剂将以聚合、交联或缩合的形式进行修复反应,以在划痕内产生修复膜,将金属基材与腐蚀性外部环境分离。结果是基材的腐蚀受到抑制。相反,对于对照试样,一旦涂层被划伤,底层金属基材将被严重腐蚀,因为其直接暴露于腐蚀性盐溶液中。图 14.18 展示了基于 HDI 的自修复防腐涂层的修复反应。HDI 单体与水反应产生胺,胺进一步与 HDI 反应形成聚脲膜。然而,值得注意的是,在真实情况下,新形成的膜的实际修复反应和化学组分可能比这里提到的更复杂。

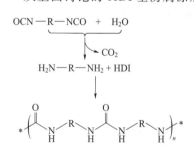

图 14.18 HDI 与水的修复反应

14.3.1.7 盐雾试验

为了更好地评估掺入 HDI 微胶囊的环氧涂层的抗腐蚀性能,按照 ASTM B117 的标准测试方法进行综合盐雾测试。

HDI 微胶囊基环氧涂层按照 ASTM D1654 的标准方法手工划线并置于盐雾室中,监测样品的腐蚀行为。研究了 HDI 微胶囊三个参数——平均粒径、涂层中微胶囊的质量分数以及最终涂层的厚度对涂层防腐能力的影响。每个参数取三个值，总共 27 种涂层配方用于试验。此外，以不同的涂层厚度制备三个空白的环氧涂层作为对照。表 14.2 概括了盐雾试验的所有涂层配方，并以 SP-D-Φ-H 的形式标记，而三个空白试样以 SP-Blk-H 的形式标记。

表 14.2　HDI 微胶囊基环氧树脂涂层的配方

D/μm	Φ(质量分数)/%	H/μm	试样名称
100±31.6	10	400,300,200	SP-100-10-400；SP-100-10-300；SP-100-10-200
	5		SP-100-5-400；SP-100-5-300；SP-100-5-200
	2		SP-100-2-400；SP-100-2-300；SP-100-2-200
50±17.2	10		SP-50-10-400；SP-50-10-300；SP-50-10-200
	5		SP-50-5-400；SP-50-5-300；SP-50-5-200
	2		SP-50-2-400；SP-50-2-300；SP-50-2-200
30±9.4	10		SP-30-10-400；SP-30-10-300；SP-30-10-200
	5		SP-30-5-400；SP-30-5-300；SP-30-5-200
	2		SP-30-2-400；SP-30-2-300；SP-30-2-200
对比试样（纯环氧）	0		SP-Blk-400；SP-Blk-300；SP-Blk-200

注：试样用 SP-D-Φ-H 进行命名，其中 SP 代表盐雾试验，D 代表微胶囊的平均直径，Φ 代表微胶囊在涂层中的质量分数，H 代表涂层的厚度。

将样品在盐雾室中暴露两个月。从图 14.19 可以看到，盐雾试验后，具有三种不同厚度的空白环氧涂层（SP-Blk-400、SP-Blk-300、SP-Blk-200）沿着划线发生腐蚀。在 27 种微胶囊改性涂层中，SP-100-10-400 和 SP-100-10-300 涂层的金属基体没有腐蚀，表明其具有优异的防腐蚀性能。同时，在 SP-100-10-200、SP-100-5-400、SP-100-5-300 和 SP-100-5-200 涂层的金属基体上也观察到轻微的腐蚀。结果表明，这四种配方能够提供一定的防腐蚀功能，但防腐性能比 SP-100-10-400 和 SP-100-10-300 要差一些。其他配方中，沿着划痕可以看到严重的腐蚀，表明这些涂层对钢基体的防护性能很差。结果表明如果恰当配比的话，HDI 微胶囊基环氧树脂涂层对金属基体具有很好的防腐蚀特性。

在盐雾试验中发现，腐蚀的发生与浸泡时间有关。图 14.20 解释了三种涂层（SP-100-10-400、SP-50-10-400 和 SP-30-10-400）盐雾试验的腐蚀过程。可以看到，第一周，试样 SP-50-10-400 和 SP-30-10-400 开始发生腐蚀，试样在盐雾中暴露时间越长，锈就越多，这是合理的，因为腐

图 14.19　盐雾中暴露 2 个月后 HDI 基单组分自修复涂层的形貌图[78]

蚀是电化学过程，其进程随着时间而推移。

图 14.20 也显示出微胶囊尺寸对微胶囊基防腐涂层防腐蚀能力的影响。三种配方 SP-100-10-400、SP-50-10-400 和 SP-30-10-400 仅在胶囊平均直径上有区别，而其他两个自修复涂层参数保持相同。可以看到，试样 SP-100-10-400 中胶囊的直径是 $100\mu m$，几乎无锈，而胶囊直径为 $30\mu m$ 的 SP-30-10-400 试样严重腐蚀。SP-50-10-400 的腐蚀程度介于上述两个试样之间。实际上，其他试样的比较也表现出类似的趋势，其中当掺入的微胶囊的直径为 $100\mu m$ 时，涂层表现出最佳的防腐蚀性能，其次是 $50\mu m$ 的试样，$30\mu m$ 的试样显示出最差的防腐性能。此结果表明，当给定涂层的其他参数保持恒定而微胶囊直径较大时，HDI 微胶囊基环氧涂层对钢基材提供更好的腐蚀防护。这一结果与另一份出版物报道的结果非常吻合[63]。

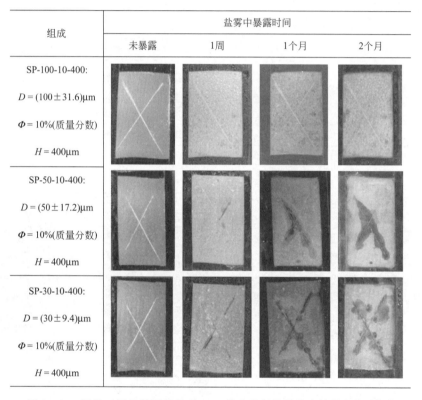

图 14.20　浸泡时间和胶囊直径对 HDI 基自修复涂层防腐性能的影响[78]

HDI 基涂层的防腐蚀性能也受到微胶囊在涂层中质量分数和涂层厚度的影响。图 14.21 给出了暴露于盐雾中 2 个月的 9 个试样。每个配方中，HDI 基微胶囊直径均为 $100\mu m$，而胶囊质量分数和涂层厚度不同。如果我们将每一行的试样进行对比，质量分数是常量，涂层厚度越薄的试样腐蚀越严重。如果将每一列的试样进行对比，涂层厚度相同，可以看到，质量分数越小的试样腐蚀越严重，结果表明涂层中微胶囊含量越高、涂层越厚对自修复防腐蚀涂层的防腐性能越有利。需要指出的是，尽管在盐雾试验期间基材的边缘和背面被防水胶带保护，但非涂布部分仍然发生了一些腐蚀。这就是为什么在试样上看到很多黄锈，但实际腐蚀比图 14.21 试样 SP-100-5-200 要弱得多。

14.3.1.8　参数对防腐蚀性能的影响

HDI 基自修复防腐涂层的盐雾试验表明微胶囊尺寸、微胶囊在涂层中的质量分数和涂层厚度均大大影响了涂层的防腐性能。一般地，微胶囊尺寸越大、微胶囊含量越高、涂层越

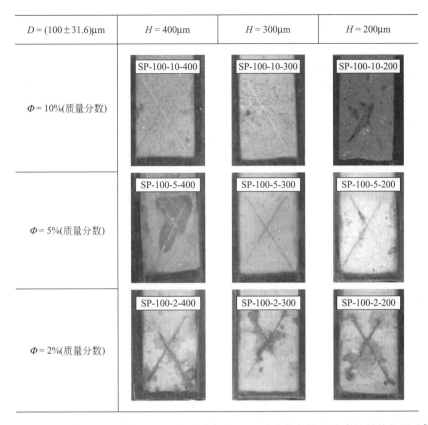

图 14.21　微胶囊质量分数（Φ）和涂层厚度对 HDI 基自修复涂层防腐蚀性能的影响[78]

厚，则能提供越好的防护效果。对于微胶囊基自修复聚合物材料，自修复性能受到如微胶囊在聚合物中的含量和微胶囊尺寸的影响[64]。Rule 等人[63]指出，对于有划痕的自修复材料，自修复性能与每单位刮擦区域可用于递送的修复剂的量直接相关。基于简化的模型，提出了一个方程来解释微胶囊质量分数和直径对微胶囊基自修复材料自修复性能的比例效应。Mookhoek 等人[65]也提出了一个模型来预测胶囊直径、长径比、浓度以及裂缝张开距离对自修复性能的影响。表面划刻的 HDI 基涂层的防腐功能主要通过自密封机理实现。因此，从自修复行为的角度讨论了这三个因素对涂层防腐性能的影响。

下面的讨论基于以下几个假设：①具有均匀直径的微胶囊均匀分布在涂层基体中；②每个微胶囊的修复剂填充量是相同的；③微胶囊的壳质量可以忽略不计；④当在涂层中形成划痕时，位于划痕平面的所有微胶囊破裂；⑤破裂的微胶囊的所有封装修复剂将自由流入划痕；⑥修复剂在划痕内扩散。

图 14.22　刮划的微胶囊涂层示意图

图 14.22 所示为划痕穿透矩形微胶囊基涂层的平面示意图。直径（d）均匀的微胶囊随机分布在涂层基体中，当平面划痕穿透涂层时，位于划痕中的所有微胶囊将破裂以释放修复剂。

破裂的微胶囊数量（n）为：

$$n = NP \tag{14.2}$$

式中，N 是涂层中微胶囊的总数；P 是微胶囊中心位于划痕平面破裂区内的概率。因为假设微胶囊在涂层中均匀分布，则概率为：

$$P = \frac{Ad}{M/\rho} = \frac{\rho Ad}{M} \tag{14.3}$$

式中，A 是划痕平面面积；d 是微胶囊直径；M 是涂层质量；ρ 是涂层密度。

涂层中微胶囊总数可以按下式计算：

$$N = \frac{\Phi M}{m} \tag{14.4}$$

划痕平面面积：

$$A = HL \tag{14.5}$$

式中，Φ 是微胶囊在涂层中的质量分数；m 是一个微胶囊的质量；H 是涂层厚度；L 是划痕长度。

结合式(14.2)~式(14.5)，由刮划所破坏的微胶囊数量计算如下：

$$n = \frac{\rho \Phi HLd}{m} \tag{14.6}$$

在普通的自修复材料中，运输的修复剂量必须对划痕平面的面积归一化，因为希望整个划痕平面重新连接并重新结合[63]。

然而，出于腐蚀防护目的，基本要求是暴露的基材在整个划痕长度上被修复剂覆盖一定的宽度，而修复剂不必完全填充整个划痕深度。因此，修复剂的传输量通过划痕投影区域归一化如下：

$$m_0 = \frac{nm}{tL} = \frac{\rho \Phi Hd}{t} \tag{14.7}$$

式中，t 是划痕宽度。

对于给定的微胶囊基涂层，如果微胶囊的比例不是太高，则涂层的密度（ρ）基本上由涂层基体本身决定，因此可以认为它是常数。从式(14.7)可以看出，刮伤部位可用的修复剂的量与微胶囊的质量分数（Φ）、微胶囊的直径（d）和涂层的厚度（H）成正比。另外，根据上节的讨论，通过自修复机理实现了防腐蚀功能，更好的自修复性能表现出更好的防腐蚀性能。因此，防腐蚀性能也相应地与微胶囊直径、微胶囊质量分数和涂层厚度正相关。这一结论与盐雾试验中观察到的结果一致。此外，尽管在我们的研究中没有研究划痕宽度对涂层的防腐蚀功能的影响，但从式(14.7)可以看出，微胶囊基涂层的防腐蚀性能应与刮痕宽度（t）成反比，这表明更宽的划痕更难通过涂层自行修复。

14.3.2 有机硅烷基单组分自修复防腐蚀涂层

14.3.2.1 全氟辛基三乙氧基硅烷的原位聚合微胶囊化

无机硅酸盐作为自修复材料和腐蚀防护材料已有多年应用[66~68]。Aramaki 等人[57]用硅酸钠制备具有高防护功能的自修复膜，该膜对锌表面有很好的腐蚀抑制效果。无机硅基腐蚀防护涂层主要利用硅酸盐的沉积来实现防腐功能。但是无机硅酸盐通常是与涂层基体直接混合，因此在长期服役环境下易与环境作用导致基体腐蚀。有机硅烷分子倾向于在潮湿环境中水解并交联形成固体膜，这种性质表明其具有单组分、无催化剂自修复防腐涂层修复剂的潜力。迄今为止，对于用于自修复材料的有机硅烷的研究尚未大范围开展，只有少数几篇文章发表[17,31,32]。Braun 及其同事报道了聚二甲基硅氧烷基微胶囊自修复涂层[31,32]，将羟基封端的聚二甲基硅氧烷与聚二乙氧基硅氧烷的混合物直接进行相分离或包封，然后分散在环氧基体中，形成的涂层显示出良好的防腐蚀自修复能力。然而，这种自修复系统必须使用有机锡催化剂。另一项研究考察了自合成的甲硅烷基酯用于自修复涂层的微胶囊化[17]，合成了油酸辛基二甲基硅酯，一种硅基酯，并将其封装在 PUF 微胶囊中，然后将其掺入环氧树脂中以形成自修复涂层，通过自密封作用实现了良好的抗腐蚀性。但是硅基酯的合成增加了该方法的复杂性和成本。

在有机硅烷微胶囊化的基础上，合成了一种新的单组分自修复聚合物防腐涂层 $1H$，$1H'$，$2H$，$2H'$-全氟辛基三乙氧基硅烷（POTS）。这个涂层体系相对现有的自修复材料有以下优点：①POTS 能够在潮湿环境中水解形成硅烷基膜，这种能力表明在自修复终产物中不必使用催化剂；②POTS 水解和缩聚形成的新膜是疏水性的[69]，这种特殊的润湿性能排斥电解质溶液使其远离金属，从而为金属基材提供进一步的腐蚀防护[17]；③POTS 可商购获得，因此自修复涂层的制备对于大规模生产将更加方便和具有时效性。

通过水包油乳液体系中的原位聚合反应合成了含有 POTS 的 PUF 微胶囊[20]。在环境温度下，在 500mL 烧杯中将 50mL 去离子水和 12.5mL 2.5%（质量分数）乙烯马来酸酐（EMA）共聚物水溶液混合。在机械搅拌下，将 1.25g 尿素、0.125g 氯化铵和 0.125g 间苯二酚溶解在溶液中。通过滴加 1mol/L 氢氧化钠溶液将溶液 pH 值从约 2.60 提高到 3.5。加入 1 滴 1-辛醇以消除表面气泡。将 10g POTS 液体溶于 5g 甲苯中以形成油相，然后将其缓慢加入上述水溶液中以产生乳液。稳定 10min 后，加入 3.17g 37%（质量分数）的甲醛水溶液。将乳液封盖并以 1℃/min 的加热速率加热至 55℃。连续搅拌 4h，关掉搅拌器和加热板。将所得微胶囊过滤并用蒸馏水洗涤数次。收集微胶囊并在环境温度下空气干燥 48h，然后进行下一步分析。典型的合成过程如图 14.23 所示。

合成中，乙烯马来酸酐共聚物是表面活性剂，尿素和甲醛是用来形成微胶囊壳的单体，POTS 是微胶囊化的芯材，氯化铵作为固化剂，而间苯二酚是尿素和甲醛发生聚合反应的支化剂[70]。间苯二酚也有助于提高 PUF 键在合成中对水的抵抗能力[71]。当将含有 POTS 和甲苯的油相加入含有表面活性剂、尿素、氯化铵和间苯二酚的水溶液中时，形成水包油乳液。加入甲醛溶液后，尿素和甲醛之间的聚合反应发生在酸性水相中，生产围绕油相的 PUF 膜，如图 14.24 所示。进一步的聚合反应形成了沉积在初始膜上的 PUF 纳米粒子，导致壳量增加形成最终的微胶囊壳。封装是在高温下完成的，因此大多数甲苯在合成过程中会蒸发掉，而 POTS 作为最终微胶囊芯材的主要成分，这将在后面的章节中通过 FTIR 分析进行说明。

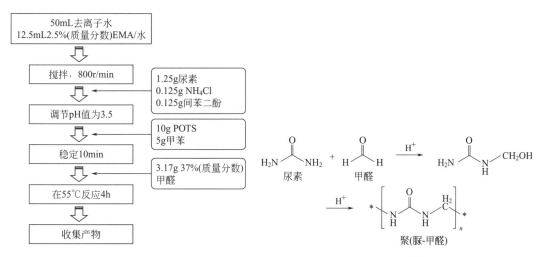

图 14.23　POTS 填充的 PUF 微胶囊的合成过程　　图 14.24　PUF 微胶囊的合成机理

胶囊的合成不是严格的化学计量反应，在加热过程中，大部分甲苯挥发掉。产率可以通过收集的微胶囊质量与 POTS、尿素、氯化铵、间苯二酚的总质量比值进行简单计算，而忽略甲苯质量。通过计算，合成中，产率约为 67%，其中搅拌速度为 800r/min。合成中，产率与搅拌速度相关，当搅拌速度提高到 1500r/min 时，产率降低至 53%。

14.3.2.2 微胶囊的化学组成

微胶囊的化学组成由 FTIR 确定。完整胶囊、纯 POTS 壳和芯材的 FTIR 谱如图 14.25 所示。可以看出，完整的胶囊包含 3330cm^{-1}（O—H 和 N—H 伸缩振动）、1620cm^{-1}（C═O 伸缩振动）和 1540cm^{-1}（N—H 弯曲振动）的信号[36,72]，表明尿素和甲醛之间的聚合反应形成 PUF。此外，1240cm^{-1} 和 1190cm^{-1} 处的信号（C—F 伸缩振动）以及 1100cm^{-1} 和 1080cm^{-1} 处的信号（Si—O—C 伸缩振动）表明 POTS 存在于合成的微胶囊中。完整微胶与胶囊壳的对比谱表明在壳材部分没有 POTS。同时可以看到，胶囊的芯谱与纯 POTS 一样，因此可以断定 PUF 微胶囊表面没有吸附 POTS，相反地，其作为芯材封装在微胶囊中。换句话说，成功地制备了包含液态 POTS 芯材的 PUF 微胶囊。

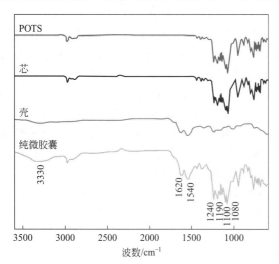

图 14.25 POTS、胶囊芯、胶囊壳和完整 PUF 微胶囊的 FTIR 谱[80]

14.3.2.3 微胶囊的形貌和直径

合成的微胶囊用 SEM 分析。图 14.26（a）表明，制得的微胶囊是球形的。从图 14.26（b）看出，微胶囊由粗糙的外表面和相对光滑的内表面组成。内表面是抗渗的 PUF 壳，外表面是大量 PUF 纳米粒子的沉积[20]。胶囊壁的横截面显示光滑内壳的厚度大约为 218nm。合成的微胶囊的壳结构与其他出版物中的结构一致[16,20]。

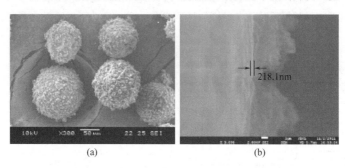

图 14.26 SEM 图[80]
(a) POTS 填充的微胶囊；(b) 微胶囊壳的横截面

POTS 微胶囊的平均直径取决于合成中的搅拌速度。图 14.27 中，当搅拌速度从 300r/min 增加到 1500r/min 时，微胶囊的平均直径将从 400μm 降低至 40μm，表明高搅拌速度生成小尺寸微胶囊。这种关联性的主要原因是在高速搅拌下，由于强的剪切力作用，在乳液中形成更为细小的油滴。因为原位聚合中最终微胶囊的直径主要取决于油滴的尺寸[73]，所以最终微胶囊的尺寸相应地就更小。

14.3.2.4 微胶囊的热性能和核心部分

微胶囊的热性能和核心部分用 TGA 表征分析。在 800r/min 的搅拌速度下合成的微胶囊、纯 POTS 和胶囊壳材料的 TGA 质量损失是温度的函数，如图 14.28 所示。可以看出，从约 100℃ 开始微胶囊经历了明显的质量损失，这与纯 POTS 的结果非常吻合，表明 POTS

成功封装在微胶囊内,壳材料从约 200℃ 开始分解。图 14.28 也绘制了微胶囊 DTG 曲线,清楚地显示了 POTS 在第一个峰中的蒸发过程以及在 200℃ 之后的峰中胶囊壳的分解过程。根据导数曲线的峰宽,在 800r/min 的搅拌速度下微胶囊的核心部分含量约为 60%(质量分数)。微胶囊的核心部分比例可以通过增加油相中 POTS 含量而增加,正如后面要讨论的那样,微胶囊的质量将会下降。

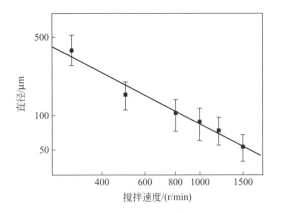

图 14.27　POTS 填充 PUF 微胶囊的平均直径与搅拌速度的函数[80]

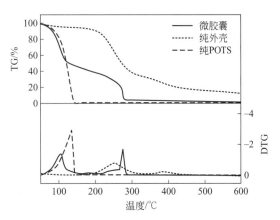

图 14.28　纯 POTS、PUF 微胶囊和胶囊壳的 TGA 失重曲线及 DTG 曲线[80]

14.3.2.5　POTS 基自修复防腐蚀涂层的制备

通过将一定量 POTS 填充的 PUF 微胶囊分散到环氧树脂中制得 POTS 基自修复环氧树脂防腐蚀涂层。合成中,注意调整搅拌速度,以便生产的微胶囊具有预期的直径。将合成的微胶囊在环境温度下混合到环氧树脂 EPOLAM 5015 中,随后混入固化剂 EPOLAM 5014。混合物脱气 20min,然后通过涂布器施加到预处理的基材上。环氧树脂在室温下露天固化 24h。

将一定量的合成微胶囊在环境温度下分散到硅树脂 Sylgard 184 中,然后混合固化剂,以类似的方式制备自修复防腐蚀硅弹性体。之后将混合物脱气 20min,涂覆到预处理的基体上。有机硅弹性体在环境温度下露天固化 24h。

14.3.2.6　加速盐侵蚀实验

对 POTS 微胶囊型环氧涂层进行加速盐浸蚀实验以证明其具有自修复防腐蚀性能。手工刮擦制备的涂层,浸入 10%(质量分数)的 NaCl 水溶液中以评估其抗腐蚀性能。由图 14.29 可见,在盐溶液中浸泡 48h 后,涂覆自修复涂层的钢板表面刮擦区域几乎无腐蚀,而

(a)

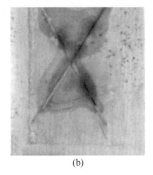
(b)

图 14.29　涂覆钢板在 10%(质量分数)的 NaCl 溶液中浸泡 48h 后的形貌[80]
(a)涂覆 POTS 基自修复涂层；(b)涂覆空白涂层

对比试样则腐蚀很严重，这样大的差异清晰地表明所制备的涂层对钢板具有优良的抗腐蚀性能。

用 SEM 观察加速盐浸蚀实验的 POTS 基环氧涂层和对照涂层的划痕区域，结果如图 14.30 所示。比较图 14.30(a) 和 (b)，很明显 POTS 基涂层的裂纹充满了新形成的材料。裂缝以这种方式被重新密封以阻止盐溶液扩散，并因此保护基材免受腐蚀。相反，从图 14.30(c) 和 (d) 可以看到对照试样的裂纹仍然是开着的。因此，可以得出涂层的防腐蚀功能来自于其密封/自愈性能。但是，如图 14.30(b) 所示，还观察到 POTS 基涂层的封装材料不是非常致密甚至可能影响涂层的防腐蚀性能，尤其要考虑其长期影响。

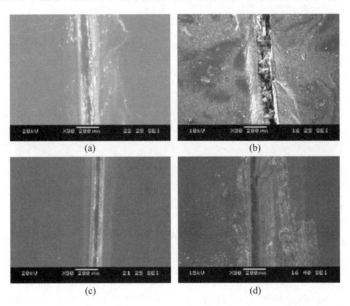

图 14.30　POTS 基环氧涂层刮擦区的 SEM 图 [(a) 浸泡前；(b) 浸泡后] 和对照涂层的刮擦区的 SEM 图 [(c) 浸泡前；(d) 浸泡后] [涂覆的试样浸泡在 10%（质量分数）NaCl 溶液中 48h][80]

14.3.2.7　HCl 溶液中完整涂层的腐蚀防护性能

完整 POTS 涂层的防腐性能可用长期腐蚀实验描述。POTS 微胶囊基硅弹性体涂覆在预处理钢基体上，然后在 1mol/L HCl 溶液中浸泡 1 个月。如图 14.31 所示，明显地看到

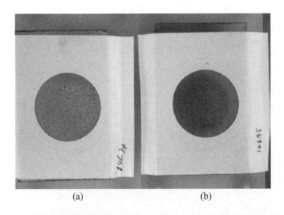

图 14.31　POTS 基防腐蚀硅弹性体涂层（a）和对照弹性体涂层（b）
在 1mol/L HCl 溶液中腐蚀 1 个月后的图片[79]

POTS 微胶囊基硅弹性体在暴露于腐蚀环境后比对照试样腐蚀更加轻微。

涂层被剥离后，下面的钢基体用 SEM 检验，结果如图 14.32 所示。可以看到，在暴露于 HCl 溶液前，两个钢基体都有平滑的表面［图 14.32(a) 和（c）］。然而，暴露于 HCl 溶液后，涂覆 POTS 基防腐蚀硅弹性体的试样表面［图 14.32(b)］比对照试样［图 14.32(d)］光滑得多。鉴于金属的腐蚀会产生铁锈并破坏光滑的基材表面，这一明显差异表明涂有 POTS 防腐蚀涂层的钢板在 HCl 溶液中的腐蚀比对照试样轻得多。

图 14.32　钢基体的 SEM 图[79]
(a) 暴露前的防腐蚀试样；(b) 暴露后的防腐蚀试样；(c) 暴露前的对照试样；(d) 暴露后的对照试样

POTS 基涂层的抗腐蚀性用 EDX 分析进一步说明。我们都知道，钢的腐蚀是将铁（Fe）转变成锈（Fe_2O_3）。因此，对于钢板，在给定的区域内，腐蚀发生时元素 O 与 Fe 的比例（O/Fe）就会增加，O/Fe 比值越高，腐蚀越严重。为了比较暴露于 1mol/L HCl 溶液中涂覆 POTS 基防腐蚀弹性体或对照弹性体的钢基体的腐蚀程度，采用 EDX 分析钢基体以确定基体中 O/Fe 的比例。如图 14.33 所示，暴露于 HCl 溶液前，防腐蚀试样和对照试样的钢基体中仅有元素 Fe。这意味着基体几乎没有腐蚀。暴露于腐蚀环境后，在两个试样中均检测

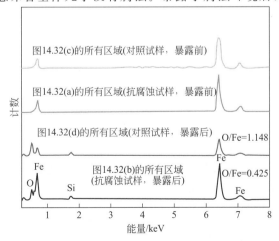

图 14.33　POTS 基防腐涂层与对照涂层的 EDX 分析（试样和分析区域与图 14.32 是相同的）[79]

到 O、Fe、Si 元素，但可以看到两个试样中 O/Fe 比值相差极大。涂有防腐蚀弹性体的基体中 O/Fe 的比值为 0.425，而对照试样为 1.148。可以肯定的是，这两个样品之间的 O/Fe 差异本身并不足以得出结论，因为腐蚀产物可能相当复杂，同时元素 O 可能来自其他来源，例如露天和有机硅弹性体。尽管如此，如果假设其他因素对测试中两个样本的影响水平相同（这是一个合理的假设），另外防腐蚀试样的 O/Fe 值显然更小，这支持了上述结论，即涂有 POTS 防腐蚀涂层的基材的腐蚀比对照样本腐蚀程度低。从 SEM 和 EDX 分析可以得出结论，POTS 微胶囊与硅弹性体的整合增强了硅弹性体涂层的防腐蚀性能。

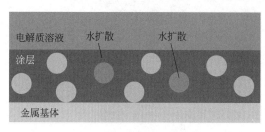

图 14.34 完整微胶囊涂层中微胶囊对金属的腐蚀抑制作用示意图

也可以通过修复剂的修复反应来解释未刮擦微胶囊基单组分自修复涂层的防腐蚀性能，即 POTS 预存于涂层体系中。腐蚀是一个需要有水分参与的电化学过程。当金属被涂层保护时，虽然完整涂层能够有效地将基材与腐蚀环境分离，但由于水可能通过扩散渗透过涂层而到达腐蚀基材，因此在长期效果方面腐蚀仍是不可避免的。对于微胶囊基涂层，预存的修复剂与水反应，因此水分子可能会在扩散过程中被储存在胶囊中的修复剂捕获，如图 14.34 所示，这意味着穿过涂层的水的速度被减慢，结果是，下面的金属基材的腐蚀将相应地被抑制。

14.4 结束语和观点

近十年来自修复材料领域取得了长足的进步，自修复理论也已用于腐蚀控制。尽管如此，大多数现有的自修复防腐蚀涂层仍是双组分体系，或需要催化剂，或需要外部干预以触发自修复过程。单组分自修复防腐蚀涂层可以通过把一套含合适修复剂的微胶囊加入主体涂层基体中制得。一旦涂层出现刮擦，掺入的微胶囊就会破裂，包封的修复剂将流向划痕。与环境接触后，修复剂将在没有任何人工干预的情况下进行自主修复反应。在这个体系中，只有一种微胶囊被整合到胶囊涂层基体，使得自修复涂层的生产更具有时效性。另外，当修复剂与环境反应时，自修复功能就会实现。因此，不必使用催化剂，这在经济上具有相当的重要性。

使用两个例子进一步解释了单组分自修复防腐蚀涂层的设计。二异氰酸酯和有机硅烷分别用作修复剂以开发单组分自修复防腐蚀涂层。涂层优良的防腐蚀性能通过加速盐浸蚀实验和盐雾实验进行解释说明。通过自修复机理实现了防腐蚀功能，并且通过直流电化学测试和 EIS 测量定量表明了涂层的良好自修复性能。涂层的自修复防腐性能与微胶囊直径、微胶囊在涂层中的质量分数和涂层厚度有关。一般地，微胶囊尺寸越大、微胶囊质量分数越高、涂层越厚，则涂层的自修复防腐蚀性能越好。应用简化的模型解释了涂层变量对涂层防腐蚀性能的影响。涂层的自修复行为不需要人工干预。此外，在两种自修复涂层中，仅使用一种修复剂而未添加催化剂，因此它们是单组分和无催化剂的自修复涂层。

虽然人们在单组分自修复涂层的研究上做出了巨大努力，也成功地制备了一些产品，但仍存在巨大挑战。比如，像二异氰酸酯这样的修复剂虽然显示出了单组分自修复涂层的巨大潜力，但其会对环境造成危害，尤其要考虑其长期效应。另外，单组分自修复防腐蚀涂层利用了预存的修复剂与环境的反应，但修复剂的高反应活性会对微胶囊的稳定性和涂层的稳定性造成很大困扰。

对于实际应用，单组分自修复防腐蚀涂层的开发技术还不够成熟，对于这个课题的研究也会引起极大关注。这里关于单组分自修复防腐蚀涂层的研究我们提出自己的观点，而这个领域的未来蓝图将不仅局限于这些方面。

① 为使自修复防腐蚀涂层得以应用，应使新修复剂微胶囊化。找到高效低环境危害的新修复剂一直是自修复材料领域非常重要的部分。

② 提高单组分自修复防腐蚀涂层的耐久性。当涂层实际应用时，耐久性是最重要的考量条件之一。为了获得好的耐久性，微胶囊必须具有化学和机械稳定性。另外，微胶囊应该能够对活性修复剂具有良好的保护作用，保持修复剂的反应活性，微胶囊应该与涂层基体相容。不幸的是，某些单组分自修复防腐蚀涂层的耐久性还不能改善。例如，虽然 HDI 基涂层表现出优良的自修复防腐蚀性能，但发现微胶囊有很高的渗透性，在有机溶剂中的稳定性仍不能使人满意。因此，仍然需要努力以提高微胶囊的抗渗性能。PUF 微胶囊具有较好的抗渗性，因此我们努力合成双层微胶囊以储存修复剂。通过两步反应可以合成双层微胶囊[74]。首先制备 HDI 填充的 PU 微胶囊，然后以其为模板合成 PUF 微胶囊的第二层。另外，可通过在囊壁上添加纳米黏土改善其抗渗性[75]。我们也努力使用某些黏土或其他填充剂改性当前的 PU 微胶囊以改善微胶囊现场应用的稳定性。PU 微胶囊的渗透性由壳材的化学组成决定。例如，已经报道由 MDI 制成的 PU 微胶囊比由 TDI 制成的微胶囊渗透性更强[76]。因此，为了提高微胶囊的屏蔽性能和稳定性，我们努力用不同的原材料重新设计合成微胶囊。

③ 当前研究中，多种自修复腐蚀实验被用来评估自修复涂层的质量。但某些方法仍然是定性的，而表征涂层自修复防腐蚀性能时定量结果是必要的。此外，实验测试条件与涂层暴露的真实环境仍然是不同的。因此，涂层实际应用前，必须要做大量的现场实验。

参 考 文 献

[1] Revie RW, Uhlig HH. Corrosion and corrosion control. Hoboken, New Jersey: John Wiley & Sons; 2008.

[2] Marcus P. Corrosion mechanisms in theory and practice. 2nd ed. Boca Raton, Florida: CRC Press; 2002.

[3] Koch GH. Corrosion cost and preventive strategies in the United States. Mclean, Virginia: Turner-Fairbank Highway Research Center; 2002.

[4] Uligh HH. Corrosion and corrosion control: an introduction to corrosion science and engineering. Hoboken, New Jersey: John Wiley & Sons; 1971.

[5] Trask RS, Williams HR, Bond IP. Self-healing polymer composites: mimicking nature to enhance performance. Bioinspir Biomim 2007; 2 (1): 9.

[6] Wu DY, Meure S, Solomon D. Self-healing polymeric materials: a review of recent developments. Prog Polym Sci 2008; 33 (5): 479-522.

[7] Jud K, Kausch HH. Load transfer through chain molecules after interpenetration at interfaces. Polym Bull 1979; 1 (10): 697-707.

[8] Chung CM, Roh YS, Cho SY, et al. Crack healing in polymeric materials via photochemical [2＋2] cycloaddition. Chem Mater 2004; 16 (21): 3982-3984.

[9] White SR, Sottos NR, Geubelle PH, et al. Autonomic healing of polymer composites. Nature 2001; 409 (6822): 794-797.

[10] Wool RP. Self-healing materials: a review. Soft Matter 2008; 4 (3): 400-418.

[11] Blaiszik BJ, Kramer SLB, Olugebefola SC, et al. Self-healing polymers and composites. Annu Rev Mater Res 2010; 40 (1): 179-211.

[12] Murphy EB, Wudl F. The world of smart healable materials. Prog Polym Sci 2010; 35 (1-2): 223-251.

[13] Syrett J, Becer C, Haddleton D. Self-healing and self-mendable polymers. Polym Chem 2010; 1 (7): 978-987.

[14] Sauvant-Moynot V, Gonzalez S, Kittel J. Self-healing coatings: an alternative route for anticorrosion protection. Prog Org Coat 2008; 63 (3): 307-315.

[15] Suryanarayana C, Rao KC, Kumar D. Preparation and characterization of microcapsules containing linseed oil and its use in self-healing coatings. Prog Org Coat 2008; 63 (1): 72-78.

[16] Samadzadeh M, Boura SH, Peikari M, et al. Tung oil: an autonomous repairing agent for self-healing epoxy coatings. Prog Org Coat 2011; 70 (4): 383-387.

[17] García SJ, Fischer HR, White PA, et al. Self-healing anticorrosive organic coating-based on an encapsulated water reactive silyl ester: Synthesis and proof of concept. Prog Org Coat 2011; 70 (2-3): 142-149.

[18] Nesterova T, Dam-Johansen K, Kiil S. Synthesis of durable microcapsules for self-healing anticorrosive coatings: a comparison of selected methods. Prog Org Coat 2011; 70 (4): 342-352.

[19] Ghosh B, Urban M. Self-repairing oxetane-substituted chitosan polyurethane networks. Science 2009; 323 (5920): 1458.

[20] Brown E, Kessler M, Sottos N, et al. In situ poly (urea-formaldehyde) microencapsulation of dicyclopentadiene. J Microencapsul 2003; 20 (6): 719-730.

[21] Kessler MR, Sottos NR, White SR. Self-healing structural composite materials. Compos A Appl Sci Manuf 2003; 34 (8): 743-753.

[22] Bejan A, Lorente S, Wang KM. Networks of channels for self-healing composite materials. J Appl Phys 2006; 100 (3): 033528-6.

[23] Toohey K, Sottos N, Lewis J, et al. Self-healing materials with microvascular networks. Nat Mater 2007; 6 (8): 581-585.

[24] Simon B. Microencapsulation: methods and industrial applications. 2nd ed. New York: Taylor & Francis; 2006.

[25] Samadzadeh M, Boura SH, Peikari M, et al. A review on self-healing coatings-based on micro/nanocapsules. Prog Org Coat 2010; 68 (3): 159-164.

[26] Hawlader MNA, Uddin MS, Khin MM. Microencapsulated PCM thermal-energy storage system. Appl Energ 2003; 74 (1-2): 195-202.

[27] Mayya KS, Bhattacharyya A, Argillier J. Microencapsulation by complex coacervation: influence of surfactant. Polym Int 2003; 52 (4): 644-647.

[28] Gharsallaoui A, Roudaut G, Chambin O, et al. Applications of spray-drying in microencapsulation of food ingredients: an overview. Food Res Int 2007; 40 (9): 1107-1121.

[29] Shu B, Yu W, Zhao Y, et al. Study on microencapsulation of lycopene by spray-drying. J Food Eng 2006; 76 (4): 664-669.

[30] Cho J, Kwon A, Cho C. Microencapsulation of octadecane as a phase-change material by interfacial polymerization in an emulsion system. Colloid Polym Sci 2002; 280 (3): 260-266.

[31] Cho S, Andersson H, White S, et al. Polydimethylsiloxane-based self-healing materials. Adv Mater 2006; 18 (8): 997-1000.

[32] Cho SH, White SR, Braun PV. Self-healing polymer coatings. Adv Mater 2009; 21 (6): 645-649.

[33] Yang J, Keller MW, Moore JS, et al. Microencapsulation of isocyanates for self-healing polymers. Macromolecules 2008; 41 (24): 9650-9655.

[34] Keller M, Sottos N. Mechanical properties of microcapsules used in a self-healing polymer. Exp Mech 2006; 46 (6): 725-733.

[35] Yuan L, Gu A, Liang G. Preparation and properties of poly (urea-formaldehyde) microcapsules filled with epoxy resins. Mater Chem Phys 2008; 110 (2-3): 417-425.

[36] Yuan L, Liang G, Xie J, et al. Preparation and characterization of poly (urea-formaldehyde) microcapsules filled with epoxy resins. Polymer 2006; 47 (15): 5338-5349.

[37] Yuan Y, Rong M, Zhang M. Preparation and characterization of microencapsulated polythiol. Polymer 2008; 49 (10): 2531-2541.

[38] Yuan L, Liang G, Xie J, et al. Synthesis and characterization of microencapsulated dicyclopentadiene with melamine-formaldehyde resins. Colloid Polym Sci 2007; 285 (7): 781-791.

[39] Dunky M. Urea-formaldehyde (UF) adhesive resins for wood. Int J Adhes Adhes 1998; 18 (2): 95-107.

[40] Caruso MM, Davis DA, Shen Q, et al. Mechanically-induced chemical changes in polymeric materials. Chem Rev 2009; 109 (11): 5755-5798.

[41] Chu LY, Park SH, Yamaguchi T, et al. Preparation of micron-sized monodispersed thermoresponsive core-shell microcapsules. Langmuir 2002; 18 (5): 1856-1864.

[42] Caruso MM, Blaiszik BJ, Jin H, et al. Robust, double-walled microcapsules for self-healing polymeric materials. ACS Appl Mater Interfaces 2010; 2 (4): 1195-1199.

[43] Motuku M, Vaidya U, Janowski G. Parametric studies on self-repairing approaches for resin infused composites sub-

jected to low velocity impact. Smart Mater Struct 1999；8：623-628.

[44] Pang J，Bond I. Bleeding composites'—damage detection and self-repair using a biomimetic approach. Compos A Appl Sci Manuf 2005；36（2）：183-188.

[45] Hayes S，Zhang W，Branthwaite M，et al. Self-healing of damage in fibre-reinforced polymer-matrix composites. J R Soc Interface 2007；4（13）：381.

[46] Dry C. Passive tuneable fibers and matrices. Int J Mod Phys B 1992；6：2763-2771.

[47] Dry C. Procedures developed for self-repair of polymer matrix composite materials. Compos Struct 1996；35（3）：263-269.

[48] Li VC，Lim YM，Chan YW. Feasibility study of a passive smart self-healing cementitious composite. Compos Part B-Eng 1998；29（6）：819-827.

[49] Mauldin T，Kessler M. Self-healing polymers and composites. Int Mater Rev 2010；55（6）：317-346.

[50] Brown EN，Sottos NR，White SR. Fracture testing of a self-healing polymer composite. Exp Mech 2002；42（4）：372-379.

[51] Yin T，Zhou L，Rong MZ，et al. Self-healing woven glass fabric/epoxy composites with the healant consisting of micro-encapsulated epoxy and latent curing agent. Smart Mater Struct 2008；17：015019.

[52] Toohey K，Sottos N，White S. Characterization of microvascular-based self-healing coatings. ExpMech 2009；49（5）：707-717.

[53] Williams H，Trask R，Knights A，et al. Biomimetic reliability strategies for self-healing vascular networks in engineering materials. J R Soc Interface 2008；5（24）：735-747.

[54] Toohey KS，Hansen CJ，Lewis JA，et al. Delivery of two part self healing chemistry via microvascular networks. Adv Funct Mater 2009；19（9）：1399-1405.

[55] Williams H，Trask R，Bond I. Self-healing composite sandwich structures. Smart Mater Struct 2007；16：1198.

[56] Hansen CJ，Wu W，Toohey KS，et al. Self healing materials with interpenetrating microvascular networks. Adv Mater 2009；21（41）：4143-4147.

[57] Therriault D，White SR，Lewis JA. Chaotic mixing in three-dimensional microvascular networks fabricated by direct-write assembly. Nat Mater 2003；2（4）：265-271.

[58] Yang H，Mendon S，Rawlins J. Nanoencapsulation of blocked isocyanates through aqueous emulsion polymerization. Express Polym Lett 2008；2（5）：349-356.

[59] Rawlins J，Yang H，Mendon S. Nanoencapsulation of isocyanates via aqueous media. US Patents；2008.

[60] Cheong IW，Kim JH. Synthesis of core-shell polyurethane-urea nanoparticles containing 4，4 [prime or minute] -methylenedi-p-phenyl diisocyanate and isophorone diisocyanate by self-assembled neutralization emulsification. Chem Commun 2004；21：2484-2485.

[61] Walther，M.，Rudolf T，Rudolf Z. Process for the manufacture of an encapsulated isocyanate. US Patent；United States；1968.

[62] Ni P，Zhang M，Yan N. Effect of operating variables and monomers on the formation of polyurea microcapsules. J Membr Sci 1995；103（1-2）：51-55.

[63] Rule J，Sottos N，White S. Effect of microcapsule size on the performance of self-healing polymers. Polymer 2007；48（12）：3520-3529.

[64] Brown EN，White SR，Sottos NR. Microcapsule induced toughening in a self-healing polymer composite. J Mater Sci 2004；39（5）：1703-1710.

[65] Mookhoek SD，Fischer HR，van der Zwaag S. A numerical study into the effects of elongated capsules on the healing efficiency of liquid-based systems. Comput Mater Sci 2009；47（2）：506-511.

[66] Gao H，Li Q，Chen FN，et al. Study of the corrosion inhibition effect of sodium silicate on AZ91D magnesium alloy. Corros Sci 2011；53（4）：1401-1407.

[67] Kartsonakis I，Daniilidis I，Kordas G. Encapsulation of the corrosion inhibitor 8-hydroxyquinoline into ceria nanocontainers. J Sol-Gel Sci Technol 2008；48（1）：24-31.

[68] Kartsonakis IA，Balaskas AC，Koumoulos EP，et al. Incorporation of ceramic nanocontainers into epoxy coatings for the corrosion protection of hot dip galvanized steel. Corros Sci 2012；57：30-41.

[69] Li Y，Li L，Sun J. Bioinspired self-healing superhydrophobic coatings. Angew Chem Int Ed 2010；49（35）：6129-6133.

[70] Scopelitis E，Pizzi A. Urea-resorcinol-formaldehyde adhesives of low resorcinol content. J Appl Polym Sci 1993；48（12）：2135-2146.

[71] Cosco S, Ambrogi V, Musto P, et al. Urea formaldehyde microcapsules containing an epoxy resin: influence of reaction parameters on the encapsulation yield. Macromol Symp 2006; 234 (1): 184-192.

[72] Liao L, Zhang W, Zhao Y, et al. Preparation and characterization of microcapsules for self-healing materials. Chem Res Chin Univ 2010; 26 (3): 496-500.

[73] Ovez B, Citak B, Oztemel D, et al. Variation of droplet sizes during the formation of microspheres from emulsion. J Microencapsul 1997; 14: 489-499.

[74] Li G, Feng Y, Gao P, et al. Preparation of mono-dispersed polyurea-urea formaldehyde double layered microcapsules. Polym Bull 2008; 60 (5): 725-731.

[75] Fan C, Zhou X. Preparation and barrier properties of the microcapsules added nanoclays in the wall. Polym Adv Technol 2009; 20 (12): 934-939.

[76] Jabbari E. Morphology and structure of microcapsules prepared by interfacial polycondensation of methylene bis (phenyl isocyanate) with hexamethylene diamine. J Microencapsul 2001; 18 (6): 801-809.

[77] Huang MX, Yang JL. Facile microencapsulation of HDI for self-healing anticorrosion coating. J Mater Chem 2011; 21 (30): 11123-11130.

[78] Huang MX, Yang JL. Salt spray and EIS studies on HDI microcapsule-based self-healing anticorrosive coatings. Progr Org Coating 2014; 77 (12): 168-175.

[79] Huang MX, Yang JL. Long-term performance of $1H$, $1H'$, $2H$, $2H'$-perfluorooctyl triethoxysilane (POTS) microcapsule-based self-healing anticorrosive coatings. J Intel Mater Sys Struct 2014; 25 (1): 98-106.

[80] Huang MX, Zhang H, Yang JL. Synthesis of organic silane microcapsules for self-healing corrosion resistant polymer coatings. Corros Sci 2012; 65: 561-566.

第15章
基于锡酸盐的镁合金智能自修复涂层

Abdel Salam Hamdy Makhlouf

Department of Manufacturing Engineering, College of Engineering and Computer Science, University of Texas Pan-American, 1201 West University Dr., Edinburg, Texas, USA

15.1 简介

镁合金是质轻结构材料，应用于许多新领域，尤其在汽车和飞机工业。本章重点介绍了镁合金的基本类型及其可能发生的腐蚀反应类型，描述了用锡酸盐转化涂层处理作为廉价、清洁且简单的自修复防腐蚀涂层技术的可能性。

15.2 镁合金类型

镁合金可以分成两类：铸造镁合金和锻造镁合金。铸造镁合金是常用镁合金；然而，在过去的十年中，对锻造镁合金的研究呈现出巨大的增长趋势。铸造镁合金广泛应用于许多工业领域，如汽车、电子、飞机。最常用的铸造镁合金有：AZ63、AZ81、AZ91、AM50、ZK51、ZK61、ZE41、ZC63、HK31、HZ32、QE22、QH21、WE54、WE43 和 Elektron 21。最常用的锻造镁合金有：AZ31、AZ61、AZ80、Elektron 675、ZK60、M1A、HK31、HM21、ZE41 和 ZC71。此处，前缀字母表示镁合金中的两种主要合金金属，来自标准 ASTM B275：A 铝；C 铜；E 稀土；H 钍；K 锆；L 锂；M 锰；O 银；S 硅；T 锡；W 钇；Z 锌；B 铋；R 铬；D 镉；N 镍；F 铁。

通常，镁合金极易腐蚀，尤其是周围环境中有氯离子存在时。镁电位-pH 值曲线表明，高 pH 值环境对镁合金具有保护作用，可能是由腐蚀反应过程中产生了 $Mg(OH)_2$ 引起的，然而在与水溶液接触时，由于镁合金的热力学不平衡性，形成的 MgH_2 和 Mg^+ 不能存在[1]。已经提出了许多方案来改善镁合金在含氯溶液中的耐蚀性。然而，大部分可用的技术是有毒的、昂贵的或者建立在复杂多步基础上的，使得它们在工业上没有吸引力。

在过去的十年，作者的研究组认为，设计一种简单的环保型镁合金涂层是行业和学术界关注的首要问题。研究了铈酸盐、锡酸盐、锆酸盐、钒酸盐或高锰酸盐环境友好涂层对不同镁合金的腐蚀防护性能。这些涂层已经设计成为不同类型镁合金在氯环境中提供最大局部腐蚀防护的涂层，如 AZ91D、AZ31D、AZ91E、Elektron ZE41Mg-Zn 稀土合金[2~13]。作者的研究组也设计了上面涂层中的几种，已证明锡酸盐转化涂层处理对镁合金具有独特的自修复腐蚀防护效果[8,14~17]。本章讨论基于无毒锡酸盐的简单廉价的转换涂层的合成方法。

15.3 镁腐蚀的常见形式

腐蚀是自然发生的过程，美国腐蚀工程师协会（NACE）将其定义为"由于与环境发生反应而导致材料（通常为金属）的破坏或性能的恶化"。在腐蚀过程中，金属具有转向低能量状态的自然趋势，通过与周围的氧、湿气和水反应生成氢氧化物、氧化物等腐蚀产物来实现。

金属在水介质中有几种腐蚀类型。以下部分重点叙述一些常见的腐蚀类型，特别强调镁合金可能发生的那些腐蚀。

15.3.1 全面腐蚀

全面腐蚀是腐蚀的最常见形式，也称为均匀腐蚀，电化学反应在整个裸露金属表面大范围内均匀进行。因此，以吨位计量，全面腐蚀是金属最严重的腐蚀破坏。结果是金属表面变粗糙并且可能出现外观磨损（图15.1）。然而，全面腐蚀比其他腐蚀形式危险性小，因为设备和结构的寿命可以通过简单的腐蚀测试进行精确估算，有时通过肉眼观察就可以进行精确估算。

镁合金的全面腐蚀是非常普遍的。图15.2是AZ31D在NaCl溶液中浸泡1周后全面腐蚀的例子。使用更耐蚀的材料或防护涂层是控制这种腐蚀最有效的方法。

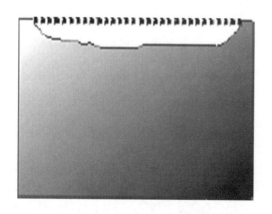

图15.1 由全面腐蚀引起的均匀腐蚀示意图

图15.2 镁合金全面腐蚀的示意图

15.3.2 点蚀

点蚀比均匀腐蚀更具破坏性，因为点蚀难以预测且导致无法预测的材料失效。许多金属基体（例如铝、铜、不锈钢等）上会自然形成钝化膜，钝化膜能对金属在腐蚀介质中提供长期保护。但是，如果腐蚀发生（由于材料缺陷或周围环境变化），金属表面就会出现蚀点。在氧或氧化剂存在的卤离子（常为氯离子）介质中，点蚀是最容易发生的腐蚀。

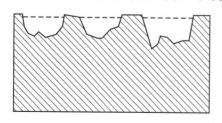

图15.3 点蚀示意图

图15.3是点蚀示意图。当镁暴露于不含氧化剂的氯离子介质中时，在自腐蚀电位下就能发生点蚀使钝化层遭到破坏[18,19]，接下来就会形成电解池（图15.4），其中二次相AlMn、AlMnFe等作为阴极，Mg基体作为阳极。图15.5是AZ91D镁合金浸泡于3.5% NaCl溶液中1周发生点蚀的例子。

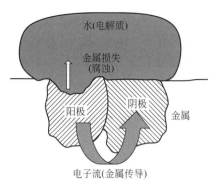

图 15.4 电解池示意图

图 15.5 镁合金 AZ91D 在 3.5%（质量分数）NaCl 溶液中浸泡 7 天后的点蚀

15.3.3 缝隙（沉积物）腐蚀

缝隙腐蚀是局部腐蚀的另一种破坏形式。缝隙腐蚀通常发生在腐蚀性物质自由进入周围环境被限制的区域。金属与金属接触或金属与非金属接触常引起缝隙腐蚀，如垫圈、联轴器和接头等。

文献中关于镁合金发生缝隙腐蚀的可能性争论很大，一些研究者认为镁合金不能发生缝隙腐蚀[18,20]。虽然在缝隙中发生的腐蚀看起来与缝隙腐蚀相似，但不是真正的缝隙腐蚀（图 15.6、图 15.7），理由是湿气滞留在缝隙中不能散发出去，促使金属在狭长区域内腐蚀，实际上这常被称为丝状腐蚀，是缝隙腐蚀的特例。这样就推导出镁合金可能发生缝隙腐蚀。

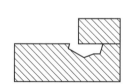

图 15.6 缝隙腐蚀示意图

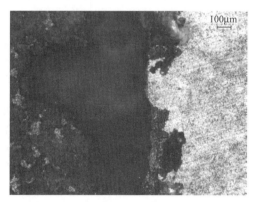

图 15.7 锡酸盐（特定条件下）涂覆的镁合金 AZ91D 在 3.5%（质量分数）NaCl 溶液中浸泡 7 天后的缝隙腐蚀

其他研究者[21]提出了镁合金发生缝隙腐蚀的可能机理：在镁合金中，当氧在腐蚀机理中不起主要作用的时候，水解反应诱导缝隙腐蚀的发生。氢氧化镁的形成影响了缝隙中镁与溶液的界面性质。

基于作者之前对不同镁合金在含氯溶液中的研究，确认了镁合金发生丝状腐蚀和缝隙腐蚀（图 15.7、图 15.8），认为丝状腐蚀或缝隙腐蚀是在某种特定条件下发生的。例如，在使用诸如铈、钒、锆、锡或锰之类的盐的不完美的化学转化涂层处理以保护镁合金的情况下，由于金属表面覆盖有不规则表面形态的盐的氧化物薄膜而形成活性原电池，活性原电池引起镁合金发生缝隙或丝状腐蚀。氧化物膜覆盖的金属作为阴极，而未覆盖的 Mg 作为阳极。

15.3.4 丝状腐蚀

如上面提到的,丝状腐蚀是一种特殊的缝隙腐蚀。这种腐蚀常发生在涂覆涂层的金属表面,特别是湿气或腐蚀溶液渗透过缺陷涂层时,是由于金属表面的活性原电池引起的。它的头部是阳极,尾部是阴极(图15.8)。

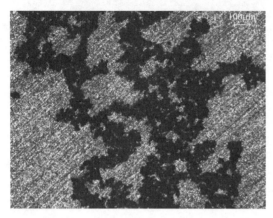

图15.8 涂覆锡酸盐(在特定条件下)的镁合金AZ91D在3.5% NaCl溶液中浸泡7天后的丝状腐蚀

油漆和快干漆涂覆的金属最容易发生丝状腐蚀,因此理想涂层应具有低水蒸气传输特性和优良的黏附性能。一些研究者确认了镁合金AZ91能够发生点蚀和丝状腐蚀[22]。Dexter[23]提出了镁合金丝状腐蚀的模型,腐蚀由头尾间氧浓度差所驱动。然而,这个模型与镁腐蚀对氧浓度差相对不敏感的理论相冲突。

为了避免丝状腐蚀,涂覆前应进行适当的表面处理,应该对涂层进行检查以保证没有漏涂或孔洞等缺陷的存在。

15.3.5 电偶腐蚀

电偶腐蚀是不同金属在电解质和导电路径存在下发生的电化学腐蚀(图15.9)。两种不同金属接触时总是存在电位差,在这种情况下,电阻低的金属腐蚀性增加而电阻高的金属腐蚀性降低,活泼金属作阳极(这个电极发生腐蚀),电阻高的金属作阴极。电偶对金属之间的距离越远(图15.10),电偶腐蚀速率越高。由于镁合金含有过多重金属和助焊剂,它极易发生电偶腐蚀。当镁合金与不活泼金属如Fe、Ni或Cu(具

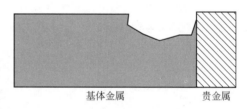

图15.9 电偶腐蚀示意图

有低的氢过电位,作阴极)接触时,就会发生严重的电偶腐蚀。相反,将高活性腐蚀电位的金属与高氢过电位的金属如Al、Zn、Cd和Sn复合,将不易发生电偶腐蚀,因此它们是好的镁合金元素。

影响电偶腐蚀的因素有:①两金属的电位差;②距离效应,连接处最易发生;③面积效应,大阳极小阴极较好;④周围环境的腐蚀性。

作者近来对稀土镁合金如AZ91E、EV31A-T6和Elektron ZE41 Mg-Zn-稀土的研究表明,稀土惰性相与活泼镁基体之间发生电偶腐蚀[6,9~12,15]。图15.11显示在镁基体中形成了稀土相,在相界面处发生了电偶腐蚀。

15.3.6 应力腐蚀开裂

应力腐蚀开裂(SCC)是对工程设备和结构极具破坏性的一种腐蚀形式。SCC是由腐蚀环境的拉伸应力所引起的。应力还源于生产过程中的负载、残余应力或两者的组合。

镁合金的应力腐蚀开裂主要发生于挤压或轧制的镁合金[24]。压铸镁合金比快固和半固铸造合金更易腐蚀。含Al

图15.10 海水中的电偶对

图 15.11 Mg-Zn-稀土（DF9690）镁合金在 5%（质量分数）NaCl 溶液中浸泡 7 天的
电偶腐蚀（由于稀土相与 Mg 基体间的电位差）
(a) 浸泡前；(b) 浸泡后

镁合金在空气中、二次蒸馏水中、含氯溶液中更易于发生应力腐蚀开裂。镁合金应力腐蚀开裂的两种机制如下[25]：

① 裂纹尖端阳极溶解导致的连续裂纹扩展（通常称为溶解模型），其中包括优先腐蚀模型、膜破裂模型、隧道理论等。

② 裂纹尖端的一系列机械裂缝不连续裂纹扩展（通常称为脆性断裂模型），其中涉及开裂过程和氢脆化理论。

根据裂纹的断裂形貌，应力腐蚀开裂分为以下两种类型：

① 穿晶 SCC。它是镁合金腐蚀开裂的常见形式，这类合金具有 HCP（六方密排结构）晶体结构，由于可用的滑移较少，结构易开裂。一般，镁合金的 SCC 总是与析氢相关联。其他作者证明了这种结构[24,26]。

② 晶间 SCC。它是镁合金腐蚀开裂的次要形式，这主要与阴极晶界析出物偶联时基质的局部电偶腐蚀有关[26]。

15.3.7 晶间腐蚀

晶间腐蚀是由于第二相析出而在金属或合金的晶界发生的腐蚀。高度放大的产物横截面显示出其与晶粒具有不同的化学特性。

镁合金是否发生晶间腐蚀，研究者间存在很大争议。人们想当然地认为镁合金不会真正地发生晶间腐蚀，原因是晶界相对于晶粒来说几乎总是阴极[27]，腐蚀倾向集中在临近晶界的区域直到最后晶粒彻底脱落[18,20]。然而，一些研究者近来发现某些镁合金如 WE43 上发生晶间腐蚀[28]。在另一研究中，研究者提出在浸泡的初期，AE81 在晶界处发生局部腐蚀[21]，认为是晶间腐蚀，原因还不清楚。一般地，铝含量低的镁合金比铝含量高的腐蚀速率更快。

15.3.8 腐蚀疲劳

腐蚀疲劳是 SCC 的一种特殊形式，是由循环应力和腐蚀之间的协同效应引起的。腐蚀疲劳代表最严重的腐蚀破坏，是不希望出现在金属结构中的。腐蚀疲劳损伤大于循环应力和腐蚀损伤的总和。

15.4 锡酸盐转化涂层减缓镁腐蚀

15.4.1 锡酸盐转化涂层的合成与测试

镁合金试样 AZ91E 和 AZ91D 是由 Magnesium Elektron，UK 提供的。试样尺寸为

60mm×30mm×3mm，逐级打磨到800号，除油，二次蒸馏水清洗，热空气中干燥5min。

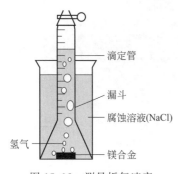

图15.12 测量析氢速率的实验装置

本研究中使用的锡酸盐涂层是由锡酸钾制得的：$K_2SnO_3 \cdot 3H_2O + 10g/L$ NaOH，在pH=12.9时放置30min。涂覆的试样在3.5% NaCl溶液中进行实验，溶液由实验室级化学试剂和纳米纯蒸馏水制备。在使用锡酸盐涂覆处理前，在不同条件下制备了一系列试样。对这些试样进行不同的表面改性，每个实验条件在相关图中做了具体说明。

电化学技术如析氢测试、动电位测试和盐雾试验用来评价锡酸盐涂覆镁基体的性能。析氢法（图15.12）用来确定锡酸盐涂覆的AZ91D和AZ91E合金在NaCl溶液中的析氢速率。腐蚀性高的金属如金属镁，浸入腐蚀性溶液（如氯化物）中发生反应产生氢气，计算氢气产量是评估Mg及其合金的耐腐蚀性的精准技术。此反应表述如下：

$$Mg + 2H_2O \longrightarrow Mg(OH)_2 + H_2 \tag{15.1}$$

从电化学反应式（15.1）可以理解析氢技术的基本原理：一个镁原子溶解产生一个氢气分子。换句话说，析出1mol H_2 相当于溶解1mol Mg。因此，测量析氢量相当于测量Mg的溶解损失，测量的析氢速率等于失重速率。有趣的是，阳极反应是Mg的溶解，阴极反应是氢的析出，氧的反应对阴极过程无贡献，这就是这种技术的主要优势之一。

用罩在试样上方的漏斗收集AZ91D和AZ91E镁合金试样与3.5%（质量分数）NaCl溶液发生化学反应产生的氢气，然后氢气进入滴定管并逐渐置换滴定管中的测试溶液。通过读取滴定管中测试溶液的高度可以确定析氢动力学。

根据ASTM B117实验[29]测定锡酸盐涂层的耐久性，在这个实验中，通过将涂覆和未涂覆的镁合金暴露于高温下，连续间接喷洒中性（pH 6.5～7.2）盐水溶液来评价其抗腐蚀性能。

循环伏安测试：将试样先在3.5%（质量分数）NaCl溶液中浸泡7天，然后用电化学工作站（Autolab PGSTAT 30 galvanostat/potentiostat，Metrohm）进行测试，扫描速率为0.07mV/s。

SEM和EDS用来检验涂覆试样在NaCl溶液中浸泡前后的微观结构。试样在3.5% NaCl溶液中浸泡7天，用超纯去离子水洗涤、干燥，然后用数字扫描电子显微镜（型号JEOL JSM 5410，Oxford Instruments，Japan）测其SEM照片。使用能量色散光谱法（EDS）进行微探针分析（型号Model 6587，Pentafet Link，Oxford microanalysis group，UK）。

用带Quips编程窗口的金相显微镜（LEICA DMR，型号为LEICA Imaging Systems Ltd.，Cambridge，UK）观察腐蚀形态，以研究在3.5%（质量分数）NaCl溶液中浸泡前后基体表面发生的腐蚀类型。

15.4.2 锡酸盐涂层的性能

使用光学显微镜、目视检查和SEM-EDS测试了打磨和锡酸盐涂覆试样的表面形貌（图15.13～图15.17）。在NaCl溶液中浸泡7天后，锡酸盐涂覆试样显示出较好的抗局部腐蚀（点蚀、缝隙腐蚀、丝状腐蚀等）性能，而打磨的试样遭受了严重腐蚀。有趣的是，锡酸盐涂覆试样在特定条件下显示出自修复特征（见图15.15和图15.16）。打磨的AZ91E试样的点蚀密度为12点蚀坑/cm^2，而不进行表面改性只涂覆锡酸盐的试样其点蚀密度降低到5点蚀坑/cm^2。该观察指出锡酸盐涂层对镁基材具有非常重要的作用，其除了具有通过形成均匀分布的富含氧化锡的镁（氢）氧化物层而从表面排除氯离子的能力之外，还起到阻止浸蚀性离子和氧扩散的屏障作用（图 15.13 和图 15.16）。

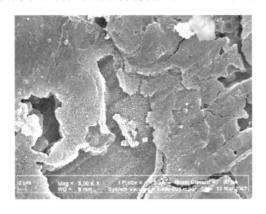

图 15.13 预磨的 AZ91E 试样（无锡酸盐涂层）在 3.5％NaCl 溶液中浸泡 1 周的 SEM 图（图像显示出严重的局部腐蚀）

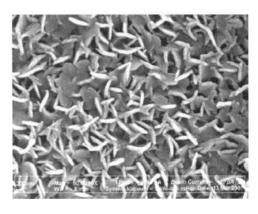

图 15.14 酸表面改性、锡酸盐处理后，AZ91E 试样在 3.5％NaCl 溶液中浸泡 1 周的 SEM 图（图像显示形成了多孔非保护性涂层）

图 15.15 碱表面刻蚀、锡酸盐处理后，AZ91E 试样在 3.5％NaCl 溶液中浸泡 1 周的 SEM 图（图像显示形成了不完善的保护涂层，具有有限的自修复能力以修复缺陷区域）

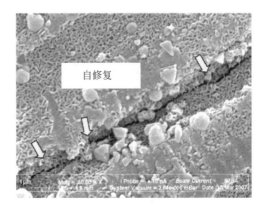

图 15.16 AZ91E 试样直接用锡酸盐处理（无其他表面改性）后，在 3.5％ NaCl 溶液中浸泡 1 周的 SEM 图（图像显示形成了致密的保护涂层，具有自修复能力修复缺陷区域）

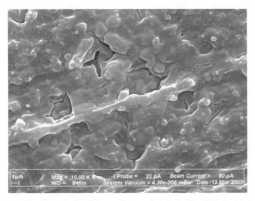

图 15.17 AZ91E 试样分别经过碱刻蚀、酸洗、锡酸盐涂覆等表面改性后在 3.5％ NaCl 溶液中浸泡 1 周的 SEM 图（图像显示形成了致密的保护涂层）

表 15.1 给出了打磨和涂覆锡酸盐的 AZ91E 和 AZ91D 在 3.5% NaCl 溶液中浸泡 270h 后收集到的每小时平均析氢量。结果表明，析氢速率随时间的延长而增加。在 NaCl 溶液中浸渍 270h 后，从打磨的 AZ91E 和 AZ91D 试样中收集的氢气量相当。从锡酸盐涂覆的试样收集的氢气量比打磨试样的一半还少，AZ91D 比 AZ91E 更耐腐蚀。结果表明，锡酸盐转化涂层形成的富含氧化锡的氢氧化镁层在金属表面作为氧扩散的阻挡层，在 Mg 基材的腐蚀防护中起关键作用，因此可提高基材的耐腐蚀性[8,14~17]。

表 15.1 分别进行打磨和锡酸盐涂覆的两种镁合金（AZ91E 和 AZ91D 合金）在 NaCl 溶液中浸泡 270h 后，平均每小时收集的析氢量

试样	析氢(H_2)量/(mL/h)
AZ91D	0.013440
AZ91E	0.013985
AZ91D+锡酸盐	0.005040
AZ91E+锡酸盐	0.007051

通过标准 ASTM B117[29]盐雾实验测试了打磨和锡酸盐涂覆的 AZ91E 和 AZ91D 的腐蚀速率。打磨 AZ91E 的腐蚀速率为 $296\mu m/a$，高于 AZ91D（$254\mu m/a$），证明 AZ91D 比 AZ91E 更耐腐蚀，如表 15.2 所示。锡酸盐涂层（直接涂覆锡酸盐没进行表面改性）提高了两合金的耐蚀性。测得的锡酸盐涂覆的 AZ91E 和 AZ91D 试样的腐蚀速率分别为 $184\mu m/a$ 和 $160\mu m/a$。这一发现证实了锡酸盐涂层在改善镁合金腐蚀保护方面的积极作用[8,14~17]。

表 15.2 根据 ASTM B117[27]测得的分别进行打磨和锡酸盐涂覆的两种镁合金（AZ91E 和 AZ91D 合金）的腐蚀速率

试样	腐蚀速率/($\mu m/a$)
AZ91D	254
AZ91E	296
AZ91D+锡酸盐	160
AZ91E+锡酸盐	184

局部腐蚀是工业中长期使用材料的退化中最危险的腐蚀现象。点蚀是特别令人担忧的，因为它可能导致材料的过早破坏，电化学溶解过程会随时间而加速。用循环伏安技术来比较打磨 AZ91E 和 AZ91D 在 3.5% NaCl 溶液中浸泡 7 天的抗点蚀能力。循环伏安图（图 15.18）显示在钝化方向，AZ91E 试样与 AZ91D 相比，阴极电流移动了约 $200\mu V$。而 AZ91D 试样的自腐蚀电位 E_{corr} 和点蚀电位 E_{pit} 比 AZ91E 高 80mV。这个结果与氢气收集、盐雾实验、目测检查、宏观微观检查的结果相一致。

15.4.3 锡酸盐涂层的自修复功能

自修复行为是涂层修复由机械磨损或化学浸蚀导致的涂层基体出现的表面缺陷/破坏的能力[14]。修复过程通常是在涂层材料和周围环境之间发生化学反应形成化学产物（主要是氧化物），阻止缺陷或受损区域进一步腐蚀。作者之前关于锡酸盐涂层的研究工作表明，在腐蚀溶液中，锡酸盐涂覆的镁试样的抗腐蚀能力随着浸泡时间延长而增强。这一结果与金属或合金在腐蚀介质中浸泡时间长抗蚀能力变差的事实相冲突。这种行为归因于形成了氧化锡转化膜：从抗蚀性差的亚锡形式［Sn(Ⅱ)］转化为更稳定的氧化锡形式［Sn(Ⅵ)］。

锡酸盐涂层的自修复过程中发生了锡(Ⅱ)氧化为锡(Ⅵ)的化学反应。根据元素周期

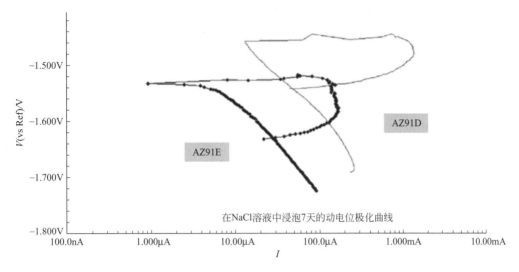

图 15.18　AZ91D 和 AZ91E 在 3.5% （质量分数） NaCl 溶液中浸泡 7 天的循环伏安曲线

表，锡是第四主族元素，第四主族元素具有形成＋2 价氧化态化合物的趋势，而锡(Ⅵ) 是更稳定的氧化态，意味着锡(Ⅱ) 倾向于形成锡(Ⅵ)，Sn^{2+} 是好的还原剂。

令人吃惊的是，作者之前关于镁合金锡酸盐涂层的工作表明自修复功能与镁合金类型相关联。换句话说，镁合金的化学组成对锡酸盐涂层的自修复能力有直接影响。例如，AZ91D 的锡酸盐涂层具有优异的自修复功能[14,16,17]。相反，在含稀土元素的镁合金如 EV31A-T6 中锡酸盐涂层失去了自修复特征[15]，这种行为的原因还不明确。然而，某些合金元素 （例如稀土元素） 的存在可能对锡(Ⅱ) 氧化为锡(Ⅵ) 起到负催化作用，这对自修复能力是非常必要的。

15.5　结论和展望

锡酸盐转化涂层作为镁合金腐蚀防护的无铬涂层已经工程化了。锡酸盐涂层制备方法非常简单：Mg 浸泡在稀锡酸盐溶液中即可在 Mg 表面上形成锡酸盐化学转化涂层，锡酸盐转化涂层作为腐蚀性粒子和氧的屏障，降低了镁合金的腐蚀速率，表现出了突出的自修复特性。锡酸盐涂层的自修复功能取决于镁合金的类型，镁合金的化学组成对锡酸盐涂层的自修复能力有直接影响。锡酸盐涂覆前的表面改性看起来对镁合金的腐蚀防护具有不利的影响，最好的防护是直接用锡酸盐处理而不进行表面改性，明确了在氯化物溶液中镁合金基体点蚀自修复功能锡酸盐涂层的优化条件。今后的工作应该是有针对性地设计一个基于锡酸盐的完整涂层体系，环氧树脂、聚氨酯、含氟聚合物或聚苯胺可能是顶涂的首选材料。

致谢

作者衷心感谢 Dr. David Tawil，Magnesium Elektron 提供的镁合金试样。

参　考　文　献

[1]　Perrault GG. Magnesium. In：Bard AJ，editor. Encyclopedia of electrochemistry of the elements, vol. Ⅷ. NY：Marcel Dekker；1978. p. 262-318 Chapter，Ⅷ-4.

[2]　Hamdy AS. Enhancing corrosion resistance of magnesium alloy AZ91D in 3.5% NaCl solution by cerate conversion coatings. J Anti-Corros Meth Mater 2006；53 （6）：367-373.

[3]　Hamdy AS. Alkaline based surface modification prior to ceramic based cerate conversion coatings for magnesium

AZ91D. J Electrochem Solid State Lett 2007; 10 (3): C21-25.
[4] Hamdy AS. A novel approach in designing chrome-free chemical conversion coatings for automotive and aerospace materials. Eur Coating J 2008; 86 (3); 43-50.
[5] Hamdy AS, Farahat M. Chrome-free zirconia-based protective coatings for magnesium alloys. J Surf Coat Technol 2010; 204 (16); 2834-2840.
[6] Hamdy AS, Doench I, Möhwald H. Assessment of a one-step intelligent self-healing vanadia protective coatings for magnesium alloys in corrosive media. J Electrochim Acta 2011; 56 (5); 2493-2502.
[7] Hamdy AS, Doench I, Möhwald H. Smart self-healing anti-corrosion vanadia coating for magnesium alloys. Prog Org Coat 2011; 72 (3); 387-393.
[8] Hamdy AS. Casting out chromium: nontoxic pre-treatments protect magnesium and aluminium alloys. Eur Coating J 2012; 3 (3); 16-20.
[9] Hamdy AS, Doench I, Möhwald H. Vanadia-based coatings of self-repairing functionality for advanced magnesium Elektron ZE41 Mg-Zn-rare earth alloy. Surf Coat Tech 2012; 206 (17); 3686-3692.
[10] Hamdy AS, Doench I, Möhwald H. The effect of vanadia surface treatment on the corrosion inhibition characteristics of advanced magnesium Elektron 21 alloy in chloride media. Int J Electrochem Sci 2012; 7 (9); 7751-7761.
[11] Hamdy AS, Hussien H. Deposition, characterization and electrochemical properties of permanganate-based coating treatments over ZE41 Mg-Zn-rare earth alloy. Int J Electrochem Sci 2013; 8 (8); 11386-11402.
[12] Hamdy AS, Hussien H. "The effect of solution pH of permanganate coating on the electrochemical characteristics of ZE41 magnesium alloy in chloride media". Int'l J. Electrochemical Sci 2014; 9; 2682-2695.
[13] Hamdy AS, Doench I, Möhwald H. "Intelligent self-healing corrosion resistant vanadia coating of flower-like morphology for AA2024 and novel magnesium alloys", Proceedings of 38th Int'l Conference on Metallurgical Coatings and Thin Films, 2-6 May 2011, San Diego, USA.
[14] Hamdy Makhlouf AS, editor. Handbook of smart coatings for materials protection. Cambridge, UK: Woodhead Publishing Limited; 2014; 9780857096807, 656 pages.
[15] Hamdy AS, Butt D. Corrosion mitigation of rare-earth containing magnesium EV31A-T6 alloy via chrome-free conversion coating treatment. J Electrochim Acta 2013; 108 (10); 852-859.
[16] Hamdy AS, Butt D. Novel smart stannate based coatings of self-healing functionality for AZ91D magnesium alloy. J Electrochim Acta 2013; 97 (5); 296-303.
[17] Hamdy AS. Effect of surface modification and stannate concentration on the corrosion protection performance of magnesium alloys. J Surf Coat Technol 2008; 203 (3); 240-249.
[18] Song G, Atrens A. Corrosion mechanisms of magnesium alloys. Adv Eng Mater 1999; 1; 11-33.
[19] Rong-chang Z, Wangqiu Z, En-hou H, et al. Effect of pH value on corrosion of as-extruded AM60 magnesium alloy. Acta Metall Sin 2005; 44 (3); 307-311 (in Chinese).
[20] Maker GL, Kruger J. Corrosion of magnesium. Int Mater Rev 1993; 38 (3); 138-153.
[21] Ghali E, Dietzel W, Kainer KU. General and localized corrosion of magnesium alloys: a critical review. J Mater Eng Perform 2004; 13 (1); 7-23.
[22] Lunder O, Lein JE, Hesjevik SM, et al. Corrosion morphologies on magnesium alloy A291. J Werkstoffe und Korrosion 1994; 45 (2); 331-340.
[23] Dexter SC. Metals handbook (vol. 13). 9th ed. Ohio: ASM International; 1987, p. 106.
[24] Miller WK. Stress-corrosion cracking. Ohio: ASM; 1993, p. 251.
[25] Wmzer N, Atrens A, Song C, et al. A critical review of the stress corrosion cracking (SCC) of magnesium alloys. J Adv Eng Mater 2005; 7 (8); 659-693.
[26] Song R, Blawert C, Dietzel W, et al. A study on stress corrosion cracking and hydrogen embrittlement of AZ31 magnesium alloy. J Mater Sci Eng A 2005; A399; 308-317.
[27] Zhen-song T, Wei Z, Jiu-qing L, et al. Initial laws of atmospheric galvanic corrosion for magnesium alloys. Chin J Nonferr Metals 2004; 14 (4); 554-561 (in Chinese).
[28] Valente T. Grain boundary effects on the behavior of WE43 magnesium castings in simulated marine environment. J Mater Sci Lett 2001; 20 (1); 67-69.
[29] ASTM B117. Standard practice for operating salt spray (fog) apparatus. Conshohocken, PA: ASTM International; 1997.

第16章 电活性聚合物防腐蚀涂层

Kung-Chin Chang, Jui-Ming Yeh

Department of Chemistry, Center for Nanotechnology and Biomedical Technology at Chung-Yuan Christian University (CYCU), Chung Li, Taiwan, China

16.1 简介

传统上来讲,聚合物用作绝缘材料。然而,20世纪60年代早期,Pohl和Katon等人[1,2]合成并表征了一些具有半导体导电特性的共轭聚合物。直到1997年,Shirakawa等人[3,4]发现了第一个导电聚合物——碘掺杂的聚乙炔,这个开创性工作的结果是他们获得了2000年诺贝尔化学奖。这种新型聚合物材料的开发为其新领域应用带来了希望,包括分子电子学、执行器、电致变色窗口/显示屏、超级电容器、晶体管、太阳能光电板、腐蚀防护。这项发现开辟了新的研究领域,目前许多商业产品都采用聚合物作为导电体。

DeBerry[5]于1985年首次报道了导电聚合物在腐蚀防护领域的应用,涂覆聚苯胺(PANI)的不锈钢在硫酸溶液中长时间保持钝化状态。Wessling[6]随后指出PANI和聚吡咯(PPy)导电聚合物可能具有自修复性能,金属基体和导电聚合物间的钝化氧化物可以通过导电聚合物的氧化能力在有缺陷的位点自发重整。

电活性聚合物(EAPs)是由共轭链组成的,共轭链含有沿聚合物骨架离域的π电子。这种新型导电活性聚合物在多个领域的应用前景引起了学术界和工业领域的关注,如生物传感器、人造肌肉、执行器、腐蚀防护、电子屏蔽器、环境敏感膜、显示器、太阳能材料、高能电池组件。

本章中,我们将由共轭苯胺低聚体组成的EAP基材料加入聚合物主链[包括EAP、电活性聚合物纳米复合材料(EAPNs)、具有疏水/超疏水表面(HEAPs/SEAPs)的电活性聚合物]中作为模板涂层,通过一系列电化学腐蚀测试证明其先进的防腐蚀性能。

16.2 腐蚀

腐蚀是金属与周围环境发生化学反应所导致的材料破坏。腐蚀的后果是多种多样的,腐蚀对设备或结构的安全性、可靠性、高效运行性能的影响通常比单纯的金属质量损失更严重。即使金属的破坏量很小,也可能出现各种设备和结构故障,甚至要更换昂贵的设备和结构。腐蚀的危害概括如下:

① 由结构(如桥梁、汽车、飞机)故障或破坏引发的对人的危害;

② 由于外观恶化导致的商品价值降低;

③ 容器和管道中流体的污染（如当少量的重金属被腐蚀释放时，啤酒变得浑浊）；

④ 金属表面性能的丧失，这些性能包括耐磨性、流体流过管道表面的容易程度、触头电导率、表面反射率或表面热传递等；

⑤ 容器和管道的腐蚀穿孔使其内容物溢出并可能对周围环境造成危害；

⑥ 工业型材设备的使用寿命缩短；

⑦ 金属厚度减小导致其机械强度损失和结构失效或损坏，当金属局部腐蚀损失而呈现裂纹结构时，相当少量的金属损失可能导致相当大的性能丢失；

⑧ 增加设备的复杂性和费用，这些设备需要设计成能够承受一定量的腐蚀，并且可以方便地更换腐蚀组件；

⑨ 对阀门、泵等的机械损坏和固体腐蚀产物对管道的阻塞。

16.3 防腐蚀措施

有几种方法控制腐蚀，如缓蚀剂、阴极保护[7]、阳极保护[8]、涂层[9]、合金化。接下来简单描述几种防腐方法。

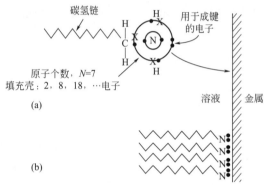

图 16.1 （a）胺在金属表面的化学吸附，实黑点代表 N 原子的电子，X 是指 H 或 C 的电子（相对于分子中的其他原子，N 原子尺寸被放大了）；（b）在金属表面上形成的紧密堆积的单层

16.3.1 缓蚀剂

缓蚀剂是添加较小浓度到环境中能够显著降低腐蚀速率的物质。某种意义上来讲，缓蚀剂被认为是腐蚀延迟剂。缓蚀剂有多种类型和组成，大多数缓蚀剂是通过实验开发的，许多缓蚀剂本质上是专有的，因此它们的组成不被公开。因为上述原因，缓蚀作用还没完全被理解，但是根据它们的机制和组成可以将缓蚀剂进行分类[10,11]，图 16.1 是吸附型缓蚀剂图。吸附型缓蚀剂在金属表面形成化学吸附键阻止金属的电化学溶解反应[12]。

16.3.2 阴极保护

在电化学发展之前，采用阴极保护法对金属进行腐蚀防护。1824 年，Humphrey Davy 将阴极保护用在英国海军舰艇上。阴极保护原理可以通过金属在酸性环境中的腐蚀进行解释。电化学反应为金属的溶解和氢气的析出。

$$M \longrightarrow M^{n+} + ne^-$$
$$2H^+ + 2e^- \longrightarrow H_2 \uparrow$$

16.3.3 阳极保护

同阴极保护相对照，阳极保护相对较新，是由 Edeleanu 在 1954 年提出的。这种技术是应用电极动力学原理开发的，因为没有先进的电化学概念，所以解释有点难度。简言之，阳极保护是通过外部施加阳极电流而在金属表面形成保护膜[13]。

16.3.4 涂层

16.3.4.1 金属涂层及其他无机涂层

相对较薄的金属涂层、无机涂层可以在金属和其环境间提供令人满意的隔离效果。这种涂层的主要作用是提供有效的屏障（不同于牺牲涂层，如锌）。金属涂层通过电沉积、火焰喷涂、熔覆热浸、气相沉积等方法进行施涂和使用，无机涂层通过喷涂、扩散或者化学转化进行施涂和使用。喷涂通常需要在高温下烘烤或烧制。金属涂层表现出一定的成形性，而无机涂层性脆。两种涂层都必须形成完整的屏障。由于双金属效应，孔隙和其他缺陷会加速对基体金属的局部腐蚀。有两种类型的金属涂层用于保护底层金属基体[14]，分别是牺牲涂层和贵金属涂层。第一种为牺牲涂层，牺牲涂层通过对基体的阴极保护起作用，图16.2是牺牲涂层的示意图。第二种为贵金属涂层，钢上面的镍涂层即为贵金属涂层，图16.3是贵金属涂层的示意图[12]。

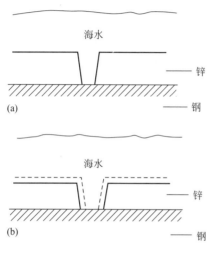

图 16.2　牺牲保护涂层
（a）涂层受损或不完整进而扩展到基体；
（b）锌涂层通过电偶腐蚀保护下面的基体[12]

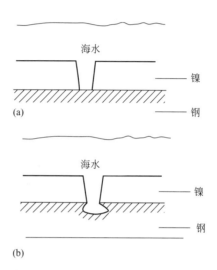

图 16.3　贵金属保护涂层
（a）镍涂层受损或不完整进而扩展到基体；
（b）下面的钢基体发生电偶腐蚀[12]

16.3.4.2　有机涂层

有机涂层是基体材料和环境之间相对较薄的屏障。与任何其他抗腐蚀方法相比，油漆、清漆和类似的涂层无疑在更广泛的范围内保护更多的金属。最熟悉的是在设备和结构的外表面使用涂层，而在内表面或内衬使用涂层也很常见。

美国每年大约花费20亿美元用于有机涂层，涉及各种类型和产品，有些伴随着特殊需求。要想发挥涂层的优异性能，必须对这一特殊领域有实质性的了解，而对于新手，最好的办法是咨询有信誉的有机涂层生产商。一个基本原则是，在腐蚀环境中基体材料快速腐蚀的情况不应该使用涂层[15]，图16.4是有机涂层失效的示意图。Ritter和Rodriguez[16]的工作说明了在底涂微环境中，致使有机涂层破坏失效的腐蚀反应顺序，顺序如下：

① 像上面讨论的那样，首先水和氧分子渗透到有机涂层中。

② 发生腐蚀，原因是：涂层缺陷、涂层的机械破坏、溶解盐处渗透压导致的化学损坏。

③ 基体铁在局部阳极位置进入溶液中。

$$Fe \longrightarrow Fe^{2+} + 2e^-$$

① 水和氧气扩散穿过涂层

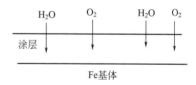

② 涂层下面的金属发生腐蚀

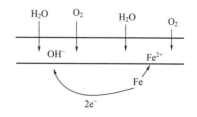

图 16.4　有机涂层失效的
前两步反应[16]

16.4 聚合物涂层

聚合物（或有机）涂层用来长期保护金属免受腐蚀，聚合物涂层作为抵抗浸蚀性物质 O^{2-} 和 H^+ 的物理屏障而起作用。然而，所有聚合物不是永远都起防护作用，一旦涂层中存在缺陷，就会形成腐蚀性物质浸蚀金属基体的路径，发生局部腐蚀。因此，将各种具有层状或片状结构的颜料如云母、氧化铁和铝薄片引入聚合物涂层中作为防止腐蚀的第二道防线，以有效地增加氧和水的扩散路径的长度，降低涂层的渗透性。大量的电化学方法用来评价聚合物涂层的防腐蚀效果，包括电活性的（如聚苯胺）或者非电活性的（如聚苯乙烯）涂层。Wei 等人[17]通过测试涂覆的冷轧钢电极在不同条件下的腐蚀电位和腐蚀电流来表征电活性聚苯胺和非电活性聚苯乙烯的防腐蚀效果。Lee 等人[18]通过电化学阻抗谱（EIS）研究了 PANI 涂覆的低碳钢的防腐蚀效果。

近来，Yeh 等人[19~30]报道了用 EAP、EAPNs 和 HEAPs/SEAPs 作增强材料的防腐蚀涂层。以 EAPs（聚酰亚胺[19]、环氧树脂[20]、聚氨酯[21]、聚酰胺[22]和聚脲[23]）、EAPNs（例如聚酰亚胺-黏土[24]、聚酰亚胺-TiO_2[25]、环氧-SiO_2[26]和聚苯乙烯-石墨烯[27]）、HEAPs/SEAPs（环氧树脂[28~30]、PANI[31]和聚酰亚胺[32]）为增强剂制备了一系列的新型高级防腐蚀涂层，并测定了一系列电化学腐蚀参数如腐蚀电位、极化电阻、腐蚀电流和 EIS。

16.4.1 EAP 基涂层

MacDiarmid[33]于 1985 首先提出用 EAPs 作腐蚀防护涂层。EAPs 可以通过化学和电化学法合成，例如：①化学掺杂（电荷转移）；②电化学掺杂；③酸碱化学掺杂（只有 PANI 是这种掺杂）；④光掺杂；⑤界面电荷掺杂：在金属-半导体聚合物界面上注入电荷[34]。大多数 EAPs 是通过阳极氧化的电化学方法合成的，可以在金属表面直接形成导电薄膜。

在 EAPs 中，PANI 具有环境稳定性好、加工性能好、成本低等优点，是工业应用的潜

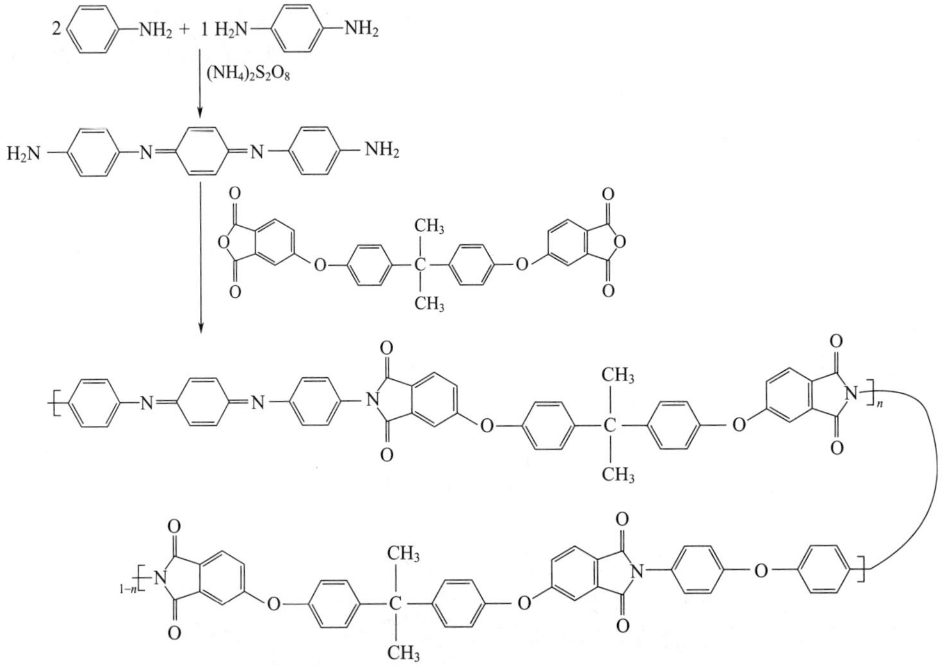

图 16.5 苯胺三聚体和聚酰亚胺的合成示意图[19]

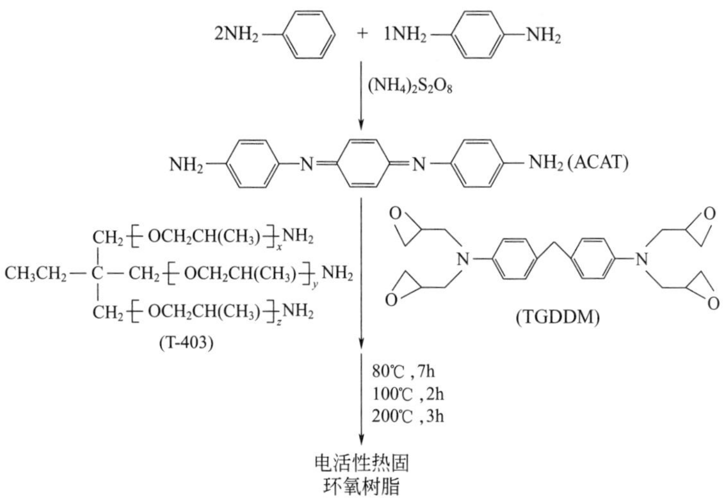

图 16.6　合成电活性热固环氧树脂的流程图[20]

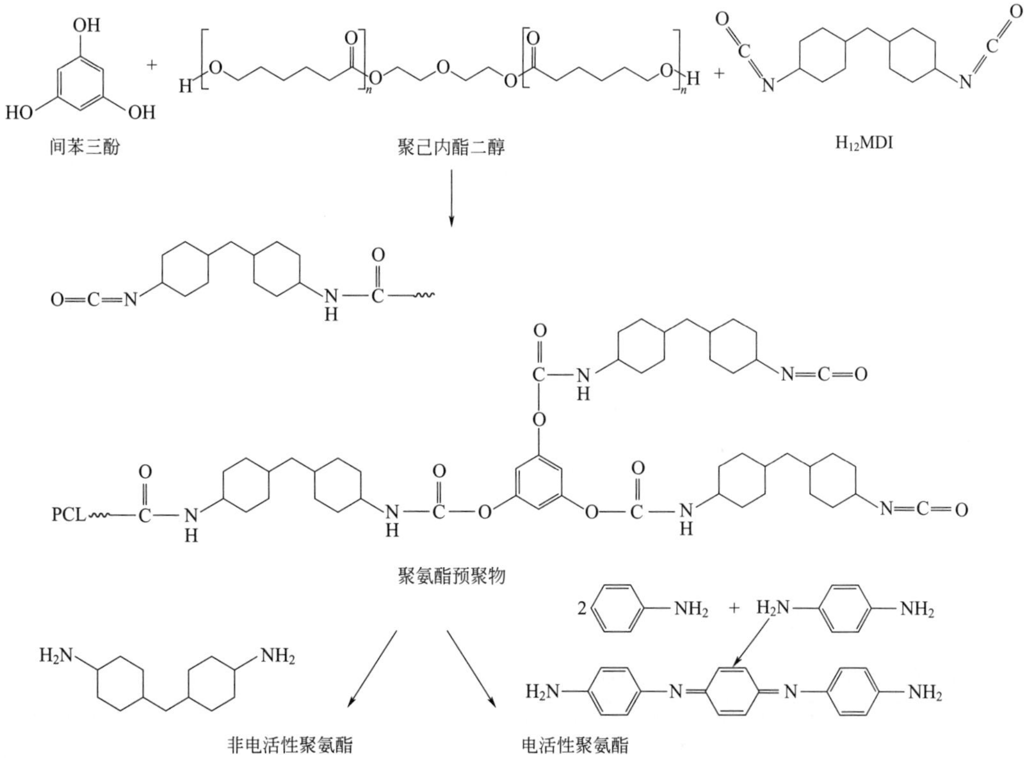

图 16.7　电活性聚氨酯（EPU）和非电活性聚氨酯（NEPU）的合成示意图[21]

力材料[35,36]。然而，化学和电化学法制备的 PANI 通常具有结构缺陷且在多数溶剂中溶解性差，这些缺点阻碍了对结构-性质相关性和导电机制的更好理解，也限制了 PANI 的实际应用。解决这个问题的方法是将已知的苯胺低聚体掺入共聚物骨架中[37,38]，这样可以将苯胺低聚体的性质和聚合物性质如机械强度、成膜能力结合在一起。

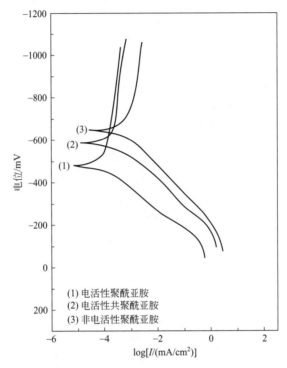

图 16.8　在 5％（质量分数）NaCl 溶液中测得的涂覆碳钢电极的 Tafel 曲线[19]

2009 年和 2012 年 Yeh 等人[19~21]第一次评价了胺封端苯胺三聚体（AT）对制备的电活性聚酰亚胺、环氧树脂和聚氨酯的防腐效果的影响。首先，通过对苯二胺与苯胺在酸性溶液中的一步偶联反应合成了胺封端苯胺三聚体，接下来，通过热酰亚胺化、热固化和预聚合获得了一系列聚酰亚胺、环氧树脂和聚氨酯与不同含量 AT 分子的复合物。电活性聚酰亚胺、环氧树脂和聚氨酯的合成步骤如图 16.5～图 16.7 所示。通过一系列电化学实验，如在 5％（质量分数）NaCl 电解液中测量自腐蚀电位（E_{corr}）、极化电阻（R_p）、腐蚀电流（I_{corr}）、EIS 等，进一步研究所制备的电活性聚酰亚胺、环氧树脂和聚氨酯的性能。

图 16.8～图 16.10 和表 16.1 给出了电活性聚酰亚胺在室温下的动电位极化曲线（Tafel 曲线）和 EIS（Nyquist 曲线和 Bode 图）的电化学测试结果。

制备的高 AT 含量的聚酰亚胺对冷轧钢电极表现出明显增强的防腐蚀效果。冷轧钢电极防腐蚀效果的增强可能归因于电活性苯胺三聚体在形成金属

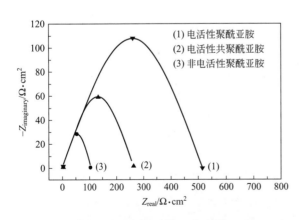

图 16.9　在 5％（质量分数）NaCl 溶液中测得的涂覆碳钢电极的 Nyquist 曲线[19]

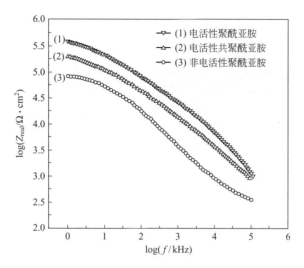

图 16.10　在 5％（质量分数）NaCl 溶液中测得的涂覆碳钢电极的 Bode 图[19]

表 16.1　电活性聚酰亚胺、电活性共聚酰亚胺和非电活性聚酰亚胺的进料组成比与用
电化学方法测量的 E_{corr}、R_p、I_{corr} 和 R_{corr}[19]

项目	进料组成/(mol/L)			电化学腐蚀测试					
	二胺	三聚体	二酸酐						
化合物代码	ODA	AT	BSAA	E_{corr}/mV	R_p/kΩ·cm^2	I_{corr}/(μA/cm^2)	R_{corr}/(mm/a)	厚度/μm	P_{EF}/%
裸露①	—	—	—	−720	0.018	18.9	8.82	—	
电活性聚酰亚胺	0	1	1	−486.5	0.56	0.103	0.048	22	30
电活性共聚酰亚胺	0.5	0.5	1	−592.2	0.246	0.4	0.187	20	12.6
非电活性聚酰亚胺	1	0	1	−647.8	0.074	0.7	0.327	19	3.1

① 用来测试的原始 CRS。

氧化物钝化膜时的氧化还原催化特性，SEM 和 ESCA 研究的结果示于图 16.11 和图 16.12。通过对冷轧钢表面铁氧化物的研究发现表面薄氧化层中有 Fe_2O_3 和 Fe_3O_4。电活性聚酰亚胺在冷轧钢表面的钝化机制与 PANI 相似。AT 表现出优良的防腐蚀效果，并起到氧化还原催化剂的作用以提高腐蚀防护能力。

16.4.2　EAP 基纳米复合涂层

在过去的 20 年间，Yeh 等人[39~47]报道了聚合物纳米复合材料作增强材料的防腐蚀涂层，例如聚合物-黏土纳米复合材料[39~45]增强防腐蚀涂层、聚合物-硅/钛纳米复合材料增强防腐蚀涂层。此类防腐蚀涂层可以通过不同的方法合成，例如原位聚合法或溶液分散法，并在室温下测定一系列电化学腐蚀参数。相对于本体聚合物，聚合物纳米复合材料增强的防腐蚀涂层的腐蚀防护效果可能归因于硅酸钠和二氧化硅/钛纳米粒子在聚合物基体中的分散增加了氧气扩散路径的曲折性[48,49]。

目前，EAPNs 作为防腐蚀涂层和具有不同类型无机填料的聚合物的研究如下：

16.4.2.1　EAP-硅纳米层(黏土)纳米复合材料

Yeh 等人[24]研究了有机黏土对 EAPNs 防腐性能的影响（即聚酰亚胺-黏土的性能）。在有机黏土颗粒的存在下通过化学亚胺化反应合成 PI-黏土（EAC）纳米复合材料。采用广角 X 射线粉末衍射（WAXTD，图 16.13）和透射电子显微镜（TEM，图 16.14）研究了有机

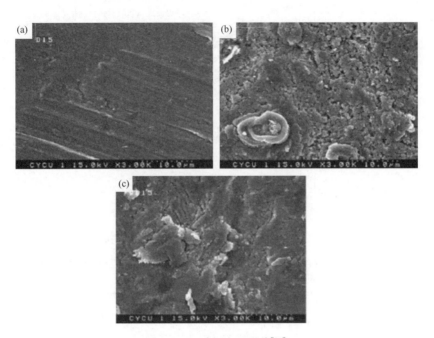

图 16.11 碳钢表面形貌[19]
（a）抛光；（b）电活性共聚酰亚胺涂覆；（c）电活性聚酰亚胺涂覆

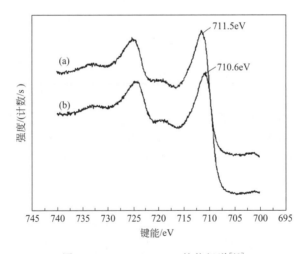

图 16.12 ESCA Fe 2p 核能级谱[19]
（a）电活性共聚酰亚胺；（b）电活性聚酰亚胺

黏土在 EPI 基体中的分散能力。为了研究有机黏土对 EAC 复合材料涂层防腐性能的影响，测定了一系列电化学参数（腐蚀电位、腐蚀电流、腐蚀速率、防护效果）；结果绘于图 16.15 和表 16.2 中。与 NEPI、EPI 和裸 CRS 电极相比，制备的 EAC 复合物涂层表现出很好的防腐蚀效果。EAC 涂层对 CRS 电极防腐蚀性能的重大改善可能归因于有机 EPI 的氧化还原催化特性，包括金属氧化物钝化膜的形成。EPI 基体中，SEM/ESCA 和 GPA 技术证实了分散良好的有机质黏土颗粒的屏障性能。SEM 和 ESCA 的分析结果与图 16.11 和图 16.12 相似，阻气性能示于图 16.16。

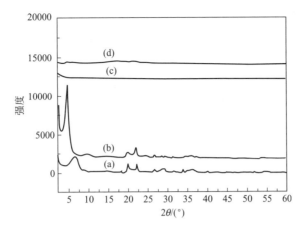

图 16.13　广角粉末 X 射线衍射图[24]

(a) MMT；(b) 有机亲水 MMT 黏土；(c) EPC01；(d) EPC03 纳米复合材料

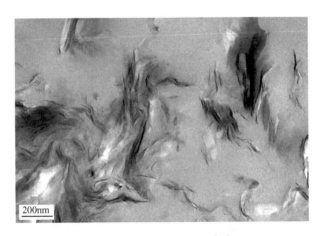

图 16.14　TEM 显微图[24]

(a) EPC01×20k；(b) EPC03×20k

表 16.2　制得材料的进料比和电化学腐蚀测试结果[24]

试样代码	进料组成/g				电化学腐蚀测试				厚度/mm	P_{EF}/%
	ODA	ACTA	BSAA	有机黏土	E_{corr}/mV	R_p/kΩ·cm²	I_{corr}/(mA/cm²)	R_{corr}/(mm/a)		
裸露①	—	—	—	—	−1020.9	2.47	9.14	1.07×10⁻¹	—	—
NEPI	0.1	1	0.26	—	−900.2	5.09	4.02	4.71×10⁻²	25	1.06
EPI	—	0.145	0.26	—	−807.7	17.3	2.53	2.96×10⁻²	25	6.00
EPC01	—	0.145	0.26	0.004	−664.9	36.67	1.89	2.21×10⁻²	24	13.85
EPC03	—	0.145	0.26	0.012	−528.5	69.99	1.09	1.28×10⁻²	27	27.34

① 用来测试的原始 CRS。

16.4.2.2　EAP-纳米粒子(TiO_2、SiO_2)纳米复合材料

Yeh 等人[25,26]描述了 EAP-TiO_2/SiO_2 纳米复合材料的防腐性能（聚酰亚胺-TiO_2 和环氧树脂-SiO_2）。通过化学亚胺化制备了电活性的 PI-TiO_2（EPT）纳米复合材料，采用

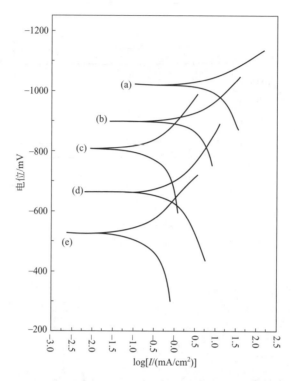

图 16.15　在 5%（质量分数）NaCl 溶液中测得的不同 CRS 的 Tafel 曲线[24]
(a) 裸露；(b) NEPI 涂覆；(c) EPI 涂覆；(d) EPC01 涂覆；(d) EPC03 涂覆

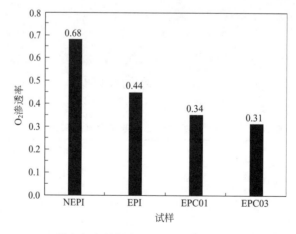

图 16.16　EPC 纳米复合材料中，O_2 的渗透性与黏土含量的关系[24]

TEM 研究了 TiO_2 纳米粒子在 EPI 基体中的分散特性（图 16.17）。应该指出的是，即使加入 10% TiO_2 的 EPT 仍然表现出与 EPI 相当的氧化还原电流。电化学测试结果表明，EPT 具有很好的防腐特性，结果如图 16.18～图 16.20 和表 16.3 所示。EPT 的防腐机理归因于由 ACAT 单元的氧化还原催化所形成的金属钝化氧化层与基体中分散良好的 TiO_2 纳米颗粒诱导的阻气特性的协同效应。金属氧化物钝化层的分析结果与图 16.11 类似，阻气特性示于图 16.21。与 NEPI、EPI 和裸露 CRS 电极相比，协同效应使 EPT 涂层具有更好的防腐效果。

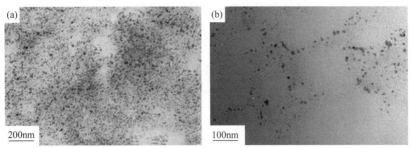

图 16.17 EPT10 的 TEM 图[25]
(a) ×20k；(b) ×50k

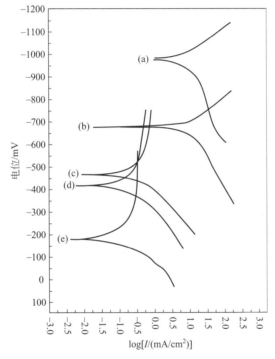

图 16.18 在 5%（质量分数）NaCl 溶液中碳钢的 Tafel 曲线[25]
(a) 未涂覆；(b) NEPI 涂覆；(c) EPI 涂覆；(d) EPC05 涂覆；(e) EPC10 涂覆

表 16.3 制得材料的进料组成比和电化学腐蚀测量结果[25]

试样代码	进料组成/g				电化学腐蚀测试				厚度/mm	P_{EF}/%
	ODA	AT	BSAA	Ti(OBu)$_4$	E_{corr}/mV	R_p/kΩ·cm^2	I_{corr}/(mA/cm^2)	R_{corr}/(mm/a)		
裸露①	—	—	—	—	−976.9	0.011	5.275	6.2×10^{-3}		
NEPI	0.1	1	0.26	—	−647.8	0.074	0.7	8.2×10^{-3}	20	5.98
EPI	—	0.145	0.26	—	−469.5	0.112	0.598	7.0×10^{-3}	20	9.56
EPT05	—	0.145	0.26	0.203	−330.4	0.271	0.333	3.9×10^{-3}	22	24.56
EPT10	—	0.145	0.26	0.405	−179	0.439	0.164	1.9×10^{-3}	21	40.37

① 用来测试的原始 CRS。

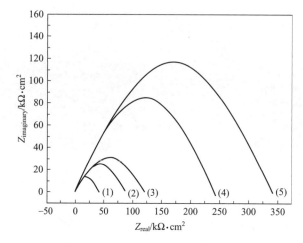

图 16.19 在 5％（质量分数）NaCl 溶液中测得的碳钢的 Nyquist 曲线[25]
(1) 裸碳钢；(2) NEPI 涂覆；(3) EPI 涂覆；(4) EPC05 涂覆；(5) EPC10 涂覆

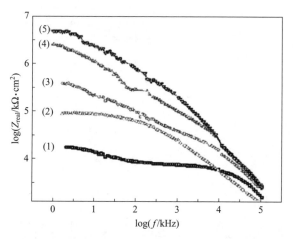

图 16.20 在 5％（质量分数）NaCl 溶液中测得的碳钢的 Bode 曲线[25]
(1) 裸碳钢；(2) NEPI 涂覆；(3) EPI 涂覆；(4) EPC05 涂覆；(5) EPC10 涂覆

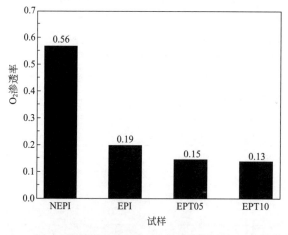

图 16.21 EPTs 纳米复合材料中，O_2 渗透性与 TiO_2 含量的关系

16.4.2.3 EPA-石墨烯纳米复合材料

Yeh 等人[27]报道了 EPA-石墨烯复合材料（如聚苯胺-石墨烯）的防腐蚀性能。通过原位氧化聚合制备了聚苯胺-石墨烯复合材料（PAGCs）。制备的 PAGCs 接下来用 TEM 表征（图 16.22）。电化学结果——Tafel 曲线及 O_2 渗透率和水蒸气渗透速率见图 16.23 和图 16.24。PAGCs 涂层有效地保护钢免受腐蚀，因为它是 O_2 和 H_2O 的良好屏障。与黏土相比，高度分散的石墨烯增强了聚合物基体的阻气性能，也是 PAGCs 涂层防腐蚀性能比聚苯胺-黏土（PACCs）涂层更理想的关键所在。

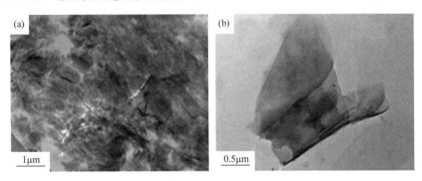

图 16.22 PAGCs05 的 TEM 图[27]
（a）低倍率放大；（b）高倍率放大

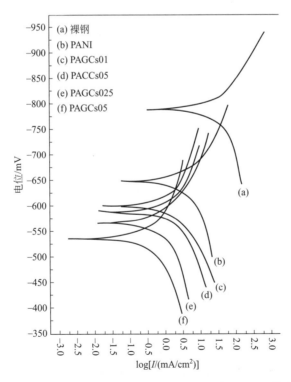

图 16.23 在 5%（质量分数）NaCl 溶液中测得的 Tafel 曲线[27]
（a）裸钢；（b）PANI 涂覆；（c）PAGCs01 涂覆；（d）PACCs05 涂覆；
（e）PAGCs025 涂覆；（f）PAGCs05 涂覆

16.4.2.4 EAP 基疏水/超疏水涂层

在过去的几年里，以所谓的莲花效应为特征的超疏水植物叶子的表面结构引起了许多研

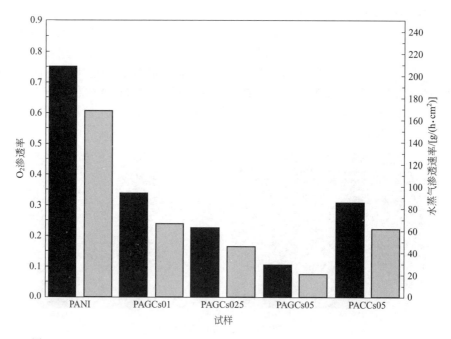

图 16.24　PANI、PAGCs（PAGCs01、PAGCs025、PAGCs05）和 PACCs05
涂层中的 O_2 渗透率和水蒸气渗透速率[27]

究者的关注。由这些结构所引发的超疏水性已经变成了一个非常重要的课题，因为这种特性具有多种应用：自清洁、降阻、防雾、防腐蚀等。然而，用 EAP 基涂层作疏水/超疏水表面的腐蚀防护研究的报道却很有限。近来，Yeh 等人结合电活性和疏水性/超疏水性在腐蚀保护中的关键优势提出了开发先进防腐涂层的可行性方案。

天然新鲜的箭叶兰芋叶子照片如图 16.25(a) 所示。图 16.25(b) 是箭叶兰芋叶子高放大倍数 SEM 图片。在新鲜的箭叶兰芋叶子上形成的平均接触角是 146°，如图 16.25(b) 所示。从图 16.25(b) 中可见，在箭叶兰芋叶子上清晰可见许多乳头状的小山丘。这些乳头状小山丘的直径在 7~9μm 之间。以 PDMS 为模板，采用纳米浇铸技术制备了疏水/超疏水聚合物涂层。图 16.26 和图 16.27 表示 SEM 观察到的 CRS 片上纳米浇铸层的结构，其表面上形成了许多平均直径为 7~9μm 的乳头状微结构，乳头状微结构是箭叶兰芋叶片表面图案的复制品。

图 16.25　(a) 箭叶兰芋叶子照片；(b) 新鲜天然箭叶兰芋叶子的 SEM 图
（插图为箭叶兰芋叶子的水接触角图）[32]

图 16.28 为制备疏水/超疏水电活性聚合物涂层材料的示意图。第一，PDMS 预聚物浇

图 16.26　复制于箭叶兰芋叶子结构的电活性环氧树脂（EE）的 SEM 图（插图为聚合物表面接触角图）[29]

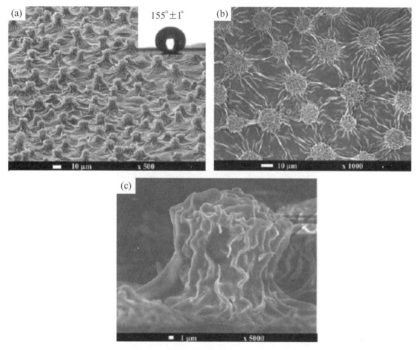

图 16.27　（a）箭叶兰芋叶状超疏水聚合物表面的 SEM 图（插图为聚合物表面接触角图）；（b）聚合物表面俯视图；（c）聚合物截面图[32]

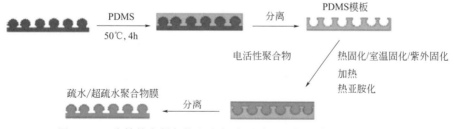

图 16.28　浇铸技术制备仿生疏水/超疏水电活性聚合物膜的示意图

铸在箭叶兰芋叶片表面，然后在适当条件下固化。制备的 PDMS 模板具有阴性的箭叶兰芋叶表面结构，此结构是在剥离叶片后获得的。第二，EAP 溶液覆盖 CRS 基体，将模板按压在 CRS 上。剥离 PDMS 模板后，CRS 上形成了箭叶兰芋叶状表面。

得到的疏水电活性环氧（HEE）[29]、超疏水电活性环氧（SEE）[28,30]、聚苯胺（SH-

PANI)[31]和聚酰亚胺（SEPI）[32]与复制的纳米结构表面表现出疏水和超疏水特性，其水接触角约为120°和150°。接触角的大幅提高表明仿生形貌有效地排除掉水分。在 NaCl 溶液条件下的动电位测试和电化学阻抗测试结果（图 16.29 和表 16.4）表明超疏水表面（SEE）的电活性环氧涂层比普通电活性环氧涂层具有更好的防护效果。

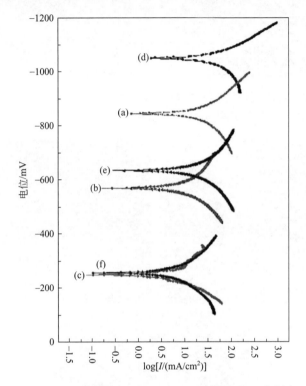

图 16.29 （a）裸 CRS、（b）EE 涂覆的 CRS、（c）SEE 涂覆的 CRS 分别在 3.5%（质量分数）NaCl 溶液中测得的 Tafel 曲线；（d）裸 CRS、（e）EE 涂覆的 CRS、（f）SEE 涂覆的 CRS 分别在 3.5%（质量分数）NaCl 溶液中浸泡 7 天测得的 Tafel 曲线[28]

表 16.4 EE 和 SEE 的电化学腐蚀测试结果[28]

试样代码	电化学腐蚀测试					涂层厚度/μm
	浸泡时间/d①	pH 值②	E_{corr}/mV	I_{corr}/(mA/cm^2)	保护效率/%	
裸露③	0	7	−839	32.73		
EE	0	7	−564	10.11	69.11	31
SEE	0	7	−244	4.33	86.77	30
SEE	0	5	−246	4.39	86.58	30
SEE	0	3	−253	4.6	85.94	29
SEE	0	1	−259	5.02	84.66	32
裸露	7	7	−1047	46.88	−43.23	—
EE	7	7	−628	15.58	52.39	31
SEE	7	7	−253	4.48	86.31	31

① 3.5% NaCl 溶液作为浸泡溶液。
② pH 值用 1mol/L HCl 水溶液控制。
③ 新 CRS 试样用来测试。

16.5 结论

EAPs 作为防腐蚀涂层已经被证明具有许多潜在的优点。本章的目的是让读者了解 EAP 基涂层的合成方法和对金属腐蚀的防护机制。

EAP 基涂层对金属防腐蚀性能的改善可能归因于以下三个方面：①EAP 中苯胺低聚物单元的氧化还原催化能力导致 CRS 电极上形成了钝化金属氧化物膜；②EAP 基体中分散良好的无机填料作为不透水层有效提高了对氧的阻隔性能；③涂层的疏水/超疏水特性有效地排除水分，进一步降低了水/腐蚀介质在 EAP 表面的吸附，抑制下面金属的腐蚀。

参 考 文 献

[1] Pohl HA. The organic semiconductor challenge. Chem Eng 1961；68（22）：105-110.

[2] Katon JE，Wildi BS. Semiconducting organic polymers derived from nitriles. Thermoelectric power and thermal conductivity measurements. J Chem Phys 1964；40（10）：2977-2983.

[3] Shirakawa H，MacDiarmid AG，Heeger AJ，et al. Synthesis of electrically conducting organic polymers：halogen derivatives of polyacetylene，(CH)$_x$. J Chem Soc，Chem Commun 1977；16：578-580.

[4] Heeger AJ，MacDiarmid AG，Shirakawa H，et al. Anisotropic optical properties of pure and doped polyacetylene. *Report*，1978；Issue LRSM-TR-78-6，Order No. AD-A058374，22 pp.

[5] DeBerry DW. Modification of the electrochemical and corrosion behavior of stainless steels with an electroactive coating. J Electrochem Soc 1985；132（5）：1022-1026.

[6] Wessling B. Passivation of metals by coating with polyaniline：corrosion potential shift and morphological changes. Adv Mater 1994；6（3）：226-228.

[7] Kim DK，Muralidharan S，Ha TH，et al. Electrochemical studies on the alternating current corrosion of mild steel under cathodic protection condition in marine environments. Electrochim Acta 2006；51（25）：5259-5267.

[8] Cecchetto L，Delabouglise D，Petit P. On the mechanism of the anodic protection of aluminium alloy AA5182 by emeraldine base coatings：evidences of a galvanic coupling. Electrochim Acta 2007；52（11）：3485-3492.

[9] Praveen BM，Venkatesha TV，Naik YA，et al. Corrosion studies of carbon nanotubes-Zn composite coating. Surf Coat Tech 2007；201（12）：5836-5842.

[10] Alquist FN，Wasco J. Inhibition of sodium trichloroacetate weed killer solutions. Corrosion 1952；8：410-411.

[11] Rosenfeld IL. New data on the mechanism of metals protection with inhibitors. Corrosion 1981；37（7）：371-377.

[12] McCafferty E. Introduction to corrosion science. New York：Springer；2010 p. 357-402.

[13] Acello SJ，Greene ND. Anodic protection of austenitic stainless steels in sulfuric acid-chloride media. Corrosion 1962；18：286t-90t.

[14] McCafferty E，Moore PG，Pease GT. Effect of laser-surface melting on the electrochemical behavior of an aluminum-1% manganese alloy. J Electrochem Soc 1982；129（1）：9-17.

[15] Fisher AO. Laboratory study of corrosion control for a once-through cooling water system. Mater Prot 1964；3（10）：8-13.

[16] Ritter JJ，Rodriguez MJ. Corrosion phenomena for iron covered with a cellulose nitrate coating. Corrosion 1982；38（4）：223-225.

[17] Wei Y，Wang J，Jia X，et al. Polyaniline as corrosion protection coatings on cold rolled steel. Polymer 1995；36（23）：4535-4537.

[18] Li P，Tan TC，Lee JY. Corrosion protection of mild steel by electroactive polyaniline coatings. Synthetic Met 1997；88（3）：237-242.

[19] Huang KY，Jhuo YS，Yeh JM，et al. Electrochemical studies for the electroactivity of amine-capped aniline trimer on the anticorrosion effect of as-prepared polyimide coatings. Eur Polym J 2009；45（2）：485-493.

[20] Huang KY，Shiu CL，Yeh JM，et al. Effect of amino-capped aniline trimer on corrosion protection and physical properties for electroactive epoxy thermosets. Electrochim Acta 2009；54（23）：5400-5407.

[21] Peng CW, Hsu CH, Yeh JM, et al. Electrochemical corrosion protection studies of aniline-capped aniline trimer-based electroactive polyurethane coatings. Electrochim Acta 2011; 58: 614-620.

[22] Huang TC, Yeh TC, Yeh JM, et al. Electrochemical investigations of the anticorrosive and electrochromic properties of electroactive polyamide. Electrochim Acta 2012; 63: 185-191.

[23] Yeh TC, Huang TC, Yeh JM, et al. Electrochemical investigations on anticorrosive and electrochromic properties of electroactive polyuria. Polym Chem 2012; 3 (8): 2209-2216.

[24] Huang HY, Lai CL, Yeh JM, et al. Advanced anticorrosive materials prepared from amine-capped aniline trimer-based electroactive polyimide-clay nanocomposite materials with synergistic effects of redox catalytic capability and gas barrier properties. Polymer 2011; 52 (11): 2391-2400.

[25] Weng CJ, Huang JY, Yeh JM, et al. Advanced anticorrosive coatings prepared from electroactive polyimide TiO$_2$ hybrid nanocomposite materials. Electrochim Acta 2010; 55 (28): 8430-8438.

[26] Huang TC, Su YA, Yeh JM, et al. Advanced anticorrosive coatings prepared from electroactive epoxy-SiO$_2$ hybrid nanocomposite materials. Electrochim Acta 2011; 56 (17): 6142-6149.

[27] Chang CH, Huang TC, Yeh JM, et al. Novel anticorrosion coatings prepared from polyaniline/graphene composites. Carbon 2012; 50 (14): 5044-5051.

[28] Weng CJ, Chang CH, Yeh JM, et al. Advanced anticorrosive coatings prepared from the mimicked *Xanthosoma sagittifolium*-leaf-like electroactive epoxy with synergistic effects of superhydrophobicity and redox catalytic capability. Chem Mater 2011; 23 (8): 2075-2083.

[29] Yang TI, Peng CW, Yeh JM, et al. Synergistic effect of electroactivity and hydrophobicity on the anticorrosion property of room-temperature-cured epoxy coatings with multi-scale structures mimicking the surface of *Xanthosoma sagittifolium* leaf. J Mater Chem 2012; 22 (31): 15845-15852.

[30] Peng CW, Chang KC, Yeh JM, et al. UV-curable nanocasting technique to prepare bio-mimetic superhydrophobic non-fluorinated polymeric surfaces for advanced anticorrosive coatings. Polym Chem 2013; 4 (4): 926-932.

[31] Peng CW, Chang KC, Yeh JM, et al. Nano-casting technique to prepare polyaniline surface with biomimetic superhydrophobic structures for anticorrosion application. Electrochim Acta 2013; 95: 192-199.

[32] Chang KC, Lu HI, Yeh JM, et al. Nanocasting technique to prepare lotus-leaf-like superhydrophobic electroactive polyimide as advanced anticorrosive coatings. ACS Appl Mater Inter 2013; 5 (4): 1460-1467.

[33] MacDiarmid AG. Short course on electrically conductive polymers. New York: New Platz; 1985.

[34] Heeger AJ. Semiconducting and metallic polymers: the fourth generation of polymeric materials. J Phys Chem B 2001; 105 (36): 8475-8491.

[35] Kohlman RS, Joo J, Epstein AJ. In: Mark J, editor. Physical properties of polymers handbook. New York: American Institute of Physics; 1996.

[36] Trivedi DC. Handbook of organic conductive molecules and polymers. New York: John Wiley & Sons; 1997.

[37] Martin RE, Diederich F. Linear monodisperse π-conjugated oligomers: model compounds for polymers and more. Angew Chem Int Ed 1999; 38 (10): 1351-1377.

[38] Zhou YC, Geng JX, Zhou E, et al. Crystal structure and morphology of phenyl-capped tetraaniline in the leucoemeraldine oxidation state. J Polym Sci Pol Phys 2006; 44 (4): 764-769.

[39] Yeh JM, Liou SJ, Lai CY, et al. Enhancement of corrosion protection effect in polyaniline via the formation of polyaniline-clay nanocomposite materials. Chem Mater 2001; 13 (3): 1131-1136.

[40] Yeh JM, Chen CL, Chen YC, et al. Enhancement of corrosion protection effect of poly (o-ethoxyaniline) via the formation of poly (o-ethoxyaniline) -clay nanocomposite materials. Polymer 2002; 43 (9): 2729-2736.

[41] Chang KC, Jang GW, Yeh JM, et al. Comparatively electrochemical studies at different operational temperatures for the effect of nanoclay platelets on the anticorrosion efficiency of DBSA-doped polyaniline/Na$^+$-MMT clay nanocomposite coatings. Electrochim Acta 2007; 52: 5191-5200.

[42] Yeh JM, Liou SJ, Lin CY, et al. Anticorrosively enhanced PMMA-clay nanocomposite materials with quaternary alkylphosphonium salt as an intercalating agent. Chem Mater 2002; 14 (1): 154-161.

[43] Yu YH, Yeh JM, Liou SJ, et al. Organo-soluble polyimide (TBAPP-OPDA) /clay nanocomposite materials with

advanced anticorrosive properties prepared from solution dispersion technique. Acta Mater 2004；52（2）：475-486.

[44] Chang KC, Chen ST, Yeh JM, et al. Effect of clay on the corrosion protection efficiency of PMMA/Na^+-MMT clay nanocomposite coatings evaluated by electrochemical measurements. Eur Polym J 2008；44（1）：13-23.

[45] Yeh JM, Huang HY, Chen CL, et al. Siloxane-modified epoxy resin-clay nanocomposite coatings with advanced anticorrosive properties prepared by a solution dispersion approach. Surf Coat Tech 2006；200（8）：2753-2763.

[46] Yeh JM, Weng CJ, Liao WJ, et al. Anticorrosively enhanced polymethyl methacrylate-SiO_2 hybrid coatings prepared from the sol-gel approach with MSMA as the coupling agent. Surf Coat Tech 2006；201（3-4）：1788-1795.

[47] Huang KY, Weng CJ, Yeh JM, et al. Preparation and anticorrosive properties of hybrid coatings based on epoxy-silica hybrid materials. J Appl Polym Sci 2009；112（4）：1933-1942.

[48] Yano K, Usuki A, Okada A, et al. Synthesis and properties of polyimide-clay hybrid. J Polym Sci Pol Chem 1993；31（10）：2493-2498.

[49] Bharadwaj RK. Modeling the barrier properties of polymer-layered silicate nanocomposites. Macromolecules 2001；34（26）：9189-9192.

第17章 用作生物医学植入体的 Ti 及 Ti 合金防腐蚀涂层

Liana Maria Muresan

"Babes-Bolyai" University, Faculty of Chemistry and Chemical Engineering,
Cluj-Napoca, Romania

17.1 简介

钛及其合金是生物惰性材料,由于其高拉伸强度和疲劳强度、低弹性模量、卓越的耐腐蚀性和耐磨性,广泛用于生产生物医学植入体[1]。此外,它们是生物相容的,在矫形和牙科手术中,可以直接与骨表面键合,且在生理环境中是惰性的[2]。

钛具有高表面能,植入后,它提供了良好的身体反应,导致矿物质直接沉积在骨-钛界面和钛骨整合好的位置[3],主要是由于其表面上自然形成了 TiO_2 薄膜,该膜非常稳定且化学惰性。然而,用作植入体的钛存在以下三个主要问题[4]:

① 熔化和铸造困难,加工能量高。
② 与人体组织反应慢,导致骨连接困难。
③ 与骨相比,具有更高的弹性模量。

制备具有可控孔的钛植入体可降低 Ti 植入体的弹性模量与骨的弹性模量不相容所产生的应力[5]。近来,制备出了具有良好力学性能(尤其是弹性模量和刚性)的多孔钛支架,其能够为骨生长提供有利环境,且可明显改善成骨细胞活性[6]。

虽然工业纯钛具有可接受的力学性能,并已应用于不同的植入体,但目前,大多数的生物医学应用通常采用钛与镍或与少量铝、钒、铌进行合金化。这些元素提高了 Ti 的某些特性,如强度、力学性能、抗腐蚀性等。钛合金 NiTi、Ti-6Al-4V 和 Ti-6Al-7Nb 常用作口腔和矫形植入体。

NiTi 具有优良的形状记忆效应、超弹性、阻尼能力,适用于矫形植入。在牙科中,这种材料用于牙齿正畸。然而,应该提出的是,高镍含量钛合金在体内使用会对人体构成潜在威胁[7]。

Ti-6Al-4V 约占市售医疗器械材料的 20%~30%,它含有 6% Al 和 4% V,是目前最普遍的 Ti 合金。与 NiTi 一样,植入体 Ti-6Al-4V 中金属离子在生理环境中的释放可能对健康有害。Al 和 V 释放到人体内可能导致神经紊乱和骨骼疾病[8]。

Ti-6Al-7Nb 具有高强度和生物相容性,是另一种手术植入体的钛合金,特别用于替换髋关节。它是一种典型的 α+β 合金,Al 是 α 相的稳定相,Nb 是 β 相的稳定相[2]。它在中性卤离子溶液中比较稳定,但在酸性介质中倾向于加速溶解[9]。

无论材料性质如何，植入成功的最重要条件是生物材料与周围组织间要有稳定的界面[10]。因此，有必要改善 Ti 基材料的耐腐蚀性能。在这一点上，表面自然形成的 TiO_2 是 Ti 和 Ti 合金基材上保护涂层的主要候选材料之一，因为 TiO_2 具有热力学稳定性、化学惰性和在体液中的低溶解性[11]。研究发现具有锐钛矿和金红石特殊结构的钛有助于磷灰石结构的形成[12]，比非晶态 TiO_2 更有益于骨骼生长[13]。然而，天然 TiO_2 层非常薄、无规则且多孔，具有携带病毒的风险。此外，Ti 表面天然形成的 TiO_2 层不足以保证与骨骼组织形成强化学键，也不能确保植入体的安全性和长寿命。因此，努力增加氧化层厚度和改善其表面以促进骨缝合并提高其耐腐蚀性和耐磨性。

纳米结构的发展使得钛合金与生理环境能够直接发生作用，具有很好的相容性。对于骨骼再生和修复，在纳米尺度上重新创建基体使科学家能够探索骨骼结构层次的第一层[14]。研究表明，由纳米结构（纳米管、纳米棒、纳米片等）组成的 TiO_2 膜显示出高亲水性，从而改善了生物活性和与骨骼键合行为[15,16]。然而，在改善植入生物材料的性能方面仍有许多工作要做。下面介绍一些广泛使用的材料表面改性的方法。

17.2 表面改性方法

正如提到的那样，为促进骨整合、减少金属离子释放、确保植入体的更长寿命，优化生物材料表面是必要的。有几种方法可以在植入体材料上形成表面层[17]：

① 基体上的材料沉积（即溶胶-凝胶法、喷涂法、电沉积法）；
② 从基体中去除材料（即刻蚀）；
③ 基体表面转化（即阳极氧化）。

下面介绍一些最常用的改性 Ti 和 Ti 合金表面的方法。

17.3 溶胶-凝胶法

溶胶-凝胶法是一种由小分子生产固体材料的方法，适用于在钛基材料表面制备不同的涂层（如硅和钛的氧化物），包括小分子（前驱体）转变成胶体溶液（溶胶），再转化为由分散粒子或由网状聚合物组成的整体网络（凝胶）。

溶胶-凝胶法的主要优点为[18]：①加工温度低（避免物质的挥发）；②可以生产形状复杂的涂层；③使用的物质不会把杂质带到最终产品中。溶胶-凝胶法的缺点是耗时、易发生相分离，尤其是制备杂化涂层。

溶胶-凝胶法包括四个阶段：①水解；②单体的缩合/聚合；③粒子的生长；④凝胶形成[18]。这些过程受实验参数影响，如 pH 值、温度、反应物浓度、添加剂。

溶胶-凝胶涂层的传统前驱体是烷氧基硅烷如原硅酸四乙酯（TEOS）和原硅酸四甲酯（TMOS），但人们也在努力寻找低毒、环境友好的前驱体。

将醇盐（例如钛酸四丁酯）和二乙醇胺溶解在乙醇中[16]，以此溶液为前驱体，然后与水（含或不含添加剂）以一定比例混合，可以制得 TiO_2 溶胶-凝胶。

由一定摩尔比混合的原硅酸四乙酯 $Si(OC_2H_5)_4$、H_2O、C_2H_5OH 和 HCl 组成的前驱体溶液制备 SiO_2 涂层[19]。为了改善涂层的物理化学性质，可以加入不同的化合物（抑制剂、颜料等）。

不考虑膜的性质如何，浸涂和旋涂是在金属基材表面涂覆溶胶-凝胶涂层的两种主要技术。

17.3.1 浸涂

通过这种技术，将膜的原材料加入溶液中，然后将基材逐渐浸入膜材溶液中，以可控的速率将基体从溶液中提出（图 17.1）。溶剂蒸发后即形成薄而均匀的膜。膜厚取决于涂覆溶液性质（如密度、黏度、表面张力）和基体从涂覆溶液中提拉的速度，浸涂法膜厚通常比旋涂法要厚。

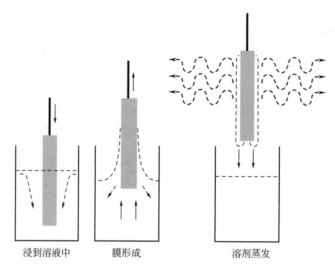

图 17.1　浸涂工艺示意图[20]

浸涂的成功应用：由溶胶-凝胶在 γ-TiAl 基合金上涂覆 Al_2O_3 膜[21]，在 NiTi 上涂覆多孔 TiO_2 膜[16]、羟基磷灰石（HA）涂层[22]、SrO-SiO_2-TiO_2 膜[23]等。

17.3.2　旋涂

在旋涂中，将一定量的溶液置于基体上，基体高速离心旋转以分散溶液（图 17.2）。溶剂蒸发后形成了薄而均匀的膜，如浸涂那样，膜厚和其他性质取决于溶胶-凝胶涂层的本性（黏度、干燥速度、表面张力等）和选定的旋涂参数。旋涂速度越快，旋涂时间越长，则膜越薄[25]。一般地，建议中速旋涂。为了保证膜的均一性，应该缓慢干燥。在高速旋涂步骤之后有时需要补充干燥步骤以进一步干燥薄膜。

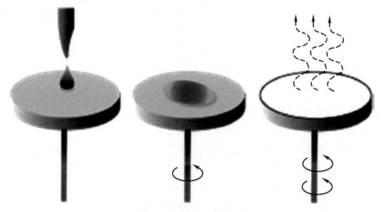

图 17.2　旋涂工艺示意图[24]

通过使用旋涂法，SiO_2 膜沉积在 Ti-48Al 合金上[19]，榍石（$CaTiSiO_5$）陶瓷沉积在 Ti-6Al-4V 上[26]，基于烷氧基的 HA 纳米涂层沉积在 Ti 和 Ti-6Al-4V 基体上[27]，HA[28] 和 HA/聚合物涂层沉积在 Ti 上[29]，TiO_2 沉积在 Ti-6Al-4V[30] 上，还有许多其他材料使用旋涂法合成。

17.4　激光氧化

激光表面处理是一种热处理，与传统的炉处理相比具有优势。表面层吸收激光而发热，材料的高电导率使材料冷却[31]。吸收的激光能量会导致形成具有所需性质的薄表面层，而其余大部分材料不受影响。

经激光处理后对其表面进行 AFM 测试，结果表明 Ti 基合金的形貌修饰通过影响细胞-材料相互作用在细胞黏附和增殖中起关键作用[32]。

通过改变激光功率制造多孔 Ti 以试图改善骨传导性并减少与应力屏蔽相关的问题[5]。

在空气中，使用选定的参数，用脉冲 Nd:YAG 激光处理 NiTi 以获得厚度可控的均匀氧化膜[7]。经此方法得到的 NiTi 样品不仅其耐腐蚀性能增加约 15 倍，而且表面 Ni/Ti 比率也可降低。由于 NiTi 中的高 Ni 含量对其在生物体内的安全使用构成潜在威胁，因此 Ni/Ti 比率的降低十分重要。

17.5　阳极氧化

阳极氧化是最传统的 Ti 及其合金的表面改性方法，可以通过控制电化学参数如电解质组成和浓度、施加电位或电流、温度等来获得理想的氧化层特性。

阳极氧化可以在不同的电解质中通过恒电位[33]或恒电流[34]来完成。阳极氧化最常用的电解质是 H_2SO_4[12,33]、Na_2SO_4[33]、CH_3COOH[33,35,36]、H_3PO_4[33] 和 HF[13,14]。也可以使用无机混合溶液或有机-无机混合溶液[2,37,38]。据报道，在 H_2SO_4 溶液[12,33]和 Na_2SO_4 溶液中，通过阳极氧化制备了多孔的锐钛矿阳极氧化膜，而在 CH_3COOH 溶液和 H_3PO_4 溶液中，制得了无定形 TiO_2 膜[33]，在甘油或乙二醇和氟化铵组成的黏性电解质中合成了自组装的 TiO_2 纳米管[38]。电解质的黏度在纳米管的生长过程中起着关键性的作用。

在阳极氧化步骤之前，通过动电位极化实验确定氧化电位[35]。

阳极氧化形成的氧化层因衬底不同而不同。例如，在铬酸中氧化，在钛衬底上得到 TiO_2 层；而在 Ti-6Al-4V 衬底上得到 TiO_2 和 Al_2O_3 层[39]；在 Ti-6Al-7Nb 合金上的 TiO_2 层中含有少量 Al_2O_3 和 Nb_2O_5[35]。

为了制备具有高磷灰石形成能力的膜层，通常在含有钙和磷酸根的混合溶液中进行阳极氧化[40]。

17.6　等离子体电解氧化

等离子体电解氧化是提高表面粗糙度相对便宜和简单的方法，也可以在某些金属表面制备陶瓷类氧化膜[41]。与阳极氧化类似，但是它采用更高的电位，从而产生的等离子体改变了氧化层的结构。因此，该方法结合了电镀浴中的电化学氧化与火花处理。如果电镀浴中含有铝酸盐、磷酸盐、硅酸盐和硫酸盐的阴离子或它们的某种组合，则会形成富含这些元素的生物活性层[42]。使用高于氧化层的击穿电压，通过阳极氧化在 Ti-15Mo 合金[41]或 Ti-6Al-7Nb[43] 上形成了含有 Ca 和 P 的氧化膜，在 Ti-6Al-4V[8]上形成了生物活性膜。普遍认为等离子体电解氧化涂层具有高硬度、高耐磨性、高耐蚀性。

17.7　电解沉积法

从水溶液中沉积薄氧化膜的一种有效途径是使用 $TiCl_4$ 或 $TiOSO_4$ 作为起始原料，在过氧化氢存在下进行电解沉积。该过程包括在 0℃ 下，缓慢加入 $TiCl_4$ 和 H_2O_2，随后调节溶液体积，在制得的溶液中进行恒电流沉积[44]。得到的均匀高纯膜对基体具有很好的黏附性并且具有良好的机械性能。电解沉积后可进行退火。

$$TiCl_4 \longrightarrow Ti^{4+} + 4Cl^-$$
$$Ti^{4+} + H_2O_2 + (n-2)H_2O \longrightarrow [Ti(O_2)(OH)_{n-2}]^{(4-n)+} + nH^+$$
$$[Ti(O_2)(OH)_{n-2}]^{(4-n)+} + mOH^- + kH_2O \longrightarrow TiO_3(H_2O)_x$$
$$2TiO_3(H_2O)_x \longrightarrow 2TiO_2 + O_2 + 2xH_2O$$

TiO_2 电解沉积的一种可能机制是：阴极存在 OH^- 的条件下 Ti 过氧络合物的水解[45]。先在 $ZrO(NO_3)_2$ 溶液中电解沉积，随后在 $Ca(NO_3)_2$、$NH_4H_2PO_4$ 和 NaF 混合溶液中电解沉积制得氟掺杂 HA/ZrO_2 双层涂层，发现该双层涂层的黏附性明显高于纯 HA 涂层[46]。

17.8 复合法

有时为了改善表面层性质并获得所需特性常将两种或多种方法复合使用，因此，为了改善细胞融合性可通过激光氧化/溶胶-凝胶复合法在 Ti-6Al-4V 基体上制备硅酸钙涂层[47]。

在激光加工的多孔 Ti 试样上采用阳极氧化处理来制备生物活性 TiO_2 纳米管序列，这些纳米管阵列显著改变了多孔 TiO_2 在模拟体液中的表面性能，并增强了磷灰石形成能力[5]。纳米管序列增加了生物相容性进而显著缩短愈合时间。

使用聚合物海绵复制法，随后进行微弧氧化（MAO），以在高度多孔 Ti 支架上制备 HA/TiO_2 杂化涂层[6]。为此，将聚氨酯海绵用氢化钛（TiH_2）浆液（TiH_2 分散在含有磷酸三乙酯和聚乙烯基丁醇的乙醇中）覆盖，然后在 800℃ 下加热以将 TiH_2 转化为 Ti，最后使用 MAO，即可在 Ti 表面形成具有生物活性的微孔 HA/TiO_2 杂化涂层。

17.9 保护膜

为了改善钛及钛基合金的抗腐蚀性、生物相容性可在其表面涂覆保护性涂层，且是具有不同性质的涂层，如氧化物涂层、复合涂层、HA 涂层、有机-无机杂化涂层、陶瓷涂层等等。

17.9.1 氧化物涂层

氧化物涂层是 Ti 基体的常用涂层，决定其耐蚀性的最重要因素是氧化层厚度、均匀性和致密性。Ti 合金表面最主要的氧化物是 TiO_2，但也有少量合金元素的氧化物（Al_2O_3、Nb_2O_5、NiO 等）。

可以制备不同晶体形式的 TiO_2（锐钛矿、金红石、板钛矿，见图 17.3），这取决于衬底的本性和制备条件。

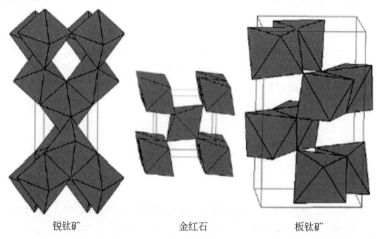

锐钛矿　　　　　　金红石　　　　　　板钛矿

图 17.3　TiO_2 的晶体结构

从骨骼融合能力来看，晶体形式优于无定形形式，纳米结构层优于微米结构层。例如，由于磷灰石（002）的匹配结构促进了外延生长晶核的形成，金红石可诱发磷灰石的形成，特别是当其在（101）平面具有晶体取向时。相反地，无定形二氧化钛层不能诱导磷灰石的形成。

成骨细胞对不同材料的拓扑形貌非常敏感，并且对亚微米和纳米尺寸的表面的响应不同。这就是为什么首选纳米结构 TiO_2，且常在 Ti 表面上天然形成的薄 TiO_2 的顶部产生从而加速成骨。此外，纳米管体系不但具有很好的亲水性，而且能增强细胞的黏附性和增加流体交换的通道，从而有助于骨骼重建[14]。

在垂直排列和横向间隔的二氧化钛纳米管上，成骨细胞的黏附性/再生能力显著改善[15]，这类纳米管可以通过对 Ti 进行阳极氧化后获得，添加纳米管不仅能增大基体的表面积和改善基体的多孔性，还能促进成骨细胞的生长。

相同材料在不同电解质中阳极氧化，形成不同的氧化纳米结构。例如，在 $(NH_4)_2SO_4$ $+NH_4F$ 溶液中，阳极氧化 Ti-6Al-7Nb 合金得到的氧化层比在甘油、NH_4F 和水的溶液中获得的氧化层更为多孔[2]。电解质中 F^- 浓度也是非常重要的，浓度越大，孔的直径越大，表面粗糙度越高。应该注意的是，由于阳极氧化的电解质为氟基电解质，纳米管总是含有一定量的掺入氟[48]，这可能有助于表面抗菌性的提高。

17.9.2 羟基磷灰石涂层

分子式为 $Ca_{10}(PO_4)_6(OH)_2$ 的羟基磷灰石是骨骼的主要无机成分，能够加速骨骼向内生长到生物医学植入体表面。HA 具有优良的生物相容性和生物活性，但机械性能差。因此，通常将 HA 沉积在 Ti 基植入体上以获得既有生物活性又有机械性能的材料。

使用不同的方法（如电化学沉积法[49]、等离子喷涂法[50,51]和溶胶-凝胶法[52]等）能将 HA 沉积到钛基材料表面。有时，在 Ti 和 HA 之间制备 TiO_2 中间层以改善 HA 在 Ti 衬底上的键合能力，提高涂层的完整性[27,53]。将 HA 粒子嵌入钛凝胶中，通过旋涂将该混合物沉积在基体上，然后进行煅烧以获得具有高生物活性和耐蚀性的复合材料[52]。

17.9.3 复合涂层

不同的复合涂层也可以沉积到 Ti 基生物材料上以提高材料表面的物理化学性质和生物活性。

鉴于锶对骨骼形成的有益作用，通过溶胶-凝胶法在 NiTi 基体上制备了 $SrO-SiO_2-TiO_2$ 复合涂层，旨在增加其抗腐蚀性和细胞相容性[23]。涂层大大降低了镍离子的释放，增强了成骨细胞的黏附性。为了使 Ti 基生物材料在植入后能够诱导细胞快速响应和长期服役[54]，通过溶胶-凝胶法和浸涂法在 Ti 基体上制备了双相氟掺杂的 HA/Sr 取代的 HA（FHA/SrHA）涂层。SrHA 在 FHA 中的分散促进了成骨细胞的成长和附着。同时，SrHA 含量的增加提高了表面粗糙度。

为了加快在 TiO_2 改性表面形成 HA，可以使用具有高离子强度的模拟体液仿生磷灰石沉积过程[55]。

Ag/TiO_2 涂层代表了一类特别重要的复合材料。银是抗菌材料，TiO_2 是优异的载体材料，可以使用多种方法制备不同的 Ag/TiO_2 复合材料，其中一些汇总在表 17.1 中。

表 17.1 Ag/TiO_2 复合涂层

基体	复合涂层	制备方法	性能	参考文献
锐钛矿结构 TiO_2 颗粒	Ag/TiO_2	逐层胶束沉积	抗革兰氏阴性大肠杆菌的抗菌活性	[56]
Ti	Ag/TiO_2	电化学沉积	对氧还原的催化活性	[57]
Ti	Ag/TiO_2	溶胶-凝胶旋涂	抗革兰氏阴性大肠杆菌的抗菌活性	[58]

续表

基体	复合涂层	制备方法	性能	参考文献
Ti 箔	Ag/TiO$_2$ 纳米管	Ti 阳极氧化后溅射沉积 Ag	增强的 SERS 活性	[59]
Ti	AgHA/TiO$_2$	等离子电解加工	耐腐蚀性能	[60]

17.9.4 杂化涂层

无机-有机杂化涂层由于其无机和有机组分协同作用而形成的独特性质引起了人们的极大关注。当杂化涂层沉积到生物材料表面时，这些涂层能大大改善生物材料的性能。

利用溶胶-凝胶法在钛基体上制备 HA/TiO$_2$/聚（丙交酯-共-乙交酯）涂层[29]，并将其与由等离子喷涂法获得的 HA 涂层进行比较。此涂层无裂缝，具有高的成骨细胞黏附性、微米级表面粗糙度。

通过电化学沉积在 NiTi 合金上制备磷灰石/胶原蛋白杂化涂层[61,62]，其电解质溶液为 0.1mg/mL 胶原蛋白模拟体液。磷灰石/胶原蛋白涂覆的 NiTi 合金试样具有比未涂覆或涂覆磷灰石的试样更高的润湿性和耐蚀性。

17.9.5 陶瓷涂层

微晶石（Ca$_2$ZnSi$_2$O$_7$）和楣石（CaTiSiO$_5$）等玻璃陶瓷在生物医学领域备受关注，因为它们能够通过后处理控制材料性质，包括强度、降解速率、热膨胀系数。采用等离子喷涂技术将常规粉末材料喷涂在 Ti-6Al-4V 合金上制备的纳米结构玻璃-陶瓷涂层具有增强的成骨细胞附着能力，这归因于涂层中释放出 Ca 和 Si 离子[26,63]。在铝酸盐溶液中，通过交变电流、微弧氧化法在 Ti-6Al-4V 合金上制备了陶瓷涂层，该涂层由金红石 TiO$_2$ 和 TiAl$_2$O$_5$ 组成[64]；通过电泳沉积和烧结在钛或其合金上制备磷酸钙陶瓷涂层（CPC）[65]。其他的陶瓷涂层如 CaO-P$_2$O$_5$-TiO$_2$-Na$_2$O 沉积在 Ti-29Nb-13Ta-4.6Zr 上[66]，其在拉伸和疲劳测试中对基体表现出优良的黏合能力。在 NaAlO$_2$ 溶液中，采用双极脉冲微等离子氧化（MPO）在 Ti-6Al-4V 合金上制备了 Al$_2$TiO$_5$、α-Al$_2$O$_3$ 和金红石 TiO$_2$ 组成的陶瓷层[67]。延长 MPO 时间，涂层的表面粗糙度增加，涂层的厚度和致密性相应增加。

17.10 腐蚀研究

对生物材料最重要的要求是它与人体的相容性。生物植入体不应该引起如过敏或发炎等不良反应，且应无毒。对生物材料其他的要求包括具有高的力学性能、耐腐蚀性能和耐磨性，以保证材料长期服役（超过 15 年）。

在生理环境中，生物医学植入体易于遭受腐蚀，特别是加速的电化学过程，如应力腐蚀、腐蚀疲劳、微动腐蚀。单独微动腐蚀或者与缝隙腐蚀结合的微动腐蚀是 Ti 基植入体如髋关节、膝盖和肩膀腐蚀中最重要的一种模式[9,68]，即使是最耐腐蚀的材料也会在生理环境中进行电化学交换和释放金属离子，产生不同的负面影响，甚至导致植入失败[69]。对于 Ti 基合金，大部分 Ti 被释放，而在 Ti-Al-V 合金的情况下也检测到 Al 和 V[9]。金属植入体的腐蚀速率为 2.5×10^{-4} mm/a 是可以接受的[70]。在这种情况下，由于腐蚀导致的失效仍然是一个具有挑战性的临床问题，除了其他特性外，所有的可植入材料都应从腐蚀行为的角度进行测试，而且应该应用不同的方法来提高其耐腐蚀性。

稳定钛基表面钝化膜的方法是钛合金化，选择合金元素以稳定合金的 α 相（Al）或 β 相（Mo、V、Fe），并扩大其钝化范围[71,72]。如上所述，其他方法包括以简单的方式对植入体材料进行表面改性。

为了研究 Ti 基生物材料的腐蚀行为，用不同的人造生理溶液来模拟血浆（Ringer's 和 Hank's 溶液）、唾液或汗水。这些人造生理溶液的组成列于表 17.2～表 17.4。

表 17.2　模拟生理溶液的化学组成[73]

生理溶液	物质	浓度/(g/L)	pH 值
Hank	NaCl	8.0	6.9
	KCl	0.4	
	$NaHCO_3$	0.35	
	$NaH_2PO_4 \cdot H_2O$	0.25	
	$Na_2HPO_4 \cdot 2H_2O$	0.06	
	$CaCl_2 \cdot H_2O$	0.19	
	$MgCl_2$	0.19	
	$MgSO_4 \cdot 7H_2O$	0.06	
	葡萄糖	1.0	
Ringer	NaCl	8.69	6.4
	KCl	0.30	
	$CaCl_2$	0.48	

表 17.3　人造唾液的化学成分（pH 6.75）[74]

化合物	浓度/(g/L)	化合物	浓度/(g/L)
对羟基苯酸甲酯	2.00	K_2HPO_4	0.804
羧甲基纤维素钠	10.0	KCl	0.625
$MgCl_2 \cdot 6H_2O$	0.059	KH_2PO_4	0.326
$CaCl_2 \cdot 2H_2O$	0.166		

表 17.4　人造汗液的化学组成[75]

化学组成	浓度/(×10g/L)			
	AATCC pH 4.3	ISO pH 5.5	ISO pH 8.0	EN pH 6.5
L-组氨酸一盐酸盐一水合物($C_6H_9O_2N_3 \cdot HCl \cdot H_2O$)	0.025	0.05	0.05	—
氯化钠(NaCl)	1.00	0.50	0.50	1.08
十二水磷酸氢二钠($Na_2HPO_4 \cdot 12H_2O$)	—	—	0.50	—
二水磷酸二氢钠($NaH_2PO_4 \cdot 2H_2O$)	—	0.22	—	—
磷酸氢二钠(Na_2HPO_4)	0.10	—	—	—
乳酸(88%)	0.097	—	—	0.12
尿素				0.13

腐蚀行为的体外评估是新型生物材料制备的重要步骤。用作植入体的生物材料的耐蚀性通常用电化学方法进行测试，因为电化学是加速测试，可以快速评估材料的性能并预测其长效行为。最常见的电化学方法有开路电位测量法、循环伏安法、动电位极化测量法、电化学阻抗谱法等。

通过比较三种钛基材料（Ti、NiTi 和 Ti-6Al-7Nb）发现，Ti-6Al-7Nb 合金在 pH=7.4 和 37℃ 的模拟 Hank's 生理溶液中具有最好的耐腐蚀性，这种行为对未处理试样和在醋酸中以 3.0V 阳极氧化的试样都适用[35]。由 EIS 测定的氧化 Ti-6Al-7Nb 合金在浸入 Hank's 溶液的后期的极化电阻值比未处理合金高一个数量级，阳极氧化试样耐蚀性比未处理试样好得多。

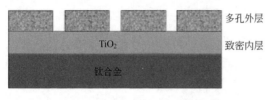

图 17.4 氧化钛合金的双层模型示意图

为了精确描述氧化 Ti 合金的腐蚀行为，提出了一个双层模型，表面膜由两个氧化层组成，分别是致密的内层和多孔的外层（图 17.4）[76]，高耐腐蚀性源于薄的屏蔽型内层，而其骨整合能力归因于多孔外层。在生理溶液中长时间浸泡，极化电阻的显著提高可能是由于屏障层的稳定化（如氧化膜孔内部的密封过程[77]），这可能会降低合金的腐蚀倾向。多孔层的性质取决于合金和溶液中阴离子的性质[78]。双层模型精确描述了 Hank's 生理溶液中 Ti-6Al-4V 上 HA 涂层的电化学行为[79]。

17.11 结论

表面改性是显著改善 Ti 基材料耐蚀性、耐磨性、表面结构和生物相容性的方法之一。可以通过各种方法如电氧化、激光氧化、溶胶-凝胶旋涂技术，在材料表面制备不同性质的保护层（氧化物涂层、HA 涂层、复合涂层、杂化涂层等）。

用于植入体的生物材料的性能应该通过确定生物材料的物理、化学、生物性能来评估。由于材料在体内的行为是一个复杂的行为，而对于植入体行为的理解需要材料学、医药学、生物学和工程学等学科的共同努力，体外试验应仅作为筛选试验。

参 考 文 献

[1] Milosev I. Metallic materials for biomedical applications: laboratory and clinical studies. Pure Appl Chem 2011; 83 (2): 309-324.

[2] Mindroiu M, Pirvu C, Ion R, et al. Comparing performance of nanoarchitectures fabricated by Ti6Al7Nb anodizing in two kinds of electrolytes. Electrochim Acta 2010; 56: 193-202.

[3] Acero J, Calderón J, Salmeron J, et al. The behaviour of titanium as a biomaterial: microscopy study of plates and surrounding tissues in facial osteosynthesis. J Cranio Maxill Surg 1999; 27: 117-123.

[4] Oldani C, Dominguez Al. Titanium as a biomaterial for implants. In: Fokter S, editor. Recent advances in arthroplasty. Rijeka, Croatia: InTech; 2012; Available from: http://www.intechopen.com/books/recent-advances-in-arthroplasty/titanium-as-a-biomaterial-for-implants.

[5] Das K, Balla VK, Bandyopahyay A, et al. Surface modification of laser-processed porous titanium for load-bearing implants. Scr Mater 2008; 59: 822-825.

[6] Lee J-H, Kim H-E, Koh Y-H. Highly porous titanium (Ti) scaffolds with bioactive microporous hydroxyapatite TiO$_2$ hybrid coating layer. Mater Lett 2009; 63: 1995-1998.

[7] Wong MH, Cheng FT, Man HC. Laser oxidation of NiTi for improving corrosion resistance in Hank's solution. Mater Lett 2007; 61: 3391-3394.

[8] Krzakala A, Sluzalska K, Dercz G, et al. Characterization of bioactive films on a Ti-6Al-7Nb alloy. Electrochim Acta 2013; 104: 425-438.

[9] Virtanen S, Milosev I, Gomez-Barrena E, et al. Special modes of corrosion under physiological and simulated physiological conditions. Acta Biomater 2008; 4: 468-476.

[10] Ochsenbein A, Chai F, Winter S, et al. Osteoblast responses to different oxide coatings produced by the sol-gel process on titanium substrates. Acta Biomater 2008; 4: 1506-1517.

[11] Breme J. Titanium and titanium alloys, biomaterials of preference. Rev Metall 1989; 10: 625-637.

[12] Yang B, Uchida M, Kim H-M, et al. Preparation of bioactive titanium metal via anodic oxidation treatment. Biomaterials 2004; 25: 1003-1010.

[13] W-q Yu, Qiu J, Xu L, et al. Corrosion behaviors of TiO_2 nanotube layers on titanium in Hank's solution. Biomed Mater 2009; 4: 1-6.

[14] Brammer KS, Frandsen CJ, Jin S. TiO_2 nanotubes for bone regeneration. Trends Biotechnol 2012; 30 (5): 315-322.

[15] Oh S, Daraio C, Chen L-H, et al. Significantly accelerated osteoblast cell growth on aligned TiO_2 nanotubes. J Biomed Mater Res A 2006; 78: 97-103.

[16] Fu T, Wu X-ming, Wu F, et al. Surface modification of NiTi alloy by sol-gel derived porous TiO_2 film. Trans Nonferrous Met Soc China 2012; 22: 1661-1666.

[17] Toth C, Szabo G, Kovacs L, et al. Titanium implants with oxidized surfaces: the background and longterm results. Smart Mater Struct 2002; 11: 813-818.

[18] Wang D, Bierwagen GP. Sol-gel coatings for corrosion protection. Prog Org Coat 2009; 64: 327-338.

[19] Teng S, Liang W, Li Zh, et al. Improvement of high-temperature oxidation resistance of Ti-Al-based alloy by sol-gel method. J Alloys Compd 2008; 464: 452-456.

[20] http://hosting.umons.ac.be/php/lpsi/Dip.

[21] Zhang XJ, Li Q, Zhao SY, et al. Improvement in the oxidation of γ-TiAl-based alloy by sol-gel derived Al_2O_3 film. Appl Surf Sci 2008; 255: 1860-1864.

[22] Zhang JX, Guan RF, Zhang XP. Synthesis and characterization of sol-gel hydroxyapatite coatings deposited on porous NiTi alloys. J Alloys Compd 2011; 509: 4643-4648.

[23] Zheng CY, Nie FL, Zheng YF, et al. Enhanced corrosion resistance and cellular behavior of ultrafine-grained biomedical NiTi alloy with a novel $SrO-SiO_2-TiO_2$ sol-gel coating. Appl Surf Sci 2011; 257: 5913-5918.

[24] http://hosting.umons.ac.be/php/lpsi/Spin.

[25] Tredwin CJ, Georgiou G, Kim H-W, et al. Hydroxyapatite, fluor-hydroxyapatite and fluorapatite produced via the sol-gel method: bonding to titanium and scanning electron microscopy. Dent Mater 2013; 29 (5): 521-529.

[26] Wu C, Ramaswamy Y, Gale D, et al. Novel sphene coatings on Ti-6Al-4V for orthopedic implants using sol-gel method. Acta Biomater 2008; 4: 569-576.

[27] Roest R, Latella BA, Heness G, et al. Adhesion of sol-gel derived hydroxyapatite nanocoatings on anodized pure titanium amd titanium (Ti6Al4V) alloy substrates. Surf Coat Technol 2011; 205: 3520-3529.

[28] Carrado A, Viart N. Nanocrystalline spin coated sol-gel hydroxyapatite thin films on Ti substrate: towards potential applications for implants. Solid State Sci 2010; 12: 1047-1050.

[29] Sato M, Slamovich EB, Webster TJ. Enhanced osteoblast adhesion on hydrothermally treated hydroxyapatite/titania/polya (lactide-co-glycolide) sol-gel titanium coatings. Biomaterials 2005; 26: 1349-1357.

[30] Zaveri N, McEwen GD, Karpagavalli R, et al. Biocorrosion studies of TiO_2 nanopartickle-coated Ti-6Al-4V implant in simulated biofluids. J Nanopart Res 2010; 12: 1609-1623.

[31] Montealegre MA, Castro G, Rey P, et al. Surface treatments by laser technology. Contemp Mater 2010; I-1: 19-30.

[32] Guillemot F, Prima F, Tokarev V, et al. Sur la biofonctionnalisation d'alliages de titane par traitement laser: Résultats et perspectives. Appl Phys A 2003; 77: 899-904.

[33] Cui X, Kim H-M, Kawashita M, et al. Preparation of bioactive titania films on titanium metal via anodic oxidation. Dent Mater 2009; 25: 80-86.

[34] Bayat N, Sanjabi S, Barber ZH. Improvement of corrosion resistance of NiTi sputtered thin films by anodization. Appl Surf Sci 2011; 257: 8493-8499.

[35] Milosev I, Blejan D, Varvara S, et al. Effect of anodic oxidation on the corrosion behavior of Ti-based materials in simulated physiological solution. J Appl Electrochem 2013; 43: 645-658.

[36] Shi P, Cheng FT, Man HC. Improvement in corrosion resistance of NiTi by anodization in acetic acid. Mater Lett 2007; 61: 2385-2388.

[37] Dey T, Roy P, Fabry B, et al. Anodic mesoporous TiO_2 layer on Ti for enhanced formation of biomimetic hydroxyapatite. Acta Biomater 2011; 7: 1873-1879.

[38] Macak JM, Schmuki P. Anodic growth of self-organized anodic TiO_2 nanotubes in viscous electrolytes. Electrochim Acta 2006; 52: 1258-1364.

[39] Zwilling V, Darque-Ceretti E, Boutry-Forveille A, et al. Structure and physicochemistry of anodic oxide films on TA6V alloy. Surf Interface Anal 1999; 27: 629-637.

[40] Ishizawa H, Ogino M. Formation and characterization of anodic titanium oxide films containing Ca and P. J Biomed Mater Res 1995; 29: 65-72.

[41] Simka W, Krzakala A, Korotin DM, et al. Modification of a Ti-Mo alloy surface via plasma electrolytic oxidation in a solution containing calcium and phosphorus. Electrochim Acta 2013; 96: 180-190.

[42] Yerokhin AL, Nie X, Leyland A, et al. Characterisation of oxide films produced by plasma electrolytic oxidation of a Ti-6Al-4V alloy. Surf Coat Technol 2000; 130: 195-206.

[43] Krzakala A, Sluzalska K, Widziolek M, et al. Formation of bioactive coatings on a Ti-6Al-7Nb alloy by plasma electrolytic oxidation. Electrochim Acta 2013; 104: 407-424.

[44] Kern P, Schwaller P, Michler J. Electrolytic deposition of titania films as interference coatings on biomedical implants: microstructure, chemistry and nano-mechanical properties. Thin Solid Films 2006; 494: 279-286.

[45] Zhitomirski I, Gal-Or L, Kohn A, et al. Electrodeposition of Ceramic Films from Non-Aqueous and Mixed Solutions. J Mater Sci 1995; 30: 5307-5312.

[46] Huang Y, Yan Y, Pang X. Electrolytic deposition of fluorine-doped hydroxyapatite/ZrO_2 films on titanium for biomedical applications. Ceram Int 2013; 39: 245-253.

[47] Mirhosseini N, Crouse PL, Li L, et al. Combined laser/sol-gel synthesis of calcium silicate coating were produced on Ti-6Al-4V substrates for improved cell integration. Appl Surf Sci 2007; 253: 7998-8002.

[48] Matykina E, Hernandez-Lopez JM, Conde A, et al. Morphologies of nanostructured TiO_2 doped with F on Ti-6Al-4V alloy. Electrochim Acta 2011; 56: 2221-2229.

[49] Y-y Zhang, Tao J, Pang Y-c, Wang W, Wang T. Electrochemical deposition of hydroxyapatite coatings on titanium. Trans Nonferrous Met Soc China 2006; 16: 633-637.

[50] Demnati I, Parco M, Grossin D, et al. Hydroxyapatite coating on titanium by a low energy plasma spraying minigun. Surf Coat Technol 2012; 206: 2346-2353.

[51] Quek CH, Khor KA, Cheang P. Influence of processing parameters in the plasma spraying of hydroxyapatite/Ti-6Al-4V composite coatings. J Mater Process Tech 1999; 89-90: 550-555.

[52] Su B, Yu Zhang G, X, Wang C.. Sol-gel derived bioactive hydroxyapatite/titania composite films on Ti6Al4V. J Univ Sci Technol Beijing 2006; 13: 469-475.

[53] Kim HW, Koh YH, Li LH, et al. Hydroxyapatyte film on titanium substrate with titania buffer layer processed by sol-gel method. Biomaterials 2004; 25: 2533-2538.

[54] Yin P, Feng FF, Lei T, et al. Colloidal-sol gel derived biphasic FHA/SrHA coatings. Surf Coat Tech 2012; 207: 608-613.

[55] Sun T, Wang M. Low temperature biomimetic formation of apatite/TiO_2 composite coatings on Ti and NiTi shape memory alloy and their characterization. Appl Surf Sci 2008; 255: 396-400.

[56] Lin W-C, Chen C-N, Tseng T-T, et al. Micellar layer-by-layer synthesis of TiO_2/Ag hybrid particles for bactericidal and photocatalytic activities. J Eur Ceram Soc 2010; 30: 2849-2857.

[57] Mentus SV, Boskovic I, Pjesic JM, et al. Tailoring the morphology and electrocatalytic properties of electrochemically formed Ag/TiO_2 composite deposits on titanium surfaces. J Serb Chem Soc 2007; 72: 1403-1418.

[58] Mai L, Wang D, Zhang S, et al. Synthesis and bactericidal ability of Ag/TiO_2 composite films deposited on titanium plate. Appl Surf Sci 2010; 257: 974-978.

[59] Roguska A, Kudelski A, Pisare MK, et al. In situ spectroelectrochemical SERS investigations on composite Ag/TiO_2 nanotubes/Ti substrates. Surf Sci 2009; 603: 2820-2824.

[60] Kotharu V, Ngumothu R, Arumugam CB, et al. Fabrication of corrosion resistant, bioactive and antibacterial silver substituted hydroxyapatite/titania composite coating on Cp Ti. Ceram Int 2012; 38: 731-740.

[61] Sun T, Lee W-C, Wang M. A comparative study of apatite coating and apatite/collagen composite coating fabricated on NiTi shape memory alloy through electrochemical deposition. Mater Lett 2011; 65: 2575-2577.

[62] Hu K, Yang X-J, Cai YL, et al. Prepartion of bone-like composite coating using a modified simulated body fluid with high Ca and P concentrations. Surf Coat Technol 2006; 201: 1902-1906.

[63] Wang G, Lu Z, Liu X, et al. Nanostructured glass-ceramic coatings for orthopaedic applications. J R Soc Interface 2011; 8 (61): 1192-1204.

[64] Wang C, Chen R, Deng Z, et al. Structure and properties characterization of ceramic coatings produced on Ti-6Al-4V alloy by microarc oxidation in aluminate solution. Mater Lett 2002; 52: 435-444.

［65］ Kim CS, Ducheyne P. Compositional variations in the surface and interface of calcium phosphate ceramic coatings on Ti and Ti-6Al-4V due to sintering and immersion. Biomaterials 1991; 12: 461-469.

［66］ Li SJ, Niinomi M, Akahori T, et al. Fatigue characteristics of bioactive glass-ceramic-coated Ti-29Nb-13Ta-4.6Zr for biomedical application. Biomaterials 2004; 25 (17): 3369-3378.

［67］ Yao Z, Jiang Z, Xin S, et al. Electrochemical impedance spectroscopy of ceramic coatings on Ti-6Al-4V by microplasma oxidation. Electrochim Acta 2005; 50: 3273-3279.

［68］ Khan MA, Williams RL, Williams DF. Conjoint corrosion and wear in titanium alloys. Biomaterials 1999; 20: 765-772.

［69］ Kohn DH. Metals in medical applications. Curr Opin Solid State Mater Sci 1998; 3: 309-316.

［70］ Manivasagam G, Dhinasekaran D, Rajamanickam A. Biomedical implants: corrosion and its prevention-A review. Recent Patents Corr Sci 2010; 2: 40-54.

［71］ Gonzalez JEG, Mirza-Rosca JC. Study of the corrosion behavior of titanium and some of its alloys for biomedical and dental implant applications. J Electroanal Chem 1999; 471: 109-115.

［72］ Gad MMA, Mohamed KE, El-Sayed AA. Effect of molybdate ions on the corrosion behavior of Ti alloys. J Mater Sci Tech 2000; 16: 45-49.

［73］ Bundy KJ. Corrosion and other electrochemical aspects of biomaterials. Crit Rev Biomed Eng 1994; 22: 139-251.

［74］ McKnight-Hanes C, Whitford GM. Fluoride release from three glass ionomer materials and the effects of varnishing with or without finishing. Caries Res 1992; 26: 345-350.

［75］ Kulthong K, Srisung S, Boonpavanitchakul K, et al. Determination of silver nanoparticle release from antibacterial fabrics into artificial sweat. Part Fibre Toxicol 2010; 7: 1-8.

［76］ Lavos-Valereto IC, Wolynec S, Ramires I, et al. Electrochemical impedance spectroscopy characterization of passive film formed on implant Ti-6Al-7Nb alloy in Hank's solution. J Mater Sci Mater Med 2004; 15: 55-59.

［77］ Pan J, Thierry D, Leygraf C. Electrochemical impedance spectroscopy study of the passive oxide film on titanium for implant application. Electrochim Acta 1996; 41: 1143-1153.

［78］ Aziz-Kerzo M, Conroy KG, Fenelon AM, et al. Electrochemical studies on the stability and corrosion resistance of titanium-based implant materials. Biomaterials 2001; 22: 1531-1539.

［79］ Souto RM, Laz MM, Reis RL. Degradation characteristics of hydroxyapatite coatings on orthopaedic TiAlV in simulated physiological media investigated by electrochemical impedance spectroscopy. Biomaterials 2003; 24: 4213-4221.

第18章
腐蚀监测光学传感器

C. R. Zamarreño, P. J. Rivero, M. Hernaez, J. Goicoechea,
I. R. Matías, F. J. Arregui
Sensor Research Laboratory, Electrical and Electronic Engineering
Department, Universidad Pública de Navarra, Edif. Los Tejos,
Campus Arrosadia, Pamplona, Spain

18.1 简介

从岩石凿刻的洞穴和稻草屋到摩天大楼和海上风车，人类不断塑造着世界。尽管这些结构和设施已经取得了长足的进步，但是由于严重受损或坍塌，这些结构和设施一直在恶化，有些破坏是无法预测的，严重影响了其预期寿命。

结构健康监测（SHM）是指为了评估这些结构的性质并确保它的安全性、耐久性、可维护性和可持续性而开发的一项技术。因此，SHM 系统由大量的传感器和传输系统组成，以便进行数据管理和健康诊断。科学界和受日益繁荣的市场吸引的企业均在努力开发高性能传感器，以便能够监测负载、环境变化和结构恶化[1~4]。SHM 监测的关键参数有温度、湿度、酸度、盐度、UV 辐射、碳化、变形、应变、疲劳损伤和腐蚀。其中，腐蚀是工业设备以及其他类型金属组件的结构的主要问题之一，特别是那些暴露于恶劣环境中的金属组件，如油气管道、飞机等。由于维修费用高且存在土木结构失效或倒塌等风险，腐蚀已成为近几年来人们关注的主要问题。由于腐蚀会导致结构性能的严重恶化，所以早期检测和监测结构的腐蚀损伤至关重要[5,6]。

鉴于 SHM 在腐蚀中的重要作用，急需开发非破坏性的、实时的和低成本的技术，以便及早发现新建和现有的建筑结构的腐蚀情况，以期减少维护费用和降低腐蚀所带来的风险[7]。光纤传感器（OFS）正在成为能够实现这一目标的先进技术，并且性能优异，这些性能源于二氧化硅的特性，如尺寸小、重量轻、耐用性好、抗电磁场、光频损耗低、带宽高、易于集成到现有结构和新结构中、耐高温、耐腐蚀、耐恶劣环境。此外，通过波长的简单复用及其与长距离光通信系统的兼容性，OFS 能够使用单根光纤执行多点远程测量和具有良好空间分辨率的全分布式测量[3,5,8~11]。SHM、光纤和腐蚀传感机制是固有的跨学科领域，吸引了土木工程、化学、光电子学和物理学等众多学科研究人员来研究和开发 OFS，以用于腐蚀检测。

本章将探讨 OFS 在腐蚀检测中的新发现，重点介绍一些成果并介绍一些仍然存在的问题。第 18.2 节描述了一些最典型的光纤探测技术，而第 18.3 节描述了光纤传感装置在钢筋混凝土结构、飞机、石油管道等腐蚀检测中的应用。

18.2 光纤传感器的工作原理

OFS 利用被测量对光纤内传输的光进行调制,使光的振幅、相位、频率或偏振状态等性质发生相应变化,再对被调制的光信号进行检测,从而测定被测量。OFS 系统由换能器、信号通道和用于生成和/或检测、处理和调节信号的相关子系统组成。

光纤传感器通常分为:本征光纤传感器——光纤同时用作传感器和信号通道;非本征光纤传感器——光纤仅用作信号通道。鉴于 OFS 在现实生活中的应用,将传感器分为三种类型:局域型、复合型和分布型。接下来将介绍一些主要的光纤传感结构。

18.2.1 光纤布拉格光栅

光纤布拉格光栅(FBG)是能够传输某些波长的光并反射其他波长的光的光纤维。光纤纤芯折射率在一定长度范围内呈周期性,利用激光在光纤芯部(接近1cm)写上周期性图案来制造 FBG,由图案折射率的变化而在芯部产生的反射会在某特定波长产生背向反射,这一波长称为共振波长[12]。共振波长可以通过布拉格定律公式[式(18.1)]得到:

$$\lambda_B = 2n_{eff}\Lambda \tag{18.1}$$

式中,λ_B 为共振波长;n_{eff} 为纤芯的有效折射率;Λ 为光栅节距或光栅的周期。

光栅节距或折射率的任何变化都会引起共振波长的偏移[13]。因此,光纤的温度、应变、裂纹或变形可以通过相应的谐共振波长偏移进行监测。

FBG 的优势是其波长复用能力,可实现多点或准分布式传感。一些公司成功开发了 FBG 传感器,如图 18.1 所示,并广泛地应用于现实生活中[3]。

FBG 传感器通常被嵌入纤维增强的聚合物中或焊接到钢结构中以保护脆性光纤免受破坏[1],嵌入的 FBG 传感器应该刚好与结构基体的刚性相匹配以使获得的信息与土木工程结构相一致。

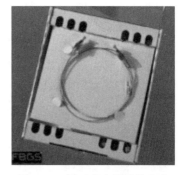

图 18.1 用于应力测试的商业化 FBG 传感器

18.2.2 干涉型光纤传感器

干涉型光纤传感器依赖于所选被测量对通过光波导传播的光产生的相变进行检测。干涉型光纤传感器也用于腐蚀传感,进入光纤中的光在两种界面进行反射形成干涉腔或标准具,示意图如图 18.2 所示。

传输功率的变化是两个反射表面间的多次光反射的干涉引起的。当传输光束分别同相或异相时,干涉可以是建设性的或破坏性的。

每次反射的相位差(δ)见式(18.2):

$$\delta = \frac{2\pi}{\lambda} 2nl\cos\theta \tag{18.2}$$

式中,λ 是真空中光的波长;θ 是光穿过标准具的角度;l 是标准具的厚度;n 是形成腔体材料的折射率[14]。从式(18.2)可见,相变通常是以厚度、折射率或标准具几何形状的变化给出。可以通过主动方式或被动方式改变腔体参数,从而改变光的干涉图案,也可以改变传感器的工作方式。干涉图案可以根据腔尺寸使用相干和低相干技术来产生。多个集团和公司已经利用这种结构进行应变、压力、位移、振动、化学和湿度传感，其一些商业设备如图18.2所示。

18.2.3 分布式传感器

分布式测量利用光纤作为传感手段，光脉冲发射到光纤中，由于光纤中的线性或非线性效应在发射端出现的光功率是时间分辨的，以便提供关于光纤状态的信息。通过测定光在光纤中的传播速度随传播距离和光强的变化，可以获得所测区域空间位置的分布信息。在分布式光纤传感器中，我们可以通过传统的光时域反射仪（OTDR）和信号处理技术获得信息，这些技术能够测量与裂纹、微观和宏观弯曲相关的光功率衰减，以及基于拉曼和布里渊散射效应及其相应的测量技术的更新以及更复杂的非线性现象。拉曼光时域反射仪（ROTDR）或布里渊光时域反射仪（BOTDR，装置示意图如图18.3所示）都是与温度及应变相关的[15～17]。

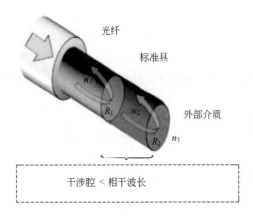

图 18.2 光纤远端处的干涉腔示意图
（其中 n 是每种材料的折射率，
R 是材料之间界面的折射率）

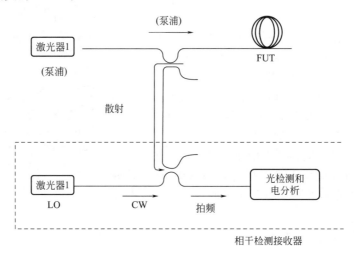

图 18.3 BOTDR 系统的典型配置（FUT 是被测光纤或分布式传感器，
LO 是本地振荡器，CW 是连续波）[17]

18.2.4 光强调制器

基于被测物直接相互作用的光强调制器是制造 OFS 的传统方法。这些传感器基于光在两种介质之间的界面处发生的全内反射现象，第一种介质具有高折射率（引导介质），而第二种介质具有较低折射率（反射介质）。在这两种介质的边界，光被全反射，一部分入射到低折射率介质（称为消逝场）中。这些器件的主要问题是入射到低折射率介质中的光能量随穿透深度加深而呈指数衰减，这使得为了获得良好的灵敏度而尽可能靠近引导部分是极为重要的。消逝场和被测物间的相互作用与光纤的光学几何参数有关。已经提出了不同的配置，以便通过修改光纤几何形状（例如抛光光纤、包层去除光纤、化学刻蚀光纤、拉伸光纤、微结构光纤或 D 形光纤）来增强消逝场相互作用。然后，通过消逝场与选定的被测量的直接或间接相互作用进行检测。图 18.4 给出了一个用于 pH 感测的基于消逝场的 OFS 示例。

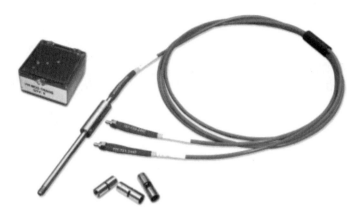

图 18.4 消逝场 pH 光纤传感器 [Courtesy of Ocean Optics (www.oceanopticssensors.com)]

18.2.5 表面等离子体共振传感器

表面等离子体共振（SPR）是指表面等离子体激元（SP）的激发。表面等离子激元是在金属和介电材料（或空气）的界面上耦合的电磁波，此电磁波沿着金属和介电介质（或空气）的界面进行传播，如图 18.5 所示。

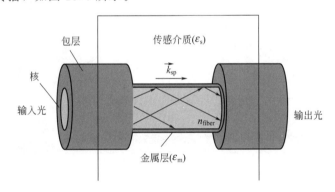

图 18.5 光纤表面等离子体共振传感器的基本结构[21]

通常通过在光纤芯附近添加薄金属层（通常为金或银）来制造 SPR 器件。因此，消逝场会激发光纤芯-金属层界面处的 SP，恰当的耦合和 SP 的产生主要依赖于光波长、光纤参数、光纤几何形状和金属层特性[18~20]。

基于 SP 共振波长对金属层和传感介质间折射率变化及金属层和覆盖层厚度的高灵敏性，人们利用 SPR 现象开发了许多光学传感系统。正确选择敏感薄膜使研究人员能够轻松制得应用于各个领域（包括腐蚀检测）的 SPR 器件[21,22]。

18.3 腐蚀检测

OFS 在腐蚀检测中的应用涵盖了广泛的领域，如再生新能源、交通、土木工程、油田气田等，这些将在本节中进行介绍。

腐蚀感测方法可以分四种基本类型：直接测量腐蚀退化效应、将传感器本身的退化与相邻结构的退化相关联来测量腐蚀性、腐蚀产物和前驱体的测量、环境参数测定以预测腐蚀效应[8,9]。

18.3.1 腐蚀直接测量

早期结构的应变和变形可以给出其力学性能的信息，特别是有关腐蚀的有价值的信息。完全集成到结构中的光纤能够直接监测腐蚀引起的机械退化的开始和发展。传感器通常嵌入结构中而形成一个新的自应变和温度监测系统，由于其具有极小的物理尺寸，嵌入的传感器能够以高准确率和分辨率提供信息而不影响结构的尺寸和机械性能。一个常见的应用是检测钢筋混凝土结构中的温度和应变，间接检测结构中腐蚀开裂的形成和发展。FBG 应变传感器已用来监测土木工程结构的单点或多点腐蚀速率[23~27]。参考文献［26］介绍了一种新型玻璃纤维增强聚合物（FGRP）光纤布拉格光栅（FBG）传感器的使用，该传感器被放置在桥梁的斜拉索中（参见图 18.6），用于桥梁的腐蚀检测。

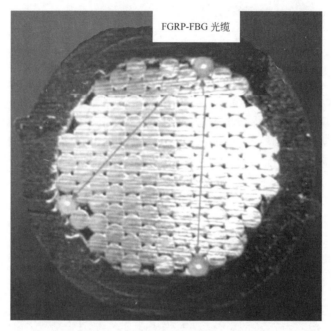

图 18.6　FGRP-FBG 光缆的横切面[26]

光纤干涉仪也解决了钢筋混凝土结构中的应变和变形传感问题[28~32]。文献［29］中介绍，传感器能够检测垂直于钢筋平面的拉伸应变，这种结构能够监测由腐蚀钢筋径向膨胀引起的沿钢筋纵向裂纹的应变或分层，尤其是在不可能进行目视检查的地方。文献［28］比较了分别基于白光干涉（WLI）和 FBG 的两种传感器的应变响应，结果表明低成本、高稳定性的腐蚀检测传感器是可行的。此外，将 WLI 腐蚀传感器（WLI-CS）嵌入混凝土中，并进行了腐蚀测试，它与其他传感技术具有很好的一致性。

为了监测与结构腐蚀有关的光纤束，OTDR 技术能够实现分布式传感，并且该技术已成为一种经济高效的解决方案[33]。BOTDR 是一种分布式尖端检测技术，可对钢筋混凝土在长距离应用和高空间分辨率下的应变实现分布式传感[34~37]。文献［36］描述了一种基于布里渊散射的新颖结构，其被称为光纤线圈绕组，作者利用该技术的分布式传感能力直接测量腐蚀引起的膨胀应变。传感元件非常简单，由缠绕在钢筋周围的光纤组成，如图 18.7 所示。因此，当钢筋由于腐蚀而膨胀时，光纤将被拉长，可用 BOTDR 分析仪监测。

为了克服远距离嵌入式光纤传感器（LEOFS）的问题，如光纤的脆性、与建筑技术的相干性，文献［35］中介绍了一种新方法。这种方法采用送风技术将光纤放入预装管，应用真空注浆技术把光纤紧紧地固定在预装管中。由于这种技术使得 LEOFS 能够单独安装到管

图 18.7 布里渊腐蚀膨胀传感器的基本封装结构[36]

道中,所以它不会对结构造成干扰,并且必要时可以轻松更换和维修传感器。

除了钢筋混凝土结构,民用和军用机身的退化也是一个主要的问题,因为它们在许多情况下,运行的时间远远超出了原来的预期寿命。腐蚀也是导致材料损失和开裂的一个重要因素,并且维修成本高。OFS 的作用和信号的精确解读对于进行正确的维护至关重要[7]。文献 [38] 显示了利用 LPG 传感器来测量老化结构中的腐蚀,以及避免具有相同特性的 FGB 传感器的温度依赖性;而文献 [39] 模拟使用 FGB 传感器检测金属的分层,也应用于海洋环境中的腐蚀监测[31]。作者使用金属涂覆的光纤作为腐蚀的保险丝,当腐蚀发生时,阻断光纤传输,示意图如图 18.8 所示。

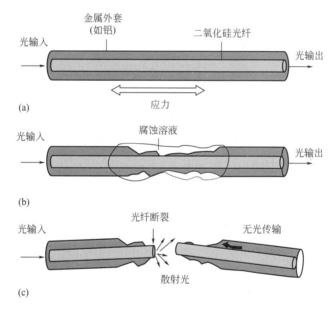

图 18.8 铝涂覆光纤腐蚀传感器的传感原理
(a) 暴露于腐蚀性溶液之前的传感器;(b) 铝包壳在腐蚀性溶液中的腐蚀;
(c) 二氧化硅纤维暴露于腐蚀溶液中传感器光纤断裂

除了提到的连续原位腐蚀监测结构,还描述了其他装置,如手持装置,用于离散研究和表征样品腐蚀(颜色[40]或粗糙度[41~43])。表 18.1 总结了这部分描述的传感器的主要特征。

表 18.1 基于直接测量的 OFS 的腐蚀传感概况和特点

传感技术	测试量	主要特征	应用	参考文献
FBG/LPG	应变/折射率	66/101nm/RIU	飞机	[38]
FBG	剥离/分层	模拟	飞机	[39]
刻蚀包层 FBG	折射率	70 天后,1nm 位移	钢筋	[27]

续表

传感技术	测试量	主要特征	应用	参考文献
FBG	应变	质量损失时间模型	结构	[23]
		纤维与钢筋的整合	桥斜拉索	[26]
		具有 3.2nm 移动范围的预应变 FBG	土木工程	[24]
LPG		钢筋腐蚀速率	结构	[25]
布里渊		线圈缠绕方法	钢筋混凝土	[36]
		纤维增强聚合物光缆	桥斜拉索	[34]
		一种新的混凝土嵌入方法	钢筋混凝土	[35]
		初始裂缝的检测和定位	预应力钢筋混凝土	[37]
白光干涉测量	变形	1/100mm 分辨率	混凝土结构	[32]
法布里-珀罗干涉法	应变	腐蚀引起的垂直于钢筋平面的应变	钢筋混凝土	[29]
白光干涉法		低成本	钢筋混凝土	[28]
干涉法		分布式感测回声信号	桥梁中的钢筋混凝土	[30]
透射法		应力金属涂层光纤/腐蚀保险丝	输油管道	[31]
光学时域反射法	光纤弯头	低成本	结构	[33]
反射法	颜色	简单,成本低	结构	[40]
散射法	粗糙度	空间分辨	腐蚀的金属	[42]
反射率测定		分辨率为 0.1mm	管道检查	[41]
		基于塑料光纤的低成本设备	管道检查	[43]

18.3.2 利用金属牺牲层直接进行腐蚀测量

这里提出的传感器不是以一种直接的方式检测材料的腐蚀。相反,而是由类似于要监测的退化的材料制成的涂层来涂覆选定的光纤架构,传感器放置在需要保护的结构附近。最常见的是,应用这种方法在金属上检测到结构的退化,可以检测铝、钢、铜和镍,其在建筑、土木工程和航空学中具有特殊重要性,还可用于检测其他材料(如油漆或保护涂层)的退化。

不同的光纤拓扑结构用作腐蚀检测器,从普通的传输配置到 FBG 或基于 SPR 的传感器。很明显,传感器的动态范围强烈地依赖于沉积涂层的厚度。因此,涂层厚度具有重要意义,必须根据传感器的具体应用进行选择。

这种传感器的最简单的传感架构之一是基于反射设置的。传感器件由一个垂直劈开的光纤尖端组成,该光纤尖端覆盖一层待监测材料。如果这种材料的反射率足够高,则通过光纤发送的大部分光将被反射,并且反射的光功率将呈现最大值。只要涂层退化,涂层的厚度和反射光功率将会降低。当涂层完全从光纤尖端移除,反射光功率将达到最小值。文献[44～47]中也介绍了这种配置,在这些文献中,作者应用简单的配置开发 OTDR 多点传感系统,用来分别监测铝和钢的退化。举例来说,图 18.9 给出了一组光纤腐蚀传感器的响应。将 200nm 厚的铁涂层溅射到每个传感器上。将传感设备放置在离海水不同的距离处,这解释了每个传感器输出信号的差异。

广泛应用于腐蚀感测的另一种拓扑结构是吸收结构。一部分光纤的包层被要监测的相同材料的高反射涂层所取代。这样,在这个涂层区域中产生了高阶模式的显著衰减,传输光功率将显著降低。当涂层腐蚀时,纤芯周围的包层被移除,吸收损失降低,传输光功率

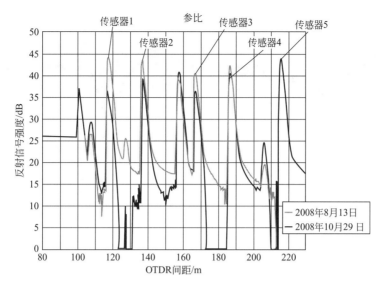

图 18.9 基于反射的钢光纤腐蚀传感器 OTDR 阵列的响应[47]

增加[48]。

用于检测铝[49,51]、铜[52]、镍[53,54]或钢[55,56]的传感器已出现在参考书中。要沉积的材料不同，沉积方法也不同，可应用不同的沉积方法来制备敏感涂层，例如溅射、热蒸发或电沉积等。

文献 [49] 中，作者开发并表征了检测铝腐蚀的传感器。通过热蒸发将铝涂层沉积到光纤芯上，对于 $2\mu m$ 厚的涂层，当敏感区浸入硝酸（1mol/L、10^{-1}mol/L、10^{-2}mol/L）中时，输出光功率的响应如图 18.10 所示，可以清晰地看到铝层腐蚀时输出功率是如何增加的。硝酸浓度越高，输出功率增加越快。

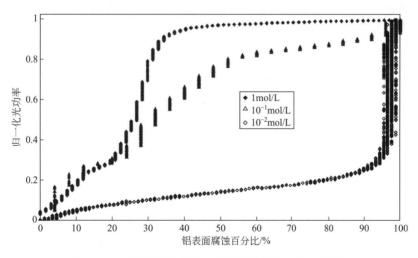

图 18.10 铝腐蚀传感器在不同浓度硝酸中的响应[49]

SPR OFS 也用于检测金属腐蚀。Abdelmalek 等人[57]使用基于上述传感器研究金-铝膜的光学性能。当敏感区域浸入水中时，由于水与空气折射率的差异，SPR 峰值稍微偏移到更高的入射角。3.5h 后，铝腐蚀导致峰位和峰形发生了明显的改变，如图 18.11 所示。文献 [58] 中对这种现象进行了更深入的研究：将 SPR 和 FBG 复合起来，用于制备腐蚀传

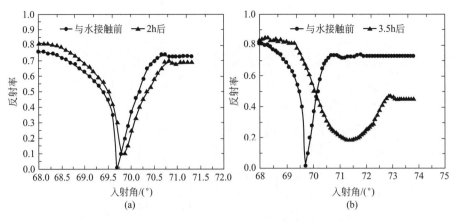

图 18.11 当铝层腐蚀（a）2h 和（b）3.5h 后 SPR 的位移和形状变化[57]

感器。

其他一些作者利用 FBG 对应变的灵敏度来开发光纤腐蚀传感器[59,60]。1996 年，Greene 等人[61]提出了基于预应变短周期光栅和 LPG 的腐蚀传感器。

十年后，Hu 等人[62]开发了钢腐蚀的 FBG 传感器，12～15μm 厚的钢传感膜电镀到 FBG 表面。当膜被腐蚀时，会发生纵向变化，导致 FBG 应变。结果是，FBG 的光输出将经历波长的改变，这种变化可用光谱仪检测。当 FBG 对温度也敏感时，用没有钢涂层的 FBG 作参考。为了使膜加速腐蚀，传感器浸泡于 NaCl 溶液（0.5mol/L）中。图 18.12 显示了 18 天的实验周期中 FBG 峰的位移。

在未浸泡于 NaCl 溶液中前，传感器光谱中有一个主峰，浸泡 4 天后，峰位向长波长方向移动。浸泡 8 天，可以观察到多个峰值，18 天后，又合并为一个主峰。结论：多峰与非均匀应变有关，因此它可以作为严重腐蚀的关键信号。

还有其他的 OFS 间接监测腐蚀的例子，这里介绍的是最具代表性的。表 18.2 列出了本节所述方法的主要特点。

表 18.2 基于间接测量的腐蚀检测 OFS 的概况和特征

传感技术	测试材料	涂层制备方法	参考文献
反射+OTDR	Al	蒸发	[44,45]
信号强度		热蒸发	[48,49]
		溅射	[50,51,63]
SPR	Al-Au	PVD/蒸发	[57,58]
反射	Ni	蒸发	[64]
透射衰减		化学镀	[53,54,65]
OTDR	钢	溅射	[47,66,67]
信号强度		蒸发	[55,56]
FBG		电镀	[55,56,65,68,62]
		溅射	[59,60]
信号强度	Cu	化学镀	[49,52]
FBG		蒸发	[62]

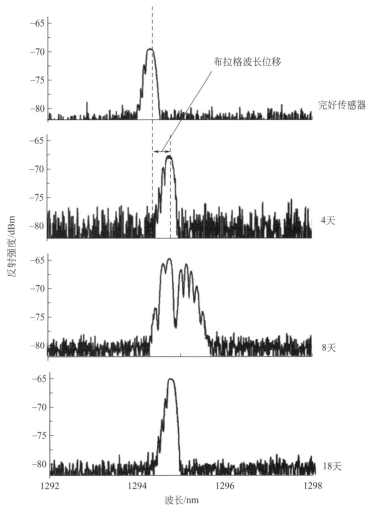

图 18.12 布拉格波长在 18 天实验期间不同时刻的位移[62]

18.3.3 腐蚀产物和前驱体的测定

当合适的涂层沉积在光纤上时，可以很好地监测腐蚀前驱体和来自渐进性退化的副产物，所得结果能够帮助工程师最后决定是否需要预防维护或提前更换构件。图 18.13 是使用嵌入式光纤分析化学元素（前驱体和副产物）的示意图，以确保结构的安全性。

18.3.3.1 腐蚀前驱体的检测

有害物质如二氧化碳、硝酸盐、二氧化硫或氯离子等的侵入对工程材料的性能有破坏性影响，因为这些物质能够引起高腐蚀速率，损害结构的完整性[6]。然而，不仅这些物质能够加快腐蚀进程，微生物如硫酸盐还原菌（SRB）的存在也对局部腐蚀起重要作用[69]。其中，水溶性氯化物是腐蚀快速发展中影响最大的因素之一，

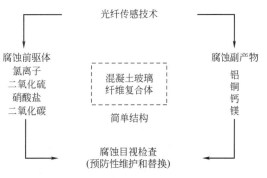

图 18.13 源于化学分析的检测腐蚀前驱体和副产物的光纤技术

在道路或桥梁上使用降低冰的熔点的除冰盐,在除冰过程中,盐与水反应,将氯转移到金属附近的裂缝中[70,71]。几项研究报道表明,腐蚀速率主要取决于结构中氯离子的存在量。一旦发生氯离子渗透,腐蚀即会开始,一系列的事件如裂缝和剥落将会接踵而来[72]。腐蚀过程是缓慢而复杂的,是所包含的材料及环境变量的函数。沿海地区氯离子含量较高,与其他环境如内陆环境相比,海洋地区的腐蚀进程更快。

基于外部实验室的化学分析法是监测混凝土中氯离子渗透的常用方法。然而,化学分析显示出了固有的局限性,比如破坏性和价格昂贵,并且不能提供实时连续的信息,因为有必要收集样品并进一步分析以了解氯化物含量。为了克服这些局限,光纤作为非破坏性的技术使我们可以通过远程测试和结构状态控制来获得高精度的原位信息[3]。一旦光纤嵌入混凝土结构中,大多数检测腐蚀的传感方案是基于光信号从腐蚀和未腐蚀区域反射的材料表面的光谱分析。相关的研究在文献[10,11]中已见报道,双纤维技术(传输和接收纤维)可以通过宽带输入信号的色彩调制来确定腐蚀的存在。然而,这种光谱技术是建立在颜色变化引起腐蚀区域的局部检查基础上的,但是不可能估计最终结构中存在的氯离子浓度。

文献[73]中提出了一个有趣的方法,用此方法开发了基于吸光度的传感器,它可用来监测硝酸银-氯化荧光素混合物的化学相互作用,导致红色的着色。光纤末端用含有荧光素和硝酸银混合物的固体网涂覆,如果氯离子渗过此网,比色变化立刻可见。氯离子检测范围 0~40mmol/L,高吸光度对应高氯离子浓度。但是,所有的测量都是在加入氯化物之后的短时间内完成的,氯化物是传感器开发中的关键参数。用蓝色或绿色激光二极管精确测得吸收峰位于 500nm 处。在前 10min,信号保持稳定,但较长时间会导致共沉淀。此外,一旦发生化学相互作用,这个过程就是完全不可逆的。

根据前期研究工作,为了检测氯离子浓度,就可逆性和时间依赖性而言,使用光学传感器更有吸引力。基于荧光的传感器与光纤复合使用是最有前景的替代品[74,75]。在这些情况下,传感器基于荧光猝灭,通过荧光猝灭,激发的试剂通过与分析物分子(卤离子)的非放射性碰撞而失去能量。碰撞猝灭是个可逆过程,因此当猝灭剂浓度增加时,所发出荧光强度呈线性衰减。这个过程可用 Stern-Volmer 公式描述:

$$\frac{I_F^\circ}{I_F}=1+K_{SV}[Q]$$

式中,I_F° 为无猝灭剂时的荧光强度;I_F 为有猝灭剂时的荧光强度;$[Q]$ 为猝灭剂浓度;K_{SV} 为 Stern-Volmer 猝灭常数。

消光机理是光物质(染料)的激发态与猝灭剂(氯离子)相接触,如图 18.14 所示。

用荧光传感器检测氯化物浓度的第一个实验由参考文献[73,74]所报道,报道中使用了两种不同的喹啉衍生物染料(ABQ 和 MEQ)。结果表明,ABQ 比 MEQ 表现出更高的荧光效率。接下来的实验是通过溶胶-凝胶技术将两种染料固定在微孔硅涂层中,然后是非包层光纤的涂覆。用于原位氯化物检测的所需配置是消逝波激发涂层。然而,当溶胶-凝胶涂层应用到光纤上时检测不到荧光信号,主要原因可能是小的分析物分子(氯化物)能够渗透到溶胶-凝胶基体微环境中,结果是分析物和染料间没有相互作用。研究了不同溶胶-凝胶配方在不同 pH 值条件下的性能,没有一种可以作为消逝波传感器。

文献[75]中提出一个有趣的方法:使用光纤发光检测混凝土中的游离氯离子。在这种情况下,一种名为光泽精的荧光剂引起了人们的极大兴趣,因为相比其他物质它具有更高的猝灭敏感性,而且它的 Stern-Volmer 常数(K_{SV})(Cl^-)最高。也可选择溶胶-凝胶法将染料封装在光极末端的聚合物基质中,术语"光极"指的是被测量与光纤之间转换的检测器。这种传感器的光学设计如图 18.15 所示,在这个设计中,荧光系统包括四个部分(激发源、分析物检测指示剂、波长滤波器和检测器)。另外,多模光纤用于将发射模块连接到光学探

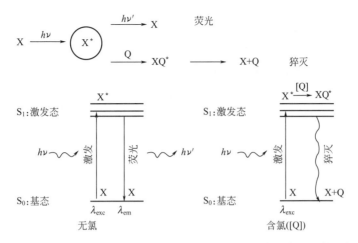

图 18.14 无氯离子和含氯离子（分析物）时荧光和荧光猝灭机制示意图

头（光极）上。在受控环境（两个实验测试，热带海洋气候和寒冷大陆性气候）中测定氯化物含量，检测到游离氯离子浓度在 30～350mmol/L 之间，重现性好，稳定性好。

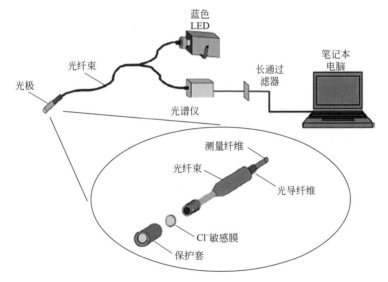

图 18.15 氯离子检测仪器装置[75]

其他基于光纤的技术也被报道用于氯离子检测，如之前在基于荧光的传感器中所提到的那样，不需要昂贵的光源或检测系统[76~78]。其中，长周期光栅对（LPGP）[79] 的使用引起了人们极大的兴趣，因为可以检测到 NaCl 溶液中少量的氯离子（10μg/g）。此外，结果表明，通过监测诱导波长偏移，当监测周围介质的折射率变化时，LPGP 可以比单个 LPG 达到更高的精确度（超过 6 倍）。高灵敏度使得 LPGP 可以应用于监测不同环境中材料的早期腐蚀，包括海洋环境以及在寒冷气候中使用除冰盐的路面。

18.3.3.2 腐蚀副产物的检测

在本节中，给出了检测腐蚀副产物的 OFS 设计，更具体地说，提出了不同的检测腐蚀反应开始时金属离子释放的方法。该释放对应于合金中使用最多的二价（Ca^{2+}、Cu^{2+}、Mg^{2+}）以及三价（Al^{3+}）离子，监测这些离子可以确定结构的健康状态。

大多数光纤腐蚀传感器是基于金属化光纤芯浸入腐蚀性溶液时光信号的变化。采用不同的技术可使光纤芯金属化，当金属腐蚀时，观察到波导光传输的变化[49,52,54,55]，金属膜的降解与最终结构退化相关联。文献[80,81]提供了一个有趣的方法，即用光纤傅里叶变换红外（FTIR）消逝波吸收光谱来检测氢氧化铝$Al(OH)_3$，其为铝合金最主要的腐蚀产物之一。但是，没有给出关于腐蚀产物浓度的信息。

确定腐蚀副产物存在和浓度的首个研究是基于LPG化学传感器在飞机无法到达区域的使用[82,83]。螯合聚合物涂层沉积到LPG表面，它对二价金属离子（Cu^{2+}）有亲和力。只要存在金属离子，就可观察到在金属离子和螯合聚合物间的化学交联，聚合物密度增加导致光纤表面折射率提高。传感器的工作原理是：当由于目标物质（金属离子）被吸收涂层的折射率改变时，通过光纤传播的光将在不同的光学波长处散射出光栅。当LPG金属离子传感器暴露于$CuSO_4$溶液中时，观察到光谱损耗峰波长的偏移，用去离子水洗涤后，这种偏移没有回到最初的波长位置，表明离子和螯合聚合物间存在化学交联。该LPG传感器的响应是阳离子（Cu^{2+}）浓度的函数，其中光谱损失峰值波长的位移随着Cu^{2+}浓度在0.5~5mmol/L范围内的增加而增加。LPG金属离子传感器的最低检测限为$32\mu g/g$。

使用荧光光纤传感器来检测氯离子也可以在腐蚀过程的早期阶段检测铝离子。然而，检测这些特殊离子的传感机制是基于荧光发射而不是荧光猝灭过程。文献[84]报道了检测铝合金腐蚀的新方法，其中名为8-羟基喹啉（8-HQ）的指示剂与铝形成荧光金属离子络合物，该络合物称为三（8-羟基喹啉）铝（Alq3）[85]。8-HQ不溶于水，其优点是消除了由水浸出荧光团的问题。光纤末端涂覆含有指示剂的聚合物多孔基质（3-PEG/PU），当铝离子与染料接触时检测到荧光信号。然而，3-PEG/PU聚合物体系是有局限性的，包括与使用的交联剂（异氰酸酯）相关的溶胀或健康危害，这表明需要探索更安全的替代物来包封染料。

文献[86]中提出了一种专门用于检测铝合金腐蚀副产物的方法，该方法使用8-HQ和MNIP（非分子印迹聚合物）对腐蚀铝合金的副产物进行检测，8-HQ和MNIP对离子具有化学亲和力而不需要在所述离子存在下预先合成。结果表明，光传感器对铝离子具有很好的敏感性，检测不受腐蚀过程中其他副产物如Ca^{2+}、Na^+、Mg^{2+}和Cu^{2+}存在的影响。进一步说，Ca^{2+}和Mg^{2+}诱导MNIP荧光，而Na^+和Cu^{2+}没有表现出荧光行为。此外，Al^{3+}荧光峰的较高强度允许其被检测以及从其他离子（Ca^{2+}和Mg^{2+}）中分离出来。一个重要的需考虑的因素是MNIP应该有足够的可用位点供Al^{3+}成键，并且这些位点不应该被其他荧光灵敏离子（Ca^{2+}和Mg^{2+}）完全占据。发射光谱的变化表明，即使MNIP暴露于其他副产物中，也可以很好地检测到Al^{3+}的存在。铝离子浓度极限为10^{-4}mol/L，荧光强度随着铝离子浓度增加而增强。文献[87]得到了相似的结果：铝离子的线性浓度范围在0.5~5.0mmol/L之间，荧光染料固定在纤维末端。

在以前所有的实验中，为了检测腐蚀副产物，光学传感器不得不放在腐蚀发生区域附近。为了克服这种限制，提出了一种测定铝合金腐蚀释放铝离子的新方法[88]。据报道，裸芯微结构光纤（MOF）具有微米级的芯和多孔的横截面以降低包层的有效折射率来限光，这种传感器可以采用玻璃挤压工艺和化学刻蚀法合成。这种特定的设计比其他常规光纤取得了更好的消逝场相互作用和更大的荧光值。选择在酸性条件下起作用的荧光团（荧光镓）是非常有意义的，因为腐蚀环境倾向于降低周围介质的pH值。结果表明，检测限约为200nmol/L，对铝离子的线性响应范围为500nmol/L~20μmol/L。

表18.3概括了已发表的关于腐蚀前驱体或副产物传感器的工作，并分别给出了各自的传感机制和观察结果。

表 18.3　基于腐蚀前驱体和副产物检测的光学腐蚀传感器的概况和特征

传感技术	分析物	主要特征	参考文献
吸光度		形成红色沉淀	[73]
		不可逆过程	
		沉淀	
荧光猝灭	氯	染料:喹啉衍生物(ABQ、MEQ)	[74]
		无测试	
		pH 依赖性溶胶-凝胶基质	
		染料:光泽精	[75]
		检测:30~350mmol/L	
		模拟测试(热带海洋气候和寒冷大陆性气候)	
LPGP 传输		监测折射率	[76~78]
		少量氯离子检测(10μg/g)	
	铜	监测折射率	[82,83]
		范围检测:0.5~5mmol/L	
		最低检测限:32μg/g	
荧光发射	铝	染料:8-羟基喹啉(8-HQ)	[86]
	钙	聚合物基体:MNIP	
	镁	检测限为 10^{-4} mol/L	
	铝	染料:8-羟基喹啉(8-HQ)	[84]
		基质 3-PEG/PU 的局限性	
		染料:桑色素	[87]
		线性范围:0.5~5mmol/L	
		染料:荧光镓	[88]
		线性范围:500nmol/L~20μmol/L	
		检测限:200nmol/L	

18.3.4　腐蚀控制的相对湿度监测

水的存在是基础设施恶化最常见的原因之一。水是浸蚀性试剂如氯离子和硫酸根的传输媒介，同时水也是破坏性化学过程的反应介质。一般来说，水在腐蚀过程中起着重要作用。出于这个原因，使用传感工具及早检测湿度是非常重要的，以避免结构损坏和水的存在，这样就可在结构损坏之前进行及时补救。

在参考书中可以找到很多光纤湿度传感器[89,90]。几种光纤拓扑结构已经被应用到这些器件的生产中，如 LPG、FBG、基于消逝场的传感器、基于有损模式共振（LMR）的传感器和干涉仪[91~99]，这些设备的重要组成部分是专门为早期腐蚀检测而设计的[100~106]。本节中介绍了一些相关示例。Mendoza 等人[102,103]开发了一种用于检测飞机接头湿度和 pH 变化的分散型光学系统，该系统由基于消逝场的光纤、pH 和湿度传感器组成，湿度传感器的制造涉及了溶剂化试剂掺杂到光纤渗透性聚合物包层中。指示剂的颜色取决于周围环境湿度，当湿度增加时，染料的吸收波长改变，因此，光纤信号损失取决于相对湿度（RH）。这样，当传感器放置在潮湿介质中时，由消逝场引起的衰减与在干介质中的相同量值差在

1dB 以上。

文献［106］中，作者制备了基于 LPG 的 OFS。首先，他们通过 CO_2 激光聚焦光束将光栅刻制成芯径和包层直径分别为 $8.2\mu m$ 和 $125\mu m$ 的单模光纤。一旦 LPG 准备就绪，他们就使用 L-b-L 技术沉积由聚烯丙胺盐酸盐（PAH）、聚丙烯酸（PAA）聚 4-磺酸钠（PSS）和三氧化二铝（Al_2O_3）制成的纳米涂层。PAH/PAA 纳米膜用来提高传感器的灵敏度，而 Al_2O_3/PSS 纳米膜增加了吸收率。当相对湿度从 20% 变化到 90%，涂覆的 LPG 信号响应如图 18.16(a) 所示。可以看到双重效果：一方面，共振波长向左移动 3.6nm；另一方面，强度变化 6.978dBm。图 18.16(b) 更清楚地呈现了这两种响应。

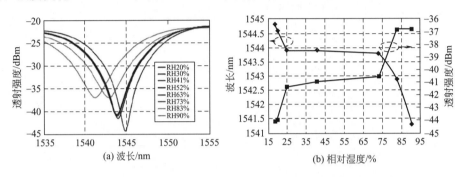

图 18.16　(a) RH 从 20% 变化到 90% 时涂覆的 LPG 的透射光谱；
(b) LPG 共振波长和强度与 RH 的关系[106]

这些数据假定波长灵敏度为 0.051nm/%RH，强度灵敏度为 0.099dBm/%RH。另外，这种光纤湿度传感器对温度变化的依赖性很小，这使得它适用于混凝土结构的健康监测。

表 18.4 概括了其他用于腐蚀控制的光纤湿度传感器。

表 18.4　基于湿度检测的光纤腐蚀传感器的概况和主要特征

传感技术	传感材料	涂层制备方法	参考文献
LPG	PAH/PAA+Al_2O_3/PSS	L-b-L	[106]
	PEO	聚合	[38,61,82]
FBG	亲水介质	—	[93]
消逝场	溶剂致变色试剂	扩散	[102,103]
消逝场（POF）	HEC/PVDF	浸涂	[107]
	$CoCl_2$/PVA-普鲁兰	—	[108]

18.3.5　腐蚀控制的 pH 光纤传感器

除了其他物理和化学条件，如水分（见第 18.3.4 节）或氯离子浓度（见第 18.3.3 节），介质的 pH 值也是发生腐蚀时改变的参数。因此，在金属结构大量退化之前提供早期预警信号，获得关于可能发生腐蚀的介质的 pH 稳定性的信息是非常重要的，并且可以预先维护。

已经证实，pH 值低于 9 的条件下钢结构会损坏，因此长期监测范围为 9～13、分辨率约为 0.5pH 单位的 pH 值，对于早期检测潜在的腐蚀状况非常有用。

光学 pH 感测的最常用方法基于主传导材料，其将被分析的介质的 pH 值转换为可使用光纤收集的可用光信号。基于化学-光学传导下的光学现象，可以将光学 pH 值传感器分为两种：荧光传感器和比色传感器。

利用比色传感器是从介质的 pH 值获得光学信息的最直接的方法，因为在酸碱滴定中有许多传统的 pH 指示剂。尽管如此,还可以找到其他用于腐蚀检测的基于荧光的 pH 光纤检测方法。在基本的 OFS 配置中,比色或荧光染料固定在质子透过膜上,并且可以使用光纤或光纤束来监测其 UV-VIS 光谱或者荧光发射谱的变化。一些作者报道了用于创建敏感区域的不同固定介质如聚氨酯[109~111]、水凝胶[112,113]和纤维素[114~116]。不过,最常用的固定介质之一是溶胶-凝胶[117~120],因为它是全无机基质材料,机械性能好,光学透明,可渗透 H^+ 和 OH^-[117]。

所有这些基质材料可用于将 pH 指示剂或荧光团置于测量光学系统的光路内,因此可以记录指示剂中的任何光学变化。指示剂与外部介质、光纤传导的光相互作用的区域通常被称为敏感区或敏感涂层(或腔),该区域的具体名称与具体应用相关。这个敏感区域的结构并不总是相同的,它很大程度上取决于指示剂的性质(比色或荧光)。当使用荧光指示剂时,最大限度地收集发射的荧光信号是非常重要的,同时使激发光的耦合最小化,因为它可以掩蔽检测器处的荧光信号,见图 18.17(a) 和图 18.17(b),其中激发光与荧光材料相互作用并穿过荧光材料,仅有一小部分反射回来。发射的荧光向各个方向发射,一部分可以用光纤收集并进一步分析。图 18.17(c) 给出了一个通常与比色指示剂一起使用的 U 形弯曲的替代传输装置。在这个装置中,白光作为传感器的激发光,透射光被引向检测器(光谱仪),UV-VIS 吸收光谱的变化将给出被固定进样品室中比色指示剂的 pH 值信息。其他更简单的方法为用 LED 和简单的光电探测器[121]代替白光源和光谱仪,以仅在比色指示剂的敏感波段获得信息。

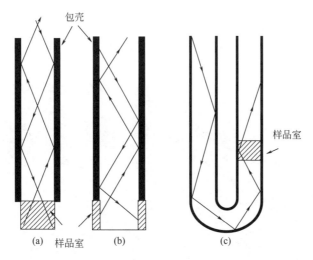

图 18.17　光纤上各种样品室位置的示意图。包层探针由黑暗区域表示。(a) 和 (b) 示出了典型的荧光探针,而 (c) 示出了位于探针侧的纤维路径内的典型吸光度传感器。
荧光传感器也可能位于这个位置,因为荧光是在所有方向上发射的[138]

土木工程应用中最好的光学方法之一是使用多光纤光极的反射装置[122],如图 18.18 所示,那些纤维束使用周边光纤的复杂结构最大化照明光量(激发),并且使用中央光纤来收集反射光谱。

Habel 及其同事们已经开发了比色染料型 pH 光极,并成功地测量了钢筋混凝土结构在电厂冷却塔中安装超过 6 年的 pH 值[8]。他们已经使用多波长测量,给出了关于 pH 指示剂的酸-碱性状态的比率信息,其对于光功率波动甚至是对检测器的信号都很稳定。比色或荧光指示剂固定进圆盘形基质(聚合物、溶胶-凝胶等)中,光信号随外界介质 pH 值的变化而改变。当使用荧光指示剂时,外围光纤中的光激发敏感盘中的荧光剂,并且只有一小部分

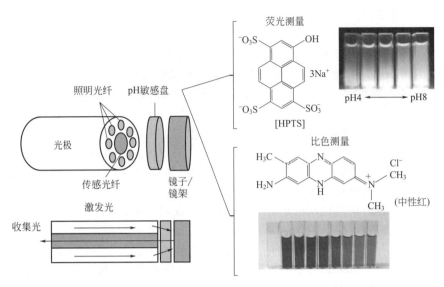

图 18.18　pH 多光纤光极（指示剂固定在 pH 敏感盘上，可进行荧光或比色测量）

激发光功率被中央光纤收集。当荧光全方位发射时，信号可以用检测器收集和分析。使用比色指示剂时，光敏器件以镜子为末端，将透射光聚焦回中央传感光纤，保持染色光盘的光吸收信息。光纤束成为 pH 光传感最好的选择[8]，一部分已经商业化了[123]。据观察，在最初的几个月中 pH 敏感膜的稳定性遭受了最严重的破坏[8]。图 18.19 给出了 pH 比色光极的实际应用。在电场冷却塔建筑的过程中，混凝土浇筑前将 pH 光传感器固定在钢结构附近。敏感元件的颜色（pH）可以远程监测 6 年以上。

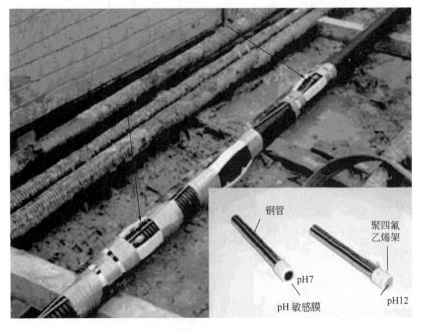

图 18.19　pH 光电极实际应用于钢筋混凝土的图片（这些传感器是比色传感器，将它们嵌入发电厂的冷却塔中）[8]

其他研究人员已经提出了另一种比色 pH 敏感的染色基质。Carmona 及其同事提出了用于监测历史古迹的酸度和防止石头退化的比色法[119]。在工作中，他们采用溶胶-凝胶技术将氯酚红复合进无机硅基质中制备了一种敏感涂层。图 18.20 示出了 pH 比色指示剂的化学变化，以及 Kesternich 室中 pH 值改变时敏感涂层吸收光谱的变化。

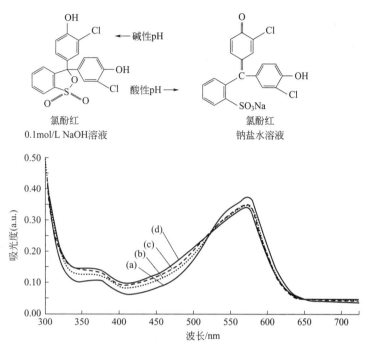

图 18.20　Kesternich 室中，随着 pH 值下降，氯酚红染料指示剂的光吸收曲线。初始溶液为碱性缓冲溶液（pH 10），后添加不同量的 SO_2：(a) $0\mu L/L$；(b) $10\mu L/L$；(c) $20\mu L/L$ 和 (d) $50\mu L/L$；涂层浸泡于不同的 pH 条件下[119]

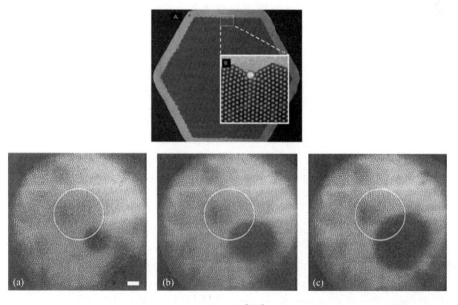

图 18.21　上部图片是用于成像的多光纤光极视图[139]。在底部的图片中可以看到铝包层铜丝暴露于磷酸盐缓冲溶液（pH 6.2，0.1mol/L KCl）中腐蚀的三个不同阶段：(a) 30s；(b) 7min；(c) 17min。黑暗区域表示当腐蚀发生时，由于局部 pH 值降低，荧光猝灭[137]

使用基于荧光的光学 pH 传感器是非常普遍的，因为荧光标记是生物学和医学中广泛使用的手段，甚至用它来研究细胞内组织。因此，对荧光团和将其固定到基底上的技术要有非常广泛的了解，并且在文献中可以找到许多基于荧光的光纤 pH 传感器[124,125]，用于诸如氨检测[126,127]、二氧化碳监测[128~131]或氧气检测[132,133]。尽管如此，OFS 在土木工程上的应用还是比其他科学领域少。在民用或工业工程环境中，与恶劣环境下的比色法相比，荧光基 pH 传感器的主要缺点是：荧光染料高降解速率和在典型激发波长下光纤的高衰减率限制了光极距激发光源的距离。

一些作者提出了替代方法，如使用荧光变化来检测局部 pH 值变化进而检测和表征金属腐蚀。研究人员用荧光显微镜研究和表征金属表面或界面的腐蚀机制[134~136]。Walt 及其同事[137]介绍了一个有趣的光纤传感器尖端，利用它可以很容易地从表面获取图像。光纤束放置在非常接近观察表面的位置（见图 18.21），每根光纤收集表面一小部分所发出的光，作为图像的单个像素，因此有可能重新形成空间分辨荧光而在表面成像。应用这种方法，他们能够在实时腐蚀监测过程中可视化腐蚀点位和测定局部化学试剂浓度。图 18.21(a)~(c)中的暗区表示腐蚀区域的图像，暗区中局部 pH 值降低，这导致荧光猝灭。

18.4 结论和未来趋势

OFS 在腐蚀监测中的应用包含了广泛领域，如再生能源、交通运输、土木工程、石油和天然气等领域。光纤传感器件用于腐蚀监测是一种很有吸引力的方法，可以等同甚至超越了其他传统的传感器，可提供远程和分布式测量，耐久性好，易于集成和安装，可靠性高。

本章完整综述了光纤腐蚀检测技术，包括检测材料退化的直接方法以及检测退化结果（即不同结构中的应变或变形）；间接测量，以检测类似于将要监测的退化的材料的腐蚀；感测不同腐蚀试剂或腐蚀产物（即氯离子或氧离子）或环境参数（如湿度）以及检测 pH 值的变化。

此外，介绍了用于腐蚀感测的 OFS 传感技术（例如 FBG、SPR 和其他强化方法）及其主要技术特征、主要测量值以及一些制造商和分销商。

近年来已报道了许多成功应用光纤腐蚀传感器的例子，其中一些已在本章中介绍过。然而，土木工程的不断进步以及现有结构和新型结构在恶劣环境下的使用仍需要更多的研究，以便使这种传感器技术得到实际应用，并解决与这些传感器相关的实际问题，如耐久性、稳定性、低成本、分布式传感、易于更换。因此，对于腐蚀监测新技术和改进技术的需求将继续成为未来研究人员和公司的热门课题。

致谢

本工作得到了西班牙科学和创新部 TEC2010-17805 的资助。

参 考 文 献

[1] Ou J, Li H. Structural health monitoring in mainland china: review and future trends. Struct Health Monit 2010; 9: 219-231.

[2] Inaudi D, Udd E, editors. Health monitoring of the Saint-Jean Bridge of Bordeaux, France using fiber Bragg grating extensometers. Proceedings of SPIE-the International Society for optical engineering: smart structures and materials 2003 smart sensor technology and measurement system, 3 March 2003-5 March 2003; 2003.

[3] López-Higuera JM, Cobo LR, Incera AQ, et al. Fiber optic sensors in structural health monitoring. J Lightwave Technol 2011; 29: 587-608.

[4] Udd E. Fiber grating sensors for structural health monitoring of aerospace structures. In: Inaudi D, Ecke W, Culshaw

B, Peters KJ, Udd E, editors. Proc. SPIE 6167, Smart structures and materials 2006: smart sensor monitoring systems and applications, 61670C. March 30, 2006. http://dx.doi.org/10.1117/12.659048.

[5] Wheat HG, Liu G. Fiber optic sensors for corrosion detection in reinforced concretea state of the art review. In: Wheat HG, editor. 17th international corrosion congress 2008: corrosion control in the service of society, vol. 5. Las Vegas, NV, United States; 2008. p. 2752-2759. 6 October 2008-10 October 2008.

[6] Kumar V. Protection of steel reinforcement for concrete-a review. Corr Rev 1998; 16: 317-358.

[7] Hughes AE, Hinton B, Furman SA, et al. Airlife-towards a fleet management tool for corrosion damage. Corr Rev 2007; 25: 275-293.

[8] Habel WR, Krebber K. Fiber-optic sensor applications in civil and geotechnical engineering. Photonic Sens 2011; 1: 268-280.

[9] Casas JR, Cruz PJS. Fiber optic sensors for bridge monitoring. J Bridge Eng 2003; 8: 362-373.

[10] Fuhr PL, Huston DR. Corrosion detection in reinforced concrete roadways and bridges via embedded fiber optic sensors. Smart Mater Struct 1998; 7: 217-228.

[11] Fuhr PL, Ambrose TP, Huston DR, McPadden AP. Fiber optic corrosion sensing for bridges and roadway surfaces. In: Matthews LK, editor. Proc. SPIE 2446, Smart structures and materials 1995: smart systems for bridges, structures, and highways, 2. April 20, 1995. http://dx.doi.org/10.1117/12.207716.

[12] Poloso T. Fibre Bragg gratings optical sensing technology. Smart Mater Bull 2001; 2001: 7-10.

[13] Udd E. Review of multi-parameter fiber grating sensors. In: Udd E, editor. Proc. SPIE 6770, Fiber optic sensors and applications V, 677002. October 11, 2007. http://dx.doi.org/10.1117/12.753525.

[14] Goicoechea J, Zamarreño CR, Matias IR, et al. Utilization of white light interferometry in pH sensing applications by mean of the fabrication of nanostructured cavities. Sens Actuators, B Chem 2009; 138: 613-618.

[15] Loayssa A. Optical fiber sensors for structural health monitoring. Lect Notes Electr Eng 2011; 96: 335-358.

[16] Bao X, Chen L. Recent progress in Brillouin scattering based fiber sensors. Sensors 2011; 11: 4152-4187.

[17] Galindez-Jamioy CA, López-Higuera JM. Brillouin distributed fiber sensors: an overview and applications. J Sensors 2012; 2012: 204121 (14pp).

[18] Jorgenson RC, Yee SS. A fiber-optic chemical sensor based on surface plasmon resonance. Sens Actuators, B Chem 1993; 12: 213-220.

[19] Homola J, Yee SS, Gauglitz G. Surface plasmon resonance sensors: review. Sens Actuators, B Chem 1999; 54: 3-15.

[20] Sharma AK, Jha R, Gupta BD. Fiber-optic sensors based on surface plasmon resonance: a comprehensive review. IEEE Sensors J 2007; 7: 1118-1129.

[21] Lee B, Roh S, Park J. Current status of micro- and nano-structured optical fiber sensors. Opt Fiber Technol 2009; 15: 209-221.

[22] Zamarreño CR, Hernaez M, Del Villar I, et al. Thin-film resonance supporting coatings deposited onto optical waveguides towards the fabrication of sensing devices. Recent Pat Mater Sci 2011; 4: 28-34.

[23] Lee J, Yun C, Yoon D. A structural corrosion-monitoring sensor based on a pair of prestrained fiber Bragg gratings. Meas Sci Technol 2010; 21: 017002 (7pp).

[24] Yang S, Geng J, Ye Q, et al. Application of fiber Bragg gratings in monitoring metal corrosion. Zhongguo Jiguang 2006; 33: 641-644.

[25] Liu H, Liang D, Han X, et al. Long period fiber grating transverse load effect-based sensor for the omnidirectional monitoring of rebar corrosion in concrete. Appl Opt 2013; 52: 3246-3252.

[26] Li H, Ou J, Zhou Z. Applications of optical fibre Bragg gratings sensing technology-based smart stay cables. Opt Lasers Eng 2009; 47: 1077-1084.

[27] Hassan MRA, Bakar MHA, Dambul K, et al. Optical-based sensors for monitoring corrosion of reinforcement rebar via an etched Cladding Bragg grating. Sensors (Switzerland) 2012; 12: 15820-15826.

[28] Zhao X, Cui Y, Wei H, et al. Research on corrosion detection for steel reinforced concrete structures using the fiber optical white light interferometer sensing technique. Smart Mater Struct 2013; 22: 065014 (7pp).

[29] Maalej M, Ahmed SFU, Kuang KSC, et al. Fiber optic sensing for monitoring corrosion-induced damage. Struct Health Monit 2004; 3: 165-176.

[30] Chen X, Ansari F. Fiber optic stress wave sensor for detection of internal flaws in concrete structures. J Intell Mater Syst Struct 2000; 10: 274-279.

[31] Wade SA, Wallbrink CD, McAdam G, et al. A fibre optic corrosion fuse sensor using stressed metal-coated optical

fibres. Sens Actuators, B Chem 2008; 131: 602-608.

[32] Robert CC, editor. Development and field test of deformation sensors for concrete embedding. Smart structures and materials 1996: industrial and commercial applications of smart structures technologies, 27 February 1996-29 February 1996; 1996.

[33] Matthews LK, editor. Monitoring of corrosion in steel structures using optical fiber sensors. In: Smart structures and materials 1995: smart systems for bridges, structures, and, highways, 28 February 1995-3 March 1995.

[34] Meyendorf NG, Peters KJ, Ecke W, editors. A new kind of smart cable with functionality of fullscale monitoring using BOTDR technique. Proceedings of SPIE-the International Society for Optical Engineering 2009.

[35] Mao JH, Jin WL, He Y, et al. A novel method of embedding distributed optical fiber sensors for structural health monitoring. Smart Mater Struct 2011; 20.

[36] Zhao X, Gong P, Qiao G, et al. Brillouin corrosion expansion sensors for steel reinforced concrete structures using a fiber optic coil winding method. Sensors 2011; 11: 10798-10819.

[37] Shull PJ, Diaz AA, Felix Wu H, editors. Structural health monitoring of PC structures with novel types of distributed sensors. In: Nondestructive characterization for composite materials, aerospace engineering, civil infrastructure, and homeland security 2010, 8 March 2010-11 March 2010. 2010.

[38] Bossi RH, Moran T, editors. Optical fiber grating-based strain and corrosion sensors. In: Nondestructive evaluation for process control in manufacturing, 3 December 1996-3 December 1996. 1996.

[39] Wilson AR, Varadan VV, editors. Finite element modeling to determine thermal residual strain distribution of bonded composite repairs for structural health monitoring design. Smart materials II, 16 December 2002-18 December 2002; 2002.

[40] Singh N, Jain SC, Aulakh NS, et al. Fiber optic colorimetry technique for in-situ measurement of corrosion in civil structures. Exp Tech 2004; 28: 23-26.

[41] Inari T, Takashima K, Watanabe M, et al. Optical inspection system for the inner surface of a pipe using detection of circular images projected by a laser source. Meas J Int Meas Confed 1994; 13: 99-106.

[42] Gobi G, Sastikumar D, Balaji Ganesh A, et al. Fiber-optic sensor to estimate surface roughness of corroded metals. Opt Appl 2009; 39: 5-11.

[43] Guillaume F, Greden K, Smyrl WH. Optical sensors for corrosion systems: I. Oxygen sensing. J Electrochem Soc 2008; 155: J213-219.

[44] Mizaikoff B, editor. Fiber-optic-based corrosion sensor using OTDR. In: 6th IEEE conference on sensors, IEEE sensors 2007, 28 October 2007-31 October 2007. 2007.

[45] Sampson DD, editor. Multipoint fiber-optic-based corrosion sensor. In: 19th international conference on optical fibre sensors, 15 April 2008-18 April 2008. 2008.

[46] Nascimento JF, Silva MJ, Coêlho IJS, et al. Amplified OTDR systems for multipoint corrosion monitoring. Sensors 2012; 12: 3438-3448.

[47] Wan KT, Leung CKY. Durability tests of a fiber optic corrosion sensor. Sensors 2012; 12: 3656-3668

[48] Murphy Kent A, Huston Dryver R, editors. Novel NDE fiber optic corrosion sensor. Smart structures and materials 1996: smart sensing, processing, and instrumentation, 26 February 1996-28 February 1996; 1996.

[49] Benounis M, Jaffrezic-Renault N. Elaboration of an optical fibre corrosion sensor for aircraft applications. Sens Actuators, B Chem 2004; 100: 1-8.

[50] Dong S, Liao Y, Tian Q. Sensing of corrosion on aluminum surfaces by use of metallic optical fiber. Appl Opt 2005; 44: 6334-6337.

[51] Dong S, Liao Y, Tian Q. Intensity-based optical fiber sensor for monitoring corrosion of aluminum alloys. Appl Opt 2005; 44: 5773-5777.

[52] Benounis M, Jaffrezic-Renault N, Stremsdoerfer G, et al. Elaboration and standardization of an optical fibre corrosion sensor based on an electroless deposit of copper. Sens Actuators, B Chem 2003; 90: 90-97.

[53] Cardenas-Valencia AM, Byrne RH, Calves M, et al. Development of stripped-cladding optical fiber sensors for continuous monitoring. II: referencing method for spectral sensing of environmental corrosion. Sens Actuators, B Chem 2007; 122: 410-418.

[54] Abderrahmane S, Himour A, Kherrat R, et al. An optical fibre corrosion sensor with an electroless deposit of Ni-P. Sens Actuators, B Chem 2001; 75: 1-4.

[55] Dong S, Liao Y, Tian Q, et al. Optical and electrochemical measurements for optical fibre corrosion sensing techniques. Corros Sci 2006; 48: 1746-1756.

[56] Luo Y, Qiu Z, Song S, et al. Study on the sensing capability of Fe-C alloy corrosion sensing film. Mater Corros 2007; 58: 198-201.

[57] Abdelmalek F. Study of the optical properties of corroded gold-aluminum films using surface Plasmon resonances. Thin Solid Films 2001; 389: 296-300.

[58] Abdelmalek F. Surface plasmon resonance based on Bragg gratings to test the durability of Au-Al films. Mater Lett 2002; 57: 213-218.

[59] Cai H-L, Hu W-B, Zhang X-X, et al. A fiber Bragg grating sensor of steel corrosion at different humidities. Guangzi Xuebao 2011; 40: 690-693.

[60] Cai LH, Li W, Fang HF. Characterization of Fe-C alloy film optical fiber corrosion sensors by fractal. Adv Mater Res 2011; 239-242: 976-980.

[61] Greene J A, Jones M E, Tran T A, Murphy K A. Grating-based optical-fiber-based corrosion sensors. Smart structures and materials 1996: smart sensing, processing, and instrumentation, 26 February 1996-28 February 1996; 1996.

[62] Hu W, Cai H, Yang M, et al. Fe-C-coated fibre Bragg grating sensor for steel corrosion monitoring. Corros Sci 2011; 53: 1933-1938.

[63] Qiu Z, Luo Y, Song S. The formation of pure aluminium corrosion sensing film on fiber and itselectrochemical performance. Mater Corros 2007; 58: 109-112.

[64] Butler MA, Ricco AJ. Reflectivity changes of optically-thin nickel films exposed to oxygen. Sens Actuators 1989; 19: 249-257.

[65] Himour A, Abderrahmane S, Beliardouh NE, et al. Optical-fiber corrosion sensor based on deposit of Au/Ni-P. Jpn J Appl Phys Part 1: Regul Pap Short Notes Rev Pap 2005; 44: 6709-6713.

[66] Wan KT, Leung CKY, Chen L. A novel optical fiber sensor for steel corrosion in concrete structures. Sensors 2008; 8: 1960-1976.

[67] Wang Y, Huang H. Optical fiber corrosion sensor based on laser light reflection. Smart Mater Struct 2011; 20: 085003 (7pp).

[68] Luo Y, Qiu Z, Song S, et al. PVD and its incorporation with electroplating to fabricate Fe-C alloy film of fiber optical corrosion sensor. Huagong Xuebao 2004; 55: 947-951.

[69] Javaherdashti R, Singh Raman RK, Panter C, et al. Microbiologically assisted stress corrosion cracking of carbon steel in mixed and pure cultures of sulfate reducing bacteria. Intern Biodeterior Biodegrad 2006; 58: 27-35.

[70] Montemor MF, Simñes AMP, Ferreira MGS. Chloride-induced corrosion on reinforcing steel: from the fundamentals to the monitoring techniques. Cem Concr Compos 2003; 25: 491-502.

[71] Hime WG. Chloride-caused corrosion of steel in concrete. A new historical perspective. Concr Int 1994; 16: 56-60.

[72] Matthews LK, editor. Embedded chloride detectors for roadways and bridges. Proceedings of SPIE-the International Society for Optical Engineering 1996.

[73] Fuhr PL, MacCraith BD, Huston DR, Guerrina M, Nelson M, editors. Fiber optic chloride sensing: if corrosion's the problem, chloride sensing is the key. Proceedings of SPIE-the International Society for Optical Engineering 1997.

[74] Fuhr PL, Huston DR, MacCraith B. Embedded fiber optic sensors for bridge deck chloride penetration measurement. Opt Eng 1998; 37: 1221-1228.

[75] Laferrière F, Inaudi D, Kronenberg P, et al. A new system for early chloride detection in concrete. Smart Mater Struct 2008; 17: 045017 (7pp).

[76] Tang J, Wang J. Measurement of chloride-ion concentration with long-period grating technology. Smart Mater Struct 2007; 16: 665-672.

[77] Tomizuka M, Yun C-B, Giurgiutiu V, editors. Studies on measurement of chloride ion concentration in concrete structures with long-period grating sensors. Proceedings of SPIE-the International Society for Optical Engineering 2006.

[78] Abi Kaed Bey SK, Chun Lam CC, Sun T, et al. Chloride ion optical sensing using a long period grating pair. Sens Actuators, A Phys 2008; 141: 390-395.

[79] Wilson AR, Varadan VV, editors. In situ health monitoring of bonded composite repairs using a novel fibre Bragg grating sensing arrangement. Smart materials II, 16 December 2002-18 December 2002; 2002.

[80] Spillman Jr WB, editor. Detection of aluminum corrosion by evanescent wave absorption spectroscopy with optical fibers. Proceedings of SPIE-the International Society for Optical Engineering 1995.

[81] Kazemi AA, Kress BC, Chan EY, editors. Evanescent wave absorption measurements of corroded materials using

optical fibers as remote probes. Proceedings of SPIE-the International Society for Optical Engineering 2010.

[82] Cooper KR, Elster J, Jones M, Kelly RG, editors. Optical fiber-based corrosion sensor systems for health monitoring of aging aircraft. In: AUTOTESTCON (Proceedings). 2001.

[83] Elster J, Greene J, Jones M, et al. Optical fiber-based chemical sensors for detection of corrosion precursors and by-products. Proc SPIE Int Soc Opt Eng 1999; 3540: 251-257.

[84] Sinchenko E, McAdam G, Davis C, McDonald S, McKenzie I, Newman PJ, et al. Optical fibre techniques for distributed corrosion sensing. In: ACOFT/AOS 2006-Australian conference on optical fibre technology/Australian Optical Society. 2006.

[85] Ravi Kishore VVN, Aziz A, Narasimhan KL, et al. On the assignment of the absorption bands in the optical spectrum of Alq3. Synth Met 2002; 126: 199-205.

[86] Venancio PG, Cottis RA, Narayanaswamy R, et al. Optical sensors for corrosion detection in airframes. Sens Actuators, B Chem 2013; 182: 774-781.

[87] Szunerits S, Walt DR. Aluminum surface corrosion and the mechanism of inhibitors using pH and metal ion selective imaging fiber bundles. Anal Chem 2002; 74: 886-894.

[88] Warren-Smith SC, Ebendorff-Heidepriem H, Afshar SV, et al. Corrosion sensing of aluminium alloys using exposed-core microstructured optical fibres. Mater Forum 2008; 33: 110-121.

[89] Corres JM, Matias IR, Arregui FJ. Optical fibre humidity sensors using nano-films. Lect Notes Electr Eng 2008; 21: 153-177.

[90] Yeo TL, Sun T, Grattan KTV. Fibre-optic sensor technologies for humidity and moisture measurement. Sens Actuators, A Phys 2008; 144: 280-295.

[91] An J, Zhao Y, Jin Y, Shen C. Relative humidity sensor based on SMS fiber structure with polyvinyl alcohol coating. Optik 2013.

[92] Correia SFH, Antunes P, Pecoraro E, et al. Optical fiber relative humidity sensor based on a FBG with a di-ureasil coating. Sensors (Switzerland) 2012; 12: 8847-8860.

[93] Inaudi D, Udd E, editors. Fiber optic grating moisture and humidity sensors. Smart structures and materials 2002 smart sensor technology and measurement systems, 18 March 2002-19 March 2002; 2002.

[94] Wang J, Liang H, Dong X, et al. A temperature-insensitive relative humidity sensor by using polarization maintaining fiber-based Sagnac interferometer. Microwave Opt Technol Lett 2013; 55: 2305-2307.

[95] Liao Y, Jin W, Sampson DD, Yamauchi R, Chung Y, Nakamura K, Rao Y, editors. Miniature photonic crystal optical fiber humidity sensor based on polyvinyl alcohol. Proceedings of SPIE-the International Society for Optical Engineering 2012.

[96] Yao J, Zhu T, Deng M, et al. A humidity sensor based on all-fiber Fabry-Perot interferometer formed by large offset splicing. Zhongguo Jiguang/Chinese J Lasers 2012; 39.

[97] Culshaw B, Liao YB, Wang A, Bao X, Fan X, editors. Optical fiber relative humidity sensor based on a hydrogel coated long period grating. Proceedings of SPIE-the International Society for Optical Engineering 2011.

[98] Zamarreño CR, Hernaez M, Sanchez P, Del Villar I, Matias IR, Arregui FJ. Optical fiber humidity sensor based on lossy mode resonances supported by TiO_2/PSS coatings. Procedia Engineering 2011.

[99] Zhang S, Dong X, Li T, et al. Simultaneous measurement of relative humidity and temperature with PCF-MZI cascaded by fiber Bragg grating. Opt Commun 2013; 303: 42-45.

[100] Bossi RH, Pepper DM, editors. Optical fiber corrosion sensors for aging aircraft. Process control and sensors for manufacturing, 31 March 1998-1 April 1998; 1998.

[101] Udd E, Inaudi D, editors. Implementing fiber optic sensors to monitor humidity and moisture. Smart structures and materials 2004-smart sensor technology and measurement systems, 15 March 2004-17 March 2004; 2004.

[102] Reuter WG, editor. Distributed fiber optic chemical sensors for detection of corrosion in pipelines and structural components. Nondestructive evaluation of utilities and pipelines II, 1 April 1998-1 April 1998; 1998.

[103] Cordell TM, Rempt RD, editors. Embeddable distributed moisture and pH sensors for nondestructive inspection of aircraft lap joints. In: Nondestructive evaluation of aging aircraft, airports, aerospace hardware, and materials, 6 June 1995-8 June 1995. Bellingham, WA, United States: Society of Photo-Optical Instrumentation Engineers; 1995.

[104] Pirrotta S, Guglielmino E. Optical psychrometer for relative humidity measurement in non-conventional environments. In: Proc. SPIE 6619, Third European workshop on optical fibre sensors, 661920. July 02, 2007. http://dx.doi.org/;10.1117/12.738595. http://proceedings.spiedigitallibrary.org/proceeding.aspx?articleid=1304741.

[105] Sun T, Grattan KTV, Srinivasan S, et al. Building stone condition monitoring using specially designed compensated optical

[106] fiber humidity sensors. IEEE Sens J 2012; 12: 1011-1017.

[106] Zheng S, Zhu Y, Krishnaswamy S. Nanofilm-coated long-period fiber grating humidity sensors for corrosion detection in structural health monitoring. In: Nondestructive characterization for composite materials, aerospace engineering, civil infrastructure, and homeland security 2011, 7 March 2011-10 March 2011. 2011.

[107] Muto S, Suzuki O, Amano T, et al. A plastic optical fibre sensor for real-time humidity monitoring. Meas Sci Technol 2003; 14: 746-750.

[108] Cho H, Tamura Y, Matsuo T. Monitoring of corrosion under insulations by acoustic emission and humidity measurement. J Nondestr Eval 2011; 30: 59-63.

[109] Zhang S, Tanaka S, Wickramasinghe YABD, et al. Fibre-optical sensor based on fluorescent indicator for monitoring physiological pH values. Med Biol Eng Comput 1995; 33: 152-156.

[110] Moreno J, Arregui FJ, Matias IR. Fiber optic ammonia sensing employing novel thermoplastic polyurethane membranes. Sens Actuators, B Chem 2005; 105: 419-424.

[111] Yanaz Z, Filik H, Apak R. Development of an optical fibre reflectance sensor for lead detection based on immobilised arsenazo Ⅲ. Sens Actuators, B Chem 2010; 147: 15-22.

[112] Ng SM, Narayanaswamy R. Fluorescence sensor using a molecularly imprinted polymer as arecognition receptor for the detection of aluminium ions in aqueous media. Anal Bioanal Chem 2006; 386: 1235-1244.

[113] Perelman LA, Moore T, Singelyn J, et al. Preparation and characterization of a pH- and thermally responsive poly (N-isopropylacrylamide-coacrylic acid)/porous SiO_2 hybrid. Adv Funct Mater 2010; 20: 826-833.

[114] Jones TP, Porter MD. Optical pH sensor based on the chemical modification of a porous polymer film. Anal Chem 1988; 60: 404-406.

[115] Arregui FJ, Fernandez-Valdivielso C, Ilundain I, Matias IR. pH sensor made using cellulosic coating on a biconically tapered singlemode optical fiber. Proceedings of SPIE -the International Society for Optical Engineering 2000.

[116] Oter O, Ertekin K, Kirilmis C, et al. Characterization of a newly synthesized fluorescent benzofuran derivative and usage as a selective fiber optic sensor for Fe (Ⅲ). Sens Actuators, B Chem 2007; 122: 450-456.

[117] MacCraith BD, McDonagh CM, O'Keeffe G, et al. Sol-gel coatings for optical chemical sensors and biosensors. Sens Actuators, B Chem 1995; 29: 51-57.

[118] Grant SA, Glass RS. A sol-gel based fiber optic sensor for local blood pH measurements. Sens Actuators, B Chem 1997; 45: 35-42.

[119] Carmona N, Villegas MA, Navarro JMF. Optical sensors for evaluating environmental acidity in the preventive conservation of historical objects. Sens Actuators, A Phys 2004; 116: 398-404.

[120] Singh S, Gupta BD. Fabrication and characterization of a surface plasmon resonance based fiber optic sensor using gel entrapment technique for the detection of low glucose concentration. Sens Actuators, B Chem 2013; 177: 589-595.

[121] Lau KT, Baldwin S, Shepherd RL, et al. Novel fused-LEDs devices as optical sensors for colorimetric analysis. Talanta 2004; 63: 167-173.

[122] Munzke D, Saunders J, Omrani H, et al. Modeling of fiber-optic fluorescence probes for strongly absorbing samples. Appl Opt 2012; 51: 6343-6351.

[123] Oceanoptics Inc. *Products: optical pH sensor probes*. Available at: http://www.oceanoptics.com/Products/phsensor.asp; 2013 [accessed 07.07.2013].

[124] Lobnik A, Oehme I, Murkovic I, et al. pH optical sensors based on sol-gels: chemical doping versus covalent immobilization. Anal Chim Acta 1998; 367: 159-165.

[125] Wolfbeis OS. Materials for fluorescence-based optical chemical sensors. J Mater Chem 2005; 15: 2657-2669.

[126] Wolfbeis OS, Posch HE. Fibre-optic fluorescing sensor for ammonia. Anal Chim Acta 1986; 185: 321-327.

[127] Xie Z, Guo L, Zheng X, et al. A new porous plastic fiber probe for ammonia monitoring. Sens Actuators, B Chem 2005; 104: 173-178.

[128] Müller B, Hauser PC. Fluorescence optical sensor for low concentrations of dissolved carbon dioxide. Analyst 1996; 121: 339-343.

[129] Ferguson JA, Healey BG, Bronk KS, et al. Simultaneous monitoring of pH, CO_2 and O_2 using an optical imaging fiber. Anal Chim Acta 1997; 340: 123-131.

[130] Chu C, Lo Y. Fiber-optic carbon dioxide sensor based on fluorinated xerogels doped with HPTS. Sens Actuators, B Chem 2008; 129: 120-125.

[131] Contreras-Gutierrez PK, Medina-Rodríguez S, Medina-Castillo AL, et al. A new highly sensitive and versatile opti-

cal sensing film for controlling CO_2 in gaseous and aqueous media. Sens Actuators, B Chem 2013; 184: 281-287.

[132] Moreno-Bondi MC, Wolfbeis OS, Leiner MJP, et al. Oxygen optrode for use in a fiber-optic glucose biosensor. Anal Chem 1990; 62: 2377-2380.

[133] Jiang J, Gao L, Zhong W, et al. Development of fiber optic fluorescence oxygen sensor in both in vitro and in vivo systems. Respir Physiol Neurobiol 2008; 161: 160-166.

[134] Alodan MA, Smyrl WH. Detection of localized corrosion of aluminum alloys using fluorescence microscopy. J Electrochem Soc 1998; 145: 1571-1577.

[135] Lee W, Guillaume F, Knutson TL, et al. Analysis of products at reaction sites by fluorescence microspectroscopy using the f-NSOM technique. J Electrochem Soc 2005; 152: B111-B115.

[136] Loete F, Vuillemin B, Oltra R. pH mapping of localized corrosion in confined electrolytes by total internal reflection fluorescence microscopy. ECS Trans 2007; 3 (31): 23-8; Cancun; Mexico; 29 October 2006 through 3 November 2006; Code 72279.

[137] Epstein JR, Walt DR. Fluorescence-based fibre optic arrays: a universal platform for sensing. Chem Soc Rev 2003; 32: 203-214.

[138] Mahutte CK. On-line arterial blood gas analysis with optodes: current status. Clin Biochem 1998; 31: 119-130.

[139] Panova AA, Pantano P, Walt DR. In situ fluorescence imaging of localized corrosion with a pH-sensitive imaging fiber. Anal Chem 1997; 69: 1635-1641.

第 19 章
用于重大文化工程的高性能防腐蚀涂层的表征

Tami Lasseter Clare, Natasja A. Swartz
Department of Chemistry, Portland State University,
Portland, OR 97207, USA

19.1 简介

19.1.1 物质文化遗产保护涂层

防护涂层用来稳定艺术品、考古材料和民族志物品，以预防其损坏。对于室内储存条件（如博物馆），通过有效的气候条件控制即可实现稳定化，例如控制透明玻璃内微环境的湿度和温度。对于陈列于户外的物品或巨大的纪念碑等，为其提供稳定的非腐蚀性环境是项巨大的挑战，通常需要使用具有化学和物理屏障作用的保护涂层。

涂层材料多种多样，在选择合适的涂层时，必须要考虑几个关键因素：①必须透彻理解基体与涂层间的相互作用。基体-涂层界面的黏合性常常限制了涂层的有效性，涂层与基体分层会为水/电解质的累积和接下来的腐蚀破坏提供环境。②基体材料的性质满足涂层要求。多孔材料如石头或混凝土，由于毛细作用水蒸气被吸入或从材料中排出，涂层应该允许水蒸气通过，否则会导致老化破坏。非渗透的屏蔽膜是金属材料（如青铜、黄铜、碳钢、Cor-Ten耐候钢、铝）腐蚀控制的最有效方式。③应该考虑环境效应，如紫外光、日常和季节性气温与湿度的变化、污染物、物理磨损（风尘或人为破坏）。尽管已有大量科学研究证明了一种或多种涂层在特定基体上的功效，但是文化遗产的敏感性要求收集、维护人员进行测试以证明特定基体和涂层之间的相容性。

在考虑配对基材和涂层时，存在额外的限制因素，这些限制因素会影响保护物质文化遗产的防腐智能涂层的设计。涂层必须是光学透明的；涂层必须是可移除的，且不破坏涂层下面的艺术品；涂层必须易于施涂，仅用刷子或加压空气喷雾器就可以涂覆；实际上，涂层必须是市售的，材料成本是决定性因素，对于其他应用，通常要求每加仑（1gal＝3.785L）的价格是可接受的；应尽可能减少涂层对使用者的健康以及环境的影响。这五个方面（TRACE）减少了涂层的选择性，因为要求用于保护文化遗产的涂层在其他领域中也是受用的。例如，固化涂层或需要在高温炉中熔化的涂层不适用于物质文化遗产的保护。

因此，用于文化遗产保护的智能涂层定义为：除了满足基本的 TRACE 标准外，至少有一种先进的物理或化学特性的涂层。可以通过合理设计涂层结构或在其配方中添加某种组分以显著改善其某种特定性能。

以下描述的是我们对满足 TRACE 要求的涂层的化学和物理改性研究，通过这些改性希望改善涂层的耐候性和防水性能，目的是延长其在物质文化遗产保护方面的使用寿命和腐蚀防护性能。

19.1.2 智能定义：化学智能和物理智能

一般地，化学智能涂层能对化学应力（氧气或自由基产生的应力）进行响应。同样，通过诱导反应减少物理应力的系统被认为具有物理智能。赋予涂层智能的三大方法：①树脂；②配方和③封装。第一，树脂方法涉及将智能引入聚合物链中，引入可能响应应力的特定官能团。例如，在聚合物链骨架中引入氟基团，如聚偏氟乙烯（PVDF）和聚四氟乙烯（PTFE），它将通过重新形成均裂键来减少断链[1~4]。或者使用共聚物，具有一定玻璃化转变温度（T_g）的官能团可以在更宽的热范围内赋予聚合物柔韧性[5]；或者充当缓蚀剂的单体与充当阻挡层的单体共聚[6]。第二，配方方法涉及单一混合物的两个不同功能部分。可以将紫外线吸收剂掺入聚合物悬浮液的配方中，使聚合物充当化学和物理屏障以防止腐蚀，而紫外线吸收剂与形成的自由基反应以阻止链断裂或侧链裂解[7]。第三，不是在整个聚合物中均匀地分布或分散智能，而是巧妙地封装那些能在应激物刺激下释放出来的材料，一旦释放就会减轻应力。这种方法的一个例子是自组装涂层，通过胶囊化试剂的释放而填充到缝隙中，胶囊由于受到外部刺激如 pH、氯离子、水、光、温度或者其他机械或物理的变化而释放物质[8~12]。三种方法中的任一种或其组合都可以获得智能涂层[13]。在开发用于物质文化遗产腐蚀防护的智能涂层时，方法简便是首选，因为我们期望在它的服役期内尽可能少发生副反应，降低涂层破坏被保护物品的风险。

19.1.3 文化遗产保护常用涂层

在讨论如何改进防护涂层之前，回顾防护涂层在物质文化遗产保护方面的历史是非常有用的。自罗马时代以来，油和树脂被用作自然形成的金属氧化物表面的防护涂层。在 1 世纪，Pliny the Elder[14]指出如果铜或青铜制品不用油保护，则擦拭干净的条件下比自然放置生锈更快，最好的保存方法是给它们施加一层液体植物油。自 19 世纪开始，植物油、油漆和蜡用来保护室外的金属材料[15]。20 世纪 60 年代，国际铜业研究会（INCTA）开发专用漆（被称为 Incralac）（聚合物溶解在溶剂中）来保护铜免受腐蚀[16]。在 2008 年，我们关于涂层在今天是怎样用在物质文化遗产保护中的问题对物质文化遗产管理员进行了一个线上调查（百余名受访者）。为了防止铁腐蚀，47 人用蜡，23 人用溶剂型丙烯酸树脂，45 人用颜料涂层，15 人用其他的聚合物涂层，只有 3 人用丙烯酸乳液［见图 19.1(a)］。关于青铜和黄铜，84 人用蜡，58 人用丙烯酸漆，35 位用颜料涂层，只有 2 人用丙烯酸乳液［见图 19.1(b)］。这些结果表明蜡和油漆是最常用来保护金属基体的涂层，而丙烯酸漆常用来保护青铜。尽管管理员预计无蜡涂层（如丙烯酸漆）的使用寿命更长，有些人甚至表示他们预计无蜡涂层的使用寿命可达 20 年，但其用量仍落后于蜡，丙烯酸乳液几乎不被管理员使用。常用的丙烯酸树脂有三种：Paraloid^{TM} B-44、B-48 和 B-72。据报道，管理员使用了其中一种丙烯酸清漆和苯并三唑（BTA）（一种缓蚀剂[17]），其中 18 份报告将 BTA 混到 Incralac 中（其由 Paraloid^{TM} B-44 组成），8 份使用 BTA 做预处理，12 份既将它作为预处理剂又将其混到涂层中。在这个调查中，我们问管理员期望的涂层寿命是什么样的［见图 19.1(c)］。部分人认为蜡有一年或更短的保护寿命。非蜡涂层的预期寿命更长；部分人希望 3～5 年［见图 19.1(d)］。这个调查的反馈清晰地表明，虽然过去的 100 多年化学试剂的进步已经提供了蜡的替代品，但蜡仍然被管理群体优选作为保护涂层，预期寿命为 5 年或更短。

19.1.4 文物保护涂层的耐候性研究

为了定量了解某些常用涂层对物质文化遗产的保护性能，在 2009 年进行了一个为期 4 年的研究，将涂覆涂层的青铜置于不同的气候条件下：在 Florida 南部暴露 18 个月、用

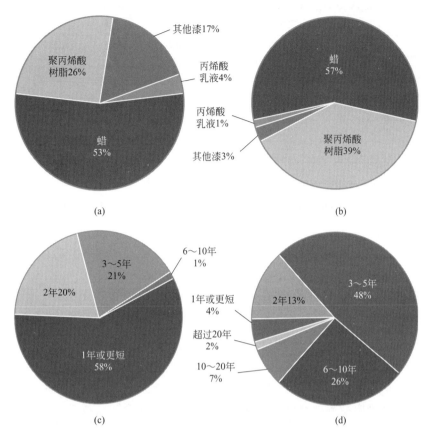

图 19.1 2009 年的在线调查结果。问题是：(a) 你用哪种涂层保护铁？(b) 你用哪种涂层保护铜？(c) 以你的经验，蜡涂层的预期寿命是多久？(d) 以你的经验，非蜡涂层的预期寿命是多久？

QUV-B 光辐照 1000h、在 Portland Oregon 室外放置 18 个月。表 19.1～表 19.3 表明了用 Gardco TRI 光度计测得的暴露于三种不同环境的青铜板上各种涂层的 60°光泽度和膜厚度变化。明显地，所有青铜板都显示出光泽度降低，损失 88%～11% 不等。在整个实验周期，蜡涂覆的铜板显示出最大的光泽度变化，而刚开始时光泽度最低，只有 4%～5% 反射率。在户外条件下，蜡涂覆的铜板膜厚损失最多（Florida-5.8μm，Portland Oregon-5.3μm），可以看到明显的腐蚀黑点。然而，由于 QUV 室内不存在烧蚀性微粒，蜡涂覆板老化仅损失了 0.6μm 的膜厚。由溶剂型树脂制成的涂层 Incralac 和 Paraloid™ B-44 暴露于三种不同的

表 19.1 在 Florida 南部室外老化 18 个月前后，涂覆铜基体光泽度、光泽度变化量、厚度、厚度变化量的测量结果

涂层	光泽度(60°)/%	光泽度(60°)差值±标准偏差/%	厚度/μm	厚度差±标准偏差/μm
蜡（Butchers）	4	−88±9%	30.5	−5.8±0.3
Incralac	13	−33±4%	24.3	−1.2±0.1
B-44	11	−34±3%	25.9	−2.3±0.1
B-44 和 BTA	13	−19±1%	25.5	−2.9±0.1
B-44 和 Tinuvin	12	−39±5%	24.8	−1.6±0.1
B-44，Tinuvin，BTA	13	−55±5%	27.4	−0.6±0.1
Incralac(WB)	11	−23±2%	37.4	−4.5±0.2

表19.2 在QUV-B室中老化1000h前后，涂覆铜基体光泽度、
光泽度变化量、厚度、厚度变化量的测量结果

涂层	光泽度(60°)/%	光泽度(60°)差值±标准偏差/%	厚度/μm	厚度差±标准偏差/μm
蜡（微晶）	5	$-57\pm3\%$	28.9	-0.6 ± 0.2
Incralac	17	$-24\pm2\%$	27.6	-4.0 ± 0.1
B-44	10	$-23\pm1\%$	25.7	-1.2 ± 0.1
B-44 和 BTA	14	$-13\pm1\%$	24.7	-0.2 ± 0.1
B-44 和 Tinuvin	16	$-88\pm7\%$	26.6	-6.5 ± 0.2
B-44，Tinuvin，BTA	15	$-84\pm8\%$	22.8	-3.1 ± 0.1

表19.3 在Portland Oregon室外老化18个月前后，涂覆铜基体光泽度、光泽度变化量、
厚度、厚度变化量的测量结果

涂层	光泽度(60°)/%	光泽度(60°)差值±标准偏差/%	厚度/μm	厚度差±标准偏差/μm
蜡（Butchers）	4	$-83\pm6\%$	24.1	-5.3 ± 0.5
Incralac	20	$-18\pm2\%$	21.1	-1.4 ± 0.7
B-44	10	$-11\pm1\%$	24.7	-0.6 ± 0.6
B-44 和 BTA	18	$-12\pm1\%$	27.4	-4.3 ± 0.4

气候条件下，在光泽度和厚度方面也有损失，缓蚀剂和/或光稳定剂[Tinuvin，1%（质量分数）添加量]的加入没有改善铜板的光泽度和厚度。水性树脂Incralac含有丙烯酸和聚氨酯，不同于仅有丙烯酸的溶剂型树脂。水性涂层的性能明显不同，它会开裂、变黄并且下面的基体发生腐蚀。除了蜡外，其他暴露在Florida南部环境下的涂层均显示出最多的膜损失。由于其初始性能较差，水性树脂Incralac以及市场上出售的一些可用于保护用途的材料均被略去进一步的研究。这些结果表明，虽然本研究中的涂层在2009年的调查中被管理员使用，但是这些涂层在它们所暴露的环境条件下都明显老化。因此，需要开发具有长寿命且符合第19.1.1节所述TRACE要求的高性能涂层。

19.1.5 开发物质文化遗产用智能涂层的方法

我们的目标是通过使用高度耐候性树脂并将纳米黏土纳入涂层配方，赋予涂层化学和物理智能以保护物质文化遗产。在下面的工作中，我们先测试了化学智能涂层，然后测试了物理和化学双重智能涂层。我们使用了PVDF与聚丙烯酸质量比为70:30的水性树脂，该树脂在市场上是Kynar Aquatec® RC-10206，比例为50:50的是Kynar Aquatec® FMA 12（Arkema Inc.）。疏水性的PVDF与聚丙烯酸共聚以提高其在水中的分散性（产生水性胶乳悬浮液，具有比溶剂型涂层更小的环境影响）。PVDF涂层被认为具有高的抵抗紫外光降解能力，其保护性能将持续30年甚至更久[3,18~20]。长寿命是由于其化学惰性结构，这反过来又具有对金属黏附性差的不良后果。溶剂型高度透明抗紫外树脂涂层Paraloid™ B-44（Dow Inc.）被用作基础涂层，强烈地黏附于金属基体上并提供与耐候性面层Kynar Aquatec® RC-10206好的层间黏附。为了赋予涂层更高抵抗吸湿性肿胀的能力，将硅酸盐纳米黏土（Laponite RD，Rockwood Inc.）掺入面层中，该方法如图19.2所示。涂层系统满足了TRACE的条件：①涂层是透明的，即使包含纳米黏土，黏土的尺寸太小，不能引起可见光散射；②涂层是可逆的，溶剂型底层和水溶性面层是可以用丙酮（还有许多其他溶剂）移除的；③可以用刷子和喷枪涂覆（底层减薄至原来的20%，面层约为原来的35%）；④树脂可通过Dow和Arkema Inc公司购买；⑤涂层系统降低了对环境的影响，因为其包含了水性成

分（Kynar Aquatec® RC-10206）。

19.1.6 涂层系统的预期挑战

如果面层与金属的黏合性增加以致不需要使用底涂，则该涂层可以进一步改善。引入已知能与金属相互作用的单体如甲基丙烯酸脲基酯[21]，以提高顶涂的附着力，或者通过树脂改性以降低最低成膜温度（MFFT）[Kynar Aquatec® FMA 12（12℃）比 Kynar Aquatec® RC-10205（22℃）具有更低的 MFFT

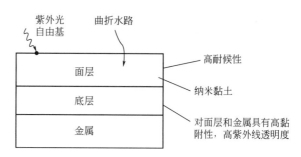

图 19.2 物质文化遗产保护用智能涂层的设计方法

和更好的黏附性，尽管没有高到可以不使用底涂]。使用水性涂层的另一个复杂问题来自胶乳悬浮液的成膜机理的差异，其比用溶剂型聚合物涂层显得更复杂且更容易产生薄膜缺陷。我们对选定的涂层体系进行了表征[22]，当膜完全形成之前暴露于水中，成膜助剂迁移是 Kynar Aquatec® RC-10206 膜变白的原因[23]。在我们之前的工作中，我们确定用红外加热灯对 Kynar Aquatec® RC-10206 进行 4h 退火使白化度从 25% 降低到 5%，这与可视透明喷涂膜的对照组相当（100% 是白的）。

19.1.7 电化学阻抗谱表征保护膜的阻隔性能

也许比在老化过程中监测涂覆基材的视觉变化（光泽度、厚度、颜色、附着力、增白度等）更重要的是表征和监测它们的阻隔性能，即防护涂层对腐蚀性离子和水的阻挡能力。利用很多方法评价了膜的阻隔能力，如伏安法和电位法；然而，这些方法通常需要施加电压或电流以引发电化学反应，由于物质文化遗产保护要求测量方法本身必须是非破坏性的和非侵入性的，所以这些方法通常不适合于对雕塑或建筑元件进行测量[24]。电化学阻抗谱（EIS）已经成为涂层分析的一种有用方法，根据精确设置，电化学阻抗谱可能是无损的，因为没有施加净电流，并且可以在开路电位下进行测量[20,25~28]。EIS 可以在双电极测量系统中运行，在工作电极上施加一个小的交流信号（约 10～30mV），并在对电极上测量电流的大小和相位。测量频率约为 1～1MHz，高频测量受仪器能力限制，低频测量受噪声限制。与工作电极相比，对电极处测得的振幅（Z）或相位的变化与系统的电阻和/或电容特性相关，因为电容产生 $-90°$ 相位，并且它们的阻抗与频率有关，而电阻与相位及频率无关，如式（19.1）所示：

$$Z_R = R ; \quad Z_C = \frac{1}{j\omega C} \tag{19.1}$$

式中，R 是电阻；C 是电容；ω 是角频率；j 是复数。

对于暴露于电解液中的涂覆的金属基体，存在若干电路元件，诸如电解质电阻、防护涂层的电容、防护涂层的电阻，以及每个材料界面的电阻。当存在涂层缺陷时，则会出现其他电路元件，例如电荷转移电阻和双层电容。每一个电路元件的数值可以通过将实验数据拟合到等效电路模型来确定。当监测到各个元件的值随时间变化时，可以让我们了解防护涂层如何变化并最终失效。实际的涂层系统往往不像理想的电容器那样工作，所以使用常相位角[用式(19.2) 表示]来更准确地描述所测数据。

$$Z_{CPE} = \frac{1}{(j\omega)^\alpha C} \tag{19.2}$$

式中，α 在 1 和 0.5 之间变化（然而对于干燥/完好的薄膜，α 通常在 1 和 0.9 之间）。

19.2 实验细节

19.2.1 涂层基体实验细节

用 17mmol/L BTA（Alfa-Aesar）乙醇溶液浸泡 24h 来处理青铜基材（2.54cm×7.62cm；90%Cu 10%Sn，TB Hagstoz & Son Inc.）以防止生锈。将底涂用树脂溶于溶剂[Paraloid™ B-44 树脂，主要由甲基丙烯酸甲酯-乙基丙烯酸酯共聚物组成，简称 SB 亚克力，其在甲苯中的浓度为 20%（质量分数），Dow, Inc.]。面漆采用 Arkema 公司的水性 Kynar Aquatec® RC-10206 乳胶漆，该乳胶漆是由聚（偏二氟乙烯）和聚（甲基丙烯酸甲酯）混合而成的。用 Fuji HVLP Super 4 XPC TM 喷涂基材，每层干膜厚度约为 $10\sim15\mu m$（即底涂或 WB PVDF 面涂），干膜总厚度约 $30\mu m$。样品在 60℃的烘箱中退火（加热）12h。

19.2.2 涂覆板老化研究实验细节

根据 ASTM D6675，将涂覆基板暴露于 Florida，其在 Florida 南部的 Q-Labs 处以 45°南向倾斜面进行盐雾暴露，并且每三个月用水冲洗一次后进行评估。根据 ASTM G154 Cycle2，确定暴露于紫外线的条件，即一个 500h 的循环：60℃下 UV-B 辐照暴露 4h，辐照度=0.78；50℃下无辐照冷凝 4h。每块板材的涂层厚度在 $25\sim30\mu m$ 之间，通过喷涂涂覆，如果是蜡，则在低温下均匀加热熔化，用布涂覆。

19.2.3 基体表征实验细节

使用 Gardcoμ-Tri-Gloss 测量仪测定光泽度和厚度，测量五次取平均值。采用 Gamry Reference 600 Potentiostat 和 Gamry Framework 软件进行 EIS 测定。用标准三电极 Gamry Paint 电解池进行 EIS 测定：将工作电极（涂覆的青铜板）与填充有 3% NaCl 溶液的玻璃电解池夹紧，并将 Ag/AgCl 参比电极和石墨对电极浸入电解液中，且工作电极和对电极间有 4cm 距离。

工作电极的暴露面积为 $14.6cm^2$，AC 电压为 20mV rms（均值平方根）时的频率范围 $1MHz\sim0.1Hz$，DC 电压为 $(0\pm200)mV$（相对于开路电位）。使用 Scribner Associates ZView 软件对 EIS 图进行解释，并建立等效电路（EEC）模型进行模拟。EEC 模型与数据之间的拟合误差为拟合与实验数据的残差的总和。平均恒电位仪器误差范围从 0.1Hz 时的 10% 到 1 MHz 时的 <0.5%。

使用配有 Nicolet Continuμm FTIR 显微镜的 ThermoScientific iS10 红外光谱仪进行傅里叶变换红外显微光谱（FTIR-m）测量，并且使用 $50\mu m$ MCT（碲化汞/碲化镉）探测器来获取 $4000\sim650cm^{-1}$ 的光谱，分辨率为 $4cm^{-1}$，并使用 Omnic 软件测试和分析。在透射模式下在钻石片上进行 128 次扫描，获得微观采样横截面的光谱。使用 N-B 强切趾函数和 Mertz 相位校正来转换数据。

所有 X 射线研究均采用 Rigaku Ultima IV 多功能 X 射线衍射仪，采用 CuKα 辐射源（$\lambda=1.542\text{Å}$），步长 = 0.002°，持续 12s。用玛瑙研钵和研杵将粉末样品精细研磨并在镜像载玻片上按随机方向压制。对于透射模式下的散射研究，用水性黏土分散体或湿树脂填充薄壁玻璃毛细管（1.5mm，Charles-Supper, Co.），并将其连接到固定在真空路径窗口附近的 20mm 样品窗口上。

19.3 化学智能涂层的测试和表征

19.3.1 户外金属化学智能涂层的耐候性研究

为了比较化学智能涂层与普通丙烯酸涂层的耐候性，制备涂覆 Paraloid™ B-44 底层和

Kynar Aquatec®RC-10206 面层或仅仅涂覆 Paraloid™ B-44 的青铜或黄铜基材，并且在 Florida 南部老化 18 个月，在 QUV-B 室老化 2750h。通过 EIS 监测其腐蚀防护性能的变化，并通过 FTIR-m 监测其化学变化。

19.3.2　EIS 对耐候涂层基材的表征

老化前，一个简单模型很好地拟合了两种涂层，如图 19.3 所示，R_b 为溶液电阻，而其余电阻和电容表征涂层，电路模型的简单性意味着电流仅沿着单个路径行进。然而，在老化之后，通过添加一对或两对并联电阻和常相位元件，使数据最佳拟合的等效电路模型变得更加复杂。从图中可以观察到，经过 2250h QUV-B 老化的 Paraloid™ B-44 薄膜退化最多，电化学阻抗谱等效电路图中存在三个时间常数，分别对应：①干/完整涂层区；②涂层的水溶胀/缺陷区；③暴露的金属基体（具有双电层电容和来自生长氧化物层的电荷转移电阻）。我们将 R_1 归因于涂层本身的电阻，在老化前为 $4.2×10^9$ Ω。在 QUV-B 室中老化后，R_1 的值下降到 $1.21×10^5$ Ω，在 Florida 南部老化后降至 $3.12×10^5$ Ω，使电阻降低四个数量级。相比之下，在 QUV-B 室老化 2750h 后，KynarAquatec® RC-10206 膜在 10～0.1Hz 的频率下显示出总阻抗增加，这可能是由于在 QUV-B 老化周期中，在适度的加热（退火）下完成了成膜。在适度的初步退火（实际上改善了该涂层的阻挡性能）后，继续退火并没有明显改变该膜的阻抗。在老化之前，R_1 的值为 $2.76×10^8$ Ω，在 Florida 南部老化后，该值降至 $2.02×10^7$ Ω。这些数据表明，使用 KynarAquatec® RC-10206 的涂层在 Florida 南部和加速老化中的工作寿命比单独使用 Paraloid™ B-44 的涂层寿命更长。

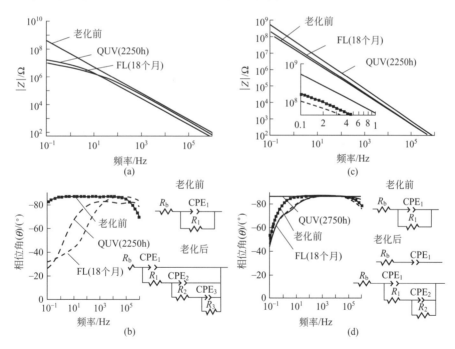

图 19.3　涂覆的青铜基材在 QUV-B 室或 Florida 南部老化前后的电化学阻抗谱：（a）用 Paraloid™ B-44 涂覆的基体的阻抗（Z）和（b）相位（φ）与频率的关系；（c）涂有 Paraloid™ B-44 底层和 Kynar Aquatec® RC-10206 面层的基材的阻抗（Z）和（d）相位（φ）与频率的关系

19.3.3　耐候涂层基体的 FTIR 表征

在老化过程中，可以检测到涂层经历了多种化学变化。我们用 FTIR-m 监测了老化膜化学性能的变化。图 19.4 显示了老化前 Paraloid™ B-44 固体薄膜的红外光谱，以及在 Florida 南部老化 18 个月和在 QUV-B 室老化 2250h 后的相减结果。光谱归一化为最强峰（减去之前，1732cm^{-1} 处羰基峰）。Paraloid™ B-44 的部分结构图为老化过程中 IR 波段和化学变化关联分析提供参考。相对于羰基峰的强度，从两种类型老化作用之后的反峰差减谱看到，与 C—O—C 伸缩振动、C—O 键振动、CH$_2$ 和 CH$_3$ 变形以及摇摆和伸展振动相关的谱带峰值减小。例如，在反峰区看到，老化后，C—O 振动的宽峰（1140～1430cm^{-1}）强度降低。光谱的变化表明，与老化有关的主要化学变化之一是甲氧基（—OCH$_3$）或乙氧基（—OCH$_2$CH$_3$）基团的损失。值得注意的是，观察到谱带强度降低得并不大，聚合物降解可导致在老化后低分子量/挥发性化合物消失，因而未检测到。类似地，尽管在我们的数据中没有观察到大的峰值降低[29]，但可能挥发性物质丢失了，在我们的光谱中观察不到（鉴于强度归一化是必要的）。在 QUV-B 老化涂层失效时，对样板进行肉眼观察，发现膜起皱和收缩，表明由于老化，膜的化学和物理性质发生了巨大变化。

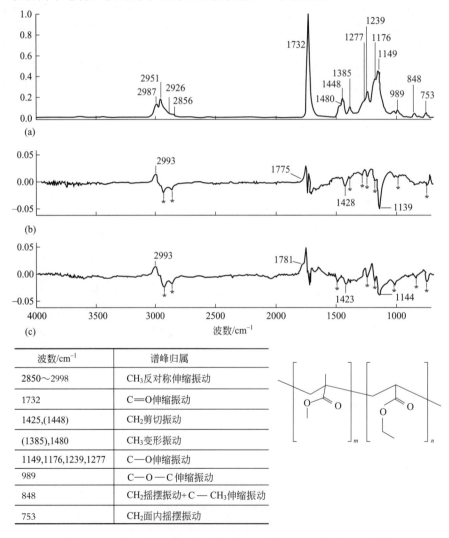

波数/cm^{-1}	谱峰归属
2850～2998	CH$_3$ 反对称伸缩振动
1732	C=O 伸缩振动
1425,(1448)	CH$_2$ 剪切振动
(1385),1480	CH$_3$ 变形振动
1149,1176,1239,1277	C—O 伸缩振动
989	C—O—C 伸缩振动
848	CH$_2$ 摇摆振动+C—CH$_3$ 伸缩振动
753	CH$_2$ 面内摇摆振动

图 19.4 （a）Paraloid™ B-44 的 FTIR 光谱；（b）在 Florida 南部老化 18 个月后获得的差减光谱；（c）在 QUV 室老化 2250h 后获得的差减光谱（使用星号标识用来确认与老化前光谱中标记峰相同的峰；表格表示聚合物的官能团分配，插图给出了近似结构）

第 19 章 用于重大文化工程的高性能防腐蚀涂层的表征

由于 KynarAquatec® RC-10206 含有 PVDF 和丙烯酸树脂，因此相对于更耐老化的 PVDF 成分，期望丙烯酸优先损失且在图 19.5 所示的数据中也观察到了这个结果。光谱归一化为光谱中最强的峰，这是在 1149 cm^{-1} 处的 C—O 伸缩振动。相对于该峰，羰基峰值降低，这与丙烯酸组分的损失一致。虽然 C—O 键强度可能随着羰基的损失而降低，但由于 CF_2 和 C—O 键振动的光谱重叠，1140～1430 cm^{-1} 区域的解释变得复杂。KynarAquatec® RC-10206 的薄膜在老化后仍保持良好的柔韧性，无裂纹或褶皱。

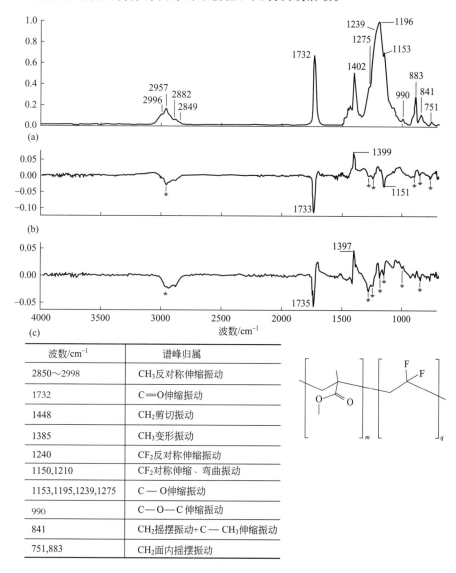

图 19.5 （a）Paraloid™ B-44 和 KynarAquatec® RC-10206 的 FTIR 光谱；
（b）在 Florida 南部老化 18 个月后获得的差减光谱；（c）在 QUV 室老化 2250h 后获得的差减光谱
（表格表示聚合物的官能团分配，插图给出了近似结构）

19.4 物理智能涂层的表征

19.4.1 在水性纳米复合材料涂层中使用合成纳米黏土

上述研究有效地将化学智能材料添加到户外使用的金属涂层中，并且表现出比常规涂层更长的工作寿命以保护物质文化遗产。但是，这些研究没有赋予材料物理智能特性。我们专注整合光学透明无机材料如合成黏土、皂石以生产低吸湿膨胀薄膜。大长径比粒子如黏土，通过迫使水分子在它们周围通过曲折路径传输来实现这个目标。皂石是蒙脱石族中的合成硅酸盐，其化学式为 $Na_{0.7}[(Si_8Mg_{5.5}Li_{0.3})O_{20}(OH)_4]$，是一个 2:1 三明治结构，其中一个镁/锂氧化物八面体夹在中间，两个二氧化硅四面体位于上下两层，层间阳离子 Na^+ 和水分子用于电荷平衡。皂石是一个盘状单晶，长径比为 25，比表面积为 $350m^2/g$，并且表面带电，其中表面具有由层间空间扩散钠离子产生的诱导负电荷，由于沿着镁-锂八面体片层的羟基在接近中性时发生质子化，所以盘的边缘带正电荷，如图 19.6(a) 所示[30]。像许多黏土一样，皂石也能够进行化学反应和离子交换反应，因为它具有在片层断裂边缘进行硅烷化的羟基和连接颗粒间表面的可交换钠离子[31~34]。和大多数黏土一样，皂石形成多层片堆积，其厚度可能达数百纳米，如果保持完好，其大小足以用肉眼观察到，且掺入涂层中会引起成膜中断。皂石的理想化图像如图 19.6(a) 所示，而实际层厚度为 1.08nm，直径为 25nm。粉末衍射很好地表征了实际环境条件下，皂石单个盘的大小和形状：是一个厚度为 1.29nm 的圆盘，较小的结构差异归因于黏土内的吸附水[35]。溶液中，皂石溶胀使层与层间发生分离并保持稳定，进而促使涂层脱层，这也是在涂层中掺入纳米颗粒的重大障碍。一旦剥落，片层必须在溶液中稳定存在，以便它们不会聚集或诱导湿涂层悬浮液中的胶乳颗粒凝结。可以通过许多方式来稳定这些各向异性的带电粒子，包括平衡胶化剂边缘的正电荷、与表面活性剂阳离子交换形成双层反膜，或共价连接任意数量的硅氧烷分子。选择哪种方法或其组合主要取决于体系的具体情况，也可用于赋予其特定的化学性质。

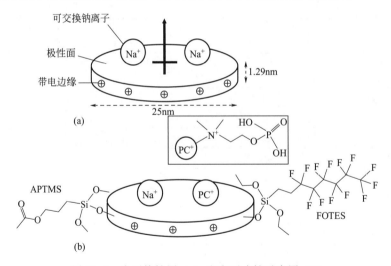

图 19.6 皂石特性图 (a) 和皂石改性示意图 (b)

19.4.2 改性纳米黏土以提高与涂层的相容性

在 Kynar Aquatec® RC-10206 中，可以采用两种方法剥离稳定皂石片层和制备分散的胶体悬浮液：①共价改性；②阳离子交换。为了实现这些目标和提高纳米黏土和胶乳黏结剂的相容性，通过黏土片层边缘羟基发生硅氧烷化对皂石进行共价改性。使用两种不同的硅烷对皂石进行共价改性：3-乙酰氧基丙基三甲氧基硅烷（Lap-APTMS），其极性基团与树脂的丙烯酸部分相互作用；三乙氧基-1H,1H,2H,2H-十三氟-N-辛基硅烷（FOTES），其疏水性含氟基团与树脂中的 PVDF 反应。为了促进共价改性后的剥离，使用氯化磷酰胆碱钙盐四水合物（PC）对黏土表面的钠离子进行阳离子交换，由此制成改性纳米黏土，称为 Lap-APTMS+PC 和 Lap-FOTES+PC，结构如图 19.6(b) 所示。

19.4.3 纳米黏土改性实验

皂石（RD，Southern Clay Products，Inc.）、硅烷基化剂 3-乙酰氧基丙基三甲氧基硅烷（APTMS，Gelest，Inc.）和三乙氧基-1H,1H,2H,2H-十三氟-N-辛基硅烷（FOTES，Gelest，Inc.）不需进一步干燥或纯化可直接使用。在密闭体系（$\delta^+ N_2$ 流）无水条件下，甲苯直接蒸馏进含有皂石（1g 纳米黏土/100mL 溶剂）的锥形瓶中。35℃搅拌加热 30min 后，硅氧烷加入甲苯黏土混合物（1mmol/g 黏土）中，相同温度下搅拌 4h。共价改性皂石用 0.2μm 尼龙膜真空过滤，用甲苯洗涤，65℃干燥过夜。加入 50mL 水终止该接枝反应，在分液漏斗中进行液-液萃取分离出水稳定的纳米黏土，得到改性皂石的水分散体，最终固含量约为 2.5%（黏土的质量/H_2O 的质量）。分散体一部分用焦磷酸钠（TSPP）进行超声处理，加入树脂当中；另一部分用于后期进一步进行改性。阳离子交换：将共价改性纳米黏土（LR-APTMS 和 LR-FOTES）稀释至 100mL 并加热至 50℃，加入一当量（CEC_{LR} = 0.75mmol/g 黏土）氯化磷酰胆碱钙盐四水合物（PC）并搅拌 12h。将交换/接枝的黏土真空过滤，用乙醇洗涤，并立即在去离子水中进行分散，然后加入树脂中。

19.4.4 FTIR 表征改性皂石

空白和添加 PC 的 Lap-APTMS 的红外光谱如图 19.7 所示。图 19.7(e) 是未改性皂石的谱图：O—H 伸缩 3600～3400cm^{-1}，H—O—H 变形 1632cm^{-1}。APTMS 接枝后，谱图中多出一些峰：C—H 伸缩（3000～2800cm^{-1}），C=O 伸缩 1709cm^{-1}，C—H 摇摆 1285cm^{-1} 和 1259cm^{-1}。改性后 Si—O 伸缩（1012cm^{-1}）没有增强是因为这一谱带的强度主要是由皂石所表现，硅烷的贡献是相当微弱的。从 Lap-APTMS+PC ［图 19.7(c)］光谱中减去 Lap-APTMS 光谱 ［图 19.7(d)］，观察与 PC 进行阳离子交换后光谱的微小变化，如图 19.7(b) 所示，图 19.7(a) 是 PC 的参考光谱。在差减谱中，明显看到 P—O_3 的非对称伸缩（1151cm^{-1}）和对称伸缩（1092cm^{-1}），C—O—P 伸缩（967cm^{-1}），增加的 C—H 弯曲（δC—H）（1478cm^{-1} 附近）；所有这些都是带负电的磷酸酯头部基团的光谱特征，因为季铵不是红外活性的。鉴于与纳米黏土晶格结构的强烈振动相比，表面上磷酰胆碱的量相对较少且 APTMS 与边缘共价结合，所以改性黏土的峰强度低并不令人惊讶，如图 19.7(c) 所示。在 Lap-FOTES 和 Lap-FOTES+PC 生产的每个改性步骤后，预期的 IR 带也通过红外分析来验证，数据并未给出。在 Lap-APTMS+PC ［图 19.7(c)］光谱减去 Lap-APTMS 光谱的差减谱中，C=O 和 C—H 附近弯曲区域的反峰表明阳离子交换后，硅烷有微量损失，可能是由于吸附硅烷丢失。

19.4.5 X 射线表征改性皂石

采用广角 X 射线衍射（WAXD）和小角 X 射线散射（SAXS）来表征小于 500nm 颗粒的颗粒尺寸、颗粒间距。通常，衍射峰的锐化表明材料微观结构有序度的增加。图 19.8 显示了皂石改性前后的 WAXD 图。光谱之间最显著的差异发生在低角度，是黏土的层间距（d_{001}）不同，即从一个阳离子片层到下一个阳离子片层的距离。未改性的皂石（图 19.8 中标记的 Na-Lap）的衍射图和根据布拉格定律，2θ 为 7.1°处出现的宽峰计算出 d_{001} 的层间距为 1.23nm，2θ 为 20.0°处的峰对应的 $d_{02,11}$ = 0.44nm、2θ 为 27.8°处的峰对应的 d_{005} = 0.32nm，以及 2θ 为 35.3°处的峰对应的 $d_{20,13}$ = 0.25nm[36]。APTMS 共价改性后，面间距增加：(001) 面对应的衍射峰移动到 2θ 为 5.6°处（d_{001} = 1.57nm）。FOTES 改性皂石的衍射峰变宽，该峰的最大值位于 2θ 角为 6.4°处，对应于 (001) 晶面，其面间距为 1.38nm。阳离子交换对两种改性皂石 (001) 晶面的衍射峰都没有明显改变，分别位于 2θ 为 5.59°处（d_{001} = 1.58nm，Lap-APTMS+PC 峰）和 2θ 为 6.33°处（d_{001} = 1.39nm，Lap-FOTES+PC 峰）（数据未给出）。这些结果与文献 [37] 的结果一致，该文献表明，其中在环境条件

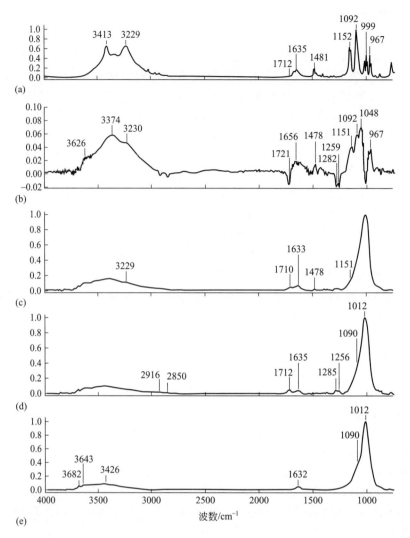

图 19.7 (a) 氯化磷酰胆碱钙盐四水合物 (PC) 的 FTIR 光谱；(b) Lap-APTMS+PC 光谱 [图(c)] 减去 Lap-APTMS 光谱 [图(d)] 得到的结果；(e) 未改性皂石 (Na-Lap) 的光谱

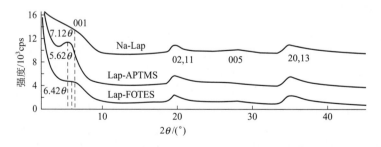

图 19.8 未改性皂石 (Na-Lap) 的 WAXD 谱（上）；APTMS 共价改性皂石的 WAXD 谱（中）；FOTES 共价改性皂石的 WAXD 谱（下）

下，干燥皂石的衍射谱中在 2θ 为 6.7°附近出现了 (001) 峰，其对应于面间距为 1.29nm，边缘改性面间距增加到 1.41nm。

通过 SAXS 进一步检验仅共价改性的黏土的未稀释水分散体，发现在皂石分散体中存在两种不同的尺寸,其中一种对应于共价改性后厚度为1.26nm和1.45nm(改性前1.11nm)、直径为25.22nm和28.92nm(改性前为22.11nm)的单个完全剥离的片层;有关数据完整地列于表19.4。测量结果表明,共价改性后,粒径增大,这与黏土边缘改性相一致,与随机或表面改性不同。

表19.4 未改性和改性皂石的WAXD和SAXS表征数据表

试样	WAXD, $T_{d_{001}}$ /nm	SAXS, D /nm	水中圆柱体模型的SAXS, T/nm	水中球体模型的SAXS, T/nm		水中球体模型的SAXS, D/nm		FMA12中球体模型的SAXS, T/nm		FMA12中球体模型的SAXS, D/nm	
Na-Lap	1.23	22.11	1.11	A	1.84	A	27.59	A	1.66	A	24.84
				B	22.84	B	22.84	B	158.20	B	158.20
Lap-APTMS	1.57	25.22	1.26	A	1.18	A	23.50	A	1.29	A	25.86
				B	45.84	B	45.84	B	158.20	B	158.20
Lap-APTMS+PC	1.58	35.42	1.77	A	1.75	A	34.98	A	1.33	A	26.58
				B	36.91	B	36.91	B	158.20	B	158.20
Lap-FOTES	1.38	28.92	1.45	A	1.59	A	23.87	A	1.56	A	23.34
				B	104.59	B	104.59	B	152.44	B	152.44
Lap-FOTES+PC	1.39	35.56	1.78	A	2.00	A	29.94	A	1.55	A	23.19
		73.30	73.30	B	105.83	B	105.83	B	153.26	B	153.26

试样	水中圆柱体模型的邻近值/nm	水中圆柱体模型的体积分数/%	水中球体模型的邻近值/nm		FMA12中球体模型的邻近值/nm		水中球体模型的体积分数/%		FMA12中球体模型的体积分数/%	
Na-Lap	15.28	100.00	A	1.06	A	1.93	A	95.27	A	13.59
			B	12.3	B	10.99	B	4.73	B	86.41
Lap-APTMS	1.82	100.00	A	1.33	A	1.33	A	98.30	A	22.33
			B	10.02	B	12.73	B	1.70	B	77.67
Lap-APTMS+PC	1.78	100.00	A	1.26	A	1.32	A	96.60	A	20.00
			B	22.73	B	12.62	B	3.40	B	80.00
Lap-FOTES	1.55	100.00	A	1.39	A	1.37	A	96.83	A	40.89
			B	24.68	B	13.79	B	3.17	B	59.11
Lap-FOTES+PC	2.19	93.58	A	1.94	A	1.51	A	92.41	A	25.05
	65.22	6.42	B	68.55	B	13.53	B	7.59	B	74.95

注:SAXS数据是在水溶液和KynarAquatec®FMA 12中采集的,并使用圆柱体或球体模型中的一种或两种进行拟合,如标题栏中所标注的。通过拟合SAXS数据计算各数值的邻近值、体积分数的估计值。球体数据拟合允许两个分布拟合,在数据表中标记为A和B。

19.4.6 SAXS数据拟合

Lap-APTMS+PC的SAXS曲线用两种不同几何构型的颗粒(图19.9)进行拟合:球体[图19.9(a)]和圆柱体[图19.9(b)]。最适合皂石的盘状模型还没有开发出来。在去离子水中,采用球体模型拟合的光谱显示出两种不同粒径的颗粒:一种为由平均厚度为1.75nm、直径为34.98nm的圆盘状类球体;另一种是平均厚度和直径均为36.91nm的球状颗粒(直径是基于球体和颗粒几何形状计算的)。前一种含有96.6%的分散固体,由于估计出的各层相互之间的最近邻值为 1.26nm,所以可能代表该模型为具有插层结构的分散体。第二种粒径的颗粒尽管形状较大且形状更均匀,但仅占水悬浮液中固体的 3.4%,但在 22.73nm 距离内仍然存在颗粒-颗粒之间的相互作用。Lap-APTMS+PC 的 SAXS 曲线用圆柱模型拟合,得到一个平均厚度为 1.77nm、直径为 35.42nm 圆柱体,圆柱体厚度的最近邻值为 1.78nm。虽然两种模型都与所测数据良好拟合,但结果略有不同,AFM 是测量颗粒大小的另一种方法,可以用于检测颗粒均匀性。

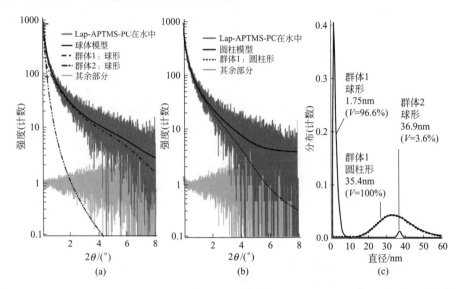

图 19.9　水中 Lap-APTMS+PC 的 SAXS 谱的模拟［球体（a）和圆柱（b）］和得到的颗粒直径（c）

19.4.7　AFM 表征改性皂石

为了直接测定颗粒尺寸,将浓度为 0.025%（质量分数）的 Lap-APTMS 水溶液液滴在新切割的云母基体干燥,通过敲击式原子力显微镜（AFM）进行表征。图 19.10 是 500nm×500nm 图像,可以看到,许多完全剥离的皂石片层尺寸为 35nm×1.5nm。图像中的线段用来获得颗粒高度。颗粒 1 和 2 高度约为 1.5nm,与测试的圆柱形 SAXS 数据拟合结果相似。颗粒 3 更大更厚,高度约为 2.4nm,直径约为 55nm。可以看到许多小颗粒,几个小颗粒会聚集（尺寸 125nm×7nm）,图 19.10 中的左下四分之一区（左下象限）内有一个大聚集体。我们通过 AFM 观察到的结果与其他结果相当[38],SAXS 拟合得到的数值显示出皂石的直径范围很小,与理论晶体模型尺寸相当。颗粒尺寸精确,证实我们的分析设备和数据分析对分

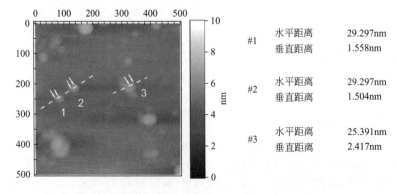

图 19.10　在新切割的云母基体上干燥的 Lap-APTMS+PC 的 AFM 高度图像（左）及显示高度图像轮廓的数据表（右）

散在水中的皂石或皂石干膜或皂石粉末灵敏度高。

19.4.8 改性皂石涂层

在确认了水分散体中大部分剥落的小颗粒以 AFM、SAXS 表征并观察到溶液的光学透明度之后，探讨了黏土在水性 PVDF 树脂中的稳定性，目的是限制颗粒聚集。发现在干燥时甚至在低加载水平 [<0.1%（质量分数）Laponite Kynar ARC] 时，在青铜上喷涂的柔性膜常会出现小的裂纹，这可能是由干燥过程中黏土颗粒聚集引起的。通过调节基材的流变性来调节对颗粒运动和电荷的控制，并且随后使用更黏稠的涂层 Kynar Aquatec® FMA 12。干燥后，涂层没有裂纹，可能是因为限制了颗粒的扩散减少了纳米黏土的聚集。用 SAXS 分析了未稀释的 Kynar Aquatec® FMA 12 和 Lap-APTMS+PC 纳米复合树脂，并用双分散球体模型拟合，结果如图 19.11 所示，目的是比较在水中和在分散乳胶水溶液中粒子形状和相互作用是否发生改变。尽管用圆柱模型拟合的水分散体被发现与 AFM 数据相比提供了最准确的数据，但球体模型拟合允许分散体中具有略微不同形状的多个群体，表明皂石（一种分布）肯定存在于聚合物乳胶（第二种分布）悬浮液中。将 SAXS 散射曲线拟合到球体模型中，一个分布的尺寸与水性 SAXS 数据中获得的尺寸相似：直径为 26.6nm，厚度为 1.33nm，邻近值为 1.32nm，其可能对应于 Lap-APTMS+PC 颗粒本身（在表 19.4 中标记为 A）。第二种分布属于具有接近 158.2nm 的中等尺寸和 12.6nm 邻近值的共混 PVDF/丙烯酸乳胶树脂（在表 19.4 中标记为 B）。2θ 为 5.9（d_{001}）处的小且宽的衍射峰代表低结晶度，表明悬浮液中在时间和距离上存在短程排序。

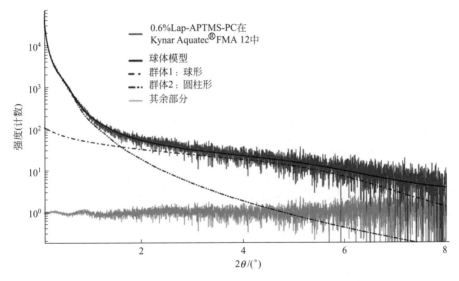

图 19.11　Kynar Aquatec® FMA 12 中 Lap-APTMS+PC 的 SAXS 谱的球体模型拟合

19.5　物理智能涂层性能测试

19.5.1　EIS 研究水性 PVDF-黏土纳米复合材料的屏障性能：退火的影响

在我们以前的工作中，我们给出了暴露在 QUV-B 老化循环中的水性 PVDF 树脂屏障性能的改善是由于老化周期内的退火效应[23]，我们也研究了纳米复合膜的影响。图 19.12(a) 和 (b) 是氟化纳米黏土和 Lap-FOTES+PC 掺入 Kynar Aquatec® FMA12 中作为面层、使用溶剂型 Paraloid™ B-44 作为底层涂覆到铜表面，形成的膜分别在退火前、退火后、在QUV-B 箱中老化 250h 后的 EIS 谱。退火后的 EIS 谱有两大变化：①低频端体系的总阻抗提高了大约两个数量级；②由于在所有频率相位角都接近-90°，体系的电容性质占主导。65℃退火12h后，频率为0.1Hz，每个由共价改性的皂石（包括那些进行过阳离子交换的皂石）掺入面层而涂覆的基体的阻抗均比100MΩ大，所有频率的相位角也高于-70°（如图19.12所示）。之前的出版物中概述了相同方法[23]。图19.12(c)中所示的EEC（等效电路）适合于Lap-FOTES+PC掺入Kynar Aquatec® FMA12中所成膜在水标准电解质中浸泡4h前后EIS数据的拟合。模型中，三个元件用来拟合数据：R_{bulk}对应电解质电阻，CPE_{Layer2}和CPE_{Layer1}对应涂层的电解质溶胀（更易渗透）部分和干燥层（渗透性更小，更具保护性，更高阻抗，更低电容）。由于CPE_{Layer1}在所有情况下的相位参数均接近0.95，它具有较低的电容和接近理想的相位，它最有可能与面层的较干燥部分相关联。相比之下，在所有情况下，CPE_{Layer2}被分配了接近0.85的相位参数（φ），表明更多的水通过涂层膜传输。

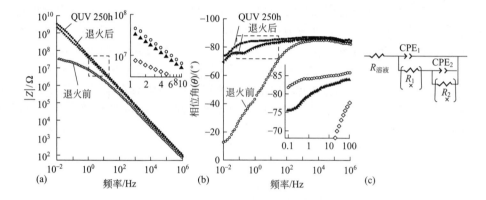

图19.12 含有Lap-FOTES+PC的KynarAquatec® FMA 12薄膜纳入Paraloid™ B-44底层青铜基材的EIS光谱
(a) 阻抗与频率；(b) 相位角与频率；(c) 用于描述该系统的等效电路。基于拟合，可以确定R_1和R_2在任何频率都不符合这个等效电路，排除这些元素得到了简化模型
（但是将它们包括在图中以确认它们的实际存在并使用括号来表示它们被排除在外）

通常，涂层对电解质的渗透性导致电容增加，这不是防腐涂层的理想特征，因为这种现象可能发生在腐蚀之前。电容值由常相位角元件值确定，添加和不添加纳米黏土涂层膜的电容如表19.5所示。等效电路给出了Lap-FOTES+PC纳米复合材料的初始电容为3.49nF和3.62nF，比层1的3.32nF和层2（含有Lap-APTMS+PC）的2.14nF高。非离子交换的Lap-FOTES非常难于在均匀的混合物中分散，且具有最高的电容：层1的为8.65nF，层2的为4.53nF。

19.5.2 电解质溶胀膜中水的电容和体积分数计算

通过将涂覆的金属基材浸入水中计算添加和不添加纳米黏土膜的电阻。由于水/电解质进入会导致电容增加，因此使用Brasher-Kingsbury公式计算出的电容值可用于确定水的体积分数[39]，确定电解质浸泡之前和之后水的电容值和其在涂层中的体积分数，并且列于表19.5。具有最低水体积分数和最低初始电容的膜应该为水通过膜提供最佳的屏障并提供最佳的腐蚀防护。KynarAquatec® RC-10206和FMA-12薄膜不含纳米黏土添加剂，通过浸泡后电容变化计算发现它们吸收了最多的水分（接近10%的水体积分数）。FMA-12中的Lap-APTMS膜吸收了7.33%的水分，而含有Lap-APTMS+PC的膜吸收了17.96%的水分。为了比较，未改性的皂石也被掺入薄膜中，发现总吸收量为8.90%。Lap-FOTES+PC易于在水中分散，并且显示出最小的吸水体积分数（3.45%）。

表 19.5 纳米黏土聚合物膜的电容和水体积分数

试样	浸泡前电容/nF	浸泡后电容/nF	$VF_{H_2O}/\%$	总 $VF_{H_2O}/\%$
Kynar Aquatec ARC*	C1:3.86	C1:5.80	9.22	9.22
Kynar Aquatec FMA-12*	C1:3.43	C1:5.33	10.1	10.1
Na-Lap 在 FMA-12 中	C1:1.57	C1:1.89	4.21	8.90
	C2:5.66	C2:6.95	4.69	
Lap-APTMS 在 FMA-12 中	C1:0.723	C1:0.76	1.20	7.33
	C2:2.50	C2:3.28	6.13	
Lap-APTMS+PC 在 FMA-12 中	C1:3.31	C1:6.97	16.9	17.96
	C2:2.14	C2:2.24	1.06	
Lap-FOTES 在 FMA-12 中	C1:8.65	C1:1.06	4.55	7.02
	C2:4.53	C2:5.05	2.47	
Lap-FOTES+PC 在 FMA-12 中	C1:3.49	C1:3.96	2.90	3.45
	C2:3.62	C2:3.71	0.55	

注：用电路的拟合值计算 C1 和 C2，由于电阻不符合 EIS 数据，因此用公式 $C=CPE \times \omega^{a-1}$ 计算含有皂石膜的电容值，而电阻符合数据的电路模型的电容值（用 * 表示，其中没有使用纳米添加剂）用 $C=(CPE \times R)^{1/a}/R$ 计算，然后使用 C1 和 C2 的值来计算体积分数：$VF = \log(C_t/C_0)/\log\varepsilon_{H_2O} \times 100\%$，其中 VF 是吸水体积（以百分比表示），$C_t$ 是浸泡后的电容，C_0 是初始干电容，ε_{H_2O} 是水的介电常数（在20℃时为80.1）。

19.5.3 智能涂层性能评价

将这些智能涂层的性能与我们之前关于普通水性和溶剂型丙烯酸涂层的工作进行比较，为评估我们的方法的效果提供了有用的指标。我们之前已经确定 Rhoplex™ WL-81 的水性涂层吸收了约14%的水，Paraloid™ B-44 的溶剂型涂层吸收了约5%的水[22]。在这里介绍的研究中，我们观察到仅有化学智能型的水性膜吸水体积分数约为10%，比以前测得的传统水性涂层的值低很多。最有趣的是，效果最好的膜具有物理和化学双重智能，吸水体积分数约为3.5%，实际上，溶剂型涂层也是至今为止我们所测得的具有最小吸水体积分数的腐蚀防护涂层。

19.6 结论与未来方向

通常用于物质文化遗产保护的涂层依赖于数十年前的技术，因为管理员具有这些涂层工作性质的经验，能够解决所遇到的与涂层老化、可逆性和交叉反应性相关的问题。然而，正如专业保护人员指出的（正如我们的调查报告）以及上述的老化研究所显示的那样，常用涂层的保护寿命是有限的。我们已经阐述了使用基于水性 Kynar Aquatec® 的化学智能涂层是生产高耐候性和长工作寿命的涂层有效途径。工作寿命是未知的，因为 KynarAquatec® 膜还没有失效，而溶剂型丙烯酸树脂在 Florida 南部室外和在加速 QUV-B 老化循环内已经失效。通过掺入纳米黏土将另一种智能融进涂层中是可能的，能够形成水传输的屏障。通过用硅烷基团对纳米黏土进行化学改性，我们发现在 KynarAquatec® 涂层中可能会产生稳定的悬浮液。使用 EIS，我们发现含有皂石的干膜具有优异的阻隔性并在加速老化过程中保持其保护性能，在 QUV-B 室中老化 250h 后膜电容值低至 0.127nF。Lap-APTMS 在阳离子交换之前具有更高的性能，基于交换后观察到的更大的水体积分数值和 SAXS 的粒度估算，相比之下，阳离子交换步骤提高了 Lap-FOTES 的分散性，并导致吸水量显著降低，这是迄今为止测得的最低值。

我们旨在研究含有纳米黏土膜的性能以了解它们的长期防护效果，目标是提供高性能涂层满足物质文化保护这种独特领域的要求，这种添加纳米黏土的涂层有可能在实际中得到应用。

致谢

我们非常感谢美国国家自然科学基金会 CHE 0936752、博物馆和图书馆 LG 5-080071-08 的支持。

参　考　文　献

[1] Baumberg I, Berezin O, Drabkin A, et al. Effect of polymer matrix on photo-stability of photo-luminescent dyes in multi-layer polymeric structures. Polym Degrad Stab 2001; 73 (3): 403-410.

[2] Botelho G, Silva MM, Goncalves AM, et al. Performance of electroactive poly (vinylidene fluoride) against UV radiation. Polymer Testing 2008; 27 (7): 818-822.

[3] Iezzi RA, Gaboury S, Wood K. Acrylic-fluoropolymer mixtures and their use in coatings. Prog Org Coat 2000; 40 (1-4): 55-60.

[4] Wood KA. Optimizing the exterior durability of new fluoropolymer coatings. Prog Org Coat 2001; 43 (1-3): 207-213.

[5] Alvial G, Matencio T, Neves BRA, et al. Blends of poly (2,5-dimethoxy aniline) and fluoropolymers as protective coatings. Electrochim Acta 2004; 49 (21): 3507-3516.

[6] Bressy-Brondino C, Boutevin B, Hervaud Y, et al. Adhesive and anticorrosive properties of poly (vinylidene fluoride) powders blended with phosphonated copolymers on galvanized steel plates. J Appl Polym Sci 2002; 83 (11): 2277-2287.

[7] Curkovic HO, Kosec T, Legat A, et al. Improvement of corrosion stability of patinated bronze. Corros Eng Sci Technol 2010; 45 (5): 327-333.

[8] Selvakumar N, Jeyasubramanian K, Sharmila R. Smart coating for corrosion protection by adopting nano particles. Prog Org Coat 2012; 74 (3): 461-469.

[9] Huang MX, Zhang H, Yang JL. Synthesis of organic silane microcapsules for self-healing corrosion resistant polymer coatings. Corrosion Sci 2012; 65: 561-566.

[10] Jackson AC, Bartelt JA, Braun PV. Transparent self-healing polymers based on encapsulated plasticizers in a thermoplastic matrix. Adv Funct Mater 2011; 21 (24): 4705-4711.

[11] Garcia SJ, Fischer HR, White PA, et al. Self-healing anticorrosive organic coating based on an encapsulated water reactive silyl ester: synthesis and proof of concept. Prog Org Coat 2011; 70 (2-3): 142-149.

[12] Shchukin DG, Mohwald H. Self-repairing coatings containing active nanoreservoirs. Small 2007; 3 (6): 926-943.

[13] Hughes AE, Cole IS, Muster TH, et al. Designing green, self-healing coatings for metal protection. NPG Asia Mater 2010; 2 (4): 143-151.

[14] Pliny (the Elder). Naturalis historia, Book XXI, C. E. 77-79.

[15] Toch M. The chemistry and technology of paints. 2nd ed. New York: D. Van Nostrand Co; 1916.

[16] Bharucha NR, Baker MT. Clear lacquers for copper and copper alloys: a summary of research carried out by B. N. F. M. R. A. for I. N. C. R. A. British Non-Ferrous Metals Research Association; 1965.

[17] Walker R. Use of benzotriazole as a corrosion inhibitor for copper. Anti-Corros Methods Mater 1970; 17 (9): 9-15.

[18] Wood KA, Cypcar C, Hedhli L. Predicting the exterior durability of new fluoropolymer coatings. J Fluor Chem 2000; 104 (1): 63-71.

[19] Deflorian F, Fedrizzi L, Lenti D, et al. On the corrosion protection properties of fluoropolymer coatinGS. Prog Org Coat 1993; 22 (1-4): 39-53.

[20] Clare TL, Lins PA. Evaluation of fluorinated protective coatings for outdoor metals. In: Proceedings of the ICOM-CC metal 07 WG, protection of metal artifacts; 2007. p. 83-87.

[21] Puomi P, Fagerholm HM. Characterization of hot-dip galvanized (HDG) steel treated with gamma-UPS, VS, and tetrasulfide. J Adhes Sci Technol 2001; 15 (5): 509-533.

[22] Swartz NA, Clare TL. Understanding the differences in film formation mechanisms of two comparable solvent based

and water-borne coatings on bronze substrates by electrochemical impedance spectroscopy. Electrochim Acta 2012; 62: 199-206.

[23] Swartz NA, Wood KA, Clare TL. Characterizing and improving performance properties of thin solid films produced by weatherable water-borne colloidal suspensions on bronze substrates. Prog Org Coat 2012; 75 (3): 215-223.

[24] Taryba M, Lamaka SV, Snihirova D, et al. The combined use of scanning vibrating electrode technique and micro-potentiometry to assess the self-repair processes in defects on "smart" coatings applied to galvanized steel. Electrochim Acta 2011; 56 (12): 4475-4488.

[25] Bierwagen G. The physical chemistry of organic coatings revisited-viewing coatings as a materials scientist. J Coat Technol Res 2008; 5 (2): 133-155.

[26] Ellingson LA, Shedlosky TJ, Bierwagen GP, et al. The use of electrochemical impedance spectroscopy in the evaluation of coatings for outdoor bronze. Stud Conserv 2004; 49 (1): 53-62.

[27] Cano E, Lafuente D, Bastidas DM. Use of EIS for the evaluation of the protective properties of coatings for metallic cultural heritage: a review. J Solid State Electrochem 2010; 14 (3): 381-391.

[28] Cano E, Bastidas DM, Argyropoulos V, et al. Electrochemical characterization of organic coatings for protection of historic steel artefacts. J Solid State Electrochem 2010; 14 (3): 453-463.

[29] Lazzari M, Chiantore O. Thermal-ageing of paraloid acrylic protective polymers. Polymer 2000; 41 (17): 6447-6455.

[30] Tawari SL, Koch DL, Cohen C. Electrical double-layer effects on the Brownian diffusivity and aggregation rate of laponite clay particles. J Colloid Interface Sci 2001; 240 (1): 54-66.

[31] Herrera NN, Letoffe JM, Reymond JP, et al. Silylation of laponite clay particles with monofunctional and trifunctional vinyl alkoxysilanes. J Mater Chem 2005; 15 (8): 863-871.

[32] Herrera NN, Letoffe J-M, Putaux J-L, et al. Aqueous dispersions of silane-functionalized laponite clay platelets. A first step toward the elaboration of water-based polymer/clay nanocomposites. Langmuir 2004; 20 (5): 1564-1571.

[33] Herrera NN, Putaux J-L, Bourgeat-Lami E. Synthesis of polymer/laponite nanocomposite latex particles via emulsion polymerization using silylated and cation-exchanged laponite clay platelets. Prog Solid State Chem 2006; 34 (2-4): 121-137.

[34] Negrete-Herrera N, Putaux J-L, David L, et al. Polymer/laponite composite colloids through emulsion polymerization: influence of the clay modification level on particle morphology. Macromolecules 2006; 39 (26): 9177-9184.

[35] Lezhnina MM, Grewe T, Stoehr H, et al. Laponite blue: dissolving the insoluble. Angew Chem Intern Ed 2012; 51 (42): 10652-10655.

[36] Becerro AI, Mantovani M, Escudero A. Mineralogical stability of phyllosilicates in hyperalkaline fluids: influence of layer nature, octahedral occupation and presence of tetrahedral Al. Am Mineral 2009; 94 (8-9): 1187-1197.

[37] Wang J, Wheeler PA, Jarrett WL, et al. Synthesis and characterization of dual-functionalized laponite clay for acrylic nanocomposites. J Appl Polym Sci 2007; 106 (3): 1496-1506.

[38] Balnois E, Durand-Vidal S, Levitz P. Probing the morphology of laponite clay colloids by atomic force microscopy. Langmuir 2003; 19 (17): 6633-6637.

[39] Brasher DM, Kingsbury AH. Electrical measurements in the study of immersed paint coatings on metal. I. Comparison between capacitance and gravimetric methods of estimating water-uptake. J Appl Chem 1954; 4 (2): 62-72.

第20章
振动光谱技术腐蚀监测

Shengxi Li

Hawaii Corrosion Laboratory, Department of Mechanical Engineering, University of Hawaii at Manoa, Honolulu, Hawaii, USA

20.1 简介

拉曼光谱、傅里叶变换红外光谱（FTIR）等光谱技术已广泛应用于腐蚀研究，原位和非原位实验都提供了关于腐蚀系统的有价值的信息，搜集文献发现了大量使用拉曼光谱和红外光谱进行腐蚀研究的论文。但是，这里仅介绍这两种技术的原位法在腐蚀研究中的应用，因为原位法能够获取腐蚀系统的实时信息，进而监测腐蚀过程。

在下面的章节中，首先介绍两种振动技术的基础理论，然后探讨原位研究所使用的技术和仪器设备，最后引入一些应用实例。讨论分为四个方面：溶液腐蚀、大气腐蚀、缓蚀剂、涂层。

20.2 原理

20.2.1 拉曼光谱

当单色光被分子散射时，大多数光子以与入射光子相同的频率（能量）进行弹性散射；一小部分光子以与入射光不同的频率进行散射，称为非弹性散射。弹性散射被称为瑞利（Rayleigh）散射，而非弹性散射称为拉曼散射或拉曼效应。V. C. Raman 于 1928 年发现了拉曼效应。

当光子入射到分子上并与分子的电偶极子相互作用时，产生拉曼效应。光子将分子从基态激发到虚拟能量状态，激发态的分子放出一个光子后返回到不同的能量状态，两个状态间的能量差使得释放光子频率与激发光波长不同。如果分子的终态能量高于始态能量，则激发出的光子频率低于激发光子频率，频率差称为斯托克斯（Stokes）位移。如果分子的终态能量低于始态能量，则激发出的光子频率较高，频率差称为反斯托克斯（Stokes）位移（图20.1），斯托克斯位移在拉曼光谱中很常见。

拉曼效应基于激光束产生的电场（E）中的分子变形。假设激光在频率 ν 处波动，E 是振幅 E_0 和时间 t 的函数。

$$E = E_0 \cos(2\pi\nu t) \tag{20.1}$$

由光诱导的分子偶极矩（μ）为：

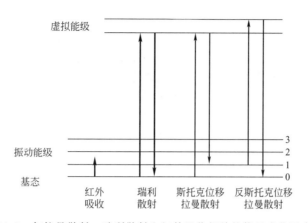

图 20.1　与拉曼散射、瑞利散射和红外吸收相关的能量变化示意图

$$\mu = \alpha E = \alpha E_0 \cos(2\pi \nu t) \quad (20.2)$$

比例常数 α 称为分子极化率。极化率代表分子周围电子云变形的难易程度。相似的是，如果分子也以频率 ν_m 进行正弦振动或旋转，那么核位移 Δr 可写为：

$$\Delta r = r_0 \cos(2\pi \nu_m t) \quad (20.3)$$

式中，r_0 是振幅。

当分子处于几何平衡状态时，分子的极化率是 α_0。而在一定的距离处，瞬时极化率 α 是核位移的线性函数。

导数 $(\partial \alpha / \partial r)$ 表示极化率随着位置变化而变化。

$$\alpha = \alpha_0 + \left(\frac{\partial \alpha}{\partial r}\right) \Delta r \quad (20.4)$$

结合式(20.2)～式(20.4)，得到

$$\begin{aligned}\mu &= \alpha E = \alpha E_0 \cos(2\pi \nu t) \\ &= \alpha_0 E_0 \cos(2\pi \nu t) + \left(\frac{\partial \alpha}{\partial r}\right) r_0 E_0 \cos(2\pi \nu_m t) \cos(2\pi \nu t) \\ &= \alpha_0 E_0 \cos(2\pi \nu t) + \frac{1}{2}\left(\frac{\partial \alpha}{\partial r}\right) r_0 E_0 \{\cos[2\pi t(\nu - \nu_m)] + \cos[2\pi t(\nu + \nu_m)]\}\end{aligned} \quad (20.5)$$

第一项涉及与入射光子具有相同频率的散射光子，因此解释了瑞利散射。第二项涉及的是与入射光子相比具有增加的频率（$\nu - \nu_m$）和减小的频率（$\nu + \nu_m$）的散射光子，分别代表斯托克斯位移和反斯托克斯位移。

式(20.5)也给出了控制拉曼散射的基本选择原则。注意第二项中的导数 $(\partial \alpha / \partial r)$，如果导数等于 0，整个第二项就是 0，没有拉曼散射。因此，拉曼散射选择原则如下式所示：

$$\left(\frac{\partial \alpha}{\partial r}\right) \neq 0 \quad (20.6)$$

只有当分子运动引起分子极化率变化时，分子才是拉曼活性的，极化率的变化量将决定拉曼散射强度。

20.2.2　红外（IR）光谱

红外辐射包含波数 $12800 \sim 10 \text{cm}^{-1}$ 或波长 $0.78 \sim 1000 \mu \text{m}$ 的电磁波谱，通常分为三个区：近红外区（$12800 \sim 4000 \text{cm}^{-1}$）、中红外区（$4000 \sim 200 \text{cm}^{-1}$）、远红外区（$200 \sim 10 \text{cm}^{-1}$）。中红外区是红外光谱最常用的区域。红外光谱是物质对红外辐射的吸收所产生的吸收光谱。当温度在热力学零度以上时，分子中的所有原子都在不停地振动。当入射的红外光频率正好等于基团振动的某种频率时，分子就可能吸收该频率的红外光，分子就会吸收辐

射，吸收的辐射能应与分子中化学键或基团的振动跃迁所需能量相匹配。

一个分子有多种振动模式。简单的双原子分子只有一个化学键，因此只有一种振动模式，如果分子是对称的，则看不到分子振动。多原子分子有多个化学键，相应的就有多种振动模式。基本振动模式的总数可以按如下方式确定：具有 n 个原子的多原子分子具有 $3n$ 个自由度，因为每个原子有 3 个自由度。对于非线性分子，有三个旋转自由度和三个平转自由度，因此非线性分子有 $3n-6$ 个基本振动自由度。对于线性分子，仅有 2 个旋转自由度，基本振动总数为 $3n-5$。然而，并不是所有的振动在红外光谱中都可以观察到。在振动过程中，分子必须有偶极矩的变化。

$$\left(\frac{\partial \mu}{\partial r}\right) \neq 0 \tag{20.7}$$

式中，μ 是偶极矩；r 是简正坐标。一般而言，偶极矩变化越大，红外光谱的谱带强度（I）越大。

$$I = \left(\frac{\partial \mu}{\partial r}\right) \tag{20.8}$$

拉曼光谱和红外光谱的对照示于表 20.1。两种技术的最大差异在于：分子偶极矩的变化是红外光谱产生的原因，而拉曼光谱是分子极化率变化诱导的。然而，理论上来说，有些振动会同时诱导偶极矩和极化率的双重改变。

表 20.1 拉曼光谱和红外光谱的对照

拉曼光谱（Raman）	红外光谱（IR）
源于对辐射的散射	源于对辐射的吸收
需要改变分子极化率	需要改变偶极矩
水相容	水导致强吸收
通过使用单色光束记录	通过使用大量频率的辐射光束记录
光学窗口可由石英或玻璃制成	光学窗口通常由盐（例如 NaCl、KBr 和 CsI）制成
同核双原子分子是拉曼活性的	同核双原子分子是非红外活性的

20.3 方法和仪器设备

20.3.1 拉曼光谱

已经开发出多种拉曼光谱以提高灵敏度（如表面增强拉曼光谱）、改善空间分辨率（显微拉曼光谱）、获得某种特定信息（共振拉曼光谱）。腐蚀科学的原位研究，普通的拉曼光谱在大多数情况下即可满足要求，有时必须使用表面增强拉曼光谱，因此，这里没有涵盖其他技术（如共振拉曼光谱）。

20.3.1.1 普通拉曼光谱

腐蚀系统的原位拉曼光谱研究通常不需要特别设计的设备，可以使用任何材料制成的具有或不具有流动构造的样品池。当需要封闭的样品池时，可以使用石英或玻璃窗口将激光束传送到样品。

20.3.1.2 表面增强拉曼光谱

表面增强拉曼光谱（SERS）是指将待测分子吸附在粗糙的纳米金属材料表面，可使待测物的拉曼信号增强的技术，其强度增加可达多个数量级，能使拉曼散射信号增强的金属有 Ag、Au 和 Cu。电化学刻蚀法是获得粗糙表面的常规方法，近来，常通过在不同基体表面涂覆金属纳米粒子来制备粗糙表面。SERS 有两种理论：电磁场增强理论和化学增强理论。电磁场增强理论是基于表面等离子体共振引起的局部电磁场增强。化学增强理论提出了电荷转移复合物的形成，从而使其仅适用于金属表面上化学吸附的物质。

20.3.2 红外光谱

在红外光谱中，有两种主要实验技术：透射和反射。反射光谱是腐蚀原位研究的常用技术。在各种反射技术中，镜面反射红外光谱、红外反射-吸收光谱（IRAS）和衰减全反射（ATR）红外光谱非常适用于原位研究。

20.3.2.1 红外光谱路径光学窗口单元

在水溶液环境中，由于溶剂（水）对红外光的强吸收，红外光谱不像拉曼光谱那样容易进行腐蚀原位监测。因此，必须设计特定的窗口单元，目的是通过溶剂吸收来降低辐射损失。大气腐蚀研究的常用方法为在金属表面沉积薄电解质层或滴上小液滴。图 20.2 给出了大气腐蚀原位研究的两种典型实验装置：图 20.2(a) 用于镜面反射红外光谱研究；图 20.2(b) 用于红外反射-吸收光谱（IRAS）研究，IRAS 研究中常使用掠射角。

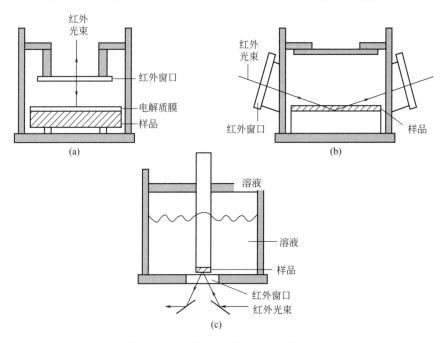

图 20.2　原位 IR 光谱研究实验装置 1

对于溶液等液体研究，缩短试样与 IR 窗口的距离仍然可以获得 IR 反射光谱[图 20.2(c)]。IR 透明窗口压在样品上，在它们之间形成极薄的溶液层，问题是液体物质可能由于在受限环境中的电化学活性（例如腐蚀）而消耗，为了解决这个问题，可以设计成流动池以随反应及时补充液体物质。

三种配置中，由于 IR 窗口直接与液态电解质或高湿环境相接触，所以必须采用非水溶性 IR 窗口材料，如 ZnSe、氟化钙（CaF_2）。

20.3.2.2 全反射红外光谱

当红外辐射以超过临界角（θ_c）的角度从光密的 ATR 晶体（高折射率 n_1）进入光疏样品（低折射率 n_2）时，将在晶体内部发生全内反射。临界角为：

$$\theta_c = \sin^{-1}\left(\frac{n_2}{n_1}\right) \tag{20.9}$$

内部反射产生了一个消散波,消散波穿过晶体表面进入与晶体接触的样品内部。消散波穿过晶体表面进入样品的深度仅为几微米（0.5~5μm）。

常用的 ATR 晶体有 ZnSe、溴化铊-碘化铊、锗、硅。例如,由 ATR 晶体 ZnSe 制成的半球［图 20.3(a)］或棱镜［图 20.3(b)］可用于 ATR-FTIR 研究。在这些配置中,红外光束在晶体内反射一次,使用图 20.3(c) 所示的配置可实现多重内反射。在这三种配置中,试样必须非常贴近晶体或者以薄膜形式镀在晶体表面。

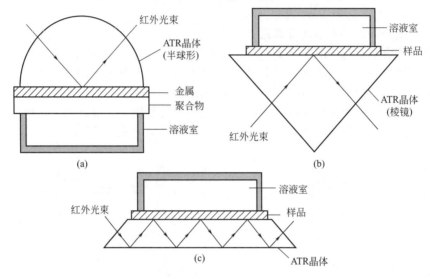

图 20.3 原位 IR 光谱研究实验装置 2

20.4 原位拉曼光谱在腐蚀科学中的应用

原位拉曼光谱对腐蚀研究尤其是水溶液环境中的腐蚀研究具有以下优势：第一,溶液中的水不影响拉曼信号的获取；第二,激光束在水的作用下不会扰动腐蚀体系,也就是说,没有改变腐蚀物质,可用来研究不稳定的、易发生相转变的化合物,如绿锈；第三,腐蚀所造成的高表面粗糙度不会妨碍拉曼信号的获取,反而增强拉曼散射信号。

20.4.1 溶液腐蚀

金属材料的溶液腐蚀是腐蚀中最常见的形式之一,在过去的数十年中已经开展了大量的金属溶液腐蚀的研究工作。原位拉曼光谱非常适用于监测金属/液体界面的腐蚀进程,在大量的研究中,使用原位拉曼光谱来表征阳极氧化膜或监测金属表面腐蚀产物的形成。

20.4.1.1 阳极氧化膜的形成

金属表面的钝化膜使金属具有自我防护溶液腐蚀的能力。大量工作的重心是用原位拉曼光谱鉴定不同金属表面生长的氧化膜,包括 Fe、Ni、Co、Ag、Ti、Pb 和不锈钢,研究的氧化物大多是通过阳极氧化[1~15]或者暴露于水热环境中获得的[16~20]。

在阳极电位下,氧化膜在金属表面生长；而在阴极电位下,氧化膜溶解。在此过程中,可以应用原位拉曼光谱跟踪氧化膜的形成、转化（如果有的话）和溶解。例如,根据原位拉曼数据,发现在 0.05mol/L NaOH 溶液中,Ni 表面上的氧化膜是 Ni_2O_3（477cm^{-1} 和 555cm^{-1}）[2]；在浓度为 1~10mol/L 的 H_2SO_4 溶液中,Ni 表面上的氧化膜是 NiO（500cm^{-1} 和 555cm^{-1}）[3]。在 0.1mol/L NaOH 溶液中,在 50~500mV 的阳极扫描过程中,Cu 表面检测到 Cu_2O,在更高的阳极电位（>637mV）下 Cu_2O 转变成 $Cu(OH)_2$,在约 488cm^{-1} 处出现的拉曼谱带证明这一事实[6,7]。硫酸溶液中 Ti 表面的氧化膜是锐钛矿型 TiO_2（145cm^{-1}、400cm^{-1}、515cm^{-1} 和 640cm^{-1}），当电位超过某一特定值时，它从非晶态转化为晶体[8]。在碱性溶液中，保护性氧化物膜也在极化的 Fe 上生长，其内层主要由磁铁矿（Fe_3O_4）（550cm^{-1} 和 670cm^{-1}）组成[11~13,15]，外层由针铁矿（α-FeOOH）或纤铁矿（γ-FeOOH）组成。原位拉曼光谱也用来监测高温环境下铁和钢的表面膜[16~19]、各种氧化铁相和氢氧化铁。

20.4.1.2 一般溶液腐蚀

与原位拉曼光谱监测氧化膜的形成类似，原位拉曼光谱法已广泛用于研究一般溶液腐蚀，以确定腐蚀过程中形成的腐蚀产物，大部分是监测铁和钢（如镀锌钢、碳钢、不锈钢）的腐蚀产物。早期的工作是对暴露于腐蚀环境的镀锌钢表面的腐蚀产物进行了表征[21,22]，两种主要的腐蚀产物是碱式碳酸锌和碱式氯化锌。不稳定的绿锈是钢、铁在腐蚀环境，尤其是氯盐环境中点蚀的腐蚀产物[23~30]。绿锈的两个主要拉曼谱带位于约 433cm^{-1} 和 507cm^{-1} 处，分别是 Fe^{2+}—OH 和 Fe^{3+}—OH 的伸缩振动。腐蚀介质不同，绿锈中包裹的离子也不同，如 Cl^-、CO_3^{2-}、SO_4^{2-} 和 $HCOO^-$。还检测到其他类型的铁锈，如 Fe_3O_4、γ-FeOOH 与绿锈共存。在浓的碳酸盐/碳酸氢盐溶液、模拟地下水溶液中，钢表面的腐蚀产物是陨铁（$FeCO_3$）[31,32]。

应用原位拉曼光谱也研究了金属的其他腐蚀现象，如钼[33]和锡[34]在 NaCl 溶液和 KOH 溶液中的腐蚀，锆-铌合金[35]和镍基合金 600[36]在水热条件下的腐蚀，Pt-Ni 合金在 HCl 溶液中的腐蚀[37]。

20.4.2 大气腐蚀

大气腐蚀在电解质薄层以及由空气中海盐颗粒凝结或吸收水形成的电解质液滴中进行，电解质越少越便于使用拉曼光谱监测原位腐蚀过程。以密度约为 0.4μg/cm^2 的预沉积 NaCl 颗粒引起的锌腐蚀为例[38]，Zn 暴露于高湿度环境中 2h，在 Zn 表面检测到氯化锌拉曼光谱带位于 290cm^{-1} 处。浸泡 6h 后，表面层中的氯化锌达到饱和，检测到 [$ZnCl_2$（Zn[OH]$_2$）$_4$] 的拉曼光谱带位于 255cm^{-1} 和 390cm^{-1} 处。研究了一个液滴下 Zn[39]和碳钢[40~42]的腐蚀，单一 NaCl 溶液或 Na_2SO_4 液滴下碳钢的拉曼光谱显示腐蚀产物为绿锈，γ-FeOOH 是海盐液滴诱发海洋大气腐蚀过程中的初期锈蚀产物[40~42]。原位拉曼光谱也可以观察腐蚀产物的空间分布，如图 20.4 所示[41]。在腐蚀起始点或腐蚀坑内检测到腐蚀产物氯化亚铁（$FeCl_2$）以及氯离子（245cm^{-1} 和 286cm^{-1}）[图 20.4（a）]，绿锈 [GR1（Cl^-）]（425cm^{-1} 和 501cm^{-1}）被认为是腐蚀坑附近的腐蚀产物 [图 20.4（b）]，而在 GR 区域以外发现了 γ-FeOOH（246cm^{-1}、377cm^{-1}、525cm^{-1} 和

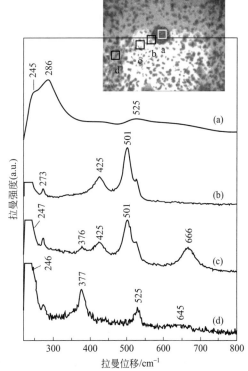

图 20.4 在 NaCl 液滴下腐蚀 30min 后，钢上不同位置的原位拉曼光谱[41]
(a) 腐蚀起始位置或腐蚀坑；(b) 腐蚀起始位点周围的区域；(c) 形成的锈团（从 GR 到纤铁矿的过渡区域）；(d) 远离腐蚀起始位置形成的淡黄色的锈蚀团簇

645cm^{-1}）[图 20.4(d)]，在 GR 向 γ-FeOOH 的过渡区发现了 Fe$_3$O$_4$（666cm^{-1}）、GR 和 γ-FeOOH [图 20.4(c)]。

20.4.3 缓蚀剂

缓蚀剂是一种化学物质，添加到环境中降低金属腐蚀速率。缓蚀剂通过在金属表面形成膜层阻止腐蚀性物质到达金属表面，缓蚀剂分子或者黏附在金属表面或者与金属发生反应形成薄的黏附膜。在这两种情况下，均可用原位拉曼光谱来研究吸附机制和成膜机制。

自 20 世纪 50 年代以来，苯并三唑（BTA）用作 Cu 及其合金的高效缓蚀剂[43]，后来也发展成为其他金属缓蚀剂。BTA 的高缓蚀效率归因于其在金属表面形成致密的聚合物状 BTA 复合物[44~46]。原位 SERS 可以用来确定这种复合物的结构和组成，也可以为单分子层吸附物质提供相关信息。原位 SERS 主要研究 BTA 在 Cu 和 Ag 上的吸附，因为这两种金属具有强的拉曼增强效应，应用原位 SERS 研究了 BTA 对 Cu 在不同环境中的缓蚀效果，如卤盐溶液[44,46~48]、硫酸介质[49~52]、有机溶液[53]和离子液体[54]。

早期的原位拉曼数据表明，在接近中性的 KCl 溶液中，Cu 与 BTA 反应形成复合物是 [Cu(Ⅰ)BTA]。在 KCl/酸溶液中，在较小的负电位下获得的铜表面拉曼光谱类似于 [Cu(Ⅰ)BTA] 复合物的拉曼光谱，但是在较正电位下，铜表面的拉曼光谱类似于 [Cu(Ⅰ)-ClBTA]$_4$ 的拉曼光谱[44]。近期的研究报道，在中性 KCl 溶液中，初始形成的复合物是 [Cu^Ⅰ(BTA)]$_n$ 且在更负电位时可能转变成 [Cu^Ⅰ(BTA)]$_4$，可以通过面内三角形呼吸模式的红移（从−0.5V 时的 1041cm^{-1} 红移到−1.1V 时的 1021cm^{-1}）和更负电位下 NH 面内弯曲模式（1144cm^{-1}）的增强来证明（图 20.5）[46]。因此，在弱酸性 KCl 溶液中，在研究 BTA 对 Cu 的缓蚀作用时可能有必要考虑 [Cu^Ⅰ(BTA)]$_4$ 或 [Cu(Ⅰ)-ClBTA]$_4$ 复合物对缓蚀效果的影响。在相对较强的酸性环境（如 H$_2$SO$_4$）中，Cu 及其合金表面上会形成 [Cu(Ⅰ)BTA]$_n$ 复合物。

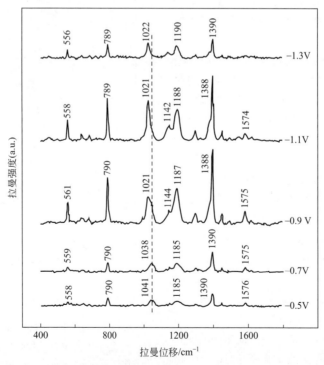

图 20.5　在指定电位下，在 0.1mol/L KCl 溶液中 Cu 电极上测得的
苯并三唑的 SERS（采集时间为 10s）[46]

在卤化物介质或含有 BTA 的乙腈溶液中，Ag 表面上也观察到类似的原位 SERS 结果[45,55]。此外，原位 SERS 也用来研究通过适当电化学粗化处理的 Fe、Ni、Co[46,56]。

应用原位 SERS 研究了其他缓蚀剂包括三乙基锑作 Fe 和 Ni 的缓蚀剂[57]、丙炔醇 Fe 缓蚀剂[58]、2-巯基苯并噻唑（MBT）Cu 缓蚀剂[59]、植酸（IP6）Ag 缓蚀剂[60]、气相碳钢缓蚀剂[61]、水杨酸 Cu 缓蚀剂[62]、苄基二甲基苯基氯化铵（BDMPAC）碳钢缓蚀剂[63]、甲巯咪唑（MMI）Cu 缓蚀剂[64]、2-氨基-5-巯基-1,3,4-噻二唑（AMT）作 Ag、Co 的缓蚀剂[65,66]、3-氨基-5-巯基-1,2,4-三唑（AMTA）Fe 缓蚀剂[67]、2-氨基-5-(4-吡啶基)-1,3,4-噻二唑（4-APTD）Cu 缓蚀剂[68]。

20.4.4 涂层

使用有机和无机涂层是减缓金属腐蚀的一种有效方法，原位拉曼光谱是研究腐蚀防护涂层的有力工具。首先，可以用原位拉曼光谱监测涂层在金属表面的形成；其次，可应用原位拉曼光谱研究涂层尤其是有机涂层在暴露环境中的变化和退化；最后，通过原位拉曼光谱可以表征涂层下的腐蚀产物，前提是涂层薄且透明。

20.4.4.1 转化涂层

转化涂层是指应用涂层溶液对金属表面进行化学或电化学处理而制备的涂层。在转化过程中，一部分金属表面转化成为保护层表面，转化涂层包括铬酸盐转化涂层（CCC）、磷酸盐转化涂层（PCC）、黑色氧化物涂层。

原位拉曼光谱也成功地用来研究铝表面的 CCC，如果水的拉曼散射非常弱，拉曼光谱可以用来监测溶液中 CCC 的形成过程[69]，阿洛丁溶液（或 K_2CrO_4、$K_2Cr_2O_7$）加入新形成的 $Cr(OH)_3$ 沉淀物中后约在 858cm^{-1} 处出现谱带，表明铝表面形成了 CCC。通过监测 858cm^{-1} 处谱带强度的变化，研究了 CCC 的生长速率及其与涂层溶液组成的关系[70]，发现 $[Fe(CN)_6]^{3-/4-}$ 的氧化还原介导作用加速了 CCC 的形成。

原位拉曼光谱也用来监测 CCC 中 CrO_4^{2-} 的释放及其向邻近暴露合金区域的迁移以保护合金[71~73]，铬酸盐物质在新合金表面重新沉积成膜，使初始未经处理的合金腐蚀活性降低。沉积过程在坑内或坑附近进行得更快，表明 CCC 膜具有自修复性能[74]。除了防止点蚀外，CCC 膜还可以有效抑制丝状腐蚀[75]。

原位拉曼光谱也用于研究 PCC。通过测量 996cm^{-1}（PO_4^{3-}）处谱带强度的衰减来监测稀 NaOH 溶液中镀锌钢上的磷酸盐层的溶解，由此可以获得磷酸盐损失的速率[76]。

20.4.4.2 聚合物涂层

拉曼光谱对聚合物主链结构和构象的灵敏度高，因而特别适合于研究聚合物，可用来跟踪腐蚀介质中聚合物涂层在金属表面的生长及其退化。此外，该技术能够监测涂层下的腐蚀产物形成。前提是涂层薄且透明，薄涂层缩短了腐蚀发生的时间以与拉曼采集相匹配；另一个要求是没有由环氧涂层引起的荧光；最后，涂层的拉曼谱带不干扰腐蚀产物的拉曼谱带则是更好的[77]。

20.4.4.2.1 环氧涂层

原位拉曼光谱在聚合物涂层研究中的应用最早见于涂覆的镀锌钢腐蚀的论文[77~80]。在 NaCl 溶液中浸泡一定时间后，环氧-聚酰胺（15~20μm）涂覆的镀锌钢形成了两个明显不同的区域：有泡区和无泡区。可以看到两种泡：黑色大泡、白色小泡[77]。通过薄涂层可以直接获得泡内腐蚀产物的拉曼光谱，无泡区的拉曼光谱对应环氧-聚酰胺涂层，其特征谱带位于 570cm^{-1} 和 637cm^{-1} 处。黑色泡的拉曼光谱中尖的位于 260cm^{-1} 和 390cm^{-1} 处的谱带表明存在碱式氯化锌，而白色泡的拉曼光谱中突出的位于 569cm^{-1} 处的谱带表明有无定形氧化锌[78~80]。黑色泡对应阴极区，白色泡对应阳极区。同样地，也可用来研究铬酸盐或磷酸盐转化层镀锌钢板的情况[79]。

20.4.4.2.2 导电聚合物涂层

近来,导电聚合物(ECPs)防腐涂层引起人们的极大兴趣,用作防腐蚀涂层的 ECPs 包括聚苯胺(PANI)、聚吡咯(PPy)、聚噻吩(PT)。

20 世纪 80 年代早期,首先报道了用 PANI 作钢材防腐蚀涂层[81,82]。随后,大量的研究致力于使用 PANI 对各种金属和合金进行腐蚀防护,电化学聚合法是制备 PANI 防护涂层的传统方法。原位拉曼光谱广泛用来研究 PANI 膜的形成机理[83,84],通常是研究铂电极上的 PANI 膜。即使不与腐蚀研究直接相关,这些研究也为原位拉曼光谱研究 PANI 金属防腐蚀涂层奠定了基础。

采用原位拉曼光谱结合循环伏安法来研究硫酸介质中铁表面钝化膜与 PANI 涂层间的相互作用[85],可以跟踪循环伏安法处理后铁表面 PANI 膜氧化态的改变。一个氧化还原循环(0~1.0V)后,1330cm^{-1}(C—N^+ 伸缩振动)处谱带的衰减证明了 PANI 膜的去质子化。另外,1620cm^{-1}(C—C 环伸缩)处谱带的衰减和 1185cm^{-1}(奎宁环 C—H 弯曲)处谱带的消失表明苯环单元消耗明显[85]。经过进一步的循环后,拉曼光谱演化成苯环谱带突出的低氧化态 PANI 光谱特征,苯环(1185cm^{-1} 和 1620cm^{-1})是主要谱带。铁表面还原态 PANI 不再能够提供足够的电子以维护它的钝化状态,钝化层破坏。他们将在磷酸/间苯二酚溶液中通过恒电位聚合的 PANI 层与在无机酸(HCl)中生长的 PANI 层在不同极化电位(例如,150~-700mV vsSSE)下得到的拉曼光谱,进行对比分析[86]。他们发现在间氨基苯磺酸溶液中制得的膜比在无机酸溶液中生长的薄膜具有较多的氧化态聚苯胺和较少的质子化态,1330cm^{-1}(C—$N^+\cdot$)和 1500cm^{-1}(C=$N^+\cdot$)的强拉曼谱带证明这一点。因此,间氨基苯磺酸的存在使 PANI 膜更难还原,使聚苯胺有更好的防护性能。

PANI 与环氧树脂及丙烯酸树脂混合是 PANI 保护金属的另一种方法。与 PANI 相比,PANI、聚甲基丙烯酸甲酯(PMMA)和樟脑磺酸(CSA)的混合物具有低渗滤阈值、高电导率和增强的力学性能[87~90]。PANI-PMMA-CSA 混合物的拉曼光谱中 C=$N^+\cdot$ 在 1333cm^{-1} 处的谱带显著增加,表明其具有二次掺杂 PANI 特征[91]。1333cm^{-1} 处的谱带与芳环 C—C 位于 1599cm^{-1} 处的谱带的比率约等于 1,表明膜处于翠绿亚胺态。然而,在涂层(铁)浸渍在 H_2SO_4 溶液中 20 天后,其比率减少到约 0.7,这表明聚合物涂层发生了还原[87]。金属基体不同,比率不同,表明膜中氧化还原反应程度取决于金属本身的还原能力(图 20.6)[88]。拉曼数据显示涂层中存在着由 PANI 释放出的反离子和金属阳离子形成的第

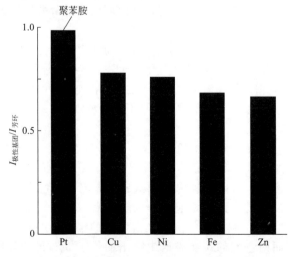

图 20.6 1333cm^{-1} 和 1599cm^{-1} 处,PMMA-20%PANI-CSA 共混涂层在不同金属上的拉曼谱带的强度比(在 1mol/L H_2SO_4 电解溶液中浸泡 12 天后测试的光谱)[88]

二层。

另一种广泛用作防腐蚀涂层的聚合物是 PPy，原位拉曼光谱可以跟踪 PPy 膜在不同金属上的生长过程[92~96]。在 PPy 膜生长过程中，氧化态 PPy 的特征拉曼谱带位于 927cm^{-1}、1086cm^{-1}、1238cm^{-1}、1368cm^{-1} 和 1605cm^{-1}；在腐蚀介质中腐蚀时，还原态 PPy 的特征拉曼谱带位于 988cm^{-1}、1038cm^{-1}、1260cm^{-1}、1313cm^{-1} 和 1564cm^{-1}[94]。以具有薄 PPy 膜的铁电极为例，将其浸渍于 0.1mol/L K_2SO_4（pH=4）溶液中[97]，在浸渍过程及不同开路电位下记录拉曼光谱以监测 PPy 和复合膜的氧化还原状态。拉曼光谱表明，在初始态（E_∞=0V）PPy 膜是氧化态，对铁基体具有保护作用。然后，在保护过程中开路电位（OCP）降到 -0.4V，最后降到 -1.0V。在这个过程中，氧化态 PPy 的拉曼谱带[1606cm^{-1}（环间 C=C）和 1385cm^{-1}（环 C=C）]均向短波长的还原态约 1570cm^{-1} 和 1315cm^{-1} 移动[图 20.7(a)]。缺陷模式的谱带（929cm^{-1}、1410cm^{-1} 和 1240cm^{-1}）强度

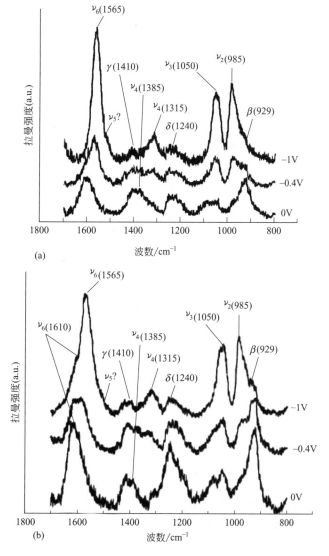

图 20.7 在 0.1mol/L K_2SO_4 溶液（pH 4）中，不同电极在不同电位（E_{oc} 为 0V、-0.4V 和 -1V）下测得的原位拉曼光谱[97]
(a) PPy/Fe 电极；(b) 复合物/Fe 电极

也降低了。在 OCP 测试过程中，985cm^{-1} 和 1050cm^{-1} 处的拉曼谱带明显增加，其对应 PPy 还原态。与单独的 PPy 膜相比，PPy-PDAN 复合膜显示出更好的防止铁腐蚀的能力，因为 PPy（929cm^{-1}、1240cm^{-1}、1410cm^{-1} 和 1610cm^{-1}）氧化形式典型的拉曼光谱强度降低更少［图 20.7(b)］[97]。

20.5 原位 FTIR 在腐蚀科学中的应用

原位和非原位 FTIR 广泛应用于腐蚀研究。在本章文献［98］中可以看到原位和非原位 FTIR 在腐蚀科学中的应用，本章仅介绍原位 FTIR 在腐蚀研究中的应用。

20.5.1 溶液腐蚀

由于水对红外辐射的强吸收，难以应用原位 FTIR 检测金属在溶液中的腐蚀现象。然而，通过缩短试样表面与 IR 窗口间距可以跟踪金属表面的腐蚀过程。用原位 IRAS 成功地监测了硫酸中铅的电化学控制氧化还原[99]。通过监测 631cm^{-1} 处的谱带，跟踪硫酸铅（$PbSO_4$）的生长和还原，其谱带积分面积与 $PbSO_4$ 形成的电位区间的消耗电荷呈线性关系。在高阳极电位时，可以观察到形成了二氧化铅（PbO_2），可用增强的 5200cm^{-1} 处的吸收带证明。相似的实验用来表征含有类卤离子（OCN^-、SCN^- 和 $SeCN^-$）溶液中 Ni 电极表面形成的腐蚀产物[100]，Ni 在三种不同溶液中均发生了腐蚀，分别形成了氰酸镍［Ni(Ⅱ)］配合物、硫氰酸镍［Ni(Ⅱ)］配合物和硒氰酸镍［Ni(Ⅱ)］配合物，形成的腐蚀产物与溶液中的离子种类相关。在 Ni/OCN^- 体系中，减法归一化界面傅里叶变换红外光谱（SNIFTIRS）获得的原位数据也显示形成了 CO_2（2343cm^{-1}），其为氰酸根离子电解的最终产物。

腐蚀相关现象的其他原位 FTIR 研究包括：氢氧化铬（Ⅲ）胶体膜（用于模拟钝化的不锈钢表面）上的阴离子吸附现象[101]、中性磷酸盐溶液中铁表面阳极膜（$Fe^{Ⅲ}PO_4$）[102]的表征、腐蚀性粒子在砂浆层迁移的监测[103]。

20.5.2 大气腐蚀

考虑到在极薄的电解质层下发生大气腐蚀，水对红外辐射的吸收较小，利用原位 IRAS 技术开展了大量的大气腐蚀研究工作。原位 IRAS 已用于研究金属（例如 Cu、Zn、Al 和 Mg）在潮湿空气或含有腐蚀性气体（如 SO_2[104~110]、NO_2[107,109~111]、O_3[109] 和 SO_3[112]）潮湿空气中的腐蚀，湿空气和一定量的腐蚀性气体通入样品室形成腐蚀环境，原位 IRAS 可以跟踪金属与腐蚀环境的相互作用及腐蚀产物的形成。例如，暴露于潮湿空气（90%RH）的 Cu 表面的初始腐蚀产物确定为 Cu(Ⅰ) 氧化物，而在含有 SO_2（0.23μL/L）的潮湿空气中形成的是亚硫酸盐[104]。相似地，应用原位 IRAS 也表征了暴露于含有 SO_2（0.23μL/L）的潮湿空气中的 Ni[105]、Zn[105] 和 Al[112] 表面形成的腐蚀产物。作为原位 IRAS 的辅助，石英晶体微天平（QCM）[106,109,111] 和原子力显微镜（AFM）[108,109] 是另外两种研究大气腐蚀的方法，以分别获得质量变化和形貌信息。

应用原位 IRAS 也研究了有机成分如乙酸、乙醛和甲酸对金属大气腐蚀的影响，尤其是在室内环境中[113~117]。当潮湿环境中乙酸和乙醛浓度低于 1μL/L 时[113,114]，乙酸锌是锌腐蚀的主要腐蚀产物，而锌暴露于含甲酸环境中锌上形成的是甲酸锌[115]。

由空气中的海盐颗粒或除冰盐产生的 NaCl 沉积大大加重金属大气腐蚀。用原位 IRAS 对 Zn[118,119]、Al[120]、Fe[121]、Cu[122,123] 和 Mg[124] 等进行了由 NaCl 颗粒诱导的大气腐蚀研究。预沉积 NaCl 颗粒的 Zn 暴露于高湿度（>90%）环境中，原位 IRAS 监测到表面膜包含 ZnO、$Zn_5(OH)_8Cl_2 \cdot H_2O$ 和 $Zn_5(OH)_6(CO_3)_2$[118]，腐蚀速率也可以由 IRAS 测量获得的表面成膜速率来估算。原位 IRAS 还在靠近原始 NaCl 液滴的二次扩散区域的薄液膜中检测到了碳酸根离子（1390cm^{-1}）[119]，在铜上观察到类似的二次扩散效应，并用原位 IRAS 进行了研究[122,123]。原位 IRAS 在大气腐蚀研究中的另一个重要应用是研究 Al[120] 和 Fe[121] 的丝状腐蚀，在 Al 涂层表面上活性丝头的运动可以用原位 FTIR 显微光谱进行跟踪，丝中腐蚀产物 $[Al(H_2O)_6]^{3+}$ 的特征 IR 谱带大约位于 2500cm^{-1} 处[120]。注意，在光谱测试的区域，Al 表面的涂层必须是薄且透明的。

20.5.3 缓蚀剂

原位 FTIR 是研究缓蚀机理的有力工具，与电化学技术相结合，SNIFTIRS 用来研究 Cu(Ⅰ) 面上 BTA 膜的形成[125]。当电位高于 -0.3V 时，在铜表面检测到 Cu(Ⅰ)BTA 复合物，由 1119cm^{-1} 和 1155cm^{-1} 处的反向谱带所证明。溶液中 BTA 的谱带为正向谱带（1014cm^{-1}、1217cm^{-1}、1248cm^{-1}、1268cm^{-1} 和 1308cm^{-1}）。用原位 FTIR 研究了电解质中阴离子（Cl^- 和 SO_4^{2-}）对 Cu(Ⅰ)BTA 薄膜形成和分解的影响[126]，发现在含 Cl^- 的溶液中比在硫酸盐或硫酸氢盐溶液中更容易形成 Cu(Ⅰ)BTA 复合物。使用原位 FTIR 研究的其他缓蚀剂包括 BDMPAC、谷氨酸、三亚乙基四胺（TETA）、酒石酸钠和苯甲酸钠[127]。

20.5.4 涂层

腐蚀防护涂层体系的原位 FTIR 研究仅限于聚合物涂层。一般来说，可用两种技术：FTIR 反射光谱和 ART-FTIR。而 FTIR 反射光谱用来监测有机涂层在金属表面的生长，ART 通常用来研究水的运输和其他通过有机涂层的离子。

20.5.4.1 FTIR 反射光谱

设计具有 CaF_2 窗口的电化学池以研究金属表面聚合物膜的形成[128,129]。就铂电极上的聚（噻吩-3-甲醇）（PTOH）而言，原位红外光谱表明，高氯酸根阴离子在氧化过程中进入 PTOH 膜，由 1000~1500cm^{-1} 区域所证明，当膜被还原时，高氯酸根阴离子被排除出膜，因为高氯酸根阴离子谱带减弱[128]。原位 FTIR 也用来研究不锈钢上的聚（邻苯二胺）（PPD）膜，结果表明它具有交替吡嗪和吩嗪环的梯形结构[129]。类似地，原位 FTIR 可以通过检测 Cu 表面形成半钝化层的结构，获知溶液中是否含有 CO_2 组分[62]，一般认为溶液中的 CO_2 是来自水杨酸阴离子的脱羧过程。

20.5.4.2 ART-FTIR

聚合物涂层与金属基体间的黏附力在涂层防护性能中起着重要作用，通过涂层运输到金属/涂层界面的水是涂层退化和剥离的主要原因，水还会促进金属基体的腐蚀。

ATR-FTIR 已广泛用来研究水和/或通过聚合物膜到达金属/聚合物界面的其他离子的运输[130~139]。多重内部反射模式中，FTIR 用来获得关于有机涂层/基体界面水层的信息[130~132]。涂层在水中暴露一段时间后，观察到水对 3000~3650cm^{-1} 和 1625~1645cm^{-1} 区域的影响。随着时间的推移，水吸收峰强度增加，而涂层的特征峰减弱。事实上，3400cm^{-1} 处峰强度的变化与涂层中水的总量成比例关系，使得能够定量分析水层。水中 O—H 伸缩带的强度是时间的函数，通过比较强度的变化，可以确定和比较水进入三个涂层体系的涂层/基体界面区域的速率[132]。以 ZnSe 晶体为基材的普通 ATR-FTIR 被用来研究水和缓蚀剂阴离子（HPO_4^{2-}）的传输动力学[133,134]。

在一系列论文中，具有 Kretschmann 配置的 ATR-FTIR 用于原位研究水的传输，也用于研究通过聚合物膜到金属/聚合物界面的水和离子（硫氰酸根离子）的传输，例如铝/聚合物界面和转化涂层涂覆的锌/聚合物界面，3450cm^{-1} 和 1650cm^{-1} 处的伸缩和弯曲振动峰的快速增加表明水被快速吸收进入涂层和铝/涂层界面（如图 20.8 所示）[135]，Al—O 在 950cm^{-1} 处的振动谱带表明在铝表面形成了腐蚀产物——氧化铝或氢氧化铝。在硫氰酸盐溶液中，长时间浸泡后，检测到了硫氰酸根离子的 C≡N（2075cm^{-1}）振动谱带。作为提供

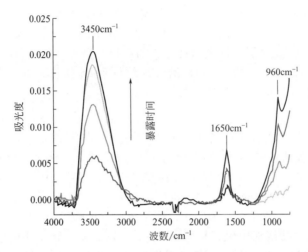

图 20.8　ZnSe 元件的 ATR-FTIR 光谱，该元件涂覆薄铝膜和聚合物膜，聚合物膜与水接触。
暴露时间分别为 40min 和 163min，26h 和 50h[135]

特定区域信息的 ATR-FTIR 的辅助手段，电化学阻抗谱（EIS）用来研究整个体系[137,138]。ATR-FTIR 和 EIS 相结合用来研究暴露于电解质时，转化涂层涂覆的锌表面与聚合物涂层之间的隐藏界面[139]。

20.6　结论

本章论述了拉曼光谱和红外光谱用于原位研究腐蚀相关现象的潜力，两种技术均可对不同腐蚀系统提供有价值的实时信息。然而，文献调查显示，应用拉曼光谱法进行的原位研究比红外光谱法多，因为拉曼光谱中水的干扰较小。另外，原位 FTIR 研究需要特殊的样品和实验设置，特别是在水溶液中。因此，在更多与腐蚀相关的原位研究方面，红外光谱的使用仍存在很多难题。

腐蚀防护涂层的原位研究是一个普遍的课题，主要集中在涂层系统中的所有重要方面，包括原位监测涂层的生长、腐蚀环境中涂层的退化，如果发生涂层剥离，还用于表征涂层下面的腐蚀产物。

致谢

作者感谢夏威夷大学马诺阿分校工程学院的支持，尤其感谢夏威夷大学马诺阿分校工程学院夏威夷腐蚀实验室主任 Lloyd Hihara 教授。

参 考 文 献

[1] Thibeau RJ, Brown CW, Goldfarb AZ, et al. Infrared and Raman spectroscopy of aqueous corrosion films on lead. J Electrochem Soc 1980；127（1）：37-44.

[2] Melendres CA, Xu S. In situ laser Raman spectroscopic study of anodic corrosion films on nickel and cobalt. J Electrochem Soc 1984；131（10）：2239-2243.

[3] Delichere P, Hugot-Le Goff A, Yu N. Identification by in situ Raman spectroscopy of the films grown during the polarization of nickel in sulfuric solutions. J Electrochem Soc 1986；133（10）：2106-2107.

[4] Hugot-Le Goff A, Pallotta C. In situ Raman spectroscopy for the study of iron passivity in relation to solution composition. J Electrochem Soc 1985；132（11）：2805-2806.

[5] Thanos ICG. In situ Raman and other studies of electrochemically oxidized iron and iron-9% chromium alloy. Electrochim Acta 1986；31（7）：811-820.

[6] Hamilton JC, Farmer JC, Anderson RJ. In situ Raman spectroscopy of anodic films formed on copper and silver in sodium hydroxide solution. J Electrochem Soc 1986; 133 (4): 739-745.

[7] Smith JM, Wren JC, Odziemkowski M, et al. The electrochemical response of preoxidized copper in aqueous sulfide solutions. J Electrochem Soc 2007; 154 (8): C431-438.

[8] Ohtsuka T, Guo J, Sato N. Raman spectra of the anodic oxide film on titanium in acidic sulfate and neutral phosphate solutions. J Electrochem Soc 1986; 133 (12): 2473-2476.

[9] Thierry D, Persson D, Leygraf C, et al. In-situ Raman spectroscopy combined with x-ray photoelectron spectroscopy and nuclear microanalysis for studies of anodic corrosion film formation on iron-chromium single crystals. J Electrochem Soc 1988; 135 (2): 305-310.

[10] McMahon JJ, Ruther W, Melendres CA. In situ laser Raman spectroelectrochemical study of the corrosion of lead in dilute disodium sulfate solution at high temperature. J Electrochem Soc 1988; 135 (3): 557-562.

[11] Melendres CA, Camillone Ⅲ N, Tipton T. Laser Raman spectroelectrochemical studies of anodic corrosion and film formation on iron in phosphate solutions. Electrochim Acta 1989; 34 (2): 281-286.

[12] Hugot-Le Goff A, Flis J, Boucherit N, et al. Use of Raman spectroscopy and rotating split ring disk electrode for identification of surface layers on iron in 1 M sodium hydroxide. J Electrochem Soc 1990; 137 (9): 2684-2690.

[13] Johnston C. In situ laser Raman microprobe spectroscopy of corroding iron electrode surfaces. Vib Spectrosc 1990; 1 (1): 87-96.

[14] Baek WC, Kang T, Sohn HJ, et al. In situ surface enhanced Raman spectroscopic study on the effect of dissolved oxygen on the corrosion film on low carbon steel in 0.01 M NaCl solution. Electrochim Acta 2001; 46 (15): 2321-2325.

[15] Joiret S, Keddam M, Novoa XR, et al. Use of EIS, ring-disk electrode, EQCM and Raman spectroscopy to study the film of oxides formed on iron in 1 M NaOH. Cem Concr Compos 2002; 24 (1): 7-15.

[16] Farrow RL, Nagelberg AS. Raman spectroscopy of surface oxides at elevated temperatures. Appl Phys Lett 1980; 36 (12): 945-947.

[17] Maslar JE, Hurst WS, Bowers WJ, et al. In situ Raman spectroscopic investigation of aqueous iron corrosion at elevated temperatures and pressures. J Electrochem Soc 2000; 147 (7): 2532-2542.

[18] Maslar JE, Hurst WS, Bowers Jr. WJ, et al. In situ Raman spectroscopic investigation of stainless steel hydrothermal corrosion. Corrosion 2002; 58 (9): 739-747.

[19] Kumai CS, Devine TM. Oxidation of iron in 288℃, oxygen-containing water. Corrosion 2005; 61 (3): 201-218.

[20] Maslar JE, Hurst WS, Bowers Jr. WJ, et al. In situ Raman spectroscopic investigation of nickel hydrothermal corrosion. Corrosion 2002; 58 (3): 225-231.

[21] Bernard MC, Hugot-Le Goff A, Massinon D, et al. In situ Raman identification of corrosion products on galvanized steel sheets. Mater Sci Forum 1992; 111-112: 617-620.

[22] Bernard MC, Hugot-Le Goff A, Phillips N. In situ Raman study of the corrosion of zinc-coated steel in the presence of chloride. I. Characterization and stability of zinc corrosion products. J Electrochem Soc 1995; 142 (7): 2162-2167.

[23] Boucherit N, Hugot-Le Goff A, Joiret S. Raman studies of corrosion films grown on Fe and Fe-6Mo in pitting conditions. Corros Sci 1991; 32 (5-6): 497-507.

[24] Bocherit N, Hugot-Le Goff A, Joiret S. In situ Raman identification of stainless steels pitting corrosion films. Mater Sci Forum 1992; 111-112: 581-587.

[25] Boucherit N, Hugot-Le Goff A. Localized corrosion processes in iron and steels studied by in situ Raman spectroscopy. Faraday Discuss 1992; 94: 137-147.

[26] Bonin PML, Odziemkowski MS, Reardon EJ, et al. In situ identification of carbonate-containing green rust on iron electrodes in dolutions simulating groundwater. J Solution Chem 2000; 29 (10): 1061-1074.

[27] Simard S, Odziemkowski M, Irish DE, et al. In situ micro-Raman spectroscopy to investigate pitting corrosion product of 1024 mild steel in phosphate and bicarbonate solutions containing chloride and sulfate ions. J Appl Electrochem 2001; 31 (8): 913-920.

[28] Reffass M, Sabot R, Jeannin M, et al. Effects of NO_2 ions on localised corrosion of steel in $NaHCO_3+NaCl$ electrolytes. Electrochim Acta 2007; 52 (27): 7599-7606.

[29] Reffass M, Sabot R, Jeannin M, et al. Effects of phosphate species on localised corrosion of steel in $NaHCO_3+NaCl$ electrolytes. Electrochim Acta 2009; 54 (18): 4389-4396.

[30] Barchiche C, Sabot R, Jeannin M, et al. Corrosion of carbon steel in sodium methanoate solutions. Electrochim Acta 2010; 55 (6): 1940-1947.

[31] Lee CT, Qin Z, Odziemkowski M, et al. The influence of groundwater anions on the impedance behaviour of carbon steel corroding under anoxic conditions. Electrochim Acta 2006; 51 (8-9): 1558-1568.

[32] Lee CT, Odziemkowski MS, Shoesmith DW. An in situ Raman-electrochemical investigation of carbon steel corrosion in $Na_2CO_3/NaHCO_3$, Na_2SO_4, and NaCl solutions. J Electrochem Soc 2006; 153 (2): B33-841.

[33] Wang K, Li Y-S, He P. In situ identification of surface species on molybdenum in different media. Electrochim Acta 1998; 43 (16-17): 2459-2467.

[34] Huang BX, Tornatore P, Li Y-S. IR and Raman spectroelectrochemical studies of corrosion films on tin. Electrochim Acta 2000; 46 (5): 671-679.

[35] Maslar JE, Hurst WS, Bowers WJ, et al. In situ Raman spectroscopic investigation of zirconium-niobium alloy corrosion under hydrothermal conditions. J Nucl Mater 2001; 298 (3): 239-247.

[36] Maslar JE, Hurst WS, Bowers WJ, et al. Alloy 600 aqueous corrosion at elevated temperatures and pressures: an in situ Raman spectroscopic investigation. J Electrochem Soc 2009; 156 (3): C103-113.

[37] Chen S, Wu S, Zheng J, et al. Spectroscopic and morphological studies on the electrooxidation of Pt-Ni alloys in HCl solution. J Electroanal Chem 2009; 628 (1-2): 55-59.

[38] Ohtsuka T, Matsuda M. In situ Raman spectroscopy for corrosion products of zinc in humidified atmosphere in the presence of sodium chloride precipitate. Corrosion 2003; 59 (5): 407-413.

[39] Cole IS, Muster TH, Lau D, et al. Products formed during the interaction of seawater droplets with zinc surfaces. J Electrochem Soc 2010; 157 (6): C213-222.

[40] Li S. Marine atmospheric corrosion initiation and corrosion products characterization. In: Mechanical engineering. Honolulu: University of Hawai'i at Manoa; 2010. p. 205.

[41] Li S, Hihara LH. In situ Raman spectroscopic study of NaCl particle-induced marine atmospheric corrosion of carbon steel. J Electrochem Soc 2012; 159 (4): C147-154.

[42] Li S, Hihara LH. In situ Raman spectroscopic identification of rust formation in Evans' droplet experiments. Electrochem Commun 2012; 18: 48-50.

[43] Allam N, Nazeer A, Ashour E. A review of the effects of benzotriazole on the corrosion of copper and copper alloys in clean and polluted environments. J Appl Electrochem 2009; 39 (7): 961-969.

[44] Rubim J, Gutz IGR, Sala O, et al. Surface enhanced Raman spectra of benzotriazole adsorbed on a copper electrode. J Mol Struct 1983; 100: 571-583.

[45] Rubim JC, Gutz IGR, Sala O. Surface-enhanced Raman spectra of benzotriazole adsorbed on a silver electrode. J Mol Struct 1983; 101: 1-6.

[46] Cao PG, Yao JL, Zheng JW, et al. Comparative study of inhibition effects of Benzotriazole for metals in neutral solutions as observed with surface-enhanced Raman spectroscopy. Langmuir 2002; 18 (1): 100-104.

[47] Kester JJ, Furtak TE, Bevolo AJ. Surface enhanced Raman scattering in corrosion science: benzotriazole on copper. J Electrochem Soc 1982; 129 (8): 1716-1719.

[48] Thierry D, Leygraf C. Simultaneous Raman spectroscopy and electrochemical studies of corrosion inhibiting molecules on copper. J Electrochem Soc 1985; 132 (5): 1009-1014.

[49] Da Costa SLFA, Agostinho SML, Chagas HC, et al. Study of the inhibiting action of benzotriazole on copper corrosion in deaerated sulfuric acid containing ferric ions by the rotating disc electrode, fluorescence, and Raman spectroscopies. Corrosion 1987; 43 (3): 149-153.

[50] Rubim JC. Surface enhanced Raman scattering (SERS) from benzotriazole adsorbed on brass electrodes. Chem Phys Lett 1990; 167 (3): 209-214.

[51] Villamil RFV, Corio P, Agostinho SML, et al. Effect of sodium dodecylsulfate on copper corrosion in sulfuric acid media in the absence and presence of benzotriazole. J Electroanal Chem 1999; 472 (2): 112-119.

[52] Maciel JM, Jaimes RFVV, Corio P, et al. The characterisation of the protective film formed by benzotriazole on the 90/10 copper-nickel alloy surface in H_2SO_4 media. Corros Sci 2008; 50 (3): 879-886.

[53] Yao J-L, Yuan Y-X, Gu R-A. Negative role of triphenylphosphine in the inhibition of benzotriazole at the Cu surface studied by surface-enhanced Raman spectroscopy. J Electroanal Chem 2004; 573 (2): 255-261.

[54] Costa LAF, Breyer HS, Rubim JC. Surface-enhanced Raman scattering (SERS) on copper electrodes in 1-n-butyl-3-methylimidazolium tetrafluoroborate (BMI.BF4): the adsorption of benzotriazole (BTAH). Vib Spectrosc 2010; 54 (2): 103-106.

[55] Yuan YX, Yang FZ, Morag CH, et al. The effect of triphenylphosphane on corrosion inhibition of benzotriazole at Ag electrode monitored by SERS in nonaqueous solution. Spectrochim Acta A Mol Biomol Spectrosc 2013; 105:

184-191.

[56] Gallant D, Pezolet M, Simard S. Inhibition of cobalt active dissolution by benzotriazole in slightly alkaline bicarbonate aqueous media. Electrochim Acta 2007; 52 (15): 4927-4941.

[57] Saito N, Nishihara H, Aramaki K. The mechanism for corrosion protective film formation on iron and nickel in acid solutions with organo-antimony compounds. Corros Sci 1992; 33 (8): 1253-1265.

[58] Aramaki K, Fujioka E. Surface-enhanced Raman scattering spectroscopy studies on the inhibition mechanism of propargyl alcohol for iron corrosion in hydrochloric acid. Corrosion 1996; 52 (2): 83-91.

[59] Marconato JC, Bulhoes LO, Temperini ML. A spectroelectrochemical study of the inhibition of the electrode process on copper by 2-mercaptobenzothiazole in ethanolic solutions. Electrochim Acta 1997; 43 (7): 771-780.

[60] Yang H-F, Feng J, Liu Y-L, et al. Electrochemical and surface enhanced Raman scattering spectroelectrochemical study of phytic acid on the silver electrode. J Phys Chem B 2004; 108 (45): 17412-17417.

[61] Tormoen G, Burket J, Dante JF, et al. Monitoring the adsorption of volatile corrosion inhibitors in real time with surface-enhanced Raman spectroscopy. Corrosion 2006; 62 (12): 1082-1091.

[62] Batista EA, Temperini MLA. An in situ SERS and FTIRAS study of salicylate interaction with copper electrode. J Solid State Electrochem 2007; 11 (11): 1559-1565.

[63] Bozzini B, Romanello V, Mele C, et al. A SERS investigation of carbon steel in contact with aqueous solutions containing Benzyl DiMethyl Phenyl Ammonium Chloride. Mater Corros 2007; 58 (1): 20-24.

[64] Pan Y-C, Wen Y, Xue L-Y, et al. Adsorption behavior of methimazole monolayers on a copper surface and its corrosion inhibition. J Phys Chem C 2012; 116 (5): 3532-3538.

[65] Yang H, Sun X, Zhu J, et al. Surface enhanced Raman scattering, in situ spectro-electrochemical, and electrochemical impedance spectroscopic investigations of 2-amino-5-mercapto-1,3,4-thiadiazole monolayers at a silver electrode. J Phys Chem C 2007; 111 (22): 7986-7991.

[66] Huo S-J, Zhu Q, Chu C-S, et al. Anticorrosive behavior of AMT on cobalt electrode: from electrochemical methods to surface-enhanced vibrational spectroscopy study. J Phys Chem C 2012; 116 (38): 20269-20280.

[67] Sherif E-SM, Erasmus RM, Comins JD. In situ Raman spectroscopy and electrochemical techniques for studying corrosion and corrosion inhibition of iron in sodium chloride solutions. Electrochim Acta 2010; 55 (11): 3657-3663.

[68] Pan Y-C, Wen Y, Guo X-Y, et al. 2-Amino-5-(4-pyridinyl)-1,3,4-thiadiazole monolayers on copper surface: observation of the relationship between its corrosion inhibition and adsorption structure. Corros Sci 2013; 73: 274-280.

[69] Xia L, McCreery RL. Chemistry of a chromate conversion coating on aluminum alloy AA2024-T3 probed by vibrational spectroscopy. J Electrochem Soc 1998; 145 (9): 3083-3089.

[70] Xia L, McCreery RL. Structure and function of ferricyanide in the formation of chromate conversion coatings on aluminum aircraft alloy. J Electrochem Soc 1999; 146 (10): 3696-3701.

[71] Zhao J, Frankel G, McCreery RL. Corrosion protection of untreated AA-2024-T3 in chloride solution by a chromate conversion coating monitored with Raman spectroscopy. J Electrochem Soc 1998; 145 (7): 2258-2264.

[72] Zhao J, Xia L, Sehgal A, et al. Effects of chromate and chromate conversion coatings on corrosion of aluminum alloy 2024-T3. Surf Coat Technol 2001; 140 (1): 51-57.

[73] Chidambaram D, Halada GP, Clayton CR. Spectroscopic elucidation of the repassivation of active sites on aluminum by chromate conversion coating. Electrochem Solid-State Lett 2004; 7 (9): B31-33.

[74] Ramsey JD, McCreery RL. In situ Raman microscopy of chromate effects on corrosion pits in aluminum alloy. J Electrochem Soc 1999; 146 (11): 4076-4081.

[75] Le BN, Joiret S, Thierry D, et al. The role of chromate conversion coating in the filiform corrosion of coated aluminum alloys. J Electrochem Soc 2003; 150 (12): B561-566.

[76] Tomandl A, Wolpers M, Ogle K. The alkaline stability of phosphate coatings II: in situ Raman spectroscopy. Corros Sci 2004; 46 (4): 997-1011.

[77] Hugot-Le Goff A, Bernard MC, Phillips N, et al. Contributions of Raman spectroscopy and electrochemical impedance to the understanding of the underpaint corrosion process of zinc-coated steel sheets. Mater Sci Forum 1995; 192-194: 779-787.

[78] Thierry D, Massinon D, Hugot-Le Goff A. In situ determination of corrosion products formed on painted galvanized steel by Raman spectroscopy. J Electrochem Soc 1991; 138 (3): 879-880.

[79] Bernard MC, Hugot-Le Goff A, Phillips N. In situ Raman study of the corrosion of zinc-coated steel in the presence of chloride. II Mechanisms of underpaint corrosion and role of the conversion layers. J Electrochem Soc 1995; 142 (7): 2167-2170.

[80] Bernard MC, Hugot-Le Goff A, Massinon D, et al. Underpaint corrosion of zinc-coated steel sheet studied by in situ raman spectroscopy. Corros Sci 1993; 35 (5-8): 1339-1349.

[81] Mengoli G, Munari MT, Bianco P, et al. Anodic synthesis of polyaniline coatings onto Fe sheets. J Appl Polym Sci 1981; 26 (12): 4247-4257.

[82] DeBerry DW. Modification of the electrochemical and corrosion behavior of stainless steels with an electroactive coating. J Electrochem Soc 1985; 132 (5): 1022-1026.

[83] Hugot-Le Goff A, Bernard MC. Protonation and oxidation processes in polyaniline thin films studied by optical multichannel analysis and in situ Raman spectroscopy. Synth Met 1993; 60 (2): 115-131.

[84] Quillard S, Berrada K, Louarn G, et al. In situ Raman spectroscopic studies of the electrochemical behavior of polyaniline. New J Chem 1995; 19 (4): 365-374.

[85] Bernard MC, Hugot-Le Goff A, Joiret S, et al. Polyaniline layer for iron protection in sulfate medium. J Electrochem Soc 1999; 146 (3): 995-998.

[86] Bernard MC, Joiret S, Hugot-Le Goff A, et al. Protection of iron against corrosion using a polyaniline layer II. Spectroscopic analysis of the layer grown in phosphoric/metanilic solution. J Electrochem Soc 2001; 148 (8): B299-303.

[87] de Souza S, da Silva JEP, de Torresi SIC, et al. Polyaniline based acrylic blends for iron corrosion protection. Electrochem Solid-State Lett 2001; 4 (8): B27-30.

[88] Torresi RM, de Souza S, da Silva JEP, et al. Galvanic coupling between metal substrate and polyaniline acrylic blends: corrosion protection mechanism. Electrochim Acta 2005; 50 (11): 2213-2218.

[89] Seegmiller JC, Pereira da Silva JE, Buttry DA, et al. Mechanism of action of corrosion protection coating for AA2024-T3 based on poly (aniline) -poly (methylmethacrylate) blend. J Electrochem Soc 2005; 152 (2): B45-53.

[90] da Silva JEP, de Torresi SIC, Torresi RM. Polyaniline/poly (methylmethacrylate) blends for corrosion protection: the effect of passivating dopants on different metals. Prog Org Coat 2007; 58 (1): 33-39.

[91] da Silva JEP, Temperini MLA, de Torresi SIC. Secondary doping of polyaniline studied by resonance Raman spectroscopy. Electrochim Acta 1999; 44 (12): 1887-1891.

[92] Bukowska J, Jackowska K. In situ Raman studies of polypyrrole and polythiophene films on Pt electrodes. Synth Met 1990; 35 (1-2): 143-150.

[93] Ohtsuka T, Wakabayashi T, Einaga H. Optical characterization of polypyrrole-polytungstate anion composite films. Synth Met 1996; 79 (3): 235-239.

[94] Nguyen Thi Le H, Bernard MC, Garcia-Renaud B, et al. Raman spectroscopy analysis of polypyrrole films as protective coatings on iron. Synth Met 2004; 140 (2-3): 287-293.

[95] Van ST, Joiret S, Deslouis C, et al. In situ Raman spectroscopy and spectroscopic ellipsometry analysis of the iron/polypyrrole interface. J Phys Chem C 2007; 111 (39): 14400-14409.

[96] Sheng N, Ueda M, Ohtsuka T. The formation of polypyrrole film on zinc-coated AZ91D alloy under constant current characterized by Raman spectroscopy. Prog Org Coat 2013; 76 (2-3): 328-334.

[97] Nguyen TD, Pham MC, Piro B, et al. Conducting polymers and corrosion PPy-PPy-PDAN composite films. J Electrochem Soc 2004; 151 (6): B325-330.

[98] Leygraf C, Johnson M. Infrared spectroscopy. In: Marcus P, Mansfeld F, editors. Analytical methods in corrosion science and engineering. Boca Raton: CRC Press; 2006. p. 237-268.

[99] Trettenhahn GLJ, Nauer GE, Neckel A. In situ external reflection absorption FTIR spectroscopy on lead electrodes in sulfuric acid. Electrochim Acta 1996; 41 (9): 1435-1441.

[100] Mucalo MR, Li Q. In situ infrared spectroelectrochemical studies of the corrosion of a nickel electrode as a function of applied potential in cyanate, thiocyanate, and selenocyanate solutions. J Colloid Interface Sci 2004; 269 (2): 370-380.

[101] Degenhardt J, McQuillan AJ. In situ ATR-FTIR spectroscopic study of adsorption of perchlorate, sulfate, and thiosulfate ions onto chromium (III) oxide hydroxide thin films. Langmuir 1999; 15 (13): 4595-4602.

[102] Borras CA, Romagnoli R, Lezna RO. In-situ spectroelectrochemistry (UV-visible and infrared) of anodic films on iron in neutral phosphate solutions. Electrochim Acta 2000; 45 (11): 1717-1725.

[103] Lin J, Lin C, Lin Z, et al. In situ measurement of the transport processes of corrosive species through a mortar layer by FTIR-MIR. Cem Concr Res 2012; 42 (1): 95-98.

[104] Persson D, Leygraf C. In situ infrared reflection absorption spectroscopy for studies of atmospheric corrosion. J Elec-

trochem Soc 1993; 140 (5): 1256-1260.

[105] Persson D, Leygraf C. Initial interaction of sulfur dioxide with water covered metal surfaces: an in situ IRAS study. J Electrochem Soc 1995; 142 (5): 1459-1468.

[106] Itoh J, Sasaki T, Seo M, et al. In situ simultaneous measurement with IR-RAS and QCM for investigation of corrosion of copper in a gaseous environment. Corros Sci 1997; 39 (1): 193-197.

[107] Faguy PW, Richmond WN, Jackson RS, et al. Real-time polarization modulation in situ infrared spectroscopy applied to the study of atmospheric corrosion. Appl Spectrosc 1998; 52 (4): 557-564.

[108] Wadsak M, Aastrup T, Odnevall WI, et al. Multianalytical in situ investigation of the initial atmospheric corrosion of bronze. Corros Sci 2002; 44 (4): 791-802.

[109] Aastrup T, Wadsak M, Leygraf C, et al. In situ studies of the initial atmospheric corrosion of copper. Influence of humidity, sulfur dioxide, ozone, and nitrogen dioxide. J Electrochem Soc 2000; 147 (7): 2543-2551.

[110] Kleber C, Kattner J, Frank J, et al. Design and application of a new cell for in situ infrared reflection-absorption spectroscopy investigations of metal-atmosphere interfaces. Appl Spectrosc 2003; 57 (1): 88-92.

[111] Aastrup T, Leygraf C. Simultaneous infrared reflection absorption spectroscopy and quartz crystal microbalance measurements for in situ studies of the metal/atmosphere interface. J Electrochem Soc 1997; 144 (9): 2986-2990.

[112] Dai Q, Freedman A, Robinson GN. Sulfuric acid-induced corrosion of aluminum surfaces. J Electrochem Soc 1995; 142 (12): 4063-4069.

[113] Johnson CM, Tyrode E, Leygraf C. Atmospheric corrosion of zinc by organic constituents Ⅰ. The role of zinc/water and water/air interfaces studied by infrared reflection/absorption spectroscopy and vibrational sum frequency spectroscopy. J Electrochem Soc 2006; 153 (3): B113-120.

[114] Johnson CM, Leygraf C. Atmospheric corrosion of zinc by organic constituents. Ⅱ. Reaction routes for zinc-acetate formation. J Electrochem Soc 2006; 153 (12): B542-546.

[115] Johnson CM, Leygraf C. Atmospheric corrosion of zinc by organic constituents. Ⅲ. An infrared reflection-absorption spectroscopy study of the influence of formic acid. J Electrochem Soc 2006; 153 (12): B547-550.

[116] Hedberg J, Baldelli S, Leygraf C, et al. Molecular structural information of the atmospheric corrosion of zinc studied by vibrational spectroscopy techniques. Part Ⅰ. Experimental approach. J Electrochem Soc 2010; 157 (10): C357-362.

[117] Hedberg J, Baldelli S, Leygraf C. Molecular structural information of the atmospheric corrosion of zinc studied by vibrational spectroscopy techniques. Ⅱ. Two and three-dimensional growth of reaction products induced by formic and acetic acid. J Electrochem Soc 2010; 157 (10): C363-373.

[118] Persson D, Axelsen S, Zou F, et al. Simultaneous in situ infrared reflection absorption spectroscopy and Kelvin probe measurements during atmospheric corrosion. Electrochem Solid-State Lett 2001; 4 (2): B7-10.

[119] Chen ZY, Persson D, Leygraf C. Initial NaCl-particle induced atmospheric corrosion of zinc—effect of CO_2 and SO_2. Corros Sci 2008; 50 (1): 111-123.

[120] LeBozec N, Persson D, Thierry D. In situ studies of the initiation and propagation of filiform corrosion on aluminum. J Electrochem Soc 2004; 151 (7): B440-445.

[121] Weissenrieder J, Leygraf C. In situ studies of filiform corrosion of iron. J Electrochem Soc 2004; 151 (3): B165-171.

[122] Chen ZY, Persson D, Nazarov A, et al. In situ studies of the effect of CO_2 on the initial NaCl-induced atmospheric corrosion of copper. J Electrochem Soc 2005; 152 (9): B342-351.

[123] Chen ZY, Persson D, Leygraf C. In situ studies of the effect of SO_2 on the initial NaCl-induced atmospheric corrosion of copper. J Electrochem Soc 2005; 152 (12): B526-533.

[124] Jonsson M, Persson D, Thierry D. Corrosion product formation during NaCl induced atmospheric corrosion of magnesium alloy AZ91D. Corros Sci 2007; 49 (3): 1540-1558.

[125] Vogt MR, Nichols RJ, Magnussen OM, et al. Benzotriazole adsorption and inhibition of Cu (100) corrosion in HCl: a combined in-situ STM and in-situ FTIR spectroscopy study. J Phys Chem B 1998; 102 (30): 5859-5865.

[126] Biggin ME, Gewirth AA. Infrared studies of benzotriazole on copper electrode surfaces. Role of chloride in promoting reversibility. J Electrochem Soc 2001; 148 (5): C339-347.

[127] Bozzini B, Mele C, Romanello V. An in situ FT-IR evaluation of candidate organic corrosion inhibitors for carbon steel in contact with alkaline aqueous solutions. Mater Corros 2007; 58 (5): 362-368.

[128] Pohjakallio M, Sundholm G, Talonen P, et al. Characterization of the redox processes of poly (thiophene-3-methanol) by voltammetry, in situ optical beam deflection and Fourier transform IR techniques. J Electroanal Chem

1995; 396 (1-2): 339-348.

[129] D'Elia LF, Ortiz RL, Marquez OP, et al. Electrochemical deposition of poly (o-phenylenediamine) films on type 304 stainless steel. J Electrochem Soc 2001; 148 (4): C297-300.

[130] Nguyen T, Byrd E, Lin C. A spectroscopic technique for in situ measurement of water at the coating/metal interface. J Adhes Sci Technol 1991; 5 (9): 697-709.

[131] Nguyen T, Bentz D, Byrd E. A study of water at the organic coating/substrate interface. J CoatTechnol 1994; 66 (834): 39-50.

[132] Nguyen T, Byrd E, Bentz D, et al. In situ measurement of water at the organic coating/substrate interface. Prog Org Coat 1996; 27 (1-4): 181-193.

[133] Philippe L, Sammon C, Lyon SB, et al. An FTIR/ATR in situ study of sorption and transport in corrosion protective organic coatings: 1. Water sorption and the role of inhibitor anions. Prog Org Coat 2004; 49 (4): 302-314.

[134] Philippe L, Sammon C, Lyon SB, et al. An FTIR/ATR in situ study of sorption and transport in corrosion protective organic coatings: paper 2. The effects of temperature and isotopic dilution. Prog Org Coat 2004; 49 (4): 315-323.

[135] Ohman M, Persson D, Leygraf C. In situ ATR-FTIR studies of the aluminium/polymer interface upon exposure to water and electrolyte. Prog Org Coat 2006; 57 (1): 78-88.

[136] Wapner K, Stratmann M, Grundmeier G. In situ infrared spectroscopic and scanning Kelvin probe measurements of water and ion transport at polymer/metal interfaces. Electrochim Acta 2006; 51 (16): 3303-3315.

[137] Ohman M, Persson D. An integrated in situ ATR-FTIR and EIS set-up to study buried metal-polymer interfaces exposed to an electrolyte solution. Electrochim Acta 2007; 52 (16): 5159-5171.

[138] Ohman M, Persson D, Leygraf C. A spectroelectrochemical study of metal/polymer interfaces by simultaneous in situ ATR-FTIR and EIS. Electrochem Solid-State Lett 2007; 10 (4): C27-30.

[139] Ohman M, Persson D, Jacobsson D. In situ studies of conversion coated zinc/polymer surfaces during exposure to corrosive conditions. Prog Org Coat 2011; 70 (1): 16-22.